活用软件巧对量
框架实例算量与软件应用

广联达软件股份有限公司　编写

中国建材工业出版社

图书在版编目（CIP）数据

活用软件巧对量 框架实例算量与软件应用/广联达软
件股份有限公司编写．—北京：中国建材工业出版社，
2009.10（2014.2 重印）

ISBN 978-7-80227-619-2

Ⅰ. 活… Ⅱ. 北… Ⅲ. ①框架结构—工程计算—应用
软件 Ⅳ. TU323.501

中国版本图书馆 CIP 数据核字（2009）第 161413 号

内　容　简　介

　　本书第一章从一个全新的视角，讲解建筑物列项的思路和方法；第二章针对一个具体框架结构工程——1 号办公楼，按照第一章讲的列项步骤，仔细列出这个工程要算的所有工程量；第三章是对所列项目的详细计算，其中包括计算公式及其公式解释；第四章、第五章分别应用清单模式和定额模式对这个工程进行计算，并将算出来的量和手工计算出的量进行比较，使每个用户对软件算出来的量感觉到心里有底。

活用软件巧对量　框架实例算量与软件应用

广联达软件股份有限公司　编写

出版发行：中国建材工业出版社

地　　址：北京市西城区车公庄大街 6 号

邮　　编：100044

经　　销：全国各地新华书店

印　　刷：北京雁林吉兆印刷有限公司

开　　本：787mm×1092mm　1/16

印　　张：50.25

字　　数：1282 千字

版　　次：2009 年 10 月第 1 版

印　　次：2014 年 2 月第 5 次

书　　号：ISBN 978-7-80227-619-2

定　　价：**128.00 元**

本社网址：www.jccbs.com.cn

本书如出现印装质量问题，由我社发行部负责调换。联系电话：(010)88386906

本 书 编 委 会

主　　编　张向荣

副 主 编　赵立新　吕佳丽

主　　审　李文会　邢　进

建筑物列项编委

武树春（邯郸一建）　　　　　　汪清怀（河北省地勤局）

张子龙（河北省地勤局）　　　　武林强（北京市规划局）

牛欣欣（西安铁路职业技术学院）　张玉生（陕西职业技术学院）

刘月君（河北建筑工程学院）　　万小华（湖南工程职业技术学院）

框架实例列项练习答案编委

陈　炜（无锡城市职业技术学院）　周咏馨（盐城工学院）

张　立（山东省农业管理干部学院）李　芸（三江学院土木工程学院）

杨红东（广西城市建设学校）　　王建茹（辽宁省城市建设学校）

许　红（温州大学瓯江学院）　　王旭东（辽宁省交通高等专科学校）

框架实例手工算量编委

阎俊爱（山西财经大学）　　　　曾秋宁（广西建设职业技术学院）

张素姣（山西财经大学）　　　　张玉芝（石家庄铁道学院四方学院）

高　洁（华中科技大学文华学院）　彭　玲（烟台城乡建设学校）

李　莉（西安铁路职业技术学院）　王小薇（河北建材职业技术学院）

张瑞红（河北建材职业技术学院）　李秀芳（厦门理工学院）

框架实例清单模式软件算量编委

李茂英（广东交通职业技术学院）　任波远（桓台县职业中专）

张雅娥（西安欧亚学院）　　　　陈　丹（广东技术师范学院天河学院）

朱天志（河北科技师范学院）　　李　霞（酒泉职业技术学院）

刘　丽（辽宁省交通高等专科学校）王碧剑（西安建筑科技大学）

框架实例定额模式软件算量编委

曹祥军（集美大学工程技术学院）　林莉杉（江西理工大学应用科学学院）

周慧玲（广西建设职业技术学院）　贺朝晖（湖南工程职业技术学院）

周胜利（江门职业技术学院）　　石海均（温州大学瓯江学院）

孙富学（温州大学瓯江学院）　　孙俊英（烟台城乡建设学校）

序

亲爱的朋友，

你好！我是张向荣，

如果你正在读这本书，说明我们已经是朋友了，你可能跟我的成千上万个学员一样，也想通过预算创造自己的财富，实现人生的梦想。

1985年毕业，我也抱着同样的梦想步入社会，但是几年过去了，发现自己还是个穷光蛋，累得够呛却赚不到钱。怎样才能实现自己的人生梦想呢？我在苦苦寻觅着自己的财富之路。

有一次我在对量过程中认识了一位老预算员，他每月帮人家做工程可以赚到几千甚至上万元，让我羡慕不已。

我问这位老预算员："我什么时候才能达到您的水平？"

老预算员回答："这个行业卖的是经验，要在这个行业有所成就，第一你要有经验，第二要让别人知道你有经验。"

"怎样才能做到有经验呢？"

他回答我两个字："多做。"

我又问："怎样才能让别人知道你有经验呢？"

他回答我三个字："免费做。"

"什么意思"我问。

"先免费帮有经验的人做，把自己变成有经验的人，再免费帮客户做，让客户相信你。"

一语点醒梦中人，后来我拜这位老预算员为师，他只要来工程我就帮他做。在过程中他给予无私的指导，这样我的预算水平得到了飞速提高。和别人对量的过程中师傅又介绍我认识几个老板，很自然，我也能接到一些工程，当然，我不会忘记分一部分给我的师傅。

1999年在我的人生经历中又发生一次重大转折，就是进入广联达公司，这个公司带领我进入一个神奇而复杂的营销世界。我的专业经验在这个平台上得到了极大的发挥。部分经验已集结成书，其中包括《透过案例学手法》、《透过案例学算量》、《清清楚楚算钢筋　明明白白用软件》等书。由此我悟出：专业必须和市场结合才能发挥最大效益。我把这种经验总结成一份导图，暂且命名为"预算导图"。

这份导图的横轴是专业轴，竖轴是策略轴。其实这份导图和当年师傅给我的教诲不谋而合，第一要有经验（专业轴），第二要让别人知道你有经验（策略轴）。让我简单解释一下这份导图。

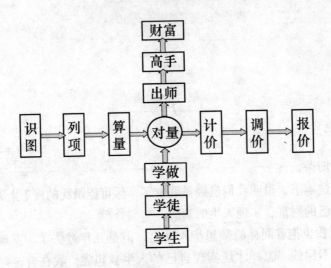

专业轴——你先从外行变成内行

专业轴练的是基本动作，就相当于打乒乓球先练习发球、接球、扣球一样，只有把基本动作练扎实了，才能进行比赛。

识图：按理说，识图是在学校就应该解决的问题，但是现在大多数学生从学校出来后拿到图纸仍然是眼前一抹黑，搞不懂。我从实践中总结出来的观点是：在算量的过程中学会识图。

列项：我们做预算遇到的第一个问题不是怎么算的问题，而是算什么的问题，算什么的问题在我这里就叫做列项。新预算员最常见的错误是不列项，拿起图就算，这样很容易漏算或者重算。

算量：这里所说的算量包括图形算量和钢筋算量两个内容，图形算量要根据清单规则和当地的计算规则进行计算，钢筋算量要根据国家规范进行计算。

对量：对量是这个导图中最重要的环节，其中包含两层意思：

（1）自己和自己对，先用手工根据相关计算规则做出一个标准答案来，再用软件做出来的答案与其进行对照，对上了说明软件做对了，对不上的要找出原因，今后在做工程中想办法避免或者修正。通过这个过程，用软件做工程才能做到心里有底。

（2）第二层意思，在后面的策略轴上给予解释。

计价：把前面的量搞准了，接下来的工作就是计价，计价要求预算员熟悉清单规范和当地预算定额，即将出的两本书《剪力墙实例软件计价》和《框架实例软件计价》对计价软件有详细的讲解，请随时关注出书动向。

调价：并不是算出来多少就报多少，往往根据具体的施工方案以及当时的具体环境对计价作相应的调整，这也需要有经验的造价员和单位领导协商来做，新手要积极向老预算员学习，多问几个为什么，碰的工程多了，相信你也能报出一个有竞争力的价格。

报价：前面一切都做好了，报价实际上就是一个打印装订的问题了。

关于"预算导图"的专业轴方面学习资料，请关注我们编写的实际工程系列教材，基本出书思路是这样的：

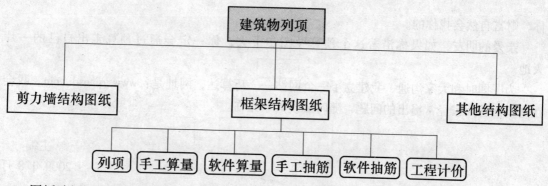

图纸选用不同结构的图纸，有剪力墙结构、框架结构、错层结构、别墅结构等，从初级到高级适合不同层次的人学习。书出来后我们会通过各种方式通知大家，敬请期待。

我们出的这些书的目的是让大家练的，不是让大家看的，尤其是软件部分，你必须在电脑前去实践，去体验才能搞懂书的内容。我相信你通过这些书一定会把自己从外行变成内行。

解决了专业问题，接下来就是策略问题，怎样把自己从内行变成高手？

策略轴——你要从内行变成高手

策略轴相当于运动员参加比赛，要有战略和战术，要不断地和对手进行比赛，比赛的次数多了你自然会由内行变成高手。

学生：无论你是正在大学读书的学生，还是已经参加工作的造价从业人员，不管你年龄多大，工龄多长，只要你的预算水平还处在初级水平，你都要在心态上把自己当成学生。

学徒：就像我当年一样，要拜一位高手为师，站在巨人的肩膀上前行，千万不要从零开始自己摸索，也许你一辈子也摸索不出来。

如果你是在读大学，完全可以利用这种思路去找工作，通过别人推荐（或自荐）在某单位拜一位有经验的造价员为师，免费帮人家做一些工程（当然你要先把自己变成内行，要不没人敢让你帮）。在这个过程中你的预算水平会得到大幅度的提高，而且就业机会也会大大增加，因为通过这种方式双方增进了了解，产生了信任。

如果你已经参加工作，赶快在单位内找到一位预算高手，拜他（她）为师，免费帮他干活；如果你单位没有高手，要在社会上找，实在找不到，就读我们的书吧，书本身就是多位智者的经验总结，你定会受益非浅，总之要通过各种方式迅速提高自己的预算水平。

学做：这里的意思就是一定要在师傅的指导下多做工程。

对量：这里来解释对量的第二层意思，就是自己和别人对，如果自己和自己对过关了，和别人对量时你才能做到有的放矢。很多人用软件做了工程不敢和别人对，心里发虚，那就是自己和自己对这一关就没有过。和别人对量就相当于运动员参加比赛，只有在对抗中才能发现自己的优缺点，量对多了你的经验自然就丰富了。

出师：把师傅的经验学到手后，再经过几个工程的磨练，你就出师了。

高手：把师傅交给你的，和你在对量中碰到的问题进行总结、提炼、升华，完全变成自己的东西，在实际对量过程中能做到随机应变，你就会成为真正的高手。

财富：你只要成为高手，在千变万化的对量过程中能做到游刃有余，自然会有人欣赏你，财富自然会找你的。

亲爱的朋友，如果你沿着这个预算导图走下去，你一定会通过预算走出自己的一片天地。

为了即时和大家沟通，我建立了一个网站——巧算达，网址是：www.qiaosd.com。我会在网上回答大家经常提出的问题，随时恭候大家光临。

主编
2009 年 8 月

目 录

第一章 建筑物列项

第一节 建筑物分层

一、建筑物分层

无论多复杂的工程分到每层都相对简单，再说算量也都是从某层开始算起，所以我们首先要学会分层。

思考

在讲解分层以前先请大家思考下列问题，见表 1.1.1。

表 1.1.1 建筑物分层思考问题

问 题	答 案
建筑物放在什么上面	
地基上面是什么	
基础上面是哪一层	
地下室可能有多少层	
-1 层有什么特点	
-1 层下面是哪些层	
-1 层上面是哪一层	
首层上面是哪些层	
标准层上面是哪一层	
顶层上面是哪一层	
我们把建筑物分成几层	

上述问题的答案见表 1.1.2。

表 1.1.2 建筑物分层问题答案

问 题	答 案
建筑物放在什么上面	地基上
地基上面是什么	基础
基础上面是哪一层	可能是地下室，可能是首层
地下室可能有多少层	n 层
-1 层有什么特点	部分在地上，部分在地下
-1 层下面是哪些层	$-n \sim -2$ 层
-1 层上面是哪一层	首层
首层上面是哪些层	$2 \sim n$ 层，一般称为标准层

续表

问　题	答　案
标准层上面是哪一层	顶层
顶层上面是哪一层	屋面层
我们把建筑物分成几层	7层

从表1.1.2我们可以总结出，所有的建筑物都可以归纳为7层，如图1.1.1所示。

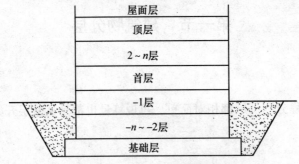

图1.1.1　建筑物分层普遍原理

任何建筑物都可以按照上述原理进行分层，层分好后，我们可以像切豆腐一样先把某一层切出来，然后再进行计算。

[练习1.1]

请按建筑物分层普遍原理给1号办公楼分层。

答案见第二章。

二、标高和层高

建筑物的标高有两种：一种是建筑标高；一种是结构标高。施工主体时首先施工到结构标高，装修楼地面时施工到建筑标高。有两种标高，自然就有两种层高，即建筑层高和结构层高（结构层高也叫自然层高），如图1.1.2所示。

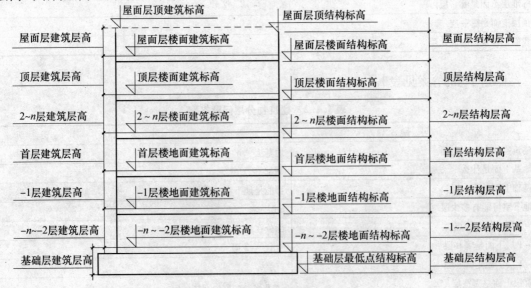

图1.1.2　建筑物标高和层高示意图

由图 1.1.2 我们可以看出：

某层建筑层高 = 上一层楼面建筑标高 − 本层楼面（或地面）建筑标高

某层结构层高 = 上一层楼面结构标高 − 本层楼面（或地面）结构标高

注意事项

（1）通常我们所见到图纸的层高一般是建筑层高。

（2）屋面层不一定在最高层。

按照建筑物分层的原理理解，往往会误解为屋面层一定在最顶层，其实不一定，如图 1.1.3 所示。

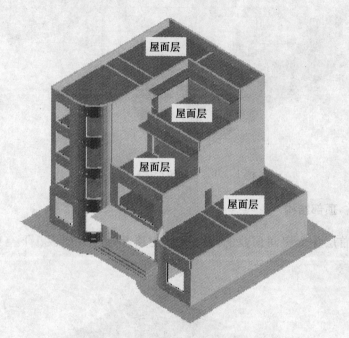

图 1.1.3　多个屋面层示意图

图 1.1.3 一共出现了 4 个屋面层，只有一个屋面层在最顶层，其余三个屋面层均不在最顶层。

第二节　建筑物分块

我们以首层为例来讲解建筑物分块，可以简单地将首层想像成一个盒子，我们将这个盒子分成六大块，分别是围护结构、顶部结构、室内结构、室外结构、室内装修、室外装修，下面分别介绍。

一、第一块：围护结构

我们把围成首层各个房间周围的构件统称为围护结构，如柱、梁、内外墙、门、窗、过梁等构件，如图 1.2.1 所示。

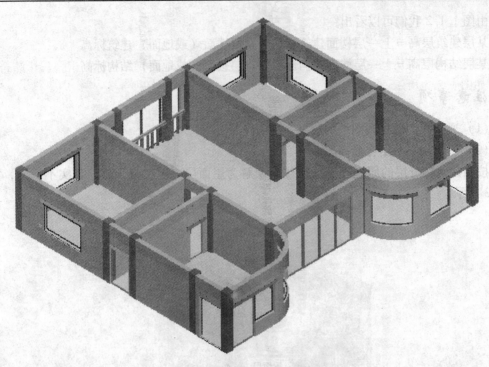

图 1.2.1　首层围护结构示意图

二、第二块：顶部结构

我们把围成首层各个房间顶盖的构件统称为顶部结构，如板、下空梁等构件，如图 1.2.2 所示。

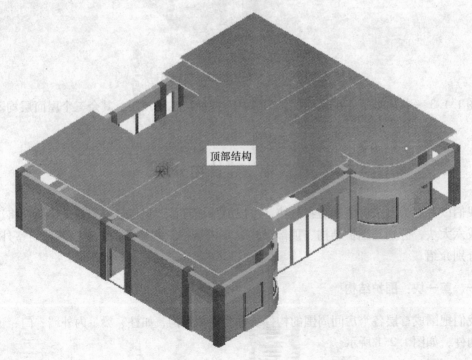

顶部结构

图 1.2.2　首层顶部结构示意图

三、第三块：室内结构

我们把占首层某房间空间位置的构件统称为室内结构，如楼梯、水池、讲台、化验台等构件，如图 1.2.3 所示。

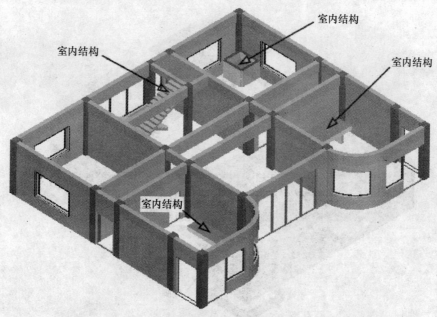

图 1.2.3 首层室内结构示意图

四、第四块：室外结构

我们把外墙皮以外的构件统称为室外结构，如台阶、坡道、散水、阳台、雨篷、挑檐等构件，如图 1.2.4 所示。

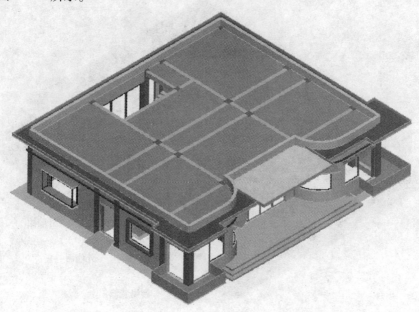

图 1.2.4 首层室外结构示意图

五、第五块：室内装修

我们把构成首层的每个房间的地面、踢脚、墙裙、墙面、天棚、吊顶统称为室内装修，如图 1.2.5 所示。

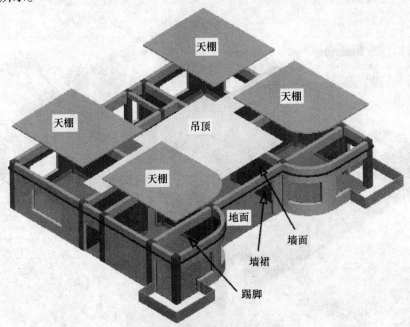

图 1.2.5　首层室内装修示意图

六、第六块：室外装修

我们把首层的外墙裙、外墙面、腰线装修以及玻璃幕墙统称为室外装修，如图 1.2.6 所示。

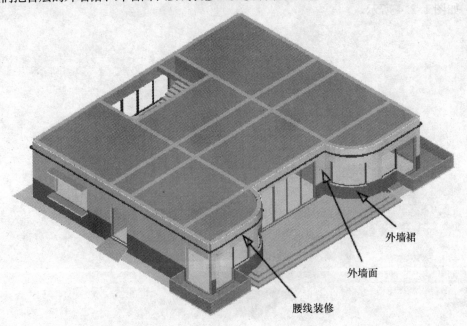

图 1.2.6　首层室外装修示意图

第三节　建筑物分构件

分成块以后我们并不能直接算量，还要把每块按照建筑物的组合原理将每块拆解成多个构件量，下面我们以首层为例来讲解每块包含哪些构件。

一、首层包含哪些构件

（一）首层围护结构包含哪些构件

首层围护结构包含的构件有：柱、梁、内外墙、门、窗、门联窗、墙洞、过梁、窗台板、护窗栏杆等，如图1.3.1所示。

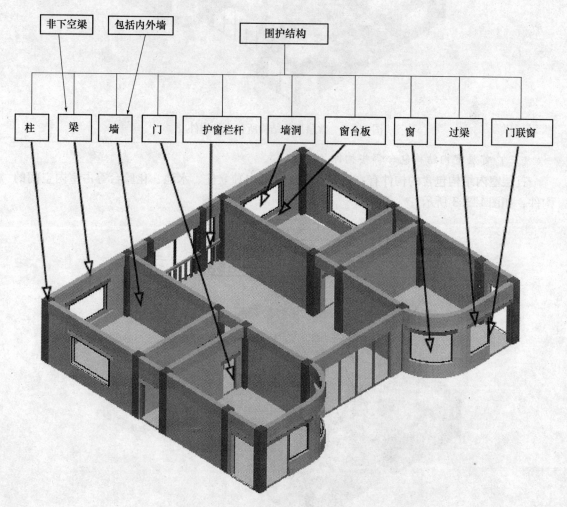

图1.3.1　首层围护结构所包含的构件

（二）首层顶部结构包含哪些构件

首层顶部结构包含的构件有：板、板洞、下空梁等，如图1.3.2所示。

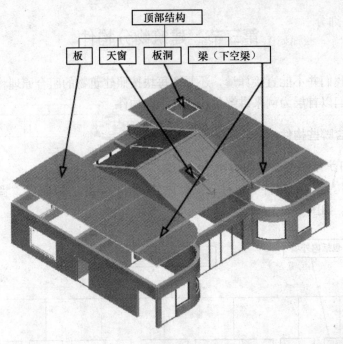

图 1.3.2　首层顶部结构所包含的构件

（三）首层室内结构包含哪些构件

首层室内结构包含的构件有：讲台、楼梯、室内独立柱、水池、化验台等占室内空间的构件，如图 1.3.3 所示。

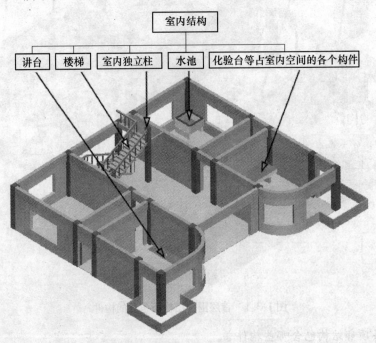

图 1.3.3　首层室内结构所包含的构件

其中楼梯、水池、化验台属于复合构件，需要再进行细分，直至分到能算量为止。

1. 楼梯构件细分

楼梯包含的构件类别如图 1.3.4 所示。

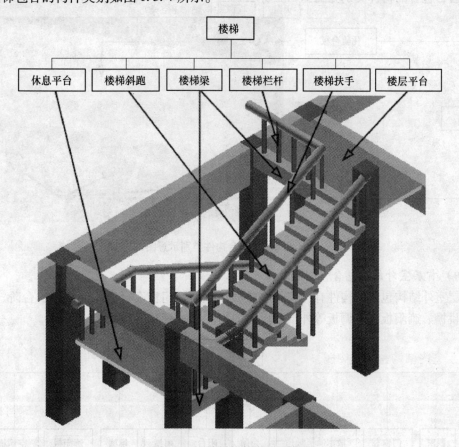

图 1.3.4　楼梯构件类别示意图

2. 水池构件细分

水池包含的构件类别如图 1.3.5 所示。

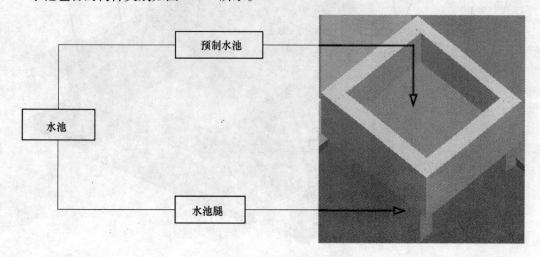

图 1.3.5　水池构件类别示意图

3. 化验台构件细分

化验台包含的构件类别如图 1.3.6 所示。

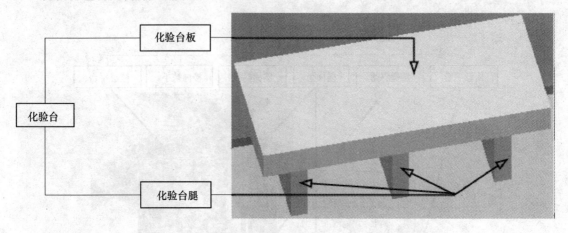

图 1.3.6　化验台构件类别示意图

（四）首层室外结构包含哪些构件

首层室外结构包含的构件有：建筑物腰线、飘窗、门窗套、散水、坡道、台阶、阳台、雨篷、挑檐、遮阳板、空调板等外墙皮以外的构件，如图 1.3.7 所示。

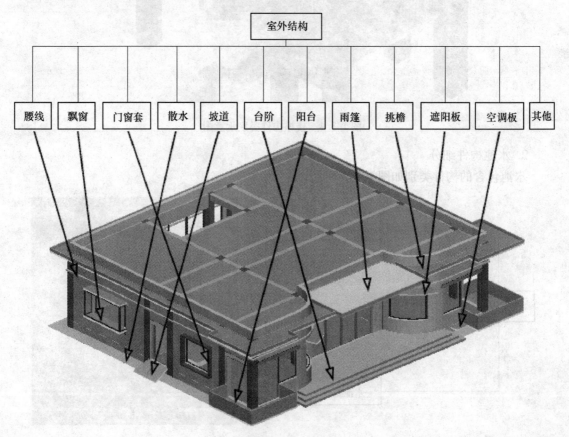

图 1.3.7　首层室外结构所包含的构件

其中飘窗、坡道、台阶、阳台、雨篷、挑檐属于复合构件，需要再进行细分，直至分到能算量为止。

1. 飘窗构件细分

飘窗包含的构件类别如图1.3.8所示。

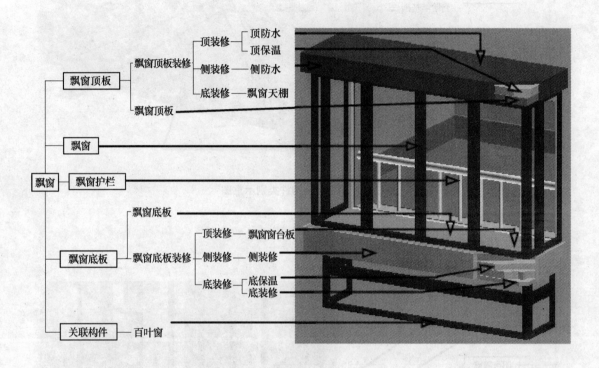

图1.3.8 飘窗构件类别示意图

2. 坡道构件细分

坡道包含的构件类别如图1.3.9所示。

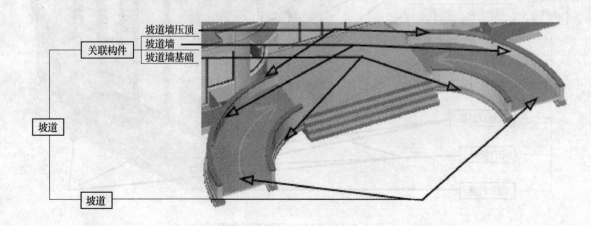

图1.3.9 坡道构件类别示意图

3. 台阶构件细分

台阶包含的构件类别如图 1.3.10 所示。

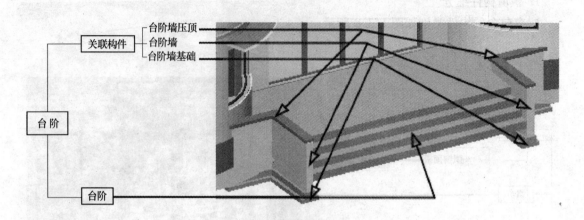

图 1.3.10　台阶构件类别示意图

4. 阳台构件细分

阳台包含的构件类别如图 1.3.11 所示。

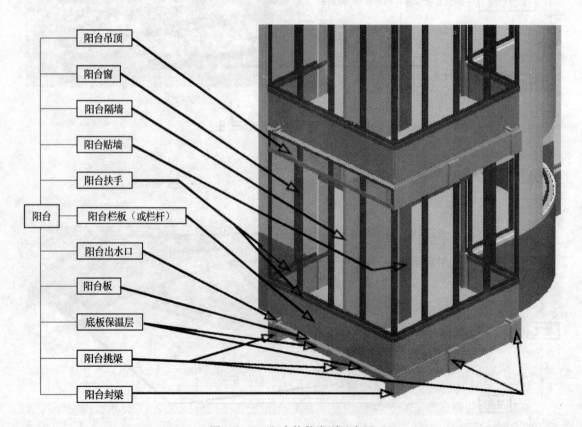

图 1.3.11　阳台构件类别示意图

5. 雨篷构件细分

雨篷包含的构件类别如图 1.3.12 所示。

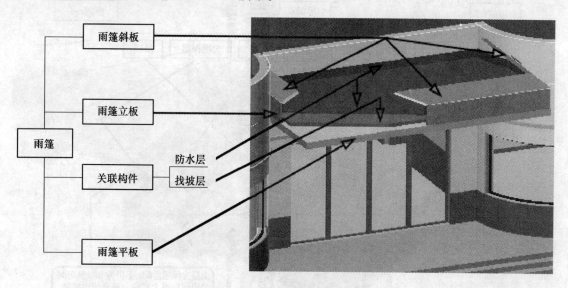

图 1.3.12　雨篷构件类别示意图

6. 挑檐构件细分

挑檐包含的构件类别如图 1.3.13 所示。

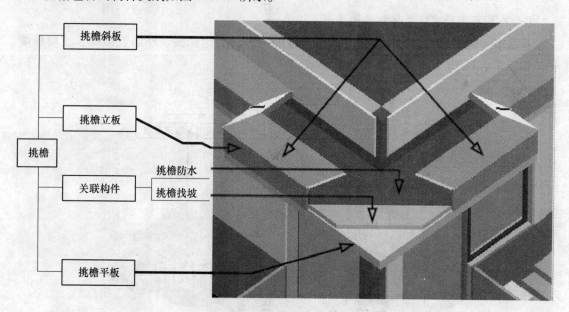

图 1.3.13　挑檐构件类别示意图

（五）首层室内装修包含哪些构件

首层室内装修需要先分房间，再把每个房间分成各个构件。每个房间包含的构件有：地面、踢脚、墙裙、墙面、天棚、吊顶等，如图 1.3.14 所示。

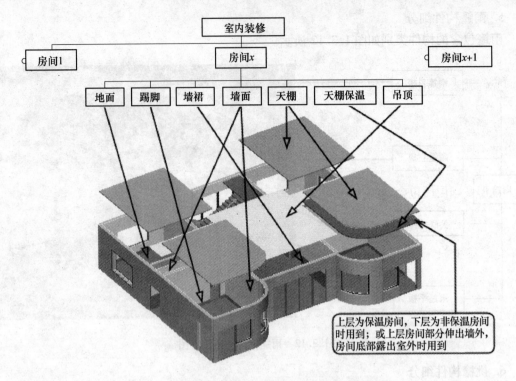

图 1.3.14　首层室内装修所包含的项目

（六）首层室外装修包括哪些构件

首层室外装修包含的构件有：外墙裙、外墙面、外墙面保温、外墙装饰线、玻璃幕墙等，如图 1.3.15 所示。

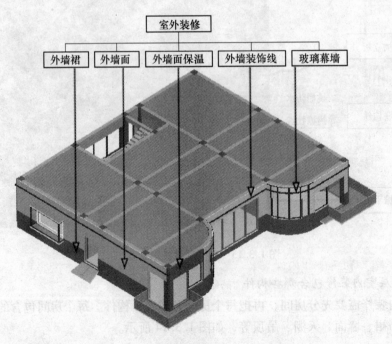

图 1.3.15　首层室外装修所包含的项目

二、其余层包含哪些构件

以上我们综合分析了首层包含哪些构件，其实每一层包含的构件都有不同程度的区别，下面我们就来分析其余层包含哪些构件。

（一）基础层构件类别

基础层我们仍然按照六大块的原理进行分解，只是把顶部结构换成了底部结构，根据基础类型不同，分为筏形基础、条形基础、独立基础、桩承台基础。

1. 筏形基础层包含哪些构件

筏形基础层所包含的构件如图 1.3.16 所示。

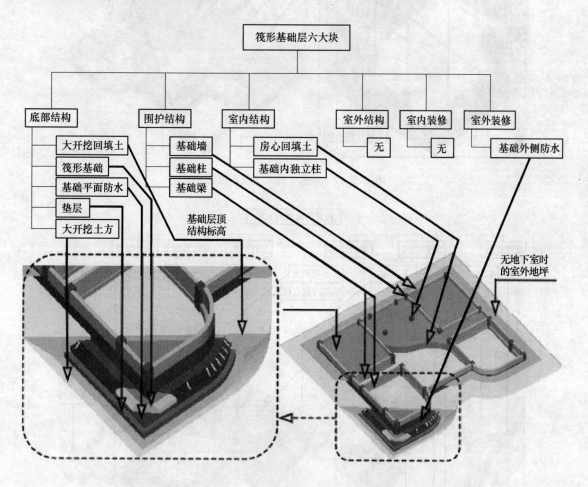

图 1.3.16　筏形基础六大块示意图

2. 条形基础层包含哪些构件

条形基础层所包含的构件如图 1.3.17 所示。

3. 独立基础层包含哪些构件

独立基础层所包含的构件如图 1.3.18 所示。

15

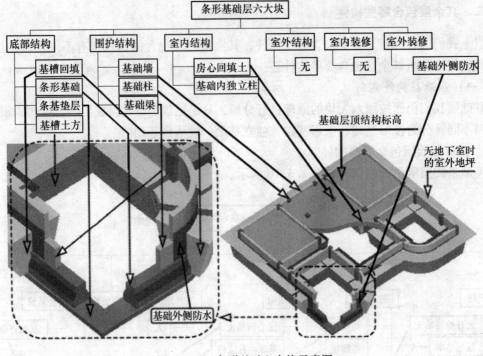

图 1.3.17　条形基础六大块示意图

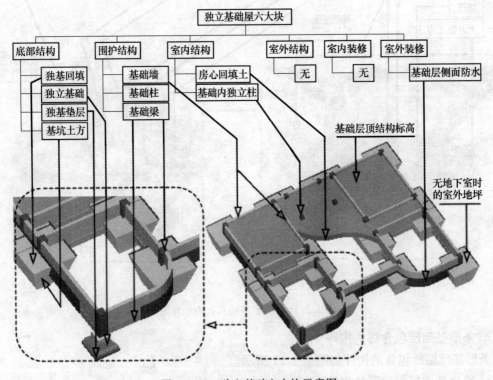

图 1.3.18　独立基础六大块示意图

4. 桩承台基础层包含哪些构件

桩承台基础层所包含的构件如图 1.3.19 所示。

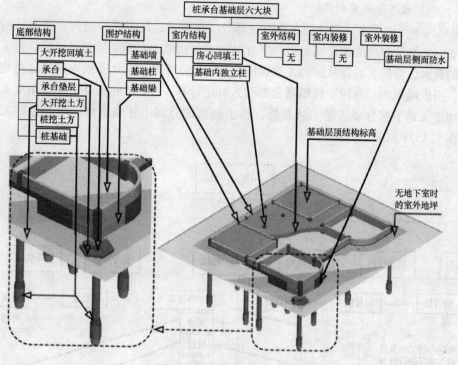

图 1.3.19　桩承台基础六大块示意图

（二）−n ~ −2 层包含哪些构件

−n ~ −2 层全部埋在地下，属于全地下室，其中围护结构、顶部结构、室内结构、室内装修所包含的构件同首层，室外结构变成了回填土，我们在基础层已经统计过了，室外装修变成了外墙防水，如图 1.3.20 所示。

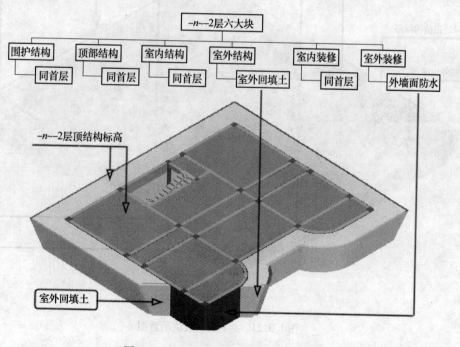

图 1.3.20　−n ~ −2 层六大块示意图

（三）－1 层包含哪些构件

－1 层属于半地下室，部分埋在地下，部分埋在地上，其中围护结构、顶部结构、室内结构、室内装修所包含的构件同首层，室外结构里的回填土在基础层里已经统计过了，室外结构里的散水、台阶、坡道从标高角度讲应该归－1 层所有，但是图纸一般将这些构件都画在首层，所以说散水、台阶、坡道通常都归入首层计算。－1 层的室外装修这里变成了两部分，其中埋入地下部分变成了室外装修，露出地面部分属于外墙装修，一般也归入首层计算，如图 1.3.21 所示。

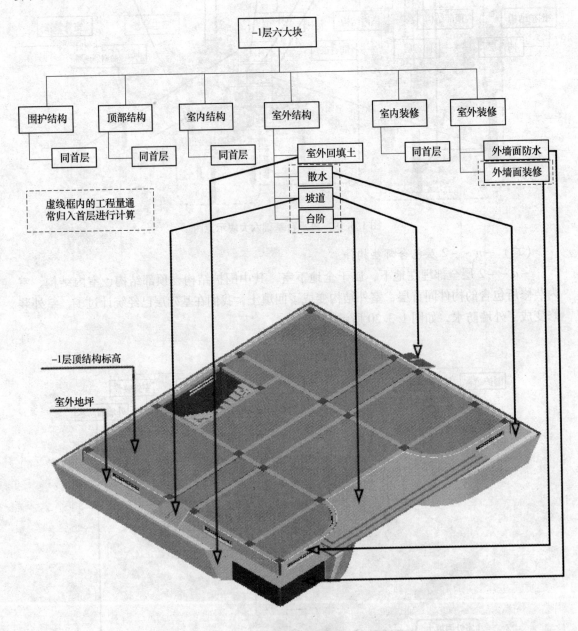

图 1.3.21　－1 层六大块示意图

（四）2～n层包含哪些构件

2～n层一般属于建筑物的标准层，其中围护结构、顶部结构、室内结构、室内装修、室外装修所包含的构件同首层，室外结构中出现频率最高的是阳台、飘窗、空调板等，散水、台阶一般也会出现，如图1.3.22所示。

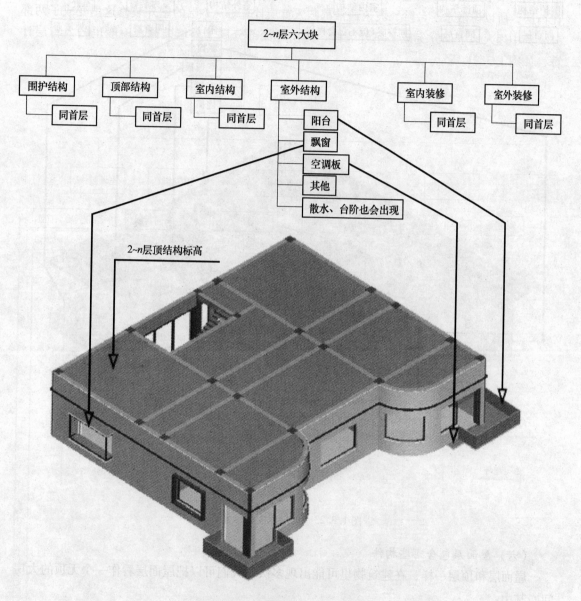

图1.3.22　2～n层六大块示意图

（五）顶层包含哪些构件

顶层在建筑物里可能出现多次，但遵循的原则是一致的，其中围护结构、顶部结构、室内装修同首层，室内结构到了顶层通常没有楼梯，室外结构通常会出现挑檐和雨篷，室外装修通常不会有外墙裙出现，如图1.3.23所示。

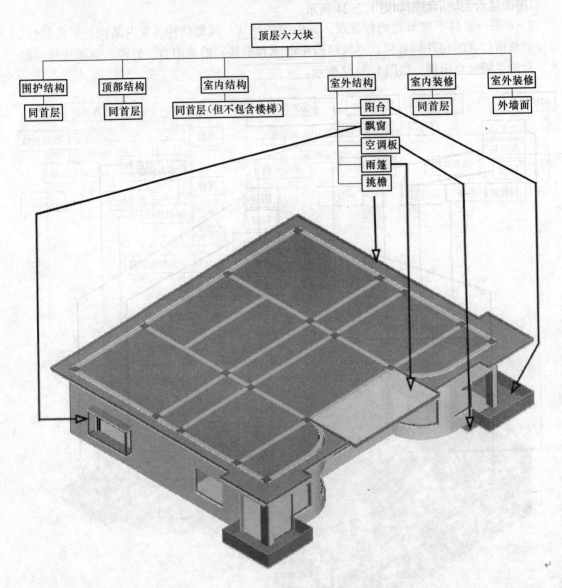

图 1.3.23 顶层六大块示意图

(六) 屋面层包含哪些构件

屋面层和顶层一样，在建筑物里可能出现多次，我们可以把屋面层看作一个无顶的大房间。其中：

围护结构：通常会出现女儿墙、构造柱、压顶、防护栏杆。

顶部结构：在屋面层里不存在。

室内结构：通常是烟道、通风道等构件。

室外结构：如果把挑檐、雨篷归入顶层，那么屋面层的室外结构就不会有构件出现。

室内装修：这时的地面在屋面层变成了屋面防水的平面部分，踢脚变成了屋面卷边部分，墙面变成了女儿墙的内装修，墙裙和天棚不会出现。

室外装修：就是女儿墙的外装修。

屋面层六大块示意图如图 1.3.24 所示。

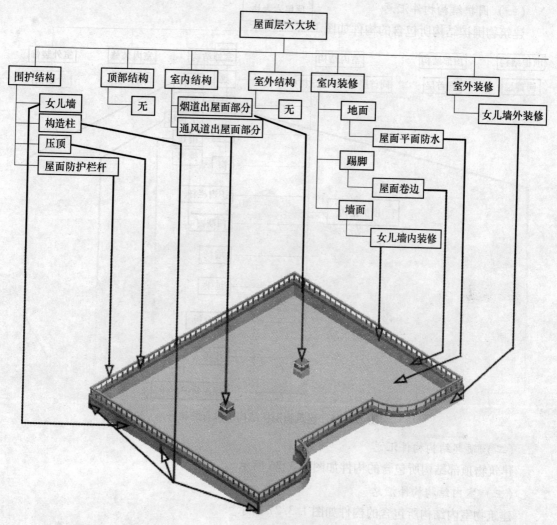

图 1.3.24 屋面层六大块示意图

三、其他项目包含哪些构件

前面我们分析了建筑物每层所涵盖的构件，还有一些项目归纳不到每层里，我们就不把它们归纳到其他项目里，分别是平整场地、建筑面积、脚手架面积、落水管、烟道、通风道、垂直封闭、塔吊等大型机械进出场费等。

[**练习 3.1**]

请列出 1 号办公楼每层所包含的构件。

答案见第二章。

四、建筑物构件汇总

综上所述，如果我们取消层的概念，将整个建筑物的六大块所包含的构件总结如下

（如果把基础层的底部构件和其他项目加上，实际上是八大块）：

（一）围护结构构件汇总

建筑物围护结构所包含的构件如图 1.3.25 所示。

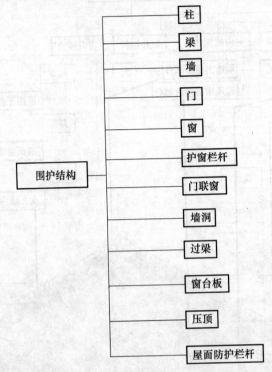

图 1.3.25　建筑物围护结构所包含的构件

（二）顶部结构构件汇总

建筑物顶部结构所包含的构件如图 1.3.26 所示。

（三）室内结构构件汇总

建筑物室内结构所包含的构件如图 1.3.27 所示。

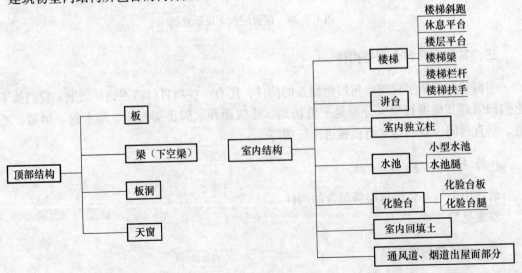

图 1.3.26　建筑物顶部结构所包含的构件　　　图 1.3.27　建筑物室内结构所包含的构件

（四）室外结构构件汇总

建筑物室外结构所包含的构件如图 1.3.28 所示。

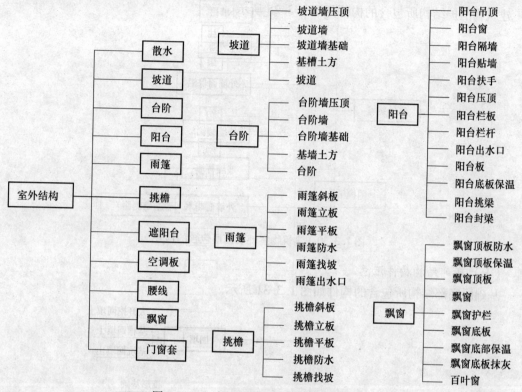

图 1.3.28　建筑物室外构件所包含的构件

（五）室内装修构件汇总

室内装修需要先从整楼里分出各个房间，各个房间的室内装修所包含的构件如图 1.3.29 所示。

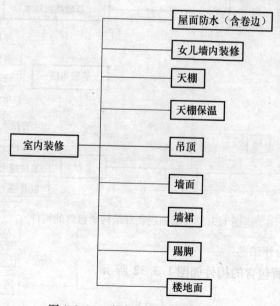

图 1.3.29　室内装修所包含的构件

（六）室外装修构件汇总

建筑物室外装修所包含的构件如图 1.3.30 所示。

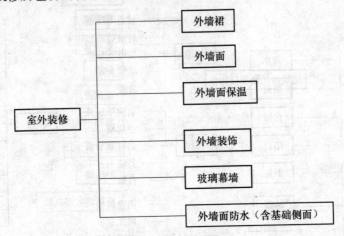

图 1.3.30　建筑物室外装修所包含的构件

（七）底部结构构件汇总

基础层底部结构所包含的构件如图 1.3.31 所示。

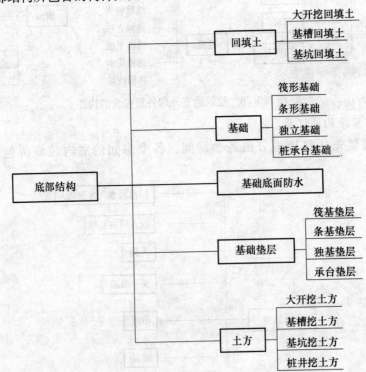

图 1.3.31　基础层底部结构所包含的构件

（八）其他项目构件汇总

建筑物其他项目所包含的构件如图 1.3.32 所示。

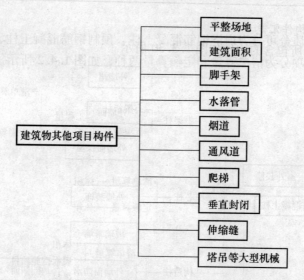

图 1.3.32 建筑物其他项目所包含的构件

第四节 工程量列项及其计算规则

通过前面三节的讲解，我们已经把建筑物分解到构件级别，紧接着我们要根据计算规则再将其分解到工程量级别。

一、围护结构工程量列项

围护结构所包含的构件如图 1.4.1 所示。

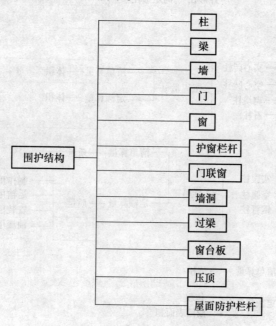

图 1.4.1 围护结构所包含的构件

（一）柱

常见的柱子按材质分可分为现浇钢筋混凝土柱、预制钢筋混凝土柱、砌筑柱、钢柱和木柱五种，其工程量列项分为清单算量和定额算量两种，如图1.4.2所示。

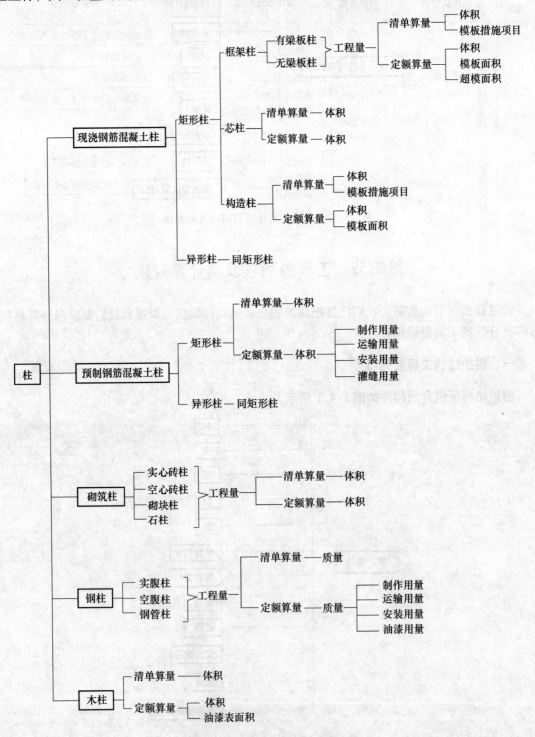

图1.4.2 柱的分类及工程量列项

将图 1.4.2 转化成表格形式并给出相关规则，见表 1.4.1。

表 1.4.1　柱工程量列项及相关规则

构件类别	构件构成			清单算量	清单描述	定额算量	定额信息
柱	现浇钢筋混凝土柱	矩形柱 异形柱	框架柱	体积	1. 柱高度 2. 柱截面尺寸 3. 混凝土强度等级 4. 混凝土拌和料要求	体积	混凝土强度等级、是否预拌
				模板措施项目		模板面积	模板类型
						超模面积	模板类型
			构造柱	体积		体积	混凝土强度等级、是否预拌
				模板措施项目		模板面积	模板类型
	预制钢筋混凝土柱	矩形柱 异形柱		体积或根数	1. 柱类型 2. 单件体积 3. 安装高度 4. 混凝土强度等级 5. 砂浆强度等级	体积	制作：混凝土强度等级
							运输：几类构件、公里数
							安装：单件体积
							灌缝：砂浆强度等级
	砌筑柱	矩形柱 异形柱	实心砖柱	体积	1. 砖、砌块、石料品种、规格、强度等级 2. 柱类型 3. 柱截面 4. 柱高 5. 砖、砌块、石勾缝要求，石表面加工要求 6. 砂浆强度等级、配合比	体积	砖类型、砂浆强度等级
			实心砖柱	体积		体积	砖类型、砂浆强度等级
			砌块柱	体积		体积	砌块类型、砂浆强度等级
			石柱	体积		体积	石类型、砂浆强度等级
	钢柱	矩形柱 异形柱 圆形柱	实腹柱 空腹柱 钢管柱	质量	1. 钢材的品种、规格 2. 单根柱质量 3. 探伤要求 4. 漆种遍数	质量	制作：钢柱类型
							运输：几类构件、公里数
							安装：单根质量
							油漆：油漆品种、遍数
	木柱	圆形柱 矩形柱		体积	1. 构件高度长度 2. 构件截面 3. 木材种类 4. 刨光要求 5. 防护材料种类 6. 油漆品种、遍数	体积	木材种类、规格
						柱表面积	油漆品种、遍数
清单相关规则	一、现浇钢筋混凝土柱 按设计图示尺寸以体积计算，不扣除构件内钢筋、预埋件所占的体积。 柱高的确定： （1）框架柱的高度应自柱基上表面算至柱顶（也就是说框架柱的高度要通算，不扣除梁板所占的体积）。 （2）有梁板的柱高应自柱基上表面（或楼板上表面）算至上一层楼板上表面。 （3）无梁板的柱高应自柱基上表面（或楼板上表面）算至柱帽下表面，柱帽计入板内。 （4）依附柱上的牛腿和升板的柱子帽，并入柱身体积计算。 （5）构造柱按全高计算（这里指的是构造柱的全高，不含上下框架梁），马牙槎并入柱身体积。 二、预制钢筋混凝土柱 （1）按图示尺寸以体积计算，不扣除构件内钢筋、预埋件所占的体积。 （2）按设计尺寸以"数量"计算。						

构件类别	构件构成	清单算量	清单描述	定额算量	定额信息
清单相关规则	三、砌筑柱 按设计图纸尺寸以体积计算，扣除混凝土及钢筋混凝土梁垫、梁头、板头所占的体积。 四、钢柱 按设计图示尺寸以质量计算。不扣除孔眼、切边、切肢的质量，焊条、铆钉、螺栓等不另增加质量，不规则的或多变形钢板，以其外接矩形面积乘以厚度乘以单位理论质量计算，依附在钢柱上的牛腿及悬臂梁等并入钢柱工程量内。 钢管柱上的节点板、加强环、内衬管、牛腿等并入钢管工程量内。 五、木柱 按设计图示尺寸以体积计算。				
定额相关规则	一、现浇钢筋混凝土柱 （一）柱混凝土体积计算： 1. 柱按图示断面积乘以高度以立方米计算 柱高的确定： （1）有梁板的柱高应自柱基上表面（或楼板上表面）算至上一层楼板上表面。 （2）无梁板的柱高应自柱基上表面（或楼板上表面）算至柱帽下表面，柱帽计入板内。 （3）构造柱的柱高从柱基或地梁上表面算至柱顶面（不含上下框架梁）。 （4）混凝土芯柱的高度按孔的图示高度计算。 2. 构造柱马牙槎体积并入柱身体积计算 3. 依附于柱上的牛腿，按图示尺寸以立方米计算并入柱工程量中 4. 柱帽按图示尺寸以立方米计算，并入板的工程量中 5. 预制框架柱接头按图示尺寸以立方米计算 （二）柱的模板计算 说明：柱的支模高度（按本层板之间的静高计算，无地下室时，按室外地坪到首层顶板底标高）是按3.6m编制的，超过3.6m部分，执行相应的模板支撑高度3.6m以上每增1m的定额子目，不足1m按1m计算。 （1）柱模板按柱周长乘以柱高计算，牛腿的模板并入柱模板中。柱高从柱基或板上表面算至上一层楼板上表面，无梁板算至柱帽底标高。 （2）现浇混凝土的模板工程量，除另有规定外，均应按混凝土与模板的接触面积，以平方米计算，不扣除柱与梁、梁与梁连接重叠部分的面积。 （3）柱帽按展开面积计算，并入楼板工程量中。 （4）构造柱按图示外露部分的最大宽度乘以柱高计算模板面积。 二、预制钢筋混凝土柱 预制混凝土构件按设计图示尺寸以立方米计算。 三、砌筑柱 砖、砌块、石柱的柱基和柱身均按图示尺寸以立方米计算。 四、钢柱 金属构件按图示主材质量以吨计算。 五、木柱 按设计图示尺寸以体积计算，油漆按表面积计算				

（二）梁

常见的梁按材质分可分为现浇钢筋混凝土梁、预制钢筋混凝土梁、钢梁三种，其工程量列项分为清单算量和定额算量两种，如图1.4.3所示。

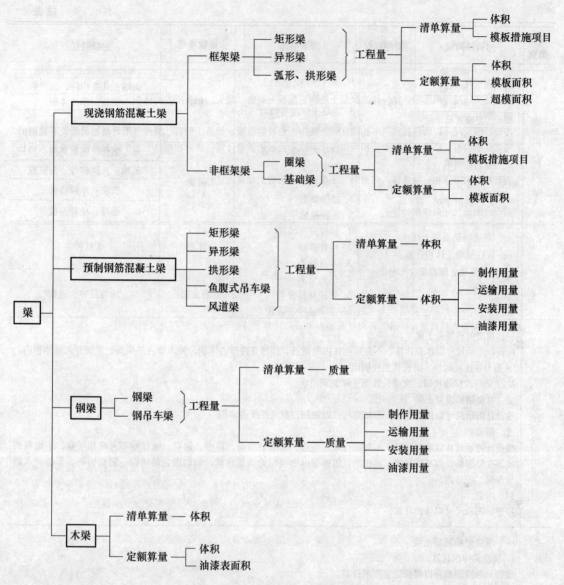

图 1.4.3 梁的分类及工程量列项

将图 1.4.3 转化成表格形式并给出相关规则, 见表 1.4.2。

表 1.4.2 梁工程量列项及相关规则

构件类别	构件构成		清单算量	清单描述	定额算量	定额信息
梁	现浇钢筋混凝土梁	矩形梁 异形梁 弧形、拱形梁	体积	1. 梁底标高 2. 梁截面 3. 混凝土强度等级 4. 混凝土拌合料要求	体积	混凝土强度等级、是否预拌
			模板措施项目		模板面积	模板类型
					超模面积	模板类型
		圈梁 基础梁	体积		体积	混凝土强度等级、是否预拌
			模板措施项目		模板面积	模板类型

续表

构件类别	构件构成		清单算量	清单描述	定额算量	定额信息
梁	预制钢筋混凝土梁	矩形梁	体积	1. 单件体积 2. 安装高度 3. 混凝土强度等级 4. 砂浆强度等级	体积	制作：混凝土强度等级
		异形梁				运输：几类构件、公里数
		拱形梁				安装：单件体积
		鱼腹式吊车梁				灌缝：砂浆强度等级
		风道梁				
	钢梁	钢梁	质量	1. 钢材的品种、规格 2. 单根质量 3. 安装高度 4. 探伤要求 5. 漆种遍数	质量	制作：钢梁类型
						运输：几类构件、公里数
		钢吊车梁				安装：单根质量
						油漆：漆种遍数
	木梁	矩形梁、圆形梁	体积	1. 构件高度长度 2. 构件截面 3. 木材种类 4. 刨光要求 5. 防护材料种类 6. 油漆品种、遍数	体积	木材种类
					表面积	油漆品种、遍数

清单相关规则

一、现浇钢筋混凝土梁

按设计图示尺寸以体积计算。不扣除构件内的钢筋、预埋铁件所占体积，伸入墙内的梁头、梁垫并入梁体积内。

1. 梁与柱连接时候，梁长算至柱侧面

2. 主梁与次梁连接时，次梁长算至主梁侧面

二、预制钢筋混凝土梁

按设计图示尺寸以体积计算。不扣除构件内钢筋、预埋件所占体积。

三、钢梁

按设计图示尺寸以质量计算。不扣除孔眼、切边、切肢的质量，焊条、铆钉、螺栓等不另增加质量，不规则的或多变形钢板，以其外接矩形面积乘以厚度乘以单位理论质量计算，制动梁、制动板、制动桁架、车挡并入钢吊车梁工程量内。

四、木梁

按设计图示尺寸以体积计算。

定额相关规则

一、现浇钢筋混凝土梁

1. 现浇梁体积计算

按图示断面面积乘以梁长以立方米计算。

（1）梁与柱连接时，梁长算至柱侧面。

（2）主梁与次梁连接时，次梁长算至主梁侧面。

（3）梁与剪力墙垂直连接时，梁长算至墙侧面。如墙为砌块（砖）墙时，伸入墙内的梁头和梁垫体积并入梁的工程梁中。

（4）圈梁的长度，外墙按中心线，内墙按净长线计算。

（5）圈梁代过梁时，其过梁体积并入圈梁工程量中。

（6）叠合梁按设计图示二次浇注部分的体积计算。

2. 现浇梁模板计算

（1）现浇混凝土梁的模板工程，除另有规定外，均应按混凝土与模板的接触面积，以平方米计算，不扣除柱与梁、梁与梁连接重叠部分面积。

（2）梁模板工程量以展开面积计算，梁侧的出沿部分按展开面积并入模板工程梁中。

（3）梁长的确定。

①梁与柱连接时，梁长算至柱侧面；

②主梁与次梁连接时，次梁长算至主梁侧面；

③梁与墙连接时，梁长算至墙侧面。

（4）现浇混凝土的模板工程量，除另有规定外，均应按混凝土与模板的接触面积，以平方米计算，不扣除柱与梁、梁与梁连接重叠部分的面积。

续表

构件类别	构件构成	清单算量	清单描述	定额算量	定额信息
定额相关规则	二、预制钢筋混凝土梁 按设计图示尺寸以体积计算。不扣除构件内钢筋、预埋件所占体积。 三、钢梁 金属构件按图示主材质量以吨计算。 四、木梁 按设计图示尺寸以体积计算，油漆按梁表面积计算				

（三）门

门按材质类别不同可划分为木门、金属门、金属卷帘门及其他门，其工程量列项分为清单算量和定额算量两种，如图 1.4.4 所示。

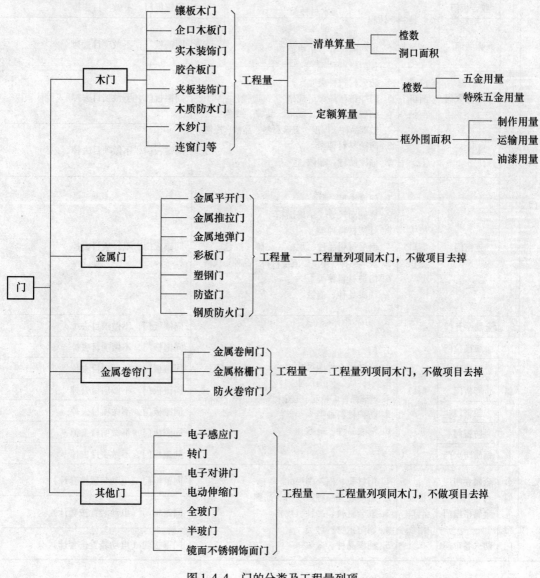

图 1.4.4　门的分类及工程量列项

将图1.4.4转化成表格形式并给出相关规则，见表1.4.3。

表1.4.3　门工程量列项及其计算规则

构件类别	构件构成		清单算量	清单描述	定额算量	定额信息
门	木门	镶板木门	樘或洞口面积	1. 门类型 2. 框截面尺寸、单扇面积 3. 骨架材料种类 4. 面层材料品种、规格、品牌、颜色 5. 玻璃品种、厚度、五金材料、品种、规格 6. 防护层材料种类 7. 油漆品种、遍数	樘	一般五金规格
						特殊五金规格
					框外围面积	制作：门类型
						运输：公里数
						油漆：品种、遍数
		企口板木门			同镶板门，不做项目去掉	
		实木装饰门			同镶板门，不做项目去掉	
		胶合板门			同镶板门，不做项目去掉	
		夹板装饰门	樘或洞口面积	1. 门类型 2. 框截面尺寸、单扇面积 3. 骨架材料种类 4. 防火材料种类 5. 门纱材料品种、规格 6. 面层材料品种、规格、品牌、颜色 7. 玻璃品种、厚度、五金材料、品种、规格 8. 防护材料种类 9. 油漆品种、遍数	同镶板门，不做项目去掉	
		木质防火门			同镶板门，不做项目去掉	
		木纱门			同镶板门，不做项目去掉	
		连窗门	樘或洞口面积	1. 门窗类型 2. 框截面尺寸、单扇面积 3. 骨架材料种类 4. 面层材料品种、规格、品牌、颜色 5. 玻璃品种、厚度、五金材料、品种、规格 6. 防护材料种类 7. 油漆品种、遍数	同镶板门，不做项目去掉	
	金属门	金属平开门	樘或洞口面积	1. 门类型 2. 框材质、外围尺寸 3. 扇材质、外围尺寸 4. 玻璃品种、厚度、五金材料、品种、规格 5. 防护材料种类 6. 油漆品种、遍数	同镶板门，不做项目去掉	
		金属推拉门			同镶板门，不做项目去掉	
		金属地弹门			同镶板门，不做项目去掉	
		彩板门			同镶板门，不做项目去掉	
		塑钢门			同镶板门，不做项目去掉	
		防盗门			同镶板门，不做项目去掉	
		钢质防火门			同镶板门，不做项目去掉	
	金属卷帘门	金属卷闸门	樘或洞口面积	1. 门材质、框外围尺寸 2. 启动装置品种、规格、品牌 3. 五金材料、品种、规格 4. 刷防护材料种类 5. 油漆品种、遍数	同镶板门（电动装置按套计）	
		金属格栅门			同镶板门（电动装置按套计）	
		防火卷帘门			同镶板门（电动装置按套计）	

续表

构件类别	构件构成		清单算量	清单描述	定额算量	定额信息
门	其他门	电子感应门	框或洞口面积	1. 门材质、品牌、外围尺寸 2. 玻璃品种、厚度、五金材料、品种、规格 3. 电子配件品种、规格、品牌 4. 防护材料种类 5. 油漆品种、遍数	同镶板门（电动装置按套计）	
		转门			同镶板门（电动装置按套计）	
		电子对讲门			同镶板门（电动装置按套计）	
		电动伸缩门			同镶板门（电动装置按套计）	
		全玻门（带扇框）	框或洞口面积	1. 门类型 2. 框材质、外围尺寸 3. 扇材质、外围尺寸 4. 玻璃品种、厚度、五金材料、品种、规格 5. 防护材料种类 6. 油漆品种、遍数	同镶板门，不做项目去掉	
		全玻自由门（无扇框）			同镶板门，不做项目去掉	
		半玻门（带扇框）			同镶板门，不做项目去掉	
		镜面不锈钢饰面门			同镶板门，不做项目去掉	
清单相关规则			按设计图示数量或图示洞口尺寸以面积计算。			
定额相关规则			（1）一般门窗：按框外围尺寸以平方米计算。 （2）卷帘门：按洞口高度增加600mm乘以门的图示宽度计算，电动装置按套计算。 （3）圆弧感应自动门、旋转门按套计算、电子感应自动装置按套计算			

（四）窗

窗按材质类别不同可划分为木窗，金属窗，其工程量列项分为清单算量和定额算量两种，如图1.4.5所示。

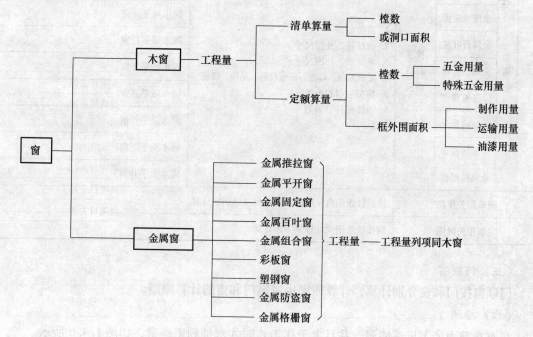

图1.4.5 窗的分类及工程量列项

将图 1.4.5 转化成表格形式并给出相关规则，见表 1.4.4。

表 1.4.4 窗工程量列项及其计算规则

构件类别	构件构成		清单算量	清单描述	定额算量	定额信息
窗	木窗	木质平开窗	框或洞口面积	1. 窗类型 2. 框材质、外围尺寸 3. 扇材质、外围尺寸 4. 玻璃品种、厚度、五金材料、品种、规格 5. 防护层材料种类 6. 油漆品种、遍数	樘	一般五金规格
						特殊五金规格
					框外围面积	制作：门类型
						运输：公里数
						油漆：品种、遍数
		木质推拉窗			同木质平开窗	
		矩形百叶木窗			同木质平开窗	
		异形百叶木窗			同木质平开窗	
		木组合窗			同木质平开窗	
		木天窗			同木质平开窗	
		矩形木固定窗			同木质平开窗	
		异形木固定窗			同木质平开窗	
		装饰空花木窗			同木质平开窗	
	金属窗	金属推拉窗	框或洞口面积	1. 窗类型 2. 框材质、外围尺寸 3. 扇材质、外围尺寸 4. 玻璃品种、厚度、五金材料、品种、规格 5. 防护层材料种类 6. 油漆品种、遍数	同木质平开窗	
		金属平开窗			同木质平开窗	
		金属固定窗			同木质平开窗	
		金属百叶窗			同木质平开窗	
		金属组合窗			同木质平开窗	
		彩板窗			同木质平开窗	
		塑钢窗			同木质平开窗	
		金属防盗窗			同木质平开窗	
		金属格栅窗			同木质平开窗	
	清单相关规则		按设计图示数量或图示洞口尺寸以面积计算			
	定额相关规则		窗按框外围尺寸以平方米计算			

（五）门联窗

门联窗按门和窗分别计算，计算原则也遵循门和窗的计算原则。

（六）墙洞

只有在剪力墙上出现墙洞，并且大于 $0.3m^2$ 时才牵扯到工程量，如图 1.4.6 所示。

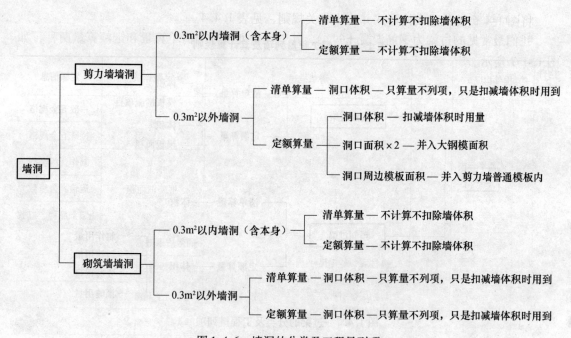

图 1.4.6 墙洞的分类及工程量列项

将图 1.4.6 转化成表格形式并给出相关规则，见表 1.4.5。

表 1.4.5 墙洞工程量列项及其计算规则

构件类别	构件构成		清单算量	清单描述	定额算量	定额信息
墙洞	剪力墙墙洞	0.3m² 以内（含本身）	不计算		不计算	
		0.3m² 以外	洞口体积	洞口尺寸	洞口体积	洞口尺寸
					洞口面积×2	并入大钢模板，洞口周边侧壁模板不计算
					洞口周边模板面积	并入普通模板，洞口面积不计算砌筑墙墙洞
	砌筑墙墙洞	0.3m² 以内（含本身）	不计算		不计算	
		0.3m² 以外	洞口体积	洞口尺寸	洞口体积	洞口尺寸
					洞口周边模板面积	模板类型
清单相关规则	不扣除单个面积 0.3m² 以内的孔洞所占体积，扣除单个面积在 0.3m² 以外的孔洞体积					
定额相关规则	1. 体积计算 不论何种材质的墙体，单孔面积在 0.3m² 以内不扣除，洞侧壁模板亦不增加，单孔面积在 0.3m² 以外者扣除洞口体积。 2. 模板计算 （1）单洞口面积在 0.3m² 以内者不扣除。 （2）单孔面积在 0.3m² 以上者，在计算普通模板时，扣除洞口面积×2，洞侧壁模板并入墙模板；在计算大钢模板时，不扣除洞口面积，洞口侧壁亦不增加					

（七）过梁

我们最常见的过梁为钢筋混凝土过梁，其工程量列项分为清单算量和定额算量两种，如图 1.4.7 所示。

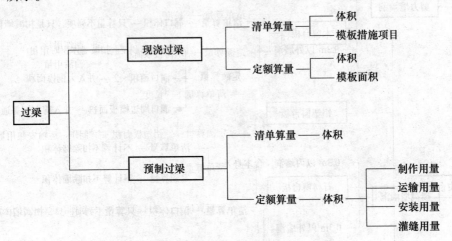

图 1.4.7　过梁的分类及工程量列项

将图 1.4.7 转化成表格形式并给出相关规则，见表 1.4.6。

表 1.4.6　过梁工程量列项及其计算规则

构件类别	构件构成	清单算量	清单描述	定额算量	定额信息	
过梁	现浇	体积	1. 过梁底标高 2. 过梁截面尺寸 3. 混凝土强度等级 4. 混凝土拌和料要求	体积	体积	混凝土强度等级、是否预拌
		模板措施项目			模板面积	模板类型
	预制	体积	1. 单件体积 2. 安装高度 3. 混凝土强度等级 4. 砂浆强度等级	体积	制作：混凝土强度等级	
					运输：公里数	
					安装：单件体积	
					灌缝：砂浆强度等级	
清单相关规则	按设计图示尺寸以体积计算，不扣除构件内钢筋、预理铁件所占的体积					
定额相关规则	现浇： 1. 体积 过梁按图示尺寸以体积计算，圈代过时过梁体积并入圈梁。 2. 模板 按模板接触面积计算。 预制： 1. 运输 归几类构件。 2. 安装 执行小型构件相应定额。 3. 灌缝 执行其他构件相应定额					

（八）窗台板

常见的窗台板有木窗台板、铝塑窗台板、石材窗台板、金属窗台板、预制水磨石窗台板等，其工程量列项如图 1.4.8 所示。

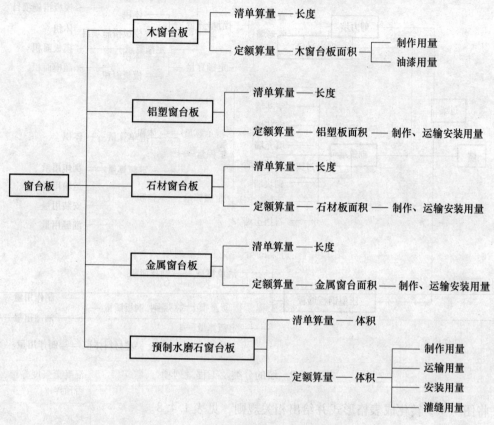

图 1.4.8 窗台板的分类及工程量列项

将图 1.4.8 转化成表格形式并给出相关规则，见表 1.4.7。

表 1.4.7 窗台板工程量列项及其计算规则

构件类别	构件构成	清单算量	清单描述	定额算量	定额信息
窗台板	木窗台板	长度	1. 找平层厚度、砂浆配合比 2. 窗台板材质、规格、颜色 3. 防护材料种类 4. 油漆品种、遍数	面积	制作：材质、品种
					油漆：漆种遍数
	铝塑窗台板	长度		面积	制作：材质、品种
	石材窗台板	长度		面积	制作：材质、品种
	金属窗台板	长度		面积	制作：材质、品种
	预制水磨石窗台板	体积	1. 找平层厚度、砂浆配合比 2. 混凝土配合比	体积	制作：混凝土强度等级
					运输：公里数
					安装：执行小型构件
					灌缝：执行小型构件
清单相关规则	按设计图示尺寸以长度计算				
定额相关规则	（1）木窗台板一般要算出木材板的展开面积，油漆要算出面积才能套相应定额。 （2）铝塑窗台板、石材窗台板、金属窗台板一般是成品，按面积购买就可以。 （3）预制水磨石窗台板，如果在现场预制就不计算运输费用了				

（九）墙

常见的墙分为剪力墙和砌筑墙两大类，其工程量列项如图 1.4.9 所示。

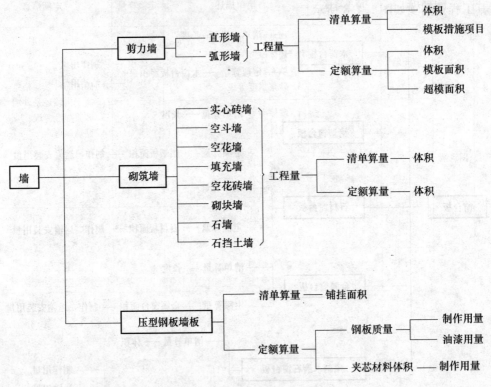

图 1.4.9　墙的分类及工程量列项

将图 1.4.9 转化成表格形式并给出相关规则，见表 1.4.8。

表 1.4.8　墙工程量列项及其计算规则

构件类别	构件构成		清单算量	清单描述	定额算量	定额信息
墙	剪力墙	直形墙	体积	1. 墙类型 2. 墙厚度 3. 混凝土强度等级 4. 混凝土拌合料要求	体积	混凝土强度等级、是否预拌
					模板面积	模板类型
			模板措施项目		超模面积	模板类型
		弧形墙	同直形墙		同直形墙	
	砌筑墙	实心砖墙	体积	1. 砖品种、规格、强度等级 2. 墙体类型 3. 墙体厚度 4. 墙体高度 5. 勾缝要求 6. 砂浆强度等级、配合比	体积	1. 砖的品种、规格 2. 属于内墙还是外墙 3. 砂浆强度等级 4. 贴墙厚度 5. 是否弧形
		空斗墙	体积	1. 砖品种、规格、强度等级 2. 墙体类型 3. 墙体厚度 4. 勾缝要求 5. 砂浆强度等级、配合比	体积	
		空花墙	体积		体积	

续表

构件类别	构件构成		清单算量	清单描述	定额算量	定额信息
墙	砌筑墙	填充墙	体积	1. 砖品种、规格、强度等级 2. 墙体厚度 3. 填充材料要求 4. 砂浆强度等级	体积	1. 砖的品种、规格 2. 属于内墙还是外墙 3. 砂浆强度等级 4. 贴墙厚度 5. 是否弧形
		空花砖墙	体积	1. 墙体类型 2. 墙体厚度 3. 空心砖、砌块品种、规格、强度等级 4. 勾缝要求 5. 砂浆强度等级、配合比	体积	
		砌块墙	体积		体积	
		石墙	体积	1. 石料种类、规格 2. 墙厚 3. 石表面加工要求 4. 勾缝要求 5. 砂浆强度等级、配合比	体积	1. 石料种类、规格 2. 是否弧形 3. 是挡土墙、护坡 4. 浆砌还是干砌 5. 砂浆强度等级
		石挡土墙	体积		体积	
	压型钢板墙板		铺挂面积	1. 钢材品种、规格 2. 压型钢板厚度、复合板厚度 3. 复合板夹芯材料种类、层数、型号、规格	钢板质量	制作：钢板品种、规格
						油漆：品种、遍数
					夹芯材料体积	夹芯材料品种、规格

清单相关规则

一、剪力墙

按设计图示尺寸以体积计算。不扣除构件内钢筋、预埋件所占的体积，扣除门窗洞口及单个面积 $0.3m^2$ 以外的空洞所占的体积，墙垛及突出墙面部分并入墙体体积内计算。

二、实心砖墙、空心砖墙、砌块墙、石墙

（1）砖基础与墙身划分应以设计室内地坪为界（有地下室的按地下室室内设计地坪为界），以下为基础，以上为墙身（柱）。基础与墙身使用不同材料，位于设计室内地坪 ±300mm 以内时以不同材料为界；超过 ±300mm，应以设计室内地坪为界，砖围墙应以设计室外地坪为界，以下为基础，以上为墙身。

（2）按设计图示尺寸以体积计算。扣除门窗洞口、过人洞、空圈、嵌入墙内的钢筋混凝土柱、梁、圈梁、挑梁、过梁及凹进墙内的壁龛、管槽、暖气槽、消火栓箱所占的体积。

（3）不扣除梁头、板头、檩头、垫木、木楞头、沿椽木、木砖、门窗走头、砖墙内加固钢筋、木筋、铁件、钢管及单个面积 $0.3m^2$ 以内的孔洞所占体积，凸出墙面的腰线、挑檐、压顶、窗台线、虎头砖、门窗套的体积亦不增加。

（4）凸出墙面的砖垛并入墙体积内计算。

（5）墙长度确定：外墙按中心线、内墙按净长计算。

（6）墙高度确定：

1）外墙：斜（坡）屋面无檐口天棚者算至屋面板底；有屋架且室内外均有天棚者算至屋架下弦底另加200mm，无天棚者算至屋架下弦底另加300mm，出檐宽度超过600mm时按实砌高度计算（平屋面算至钢筋混凝土板底）。

2）内墙：位于屋架下弦者，算至屋架下弦底；无屋架者算至天棚底另加100mm；有钢筋混凝土楼板隔层者算至楼板顶；有框架梁时算至梁底。

3）女儿墙：从屋面板上表面算至女儿墙顶面（如有混凝土压顶时算至压顶下表面）。

4）内、外山墙：按其平均高度计算。

（7）围墙：高度算至压顶上表面（如有混凝土压顶时算至压顶下表面），围墙柱并入围墙体积内。

三、空斗墙

按设计图示尺寸以空斗墙外形体积计算。墙角、内外墙交接处、门窗洞口立边、窗台砖、屋檐处的实砌部分体积并入空斗墙体积内。

构件类别	构件构成	清单算量	清单描述	定额算量	定额信息
清单相关规则	四、空花墙 按设计图示尺寸以空花部分外形体积计算，不扣除空洞部分体积。 五、填充墙 按设计图示尺寸以填充墙外形体积计算。 六、石挡土墙 按设计图示尺寸以体积计算。 七、压型钢板墙板 按设计图示尺寸以铺挂面积计算。不扣除单个 0.3m² 以内的孔洞所占面积，包角、包边、窗台泛水等不另增加面积。				
定额相关规则	一、剪力墙 1. 剪力墙体积计算 外墙按中心线、内墙按净长线乘以高度及厚度以立方米计算，并扣除门窗洞口及 0.3m² 以外孔洞所占的体积，墙垛及突出墙面的装饰线，并入墙体工程量中。 墙的高度按下列规定确定： (1) 墙与板连接时，墙的高度从基础（基础梁）或楼板上表面算至上一层楼板上表面。 (2) 墙与框架梁连接时，墙的高度算至梁底。和墙连在一起的暗梁、暗柱、连梁及突出墙外的装饰线并入墙的工程量中。 (3) 女儿墙的高度从屋面板上表面算至女儿墙上表面，女儿墙的压顶、腰线、装饰线的体积并入墙的工程量中。 2. 剪力墙模板计算 (1) 墙模板分内外墙计算模板面积，凸出墙面的柱、沿线的侧面积并入墙体模板工程量中。 (2) 墙模板的工程量按图示长度乘以墙高以平方米计算，外墙高度由楼层表面算至上一层楼板上表面，内墙由楼板上表面算至上一层楼板（或梁）下表面。 (3) 现浇混凝土墙上单孔面积在 0.3m² 以内的孔洞不扣除，洞侧壁模板亦不增加；单孔面积在 0.3m² 以外的孔洞应扣除，洞口侧壁面积并入模板工程量中。采用大模板时，洞口面积不扣除，洞口侧模的面积已综合在定额中。 二、砌筑墙 1. 基础与墙体的划分 (1) 墙体：以设计室内地坪为界（有地下室者，以地下室室内设计地面为界），以下为基础，以上为墙体。 (2) 围墙：以设计室外地坪为界，以下为基础，以上为墙体。 2. 墙体体积计算：外墙按中心线、内墙按净长线长度，乘以墙高乘以墙厚以立方米计算。扣除门窗框外围面积、过人洞、嵌入墙内的钢筋混凝土柱、梁（过梁、圈梁、挑梁）、竖风道、烟囱和 0.3m² 以外孔洞所占体积。 不扣除伸入墙内的板头、梁头、垫块、钢筋、砖过梁及凹进墙内的壁龛、管槽、暖气槽、消火栓箱、窗盘心和 0.025m³ 以下过梁以及 0.3m² 以内的孔洞所占的体积，单凸出外墙面的腰线、挑檐、压顶、窗台线、虎头砖、门窗套体积亦不增加。 凸出墙面的砖垛并入墙体积内计算。 3. 墙体高度确定 (1) 外墙：平屋顶带挑檐者算至板面；坡顶带挑檐口者算至望板下皮；砖出檐者算至檐子上皮。 (2) 内墙：高度由室内设计地面（地下室内设计地面）或楼板面算至板底，梁下墙至梁底；板不压墙的算至板上皮，如墙两侧的板厚不一样时算至薄板的上皮；有吊顶天棚而墙高不到板底，设计有未注明，算至天棚底另加 200mm。 (3) 山墙：按其平均高度计算。 (4) 女儿墙：自屋面板顶面算至女儿墙压顶下表面，体积并入外墙工程量内。 4. 小型砖砌体、砌沟道按图示尺寸以立方米计算 5. 毛石砌体按图示尺寸以立方米计算，墙身砌体扣除门窗框外围面积所占体积 6. 其他砌体除注明外均按图示尺寸以立方米计算				

（十）压顶

常见的压顶有现浇钢筋混凝土压顶、砖压顶两种，其工程量列项如图 1.4.10 所示。

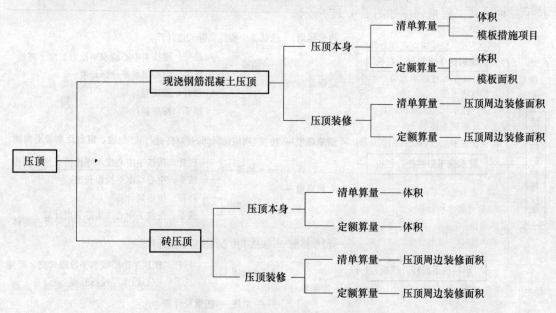

图 1.4.10 压顶的分类及工程量列项

将图 1.4.10 转化成表格形式并给出相关规则，见表 1.4.9。

表 1.4.9 压顶工程量列项及其计算规则

构件类别	构件构成		清单算量	清单描述	定额算量	定额信息
压顶	现浇钢筋混凝土压顶	压顶本身	体积	1. 压顶底标高 2. 压顶截面 3. 混凝土强度等级 4. 混凝土拌合料要求	体积	混凝土强度等级、是否预拌
			模板措施项目		模板面积	模板类型
		压顶装修	压顶周边装修面积	装修材料品种、规格	压顶周边装修面积	装修材料品种、规格
	砖压顶	压顶本身	体积	按墙描述，并入墙体积	体积	按墙描述，并入墙体积
		压顶装修	压顶周边装修面积	装修材料品种、规格	压顶周边装修面积	装修材料品种、规格
清单相关规则	清单里没有压顶这个项目，参考圈梁规则描述 （1）按设计图示尺寸以体积计算。不扣除构件内钢筋、预埋件所占体积。 （2）压顶与构造柱连接时，应扣除构造柱所占压顶的体积。 （3）压顶装修如果和外墙相同，一般并入外墙装修内计算，如果和外墙装修不同，单独计算。					
定额相关规则	定额里也没有压顶这个项目，参考圈梁规则描述 （1）压顶体积：压顶按图示尺寸以体积计算，不扣除压顶内钢筋和预埋件所占的体积。 （2）压顶模板：压顶模板工程量按展开面积计算。 （3）压顶装修如果和外墙相同，一般并入外墙装修内计算，如果和外墙装修不同，单独计算，套梁柱面抹灰定额					

（十一）屋面防护栏杆

屋面防护栏杆一般起防护和装饰作用，按清单定额将其分为金属扶手、硬木扶手、熟料扶手三种，其工程量列项如图 1.4.11 所示。

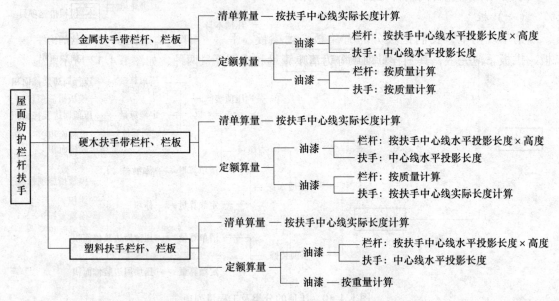

图 1.4.11　屋面防护栏杆扶手的分类及工程量列项

将图 1.4.11 转化成表格形式并给出相关规则，见表 1.4.10。

表 1.4.10　屋面防护栏杆扶手工程量列项及其计算规则

构件类别	构件构成	清单算量	清单描述	定额算量	定额信息
屋面防护栏杆扶手	金属扶手带栏杆、栏板	扶手实际长度	1. 扶手材料种类、规格、品牌、颜色 2. 栏杆材料种类、规格、品牌、颜色 3. 栏板材料种类、规格、品牌、颜色 4. 固定配件种类 5. 防护材料种类 6. 油漆品种、遍数	栏杆制作：扶手中心线投影长度×高度	栏杆：材质、规格
				扶手制作：扶手中心线投影长度	扶手：材质、规格
				栏杆油漆：质量	油漆：品种、遍数
				扶手油漆：质量	油漆：品种、遍数
	硬木扶手带栏杆、栏板	扶手实际长度		栏杆制作：扶手中心线投影长度×高度	栏杆：材质、规格
				扶手制作：扶手中心线投影长度	扶手：材质、规格
				栏杆油漆：质量	油漆：品种、遍数
				扶手油漆：扶手实际长度	油漆：品种、遍数
	塑料扶手带栏杆、栏板	扶手实际长度		栏杆制作：扶手中心线投影长度×高度	栏杆：材质、规格
				扶手制作：扶手中心线投影长度	扶手：材质、规格
				栏杆油漆：质量	油漆：品种、遍数
清单相关规则	按设计图示尺寸以扶手中心线长度（包括弯头长度）计算				
定额相关规则	（1）栏杆（板）按扶手中心线水平投影长度乘以高度以平方米计算。栏杆高度从扶手底算至结构上表面。 （2）扶手（包括弯头）按扶手中心线水平投影长度以米计算。 （3）钢栏杆油漆：按质量计算。 （4）钢扶手油漆：按质量计算。 （5）木扶手油漆：按图示尺寸以米计算。				

二、顶部结构工程量列项

顶部结构所包含的构件如图 1.4.12 所示。

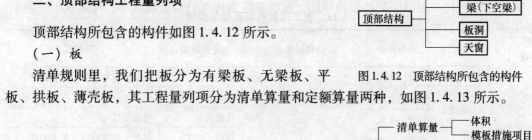

图 1.4.12　顶部结构所包含的构件

（一）板

清单规则里，我们把板分为有梁板、无梁板、平板、拱板、薄壳板，其工程量列项分为清单算量和定额算量两种，如图 1.4.13 所示。

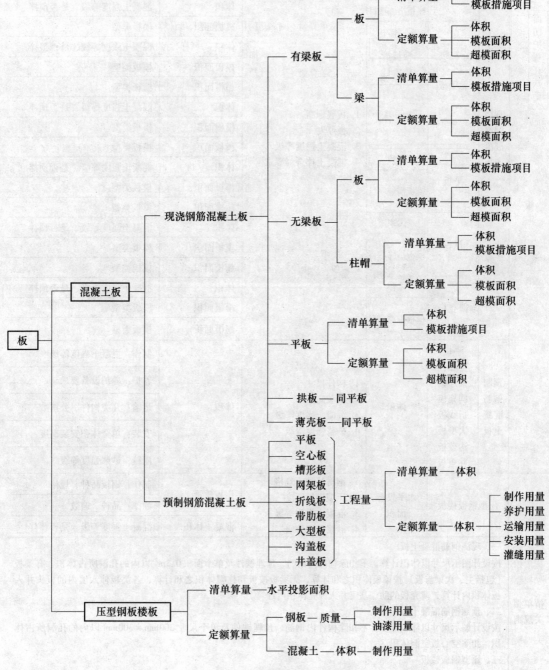

图 1.4.13　板的分类及工程量列项

将图 1.4.13 转化成表格形式并给出相关规则，见表 1.4.11。

表 1.4.11　板工程量列项及相关规则

构件类别	构件构成		清单算量	清单描述	定额算量	定额信息
板	现浇钢筋混凝土板	有梁板	板：体积	1. 板底标高 2. 板厚度 3. 混凝土强度等级 4. 混凝土拌合料要求	体积	混凝土强度等级、是否预拌
			模板措施项目		模板面积	模板类型
			梁：体积		超模面积	模板类型
			模板措施项目		体积	混凝土强度等级、是否预拌
		无梁板	板：体积		模板面积	模板类型
			模板措施项目		体积	混凝土强度等级、是否预拌
					模板面积	模板类型
					超模面积	模板类型
			柱帽：体积		体积	混凝土强度等级、是否预拌
					模板面积	模板类型
					模板面积	模板类型
		平板	体积		体积	混凝土强度等级、是否预拌
			模板措施项目		模板面积	模板类型
					超模面积	模板类型
		拱板	体积		体积	混凝土强度等级、是否预拌
			模板措施项目		模板面积	模板类型
					超模面积	模板类型
		薄壳板	体积		体积	混凝土强度等级、是否预拌
			模板措施项目		模板面积	模板类型
					超模面积	模板类型
	预制钢筋混凝土板	平板 空心板 槽形板 网架板 折线板 大型板 沟盖板 井盖板	体积	1. 构件尺寸 2. 安装高度 3. 混凝土强度等级 4. 砂浆强度等级	体积	制作：混凝土强度等级
						养护：养护设备要求
						运输：几类构件、公里数
						安装：单个体积安装高度
						灌缝：砂浆强度等级
	压型钢板楼板		水平投影面积	1. 钢材品种、规格 2. 压型钢板厚度 3. 混凝土强度等级 4. 砂浆强度等级	钢板质量	制作：钢板品种、规格
						油漆：品种、遍数
					混凝土体积	混凝土强度等级、是否预拌

清单相关规则	一、现浇钢筋混凝土板 按设计图示尺寸以体积计算。不扣除构件内钢筋、预埋铁件及单个面积 0.3m² 以内的孔洞所占体积。有梁板（包括主、次梁与板）按梁板体积之和计算，无梁板按板和柱帽体积之和计算，各类板伸入墙内的板头并入板体积内计算，薄壳板的肋、基梁并入薄壳体积内计算。 二、预制钢筋混凝土板 按设计图示尺寸以体积计算。不扣除构件内钢筋、预埋铁件及单个尺寸 300mm×300mm 以内的孔洞所占体积，扣除空心板空洞体积。 三、压型钢板楼板 按设计图示尺寸以铺设水平投影面积计算。不扣除柱、垛及单个 0.3m² 以内的孔洞所占面积。

续表

构件类别	构件构成	清单算量	清单描述	定额算量	定额信息
清单相关规则	一、现浇板体积计算规则 1. 按图示面积乘以板厚以立方米计算，不扣除轻质隔墙、垛、柱及 0.3m² 以内的孔洞所占的体积。板的图示面积按下列规定 （1）有梁板按梁与梁之间的净尺寸计算。 （2）无梁板按板外边线的水平投影面积计算。 （3）平板按主墙间的净面积计算。 （4）板与圈梁连接时，算至圈梁侧面；板与砖墙连接时，伸入墙内板头体积并入板工程量中。 2. 斜板按图示尺寸以立方米计算 3. 叠合板按图示尺寸将板和肋（板缝）合并计算 4. 补板缝按预制板长度乘以板缝宽度再乘以板厚以立方米计算，预制板边八字角部分的体积不另行计算 5. 双曲薄壳：包括双曲拱顶合依附于边缘的梁、横隔板、横隔拱梁按图示尺寸以立方米计算 6. 压型钢板上现浇混凝土，应从压型钢板的板面算至现浇板的上皮，压型钢板凹进部分的混凝土体积并入板工程量中 7. 柱帽按图示尺寸以立方米计算，并入板的工程量中 二、现浇板模板计算规则 1. 板的支模高度（室外设计地坪至板底或板面至板底之间的高度）是按 3.6m 编制的，超过 3.6m 部分，执行定额相应的模板支撑高度 3.6m 以上每增 1m 的定额子目，不足 1m 时按 1m 计算 2. 现浇混凝土的模板工程量，除另有规定外，均应按混凝土与模板的接触面积，以平方米计算，不扣除柱与梁、梁与梁连接重叠部分的面积 3. 楼板的模板工程量按图示尺寸以平方米计算，不扣除单孔面积在 0.3m² 以内的孔洞所占的面积，洞侧壁面积亦不增加；应扣除梁、柱帽以及单孔面积在 0.3m² 以外孔洞所占的面积，洞口侧壁模板面积并入楼板的模板工程量中 4. 模板支撑高度 3.6m 以上每增 1m 按超过部分面积计算工程量 三、预制板 预制混凝土构件按设计图示尺寸以立方米计算				

（二）梁（下空梁）

这里的梁指的是房间中间下边没有墙的梁，它的列项和计算规则和前面讲过的梁一样，我们通常在算围护结构的梁时就将这些梁一起算了，之所以在顶部结构重新列出，是因为它确实又属于顶部构件，继续列出只是提醒大家不要漏项。

（三）板洞

这里的板洞指的是顶板上开洞，分为 0.3m² 以内和以外两种情况，其工程量列项如图 1.4.14 所示。

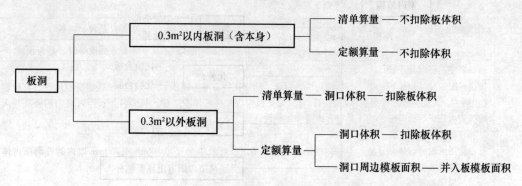

图 1.4.14 板洞的分类及工程量列项

将图 1.4.14 转化成表格形式并给出相关规则，见表 1.4.12。

表 1.4.12　板洞工程量列项及相关规则

构件类别	构件构成	清单算量	清单描述	定额算量	定额信息
板洞	0.3m² 以内（含本身）	不计算		不计算	
	0.3m³ 以外	洞口体积	洞口尺寸	洞口体积	洞口尺寸
				洞口周边模板面积	模板类型
清单相关规则	板按设计图示尺寸以体积计算。不扣除单个面积 0.3m² 以内的孔洞所占体积，扣除单个面积在 0.3m² 以外的孔洞体积。				
定额相关规则	一、体积计算 板按图示面积乘以板厚以立方米计算，不扣除单个 0.3m² 以内的孔洞所占的体积。扣除单个面积在 0.3m² 以外的孔洞体积。 二、模板计算 楼板的模板工程量按图示尺寸以平方米计算，不扣除单孔面积在 0.3m² 以内的孔洞所占的面积，洞侧壁面积亦不增加；应扣除单孔面积在 0.3m² 以外孔洞所占的面积，洞口侧壁模板面积并入楼板的模板工程量中				

（四）天窗

常见的天窗指的是在顶板上按窗，其工程量列项和计算规则同窗，这里不再赘述。

三、室内结构工程量列项

室内结构所包含的构件如图 1.4.15 所示。

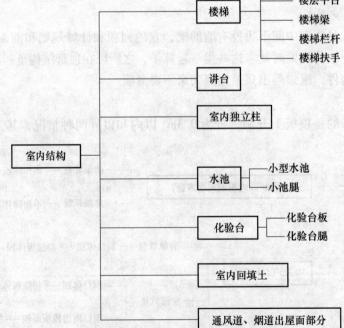

图 1.4.15　室内结构所包含的构件

（一）楼梯

楼梯在建筑物里是比较复杂的构件，此处将楼梯分为楼梯制作、楼梯装修、楼梯扶手栏杆三部分讲解。

1. 楼梯制作

楼梯制作分为混凝土楼梯、木楼梯和钢梯三种，其工程量列项如图 1.4.16 所示。

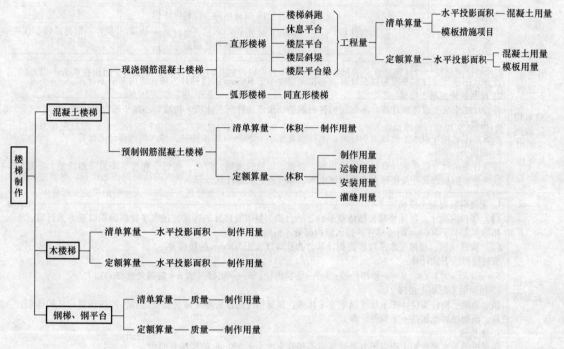

图 1.4.16　楼梯制作的分类及工程量列项

将图 1.4.16 转化成表格形式并给出相关规则，见表 1.4.13。

表 1.4.13　楼梯制作工程量列项及相关规则

构件类别	构件构成			清单算量	清单描述	定额算量	定额信息
楼梯	混凝土楼梯	现浇	直形楼梯	楼梯斜跑休息平台楼层平台楼梯斜梁楼梯平台梁	水平投影面积	1. 混凝土强度等级 2. 混凝土拌合料要求	水平投影面积	混凝土强度等级、是否预拌
				模板措施项目		模板类型
		弧形楼梯		水平投影面积		水平投影面积	混凝土强度等级、是否预拌
				模板措施项目		模板类型
		预制	同上	体积	1. 楼梯类型 2. 单件体积 3. 混凝土强度等级 4. 砂浆强度等级	体积	制作：混凝土强度等级
							运输：几类构件
							安装：小型构件
							灌缝：砂浆强度等级

续表

构件类别	构件构成			清单算量	清单描述	定额算量	定额信息
楼梯	木楼梯		同上	水平投影面积	1. 木材种类 2. 单件体积 3. 防护材料种类 4. 油漆品种、遍数	水平投影面积	制作：木材种类
	钢梯钢平台		同上	质量	1. 钢材品种、规格 2. 钢梯形式 3. 油漆品种、遍数	质量	制作：钢材品种、规格
清单相关规则	1. 现浇钢筋混凝土楼梯 按设计图示尺寸以水平投影面积计算。不扣除宽度小于 500mm 的楼梯井，伸入墙内部分不计算。 2. 预制钢筋混凝土楼梯 按设计图示尺寸以体积计算。不扣除构件内钢筋、预埋铁件所占体积，扣除空心踏步板空洞体积。 3. 木楼梯 按设计图示尺寸以水平投影面积计算。不扣除宽度小于 300mm 的楼梯井，伸入墙内部分不计算。 4. 钢梯 按设计图示尺寸以质量计算。不扣除孔眼、切边、切肢的质量，焊条、铆钉、螺栓等不另增加质量，不规则或多边形钢板以其外接矩形面积乘以厚度乘以单位理论质量计算。						
定额相关规则	1. 现浇钢筋混凝土楼梯 （1）楼梯混凝土：整体楼梯包括休息平台、平台梁、斜梁及楼梯的连梁，按水平投影面积以平方米计算，不扣除宽度小于 500mm 的楼梯井，伸入墙内部分不另增加。 （2）楼梯模板：楼梯按水平投影面积计算，扣除宽度大于 500mm 的楼梯井。 旋转楼梯按下式计算： $S = \pi \left(R^2 - r^2\right) \times n$，$R$——楼梯外径；$r$——楼梯内径；$n$——层数（或 $n =$ 旋转角度$/360$）。 2. 预制钢筋混凝土楼梯 预制混凝土构件按设计图示尺寸以立方米计算，预制构件的接头灌缝除另有规定外，均按预制构件的体积计算，预制楼梯运输按一类构件计算。 3. 木楼梯 楼梯按图示水平投影面积以平方米计算，不扣除宽度小于 500mm 的楼梯井面积。 4. 钢梯 钢梯制作按图示主材质量，以吨计算						

2. 楼梯装修

楼梯装修仍分为混凝土楼梯、木楼梯和钢梯三种，其工程量列项如图 1.4.17 所示。

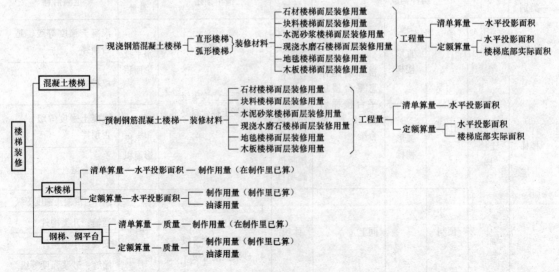

图 1.4.17　楼梯装修的分类及工程量列项

将图 1.4.17 转化成表格形式并给出相关规则，见表 1.4.14。

表 1.4.14　楼梯装修工程量列项及相关规则

构件类别	构件构成			清单算量	清单描述	定额算量	定额信息
楼梯	混凝土楼梯	现浇预制	直形楼梯弧形楼梯	水平投影面积	石材楼梯面层块料楼梯面层	1. 找平层厚度、砂浆配合比 2. 贴结合层厚度、材料种类 3. 面层材料品种、规格、品牌、颜色 4. 防滑条材料种类 5. 勾缝材料种类 6. 防护层材料种类 7. 酸洗、打蜡要求	水平投影面积	面层装修材料品种、规格
						楼梯底部实际面积	底部装修材料品种
				水泥砂浆楼梯面层	水平投影面积	1. 找平层厚度、砂浆配合比 2. 面层厚度、砂浆配合比 3. 防滑条材料种类、规格	水平投影面积	面层装修材料品种、规格
						楼梯底部实际面积	底部装修材料品种
				现浇水磨石楼梯面层	水平投影面积	1. 找平层厚度、砂浆配合比 2. 面层厚度、水泥石子浆配合比 3. 防滑材料种类、规格 4. 石子种类、规格、颜色 5. 颜料种类、颜色 6. 磨光、酸洗、打蜡要求	水平投影面积	面层装修材料品种、规格
						楼梯底部实际面积	底部装修材料品种
				地毯楼梯面层	水平投影面积	1. 基层种类 2. 找平层厚度、砂浆配合比 3. 面层材料品种、规格、品牌、颜色 4. 防护材料种类 5. 粘结材种类 6. 固定配件材料种类	水平投影面积	面层装修材料品种、规格
						楼梯底部实际面积	底部装修材料品种
				木板楼梯面层	水平投影面积	1. 找平层厚度、砂浆配合比 2. 基层材料种类、规格 3. 面层材料品种、规格、品牌、颜色 4. 粘结材料种类 5. 防护材料种类 6. 油漆品种、遍数	水平投影面积	面层装修材料品种、规格
						楼梯底部实际面积	底部装修材料品种
楼梯	木楼梯			油漆	水平投影面积	1. 木材种类 2. 刨光要求 3. 防护材料种类 4. 油漆品种、遍数	水平投影面积	油漆：品种、遍数
	钢梯钢平台			油漆	质量	1. 钢材品种 2. 钢梯形式 3. 油漆品种、遍数	质量	油漆：品种、遍数

续表

构件类别	构件构成	清单算量	清单描述	定额算量	定额信息
清单相关规则	按设计图示尺寸以楼梯（包括踏步、休息平台及500mm以内的楼梯井）水平投影面积计算。楼梯与地面相连时，算至梯口梁内侧边沿；无梯口梁者，算至最上一层踏步边沿加300mm。板式楼梯底面抹灰按斜面积计算，锯齿形楼梯底板抹灰按展开面积计算。				
定额相关规则	1. 现浇、预制钢筋混凝土楼梯装修楼梯装修定额中，包括了踏步、休息平台和楼梯踢脚线，但不包括楼梯底面抹灰。水泥面楼梯包括金刚砂防滑条。楼梯各种面层（包括踏步、平台）按楼梯净水平投影面积以平方米计算。楼梯井宽度在500mm以内者不予扣除，超过500mm者应扣除其面积。楼梯铺满地毯按楼梯间净水平投影面积计算；不满铺地毯按实铺地毯的展开面积计算。2. 木楼梯油漆木楼梯按水平投影面积以平方米计算。3. 钢梯油漆按图示主材质量以吨计算				

3. 楼梯扶手、栏杆、栏板

楼梯栏杆分为钢栏杆、扶手带栏杆、栏板、靠墙扶手三种情况，其工程量列项如图1.4.18所示。

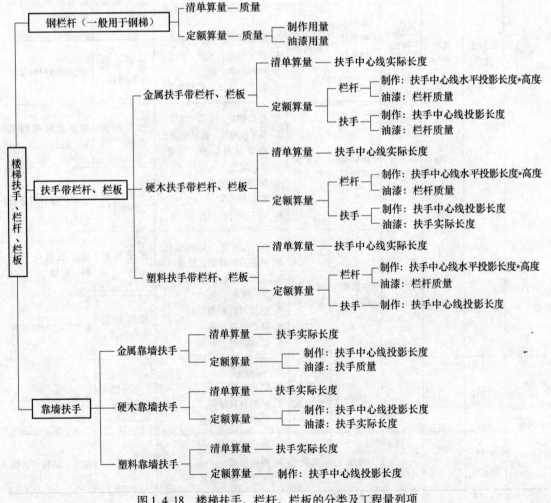

图1.4.18　楼梯扶手、栏杆、栏板的分类及工程量列项

将图 1.4.18 转化成表格形式并给出相关规则，见表 1.4.15。

表 1.4.15 楼梯扶手、栏杆、栏板工程量列项及相关规则

构件类别	构件构成	清单算量	清单描述	定额算量	定额信息
楼梯栏杆扶手	钢栏杆	质量	1. 钢材品种、规格 2. 油漆品种、遍数	质量	制作：钢材品种、规格 油漆：品种、遍数
	金属扶手带栏杆、栏板	扶手实际长度	1. 扶手材料种类、规格、品牌、颜色 2. 栏杆材料种类、规格、品牌、颜色 3. 栏板材料种类、规格、品牌、颜色 4. 固定配件种类 5. 防护材料种类 6. 油漆品种、遍数	栏杆制作：扶手中心线投影长度*高度 扶手制作：扶手中心线投影长度 栏杆油漆：质量 扶手油漆：质量	栏杆：材质、规格 扶手：材质、规格 油漆：品种、遍数 油漆：品种、遍数
	硬木扶手带栏杆、栏板	扶手实际长度		栏杆制作：扶手中心线投影长度*高度 扶手制作：扶手中心线投影长度 栏杆油漆：质量 扶手油漆：扶手实际长度	栏杆：材质、规格 扶手：材质、规格 油漆：品种、遍数 油漆：品种、遍数
	塑料扶手带栏杆、栏板	扶手实际长度		栏杆制作：扶手中心线投影长度*高度 扶手制作：扶手中心线投影长度 栏杆油漆：质量	栏杆：材质、规格 扶手：材质、规格 油漆：品种、遍数
	金属靠墙扶手	扶手实际长度	1. 扶手材料种类、规格、品牌、颜色 2. 固定配件种类 3. 防护材料种类 4. 油漆品种、遍数	扶手制作：扶手中心线投影长度 扶手油漆：质量	扶手：材质、规格 油漆：品种、遍数
	硬木靠墙扶手	扶手实际长度		扶手制作：扶手中心线投影长度 扶手油漆：扶手实际长度	扶手：材质、规格 油漆：品种、遍数
	塑料靠墙扶手	扶手实际长度		扶手制作：扶手中心线投影长度	扶手：材质、规格
	木栏杆	图示垂直投影面积	1. 扶手材料种类、规格、品牌、颜色 2. 固定配件种类 3. 防护材料种类 4. 油漆品种、遍数	图示垂直投影面积	制作：木材品种 油漆：品种、遍数
清单相关规则	1. 钢栏杆（一般用于钢楼梯） 按设计图示尺寸以质量计算。不扣除孔眼、切边、切肢的质量，焊条、铆钉、螺栓等不另增加质量，不规则或多边形钢板以其外接矩形面积乘以厚度乘以单位理论质量计算。 2. 楼梯扶手栏杆 按设计图示尺寸以扶手中心线长度（包括弯头长度）计算。				

续表

构件类别	构件构成	清单算量	清单描述	定额算量	定额信息
定额相关规则	1. 钢栏杆 钢梯、钢构件无论制作油漆均按图示主材质量，以吨计算。 2. 木栏杆 制作油漆均按图示垂直投影面积，以平方米计算。 3. 金属、硬木、塑料扶手栏杆、栏板 （1）栏杆（板）按扶手中心线水平投影长度乘以高度以平方米计算。栏杆高度从扶手底算至结构上表面。 （2）扶手（包括弯头）按扶手中心线水平投影长度以米计算。 （3）钢栏杆油漆：按质量计算。 （4）钢扶手油漆：按质量计算。 （5）木扶手油漆：按图示尺寸，以米计算				

（二）水池

这里将常见的水池分为成品水池、预制水池和砖砌水池三类，其工程量列项如图1.4.19 所示。

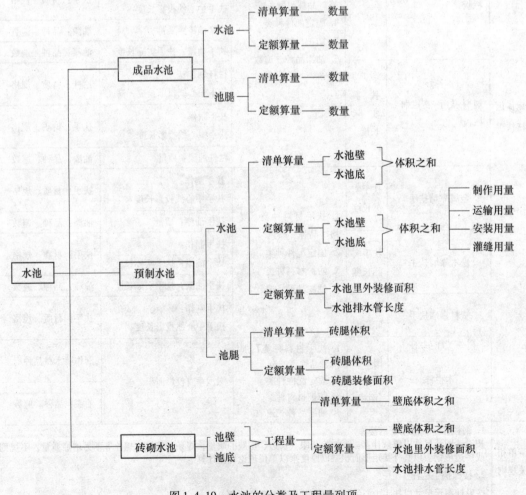

图 1.4.19　水池的分类及工程量列项

将图 1.4.19 转化成表格形式，见表 1.4.16。

表 1.4.16 水池工程量列项表

构件类别	构件构成		清单算量	清单描述	定额算量	定额信息
水池	成品水池	水池	数量	水池品种、规格	数量	水池品种、规格
		池腿	数量	池腿品种、规格	数量	池腿品种、规格
	预制水池	水池	壁底体积之积	1. 混凝土强度等级 2. 壁底厚度	壁底体积之和	制作：混凝土强度等级
						运输：公里数
						安装：单个体积
						灌缝：砂浆
					水池里外装修面积	装修材料品种、规格
					水池排水管长度	排水管材质
		池腿	体积	池腿材质	体积	池腿材质、砂浆强度等级
					池腿装修面积	装修材质
	砖砌水池		壁底体积之和	砖品种、规格	壁底体积之和	砖品种、规格
					水池里外装修面积	装修材料品种、规格
					水池排水管长度	排水管材质

（三）讲台

这里将常见的讲台分为砖砌讲台和木讲台，其工程量列项如图 1.4.20 所示。

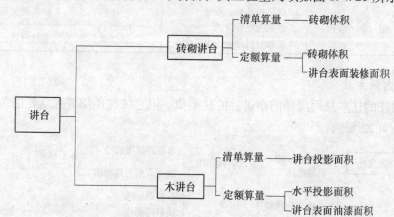

图 1.4.20 讲台的分类及工程量列项

将图 1.4.20 转化成表格形式，见表 1.4.17。

表 1.4.17 讲台的工程量列项表

构件类别	构件构成	清单算量	清单描述	定额算量	定额信息
讲台	砖砌讲台	砖砌体积	1. 砖品种、材质 2. 砂浆强度等级、配合比 3. 装修材料品种、规格	砖砌体积	1. 砖品种、材质 2. 砂浆强度等级
				讲台表面装修面积	装修材料品种、规格
	木讲台	水平投影面积	1. 木材品种、规格 2. 油漆品种、遍数	水平投影面积	木材品种、规格
				讲台油漆表面积	油漆品种、遍数

（四）化验台

这里列一些简易的预制混凝土化验台，其工程量列项如图 1.4.21 所示。

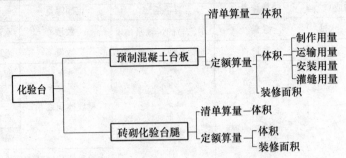

图 1.4.21　化验台的分类及工程量列项

将图 1.4.21 转化成表格形式，见表 1.4.18。

表 1.4.18　化验台的工程量列项表

构件类别	构件构成	清单算量	清单描述	定额算量	定额信息
化验台	化验台板	体积	1. 混凝土强度等级 2. 混凝土板厚度 3. 装修材料品种、规格	体积	制作：混凝土强度等级
					运输：几类构件、公里数
					安装：单个体积
					灌缝：砂浆强度等级
				装修面积	装修材质、规格
	化验台腿	体积	1. 砖材料品种、等级 2. 砂浆强度等级 3. 装修材料品种、规格	体积	砂浆强度等级
				装修面积	装修材质、规格

（五）室内独立柱

室内独立柱的柱本身列项和前面讲过的柱类似，但它往往伴随着独立柱的装修，其工程量列项如图 1.4.22 所示。

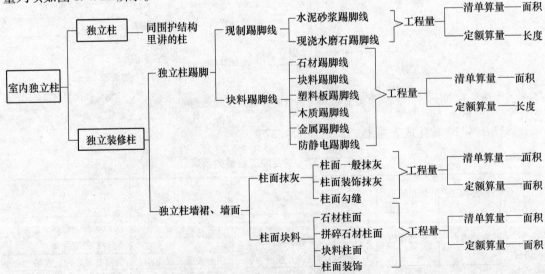

图 1.4.22　室内独立柱的分类及工程量列项

将图 1.4.22 转化成表格形式并给出相关规则，见表 1.4.19。

表 1.4.19　室内独立柱工程量列项及相关规则

构件类别	构件构成			构件名称	清单算量	清单描述	定额算量	定额信息
独立柱	独立柱					同围护结构里讲的柱		
	独立柱装修	独立柱踢脚	现制踢脚	水泥砂浆踢脚线	面积	1. 踢脚线高度 2. 底层厚度、砂浆配合比 3. 面层厚度、砂浆配合比 4. 石子种类、规格、颜色 5. 颜料种类、颜色 6. 磨光、酸洗、打蜡要求	长度	水泥砂浆配合比
				现浇水磨石踢脚线				水磨石配合比
			块料踢脚	石材踢脚线	面积	1. 踢脚线高度 2. 底层厚度、砂浆配合比 3. 粘贴层厚度、材料种类 4. 面层材料品种、规格、品牌、颜色 5. 勾缝材料种类 6. 防护材料种类	长度	石材品种、规格
				块料踢脚线				块料品种、规格
				塑料板踢脚线		1. 踢脚线高度 2. 底层厚度、砂浆配合比 3. 粘结层厚度、材料种类 4. 面层材料种类、规格、品牌、颜色		塑料板品种、规格
				木质踢脚线		1. 踢脚线高度 2. 底层厚度、砂浆配合比 3. 基层材料品种、规格 4. 面层材料品种、规格、品牌、颜色 5. 防护材料种类 6. 油漆品种、遍数		木材品种、规格
				金属踢脚线				金属品种、规格
				防静电踢脚线				品种、规格
		独立柱墙裙、墙面	柱面抹灰	柱面一般抹灰	面积	1. 墙体类型 2. 底层厚度、砂浆配合比 3. 面层厚度、砂浆配合比 4. 装饰面层种类 5. 分格缝宽度、材料种类	面积	砂浆配合比
				柱面装饰抹灰				砂浆配合比
				柱面勾缝		1. 墙本类型 2. 勾缝类型 3. 勾缝材料种类		砂浆配合比
			柱面块料	石材柱面	面积	1. 柱体材料 2. 柱截面类型、尺寸 3. 底层厚度、砂浆配合比 4. 粘结层厚度、材料种类 5. 挂贴方式 6. 干贴方式 7. 面层材料品种、规格、品牌、颜色 8. 缝宽、勾缝材料种类 9. 防护材料种类 10. 磨光、酸洗、打蜡要求		石材品种、规格
				拼碎石材柱面				拼碎石材品种、规格
				块料柱面				块料品种、规格

续表

构件类别	构件构成			构件名称	清单算量	清单描述	定额算量	定额信息
独立柱	独立柱装修	独立柱墙裙、墙面	柱面块料	柱面装饰	面积	1. 柱体类型 2. 底层厚度、砂浆配合比 3. 龙骨材料种类、规格、中距 4. 隔离层材料种类、规格 5. 基层材料种类、规格 6. 面层材料品种、规格、品牌、颜色 7. 压条材料种类 8. 防护材料种类 9. 油漆品种、遍数	面积	龙骨材料品种、规格，面层材料品种、规格
清单相关规则	一、柱踢脚线 按图示长度乘以高度，以面积计算。 二、柱面抹灰 按设计图示柱断面周长乘以高度，以面积计算。 三、柱面镶贴块料 按设计图示尺寸，以镶贴表面积计算							
定额相关规则	一、柱踢脚 （1）水泥、现制水磨石踢脚线按房间周长以米计算。不扣除门洞口所占长度，但门侧边、墙垛及附墙烟囱侧边的工程量也不增加。 （2）块料踢脚、木踢脚按图示长度以米计算。 二、柱墙裙墙面 无论何种柱面装饰，均按图示尺寸以平方米计算							

（六）房心回填土

房心回填土一般出现在无地下室的情况，个别情况有地下室时也会出现房心回填土的情况。

1. 房心回填土位置界定

当无地下室时，房心回填土出现在室内外高差之间，如图 1.4.23 所示。

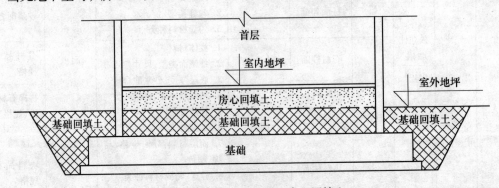

图 1.4.23　无地下室时，房心回填土

当有地下室时，房心回填土一般出现在基础顶面，如图 1.4.24 所示。

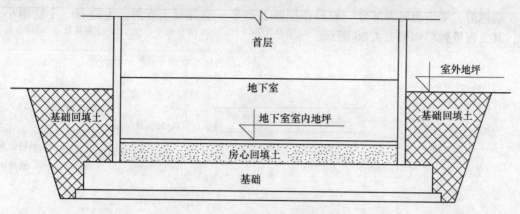

图 1.4.24 有地下室时的房心回填土

2. 房心回填土工程量列项

常见的房心回填土有素土房心回填和灰土房心回填土两种，其工程量列项如图 1.4.25 所示。

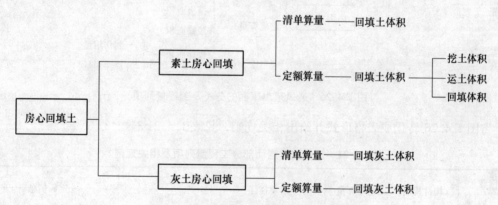

图 1.4.25 房心回填土的分类及工程量列项

将图 1.4.25 转化成表格形式并给出相关规则，见表 1.4.20。

表 1.4.20 房心回填土工程量列项及相关规则

构件类别	构件构成	清单算量	清单描述	定额算量	定额信息
房心回填土	素土房心回填	回填土体积	1. 土质要求 2. 密实度要求 3. 粒径要求 4. 夯填（碾压） 5. 松填 6. 运输距离	回填土体积	挖土：是否重新挖土
					运土：运土公里数
					回填：是否夯土
	灰土房心回填	回填灰土体积		回填灰土体积	灰土比例
清单相关规则	按设计图示尺寸以体积计算 注 1. 场地回填：回填面积乘以平均回填厚度。 注 2. 室内回填：主墙间净面积乘以回填厚度。 注 3. 基础回填：挖方体积减去设计室外地坪以下埋设的基础体积（包括基础垫层及其他构筑物）。				
定额相关规则	房心回填土，按主墙之间的面积乘以回填土厚度，以立方米计算				

（七）通风道、烟道出屋面部分

通风道、烟道出屋面部分一般是在屋面上出来一个混凝土直洞，上面有一个防雨小盖板，其工程量列项如图 1.4.26 所示。

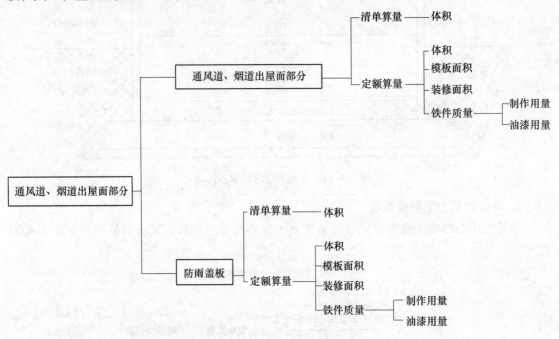

图 1.4.26　通风道出屋面的分类及工程量列项

将图 1.4.26 转化成表格形式并给出相关规则，见表 1.4.21。

表 1.4.21　通风道出屋面部分工程量列项及相关规则

构件类别	构件构成	清单算量	清单描述	定额算量	定额信息
通风道、烟道出屋面部分	通风道、烟道出屋面部分	体积	1. 混凝土强度等级 2. 出屋面高度 3. 铁件焊接要求	体积	混凝土强度等级、是否预拌
				模板面积	模板类型
				装修面积	装修材质
				铁件质量	铁件品种
					油漆品种、遍数
	防雨盖板	体积	1. 混凝土强度等级 2. 出屋面高度 3. 铁件焊接要求	体积	混凝土强度等级、是否预拌
				模板面积	模板类型
				装修面积	装修材质
				铁件质量	铁件品种
					油漆品种、遍数

四、室外结构工程量列项

室外结构所包含的构件如图 1.4.27 所示。

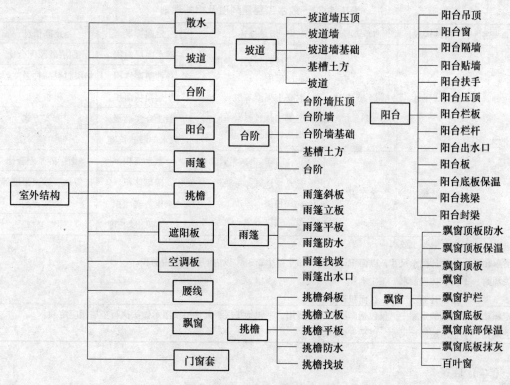

图 1.4.27　室外构件所包含的构件

（一）散水

散水分为混凝土散水和砖砌散水两种，其工程量列项如图 1.4.28 所示。

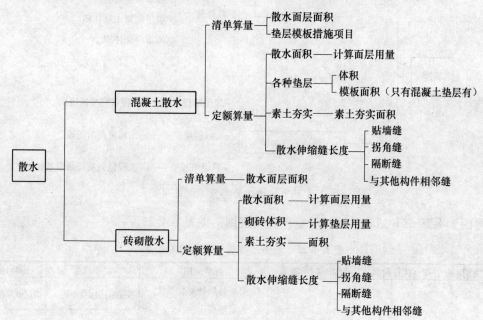

图 1.4.28　散水的分类及工程量列项

将图 1.4.28 转化成表格形式并给出相关规则，见表 1.4.22。

表 1.4.22　散水工程量列项及相关规则

构件类别	构件构成	清单算量	清单描述	定额算量	定额信息
散水	混凝土散水	散水面积、垫层模板措施项目	1. 垫层材料种类、厚度 2. 面层厚度 3. 混凝土强度等级 4. 混凝土拌合料要求 5. 填塞材料种类	散水面层面积	面层砂浆配合比
				各种垫层体积	垫层材料品种强度等级
				垫层模板面积	模板类型
				素土夯实面积	夯实方式
				散水伸缩缝长度	伸缩缝材质
	砖砌散水	散水面积	1. 垫层材料种类、厚度 2. 散水、地坪厚度 3. 面层种类、厚度 4. 砂浆强度等级、配合比	散水面积	面层砂浆配合比
				砖砌体积	砖等级、砂浆强度等级
				素土夯实面积	夯实方式
				散水伸缩缝长度	伸缩缝材质
清单相关规则	一、混凝土散水 按设计图示尺寸，以面积计算。不扣除单个 0.3m² 以内的孔洞所占面积。 二、砖砌散水 按设计图示尺寸，以面积计算。				
定额相关规则	散水的定额中，仅包括面层的工料费用，不包括垫层，其垫层按图示做法执行垫层相应定额。 散水按图示尺寸，以平方米计算				

（二）坡道

这里的坡道指的是室外上台阶的小坡道，并非汽车坡道，其工程量列项如图 1.4.29 所示。

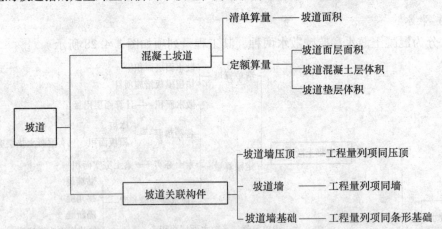

图 1.4.29　坡道的分类及工程量列项

将图 1.4.29 转化成表格形式并给出相关规则，见表 1.4.23。

表 1.4.23　坡道工程量列项及相关规则

构件类别	构件构成	清单算量	清单描述	定额算量	定额信息
坡道	混凝土坡道	坡道面积	1. 垫层材料种类、厚度 2. 面层厚度 3. 混凝土强度等级 4. 混凝土拌合料要求 5. 填塞材料种类	坡道面层面积	面层砂浆配合比
				坡道混凝土层体积	垫层强度等级
				坡道垫层体积	垫层材质

续表

构件类别	构件构成		清单算量	清单描述	定额算量	定额信息
坡道	坡道关联构件	坡道墙压顶	同压顶			
		坡道墙	同墙			
		坡道墙基础	同条形基础			
清单相关规则			同散水			
定额相关规则			同散水			

（三）台阶

常见的台阶分为石台阶、砖台阶、混凝土台阶、木台阶四种，其工程量列项如图1.4.30 所示。

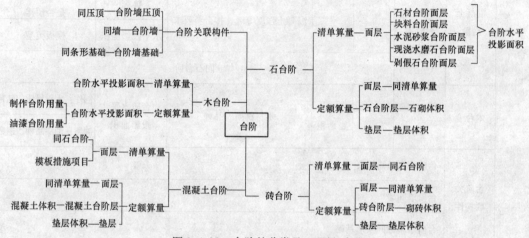

图 1.4.30 台阶的分类及工程量列项

将图 1.4.30 转化成表格形式并给出相关规则，见表 1.4.24。

表 1.4.24 台阶工程量列项及相关规则

构件类别	构件构成		清单算量	清单描述	定额算量	定额信息
台阶	石台阶	面层	石材台阶面层	台阶水平投影面积、模板措施项目	1. 垫层材料种类、厚度 2. 找平层厚度、砂浆配合比 3. 粘结层材料种类 4. 面层材料品种、规格、品牌、颜色 5. 勾缝材料种类 6. 防滑条材料种类、规格 7. 防护材料种类 8. 石子种类、规格、颜色 9. 磨光、酸洗、打蜡要求 10. 剁假石要求	台阶水平投影面积	面层材质、规格
			块料台阶面层				面层材质、规格
			水泥砂浆台阶面层				砂浆配合比
			现浇水磨石台阶面层				面层材质、规格
			剁假石台阶面层				面层材质、规格
		石台阶层			1. 垫层材料种类、厚度 2. 石料种类、规格 3. 护坡厚度、高度 4. 石表面加工要求 5. 勾缝要求 6. 砂浆强度等级、配合比	体积	石料品种、规格 砂浆强度等级
		垫层			垫层材质、品种	体积	垫层材质

续表

构件类别	构件构成		清单算量	清单描述	定额算量	定额信息
台阶	砖台阶	面层		同石台阶		
		砖台阶层		砖强度等级、砂浆强度等级	体积	砖强度等级、砂浆强度等级
		垫层		同石台阶		
	混凝土台阶	面层		同石台阶		
		混凝土台阶层		混凝土强度等级、拌合料要求	体积	混凝土强度等级、是否预拌
					水平投影面积	模板类型
		垫层		同石台阶		
	木台阶		水平投影面积	木材材质、品种	台阶水平投影面积	制作：木材材质、品种
						油漆：油漆品种、遍数
	台阶关联构件	台阶墙压顶同压顶				
		台阶墙同墙				
		台阶墙基础同条形基础				
清单相关规则	关于台阶面层计算规则：按设计图示尺寸以台阶（包括最上层踏步边沿加300mm）水平投影面积计算。					
定额相关规则	(1) 砌筑台阶、混凝土台阶按体积计算，执行小型砌体相应定额。 (2) 台阶定额中仅包括面层的工料费用，不包括垫层，其垫层按图示做法按体积计算，执行垫层相应定额。 (3) 台阶面层按图示尺寸，以平方米计算，台阶的平台宽度（外墙面至最高一级台阶外边线）在2.5m以内时，平台执行台阶子目；超过2.5m时，平台执行楼地面相应子目。 (4) 混凝土台阶模板规则：混凝土台阶不包括梯带，按图示尺寸的水平投影面积，以平方米计算，台阶两端的挡墙或前池另行计算					

（四）阳台

阳台在建筑物室外构件里属于复合构件，我们将其分为阳台挑梁、阳台封梁、阳台板、阳台栏板、阳台扶手、阳台扶手带栏杆、阳台隔墙、阳台窗、阳台出水口、阳台贴墙、阳台底板保温、阳台吊顶构件，其工程量列项如图1.4.31所示。

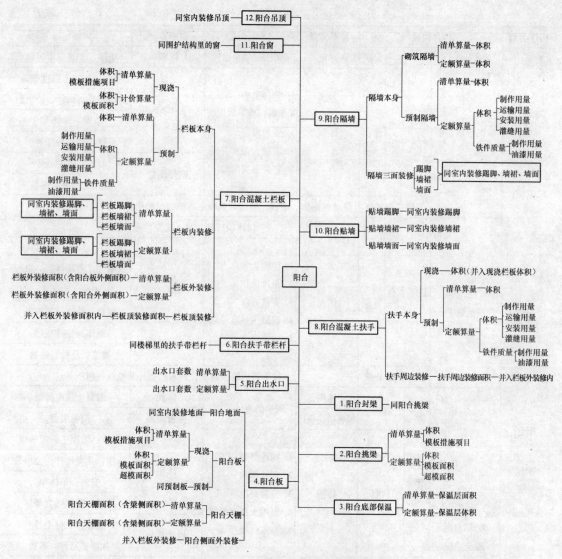

图 1.4.31 阳台的分类及工程量列项

将图 1.4.31 转化成表格形式并给出相关规则，见表 1.4.25。

表 1.4.25 阳台工程量列项及相关规则

构件类别	构件构成		清单算量	清单描述	定额算量	定额信息
阳台	12. 阳台吊顶		同室内装修里的吊顶			
	11. 阳台窗		同围护结构里的窗			
	10. 阳台贴墙	贴墙踢脚	同室内装修里的踢脚			
		贴墙墙裙	同室内装修里的墙裙			
		贴墙墙面	同室内装修里的墙面			

续表

构件类别	构件构成			清单算量	清单描述	定额算量	定额信息
阳台	9. 阳台隔户墙	隔墙本身	砌筑	体积	同砌筑墙清单描述	体积	墙厚、砂浆强度等级
			预制	体积	1. 构件类型 2. 单件体积 3. 安装高度 4. 混凝土强度等级 5. 砂浆强度等级	体积	制作：混凝土强度等级
							运输：几类构件、公里数
							安装：单体积
							灌缝：砂浆强度等级
						铁件质量	制作：铁件型号
							油漆：品种、遍数
		隔墙三面装修		隔墙的踢脚、墙裙、墙面装修同室内装修里的踢脚、墙裙、墙面			
	8. 阳台混凝土扶手	扶手本身	现浇	以体积计算，并入现浇栏板体积			
			预制	体积	1. 构件类型 2. 单件体积 3. 安装高度 4. 混凝土强度等级 5. 砂浆强度等级	体积	制作：混凝土强度等级
							运输：几类构件、公里数
							安装：单体积
							灌缝：砂浆强度等级
						铁件质量	制作：铁件型号
							油漆：品种、遍数
		扶手周边装修		扶手周边装修面积，并入栏板外装修面积内			
	7. 阳台混凝土栏板	扶手本身	现浇	体积	同板的清单描述	体积	混凝土强度等级
				模板措施项目		模板面积	模板类型
			预制	体积	1. 构件类型 2. 单件体积 3. 安装高度 4. 混凝土强度等级 5. 砂浆强度等级	体积	制作：混凝土强度等级
							运输：几类构件、公里数
							安装：单体积
							灌缝：砂浆强度等级
						铁件质量	制作：铁件型号
							油漆：品种、遍数
		栏板内装修	栏板踢脚	同室内装修踢脚、墙裙、墙面栏板外装修面积	同内墙面清单描述	同室内装修踢脚、墙裙墙面	同内墙面定额信息
			栏板墙裙				
			栏板墙面				
		栏板外装修			同外墙面清单描述	栏板外装修面积	同外墙面清单描述
		栏板顶装修		栏板顶装修面积，并入栏板外装修面积内			
	6. 阳台扶手带栏杆			同楼梯里的扶手带栏杆			
	5. 阳台出水口			套	出水口材质、规格	套	出水口材料规格
	4. 阳台板	阳台板	现浇	体积	1. 混凝土强度等级 2. 混凝土拌合料要求	体积	混凝土强度等级、是否预拌
				模板措施项目		模板面积	模板类型
						超模面积	模板类型
			预制	同顶部结构板里的预制板			

续表

构件类别	构件构成		清单算量	清单描述	定额算量	定额信息
阳台	4. 阳台板	阳台天棚	阳台天棚面积（含梁侧面积）	同室内装修里天棚清单描述	阳台天棚面积（含梁侧面积）	同室内装修里天棚定额信息
		阳台板外侧	阳台板外侧面积，并入栏板外装修面积内			
	3. 阳台底板保温		保温层面积	同室内装修里天棚保温清单描述	保温层体积	同室内装修里天棚保温定额信息
	2. 阳台挑梁		挑梁体积	同现浇梁清单描述	挑梁体积	混凝土强度等级，是否预拌
			模板措施项目		挑梁模板	模板类型
					挑梁超模	模板类型
	1. 阳台封梁		同阳台挑梁列项，外侧面积并入阳台栏板外侧装修面积内			
清单相关规则	（1）雨篷、阳台板：按设计图示尺寸以墙外部分体积计算。包括伸出墙外的牛腿和雨篷反挑檐的体积。 （2）保温隔热天棚：按设计图示尺寸以面积计算。不扣除柱、垛所占面积。 （3）栏板：按设计图示尺寸以体积计算。不扣除构件内钢筋、预埋铁件及单个面积 $0.3m^2$ 以内的孔洞所占体积					
定额相关规则	一、关于混凝土部分的计算规则 （1）现浇混凝土阳台与板或圈梁连接时，以外墙或圈梁的外边线为分界，阳台、雨罩的立板高度大于500mm 时，其立板执行栏板相应子目；立板小于 500mm 时，其立板的体积并入阳台、雨罩内计算。 （2）阳台、雨罩均按图示尺寸以立方米计算。 （3）栏板按图示尺寸乘以高度，以立方米计算。 二、关于阳台模板部分的计算规则 阳台平面模板按水平投影面积以平方米计算；阳台侧面模板按图示尺寸以平方米计算					

（五）雨篷

常见的雨篷有钢筋混凝土雨篷和玻璃钢雨篷两种，其工程量列项如图 1.4.32 所示。

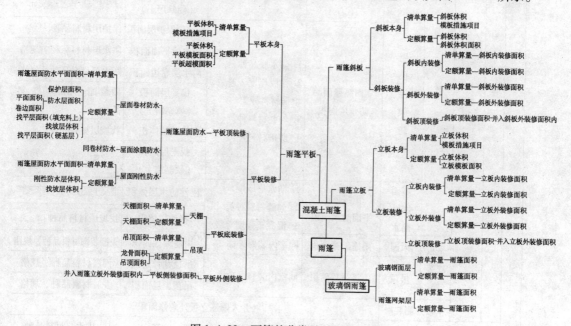

图 1.4.32 雨篷的分类及工程量列项

将图 1.4.32 转化成表格形式并给出相关规则，见表 1.4.26。

表 1.4.26　雨篷工程量列项及相关规则

构件类别	构件构成			清单算量	清单描述	定额算量	定额信息
雨篷	混凝土雨篷	雨篷斜板	斜板本身	斜板体积	1. 混凝土强度等级 2. 混凝土拌合料要求	斜板体积	混凝土强度等级、是否预拌
				模板措施项目		斜板模板面积	模板类型
			斜板装修 斜板内装修	斜板内装面积	同墙面外装修	斜板内装面积	装修材质、规格
			斜板外装修	斜板外装面积	同墙面外装修	斜板外装面积	装修材质、规格
			斜板顶装修	斜板顶装面积	并入斜板外装修	斜板顶装面积	并入斜板外装修
		雨篷立板	立板本身	立板体积	1. 混凝土强度等级 2. 混凝土拌合料要求	立板体积	混凝土强度等级、是否预拌
				模板措施项目		立板模板面积	模板类型
			立板装修 立板内装修	立板内装面积	同墙面外装修	立板内装面积	装修材质、规格
			立板外装修	立板外装面积	同墙面外装修	立板外装面积	装修材质、规格
			立板顶装修	立板顶装面积	并入立板外装面积	立板顶装面积	并入立板外装修面积
		雨篷平板	立板本身	立板体积	1. 混凝土强度等级 2. 混凝土拌合料要求	平板体积	混凝土强度等级、是否预拌
						平板模板面积	模板类型
				模板措施项目		平板超模板面积	模板类型
			平板顶装修 屋面卷材防水	雨篷屋面平面防水面积	1. 卷材品种、规格 2. 防水层做法 3. 勾缝材料种类 4. 防护材料种类	防水层保护层面积	保护层材料品种
						防水层平面面积	防水层材料品种、规格
						防水层卷边面积	防水层材料品种、规格
						找平层面积（填充料上）	砂浆配合比、填充料品种
						找坡层体积	找坡层材料品种
						找平层面积（硬基层上）	砂浆配合比
			平板装修 屋面涂膜防水	雨篷屋面防水层面积	1. 防水膜品种 2. 涂膜厚度、遍数、增强材料种类 3. 勾缝材料种类 4. 防护材料种类	防水层保护层面积	保护层材料品种
						防水层平面面积	防水层材料品种、规格
						防水层卷边面积	防水层材料品种、规格
						找平层面积（填充料上）	砂浆配合比、填充料品种
						找坡层体积	找坡层材料品种
						找平层面积（硬基层上）	砂浆配合比
			屋面刚性防水	雨篷屋面平面防水面积	1. 防水层厚度 2. 勾缝材料种类 3. 混凝土强度等级	刚性防水层体积	混凝土强度等级、是否预拌
						找坡层体积	找坡层材料品种
			平板底装修 天棚	雨篷天棚面积	同室内装修天棚	雨篷天棚面积	天棚装饰材料品种、规格
			吊顶	雨篷吊顶面积	同室内装修吊顶	吊顶龙骨面积	面层材料品种、规格
						吊顶面层面积	龙骨材料品种、规格
			平板外侧装修	并入雨篷立板外装修面积			
		雨篷排水口		套	排水口材料品种	套	排水口材料品种

续表

构件类别		构件构成	清单算量	清单描述	定额算量	定额信息
雨篷	玻璃钢雨篷	玻璃钢面层	玻璃钢面层面积	玻璃钢品种、规格	玻璃钢面层面积	玻璃钢品种、规格
		雨篷网架层	雨篷网架层面积	网架品种、规格	雨篷网架层面积	网架材料品种、规格
清单相关规则	一、雨篷、阳台板计算规则 按设计图示尺寸以墙外部分体积计算。包括伸出墙外的牛腿和雨篷反挑檐的体积。 二、屋面柔性防水计算规则 按设计图示尺寸以面积计算。 1. 斜屋顶（不包括平屋顶找坡）按斜面积计算，平屋顶按水平投影面积计算。 2. 不扣除房上烟囱、风帽底座、风道、屋面小气窗和斜沟所占面积。 3. 屋面的女儿墙、伸缩缝和天窗等出的弯起部分，并入屋面工程量内。 三、屋面刚性防水计算规则 按设计图示尺寸以面积计算。不扣除房上烟囱、风帽底座、风道等所占面积					
定额相关规则	一、关于混凝土部分的计算规则 （1）现浇混凝土雨罩与板或圈梁连接时，以外墙或圈梁的外边线为分界，阳台、雨罩的立板高度大于 500mm 时，其立板执行栏板相应子目；立板小于 500mm 时，其立板的体积并入阳台、雨罩内计算。 （2）雨罩均按图示尺寸，以立方米计算。 （3）栏板按图示尺寸乘以高度，以立方米计算。 二、关于雨罩模板部分的计算规则 雨罩平面模板按水平投影面积，以平方米计算；雨罩侧面模板按图示尺寸，以平方米计算。 三、关于屋面防水的计算规则 （1）屋面找坡层按图示尺寸水平投影面积乘以平均厚度，以立方米计算。 （2）屋面防水面层：按图示尺寸以平方米计算，不扣除 0.3m² 以内孔洞及烟囱、风帽底座、风道、小气窗所占的面积，小气窗出檐部分也不增加					

（六）挑檐

挑檐的工程量列项如图 1.4.33 所示。

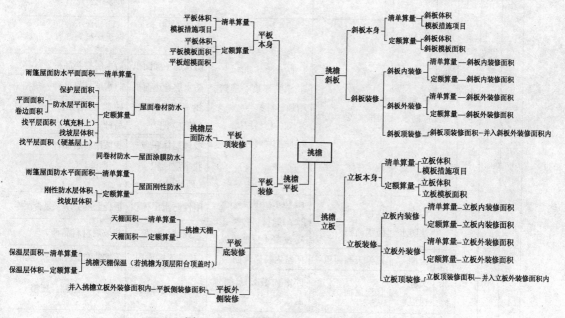

图 1.4.33　挑檐的分类及工程量列项

将图 1.4.33 转化成表格形式并给出相关规则，见表 1.4.27。

表 1.4.27　挑檐工程量列项及相关规则

构件类别	构件构成			清单算量	清单描述	定额算量	定额信息
挑檐 混凝土挑檐	挑檐斜板	斜板本身		斜板体积	1. 混凝土强度等级 2. 混凝土拌合料要求	斜板体积	混凝土强度等级、是否预拌
				模板措施项目		斜板模板面积	模板类型
		斜板装修	斜板内装修	斜板内装修面积	同墙面外装修	斜板内装面积	装修材质、规格
			斜板外装修	斜板外装修面积	同墙面外装修	斜板外装面积	装修材质、规格
			斜板顶装修	斜板顶装修面积	并入斜板外装修	斜板顶装面积	并入斜板外装修
	挑檐立板	立板本身		立板体积	1. 混凝土强度等级 2. 混凝土拌合料要求	立板体积	混凝土强度等级、是否预拌
				模板措施项目		立板模板面积	模板类型
		立板装修	立板内装修	立板内装修面积	同墙面外装修	立板内装面积	装修材质、规格
			立板外装修	立板外装修面积	同墙面外装修	立板外装面积	装修材质、规格
			立板顶装修	立板顶装修面积	并入立板外装修面积	立板顶装面积	并入立板外装修面积
	挑檐平板	平板本身		平板体积	1. 混凝土强度等级 2. 混凝土拌合料要求	平板体积	混凝土强度等级、是否预拌
				模板措施项目		平板模板面积	模板类型
						平板超模面积	模板类型
		平板顶装修 平板装修	屋面卷材防水	挑檐屋面平面防水面积	1. 卷材品种、规格 2. 防水层做法 3. 勾缝材料种类 4. 防护材料种类	防水层保护层面积	保护层材料品种
						防水层平面面积	防水层材料品种、规格
						防水层卷边面积	防水层材料品种、规格
						找平层面积（填充料上）	砂浆配合比、填充料品种
						找坡层体积	找坡层材料品种
						找平层面积（硬基层上）	砂浆配合比
			屋面涂膜防水	挑檐屋面防水层面积	1. 防水膜品种 2. 涂膜厚度、遍数、增强材料种类 3. 勾缝材料种类 4. 防护材料种类	防水层保护层面积	保护层材料品种
						防水层平面面积	防水层材料品种、规格
						防水层卷边面积	防水层材料品种、规格
						找平层面积（填充料上）	砂浆配合比、填充料品种
						找坡层体积	找坡层材料品种
						找平层面积（硬基层上）	砂浆配合比
			屋面刚性防水	挑檐屋面平面防水面积	1. 防水层厚度 2. 勾缝材料种类 3. 混凝土强度等级	刚性防水层体积	混凝土强度等级、是否预拌
						找坡层体积	找坡层材料品种
		平板底装修	天棚	挑檐天棚面积	同室内装修天棚	挑檐天棚面积	天棚装饰材料品种、规格
			天棚保温	保温层面积	同室内装修天棚保温描述	保温层体积	保温材料品种、规格
		平板外侧装修			并入挑檐立板外装修面积		

续表

构件类别	构件构成	清单算量	清单描述	定额算量	定额信息
清单相关规则	一、挑檐、阳台板计算规则 按设计图示尺寸，以墙外部分体积计算。 二、屋面柔性防水计算规则 按设计图示尺寸，以面积计算： （1）斜屋顶（不包括平屋顶找坡）按斜面积计算，平屋顶按水平投影面积计算。 （2）不扣除房上烟囱、风帽底座、风道、屋面小气窗和斜沟所占面积。 （3）屋面的女儿墙、伸缩缝和天窗等出的弯起部分，并入屋面工程量内。 三、屋面刚性防水计算规则 按设计图示尺寸以面积计算。不扣除房上烟囱、风帽底座、风道等所占面积				
定额相关规则	一、关于混凝土部分的计算规则 （1）现浇混凝土挑檐与板或圈梁连接时，以外墙或圈梁的外边线为分界，阳台、雨罩的立板高度大于500mm时，其立板执行栏板相应子目；立板小于500mm时，其立板的体积并入阳台、雨罩内计算。 （2）挑檐均按图示尺寸以立方米计算。 （3）栏板按图示尺寸乘以高度，以立方米计算。 二、关于挑檐模板部分的计算规则 挑檐平面模板按水平投影面积，以平方米计算；挑檐侧面模板按图示尺寸，以平方米计算。 三、关于屋面防水的计算规则 （1）屋面找坡层按图示尺寸水平投影面积乘以平均厚度，以立方米计算。 （2）屋面防水面层：按图示尺寸以平方米计算，不扣除0.3m² 以内孔洞及烟囱、风帽底座、风道、小气窗所占的面积，小气窗出檐部分也不增加。 四、关于挑檐装饰规则 檐口天棚的抹灰，并入相应的天棚抹灰工程量内计算				

（七）飘窗

飘窗一般包括飘窗顶板、飘窗底板、飘窗、飘窗护栏等构件，其工程量列项如图1.4.34 所示。

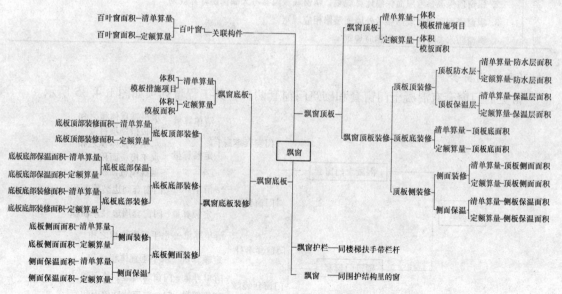

图 1.4.34　飘窗的分类及工程量列项

将图 1.4.34 转化成表格形式并给出相关规则，见表 1.4.28。

表1.4.28 飘窗工程量列项及相关规则

构件类别	构件构成			清单算量	清单描述	定额算量	定额信息
飘窗	飘窗顶板			体积	1. 混凝土强度等级	体积	混凝土强度等级、是否预拌
				模板措施项目	2. 混凝土拌合料要求	模板面积	模板类型
	飘窗顶板装修	顶板顶装修	顶板防水层	防水层面积	同屋面防水描述	防水层面积	防水层材质
			顶板保温层	保温层面积	同屋面保温描述	保温层面积	保温层材质
		顶板侧装修	顶板侧装修	顶板侧装修面积	同外墙装修描述	顶板侧装修面积	装修材质、规格
			顶板侧保温	顶板侧保温面积	同外墙保温描述	顶板侧外墙保温面积	保温层材质
		顶板底装修		顶板底装修面积	同室内天棚装修描述	顶板底装修面积	装修材质、规格
	飘窗				同窗		
	飘窗护栏				同楼梯扶手带栏杆		
	飘窗底板			体积	1. 混凝土强度等级	体积	混凝土强度等级、是否预拌
				模板措施项目	2. 混凝土拌合料要求	模板面积	模板类型
	飘窗底板装修	底板顶装修		底板顶装修面积	同窗台板描述	底板顶装修面积	装修材质、规格
		底板底装修	底板底装修	底板底装修面积	同外墙装修描述	底板底装修面积	装修材质、规格
			底板底保温	底板底保温面积	同室内装修天棚描述	底板底外墙保温面积	保温层材质
		底板侧装修	底板侧装修	底板侧装修面积	同室外装修描述	底板侧装修面积	装修材质、规格
			底板侧保温	底板侧保温面积	同室外保温描述	底板侧外墙保温面积	保温层材质
	飘窗百叶窗			百叶窗面积	百叶窗描述	百叶窗面积	百叶窗材质、规格
清单相关规则	1. 飘窗顶底板参考挑檐相应计算规则 2. 飘窗顶保温参考屋面保温计算规则，飘窗底保温参考天棚保温计算规则 3. 飘窗底面和侧面装修参考外墙面装修相应规则 4. 飘窗防水参考屋面防水相应规则						
定额相关规则	1. 飘窗顶底板参考挑檐相应计算规则 2. 飘窗顶保温参考屋面保温计算规则，飘窗底保温参考天棚保温计算规则 3. 飘窗底面和侧面装修参考外墙面装修相应规则 4. 飘窗防水参考屋面防水相应规则						

（八）门窗套

常见的门窗套有混凝土门窗套和砌筑门窗套两种，其工程量列项如图1.4.35所示。

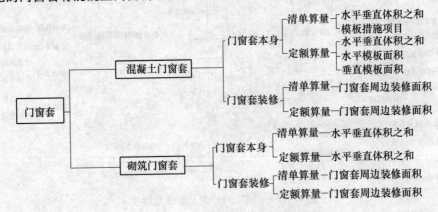

图1.4.35 门窗套的分类及工程量列项

将图 1.4.35 转化成表格形式并给出相关规则，见表 1.4.29。

表 1.4.29　门窗套工程量列项及相关规则

构件类别	构件构成		清单算量	清单描述	定额算量	定额信息
门窗套	混凝土门窗套	门窗套本身	水平垂直体积之和	1. 混凝土强度的等级 2. 混凝土拌合料要求	水平垂直体积之和	混凝土强度等级、是否预拌
			模板措施项目		水平模板面积	模板类型
					垂直模板面积	模板类型
		门窗套装修	门窗套周边装修面积	参考外墙装修描述	门窗套周边装修面积	装修材质、规格
	砌筑门窗套	门窗套本身	水平垂直体积之和	参考砌筑墙描述	水平垂直体积之和	砂浆强度等级
		门窗套装修	门窗套周边装修面积	参考外墙装修描述	门窗套周边装修面积	装修材质、规格
清单相关规则	1. 窗套水平体积一般并入梁或墙体积内，窗套垂直体积一般并入柱或墙体积内 2. 窗套周边装修一般并入外墙装修					
定额相关规则	1. 窗套水平体积一般并入梁或墙体积内，窗套垂直体积一般并入柱或墙体积内 2. 窗套周边装修一般并入外墙装修					

（九）空调板

空调板一般分空调板和空调板栏杆两项，装修往往伴随着保温一起出现，其工程量列项如图 1.4.36 所示。

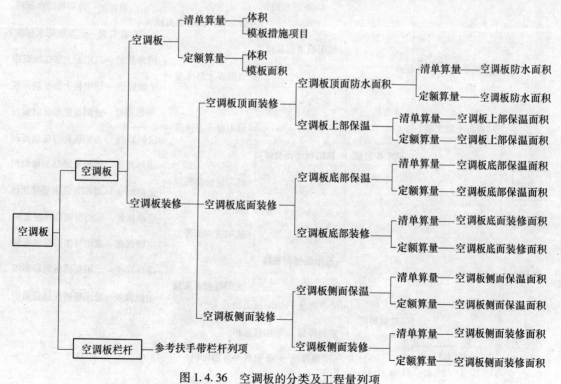

图 1.4.36　空调板的分类及工程量列项

将图 1.4.36 转化成表格形式并给出相关规则，见表 1.4.30。

表 1.4.30　空调板工程量列项及相关规则

构件类别	构件构成			清单算量	清单描述	定额算量	定额信息
空调板	空调板			体积	1. 混凝土强度等级 2. 混凝土拌合料要求	体积	混凝土强度等级、是否预拌
				模板措施项目		模板面积	模板类型
	空调板装修	空调板顶装修	空调板顶部防水	顶部防水面积	参考防水砂浆描述	顶部防水面积	防水砂浆配合比
			空调板顶部保温	顶部保温面积	参考外墙保温描述	顶部保温面积	保温材料品种
		空调板底装修	空调板底部保温	底部保温面积	参考外墙保温描述	底部保温面积	保温材料品种
			空调板底部装修	底部装修面积	参考内装天棚描述	底部装修面积	装修材料品种
		空调板侧装修	空调板侧面保温	侧面保温面积	参考外墙保温描述	侧面保温面积	保温材料品种
			空调板侧面装修	侧面装修面积	参考外墙装修描述	侧面装修面积	装修材料品种
	空调板栏杆			参考扶手带栏杆列项			
	清单相关规则			空调板计算规则参考挑檐计算规则			
	定额相关规则			空调板计算规则参考挑檐计算规则			

（十）遮阳板

常见的遮阳板有混凝土遮阳板和玻璃钢遮阳板，混凝土遮阳板的装修往往伴随着保温一起出现，其工程量列项如图 1.4.37 所示。

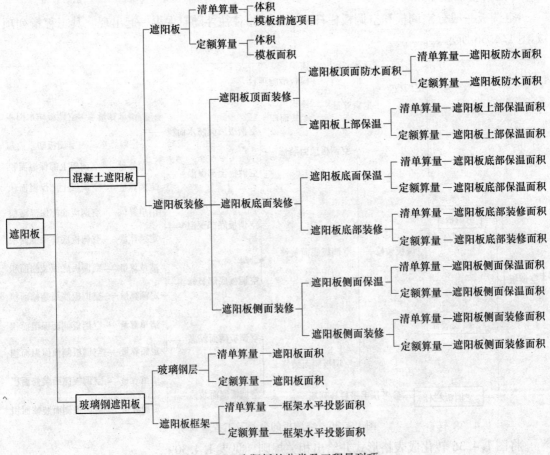

图 1.4.37　遮阳板的分类及工程量列项

将图 1.4.37 转化成表格形式并给出相关规则，见表 1.4.31。

表 1.4.31　遮阳板工程量列项及相关规则

构件类别	构件构成			清单算量	清单描述	定额算量	定额信息
遮阳板	混凝土遮阳板	遮阳板		体积	1. 混凝土强度等级 2. 混凝土拌合料要求	体积	混凝土强度等级、是否预拌
				模板措施项目		模板面积	模板类型
		遮阳板顶面装修	遮阳板顶部防水	顶部防水面积	参考防水砂浆描述	顶部防水面积	防水砂浆配合比
			遮阳板顶部保温	顶部保温面积	参考外墙保温描述	顶部保温面积	保温材料品种
		遮阳板底部装修	遮阳板底部保温	底部保温面积	参考外墙保温描述	底部保温面积	保温材料品种
			遮阳板底部装修	底部装修面积	参考天棚描述	底部装修面积	装修材料品种
		遮阳板侧面装修	遮阳板侧面保温	侧面保温面积	参考外墙保温描述	侧面保温面积	保温材料品种
			遮阳板侧面装修	侧面装修面积	参考外墙装修描述	侧面装修面积	装修材料品种
	玻璃钢遮阳板	玻璃钢层		遮阳板面积	玻璃钢品种规格	遮阳板面积	玻璃钢品种、规格
		遮阳板桁架		桁架水平投影面积	桁架品种规格	桁架水平投影面积	桁架品种、规格
清单相关规则				遮阳板计算规则参考挑檐计算规则			
定额相关规则				遮阳板计算规则参考挑檐计算规则			

（十一）腰线

腰线一般为突出墙面的混凝土腰线，装修往往伴随着保温一起出现，其工程量列项如图 1.4.38 所示。

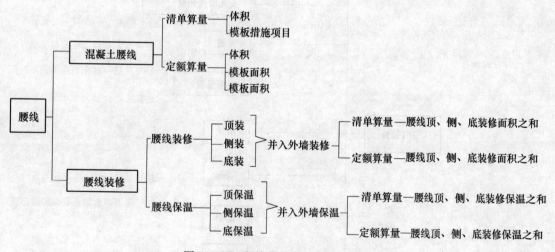

图 1.4.38　腰线的分类及工程量列项

将图 1.4.38 转化成表格形式并给出相关规则，见表 1.4.32。

表1.4.32　腰线工程量列项及相关规则

构件类别	构件构成			清单算量	清单描述	定额算量	定额信息
腰线	混凝土腰线			体积	1. 混凝土强度等级 2. 混凝土拌合料要求	体积	混凝土强度等级、是否预拌
						模板面积	模板类型
				模板措施项目		超模面积	模板类型
	腰线装修	腰线装修	顶装	顶侧底装修面积之和	1. 装修材料品种、规格 2. 底层材料品种	顶侧底装修面积之和	面层材料品种
			侧装				
			底装				
		腰线保温	顶保温	顶侧底保温面积之和	保温材料品种、规格	顶侧底保温面积之和	保温材料品种
			侧保温				
			底保温				
清单相关规则	1. 腰线体积一般并入其附着的梁或墙体积内 2. 腰线保温、装修并入外墙装修						
定额相关规则	1. 腰线体积一般并入其附着的梁或墙体积内 2. 腰线保温、装修并入外墙装修						

五、室内装修工程量列项

室内装修需要先从整楼里分出各个房间，各个房间的室内装修所包含的构件如图1.4.39所示。

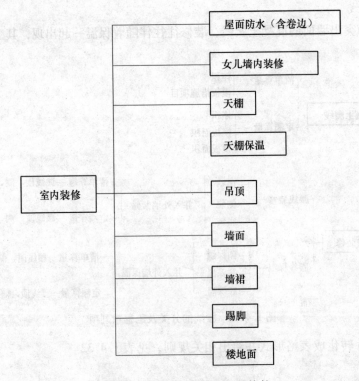

图1.4.39　室内装修所包含的构件

室内装修我们总结出有楼地面、踢脚、墙裙、墙面、吊顶、天棚保温、天棚、女儿墙内装修、屋面防水九大构件，我们把它们分成两部分来讲解，楼层室内装修工程量和屋面层室内装修工程量。

（一）楼层室内装修工程量

楼层室内装修包括楼地面、踢脚、墙裙、墙面、天棚、天棚保温、吊顶七大构件，墙裙和墙面的工程量列项和计算规则级别一致，就将墙裙和墙面并在一起讲解。

1. 楼地面

楼地面分为整体面层、块料面层、橡胶面层、其他面层四种情况，其工程量列项如图1.4.40 所示。

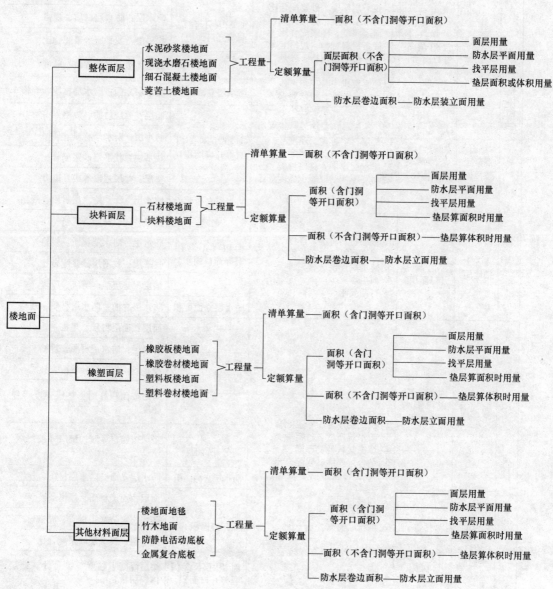

图 1.4.40 楼地面的分类及工程量列项

将图1.4.40转化成表格形式并给出相关规则，见表1.4.33。

表1.4.33　楼地面工程量列项及相关规则

构件类别	构件构成	清单算量	清单描述	定额算量	定额信息
楼地面	整体面层	水泥砂浆楼地面	面积（不含门洞等开口面积）	1. 垫层材料种类、厚度 2. 找平层厚度、砂浆配合比 3. 防水层厚度、材料种类 4. 面层厚度、砂浆配合比	面积（不含门洞等开口面）	面层：面层材质、规格
						防水层：防水层材质、规格
						找平层：找平层砂浆配合比
						垫层：垫层强度等级厚度
					防水层立面面积	防水层立面：防水层材质、规格
		现浇水磨石楼地面	面积（不含门洞等开口面积）	1. 垫层材料种类、厚度 2. 找平层厚度、砂浆配合比 3. 防水层厚度、材料种类 4. 面层厚度、砂浆配合比 5. 嵌条材料种类、规格 6. 石子种类、规格、颜色 7. 颜料种类、颜色 8. 图案要求 9. 磨光、酸洗、打蜡要求	面积（不含门洞等开口面积）	面层：面层材质、规格
						防水层：防水层材质、规格
						找平层：找平层砂浆配合比
						垫层：垫层强度等级、厚度
					防水层立面面积	防水层立面：防水层材质、规格
		细石混凝土楼地面	面积（不含门洞等开口面积）	1. 垫层材料种类、厚度 2. 找平层厚度、砂浆配合比 3. 防水层厚度、材料种类 4. 面层厚度、混凝土强度等级	面积（不含门洞等开口面积）	面层：面层材质、规格
						防水层：防水层材质、规格
						找平层：找平层砂浆配合比
						垫层：垫层强度等级、厚度
					防水层立面面积	防水层立面：防水层材质、规格
		菱苦土楼地面	面积（不含门洞等开口面积）	1. 垫层材料种类、厚度 2. 找平层厚度、砂浆配合比 3. 防水层厚度、材料种类 4. 面层厚度 5. 打蜡要求	面积（不含门洞等开口面积）	面层：面层材质、规格
						防水层：防水层材质、规格
						找平层：找平层砂浆配合比
						垫层：垫层强度等级、厚度
					防水层立面面积	防水层立面：防水层材质、规格
	块料面层	石材楼地面	面积（不含门洞等开口面积）	1. 垫层材料种类、厚度 2. 找平层厚度、砂浆配合比 3. 防水层厚度、材料种类 4. 填充材料种类厚度 5. 结合层厚度砂浆配合比 6. 面层材料品种、规格、品牌、颜色 7. 勾缝材料种类 8. 防护材料种类 9. 酸洗、打蜡要求	面积（含门洞等开口面积）	面层：面层材质、规格
						防水层：防水层材质、规格
						找平层：找平层砂浆配合比
						垫层按面积算时：垫层强度等级厚度
					面积（不含门洞等开口面积）	垫层按体积算时：垫层强度等级、厚度
					防水层立面面积	防水层立面：防水层材质、规格
		块料楼地面	面积（不含门洞等开口面积）		面积（含门洞等开口面积）	面层：面层材质、规格
						防水层：防水层材质、规格
						找平层：找平层砂浆配合比
					面积（不含门洞等开口面积）	垫层混凝土强度等级（计算垫层体积用量）
					防水层立面面积	防水层立面：防水层材质、规格

构件类别	构件构成		清单算量	清单描述	定额算量	定额信息
楼地面	橡塑面层	橡胶楼地面橡胶卷材楼地面塑料板楼地面塑料卷材楼地面	面积（含门洞等开口面积）	1. 找平层厚度、砂浆配合比 2. 填充材料种类、厚度 3. 粘结层厚度、材料种类 4. 面层材料品种、规格、品牌、颜色 5. 压线条种类	面积（含门洞等开口面积）	面层：面层材质、规格
						防水层：防水层材质、规格
						找平层：找平层砂浆配合比
						垫层按面积算时：垫层强度等级、厚度
					面积（不含门洞等开口面积）	垫层按体积算时：垫层强度等级、厚度
					防水层立面面积	防水层立面：防水层材质、规格
	其他材料面层	楼地面地毯	面积（含门洞等开口面积）	1. 找平层厚度、砂浆配合比 2. 填充材料种类、厚度 3. 粘结层厚度、材料种类 4. 面层材料品种、规格、品牌、颜色 5. 粘结层材料种类 6. 压线条种类	面积（含门洞等开口面积）	面层：面层材质、规格
						防水层：防水层材质、规格
						找平层：找平层砂浆配合比
						垫层按面积算时：垫层强度等级、厚度
					面积（不含门洞等开口面积）	垫层按体积算时：垫层强度等级、厚度
					防水层立面面积	防水层立面：防水层材质、规格
		竹木地面	面积（含门洞等开口面积）	1. 找平层厚度、砂浆配合比 2. 填充材料种类、厚度、找平层厚度 3. 龙骨材料种类、规格、铺设间距 4. 基层材料种类、规格 5. 面层材料品种、规格、品牌、颜色 6. 粘结材料种类 7. 防护材料种类 8. 油漆品种、遍数	面积（含门洞等开口面积）	面层：面层材质、规格
						防水层：防水层材质、规格
						找平层：找平层砂浆配合比
						垫层按面积算时：垫层强度等级、厚度
					面积（不含门洞等开口面积）	垫层按体积算时：垫层强度等级、厚度
					防水层立面面积	防水层立面：防水层材质、规格
		防静电活动地板	面积（含门洞等开口面积）	1. 找平层厚度、砂浆配合比 2. 填充材料种类、厚度、找平层厚度 3. 支架高度、材料种类 4. 面层材料品种、规格、品牌、颜色 5. 防护材料种类	面积（含门洞等开口面积）	面层：面层材质、规格
						防水层：防水层材质、规格
						找平层：找平层砂浆配合比
						垫层按面积算时：垫层强度等级、厚度
					面积（不含门洞等开口面积）	垫层按体积算时：垫层强度等级、厚度
					防水层立面面积	防水层立面：防水层材质、规格
		金属复合地板	面积（含门洞等开口面积）	1. 找平层厚度、砂浆配合比 2. 填充材料种类、厚度、找平层厚度、砂浆配合比 3. 龙骨材料种类、规格、铺设间距 4. 基层材料种类、规格 5. 面层材料品种、规格、品牌 6. 防护材料种类	面积（含门洞等开口面积）	面层：面层材质、规格
						防水层：防水层材质、规格
						找平层：找平层砂浆配合比
						垫层按面积算时：垫层强度等级、厚度
					面积（不含门洞等开口面积）	垫层按体积算时：垫层强度等级、厚度
					防水层立面面积	防水层立面：防水层材质、规格

续表

构件 类别	构件构成	清单算量	清单描述	定额算量	定额信息
清单相关规则			一、整体面层、块料面层 按设计图示尺寸以面积计算。扣除凸出地面的构筑物、设备基础、室内铁道、地沟等所占面积，不扣除间壁墙和 $0.3m^2$ 以内的柱、垛、附墙烟囱及孔洞所占面积。门洞、空圈、暖气包槽、壁龛的开口部分不增加面积。 二、橡塑面层、其他材料面层 按设计图示尺寸以面积计算。门洞、空圈、暖气包槽、壁龛的开口部分并入相应工程量内。 三、地面防水 地面防水：按主墙间净空面积计算，扣除凸出地面的构筑物、设备基础等所占面积，不扣除间壁墙及单个 $0.3m^2$ 以内的柱、垛、烟囱和孔洞所占面积。		
定额相关规则			(1) 整体面层的水泥砂浆、混凝土、细石混凝土楼地面，定额中均包括一次抹光的工料费用。 (2) 垫层按室内净面积乘以厚度，以立方米计算。应扣除沟道、设备基础等所占的体积；不扣除柱、垛、间壁墙和附墙烟囱、风道及面积在 $0.3m^2$ 以内孔洞所占体积，但门洞口、暖气槽和壁龛的开口部分所占的垫层体积也不增加。 (3) 找平层、整体面层按房间净面积以平方米计算，不扣除墙垛、柱、间壁墙及面积在 $0.3m^2$ 以内孔洞所占面积，单门洞口、暖气槽的面积也不增加。地垄墙上的找平层按地垄墙长度乘以地垄墙宽度，以平方米计算。 (4) 块料面层、木地板、活动地板，按图示尺寸以平方米计算。扣除柱子所占的面积，门洞口、暖气槽和壁龛的开口部分工程量并入相应面层内。 (5) 塑胶地面、塑胶球场按图示尺寸以平方米计算。		

2. 踢脚

踢脚分为现制踢脚和块料踢脚两种情况，其工程量列项如图 1.4.41 所示。

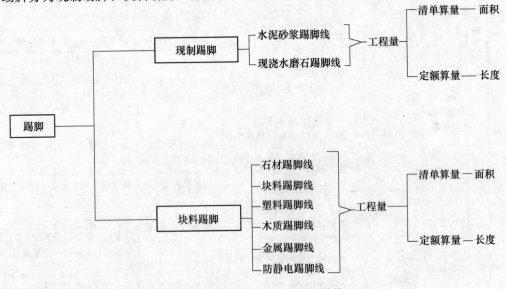

图 1.4.41　踢脚的分类及工程量列项

将图 1.4.41 转化成表格形式并给出相关规则，见表 1.4.34。

表 1.4.34　踢脚工程量列项及相关规则

构件类别	构件构成		清单算量	清单描述	定额算量	定额信息
踢脚	现制踢脚	水泥砂浆踢脚线	面积	1. 踢脚线高度 2. 底层厚度、砂浆配合比 3. 面层厚度、砂浆配合比	长度	水泥砂浆配合比
		现浇水磨石踢脚线	面积	4. 石子种类、规格、颜色 5. 颜料种类、颜色 6. 磨光、酸洗、打蜡要求	长度	水磨石配合比
	块料踢脚	石材踢脚线	面积	1. 踢脚线高度 2. 底层厚度、砂浆配合比 3. 粘贴层厚度、材料种类 4. 面层材料品种、规格、品牌、颜色 5. 勾缝材料种类 6. 防护材料种类	长度	石材品种、规格
		块料踢脚线	面积		长度	块料品种、规格
		塑料踢脚线	面积	1. 踢脚线高度 2. 底层厚度、砂浆配合比 3. 粘结层厚度、材料种类 4. 面层材料种类、规格、品牌、颜色	长度	塑料板品种、规格
		木质踢脚线	面积	1. 踢脚线高度 2. 底层厚度、砂浆配合比 3. 基层材料种类、规格 4. 面层材料品种、规格、品牌、颜色 5. 防护材料种类 6. 油漆品种、遍数	长度	木材品种、规格
		金属踢脚线	面积		长度	金属品种、规格
		防静电踢脚线	面积		长度	品种、规格
清单相关规则	踢脚按图示长度乘以高度，以面积计算					
定额相关规则	1. 水泥、现制水磨石踢脚线，按房间周长以米计算。不扣除门洞口所占长度，但门侧边、墙垛及附墙烟囱侧边的工程量也不增加 2. 块料踢脚、木踢脚按图示长度以米计算					

3. 内墙面（裙）

常见的内墙面（裙）分抹灰墙面（裙）、块料镶贴墙面（裙）、饰面墙面（裙）三种情况，其工程量列项如图 1.4.42 所示。

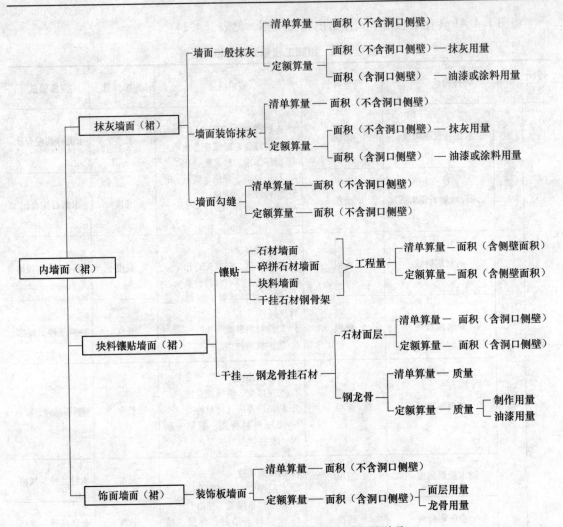

图 1.4.42 内墙面（裙）的分类及工程量列项

将图 1.4.42 转化成表格形式并给出相关规则，见表 1.4.35。

表 1.4.35 内墙面（裙）工程量列项及相关规则

构件类别	构件构成		定额算量	清单描述	定额算量	定额信息
内墙面（裙）	抹灰墙面（裙）	墙面一般抹灰	面积（不含洞口侧壁）	1. 墙体类型 2. 底层厚度、砂浆配合比 3. 面层厚度、砂浆配合比 4. 装饰面材料种类 5. 分格缝宽度、材料种类	面积（不含洞口侧壁）	抹灰材质、配合比
					面积（含洞口侧壁）	油漆或涂料品种、颜色
		墙面装饰抹灰	面积（不含洞口侧壁）		面积（不含洞口侧壁）	抹灰材质、配合比
					面积（含洞口侧壁）	油漆或涂料品种、颜色
		墙面勾缝	面积（不含洞口侧壁）	1. 墙体类型 2. 勾缝类型 3. 勾缝材料种类	面积（不含洞口侧壁）	勾缝材料品种、砂浆配合比

续表

构件类别	构件构成		定额算量	清单描述	定额算量	定额信息
内墙面（裙）	抹灰墙面（裙）	镶贴 石材墙面	面积（含洞口侧壁）	1. 墙体类型 2. 底层厚度、砂浆配合比 3. 贴结层厚度、材料种类 4. 挂贴方式 5. 干挂方式（膨胀螺栓、钢龙骨） 6. 面层材料品种、规格、品牌、颜色 7. 缝宽、勾缝材料种类 8. 防护材料种类 9. 磨光、酸洗、打蜡要求	面积（含洞口侧壁）	面层材质、规格
		碎拼石墙面	面积（含洞口侧壁）		面积（含洞口侧壁）	面层材质、规格
		块料墙面	面积（含洞口侧壁）		面积（含洞口侧壁）	面层材质、规格
		干挂 钢骨架挂石材 石材面层	面积（含洞口侧壁）	1. 面层材料品种、规格、品牌、颜色 2. 钢骨架种类、规格 3. 油漆品种、刷油遍数	面积（含洞口侧壁）	面层材质、规格
		钢骨架	质量		质量	龙骨架品种、规格
						钢骨架油漆品种、遍数
	饰面墙面（裙）	装饰板墙面	面积（不含洞口侧壁）	1. 墙体类型 2. 底层厚度、砂浆配合比 3. 龙骨材料中种类、规格、中距 4. 隔离层材料种类、规格 5. 基层材料中种类、规格 6. 面层材料品种 7. 压条材料种类 8. 防护材料种类 9. 油漆品种、遍数	面积（含洞口侧壁）	面层材质、规格
						龙骨材料品种、规格
清单相关规则	一、墙面抹灰 按设计图示尺寸以面积计算。扣除墙裙、门窗洞口及单个 0.3m² 以外孔洞面积，不扣除踢脚线、挂镜线和墙与构件交接处的面积，门窗洞口和孔洞的侧壁及顶面不增加面积。附墙柱、梁、垛、烟囱侧壁并入相应的墙面面积内。 1. 外墙抹灰面积按外墙垂直投影面积计算 2. 外墙裙抹灰面积按长度乘以高度计算 3. 内墙抹灰面积按主墙间的净长乘以高度计算 （1）无墙裙的，高度按室内楼地面至天棚底面计算。 （2）有墙裙的，高度按墙裙顶至天棚底面计算。 4. 内墙裙抹灰面按内墙面净长乘以高度计算 二、墙面镶贴块料 按设计图示尺寸以镶贴表面积计算，干挂石材钢骨架按设计图示尺寸以质量计算。 三、墙饰面 按设计图示墙净长乘以净高以面积计算。扣除门窗洞口及单个 0.3m² 以上的孔洞所占面积					

续表

构件类别	构件构成	定额算量	清单描述	定额算量	定额信息
定额相关规则	内墙装修 (1) 内墙抹灰按内墙间图示净长乘以高度，以平方米计算。扣除门窗框外围和大于$0.3m^2$的孔洞所占的面积，单门窗洞口、孔洞的侧壁和顶面面积不增加；不扣除踢脚线、装饰线、挂镜线及$0.3m^2$以内的孔洞和墙与构件交接处的面积；附墙柱的侧面抹灰并入内墙抹灰工程量计算。内墙高度按室内楼（地）面算至天棚底面；有吊顶的，其高度按室内楼（地）面算至吊顶底面，另加200mm计算。 (2) 内窗台抹灰按窗台水平投影面积以平方米计算 2. 内墙饰面 (1) 涂料、裱糊工程量均按图示尺寸以平方米计算。 (2) 墙面镶贴面砖、石材及各种装饰板面层，均按图示尺寸以平方米计算。 (3) 墙面的木装修及各种带龙骨的装饰板、软包装修均分龙骨、衬板、面层按图示尺寸以平方米计算。 3. 零星装修 零星装修按展开面积以平方米计算				

4. 天棚

常见的天棚为抹灰天棚，其工程量列项如图1.4.43所示。

图1.4.43　天棚的工程量列项

将图1.4.43转化成表格形式并给出相关规则，见表1.4.36。

表1.4.36　天棚工程量列项及相关规则

构件类别	构件构成	定额算量	清单描述	定额算量	定额信息
天棚	抹灰天棚	面积	1. 基层类型 2. 抹灰厚度、材料种类 3. 装饰线条道数 4. 砂浆配合比	面积	抹灰材质、砂浆配合比 油漆或涂料品种、遍数
清单相关规则	按设计图示尺寸以水平投影面积计算。不扣除间壁墙、垛、柱、附墙烟囱、检查口和管道所占的面积，带梁天棚、梁两侧抹灰面积并入天棚面积内，板式楼梯底面抹灰按斜面积计算，锯齿形楼梯底板抹灰按展开面积计算				
定额相关规则	(一) 天棚面层装饰说明 (1) 天棚面板定额是按单层编制的，若设计要求双层面板时，其工程量乘以2。 (2) 预制板的抹灰、满刮腻子，粘贴面层均包括预制板勾缝，不得另行计算。 (3) 檐口天棚的抹灰，并入相应的天棚抹灰工程量内计算。 (4) 顶棚涂料和粘贴面层不包括满刮腻子，如需满刮腻子，执行满刮腻子相应子目。 (二) 天棚面层装饰计算规则 (1) 天棚抹灰面积按房间净面积以平方米计算，不扣除柱、垛、附墙烟囱、检查口和管道所占的面积；带梁的天棚，梁两侧抹灰面积并入天棚抹灰工程量内。 (2) 密肋梁和井字梁天棚抹灰按图示展开面积以平方米计算。 (3) 天棚中的折线、灯槽线、圆弧型线、拱型线等艺术形式的抹灰按图示展开面积以平方米计算。 (4) 天棚涂料、油漆、裱糊按饰面基层相应的工程量以平方米计算				

5. 天棚保温

天棚保温一般出现某层天棚上层为保温房间，本层为非保温房间的情况；另一种情况是首层阳台下或顶层阳台上会出现天棚保温情况，其工程量列项如图 1.4.44 所示。

图 1.4.44 天棚保温及工程量列项

将图 1.4.44 转化成表格形式并给出相关规则，见表 1.4.37。

表 1.4.37 天棚保温工程量列项及相关规则

构件类别	构件构成	清单算量	清单描述	定额算量	定额信息
天棚保温	保温隔热天棚	面积	1. 保温隔热部位 2. 保温隔热面层材料品种、规格、性能 3. 保温隔热材料品种、规格及厚度 4. 隔气层厚度 5. 粘结材料种类 6. 防护材料种类	体积	保温材料品种、规格
清单相关规则		按设计图示尺寸以面积计算，不扣除柱、垛所占面积			
定额相关规则		定额里没有天棚保温的规则，天棚保温参考屋面保温规则，按图示面积乘以厚度，以立方米计算			

6. 吊顶

吊顶一般分天棚吊顶和灯带、送风口和回风口等情况，其工程量列项如图 1.4.45 所示。

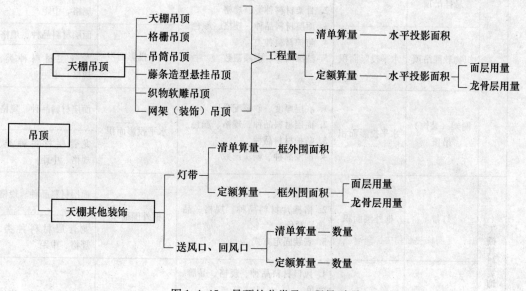

图 1.4.45 吊顶的分类及工程量列项

将图 1.4.45 转化成表格形式并给出相关规则，见表 1.4.38。

表 1.4.38　吊顶工程量列项及相关规则

构件类别	构件构成		清单算量	清单描述	定额算量	定额信息
吊顶	天棚吊顶	天棚吊顶	水平投影面积	1. 吊顶形式 2. 龙骨材料种类、规格、中距 3. 基层材料种类、规格 4. 面层材料品种、规格、品牌、颜色 5. 压条材料种类、规格 6. 勾缝材料种类 7. 防护材料种类 8. 油漆品种、刷油遍数	水平投影面积	面层材料品种、规格
						龙骨层材料种类、规格、中距
		格栅吊顶	水平投影面积	1. 龙骨类型、材料、种类、规格、中距 2. 基层材料种类、规格 3. 面层材料品种、规格、品牌、颜色 4. 防护材料种类 5. 油漆品种、刷漆遍数	水平投影面积	面层材料品种、规格
						龙骨层材料种类、规格、中距
		吊筒吊顶	水平投影面积	1. 底层厚度、砂浆配合比 2. 吊筒形状、规格、颜色、材料种类 3. 防护材料种类 4. 油漆品种、刷漆遍数	水平投影面积	面层材料品种、规格
						龙骨层材料种类、规格、中距
		藤条造型悬挂吊顶	水平投影面积	1. 底层厚度、砂浆配合比 2. 骨架材料种类、规格 3. 面层材料品种、规格、颜色 4. 防护材料种类 5. 油漆品种、刷漆遍数	水平投影面积	面层材料品种、规格
						龙骨层材料种类、规格、中距
		织物软雕吊顶	水平投影面积		水平投影面积	面层材料品种、规格
						龙骨层材料种类、规格、中距
		网架（装饰）吊顶	水平投影面积	1. 底层厚度、砂浆配合比 2. 面层材料品种、规格、颜色 3. 防护材料品种 4. 油漆品种、刷漆遍数	水平投影面积	面层材料品种、规格
						龙骨层材料种类、规格、中距
	天棚其他装饰	灯带	框外围面积	1. 灯带形式、尺寸 2. 格栅片材料品种、规格、品牌、颜色 3. 安装固定方式	框外围面积	面层材料品种、规格
						龙骨层材料种类、规格、中距
		送风口、回风口	数量	1. 风口材料品种、规格、品牌、颜色 2. 安装固定方式 3. 防护材料种类	数量	风口材料品种、规格

续表

构件类别	构件构成	清单算量	清单描述	定额算量	定额信息
清单相关规则	1. 天棚吊顶 按设计图示尺寸以水平投影面积计算。天棚面中的灯槽及跌级、锯齿形、吊挂式、藻井式天棚面积不展开计算。不扣除间壁墙、检查口、附墙烟囱、柱垛和管道所占面积，扣除单个 0.3m² 以外的孔洞、独立柱及天棚相连的窗帘盒所占面积。 2. 格栅吊顶、吊筒吊顶、藤条造型悬挂吊顶、织物软雕吊顶、网架（装饰）吊顶 按设计图示尺寸以水平投影面积计算。 3. 灯带、送风口、回风口 灯带按设计图示尺寸以框外围面积计算，送风口、回风口按设计图示以数量计算				
定额相关规则	一、关于吊顶的相关说明 （1）金属格栅式吸声板吊顶按组装形式分三角形和六角形分别列项，其中吸声体支架中距定额是按 700mm 编制的，若与设计不同时，可根据设计要求进行调整。 （2）天棚保温吸音层定额是按 50mm 厚编制的，若与设计不同时可进行材料换算，人工不作调整。 （3）藻井灯带定额中，不包括灯带挑出部分端头的木装饰线，设计要求木装饰线时，执行第八章装饰线条相应子目。 二、关于龙骨的计算规则 （1）天棚各种吊顶龙骨按房间净面积以平方米计算，不扣除检查口、附墙烟囱、柱、垛、嵌顶灯槽和与天棚相连的窗帘盒所占的面积。 （2）拱形吊顶和穹顶吊顶龙骨按拱顶和穹顶部分的水平投影面积以平方米计算。 （3）高低错台龙骨高处与低处的龙骨合并计算，低处挑出部分的龙骨按挑出部分的水平投影面积以平方米计算，并入天棚龙骨的工程量中。立面封板龙骨按立面封板的垂直投影面积以平方米计算。 （4）嵌顶灯槽附加龙骨按个计算；嵌顶灯带附加龙骨按米计算。 三、关于吊顶面层的计算规则 （1）天棚面层按房间净面积以平方米计算，不扣除检查口、附墙烟囱、附墙垛和管道所占的面积，但应扣除独立柱、与天棚相连的窗帘盒、0.3m² 以上洞口及嵌顶灯槽所占的面积。 （2）天棚中的折线、错台、拱形、穹顶、高低灯槽等其他艺术形式的天棚面积均按图示展开面积以平方米计算。 （3）金属格栅吊顶、硬木格栅吊顶等均根据天棚图示尺寸按水平投影面积以平方米计算。 （4）玻璃采光天棚根据玻璃天棚面层的图示尺寸按展开面积以平方米计算。 （5）天棚吸音保温层按吸音保温天棚的图示尺寸以平方米计算。 （6）藻井灯带按灯带外边线的设计尺寸以米计算				

（二）屋面层室内装修工程量

屋面层室内装修转化成屋面防水和女儿墙的内装修两项，下面分别讲解。

1. 屋面防水

这里列出的屋面包括平屋面、斜屋面等屋面常见项目，其工程量列项如图 1.4.46 所示。

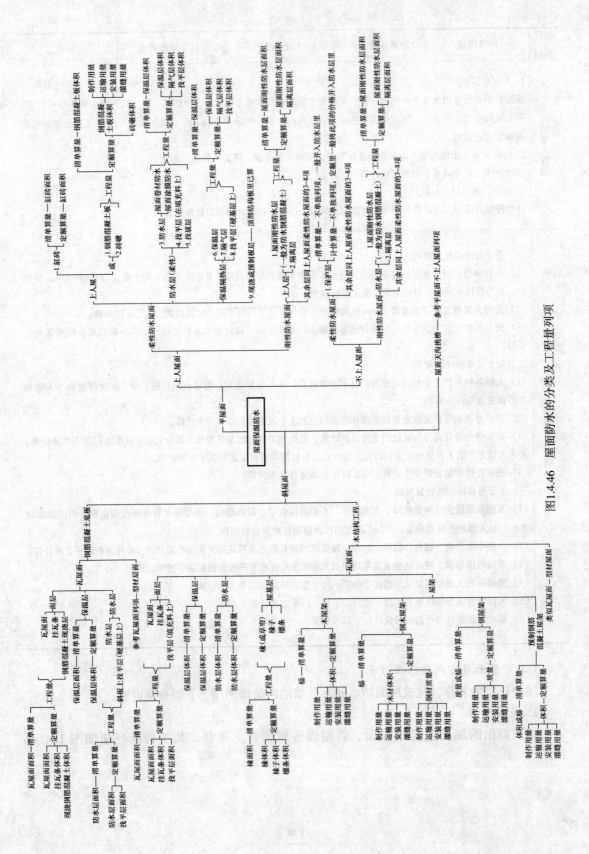

图1.4.46　屋面防水的分类及工程量列项

将图 1.4.46 转化成表格形式并给出相关规则，见表 1.4.39。

表 1.4.39 屋面防水工程量列项及相关规则

构件类别	构件构成				清单算量	清单描述	定额算量	定额信息
屋面保温防水	平屋面	上人屋面	柔性防水屋面	上人层	砖	缸砖面积	缸砖品种、规格	缸砖面积	缸砖品种、规格
					1. 钢筋混凝土板	钢筋混凝土板体积	1. 钢筋混凝土强度等级 2. 钢筋混凝土板厚度	钢筋混凝土板体积	制作：混凝土强度等级
									运输：几类构件、公里数
									安装：单个体积
									灌缝：砂浆强度等级
					2. 砖礅		砖的类型、级别、砂浆强度等级	砖礅体积	砂浆强度等级
			防水层（柔性）	3.（防水层）	屋面卷材防水	防水层面积（含卷边）	1. 卷材品种、规格 2. 防水层做法 3. 勾缝材料种类 4. 防护材料种类	防水层面积（含卷边）	防水层材料品种
					屋面涂膜防水		1. 防护膜品种 2. 涂膜厚度、遍数、增强材料种类 3. 勾缝材料种类 4. 防护材料种类		
				4. 找平层（填充料上）			找平层砂浆配合比及厚度	找平层面积（含卷边）	砂浆配合比及厚度
				5. 找坡层			找坡层材料品种及厚度	找坡层体积	找坡层材料品种及厚度
			保温隔热层	6. 保温层		保温层体积	保温隔热材料品种、规格及厚度	保温层体积	保温层材料品种
				7. 隔气层			隔气层材料品种及厚度	隔气层面积	隔气层材料品种及厚度
				8. 找平层（硬基层上）			砂浆配合比及厚度	找平层面积	砂浆配合比及厚度
			刚性防水屋面	上人防水层	1. 屋面刚性防水层	防水层面积	1. 防水层厚度 2. 勾缝材料种类 3. 混凝土强度等级	防水层面积	防水层材料品种
					2. 隔离层		隔离层材料品种及厚度	隔离层面积	隔离层材料品种及厚度
				其余层：其余层同柔性防水屋面 3～8 项					

续表

构件类别	构件构成			清单算量	清单描述	定额算量	定额信息
屋面保温防水	平屋面	不上人屋面	柔性防水屋面 保护层	不单独列项		一般并入防水层里	
			其余层	其余层同上人屋面柔性防水屋面3~8项			
		刚性防水屋面	防水层 刚性防水层	刚性防水层面积	1. 防水层厚度 2. 嵌缝材料种类 3. 混凝土强度等级	刚性防水层面积	防水层材料品种
			隔离层			隔离层面积	隔离层材料品种
			其余层	其余同上人屋面柔性防水屋面3~8项			
	斜屋面	钢筋混凝土底板	瓦屋面 面层 瓦屋面	瓦屋面面积	1. 瓦品种、规格、品牌、颜色 2. 防水材料种类 3. 基层材料种类 4. 檩条种类、截面 5. 防护材料种类	瓦屋面面积	瓦品种、规格
			挂瓦条			挂瓦条体积	挂瓦条材质、规格
			钢筋混凝土现浇层			现浇混凝土体积	混凝土强度等级、是否预拌
			保温层	保温层面积	保温隔热材料品种、规格及厚度	保温层体积	保温隔热材料品种、规格
			防水层 防水层	防水层面积	防水层材料品种及厚度	防水层面积	防水层材料品种及厚度
			斜板上找平层（硬基层上）		找平层砂浆配合比及厚度	找平层面积	找平层砂浆配合比及厚度
			型材屋面：参考瓦屋面列项				
		木结构工程	瓦屋面 面层 瓦屋面	瓦屋面面积	1. 瓦品种、规格、品牌、颜色 2. 防水材料种类 3. 基层材料种类 4. 檩条种类、截面 5. 防护材料种类	瓦屋面面积	瓦品种、规格
			挂瓦条			挂瓦条体积	挂瓦条材质、规格
			找平层（填充料上）			找平层面积	找平层砂浆配合比及厚度
			保温层	保温层面积	保温隔热材料品种、规格及厚度	保温层体积	保温隔热材料品种、规格及厚度
			防水层	防水层面积	防水层材料品种及厚度	防水层面积	防水层材料品种及厚度
			屋基层 木望板（或草帘）	木望板面积	1. 木望板材质厚度 2. 椽子材质、截面 3. 檩条材质、截面	木望板体积	木望板材质、厚度
			椽子			椽子体积	椽子材料品种、截面
			檩条			檩条体积	檩条材料品种、截面

构件类别	构件构成				清单算量	清单描述	定额算量	定额信息
屋面保温防水	斜屋面	木结构工程	瓦屋面	屋架	木屋架	榀	1. 跨度 2. 安装高度 3. 材料品种、规格 4. 刨光要求 5. 防护材料种类 6. 油漆品种、遍数	木材体积	制作：木材的材料品种、截面，钢材的材料品种、规格；混凝土强度等级 运输：几类构件、公里数 安装：单件跨度、安装高度 灌缝：砂浆强度等级
					钢木屋架	榀		木材体积	
								钢材质量	
					钢屋架	榀或质量	1. 钢材品种、规格 2. 单榀屋架质量 3. 屋架跨度、安装高度 4. 探伤要求 5. 油漆品种、遍数	钢屋架质量	
					预制钢筋混凝土屋架	榀或体积	1. 屋架的类型、跨度 2. 单件体积 3. 安装高度 4. 混凝土强度等级 5. 砂浆强度等级	钢筋混凝土屋架体积	
				型材屋面			参考瓦屋面列项		
	屋面天沟挑檐：参考平屋面不上人屋面列项								

清单相关规则	一、卷材、涂膜防水层计算规则 按设计图示尺寸以面积计算： （1）斜屋面（不包括平屋顶找坡）按斜面积计算，平屋顶按水平投影面积计算。 （2）不扣除房上烟囱、风帽底座、风道、屋面小气窗和斜沟所占面积。 （3）屋面的女儿墙、伸缩缝和天窗等处的弯起部分，并入屋面工程量内。 二、屋面刚性防水规则 按设计图示尺寸以面积计算。不扣除房上烟囱、风帽底座、风道等所占面积。 三、屋面天沟、沿沟 按设计图示尺寸以面积计算。铁皮和卷材天沟按展开面积计算。 四、瓦屋面、型材屋面 按设计图示尺寸以斜面积计算。不扣除房上烟囱、风帽底座、风道、小气窗、斜沟等所占面积，小气窗的出檐部分不增加面积。 五、保温隔热屋面 按设计图示尺寸以面积计算。不扣除柱、垛所占面积。 六、屋架 （1）钢筋混凝土屋架：按设计图示尺寸以体积或榀计算，不扣除构件内钢筋、预埋铁件所占体积。 （2）木屋架、钢木屋架：按图示尺寸以数量计算。 （3）钢屋架：按设计图示尺寸以质量计算。不扣除孔眼、切边、切肢的质量，焊条、铆钉、螺栓等不另增加质量，不规则或多边形钢板以其外接矩形面积乘以厚度乘以单位理论质量计算
定额相关规则	一、关于屋面的工程量计算规则 （1）屋面保温按设计图示面积乘以厚度，以立方米计算。 （2）屋面找坡按图示水平投影面积乘以平均厚度，以立方米计算。 （3）屋面找层：按图示尺寸以平方米计算，不扣除 $0.3m^2$ 以内孔洞及烟囱、风帽底座、风道、小气窗所占的面积，小气窗出檐部分也不增加。 （4）檐沟、天沟按图示展开面积，以平方米计算。 二、关于屋架的计算规则 （1）金属构件按图示主材质量以吨计算。 （2）预制混凝土构件按设计图示尺寸，以立方米计算

2. 女儿墙内装修

女儿墙内装修因为外面看不见，所有装修一般不会太豪华，这里只列出最简单的女儿墙抹灰和女儿墙勾缝两种情况，其工程量列项如图 1.4.47 所示。

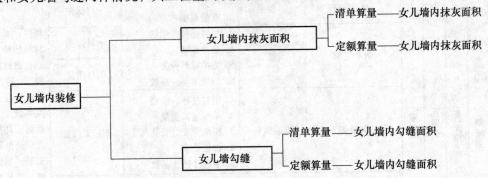

图 1.4.47　女儿墙内装修的分类及工程量列项

将图 1.4.47 转化成表格形式并给出相关规则，见表 1.4.40。

表 1.4.40　女儿墙内装修工程量列项及相关规则

构件类别	构件构成	清单算量	清单描述	定额算量	定额信息
女儿墙内装修	女儿墙内抹灰	女儿墙内抹灰面积	1. 墙体类型 2. 底层厚度、砂浆配合比 3. 面层厚度、砂浆配合比 4. 装饰面材料种类 5. 分格缝宽度、材料种类	女儿墙内抹灰面积	面层材料品种、砂浆配合比
	女儿墙内勾缝	女儿墙内勾缝面积	1. 墙体类型 2. 勾缝类型 3. 勾缝材料种类	女儿墙内勾缝面积	勾缝材料种类、配合比
清单相关规则	女儿墙内抹灰高度，下面算至屋面板结构顶标高，上面算至压顶底结构标高，计算规则遵循墙面装修计算规则，按设计图示尺寸以面积计算，墙柱、梁、垛、烟囱侧壁并入相应的墙面面积内				
定额相关规则	女儿墙内抹灰高度，下面算至屋面板结构顶标高，上面算至压顶底结构标高，计算规则遵循墙面装修计算规则，按设计图示尺寸以面积计算，墙柱、梁、垛、烟囱侧壁并入相应的墙面面积内。 女儿墙内、外侧装修均执行外墙装修相应定额子目				

六、室外装修工程量列项

室外装修所包含的构件如图 1.4.48 所示。

图 1.4.48　室外装修所包含的构件

（一）外墙面防水

外墙防水一般分卷材防水、涂膜防水、砂浆防水防潮层三种情况，其工程量列项如图1.4.49所示。

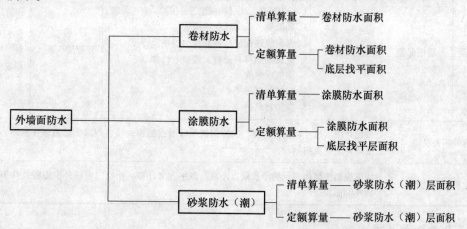

图 1.4.49　外墙面防水的分类及工程量列项

将图 1.4.49 转化成表格形式并给出相关规则，见表 1.4.41。

表 1.4.41　外墙面防水工程量列项及相关规则

构件类别	构件构成	清单算量	清单描述	定额算量	定额信息
外墙面防水	卷材防水	卷材防水层面积	1. 卷材、涂膜品种 2. 涂膜厚度、遍数、增强材料种类 3. 防水部位 4. 防水做法 5. 接缝、嵌缝材料种类 6. 防护材料种类	卷材防水层面积	卷材材料品种
				底层找平面积	找平层砂浆配合比
	涂膜防水	涂膜防水层面积		涂膜防水层面积	涂膜防水层面积
				底层找平面积	找平层砂浆配合比
	砂浆防水（潮）	砂浆防水（潮）层面积	1. 防水（潮）部位 2. 防水（潮）厚度、层数 3. 砂浆配合比 4. 外加剂材料种类	砂浆防水（潮）层面积	1. 防水砂浆配合比 2. 外加剂材料种类
清单相关规则		外墙面防水层按设计图示尺寸以面积计算			
定额相关规则		外墙面防水层按设计图示尺寸以面积计算			

（二）外墙面保温

外墙面保温工程量列项如图 1.4.50 所示。

图 1.4.50　外墙面保温的分类及工程量列项

将图 1.4.50 转化成表格形式并给出相关规则，见表 1.4.42。

表 1.4.42　外墙面保温工程量列项及相关规则

构件类别	构件构成	清单算量	清单描述	定额算量	定额信息
外墙保温	外墙面保温	保温层面积	1. 保温隔热部位 2. 保温隔热方式（内保温、外保温、夹心保温） 3. 踢脚线、乐脚线保温做法 4. 保温隔热面层材料品种、规格及厚度 5. 保温隔热材料品种、规格、性能 6. 隔气层厚度 7. 粘结材料种类 8. 防护材料种类	保温层面积	保温材料品种、规格、厚度
清单相关规则		按设计图示尺寸以面积计算，扣除门窗洞口所占面积；门窗洞口侧壁需做保温时，并入保温墙体工程量内			
定额相关规则		墙体保温按墙体图示的净长乘以净高，以平方米计算，扣除门窗框外围面积及 0.3m² 以上的孔洞面积			

（三）外墙面（裙）

常见的外墙面（裙）分抹灰墙面（裙）、块料镶贴墙面（裙）、饰面墙面（裙）三种情况，其工程量列项如图 1.4.51 所示。

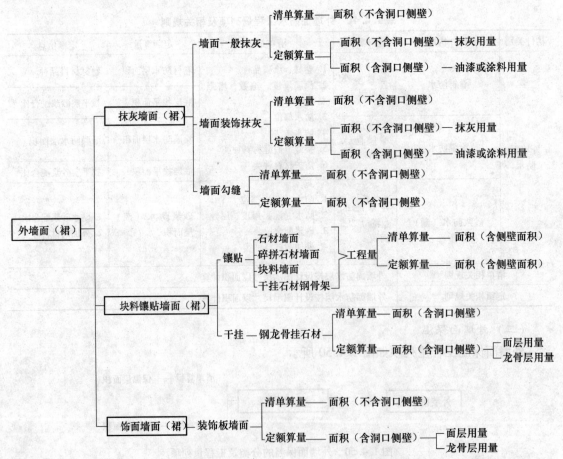

图 1.4.51　外墙面（裙）的分类及工程量列项

将图 1.4.51 转化成表格形式并给出相关规则，见表 1.4.43。

表 1.4.43　外墙面（裙）工程量列项及相关规则

构件类别	构件构成		定额算量	清单描述	定额算量	定额信息
外墙面（裙）	抹灰墙面（裙）	墙面一般抹灰	面积（不含洞口侧壁）	1. 墙体类型 2. 底层厚度、砂浆配合比 3. 面层厚度、砂浆配合比 4. 装饰面材料种类 5. 分格缝宽度、材料种类	面积（不含洞口侧壁）	抹灰材质、配合比
					面积（含洞口侧壁）	油漆或涂料品种、颜色
		墙面装饰抹灰	面积（不含洞口侧壁）		面积（不含洞口侧壁）	抹灰材质、配合比
					面积（含洞口侧壁）	油漆或涂料品种、颜色
		墙面勾缝	面积（不含洞口侧壁）	1. 墙体类型 2. 勾缝类型 3. 勾缝材料种类	面积（不含洞口侧壁）	勾缝材料品种、砂浆配合比
	抹灰墙面（裙）	镶贴	石材墙面	面积（含洞口侧壁）	1. 墙体类型 2. 底层厚度、砂浆配合比 3. 贴结层厚度、材料种类 4. 挂贴方式 5. 干挂方式（膨胀螺栓、钢龙骨） 6. 面层材料品种、规格、品牌、颜色 7. 缝宽、嵌缝材料种类 8. 防护材料种类 9. 磨光、酸洗、打蜡要求	面积（含洞口侧壁）	面层材质、规格
			碎拼石墙面	面积（含洞口侧壁）		面积（含洞口侧壁）	面层材质、规格
			块料墙面	面积（含洞口侧壁）		面积（含洞口侧壁）	面层材质、规格
		干挂	钢骨架挂石材	面积（含洞口侧壁）	1. 面层材料品种、规格、品牌、颜色 2. 钢骨架种类、规格 3. 油漆品种、刷油遍数	面积（含洞口侧壁）	面层材质、规格
							龙骨规格、型号
	饰面墙面（裙）	装饰板墙面		面积（不含洞口侧壁）	1. 墙体类型 2. 底层厚度、砂浆配合比 3. 龙骨材料中种类、规格、中距 4. 隔离层材料种类、规格 5. 基层材料中种类、规格 6. 面层材料品种 7. 压条材料种类 8. 防护材料种类 9. 油漆品种、遍数	面积（含洞口侧壁）	面层材质、规格
							龙骨材料品种、规格

续表

构件类别	构件构成	定额算量	清单描述	定额算量	定额信息
清单相关规则	一、墙面抹灰 按设计图示尺寸以面积计算。扣除墙裙、门窗洞口及单个 $0.3m^2$ 以外孔洞面积，不扣除踢脚线、挂镜线和墙与构件交接处的面积，门窗洞口和孔洞的侧壁及顶面不增加面积。附墙柱、梁、垛、烟囱侧壁并入相应的墙面面积内。 （1）外墙抹灰面积按外墙垂直投影面积计算。 （2）外墙裙抹灰面积按长度乘以高度计算。 （3）内墙抹灰面积按主墙间的净长乘以高度计算： 1）无墙裙的，高度按室内楼地面至天棚底面计算。 2）有墙裙的，高度按墙裙顶至天棚底面计算。 （4）内墙裙抹灰面按内墙面净长乘以高度计算。 二、墙面镶贴块料 按设计图示尺寸以镶贴表面积计算，干挂石材钢骨架按设计图示尺寸以质量计算。 三、墙饰面 按设计图示墙净长乘以净高以面积计算。扣除门窗洞口及单个 $0.3m^2$ 以上的孔洞所占面积				
定额相关规则	一、关于外墙面（裙）装修的相关说明 （1）外墙装修中的装饰线只编制了一般抹灰和装饰抹灰的项目，设计要求其他做法装饰线时，执行相应定额子目。 （2）外墙涂料按底层抹灰和涂料面层分别列项编制，执行相应定额子目。 （3）干挂块料按干挂龙骨和块料面层分别列项编制，执行相应定额子目。 （4）外墙石材装修和幕墙定额子目中均不包括保温材料，设计要求时，执行第四章隔墙、隔断和保温的相应定额子目。 （5）外墙裙和女儿墙内、外侧装修均执行外墙装修相应定额子目。 二、工程量计算规则 （一）外墙装修 （1）外墙抹灰面积按外墙面的垂直投影面积以平方米计算。应扣除门窗框外围、装饰线和大于 $0.3m^2$ 孔洞所占面积，洞口侧壁面积不另增加。附墙垛、梁、柱侧面抹灰面积并入外墙面抹灰工程量内计算。 （2）装饰线和门窗套按展开面积以平方米计算。 （3）涂料、面层、块料面层、干挂龙骨、玻璃幕墙均按图示尺寸以平方米计算。 （4）特殊图案按实际设计部位的图示尺寸以平方米计算。 （5）窗眉、腰线、窗台、门窗套、门窗口侧壁、压顶及零星项目的涂料及块料工程量均按图示展开面积以平方米计算。 三、零星装修 零星装修按展开面积以平方米计算				

（四）幕墙

幕墙分带框架幕墙和全玻幕墙两种，其工程量列项如图 1.4.52 所示。

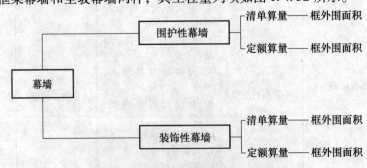

图 1.4.52　幕墙的分类及工程量列项

将图 1.4.52 转化成表格形式并给出相关规则，见表 1.4.44。

表 1.4.44　幕墙工程量列项及相关规则

构件类别	构件构成	清单算量	清单描述	定额算量	定额信息
幕墙	围护性幕墙	框外围面积	1. 骨架材料种类、规格、中距 2. 面层材料品种、规格、品牌、颜色 3. 面层固定方式 4. 嵌缝、塞口材料种类	框外围面积	1. 幕墙高度 2. 安装方式 3. 面层材质 4. 明框还是隐框
	装饰性幕墙	框外围面积	1. 玻璃品种、规格、品牌、颜色 2. 粘结塞口材料种类 3. 固定防水	框外围面积	1. 幕墙高度 2. 安装方式 3. 面层材质 4. 明框还是隐框
清单相关规则	按设计图示框外围尺寸以面积计算，与幕墙同种材质的窗所占面积不扣除				
定额相关规则	一、关于幕墙的说明 （1）幕墙定额子目中均不包括保温材料，设计要求时，执行第四章隔墙、隔断和保温的相应定额子目。 （2）隐框玻璃幕墙按成品安装编制；明框玻璃幕墙按成品玻璃现场安装编制。 二、工程量计算规则 （1）玻璃幕墙按图示尺寸以平方米计算。 （2）特殊图案按实际设计部位的图示尺寸以平方米计算				

（五）外墙装饰线

外墙装饰线按材质不同共分为 11 种，其工程量列项如图 1.4.53 所示。

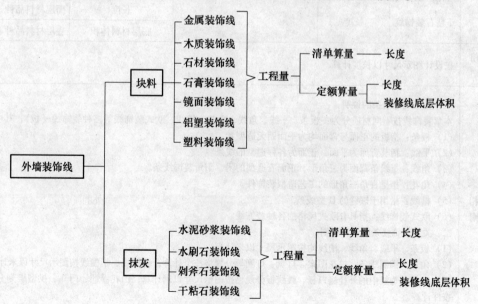

图 1.4.53　外墙装饰线的分类及工程量列项

将图 1.4.53 转化成表格形式并给出相关规则，见表 1.4.45。

表 1.4.45　外墙装饰线工程量列项及相关规则

构件类别	构件构成	清单算量	清单描述	定额算量	定额信息
外墙装饰线	金属装饰线	长度	1. 基层类型 2. 线条材料品种、规格、颜色 3. 防护材料种类 4. 油漆品种、刷漆遍数	长度	面层材料品种、规格
				底层材料体积	底层材料品种、规格
	木质装饰线	长度		长度	面层材料品种、规格
				底层材料体积	底层材料品种、规格
	石材装饰线	长度		长度	面层材料品种、规格
				底层材料体积	底层材料品种、规格
	镜面装饰线	长度		长度	面层材料品种、规格
				底层材料体积	底层材料品种、规格
	石膏装饰线	长度		长度	面层材料品种、规格
				底层材料体积	底层材料品种、规格
	铝塑装饰线	长度		长度	面层材料品种、规格
				底层材料体积	底层材料品种、规格
	塑料装饰线	长度		长度	面层材料品种、规格
				底层材料体积	底层材料品种、规格
	水泥砂浆装饰线	长度		长度	面层材料品种、规格
				底层材料体积	底层材料品种、规格
	水刷石装饰线	长度		长度	面层材料品种、规格
				底层材料体积	底层材料品种、规格
	剁斧石装饰线	长度		长度	面层材料品种、规格
				底层材料体积	底层材料品种、规格
	干粘石装饰线	长度		长度	面层材料品种、规格
				底层材料体积	底层材料品种、规格
清单相关规则	按设计图示尺寸以长度计算				
定额相关规则	一、关于装饰线条的说明 本章装饰线按不同材质分为：板条、平线、角线、角花、槽线、欧式装饰线等多种装饰线（板），其中： （1）板条：指板的正面与背面均为平面而无造型者。 （2）平线：指其背面为平面，正面为各种造型的线条。 （3）角线：指线条背面为三角形，正面有造型的阴、阳角装饰线条。 （4）角花：指呈直角三角形的工艺造型装饰件。 （5）槽线：指用于嵌缝的 U 型线条。 （6）欧式装饰线：指具有欧式风格的各种装饰线。 二、关于装饰线条的计算规则 （1）板条、平线、角线、槽线均按图示尺寸以米计算。 （2）角花、圆圈线条、拼花图案、灯盘、灯圈等分规格按个计算；镜框线、柜橱线按图示尺寸以米计算。 （3）欧式装饰线中的外挂檐口板、腰线板分规格按图示尺寸以米计算；山花浮雕、门斗、拱型雕刻分规格按件计算。 （4）其他装饰线按图示尺寸以米计算				

七、底部结构各构件的工程量

基础层底部结构所包含的构件如图 1.4.54 所示。

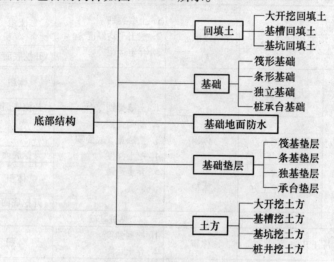

图 1.4.54　基础层底部结构所包含的构件

（一）土方

土方开挖分为挖土方、挖基础土方、挖桩孔土方、冻土开挖、挖淤泥与流沙、挖管沟土方七种情况，其工程量列项如图 1.4.55 所示。

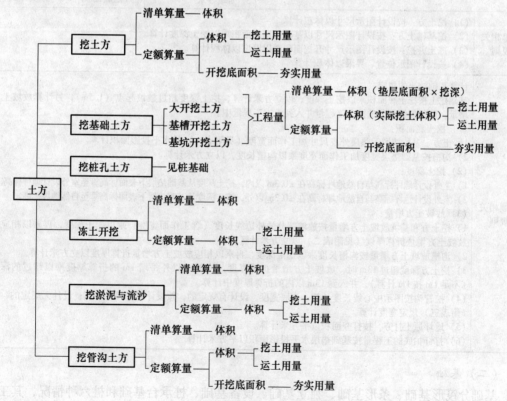

图 1.4.55　土方的分类及工程量列项

将图1.4.55转化成表格形式并给出相关规则，见表1.4.46。

表1.4.46　土方工程量列项及相关规则

构件类别	构件构成		清单算量	清单描述	定额算量	定额信息
土方	挖土方		体积	1. 土壤类别 2. 挖土平均厚度 3. 弃土运距	体积	挖土：土壤类别
						运土：运距
					开挖底面积	夯实方式
	挖基础土方	大开挖土方	体积	1. 土壤类别 2. 基础类型 3. 垫层宽、底面积 4. 挖土深度 5. 弃土运距	体积	挖土：土壤类别
						运土：运距
					开挖底面积	夯实方式
		基槽开挖土方	体积		体积	挖土：土壤类别
						运土：运距
					开挖底面积	夯实方式
		基坑开挖土方	体积		体积	挖土：土壤类别
						运土：运距
					开挖底面积	夯实方式
	挖桩孔土方		见桩基础			
	冻土开挖		体积	1. 挖掘强度 2. 弃土运距	体积	挖土：挖掘强度
						运土：运距
	挖淤泥、流沙		体积	1. 挖掘深度 2. 弃淤泥、流沙距离	体积	挖土：挖掘深度
						运土：运距
	挖管沟土方		体积	1. 土壤类别 2. 管外径 3. 挖沟平均深度 4. 弃土运距 5. 回填要求	体积	挖土：土壤类别
						运土：运距
					开挖底面积	夯实方式

清单相关规则	（1）挖土方：按设计图示尺寸以体积计算。 （2）挖基础土方：按设计图示尺寸以基础垫层底面积乘以挖土深度计算。 （3）冻土开挖：按设计图示尺寸开挖面积乘以厚度以体积计算。 （4）按设计图示位置、界限以体积计算
定额相关规则	计算基础挖土的规定： 基础挖土按挖土底面积乘以挖土深度，以立方米计算，挖土深度超过放坡起点（1.5m），另计算放坡土方增量，局部加深部分的挖土工程量并入到土方工程量中。 （1）挖土底面积： 1）土方、基坑按图示垫层外皮尺寸加工作面宽度（见附表一）的水平投影面积计算。 2）沟槽按基础垫层宽度加工作面宽度乘以沟槽长度，以立方米计算。 （2）挖土深度： 1）室外设计地坪标高与自然地坪标高在±0.3m以内，挖土深度从基础垫层下表面标高算至室外设计地坪标高。 2）室外设计地坪标高与自然地坪标高在±0.3m以外，挖土深度从基础垫层下表面标高算至自然地坪标高。 （3）放坡土方增量： 1）挖土方和基坑放坡土方增量按放坡部分的外边线长度（含工作面宽度）乘以挖土深度，再乘以相应的放坡土方增量折算厚度（见附表二）以立方米计算。 2）沟槽放坡土方增量按沟槽长度乘以挖土深度，再乘以相应放坡土方增量折算厚度以立方米计算。 3）挖土方深度超过13m时，放坡土方增量，按13m以外每增1m的折算厚度乘以超过的深度（不足1m按1m计算），并入到13m以内的折算厚度中计算。 （4）挖管沟按图示中心线长度计算。沟底宽度，设计有规定的，按设计规定尺寸计算；设计无规定的，按（附表三）规定宽度计算。 （5）地坪原土打夯，按打夯面积以平方米计算。 （6）打钎拍底的工程量按基础垫层水平投影面积以平方米计算

（二）基础

基础分筏形基础、条形基础、独立基础、设备基础、桩承台基础和桩六种情况，其工程量列项如图1.4.56所示。

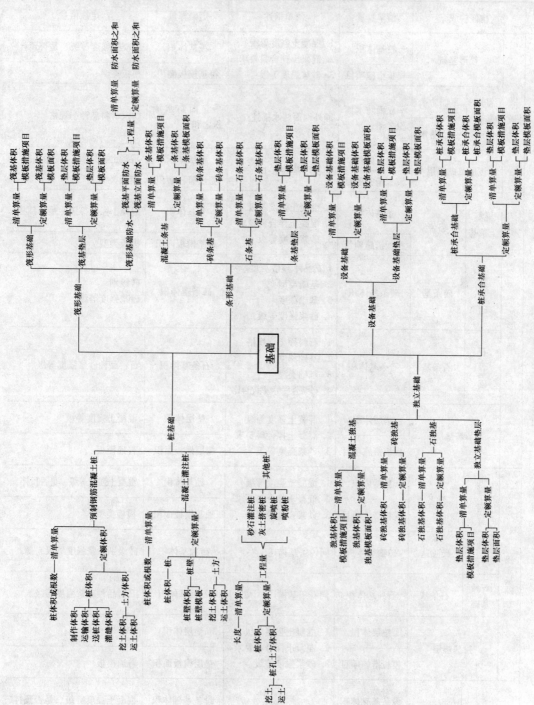

图1.4.56 基础的分类及工程量列项

将图 1.4.56 转化成表格形式并给出相关规则，见表 1.4.47。

表 1.4.47　基础工程量列项及相关规则

构件类别	构件构成			清单算量	清单描述	定额算量	定额信息
基础	筏形基础	筏形基础		筏基体积	1. 混凝土强度等级 2. 混凝土拌合料要求 3. 砂浆强度等级	筏基体积	混凝土强度等级、是否预拌
				模板措施项目		筏基模板面积	模板类型
		筏形基础防水	平面防水	平立面防水面积之和	同外墙面防水描述	平立面防水面积之和	防水材料品种、规格
			立面防水				
		筏形基础垫层		垫层体积	同筏形基础	垫层体积	混凝土强度等级、是否预拌
				模板措施项目		垫层模板面积	模板类型
	条形基础	混凝土条基	条基	条基体积	1. 混凝土强度等级 2. 混凝土拌合料要求 3. 砂浆强度等级	条基体积	混凝土强度等级、是否预拌
				模板措施项目		条基模板面积	模板类型
		砖条基础	砖条基	砖条基体积	1. 砖品种、规格、强度等级 2. 基础类型 3. 基础深度 4. 砂浆强度等级	砖条基体积	砖级别 砂浆强度等级
		石条基础	石条基	石条基体积	1. 石料种类、规格 2. 基础深度 3. 基础类型 4. 砂浆强度等级、配合比	石条基体积	石料品种砂浆强度等级
		条基垫层		垫层体积	1. 混凝土强度等级 2. 混凝土拌合料要求 3. 砂浆强度等级	垫层体积	混凝土强度等级
				模板措施项目		垫层模板面积	普通模板
	独立基础	混凝土独基	独基	独基体积	1. 混凝土强度等级 2. 混凝土拌合料要求 3. 砂浆强度等级	独基体积	混凝土强度等级、是否预拌
				模板措施项目		独基模板面积	模板类型
		砖独立基础	砖独基	砖独基体积	同砖条基描述	砖独基体积	砖级别砂浆强度等级
		石独立基础	石条基	石独基体积	同石条基描述	石独基体积	石料品种砂浆强度等级
		独基垫层		垫层体积	1. 混凝土强度等级 2. 混凝土拌合料要求 3. 砂浆强度等级	垫层体积	C30
				模板措施项目		垫层模板面积	普通模板
	设备基础	设备基础		设备基础体积	1. 混凝土强度等级 2. 混凝土拌合料要求 3. 砂浆强度等级	设备基础体积	混凝土强度等级、是否预拌
				模板措施项目		设备基础模板面积	模板类型
		设备基础垫层		垫层体积		垫层体积	混凝土强度等级
				模板措施项目		垫层模板面积	普通模板

构件类别	构件构成		清单算量	清单描述	定额算量	定额信息
基础	桩承台基础	桩承台	桩承台基础	1. 混凝土强度等级 2. 混凝土拌合料要求 3. 砂浆强度等级	桩承台基础	混凝土强度等级、是否预拌
			模板措施项目		承台模板面积	模板类型
		桩承台垫层	垫层体积		垫层体积	混凝土强度等级、是否预拌
			模板措施项目		垫层模板面积	模板类型
	桩基础	混凝土灌注桩	桩	桩体积或根数	1. 土壤级别 2. 单桩长度、根数 3. 桩截面 4. 成孔方法 5. 混凝土强度等级	桩体积	混凝土强度等级、是否预拌
			桩壁			桩壁体积	混凝土强度等级、是否预拌
						桩壁模板面积	模板类型
			土方			挖桩孔土方体积	挖土：土壤类别
							运土：运输距离
		预制钢筋混凝土桩	桩	桩体积或根数	1. 土壤级别 2. 单桩长度、根数 3. 桩截面 4. 板桩面积 5. 管桩填充材料种类 6. 桩倾斜度 7. 混凝土强度等级 8. 防护材料种类	桩体积	制作：混凝土强度等级 运输：公里数 送桩：安装机械 灌缝：填充料品种级别
			土方			挖桩孔土方体积	挖土：土壤类别
							运土：运输距离
		砂石灌注桩	桩	长度	1. 土壤级别 2. 桩长 3. 桩截面 4. 成孔方法 5. 砂石级配	体积	桩的材料品种
			土方			挖桩孔土方体积	挖土：土壤类别
							运土：运输距离
		灰土挤密桩	桩	长度	前4条同砂石灌注桩 5. 灰土级别	体积	桩的材料品种
			土方			挖桩孔土方体积	挖土：土壤类别
							运土：运输距离
		旋喷桩		长度	1. 桩长 2. 桩截面 3. 水泥强度等级	体积	水泥强度等级
		喷粉桩		长度	1. 桩长 2. 桩截面 3. 粉体种类 4. 水泥强度等级 5. 石灰粉要求	体积	桩的材料品种
清单相关规则	一、现浇混凝土基础 按设计图示尺寸以体积计算。不扣除构件内钢筋、预埋铁件和伸入承台基础的桩头所占体积。 二、砖基础 按设计图示尺寸以体积计算。包括附墙垛基础宽出部分体积，扣除地梁（圈梁）、构造柱所占体积，不扣除基础大放脚T形接头处的重叠部分及嵌入基础内的钢筋、铁件、管道、基础砂浆防潮层和单个面积0.3m² 以内的孔洞所占体积，靠墙暖气沟的挑檐不增加。基础长度：外墙按中心线，内墙按净长线计算。 三、石基础 按设计图示尺寸以体积计算。包括附墙垛基础宽出部分体积，不扣除基础砂浆防滑层及单个面积0.3m² 以内的孔洞所占体积，靠墙暖气沟的挑檐不增加体积。基础长度：外墙按中心线，内墙按净长计算					

续表

构件类别	构件构成	清单算量	清单描述	定额算量	定额信息
清单相关规则	四、桩基础 （1）现浇钢筋混凝土桩：按设计图示尺寸以桩长（包括桩尖）或根数计算。 （2）预制钢筋混凝土桩：按设计图示尺寸以桩长（包括桩尖）或根数计算。 （3）砂石灌注桩、灰土挤密桩、旋喷桩、喷粉桩：按设计图示尺寸以桩长（包括桩尖）计算				
定额相关规则	一、关于基础的相关说明 （1）箱式基础按满堂基础、柱、梁、墙的有关规定计算，执行相应定额子目。 （2）有肋带形基础，肋的高度在 1.5m 以内时，其工程量并入带形基础工程量中，执行带形基础相应定额子目；肋高超过 1.5m 时，基础和肋分别执行带形基础和墙定额子目。 （3）有梁式满堂基础的反梁高度在 1.5m 以内时，执行梁的相应定额子目；梁高超过 1.5m 时，单独计算工程量，执行墙的相应定额子目。 （4）带形桩承台、独立桩承台分别执行带形基础、独立基础相应定额子目。 （5）设备基础（除块体基础以外），分别按基础、梁、柱有关规定进行计算，执行相应定额子目。 二、关于基础混凝土的工程量计算规则 （1）混凝土工程量除另有规定者外，均按图示以立方米计算，不扣除构件内钢筋、预埋铁件、螺栓及墙、板中 $0.3m^2$ 以内的孔洞所占的体积，但用型钢代替钢筋骨架时，按定额计算用量每吨型钢扣减 $0.1m^3$ 混凝土体积。 （2）基础垫层： 1）满堂基础垫层按垫层图示尺寸以立方米计算，基础局部加深，其加深部分按图示尺寸计算体积，并入垫层工程量中。 2）带形基础垫层：外墙按垫层中心线，内墙按垫层净长线乘以垫层宽度及厚度以立方米计算。 3）独立基础、设备基础垫层：均按垫层图示面积乘以垫层厚度以立方米计算。 （3）基础： 1）满堂基础：按图示尺寸以立方米计算，局部加深部分的体积并入基础工程量中计算。 2）带形混凝土基础：外墙按基础中心线，内墙按基础净长线乘以基础断面面积以立方米计算。 3）独立混凝土基础：按图示尺寸以立方米计算，杯形基础应扣除杯口所占的体积。杯形基础的灌缝按个计算，定额中已综合了杯口底部找平的工料，不得重复计算。 三、关于基础模板的说明 （1）条形基础的肋高超过 1.5m 时，其肋执行直形墙定额子目，基础执行无梁式带形基础定额子目。 （2）满堂基础不包括反梁，反梁高度在 1.5m 以内时，执行基础梁定额子目；反梁高度超过 1.5m 时，执行直形墙的定额子目。 四、关于基础模板的工程量计算规则 （1）现浇混凝土的模板工程量，除另有规定外，均应按混凝土与模板的接触面积，以平方米计算，不扣除柱与梁、梁与梁连接重叠部分的面积。 （2）基础： 1）箱形基础应分别按无梁式满堂基础、柱、墙、板有关规定计算，执行相应定额子目。 2）框架式基础分别按基础、柱、梁计算。 3）满堂基础中集水井模板面积并入基础工程量中。 五、关于桩的说明 （1）钢筋混凝土预制桩及钢板桩运输执行第九章构件运输工程相应项目。 （2）现浇钢筋混凝土钻孔桩已综合充盈系数及混凝土超灌量，不包括钢筋用量，另行计算执行第八章钢筋工程有关规定及相应项目。 六、关于桩的计算规则 （1）钢筋混凝土方桩、预应力离心管桩按设计桩长（含桩尖部分）乘以桩截面面积，以立方米计算。预应力离心管桩空心部分的体积应扣除。 （2）送桩按实际发生计取，其工程量按桩截面面积乘以送桩深度（桩顶至自然地坪另加 50cm），以立方米计算。 （3）截预制混凝土桩以根计算。接桩按设计接头以个计算。 （4）现浇钢筋混凝土钻孔桩、灰土桩、碎石桩、CFG 桩（水泥粉煤灰碎石桩）按设计桩长（包括桩尖）乘以桩径截面面积，以立方米计算。扩体的体积并入到桩体积中。 （5）人工挖孔桩按设计桩长乘以设计上口截面面积（包括护壁体积），以立方米计算。 （6）喷射混凝土支护按图示尺寸以平方米计算。压边已含在定额中，不另行计算。 （7）桩间护壁按护坡的图示尺寸以平方米计算。 （8）凿桩头按个计算				

（三）基础回填土

基础回填土分大开挖基础回填土、基槽基础回填土、基坑基础回填土三种情况，其工程量列项如图 1.4.57 所示。

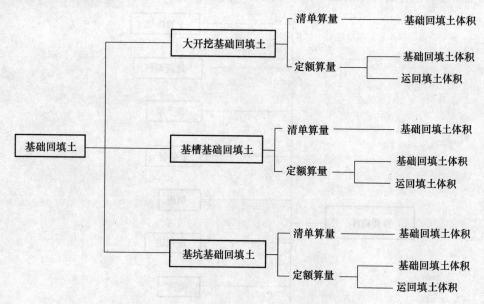

图 1.4.57　基础回填土的分类及工程量列项

将图 1.4.57 转化成表格形式并给出相关规则，见表 1.4.48。

表 1.4.48　基础回填土工程量列项及相关规则

构件类别	构件构成	清单算量	清单描述	定额算量	定额信息
回填土	大开挖基础回填土	回填土体积	1. 土质要求 2. 密实度要求 3. 粒径要求 4. 夯填（碾压） 5. 松填 6. 运输距离	回填土体积	回填土种类
				运回填土体积	运土距离
	基槽基础回填土	回填土体积		回填土体积	回填土种类
				运回填土体积	运土距离
	基坑基础回填土	回填土体积		回填土体积	回填土种类
				运回填土体积	运土距离
清单相关规则	按设计图示尺寸以体积计算： （1）场地回填：回填面积乘以平均回填厚度。 （2）室内回填：主墙间净面积乘以回填厚度。 （3）基础回填：挖方体积减去设计室外地坪以下埋设的基础体积（包括基础垫层及其他构筑物）				
定额相关规则	回填土按挖土体积扣除室外设计地坪以下的建筑物、构筑物、墙基、柱基、垫层及管道直径大于 500mm 所占的体积。管径超过 500mm 时按（附表四）规定扣除管道所占体积。室外设计地坪与自然地坪平均厚度在 0.3m 以外，回填土体积单独计算				

八、其他项目的工程量

其他项目所包含的构件如图 1.4.58 所示。

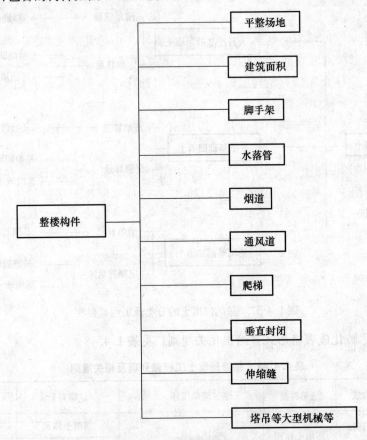

图 1.4.58　其他项目所包含的构件

（一）建筑面积

建筑面积在清单里和定额里都没有单独列项，但是建筑面积我们在计算平米造价和某类项目含量时经常会用到，这里列出定额所给出的建筑面积计算规则。

1. 计算建筑面积的范围

（1）单层建筑物无论其高度如何，均按建筑物勒脚以上外墙结构的外围水平面积计算。单层建筑物内如带有部分楼层者，亦应计算建筑面积。高低联跨需分别计算建筑面积时，按高低跨相邻处结构外边线为界线。

（2）多层建筑物按分层建筑面积总和计算，首层建筑面积按建筑物勒脚以上外墙结构的外围水平面积计算，二层及二层以上按外墙结构的外围水平计算。

（3）建筑物外墙为预制挂（壁）板的，按挂（壁）板外墙主墙间的水平面积计算。

（4）地下室、半地下室、地下车间、仓库、商店、车站、指挥部等及附属建筑物外墙有出入口的（沉降缝为界）建筑物，按其上口外墙（不包括采光井、防潮层及其保护墙）外围水平面积计算。人防通道端头出口部分为楼梯踏步时，按楼梯上口外墙外围水平面积计算。

104

（5）用深基础做地下架空层，层高超过2.2m，设计包括安装门窗、地下抹灰装饰者，按围护结构的外围水平面积计算建筑面积。

（6）坡地建筑物利用吊脚做架空层，有围护结构者，按其围护结构外围水平面积计算建筑面积。

（7）穿过建筑物的通道，建筑物内的门厅、大厅，不论其高度如何，均按一层计算建筑面积，门厅、大厅内回廊部分按其自然层水平投影计算建筑面积。

（8）书库、立体仓库设有结构层的，按结构层计算建筑面积，没有结构层的，按承重书架层或货架层计算建筑面积。

（9）室内楼梯间、电梯间、提物井、垃圾道、管道井、附属烟囱等均按建筑物自然层计算建筑面积。

（10）舞台灯光控制室，按围护结构外围水平面积乘以实际层数计算建筑面积。

（11）建筑物内的技术层，层高超过2.2m的，按技术层外水平面积计算建筑面积。技术层层高虽不超过2.2m，但从中分隔出来作为办公室、仓库等，应按分隔出来的使用部分外围水平面积计算建筑面积。

（12）有柱的雨篷、车棚、货棚、站台等，按柱外围水平面积计算建筑面积；独立柱的雨篷、单排柱的独立车棚、货棚、站台等，按其顶盖的水平投影面积的一半计算建筑面积。

（13）建筑物外有围护结构的门斗、眺望间、观望电梯间、阳台、厨窗、挑廊、走廊等，按其围护结构外围水平面积计算建筑面积。

（14）突出屋面的有围护结构的楼梯间、水箱间、电梯机房等，按围护结构外围水平面积计算建筑面积。

（15）封闭式阳台、挑廊按其水平投影面积计算建筑面积。挑阳台按其水平投影面积的一半计算建筑面积。凹阳台按其阳台净空面积（包括阳台栏板）的一半计算建筑面积。

（16）建筑物外有顶盖和柱的走廊、檐廊，按柱的外边线水平面积计算建筑面积；无柱的走廊、檐廊挑出墙外宽度在1.5m以上时，按其顶盖投影面积的一半计算建筑面积。

（17）两个建筑物间有围护结构的架空通廊，按通廊的投影面积计算建筑面积；没有围护结构的架空通廊，按其投影面积的一半计算建筑面积。

（18）室外楼梯（包括疏散梯）按自然层水平投影面积之和计算建筑面积。

（19）各种变形缝、沉降缝等，凡缝宽在0.3m以内者，均按自然层计算建筑面积，高低联跨时，其面积并入低跨建筑物面积内计算。

2. 不计算建筑面积范围

（1）突出墙面的构件、配件、附墙柱、垛、勒脚、台阶、悬挑雨篷、墙面抹灰、镶贴块料、装饰面等。

（2）检修消防等用的室外爬梯、宽度在0.6m以内的钢梯。

（3）住宅的首层平台（不包括挑平台）、层高在2.2m以内的设备层，设计不利用的深基础架空层及吊脚架空层。

（4）建筑物内操作平台、上料平台、安装箱或罐体台、没有围护结构的屋顶水箱、花架、凉棚、舞台及后台悬挂幕布、布景的天桥、挑台等。

（5）单层建筑物内分隔的操作间、控制室、仪表间等单层房间。

（6）宽在0.3m以上的变形缝、沉降缝，有伸缩缝的靠墙烟囱、构筑物。

（7）地下人防干、支线，人防通道，人防通道端头为竖向爬梯设置的安全出入口。

（8）独立烟囱、烟道、地沟、油（水）罐、气柜、水塔、贮油（水）池、贮仓、栈桥等。

（二）平整场地

平整场地工程量列项如图1.4.59所示。

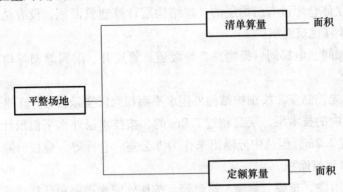

图1.4.59　平整场地的工程量列项

将图1.4.59转化成表格形式并给出相关规则，见表1.4.49。

表1.4.49　平整场地工程量列项及相关规则

构件类别	构件构成	清单算量	清单描述	定额算量	定额信息
平整场地	平整场地	面积	1. 土壤类别 2. 弃土运距 3. 取土运距	面积	
清单相关规则	按设计图示尺寸以建筑物首层面积计算				
定额相关规则	平整场地按建筑物首层建筑面积（地下室单层建筑面积大于首层建筑面积时，按地下室最大单层建筑面积）乘以系数1.4，以平方米计算。构筑物按基础底面积乘以系数2，以平方米计算				

（三）水落管

常见的水落管有塑料水落管、铸铁水落管、铁皮水落管、玻璃钢水落管四种，其工程量列项如图1.4.60所示。

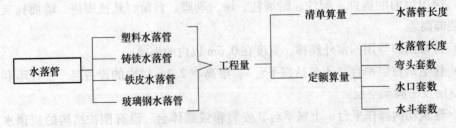

图1.4.60　水落管的分类及工程量列项

将图转化成表格形式并给出相关规则，见表1.4.50。

表1.4.50　水落管的工程量列项及相关规则

构件类别	构件构成	清单算量	清单描述	定额算量	定额信息
水落管	塑料水落管	水落管长度	1. 排水管品种、规格、品牌、颜色 2. 接缝、嵌缝材料种类 3. 油漆品种、刷漆遍数	水落管长度	水落管品种、规格
	铸铁水落管			弯头套数	弯头品种、规格
	铁皮水落管			水口套数	水口品种、规格
	玻璃钢水落管			水斗套数	水斗品种、规格
清单相关规则	按设计图示尺寸以长度计算。如设计未标注尺寸，以檐口至设计室外散水上表面垂直距离计算				
定额相关规则	（1）塑料、玻璃钢水落管按图示尺寸以米计算，水落管长度由檐沟底面（无檐沟的由水斗下口）算至室外设计地坪高度。 （2）各种水斗、弯头、雨水口按不同材质分别以套计算				

（四）烟道、通风道、垃圾道

烟道、通风道、垃圾道分预制混凝土和水泥砂浆板和砖砌筑三种情况，其工程量列项如图1.4.61所示。

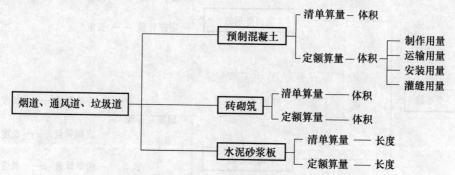

图1.4.61　烟道、通风道、垃圾道的分类及工程量列项

将图1.4.61转化成表格形式并给出相关规则，见表1.4.51。

表1.4.51　烟道、通风道、垃圾道的工程量列项及相关规则

构件类别	构件构成	清单算量	清单描述	定额算量	定额信息
烟道、通风道、垃圾道	预制混凝土	体积	1. 构件类型 2. 单件体积 3. 安装高度 4. 混凝土强度等级 5. 砂浆强度等级	体积	制作：混凝土强度等级 运输：运输距离 安装：安装高度 灌缝：砂浆强度等级、砖砌筑
	砌砌筑	体积	1. 烟道截面形式、长度 2. 砖品种、规格、强度等级 3. 耐火砖品种、规格 4. 耐火水泥品种 5. 勾缝要求 6. 砂浆强度等级、配合比	体积	砖品种、规格、砂浆强度等级
	水泥砂浆板	长板	1. 构件类型 2. 单件体积 3. 安装高度 4. 砂浆板强度等级 5. 砂浆强度等级	长度	砂浆板强度等级

续表

构件类别	构件构成	清单算量	清单描述	定额算量	定额信息
清单相关规则	1. 预制混凝土烟道、通风道、垃圾道 按设计图示尺寸以体积计算。不扣除构件内钢筋、预埋铁件及单个尺寸 300 * 300 以内的孔洞所占体积，扣除烟道、垃圾道、通风道的孔洞所占体积。 2. 砖砌筑 按图示尺寸以体积计算				
定额相关规则	1. 预制混凝土烟道、通风道、垃圾道 按设计图示尺寸以体积计算。 2. 砖砌筑 （1）按图示尺寸以体积计算 。 （2）烟道、烟囱内衬按不同内衬材料扣除孔洞，按图示体积以立方米计算				

（五）变形缝

变形缝分立面变形缝和平面变形缝两种情况，其工程量列项如图 1.4.62 所示。

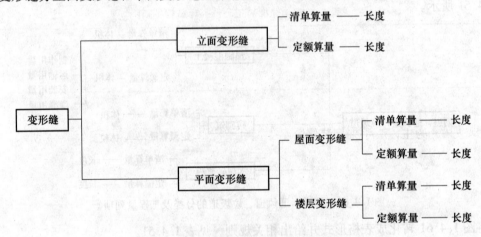

图 1.4.62　变形缝的分类及工程量列项

将图 1.4.62 转化成表格形式并给出相关规则，见表 1.4.52。

表 1.4.52　变形缝的工程量列项及相关规则

构件类别	构件构成		清单算量	清单描述	定额算量	定额信息
变形缝	立面变形缝		长度	1. 变形缝部位 2. 嵌缝材料种类 3. 止水带材料种类 4. 盖板材料 5. 防护材料种类	长度	变形缝材料种类
	平面变形缝	屋面变形缝	长度		长度	变形缝材料种类
		楼层变形缝	长度		长度	变形缝材料种类
清单相关规则	按设计图示尺寸以长度计算					
定额相关规则	（1）地面、底（顶）板、屋面的变形缝按图示尺寸以米计算。 （2）内墙（立）面变形缝按结构层高以米计算。 （3）外墙面变形缝按图示高度以米计算。 （4）门洞口的变形缝按图示尺寸以米计算					

（六）爬梯

爬梯一般出现在楼梯间上屋面的墙上，其工程量列项如图 1.4.63 所示。

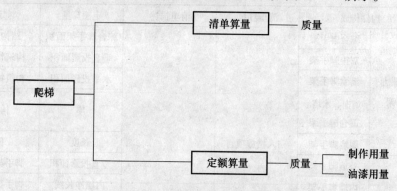

图 1.4.63　爬梯的分类及工程量列项

将图 1.4.63 转化成表格形式并给出相关规则，见表 1.4.53。

表 1.4.53　爬梯的工程量列项及相关规则

构件类别	构件构成	清单算量	清单描述	定额算量	定额信息
爬梯	钢爬梯	质量	1. 爬梯材料种类 2. 固定防水	质量	爬梯材料种类

（七）脚手架

脚手架分为主体脚手架和装修脚手架两种情况，其工程量列项如图 1.4.64 所示。

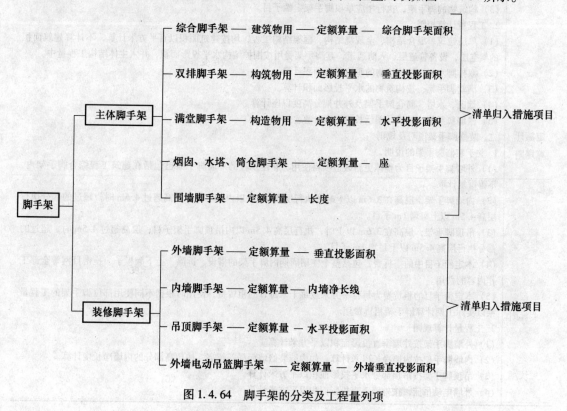

图 1.4.64　脚手架的分类及工程量列项

将图 1.4.64 转化成表格形式并给出相关规则，见表 1.4.54。

表 1.4.54　脚手架的工程量列项及相关规则

构件类别	构件构成		清单算量	清单描述	定额算量	定额信息
脚手架	主体脚手架	综合脚手架	归入措施项目		综合脚手架面积	结构类型、檐高
		双排脚手架			垂直投影面积	构筑物类型、檐高
		满堂脚手架			水平投影面积	构筑物类型、檐高
		烟囱、水塔、筒仓脚手架			座	构筑物高度
		围墙脚手架			长度	围墙高度
	装修脚手架	外墙脚手架			垂直投影面积	脚手架类型、层高
		内墙脚手架			内墙净长线	脚手架类型、层高
		吊顶脚手架			水平投影面积	脚手架类型、层高
		外墙电动吊篮脚手架			外墙垂直投影面积	脚手架类型、层高
定额计算规则	一、主体脚手架说明及规则 1. 关于脚手架的说明 (1) 本章分结构类型和檐高编制的脚手架子目，综合了工程结构施工期及外墙装修脚手架的搭拆及租赁费用，不包括设备安装的脚手架。 (2) 单层建筑脚手架，檐高在 6m 以下，执行檐高 6m 以下脚手架，檐高超过 6m 时，超过的部分执行檐高 6m 以上每增 1m 子目，不足 1m 按 1m 计算。单层建筑内带有部分楼层时，其面积并入主体建筑面积内。多层或高层建筑的局部层高超过 6m 时，按其局部结构水平投影面积执行每增 1m 子目。 (3) 构筑物的脚手架，执行相应单项脚手架定额子目。 2. 工程量计算规则 (1) 单层建筑、混合结构、全现浇结构、框架结构工程，均按建筑面积以百平方米计算，不计算建筑面积的架空层，设备管道层、人防通道，其脚手架费用按围护结构水平投影面积，并入主体结构工程量中。 (2) 双排脚水架，按构筑物的垂直投影面积计算。 (3) 满堂脚手架，按构筑物的水平投影面积计算。 (4) 烟囱、水塔、筒仓脚手架及外井架分高度以座计算。 (5) 围墙脚手架，按设计图示长度以米计算。 二、装修脚手架说明及规则 1. 关于装修脚手架的说明 (1) 外墙脚手架子目为整体更新改造项目使用，新建工程的外墙脚手架已包括在建筑工程综合脚手架内，不得重复计取。 (2) 内墙脚手架，层高在 3.6m 以上时，执行层高 4.5m 以内脚手架；层高超过 4.5m 时，超过的部分执行层高 4.5m 以上每增 1m 子目。 (3) 吊顶脚手架，层高在 3.6m 以上时，执行层高 4.5m 以内吊顶脚手架子目；层高超过 4.5m 时，超过的部分执行层高 4.5m 以上每增 1m 子目。 (4) 本定额子目中的搭拆费，包括整个使用周期内脚手架的搭设、拆除、上下翻板子、挂密目网等全部工作内容的费用。 (5) 本定额子目的租赁费为每百平方米或每十米每日的租赁费，使用时根据不同使用部位脚手架的工程量乘以实际工期计算脚手架租赁费用。 2. 工程量计算规则 (1) 外墙脚手架按外墙垂直投影面积以平方米计算。 (2) 内墙脚手架按内墙净长以米计算，如内墙装修墙面局部超高，按超高部分的内墙净长度计算。 (3) 吊顶脚手架按吊顶部分水平投影面积以平方米计算。 (4) 外墙电动吊篮，按外墙垂直投影面积以平方米计算						

（八）垂直封闭

垂直封闭工程量列项如图 1.4.65 所示。

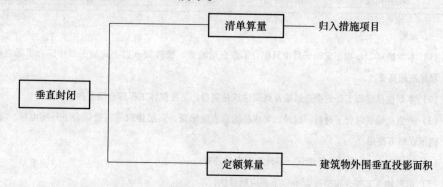

图 1.4.65　垂直封闭的分类及工程量列项

将图 1.4.65 转化成表格形式并给出相关规则，见表 1.4.55。

表 1.4.55　垂直封闭的工程量列项及相关规则

构件类别	构件构成	清单算量	清单描述	定额算量	定额信息
垂直封闭	封闭材料类型	归入措施项目		垂直投影面积	封闭材料类型
定额计算规则	这个规则北京 2001 定额没有，这里参考河北定额编写，供大家参考。用建筑物的最大层外周长乘以高度（这里高度指从室外地坪到最顶层的结构板顶）				

（九）大型机械垂直运输使用费

大型机械垂直运输使用费用的工程量列项如图 1.4.66 所示。

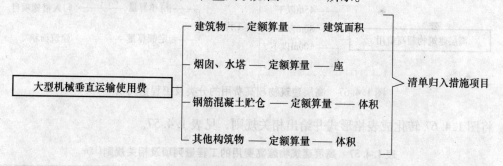

图 1.4.66　大型机械垂直运输使用费的分类及工程量列项

将图 1.4.66 转化成表格形式并给出相关规则，见表 1.4.56。

表 1.4.56　大型机械垂直运输使用费的工程量列项及相关规则

构件类别	构件构成	清单算量	清单描述	定额算量	定额信息
大型机械垂直运输使用费	建筑物	归入措施项目		建筑面积	层数、结构类型、檐高
	烟囱、水塔			座	结果类型、高度
	钢筋混凝土贮仓			体积	高度
	其他构筑物			体积	结构类型

续表

构件类别	构件构成	清单算量	清单描述	定额算量	定额信息
定额计算规则	一、说明 （1）本章檐高 25m 以下定额子目中只综合了垂直运输费，檐高 25m 以上定额子目中综合了垂直运输和高层建筑超高费。 （2）本章包括装饰工程的垂直运输及高层建筑超高费，是按整体工程综合编制的。 （3）垂直运输费综合了材料、成品、半成品的垂直运输费，高层建筑超高费综合了外用电梯、施工降效、通讯联络等费用。 （4）檐高 3.6m 以内的单层建筑，不计算垂直运输费。 （5）单独地下工程，按檐高 25m 以下相应项目执行。 二、工程量计算规则 （1）建筑物按建筑面积以平方米计算。 （2）烟囱、水塔按座计算，超过规定高度时按每增高 1m 计算，不足 1m 按 1m 计算。 （3）钢筋混凝土贮仓及漏斗按图示尺寸以立方米计算。 （4）其他构筑物按构筑物体积以立方米计算。凡以砌体为主要工程量的构筑物，其部分现、预制混凝土体积并入砌体内，执行砌体为主的相应定额子目；凡以混凝土为主要工程量的构筑物，其部分砌体并入混凝土体积内；执行混凝土为主的相应定额子目				

（十）高层建筑物超高费用

高层建筑物超高费用的工程量列项如图 1.4.67 所示。

图 1.4.67　高层建筑物超高费用的分类及工程量列项

将图 1.4.67 转化成表格形式并给出相关规则，见表 1.4.57。

表 1.4.57　高层建筑物超高费用的工程量列项及相关规则

构件类别	构件构成	清单算量	清单描述	定额算量	定额信息
高层建筑物超高费用	45m 以下	归入措施项目		建筑面积	建筑物总高度
	80m 以下			建筑面积	建筑物总高度
	100m 以下			建筑面积	建筑物总高度
	100m 以上			建筑面积	建筑物总高度
定额相关规则	高层建筑超高费按建筑面积以平方米计算				

（十一）工程水电费

工程水电费用的工程量列项如图1.4.68所示。

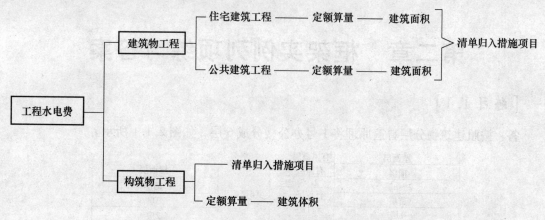

图1.4.68　工程水电费用的分类及工程量列项

将图1.4.68转化成表格形式并给出相关规则，见表1.4.58。

表1.4.58　工程水电费用的工程量列项及相关规则

构件类别	构件构成		清单算量	清单描述	定额算量	定额信息
工程水电费	建筑物工程	住宅建筑工程	归入措施项目		建筑面积	结构类型、檐高
		公共建筑工程			建筑面积	结构类型、檐高
	构筑物工程	砌体为主			建筑体积	结构类型
		混凝土为主			建筑体积	结构类型
定额相关规则	1. 说明 （1）单独地下工程执行檐高25m以内相应项目。 （2）单项工程中使用功能、结构类型不同时，应按各自建筑面积分别计算。 （3）住宅、宿舍、公寓、别墅执行住宅工程相应项目。 （4）烟囱、水塔、贮水（油）池、窨井，室外道路、沟道、围墙等，均执行构筑物相应项目。 2. 工程量计算规则 （1）建筑工程按建筑面积以平方米计算。 （2）构筑物工程按构筑物体积以立方米计算。凡以砌体为主要工程量的构筑物，其部分现、预制混凝土体积并入砌体内，执行砌体为主的相应定额子目；凡以混凝土为主要工程量的构筑物，其部分砌体并入混凝土体积内，执行混凝土为主的相应定额子目					

［练习4.1］

请列出1号办公楼每层要计算的工程量。

答案见第二章。

第二章 框架实例列项练习答案

[练习1.1]

答：按照建筑物分层普遍原理将1号办公楼分成6层，如图2.1.1所示。

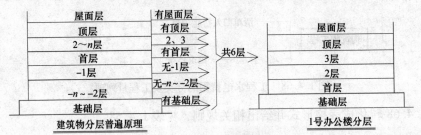

图2.1.1 1号办公楼分层方法

[练习3.1]

答：1号办公楼每层的构件如下：

1. 首层构件

1.1 首层围护结构

1号办公楼首层围护结构所包含的构件如图2.3.1所示。

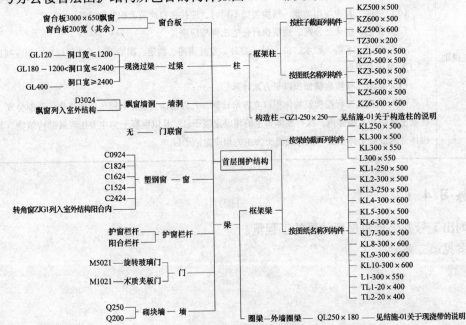

图2.3.1 1号办公楼首层围护结构所包含的构件

注意：

（1）梁、柱之所以分成按截面列构件和按图纸名称列构件两种情况，是因为有时图纸会出现很多种情况，如梁的截面相同而配筋不同，梁的名称就不同，造成列出很多相同截面的梁构件，如果我们只算图形不算钢筋，就按截面列构件比较省事，如果既算图形又算钢筋，还是按图纸名称列构件比较清楚。

（2）框架结构的构造柱和圈梁属于二次结构，一般不会在图纸上直接标注，这部分的信息需要在图纸的结构说明里寻找，新预算员在这方面容易漏项，如果一时找不到构造柱和圈梁的截面尺寸和位置，可以先把这项列出来，随着预算的深入会逐渐找到尺寸和位置的，这样可避免最后忘掉此项。

（3）过梁在框架结构里也属于二次结构，一般在结构说明里会给出过梁的高度和伸入洞口的尺寸，我们要根据门窗的高度判断某个门窗洞口上是否有过梁。

（4）这里 TL-1 和 TL-2 之所以又列入梁里，是因为本工程的 TL-1、TL-2 不在楼梯水平投影面积范围之内，需要重新计算。

1.2　首层顶部结构

1 号办公楼首层顶部结构所包含的构件如图 2.3.2 所示。

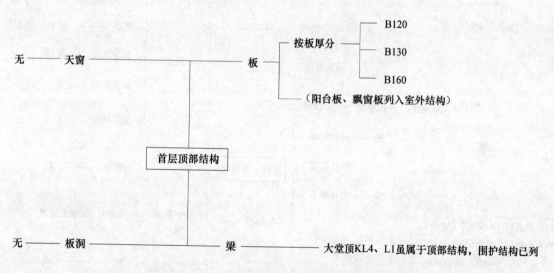

图 2.3.2　1 号办公楼首层顶部结构所包含的构件

1.3　首层室内结构

1 号办公楼首层室内结构所包含的构件有现浇混凝土楼梯、办公室 1 的独立柱和楼梯的支撑柱 TZ1，办公室独立柱和 TZ1 已经列入围护结构，这里只列出楼梯，如图 2.3.3 所示。

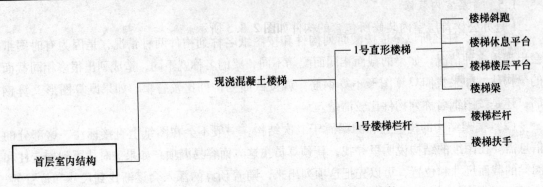

图 2.3.3　1 号办公楼首层室内结构所包含的构件

1.4　首层室外结构

1 号办公楼首层室外结构所包含的构件有飘窗和阳台，如图 2.3.4 所示。

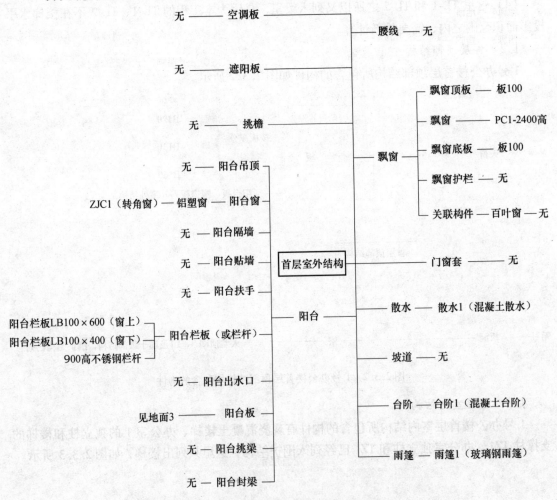

图 2.3.4　1 号办公楼首层室外结构所包含的构件

注意：

这里的阳台板列的是阳台地面，首层阳台顶板 B140 列入二层的阳台板。

1.5 首层室内装修

1 号办公楼首层室内装修所包含的构件如图 2.3.5 所示。

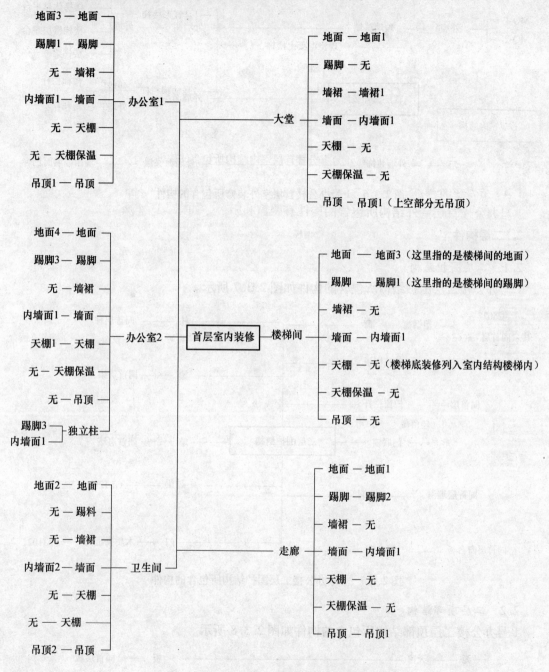

图 2.3.5　1 号办公楼首层室内装修所包含的构件

注意:

首层地面一般将房心回填土也列入其中,因为房心回填土的厚度一般和地面做法的厚度有关,列到这里比较合适。

1.6　首层室外装修

1号办公楼首层室外装修所包含的构件如图2.3.6所示。

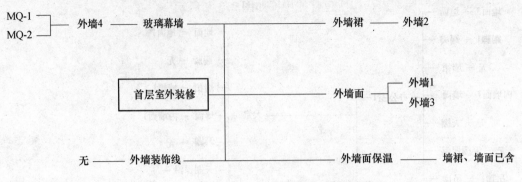

图2.3.6　1号办公楼首层室外装修所包含的构件

2. 二层构件

2.1　二层围护结构

1号办公楼二层围护结构所包含的构件如图2.3.7所示。

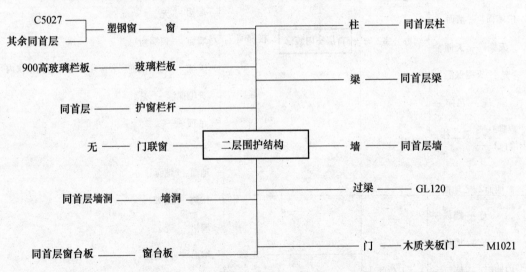

图2.3.7　1号办公楼二层围护结构所包含的构件

2.2　二层顶部结构

1号办公楼二层顶部结构所包含的构件如图2.3.8所示。

图2.3.8　1号办公楼二层顶部结构所包含的构件

2.3　二层室内结构

1号办公楼二层室内结构所包含的构件如图2.3.9所示。

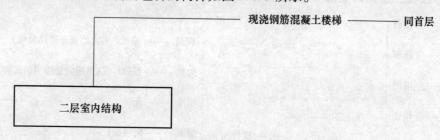

图2.3.9　1号办公楼二层室内结构所包含的构件

2.4　二层室外结构

1号办公楼二层室外结构所包含的构件如图2.3.10所示。

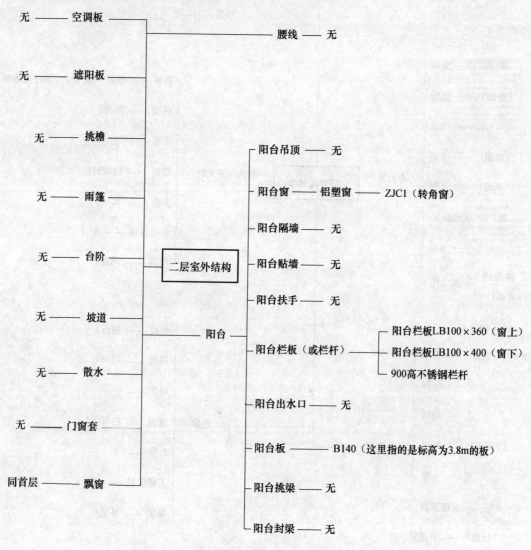

图2.3.10　1号办公楼二层室外结构所包含的构件

2.5　二层室内装修

1号办公楼二层室内装修所包含的构件如图2.3.11所示。

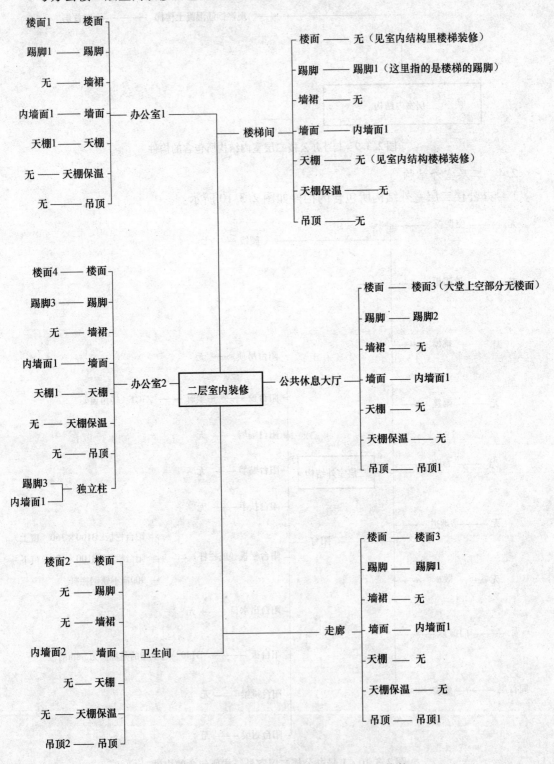

图2.3.11　1号办公楼二层室内装修所包含的构件

2.6　二层室外装修

1号办公楼二层室外装修所包含的构件如图2.3.12所示。

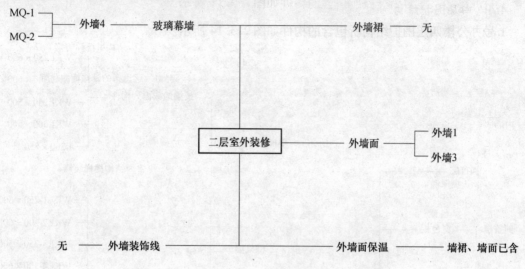

图2.3.12　1号办公楼二层室外装修所包含的构件

3. 三层构件

三层除了室内装修的公共休息大厅房间和二层有所不同外，其余六大块和二层构件列项完全相同，如图2.3.13所示，这里不再赘述。

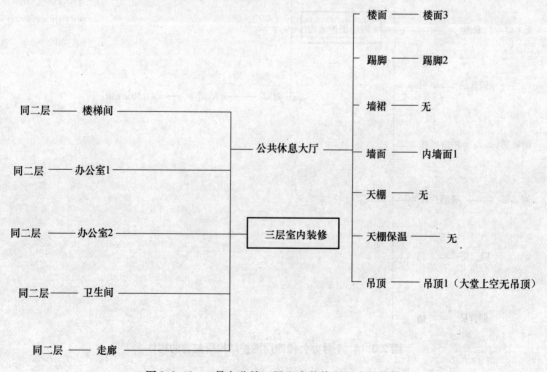

图2.3.13　1号办公楼三层室内装修所包含的构件

4. 四层构件

4.1　四层围护结构

1号办公楼四层围护结构所包含的构件如图2.3.14所示。

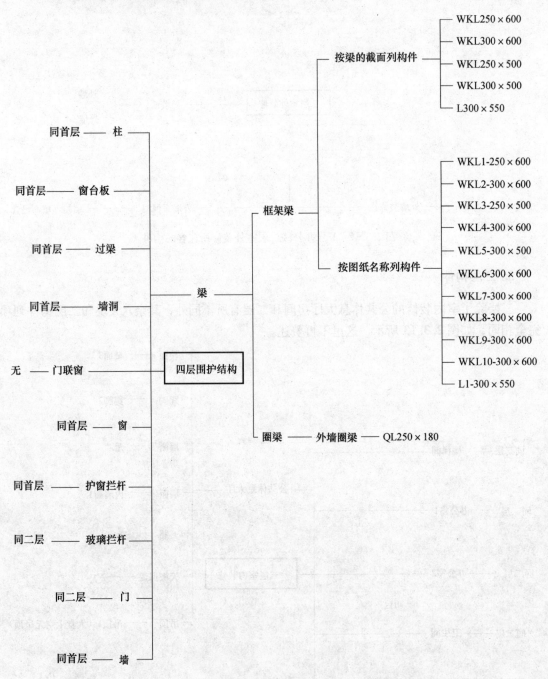

图2.3.14　1号办公楼四层围护结构所包含的构件

4.2　四层顶部结构

1号办公楼首层顶部结构所包含的构件如图2.3.15所示。

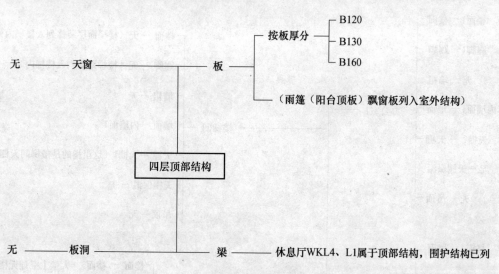

图2.3.15　1号办公楼四层顶部结构所包含的构件

4.3　四层室内结构

因楼梯就上到四层楼面，所以1号办公楼四层无室内构件。

4.4　四层室外结构

1号办公楼四层室内结构所包含的构件有飘窗和阳台，如图2.3.16所示。

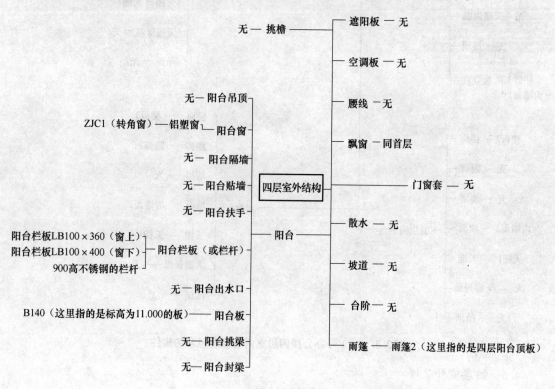

图2.3.16　1号办公楼四层室内结构所包含的构件

4.5　四层室内装修

1号办公楼四层室内装修所包含的构件如图2.3.17所示。

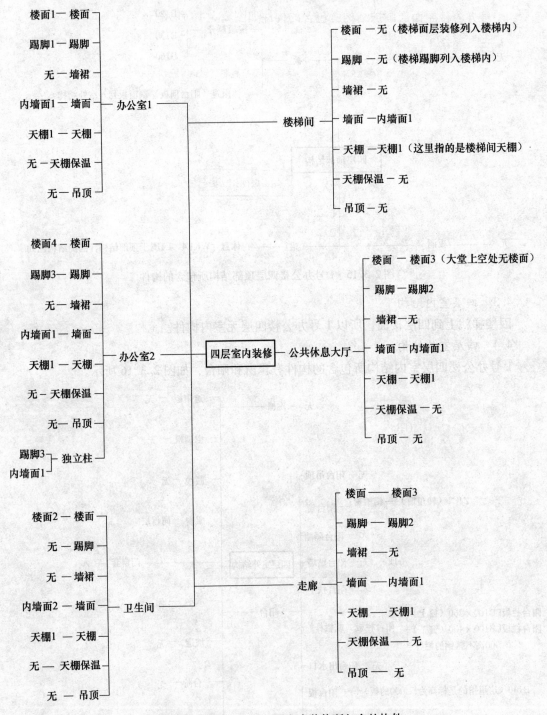

图2.3.17　1号办公楼四层室内装修所包含的构件

4.6　四层室外装修

1号办公楼四层室外装修所包含的构件同二层。

5. 屋面层构件

5.1 屋面层围护结构

1 号办公楼屋面层围护结构所包含的构件如图 2.3.18 所示。

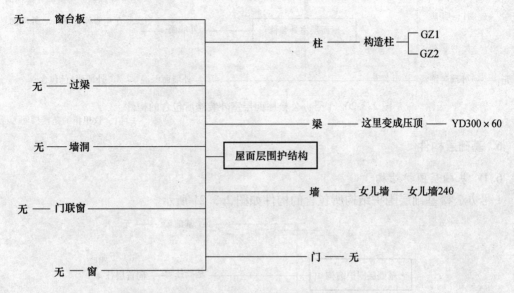

图 2.3.18 1 号办公楼屋面层围护结构所包含的构件

5.2 屋面层顶部构件

1 号办公楼屋面层没有顶部构件。

5.3 屋面层室内结构

1 号办公楼屋面层室内结构没有构件。

5.4 屋面层室外结构

1 号办公楼屋面层室外结构没有构件。

5.5 屋面层室内装修

1 号办公楼屋面层室内装修所包含的构件如图 2.3.19 所示。

图 2.3.19 1 号办公楼屋面层室内装修所包含的构件

5.6 屋面层室外装修

1 号办公楼屋面层室外装修所包含的构件如图 2.3.20 所示。

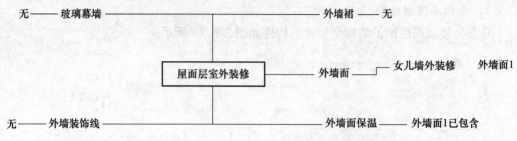

图 2.3.20　1 号办公楼屋面层室外装修所包含的构件

6. 基础层构件

6.1 基础层围护结构

1 号办公楼基础层围护结构所包含的构件如图 2.3.21 所示。

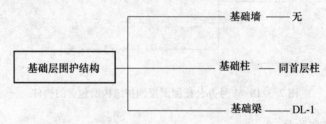

图 2.3.21　1 号办公楼基础层围护结构所包含的构件

6.2 基础层底部结构

1 号办公楼基础层底部结构所包含的构件如图 2.3.22 所示。

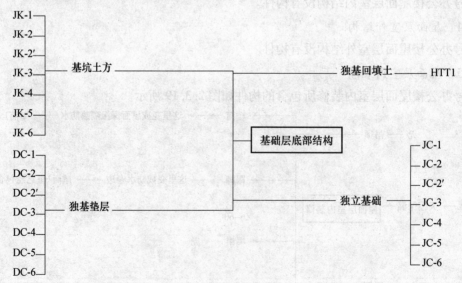

图 2.3.22　1 号办公楼基础层底部结构所包含的构件

6.3 基础层室内结构

1 号办公楼基础层室内结构所包含的构件如图 2.3.23 所示。

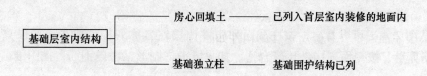

图 2.3.23　1 号办公楼基础层室内结构所包含的构件

6.4　基础层室外结构

1 号办公楼基础层没有室外结构。

6.5　基础层室内装修

1 号办公楼基础层没有室内装修。

6.6　基础层室外装修

基础层室外装修一般会变成基础层的外墙防水，因 1 号办公楼基础层没有墙体，所以基础层没有外防水做法。

7.　其他项目

对 1 号办公楼来说，其他项目包含的项目如下：

建筑面积、平整场地、水落管、脚手架、垂直封闭、大型机械垂直运输费用、工程水电费。

［练习 4.1］

答：1 号办公楼每层的工程量如下

1.　首层工程量

1.1　首层围护结构各构件的工程量

1.1.1　柱子

首层柱所要计算的工程量如图 2.4.1 所示。

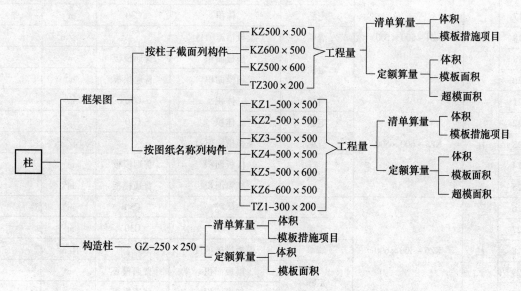

图 2.4.1　首层柱所要计算的工程量

说明：

（1）从图 2.4.1 可以看出，按柱截面列构件比按柱名称列构件要少，如果只考虑图形不考虑钢筋算量，按截面列构件比较合适，如果既考虑图形又考虑钢筋，按图纸名称列构件比较合适。

将图 2.4.1 转化成表格形式见表 2.4.1。

表 2.4.1　首层柱工程量表

| 序号 | 构件类别 | 构件名称 | 算量类别 | 项目名称 | | 单位 | 工程量 |
				算量名称	定额信息		
1	柱	KZ1 – 500×500	清单	体积	C30	m³	
2			定额	体积	C30	m³	
3			清单	模板措施项目		项/m²	
4			定额	模板面积	普通模板	m²	
5				超模面积	普通模板	m²	
6	柱	KZ2 – 500×500	清单	体积	C30	m³	
7			定额	体积	C30	m³	
8			清单	模板措施项目		项/m²	
9			定额	模板面积	普通模板	m²	
10				超模面积	普通模板	m²	
11	柱	KZ3 – 500×500	清单	体积	C30	m³	
12			定额	体积	C30	m³	
13			清单	模板措施项目		项/m²	
14			定额	模板面积	普通模板	m²	
15				超模面积	普通模板	m²	
16	柱	KZ4 – 500×500	清单	体积	C30	m³	
17			定额	体积	C30	m³	
18			清单	模板措施项目		项/m²	
19			定额	模板面积	普通模板	m²	
20				超模面积	普通模板	m²	
21	柱	KZ5 – 600×500	清单	体积	C30	m³	
22			定额	体积	C30	m³	
23			清单	模板措施项目		项/m²	
24			定额	模板面积	普通模板	m²	
25				超模面积	普通模板	m²	
26	柱	KZ6 – 500×600	清单	体积	C30	m³	
27			定额	体积	C30	m³	
28			清单	模板措施项目		项/m²	
29			定额	模板面积	普通模板	m²	
30				超模面积	普通模板	m²	

续表

序号	构件类别	构件名称	算量类别	项目名称		单位	工程量
				算量名称	定额信息		
31	柱	TZ1 – 300×200	清单	体积	C30	m³	
32			定额	体积	C30	m³	
33			清单	模板措施项目		项/m²	
34			定额	模板面积	普通模板	m²	
35				超模面积	普通模板	m²	
36	构柱	GZ – 250×250	清单	体积	C25	m³	
37			定额	体积	C25	m³	
38			清单	模板措施项目		项/m²	
39			定额	模板面积	普通模板	m²	

表 2.4.1 是按构件名称列项目的，未考虑按截面列项。

1.1.2. 梁

首层梁所要计算的工程量如图 2.4.2 所示。

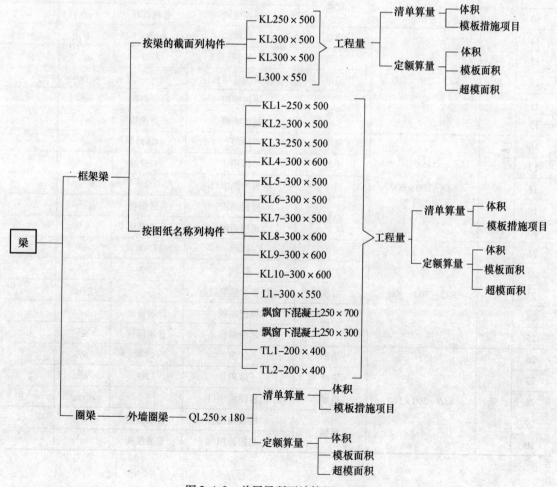

图 2.4.2 首层梁所要计算的工程量

说明：

（1）梁仍然列了按截面和按图纸名称两种情况。

（2）圈梁是根据结施说明列出的。

将图 2.4.2 转化成表格形式见表 2.4.2。

表 2.4.2　首层梁工程量表

序号	构件类别	构件名称	算量类别	项目名称		单位	工程量
				算量名称	定额信息		
1	梁	KL1 – 250×500	清单	体积	C30、弧形	m³	
2			定额	体积	C30、弧形	m³	
3			清单.	模板措施项目		项/m²	
4			定额	模板面积	木模板	m²	
5				超模面积	弧形梁	m²	
6	梁	KL2 – 300×500	清单	体积	C30	m³	
7			定额	体积	C30	m³	
8			清单	模板措施项目		项/m²	
9			定额	模板面积	普通模板	m²	
10				超模面积	普通模板	m²	
11	梁	KL3 – 250×500	清单	体积	C30	m³	
12			定额	体积	C30	m³	
13			清单	模板措施项目		项/m²	
14			定额	模板面积	普通模板	m²	
15				超模面积	普通模板	m²	
16	梁	KL4 – 300×600	清单	体积	C30	m³	
17			定额	体积	C30	m³	
18			清单	模板措施项目		项/m²	
19			定额	模板面积	普通模板	m²	
20				超模面积	普通模板	m²	
21	梁	KL5 – 300×500	清单	体积	C30	m³	
22			定额	体积	C30	m³	
23			清单	模板措施项目		项/m²	
24			定额	模板面积	普通模板	m²	
25				超模面积	普通模板	m²	
26	梁	KL6 – 300×500	清单	体积	C30	m³	
27			定额	体积	C30	m³	
28			清单	模板措施项目		项/m²	
29			定额	模板面积	普通模板	m²	
30				超模面积	普通模板	m²	

续表

序号	构件类别	构件名称	算量类别	项目名称		单位	工程量
				算量名称	定额信息		
31			清单	体积	C30	m³	
32			定额	体积	C30	m³	
33	梁	KL7 – 300×600	清单	模板措施项目		项/m²	
34			定额	模板面积	普通模板	m²	
35				超模面积	普通模板	m²	
36			清单	体积	C30	m³	
37			定额	体积	C30	m³	
38	梁	KL8 – 300×600	清单	模板措施项目		项/m²	
38			定额	模板面积	普通模板	m²	
40				超模面积	普通模板	m²	
41			清单	体积	C30	m³	
42			定额	体积	C30	m³	
43		KL9 – 300×600	清单	模板措施项目		项/m²	
44			定额	模板面积	普通模板	m²	
45				超模面积	普通模板	m²	
46			清单	体积	C30	m³	
47			定额	体积	C30	m³	
48	梁	KL10 – 300×600	清单	模板措施项目		项/m²	
49			定额	模板面积	普通模板	m²	
50				超模面积	普通模板	m²	
51			清单	体积	C30	m³	
52			定额	体积	C30	m³	
53	梁	L1 – 300×550	清单	模板措施项目		项/m²	
54			定额	模板面积	普通模板	m²	
55				超模面积	普通模板	m²	
56			清单	体积	C30	m³	
57			定额	体积	C30	m³	
58	梁	飘窗下混凝土 250×700	清单	模板措施项目		项/m²	
59			定额	模板面积	普通模板	m²	
60				超模面积	普通模板	m²	
61			清单	体积	C30	m³	
62			定额	体积	C30	m³	
63	梁	飘窗上混凝土 250×300	清单	模板措施项目		项/m²	
64			定额	模板面积	普通模板	m²	
65				超模面积	普通模板	m²	

续表

序号	构件类别	构件名称	算量类别	项目名称		单位	工程量
				算量名称	定额信息		
66	梁	TL1－200×400	清单	体积	C30	m³	
67			定额	体积	C30	m³	
68			清单	模板措施项目		项/m²	
69			定额	模板面积	普通模板	m²	
70				超模面积	普通模板	m²	
71	梁	TL2－200×400	清单	体积	C30	m³	
72			定额	体积	C30	m³	
73			清单	模板措施项目		项/m²	
74			定额	模板面积	普通模板	m²	
75				超模面积	普通模板	m²	
76	圈梁	QL250×180	清单	体积	C25	m³	
77			定额	体积	C25	m³	
78			清单	模板措施项目		项/m²	
79			定额	模板面积	普通模板	m²	
80				超模面积	普通模板	m²	

表2.4.2是按构件名称列项目的，未考虑按截面列项。

1.1.3　墙

首层墙所要计算的工程量如图2.4.3所示。

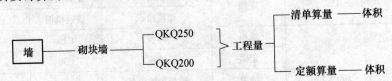

图2.4.3　首层墙所要计算的工程量

将图2.4.3转化成表格形式见表2.4.3。

表2.4.3　首层墙工程量表

序号	构件类别	构件名称	算量类别	项目名称		单位	工程量
				算量名称	定额信息		
1	墙	QKQ250	清单	体积	陶粒砌墙、M5 水浆	m³	
2			定额	体积	陶粒砌墙、M5 水浆	m³	
3		QKQ200	清单	体积	陶粒砌墙、M5 水浆	m³	
4			定额	体积	陶粒砌墙、M5 水浆	m³	

1.1.4　门

首层门所要计算的工程量如图 2.4.4 所示。

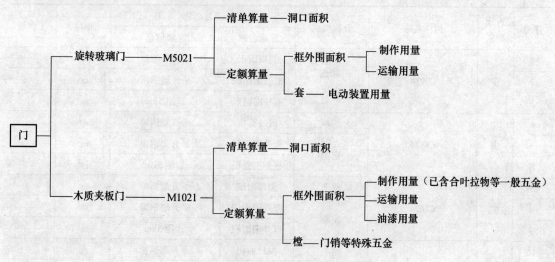

图 2.4.4　首层门所要计算的工程量

将图 2.4.4 转化成表格形式见表 2.4.4。

表 2.4.4　首层门工程量表

序号	构件类别	构件名称	算量类别	项目名称		单位	工程量
				算量名称	定额信息		
1	门	M5021	清单	洞口面积	旋转玻璃门	m²	
2			定额	框外围面积	旋转玻璃门	m²	
3				框外围面积	运距 5km 内	m²	
4				樘	旋转电动装置	套	
5		M1021	清单	洞口面积	木质夹板门、油漆同定额	m²	
6			定额	框外围面积	木质夹板门	m²	
7				框外围面积	运距 5km 内	m²	
8				框外围面积	底油一遍，调和漆两遍	套	
9				把	门锁	把	

1.1.5　窗

首层窗所要计算的工程量如图 2.4.5 所示。

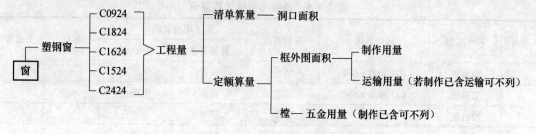

图 2.4.5　首层窗所要计算的工程量

将图2.4.5转化成表格形式见表2.4.5。

表2.4.5　首层窗工程量表

序号	构件类别	构件名称	算量类别	项目名称		单位	工程量
				算量名称	定额信息		
1	窗	C0924	清单	洞口面积	平开塑钢窗	m²	
2			定额	框外围面积	平开塑钢窗	m²	
3				框外围面积	运距5km	m²	
4	窗	C1824	清单	洞口面积	平开塑钢窗	m²	
5			定额	框外围面积	平开塑钢窗	m²	
6				框外围面积	运距5km	m²	
7	窗	C1624	清单	洞口面积	平开塑钢窗	m²	
8			定额	框外围面积	平开塑钢窗	m²	
9				框外围面积	运距5km	m²	
10	窗	C1524	清单	洞口面积	平开塑钢窗	m²	
11			定额	框外围面积	平开塑钢窗	m²	
12				框外围面积	运距5km	m²	
13	窗	C2424	清单	洞口面积	平开塑钢窗	m²	
14			定额	框外围面积	平开塑钢窗	m²	
15				框外围面积	运距5km	m²	

1.1.6　窗台板

首层窗台板所要计算的工程量如图2.4.6所示。

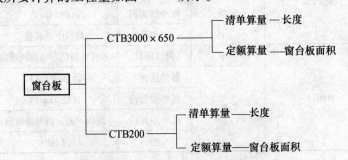

图2.4.6　首层窗台板所要计算的工程量

将图2.4.6转化成表格形式见表2.4.6。

表2.4.6　首层窗台板工程量表

序号	构件类别	构件名称	算量类别	项目名称		单位	工程量
				算量名称	定额信息		
1	窗台板	CTB3000×650	清单	长度	大理石	m	
2	窗台板	CTB3000×650	定额	面积	大理石	m²	
3	窗台板	CTB200	清单	长度	大理石	m	
4	窗台板	CTB200	定额	面积	大理石	m²	

1.1.7 墙洞

首层墙洞所要计算的工程量如图 2.4.7 所示。

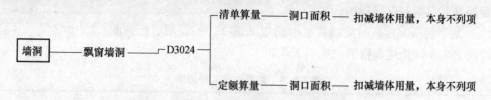

图 2.4.7 首层墙洞所要计算的工程量

将图 2.4.7 转化成表格形式见表 2.4.7。

表 2.4.7 首层墙洞工程量表

序号	构件类别	构件名称	算量类别	项目名称		单位	工程量
				算量名称	定额信息		
1	洞	D3024	清单	洞口面积	无	m²	
2			定额	洞口面积	无	m²	

1.1.8 过梁

首层过梁所要计算的工程量如图 2.4.8 所示。

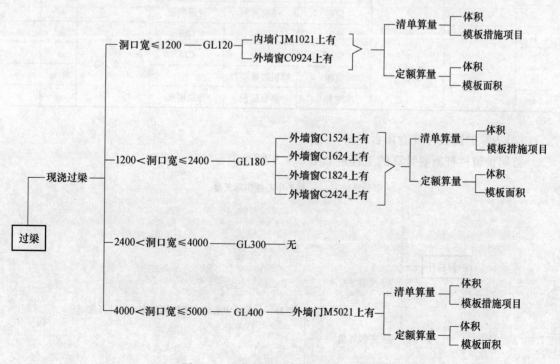

图 2.4.8 首层过梁所要计算的工程量

说明：

（1）首层每个门窗洞口上有无过梁需要根据洞口的顶标高和框架梁的底标高进行判断，这需要翻看立面图和首层梁图。

（2）某个洞口上配置过梁的尺寸根据"结施-1"的说明进行判断。

将图 2.4.8 转化成表格形式见表 2.4.8。

表 2.4.8　首层过梁工程量表

序号	构件类别	构件名称	算量类别	定额算量		所属墙体	单位	工程量
				算量名称	定额信息			
1	过梁	GL120	清单	体积	C25	内墙 200	m³	
2			定额	体积	C25		m³	
3			清单	模板措施项目			项/m²	
4			定额	模板面积	普通模板		m²	
1	过梁	GL120	清单	体积	C25	外墙 250	m³	
2			定额	体积	C25		m³	
3			清单	模板措施项目			项/m²	
4			定额	模板面积	普通模板		m²	
1	过梁	GL180	清单	体积	C25	外墙 250	m³	
2			定额	体积	C25		m³	
3			清单	模板措施项目			项/m²	
4			定额	模板面积	普通模板		m²	
1	过梁	GL400	清单	体积	C25	外墙 250	m³	
2			定额	体积	C25		m³	
3			清单	模板措施项目			项/m²	
4			定额	模板面积	普通模板		m²	

1.1.9　护窗栏杆（含阳台栏杆）

首层护窗栏杆所要计算的工程量如图 2.4.9 所示。

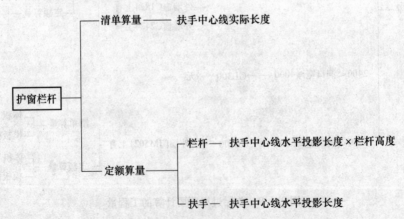

图 2.4.9　首层护窗栏杆所要计算的工程量

将图2.4.9转化成表格形式见表2.4.9。

表2.4.9　首层护窗栏杆工程量表

序号	构件类别	构件名称	算量类别	项目名称		单位	工程量
				算量名称	定额信息		
1	栏杆	护窗栏杆	清单	扶手中心线实际长度	不锈钢栏杆、扶手	m	
2			定额	扶手中心线水平投影长度×高度	不锈钢栏杆	m²	
3				扶手中心线水平投影长度	不锈钢扶手	m	

1.2　首层顶部结构各构件的工程量

1.2.1　板

首层板所要计算的工程量如图2.4.10所示。

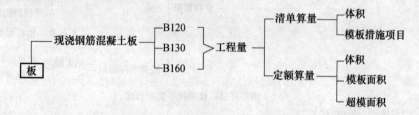

图2.4.10　首层板所要计算的工程量

将图2.4.10转化成表格形式见表2.4.10。

表2.4.10　首层板工程量表

序号	构件类别	构件名称	算量类别	项目名称		单位	工程量
				算量名称	定额信息		
1			清单	体积	C30	m³	
2			定额	体积	C30	m³	
3	板	B120	清单	模板措施项目		项/m²	
4			定额	模板面积	普通模板	m²	
5				超模面积	普通模板	m²	
6			清单	体积	C30	m³	
7			定额	体积	C30	m³	
8	板	B130	清单	模板措施项目		项/m²	
9			定额	模板面积	普通模板	m²	
10				超模面积	普通模板	m²	
11			清单	体积	C30	m³	
12			定额	体积	C30	m³	
13	板	B160	清单	模板措施项目		项/m²	
14			定额	模板面积	普通模板	m²	
15				超模面积	普通模板	m²	

1.3　首层室内结构各构件的工程量

1.3.1　楼梯

首层楼梯所要计算的工程量如图 2.4.11 所示。

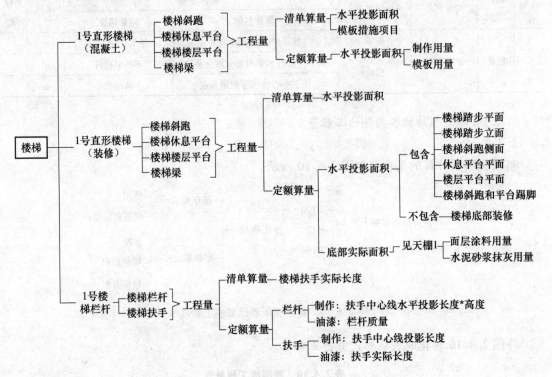

图 2.4.11　首层楼梯所要计算的工程量

将图 2.4.11 转化成表格形式见表 2.4.11。

表 2.4.11　首层楼梯工程量表

序号	构件类别	构件名称	算量类别	项目名称		单位	工程量
				算量名称	定额信息		
1	楼梯混凝土	楼梯1	清单	水平投影面积		m²	
2	楼梯混凝土	楼梯1	定额	水平投影面积	C30	m²	
3	楼梯模板	楼梯1	清单	模板措施项目		项/m²	
4	楼梯模板	楼梯1	定额	水平投影面积	普通模板	m²	
5	楼梯装修	楼梯1	清单	水平投影面积		m²	
6	楼梯装修	楼梯1	定额	水平投影面积	面层地砖装修	m²	
7	楼梯装修	楼梯1	定额	底部实际面积	水泥砂浆抹楼梯底	m²	
8	楼梯装修	楼梯1	定额	底部实际面积	耐擦洗涂料刷楼梯底	m²	
9	梯栏杆扶手	楼梯1	清单	楼梯扶手实际长度		m	
10	楼梯栏杆	楼梯1	定额	扶手中心线水平投影长度×高度	铁栏杆	m²	
11	楼梯栏杆	楼梯1	定额	栏杆质量	防锈漆一遍，耐酸漆两遍	kg	
12	楼梯扶手	楼梯1	定额	扶手水平投影长度	硬木扶手	m	
13	楼梯扶手	楼梯1	定额	扶手实际长度	底油一遍，调和漆两遍	m	

1.4　首层室外结构各构件的工程量

1.4.1　飘窗

首层飘窗所要计算的工程量如图 2.4.12 所示。

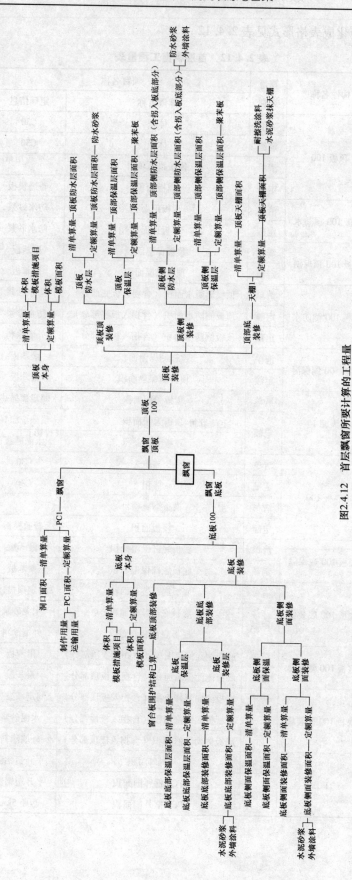

图2.4.12 首层飘窗所要计算的工程量

将图 2.4.12 转化成表格形式见表 2.4.12。

表 2.4.12 首层飘窗工程量表

序号	构件类别	构件名称	算量类别	项目名称 算量名称	项目名称 定额信息	单位	工程量
1	飘窗板	顶板 100	清单	体积	C30	m³	
2			定额	体积	C30	m³	
3			清单	模板措施项目		项/m²	
4			定额	模板面积	普通模板	m²	
5	飘窗防水	顶板 100 顶防水	清单	顶板顶面积	防水砂浆	m²	
6			定额	顶板顶面积	防水砂浆	m²	
7	飘窗保温	顶板 100 顶保温	清单	顶板保温面积	聚苯板	m²	
8			定额	顶板保温面积	聚苯板	m²	
9	飘窗防水	顶板 100 侧防水	清单	顶板侧防水面积（含拐入板底部分）	防水砂浆	m²	
10			定额	顶板侧防水面积（含拐入板底部分）	防水砂浆	m²	
11			定额	顶板侧防水面积（含拐入板底部分）	外墙涂料	m²	
12	飘窗保温	顶板 100 侧保温	清单	顶板侧保温面积	聚苯板	m²	
13			定额	顶板侧保温面积	聚苯板	m²	
14	飘窗天棚	天棚 1	清单	顶板天棚面积	同定额描述	m²	
15			定额	顶板天棚面积	耐擦洗涂料	m²	
16				顶板天棚面积	水泥砂浆	m²	
17	飘窗板	底板 100	清单	体积	C30	m³	
18			定额	体积	C30	m³	
19			清单	模板措施项目		项/m²	
20			定额	模板面积	普通模板	m²	
21	飘窗保温	底板 100 底保温	清单	底板底部保温面积	聚苯板	m²	
22			定额	底板底部保温面积	聚苯板	m²	
23	飘窗外装	底板 100 底装修	清单	底板底部装修面积	同定额描述	m²	
24			定额	底板底部装修面积	水泥砂浆	m²	
25				底板底部装修面积	外墙涂料	m²	
26	飘窗保温	底板 100 侧保温	清单	底板侧面保温面积（含拐入板顶部分）	聚苯板	m²	
27			定额	底板侧面保温面积（含拐入板顶部分）	聚苯板	m²	
28	飘窗外装	底板 100 侧装修	清单	底板侧面装修面积（含拐入板顶部分）	同定额描述	m²	
29			定额	底板侧面装修面积（含拐入板顶部分）	水泥砂浆	m²	
30				底板侧面装修面积（含拐入板顶部分）	外墙涂料	m²	
31	飘窗	PC1	清单	洞口面积	平开塑钢窗	m²	
32			定额	PC1 框外围面积	平开塑钢窗	m²	
33				PC1 框外围面积	运距 5km	m²	

1.4.2 散水

首层散水所要计算的工程量如图2.4.13所示。

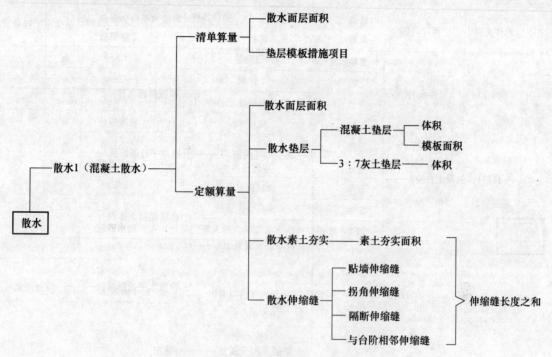

图 2.4.13 首层散水所要计算的工程量

将图 2.4.13 转化成表格形式见表 2.4.13。

表 2.4.13 首层散水工程量表

序号	构件类别	构件名称	算量类别	项目名称		单位	工程量
				算量名称	定额信息		
1			清单	散水面层面积	描述同定额部分	m²	
2			定额	散水面层面积	1:1水泥砂浆赶光	m²	
3				混凝土垫层体积	C15	m³	
4				灰土垫层体积	3:7灰土	m³	
5	散水	散水1		散水素土夯实面积	打夯机夯实	m²	
6				贴墙伸缩缝长度	沥青砂浆	m	
7				拐角伸缩缝长度	沥青砂浆	m	
8				隔断伸缩缝长度	沥青砂浆	m	
9				与台阶相邻伸缩缝长度	沥青砂浆	m	
10			清单	垫层模板措施项目		项/m²	
11			定额	混凝土垫层模板面积	普通模板	m²	

1.4.3　台阶

首层台阶所要计算的工程量如图 2.4.14 所示。

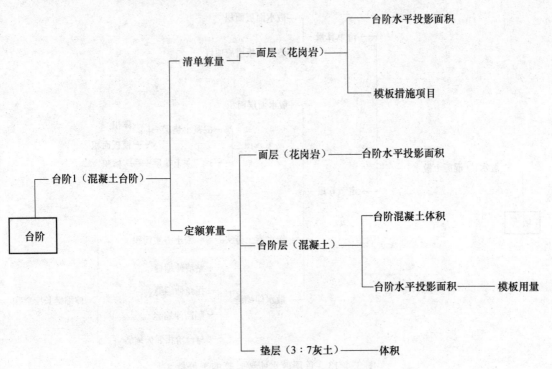

图 2.4.14　首层台阶所要计算的工程量

将图 2.4.14 转化成表格形式见表 2.4.14。

表 2.4.14　首层台阶工程量表

序号	构件类别	构件名称	算量类别	项目名称		单位	工程量
				算量名称	定额信息		
1	台阶	台阶 1	清单	台阶水平投影面积	描述同定额部分	m²	
2			定额	台阶水平投影面积	花岗岩面层	m²	
3				台阶混凝土体积	C15	m³	
4				台阶垫层体积	3:7 灰土	m³	
5			清单	模板措施项目		项/m²	
6			定额	台阶水平投影面积	普通模板	m²	

1.4.4　阳台

首层阳台所要计算的工程量如图 2.4.15 所示。

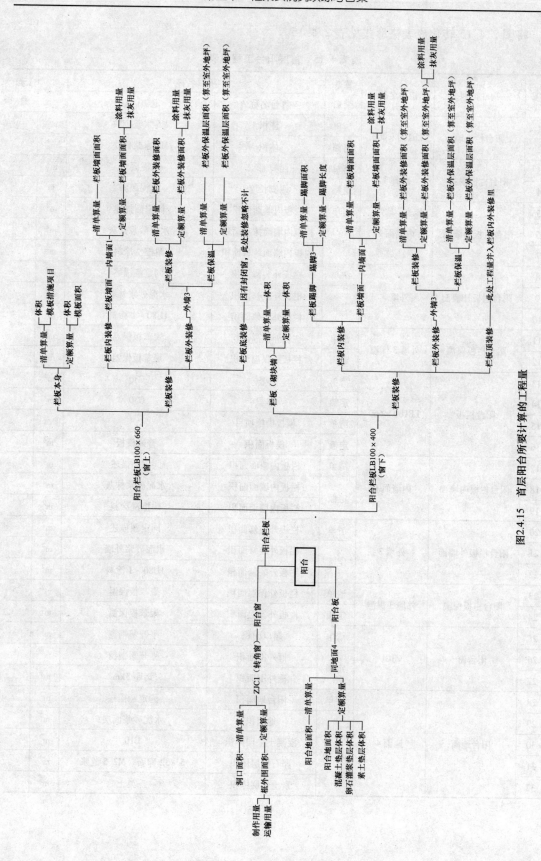

图2.4.15 首层阳台所要计算的工程量

将图 2.4.15 转化成表格形式见表 2.4.15。

表 2.4.15　首层阳台工程量表

序号	构件类别	构件名称	算量类别	项目名称		单位	工程量
				算量名称	定额信息		
1	阳台栏板墙	LB100×400	清单	体积	M5 水浆砌块	m³	
2			定额	体积	M5 水浆砌块	m³	
3	阳台栏板踢脚	踢脚3	清单	踢脚面积	水泥踢脚	m²	
4			定额	踢脚长度	水泥踢脚	m	
5	阳台栏板内墙面	内墙面1	清单	栏板内墙面面积	同定额描述	m²	
6			定额	栏板内墙面抹灰面积	水泥砂浆抹灰	m²	
7				栏板内墙面块料面积	耐擦洗涂料	m²	
8	阳台栏板外墙面	外墙3	清单	栏板外装修面积	同定额描述	m²	
9			定额	栏板外装修面积	水泥砂浆外墙	m²	
10				栏板外装修面积	HJ80-1 涂料	m²	
11	阳台栏板保温	外墙3保温	清单	栏板外保温面积	聚苯板保温	m²	
12			定额	栏板外保温面积	聚苯板保温	m²	
13	阳台栏板	LB100×660	清单	体积	C30	m³	
14			定额	体积	C30	m³	
15			清单	模板措施项目		项/m²	
16			定额	模板面积	普通模板	m²	
17	阳台栏板内墙面	内墙面1	清单	栏板内墙面面积	同定额描述	m²	
18			定额	栏板内墙面面积	水泥砂浆抹灰	m²	
19				栏板内墙面面积	耐擦洗涂料	m²	
20	阳台栏板外墙面	外墙3	清单	栏板外装修面积	同定额描述	m²	
21			定额	栏板外装修面积	水泥砂浆外墙	m²	
22				栏板外装修面积	HJ80-1 涂料	m²	
23	阳台栏板保温	外墙3保温	清单	栏板外保温面积	聚苯板保温	m²	
24			定额	栏板外保温面积	聚苯板保温	m²	
25	阳台窗	ZJC1	清单	洞口面积	平开塑钢窗	m²	
26			定额	框外围面积	平开塑钢窗	m²	
27				框外围面积	运距 5km	m²	
28	阳台地面	地面4	清单	阳台地面积	同定额描述	m²	
29			定额	地面积	水泥砂浆面层	m²	
30				混凝土垫层体积	C10	m³	
31				卵石垫层体积	5-32 卵石、M2.5 混浆	m³	
32				素土垫层体积	三类土	m³	

1.4.5 雨篷

首层雨篷所要计算的工程量如图 2.4.16 所示。

图 2.4.16 首层雨篷所要计算的工程量

将图 2.4.16 转化成表格形式见表 2.4.16。

表 2.4.16 首层雨篷工程量表

序号	构件类别	构件名称	算量类别	项目名称		单位	工程量
				算量名称	定额信息		
1	雨篷	雨篷1	清单	雨篷玻璃钢面积	成品	m²	
2			定额	雨篷玻璃钢面积	成品	m²	
3				雨篷网架面积	成品	m²	

1.5 首层室内装修各构件的工程量

1.5.1 首层室内装修各房间的构件组成

前面我们已经分析过首层室内装修各房间的构件组成，如图 2.4.17 所示。

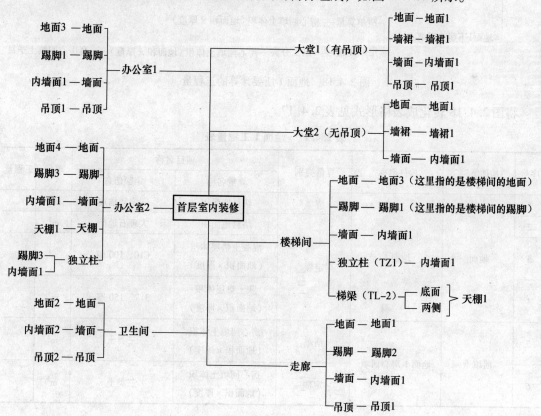

图 2.4.17 首层室内装修各房间的构件组成

说明：

大堂顶有一部分没有板，自然就没有了吊顶，我们把大堂分成了两个房间，一个有吊顶，一个无吊顶。

1.5.2　首层室内装修各构件类别的工程量

从"建施-2"室内装修设计我们可以看出，每个装修的构件类别（如地面1）都由多条做法组成，在算量时并不是每条做法都计算一个工程量，有的是2～3条做法合算一个工程量，有的是一条做法要算两个工程量，这要求对当地定额有个基本的了解，下面就根据北京地区2001定额讲解各房间的构件类别，其他地区情况应该大同小异。

1.5.2.1　地面1：大理石地面

地面1从清单角度分成两个项目，地面1和地面1下面的房心回填土，如图2.4.18所示。

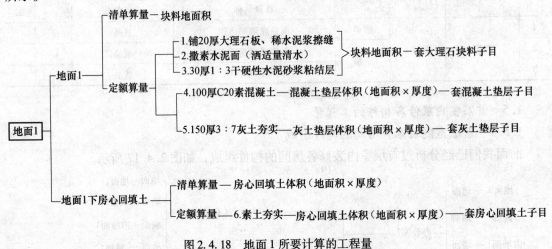

图 2.4.18　地面 1 所要计算的工程量

将图2.4.18转化成表格形式见表2.4.17。

表 2.4.17　地面 1 工程量表

序号	构件类别	构件名称	算量类别	项目名称		单位	工程量
				算量名称	定额信息		
1	地面	地面1	清单	块料地面积	同定额描述	m²	
2			定额	块料地面积	大理石地面	m²	
3				混凝土垫层体积（地面积×厚度）	C10、100 厚	m³	
4				灰土垫层体积（地面积×厚度）	3:7、150 厚	m³	
5	回填土	地面1 房心回填	清单	房心回填土体积（地面积×厚度）	三类土	m³	
6			定额	房心回填土体积（地面积×厚度）	三类土	m³	

说明： 本工程土方均按三类土计算，下同。

1.5.2.2 地面2：防滑地砖地面

地面2从清单角度也分成两个项目，地面1和地面2下面的房心回填土，如图2.4.19所示。

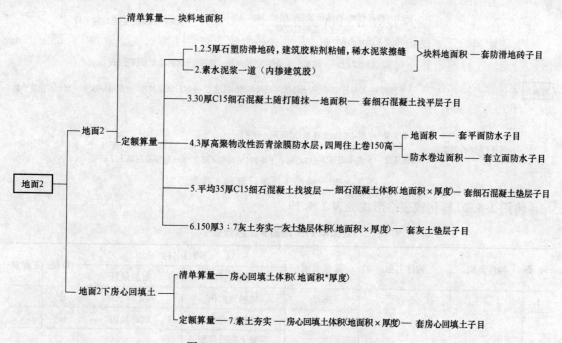

图2.4.19 地面2所要计算的工程量

将图2.4.19转化成表格形式见表2.4.18。

表2.4.18 地面2工程量表

序号	构件类别	构件名称	算量类别	项目名称		单位	工程量
				算量名称	定额信息		
1	地面	地面2	清单	块料地面积	同定额信息	m²	
2			定额	块料地面积	防滑地砖	m²	
3				地面积	细石混凝土找平	m²	
4				地面积	改性沥青平面防水	m²	
5				防水卷边面积	改性沥青	m²	
6				混凝土垫层体积（地面积×厚度）	细石混凝土	m³	
7				灰土垫层体积（地面积×厚度）	3:7灰土	m³	
8	回填土	地面2房心回填土	清单	房心回填土体积（地面积×厚度）	三类土	m³	
9			定额	房心回填土体积（地面积×厚度）	三类土	m³	

1.5.2.3　地面3：铺地砖地面

地面3所要计算的工程量如图2.4.20所示。

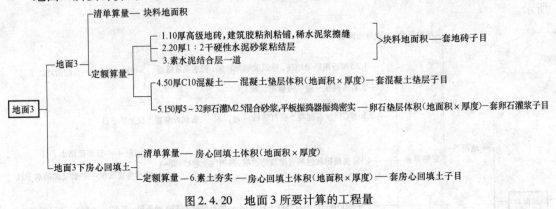

图 2.4.20　地面3所要计算的工程量

将图 2.4.20 转化成表格形式见表 2.4.19。

表 2.4.19　地面3工程量表

序号	构件类别	构件名称	算量类别	项目名称		单位	工程量
				算量名称	定额信息		
1	地面	地面3	清单	块料地面积	同定额描述	m²	
2			定额	块料地面积	地砖地面	m²	
3				混凝土垫层体积（地面积×厚度）	C10	m³	
4				卵石垫层体积	5 – 32 卵石、M2.5 混浆	m³	
5	回填土	地面3房心回填土	清单	房心回填土体积（地面积×厚度）	三类土	m³	
6			定额	房心回填土体积（地面积×厚度）	三类土	m³	

1.5.2.4　地面4：水泥地面

地面4所要计算的工程量如图2.4.21所示。

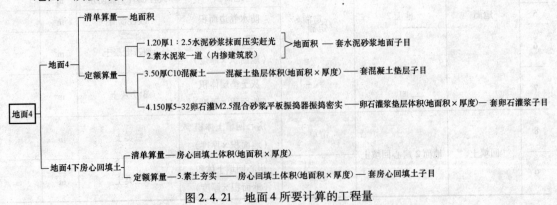

图 2.4.21　地面4所要计算的工程量

将图 2.4.21 转化成表格形式见表 2.4.20。

表 2.4.20　地面 4 工程量表

序号	构件类别	构件名称	算量类别	项目名称		单位	工程量
				算量名称	定额信息		
1	地面	地面 4	清单	地面积	同定额信息	m²	
2			定额	地面积	水泥砂浆面层	m²	
3				混凝土垫层体积 （地面积×厚度）	C10	m³	
4				卵石灌浆垫层体积 （地面积×厚度）	5－32 卵石、 M2.5 混浆	m³	
5	回填土	地面 4 房心回填土	清单	房心回填土体积 （地面积×厚度）	三类土	m³	
6			定额	房心回填土体积 （地面积×厚度）	三类土	m³	

1.5.2.5　踢脚 1：地砖踢脚

踢脚 1 所要计算的工程量如图 2.4.22 所示。

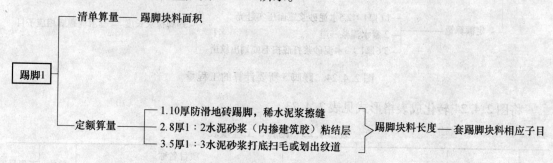

图 2.4.22　踢脚 1 所要计算的工程量

将图 2.4.22 转化成表格形式见表 2.4.21。

表 2.4.21　踢脚 1 工程量表

序号	构件类别	构件名称	算量类别	项目名称		单位	工程量
				算量名称	定额信息		
1	踢脚	踢脚 1	清单	踢脚块料面积	地砖踢脚	m²	
2			定额	踢脚块料长度	地砖踢脚	m	

1.5.2.6　踢脚 2：大理石踢脚

踢脚 2 所要计算的工程量如图 2.4.23 所示。

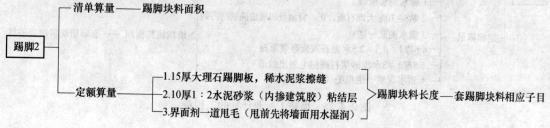

图 2.4.23　踢脚 2 所要计算的工程量

将图 2.4.23 转化成表格形式见表 2.4.22。

表 2.4.22 踢脚 2 工程量表

序号	构件类别	构件名称	算量类别	项目名称		单位	工程量
				算量名称	定额信息		
1	踢脚	踢脚 2	清单	踢脚块料面积	大理石踢脚	m²	
2			定额	踢脚块料长度	大理石踢脚	m	

1.5.2.7 踢脚 3：水泥踢脚

踢脚 3 所要计算的工程量如图 2.4.24 所示。

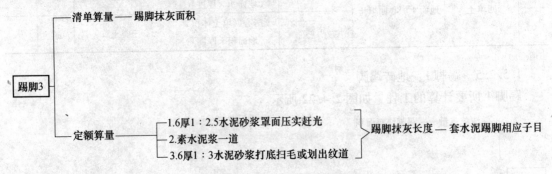

图 2.4.24 踢脚 3 所要计算的工程量

将图 2.4.24 转化成表格形式见表 2.4.23。

表 2.4.23 踢脚 3 工程量表

序号	构件类别	构件名称	算量类别	项目名称		单位	工程量
				算量名称	定额信息		
1	踢脚	踢脚 3	清单	踢脚抹灰面积	水泥砂浆踢脚	m²	
2			定额	踢脚抹灰长度	水泥砂浆踢脚	m	

1.5.2.8 墙裙 1：大理石墙裙

墙裙 1 所要计算的工程量如图 2.4.25 所示。

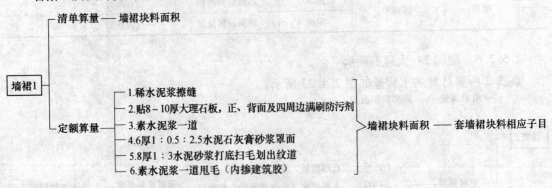

图 2.4.25 墙裙 1 所要计算的工程量

将图 2.4.25 转化成表格形式见表 2.4.24。

表 2.4.24 墙裙 1 工程量表

序号	构件类别	构件名称	算量类别	项目名称		单位	工程量
				算量名称	定额信息		
1	墙裙	墙裙 1	清单	墙裙块料面积	大理石墙裙	m²	
2			定额	墙裙块料面积	大理石墙裙	m²	

1.5.2.9 内墙面 1：水泥砂浆墙面

内墙面 1 所要计算的工程量如图 2.4.26 所示。

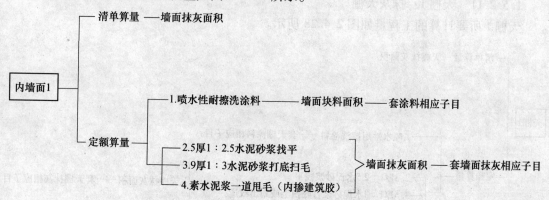

图 2.4.26 内墙面 1 所要计算的工程量

将图 2.4.26 转化成表格形式见表 2.4.25。

表 2.4.25 内墙面 1 工程量表

序号	构件类别	构件名称	算量类别	项目名称		单位	工程量
				算量名称	定额信息		
1	内墙面	内墙面 1	清单	墙面抹灰面积	同定额描述	m²	
2			定额	墙面抹灰面积	水泥砂浆	m²	
3				墙面块料面积	耐擦洗涂料	m²	

1.5.2.10 内墙面 2：瓷砖墙面

内墙面 2 所要计算的工程量如图 2.4.27 所示。

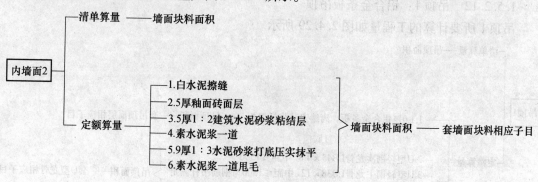

图 2.4.27 内墙面 2 所要计算的工程量

将图 2.4.27 转化成表格形式见表 2.4.26。

表 2.4.26 内墙面 2 工程量表

序号	构件类别	构件名称	算量类别	项目名称		单位	工程量
				算量名称	定额信息		
1	内墙面	内墙面 2	清单	墙面块料面积	瓷砖墙面	m²	
2			定额	墙面块料面积	瓷砖墙面	m²	

1.5.2.11 天棚 1：抹灰天棚

天棚 1 所要计算的工程量如图 2.4.28 所示。

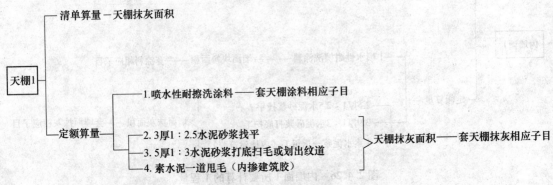

图 2.4.28 天棚 1 所要计算的工程量

将图 2.4.28 转化成表格形式见表 2.4.27。

表 2.4.27 天棚 1 工程量表

序号	构件类别	构件名称	算量类别	项目名称		单位	工程量
				算量名称	定额信息		
1	天棚	天棚 1	清单	天棚抹灰面积	同定额信息	m²	
2			定额	天棚抹灰面积	水泥砂浆	m²	
3				天棚抹灰面积	耐擦洗涂料	m²	

1.5.2.12 吊顶 1：铝合金条板吊顶

吊顶 1 所要计算的工程量如图 2.4.29 所示。

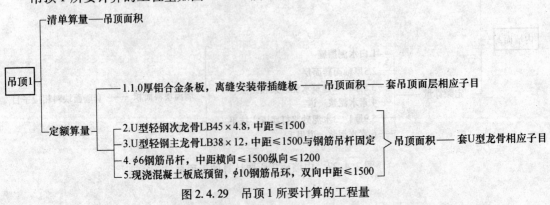

图 2.4.29 吊顶 1 所要计算的工程量

将图 2.4.29 转化成表格形式见表 2.4.28。

表 2.4.28　吊顶 1 工程量表

序号	构件类别	构件名称	算量类别	项目名称		单位	工程量
				算量名称	定额信息		
1	吊顶	吊顶 1	清单	吊顶面积	同定额描述	m²	
2			定额	吊顶面积	铝合金条板面层	m²	
3				吊顶面积	U 型轻钢龙骨	m²	

1.5.2.13　吊顶 2：岩棉吸音板吊顶

吊顶 2 所要计算的工程量如图 2.4.30 所示。

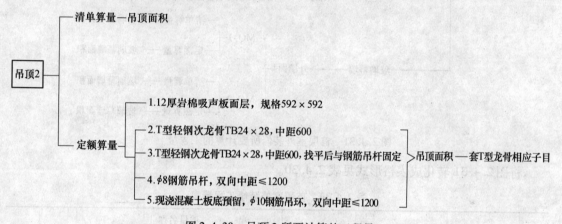

图 2.4.30　吊顶 2 所要计算的工程量

将图 2.4.30 转化成表格形式见表 2.4.29。

表 2.4.29　吊顶 2 工程量表

序号	构件类别	构件名称	算量类别	项目名称		单位	工程量
				算量名称	定额信息		
1	吊顶	吊顶 2	清单	吊顶面积	同定额描述	m²	
2			定额	吊顶面积	岩棉吸音板吊顶	m²	
3				吊顶面积	T 型轻钢龙骨	m²	

1.6　首层室外装修各构件的工程量

首层室外装修所要计算的工程量如图 2.4.31 所示。

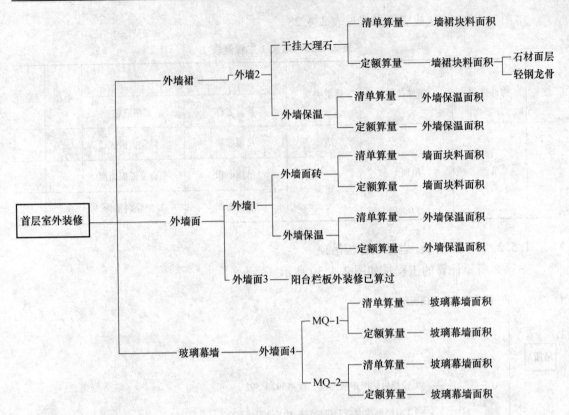

图 2.4.31　首层室外装修所要计算的工程量

将图 2.4.31 转化成表格形式见表 2.4.30。

表 2.4.30　首层室外装修工程量表

序号	构件类别	构件名称	算量类别	项目名称		单位	工程量
				算量名称	定额信息		
1	外墙裙	外墙 2	清单	墙裙块料面积	同定额描述	m²	
2			定额	墙裙块料面积	干挂大理石	m²	
3				墙裙块料面积	轻钢龙骨	m²	
4	外墙裙保温	外墙 2	清单	外墙保温面积	35 厚聚苯板	m²	
5			定额	外墙保温面积	35 厚聚苯板	m²	
6	外墙面	外墙 1	清单	墙面块料面积	面砖外墙	m²	
7			定额	墙面块料面积	面砖外墙	m²	
8	外墙面保温	外墙 1	清单	外墙保温面积	50 厚聚苯板	m²	
9			定额	外墙保温面积	50 厚聚苯板	m²	
10	玻璃幕墙	MQ－1	清单	玻璃幕墙面积	全玻璃幕墙	m²	
11			定额	玻璃幕墙面积	全玻璃幕墙	m²	
12		MQ－2	清单	玻璃幕墙面积	全玻璃幕墙	m²	
13			定额	玻璃幕墙面积	全玻璃幕墙	m²	

2. 二层工程量

二层的围护结构、顶部结构、室内结构的各构件工程量列项方法和首层相同,只是由于层高变化,工程量的结果有所不同,这里只列出与首层不同部分的围护结构、室外结构、室内装修和室外装修部分。

2.1 二层围护结构的工程量

二层围护结构和首层的不同点就是在公共休息大厅出现了玻璃栏板,其工程量列项如图2.4.32所示。

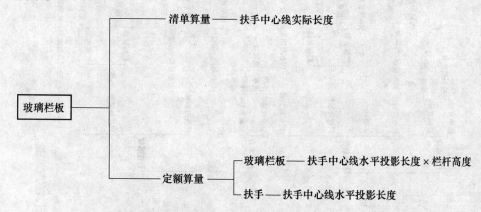

图2.4.32 二层玻璃栏板所要计算的工程量

将图2.4.32转化成表格形式见表2.4.31。

表2.4.31 二层玻璃栏板工程量表

序号	构件类别	构件名称	算量类别	项目名称		单位	工程量
				算量名称	定额信息		
1	玻璃栏板	玻璃栏板	清单	扶手中心线实际长度	不锈钢扶手、玻璃栏板	m	
2			定额	扶手中心线水平投影长度×高度	玻璃栏板	m²	
3				扶手中心线水平投影长度	不锈钢扶手	m	

2.2 二层室外结构各构件的工程量

二层室外构件的飘窗和首层相同,这里只列出阳台工程量。

二层阳台所要计算的工程量如图2.4.33所示。

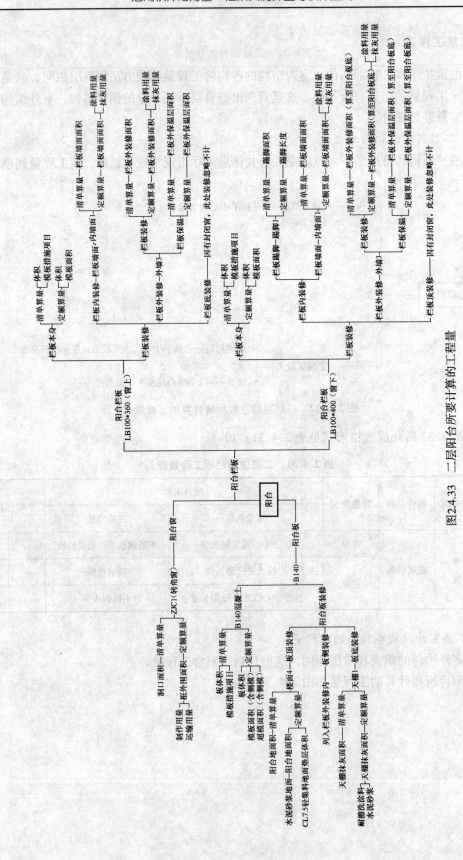

图2.4.33　二层阳台所要计算的工程量

将图 2.4.33 转化成表格形式见表 2.4.32。

表 2.4.32　二层阳台工程量表

序号	构件类别	构件名称	算量类别	项目名称		单位	工程量
				算量名称	定额信息		
1	阳台栏板	LB100×400	清单	体积	C30	m³	
2			定额	体积	C30	m³	
3			清单	模板措施项目		项/m²	
4			定额	模板面积	普通模板	m²	
5	阳台栏板踢脚	踢脚3	清单	踢脚面积	水泥砂浆踢脚	m²	
6			定额	踢脚长度	水泥砂浆踢脚	m	
7	阳台栏板内装修	内墙面1	清单	栏板内墙面面积	同定额描述	m²	
8			定额	栏板内墙面面积	水泥砂浆抹灰	m²	
9				栏板内墙面面积	耐擦洗涂料	m²	
10	阳台栏板外装修	外墙3	清单	栏板外装修面积	同定额描述	m²	
11			定额	栏板外装修面积	水泥砂浆外墙	m²	
12				栏板外装修面积	HJ80-1涂料	m²	
13	阳台栏板外保温	外墙3保温	清单	栏板外保温面积	聚苯板保温	m²	
14			定额	栏板外保温面积	聚苯板保温	m²	
15	阳台栏板	LB100×360	清单	体积	C30	m³	
16			定额	体积	C30	m³	
17			清单	模板措施项目		项/m²	
18			定额	模板面积	普通模板	m²	
19	阳台栏板内装修	内墙面1	清单	栏板内墙面面积	同定额描述	m²	
20			定额	栏板内墙面面积	水泥砂浆抹灰	m²	
21				栏板内墙面面积	耐擦洗涂料	m²	
22	阳台栏板外装修	外墙3	清单	栏板外装修面积	同定额描述	m²	
23			定额	栏板外装修面积	水泥砂浆外墙	m²	
24				栏板外装修面积	HJ80-1涂料	m²	
25	阳台栏板外保温	外墙3保温	清单	栏板外保温面积	聚苯板保温	m²	
26			定额	栏板外保温面积	聚苯板保温	m²	
27	阳台窗	ZJC1	清单	洞口面积	平开塑钢窗	m²	
28			定额	框外围面积	平开塑钢窗	m²	
29				框外围面积	运距5km	m²	
30	阳台板	B140	清单	体积	C30	m³	
31			定额	体积	C30	m³	
32			清单	模板措施项目		项/m²	
33			定额	模板面积（含侧模）	普通模板	m²	
34				超模面积（含侧模）	普通模板	m²	
35			清单	阳台地面积	同定额描述	m²	

续表

序号	构件类别	构件名称	算量类别	项目名称		单位	工程量
				算量名称	定额信息		
36	阳台楼面	楼面4	定额	阳台地面积	水泥砂浆地面	m²	
37				阳台地面垫层体积	CL7.5 轻集料	m³	
38			清单	天棚抹灰面积	同定额描述	m²	
39	阳台天棚	天棚1	定额	天棚抹灰面积	耐擦洗涂料	m²	
40				天棚抹灰面积	水泥砂浆天棚	m²	

2.3　二层室内装修各构件的工程量

2.3.1　二层室内装修各房间的构件组成

二层室内装修各房间的构件组成如图 2.4.34 所示。

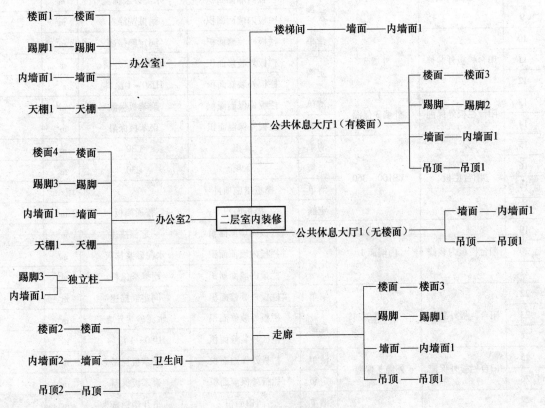

图 2.4.34　二层室内装修各房间的构件组成

说明：

公共休息大厅有一部分没有板，自然就没有了楼面和踢脚，我们把公共休息大厅分成了两个房间，一个有楼面，一个无楼面。

2.3.2　二层室内装修各构件类别的工程量

除楼面外，二层室内装修的构件类别和首层是相同的，这里只讲解楼面构件类别的工程量。

2.3.2.1　楼面1：地砖楼面

楼面1所要计算的工程量如图2.4.35所示。

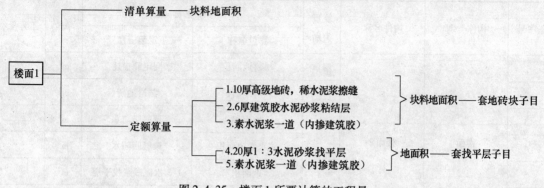

图2.4.35　楼面1所要计算的工程量

将图2.4.35转化成表格形式见表2.4.33。

表2.4.33　楼面1工程量表

序号	构件类别	构件名称	算量类别	项目名称		单位	工程量
				算量名称	定额信息		
1	楼面	楼面1	清单	块料地面积	同定额描述	m²	
2			定额	块料地面积	地砖楼面	m²	
3				地面积	水泥砂浆找平层	m³	

2.3.2.2　楼面2：地砖楼面

楼面2所要计算的工程量如图2.4.36所示。

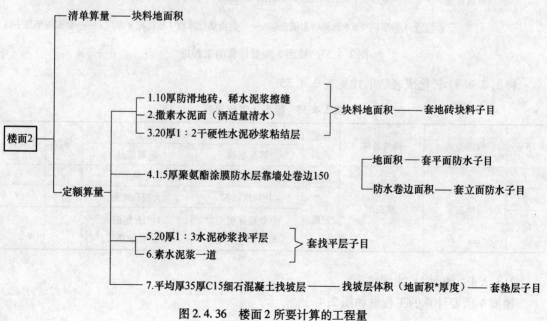

图2.4.36　楼面2所要计算的工程量

将图2.4.36转化成表格形式见表2.4.34。

表 2.4.34　楼面 2 工程量表

序号	构件类别	构件名称	算量类别	项目名称		单位	工程量
				算量名称	定额信息		
1			清单	块料地面积	同定额描述	m²	
2				块料地面积	防滑地砖	m²	
3				地面积	聚氨脂防水	m²	
4	楼面	楼面 2		防水卷边面积	聚氨脂防水	m²	
5			定额	地面积	1:3 水泥砂浆找平层	m²	
6				找坡层体积（地面积×厚度）	C15 细石混凝土垫层	m³	

2.3.2.3　楼面 3：大理石楼面

楼面 3 所要计算的工程量如图 2.4.37 所示。

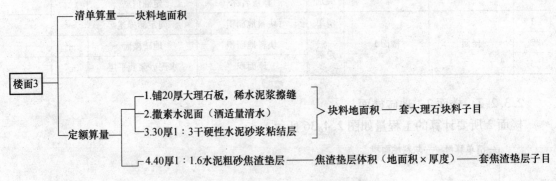

图 2.4.37　楼面 3 所要计算的工程量

将图 2.4.37 转化成表格形式见表 2.4.35。

表 2.4.35　楼面 3 工程量表

序号	构件类别	构件名称	算量类别	项目名称		单位	工程量
				算量名称	定额信息		
1			清单	块料地面积	同定额描述	m²	
2	楼面	楼面 3		块料地面积	大理石地面	m²	
3			定额	垫层体积（地面积×厚度）	1:1.6 水泥粗砂焦渣垫层	m³	

2.3.2.4　楼面 4：水泥楼面

楼面 4 所要计算的工程量如图 2.4.38 所示。

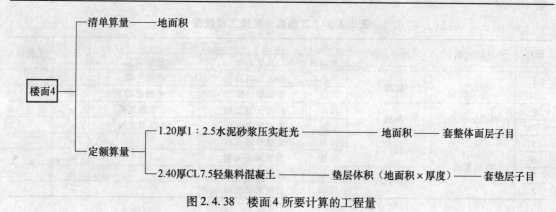

图 2.4.38 楼面 4 所要计算的工程量

将图 2.4.38 转化成表格形式见表 2.4.36。

表 2.4.36 楼面 4 工程量表

序号	构件类别	构件名称	算量类别	项目名称		单位	工程量
				算量名称	定额信息		
1	楼面	楼面 4	清单	地面积	同定额描述	m²	
2			定额	地面积	水泥砂浆面层	m²	
3				垫层体积（地面积×厚度）	CL7.5 轻集料混凝土	m³	

2.4 二层室外装修各构件的工程量

二层室外装修所要计算的工程量如图 2.4.39 所示。

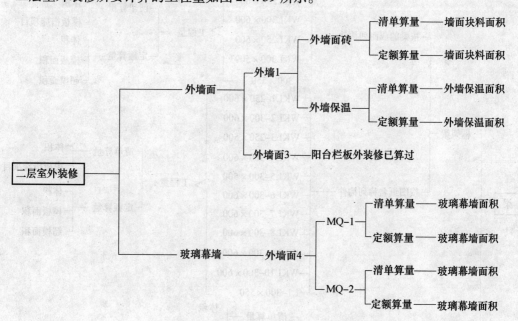

图 2.4.39 二层室外装修所要计算的工程量

将图 2.4.39 转化成表格形式见表 2.4.37。

表 2.4.37　二层室外装修工程量表

序号	构件类别	构件名称	算量类别	项目名称		单位	工程量
				算量名称	定额信息		
1	外墙面	外墙1	清单	墙面块料面积	面砖外墙	m²	
2			定额	墙面块料面积	面砖外墙	m²	
3	外墙面保温	外墙1	清单	外墙保温面积	50厚聚苯板	m²	
4			定额	外墙保温面积	50厚聚苯板	m²	
5	玻璃幕墙	MQ-1	清单	玻璃幕墙面积		m²	
6			定额	玻璃幕墙面积		m²	
7		MQ-2	清单	玻璃幕墙面积		m²	
8			定额	玻璃幕墙面积		m²	

3. 三层工程量

三层各构件的工程量列项方法和二层相同,这里不再赘述。

4. 四层工程量

四层围护结构除梁外,其他构件均与二层相同,顶部结构板与二层相同。因楼梯只上到四层地面,所以四层没有室内构件,室外结构除雨篷外其余构件列项与二层相同。

这里仅列出围护结构的梁、室外构件的雨篷、室内装修和室外装修。

4.1　四层围护结构各构件的工程量

四层围护结构除梁变成屋面梁外,其余构件工程量列项和首层相同,这里只列出量的工程量。

四层梁所要计算的工程量如图 2.4.40 所示。

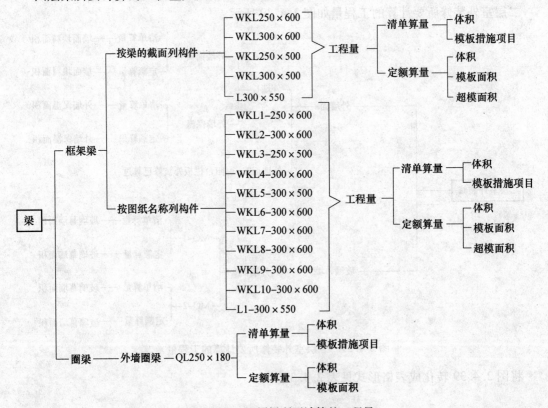

图 2.4.40　四层梁所要计算的工程量

将图2.4.40转化成表格形式见表2.4.38。

表 2.4.38　四层梁工程量表

序号	构件类别	构件名称	算量类别	项目名称		单位	工程量
				算量名称	定额信息		
1	梁	WKL1－250×600	清单	体积	C30	m³	
2			定额	体积	C30	m³	
3			清单	模板措施项目		项/m²	
4			定额	模板面积	普通模板	m²	
5				超模面积	普通模板	m²	
6	梁	WKL2－300×600	清单	体积	C30	m³	
7			定额	体积	C30	m³	
8			清单	模板措施项目		项/m²	
9			定额	模板面积	普通模板	m²	
10				超模面积	普通模板	m²	
11	梁	WKL3－250×500	清单	体积	C30	m³	
12			定额	体积	C30	m³	
13			清单	模板措施项目		项/m²	
14			定额	模板面积	普通模板	m²	
15				超模面积	普通模板	m²	
16	梁	WKL4－300×600	清单	体积	C30	m³	
17			定额	体积	C30	m³	
18			清单	模板措施项目		项/m²	
19			定额	模板面积	普通模板	m²	
20				超模面积	普通模板	m²	
21	梁	WKL5－300×500	清单	体积	C30	m³	
22			定额	体积	C30	m³	
23			清单	模板措施项目		项/m²	
24			定额	模板面积	普通模板	m²	
25				超模面积	普通模板	m²	
26	梁	WKL6－300×600	清单	体积	C30	m³	
27			定额	体积	C30	m³	
28			清单	模板措施项目		项/m²	
29			定额	模板面积	普通模板	m²	
30				超模面积	普通模板	m²	
31	梁	WKL7－300×600	清单	体积	C30	m³	
32			定额	体积	C30	m³	
33			清单	模板措施项目		项/m²	
34			定额	模板面积	普通模板	m²	
35				超模面积	普通模板	m²	

序号	构件类别	构件名称	算量类别	项目名称		单位	工程量
				算量名称	定额信息		
36	梁	WKL8－300×600	清单	体积	C30	m³	
37			定额	体积	C30	m³	
38			清单	模板措施项目		项/m²	
39			定额	模板面积	普通模板	m²	
40				超模面积	普通模板	m²	
41	梁	WKL9－300×600	清单	体积	C30	m³	
42			定额	体积	C30	m³	
43			清单	模板措施项目		项/m²	
44			定额	模板面积	普通模板	m²	
45				超模面积	普通模板	m²	
46	梁	WKL10－300×600	清单	体积	C30	m³	
47			定额	体积	C30	m³	
48			清单	模板措施项目		项/m²	
49			定额	模板面积	普通模板	m²	
50				超模面积	普通模板	m²	
51	梁	L1－300×550	清单	体积	C30	m³	
52			定额	体积	C30	m³	
53			清单	模板措施项目		项/m²	
54			定额	模板面积	普通模板	m²	
55				超模面积	普通模板	m²	
56	圈梁	QL250×180	清单	体积	C25	m³	
57			定额	体积	C25	m³	
58			清单	模板措施项目		项/m²	
59			定额	模板面积	普通模板	m²	

说明：这里只是按构件名称列出工程量。

4.2　四层室外结构各构件的工程量

4.2.1　雨篷：四层雨篷所要计算的工程量如图 2.4.41 所示。

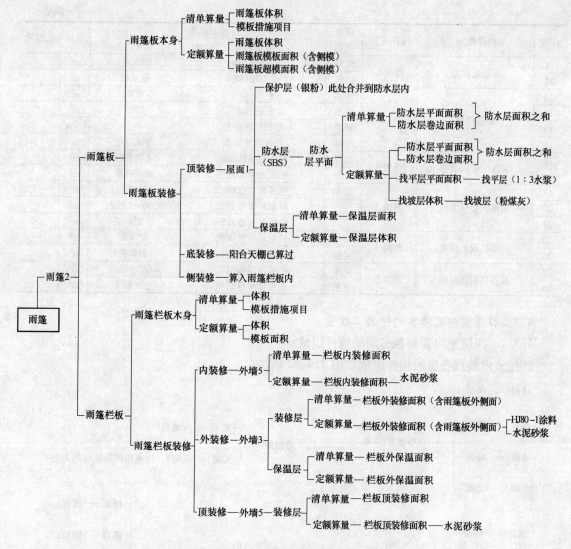

图 2.4.41　四层雨篷所要计算的工程量

将图 2.4.41 转化成表格形式见表 2.4.39。

表 2.4.39　四层雨篷工程量表

序号	构件类别	构件名称	算量类别	项目名称		单位	工程量
				算量名称	定额信息		
1	雨篷板	雨篷2	清单	雨篷板体积	C30	m³	
2			定额	雨篷板体积	C30	m³	
3			清单	模板措施项目		项/m²	
4			定额	雨篷模板面积（含侧模）	普通模板	m²	
5				雨篷超模面积（含侧模）	普通模板	m²	
6	雨篷板防水	屋面1	清单	防水层面积（含卷边）	同定额描述	m²	
7			定额	防水层平面面积	SBS	m²	
8				防水层卷边面积	SBS	m²	
9				找平层平面面积	1:3 水泥砂浆	m²	
10				找坡层体积	1:0.2:3.5 水泥粉煤灰页岩陶粒	m³	

165

续表

序号	构件类别	构件名称	算量类别	项目名称		单位	工程量
				算量名称	定额信息		
11	雨篷板保温	屋面1	清单	保温层面积	聚苯板	m²	
12			定额	保温层体积	聚苯板	m³	
13	雨篷栏板	LB100×200	清单	栏板体积	C30	m³	
14			定额	栏板体积	C30	m³	
15			清单	模板措施项目		项/m²	
16			定额	栏板模板面积	普通模板	m²	
17	雨篷栏板内装修	外墙5	清单	栏板内装修面积	水泥砂浆	m²	
18			定额	栏板内装修面积	水泥砂浆	m²	
19	雨篷栏板外装修	外墙3	清单	栏板外装修面积	同定额描述	m²	
20			定额	栏板外装修面积	HJ80-1涂料	m²	
21				栏板外装修面积	水泥砂浆	m²	
22	雨篷栏板外保温	外墙3	清单	栏板外保温面积	聚苯板	m²	
23			定额	栏板外保温面积	聚苯板	m²	
24	雨篷栏板顶装修	外墙5	清单	栏板顶装修面积	同定额描述	m²	
25			定额	栏板顶装修面积	水泥砂浆	m²	

4.3　四层室内装修各构件的工程量

4.3.1　四层室内装修各房间的构件组成

四层室内装修各房间构件组成如图2.4.42所示。

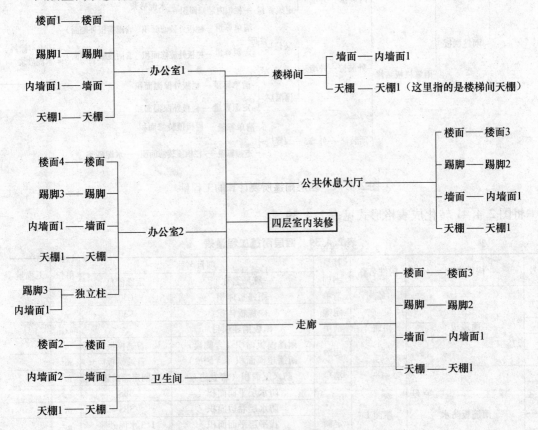

图2.4.42　四层室内装修各房间的构件组成

166

4.3.2　四层室内装修各构件类别的工程量

四层室内装修各构件类别的工程量在首层和二层已经讲过,这里不再赘述。

4.4　四层室外装修各构件的工程量

四层室外装修所要计算的工程量如图 2.4.43 所示。

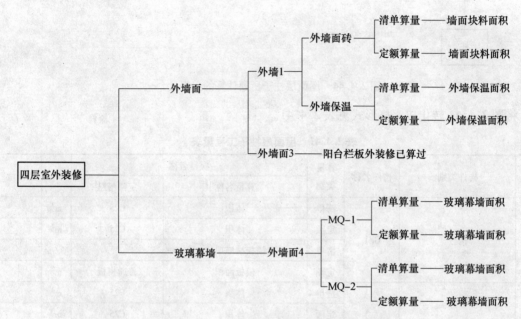

图 2.4.43　四层室外装修所要计算的工程量

将图 2.4.43 转化成表格形式见表 2.4.40。

表 2.4.40　四层室外装修工程量表

序号	构件类别	构件名称	算量类别	项目名称		单位	工程量
				算量名称	定额信息		
1	外墙面	外墙 1	清单	墙面块料面积	面砖外墙	m²	
2			定额	墙面块料面积	面砖外墙	m²	
3	外墙面保温	外墙 1	清单	外墙保温面积	50 厚聚苯板	m²	
4			定额	外墙保温面积	50 厚聚苯板	m²	
5	玻璃幕墙	MQ－1	清单	玻璃幕墙面积	全玻璃幕墙	m²	
6			定额	玻璃幕墙面积	全玻璃幕墙	m²	
7		MQ－2	清单	玻璃幕墙面积	全玻璃幕墙	m²	
8			定额	玻璃幕墙面积	全玻璃幕墙	m²	

5. 屋面层工程量

5.1　屋面层围护结构各构件的工程量

5.1.1　柱

屋面层柱子这里变成了构造柱,所要计算的工程量如图 2.4.44 所示。

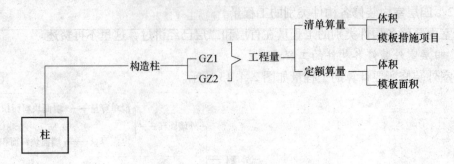

图 2.4.44　屋面层柱子所要计算的工程量

将图 2.4.44 转化成表格形式见表 2.4.41。

表 2.4.41　屋面层柱子工程量表

序号	构件类别	构件名称	算量类别	项目名称		单位	工程量
				算量名称	定额信息		
1	构柱	GZ1	清单	体积	C25	m³	
2			定额	体积	C25	m³	
3			清单	模板措施项目		项/m²	
4			定额	模板面积	普通模板	m²	
5	构柱	GZ2	清单	体积	C25	m³	
6			定额	体积	C25	m³	
7			清单	模板措施项目		项/m²	
8			定额	模板面积	普通模板	m²	

5.1.2　梁

屋面层梁这里变成了压顶，所要计算的工程量如图 2.4.45 所示。

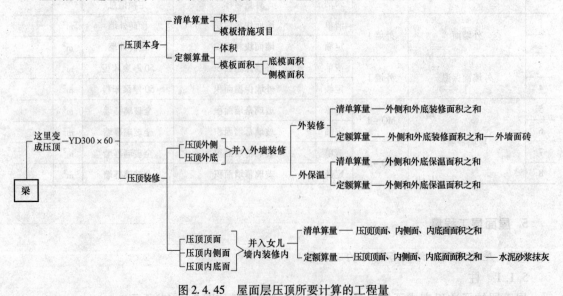

图 2.4.45　屋面层压顶所要计算的工程量

将图 2.4.45 转化成表格形式见表 2.4.42。

表 2.4.42　屋面层压顶工程量表

序号	构件类别	构件名称	算量类别	项目名称 算量名称	项目名称 定额信息	单位	工程量
1	压顶	YD300×60	清单	体积	C25	m³	
2			定额	体积	C25	m³	
3			清单	模板措施项目		项/m²	
4			定额	底模面积	普通模板	m²	
5				侧模面积	普通模板	m²	
6	压顶外装修	外墙1	清单	压顶外侧面积（并入外墙）	面砖	m²	
7				压顶外底面积（并入外墙）	面砖	m²	
8			定额	压顶外侧面积（并入外墙）	面砖	m²	
9				压顶外底面积（并入外墙）	面砖	m²	
6	压顶外保温	外墙1	清单	压顶外侧面积（并入外墙）	50厚聚苯板	m²	
7				压顶外底面积（并入外墙）	50厚聚苯板	m²	
8			定额	压顶外侧面积（并入外墙）	50厚聚苯板	m²	
9				压顶外底面积（并入外墙）	50厚聚苯板	m²	
10	压顶内装修	外墙5	清单	压顶顶面积（并入女儿墙）	水泥砂浆	m²	
11				压顶内侧面积（并入女儿墙）	水泥砂浆	m²	
12				压顶内底面积（并入女儿墙）	水泥砂浆	m²	
13			定额	压顶顶面积（并入女儿墙）	水泥砂浆	m²	
14				压顶内侧面积（并入女儿墙）	水泥砂浆	m²	
15				压顶内底面积（并入女儿墙）	水泥砂浆	m²	

5.1.3　墙

屋面层墙这里变成了女儿墙，所要计算的工程量如图 2.4.46 所示。

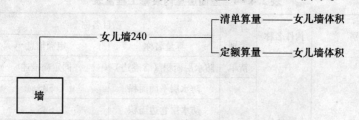

图 2.4.46　屋面层女儿墙所要计算的工程量

将图 2.4.46 转化成表格形式见表 2.4.43。

表 2.4.43　屋面层压顶工程量表

序号	构件类别	构件名称	算量类别	项目名称 算量名称	项目名称 定额信息	单位	工程量
1	墙	女儿墙240	清单	体积	砖墙、M5混浆	m³	
2			定额	体积	砖墙、M5混浆	m³	

5.2 屋面层室内装修各构件的工程量

屋面层室内装修所要计算的工程量如图 2.4.47 所示。

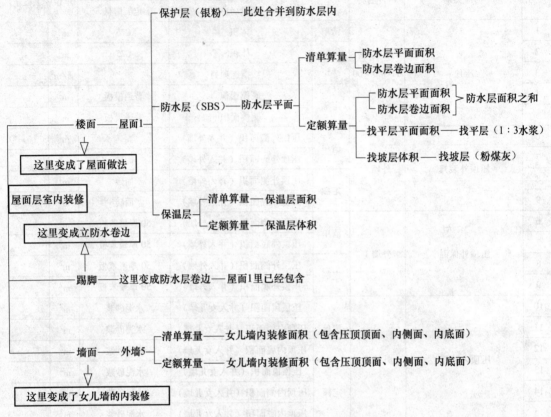

图 2.4.47 屋面层室内装修所要计算的工程量

将图 2.4.47 转化成表格形式见表 2.4.44。

表 2.4.44 屋面层室内装修工程量表

序号	构件类别	构件名称	算量类别	项目名称		单位	工程量
				算量名称	定额信息		
1	屋面防水	屋面1	清单	防水层面积（含卷边）	同定额描述	m²	
2			定额	防水层平面面积	SBS	m²	
3				防水层卷边面积	SBS	m²	
4				找平层平面面积	1:3 水泥砂浆	m²	
5				找坡层体积	1:0.2:3.5 水泥 粉煤灰页岩陶粒	m³	
6	屋面保温	屋面1	清单	保温层面积	40 厚聚苯板	m²	
7			定额	保温层体积	40 厚聚苯板	m³	
8	女儿墙内装修	外墙5	清单	女儿墙内装修面积	水泥砂浆	m²	
9			定额	女儿墙内装修面积	水泥砂浆	m²	

5.3 屋面层室外装修各构件的工程量

屋面层室外装修所要计算的工程量如图 2.4.48 所示。

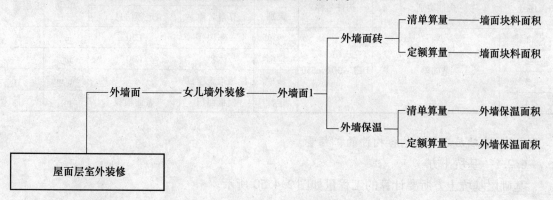

图 2.4.48 屋面层室外装修所要计算的工程量

将图 2.4.48 转化成表格形式见表 2.4.45。

表 2.4.45 屋面层室外装修工程量表

| 序号 | 构件类别 | 构件名称 | 算量类别 | 项目名称 | | 单位 | 工程量 |
				算量名称	定额信息		
1	外墙面（女儿墙外）	外墙 1	清单	墙面块料面积	面砖外墙	m²	
2			定额	墙面块料面积	面砖外墙	m²	
3	外墙面保温（女儿墙外）	外墙 1	清单	外墙保温面积	50 厚聚苯板	m²	
4			定额	外墙保温面积	50 厚聚苯板	m²	

6. 基础层工程量

6.1 基础层围护结构各构件的工程量

6.1.1 柱

基础层柱子所要计算的工程量同首层。

6.1.2 梁

基础层梁所要计算的工程量如图 2.4.49 所示。

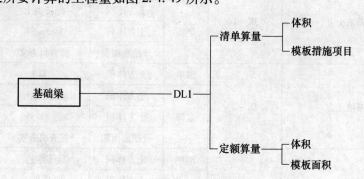

图 2.4.49 基础层梁所要计算的工程量

将图 2.4.49 转化成表格形式见表 2.4.46。

表 2.4.46 基础层梁工程量表

序号	构件类别	构件名称	算量类别	项目名称		单位	工程量
				算量名称	定额信息		
1	基础梁	DL1 – 300 × 550	清单	体积	C30	m³	
2			定额	体积	C30	m³	
3			清单	模板措施项目		项/m²	
4			定额	模板面积	普通模板	m²	

6.2 基础层底部结构各构件的工程量

6.2.1 基坑土方

基础层基坑土方所要计算的工程量如图 2.4.50 所示。

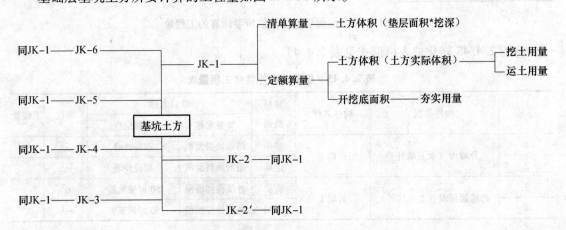

图 2.4.50 基础层基坑土方所要计算的工程量

将图 2.4.50 转化成表格形式见表 2.4.47。

表 2.4.47 基础层基坑土方工程量表

序号	构件类别	构件名称	算量类别	项目名称		单位	工程量
				算量名称	定额信息		
1	基坑土方	JK – 1	清单	土方体积	三类土	m³	
2			定额	土方体积	挖三类土	m³	
3				土方体积	运5m外	m³	
4				开挖底面积	打夯机夯实	m²	
5	基坑土方	JK – 2	清单	土方体积	三类土	m³	
6			定额	土方体积	挖三类土	m³	
7				土方体积	运5m外	m³	
8				开挖底面积	打夯机夯实	m²	
9	基坑土方	JK – 2′	清单	土方体积	三类土	m³	
10			定额	土方体积	挖三类土	m³	
11				土方体积	运5m外	m³	
12				开挖底面积	打夯机夯实	m²	

续表

序号	构件类别	构件名称	算量类别	项目名称		单位	工程量
				算量名称	定额信息		
13	基坑土方	JK-3	清单	土方体积	三类土	m³	
14			定额	土方体积	挖三类土	m³	
15				土方体积	运5m外	m³	
16				开挖底面积	打夯机夯实	m²	
17	基坑土方	JK-4	清单	土方体积	三类土	m³	
18			定额	土方体积	挖三类土	m³	
19				土方体积	运5m外	m³	
20				开挖底面积	打夯机夯实	m²	
21	基坑土方	JK-5	清单	土方体积	三类土	m³	
22			定额	土方体积	挖三类土	m³	
23				土方体积	运5m外	m³	
24				开挖底面积	打夯机夯实	m²	
25	基坑土方	JK-6	清单	土方体积	三类土	m³	
26			定额	土方体积	挖三类土	m³	
27				土方体积	运5m外	m³	
28				开挖底面积	打夯机夯实	m²	

6.2.2　基槽土方

我们从"结施-02"可分析基础梁（DL-1）的底标高是-0.65，所有基础梁下需要挖基槽，挖深为200，基槽土方需要计算的工程量如图2.4.51所示。

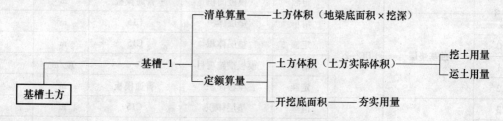

图2.4.51　基础层基槽土方所要计算的工程量

将图2.4.51转化成表格形式见表2.4.48。

表2.4.48　基础层基坑土方工程量表

序号	构件类别	构件名称	算量类别	项目名称		单位	工程量
				算量名称	定额信息		
1	基槽土方	基槽-1	清单	土方体积	三类土	m³	
2			定额	土方体积	挖三类土	m³	
3				土方体积	运5m外	m³	
4				开挖底面积	打夯机夯实	m²	

6.2.3 独基垫层

基础层独基垫层所要计算的工程量如图2.4.52所示。

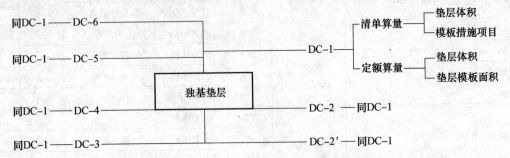

图 2.4.52　基础层独基垫层所要计算的工程量

将图2.4.52转化成表格形式见表2.4.49。

表 2.4.49　基础层独基垫层工程量表

序号	构件类别	构件名称	算量类别	项目名称		单位	工程量
				算量名称	定额信息		
1	独基垫层	DC－1	清单	垫层体积	C15	m³	
2			定额	垫层体积	C15	m³	
3			清单	模板措施项目		项/m²	
4			定额	模板面积	普通模板	m²	
5	独基垫层	DC－2	清单	垫层体积	C15	m³	
6			定额	体积	C15	m³	
7			清单	模板措施项目		项/m²	
8			定额	模板面积	普通模板	m²	
9	独基垫层	DC－2′	清单	垫层体积	C15	m³	
10			定额	垫层体积	C15	m³	
11			清单	模板措施项目		项/m²	
12			定额	模板面积	普通模板	m²	
13	独基垫层	DC－3	清单	垫层体积	C15	m³	
14			定额	垫层体积	C15	m³	
15			清单	模板措施项目		项/m²	
16			定额	模板面积	普通模板	m²	
17	独基垫层	DC－4	清单	垫层体积	C15	m³	
18			定额	垫层体积	C15	m³	
19			清单	模板措施项目		项/m²	
20			定额	模板面积	普通模板	m²	
21	独基垫层	DC－5	清单	垫层体积	C15	m³	
22			定额	垫层体积	C15	m³	
23			清单	模板措施项目		项/m²	
24			定额	模板面积	普通模板	m²	

续表

序号	构件类别	构件名称	算量类别	项目名称		单位	工程量
				算量名称	定额信息		
25	独基垫层	DC-6	清单	垫层体积	C15	m³	
26			定额	垫层体积	C15	m³	
27			清单	模板措施项目		项/m²	
28			定额	模板面积	普通模板	m²	

6.2.4 独立基础

基础层独立基础所要计算的工程量如图 2.4.53 所示。

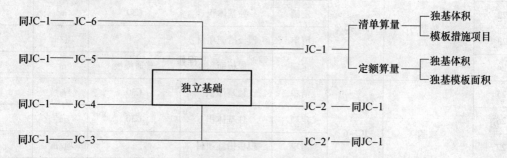

图 2.4.53 基础层独立基础所要计算的工程量

将图 2.4.53 转化成表格形式见表 2.4.50。

表 2.4.50 基础层独立基础工程量表

序号	构件类别	构件名称	算量类别	项目名称		单位	工程量
				算量名称	定额信息		
1	独基	JC-1	清单	独基体积	C30	m³	
2			定额	独基体积	C30	m³	
3			清单	模板措施项目		项/m²	
4			定额	模板面积	普通模板	m²	
5	独基	JC-2	清单	独基体积	C30	m³	
6			定额	独基体积	C30	m³	
7			清单	模板措施项目		项/m²	
8			定额	模板面积	普通模板	m²	
9	独基	JC-2′	清单	独基体积	C30	m³	
10			定额	独基体积	C30	m³	
11			清单	模板措施项目		项/m²	
12			定额	模板面积	普通模板	m²	
13	独基	JC-3	清单	独基体积	C30	m³	
14			定额	独基体积	C30	m³	
15			清单	模板措施项目		项/m²	
16			定额	模板面积	普通模板	m²	

续表

序号	构件类别	构件名称	算量类别	项目名称		单位	工程量
				算量名称	定额信息		
17	独基	JC-4	清单	独基体积	C30	m³	
18			定额	独基体积	C30	m³	
19			清单	模板措施项目		项/m²	
20			定额	模板面积	普通模板	m²	
21	独基	JC-5	清单	独基体积	C30	m³	
22			定额	独基体积	C30	m³	
23			清单	模板措施项目		项/m²	
24			定额	模板面积	普通模板	m²	
25	独基	JC-6	清单	独基体积	C30	m³	
26			定额	独基体积	C30	m³	
27			清单	模板措施项目		项/m²	
28			定额	模板面积	普通模板	m²	

6.2.5 基础回填土

基础层基础回填土所要计算的工程量如图 2.4.54 所示。

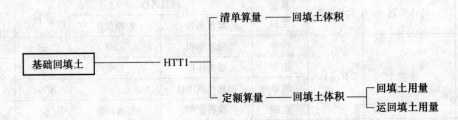

图 2.4.54 基础层基础回填土所要计算的工程量

将图 2.4.54 转化成表格形式见表 2.4.51。

表 2.4.51 基础层基础回填土工程量表

序号	构件类别	构件名称	算量类别	项目名称		单位	工程量
				算量名称	定额信息		
1	基坑回填土	HTT1	清单	回填土体积	三类土	m³	
2			定额	回填土体积	三类土	m³	
3				回填土体积	运距5m	m³	

6.2.6 阳台墙条形基础

基础层阳台墙条形基础所要计算的工程量如图 2.4.55 所示。

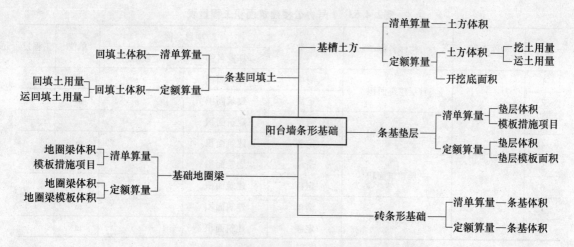

图 2.4.55　基础层阳台墙条形基础所要计算的工程量

将图 2.4.55 转化成表格形式见表 2.4.52。

表 2.4.52　基础层阳台墙条形基础工程量表

序号	构件类别	构件名称	算量类别	项目名称		单位	工程量
				算量名称	定额信息		
1	基槽土方	TJTF	清单	土方体积	三类土	m³	
2			定额	土方体积	三类土	m³	
3				开挖底面积	打夯机打夯	m²	
4	条基垫层	TJDC	清单	垫层体积	C15	m³	
5			定额	垫层体积	C15	m³	
6			清单	模板措施项目		项/m²	
7			定额	模板面积	普通模板	m²	
8	砖条基	ZTJ	清单	体积	M5 水泥砂浆	m³	
9			定额	体积	M5 水泥砂浆	m³	
10	圈梁	DQL	清单	体积	C25	m³	
11			定额	体积	C25	m³	
12			清单	模板措施项目		项/m²	
13			定额	模板面积	普通模板	m²	
14	条基回填土	HTT2	清单	回填土体积	三类土	m³	
15			定额	回填土体积	三类土	m³	
16				回填土体积	运距5m	m³	

7. 其他项目工程量

建筑面积、平整场地、水落管、脚手架、垂直封闭、大型机械垂直运输费用和工程水电费。

7.1　建筑面积

根据建筑面积计算规则，1 号办公楼各层的建筑面积工程量见表 2.4.53。

177

表 2.4.53　1号办公楼建筑面积工程量表

序号	构件类别	构件名称	算量类别	项目名称		单位	工程量
				算量名称	定额信息		
1	建筑面积	首层建筑面积	清单	建筑面积		m²	
2			定额	建筑面积		m²	
3		二层建筑面积	清单	建筑面积		m²	
4			定额	建筑面积		m²	
5		三层建筑面积	清单	建筑面积		m²	
6			定额	建筑面积		m²	
7		四层建筑面积	清单	建筑面积		m²	
8			定额	建筑面积		m²	

7.2　平整场地

根据平整场地计算规则，1号办公楼各层的平整场地工程量见表2.4.54。

表 2.4.54　1号办公楼建筑面积工程量表

序号	构件类别	构件名称	算量类别	项目名称		单位	工程量
				算量名称	定额信息		
1	平整场地	平整场地	清单	面积	三类土	m²	
2			定额	面积	三类土	m²	

7.3　水落管

1号办公楼水落管工程量见表2.4.55。

表 2.4.55　1号办公楼水落管工程量表

序号	构件类别	构件名称	算量类别	项目名称		单位	工程量
				算量名称	定额信息		
1	水落管	水落管1	清单	长度	同定额描述	m	
2			定额	长度	直径100的VC管	m	
3				套数	PVC弯头	套	
4				套数	PVC水口	套	
5				套数	PVC水斗	套	

7.4　脚手架

1号办公楼脚手架工程量见表2.4.56。

表 2.4.56　1号办公楼脚手架工程量表

序号	构件类别	构件名称	算量类别	项目名称		单位	工程量
				算量名称	定额信息		
1	脚手架	综合脚手架	清单	措施项目		项/m²	
2			定额	面积		m²	

7.5　垂直封闭

1号办公楼垂直封闭工程量见表2.4.57。

表 2.4.57　1号办公楼垂直封闭工程量表

序号	构件类别	构件名称	算量类别	项目名称		单位	工程量
				算量名称	定额信息		
1	垂直封闭	垂直封闭	清单	措施项目		项/m²	
2			定额	面积		m²	

7.6　大型机械垂直运输费

1号办公楼大型机械垂直运输费用工程量见表2.4.58。

表 2.4.58　1号办公楼大型机械垂直运输费用工程量表

序号	构件类别	构件名称	算量类别	项目名称		单位	工程量
				算量名称	定额信息		
1	垂直运输	大型机械垂直运输费	清单	措施项目		项/m²	
2			定额	建筑面积		m²	

7.7　工程水电费

1号办公楼工程水电费工程量见表2.4.59。

表 2.4.59　1号办公楼工程水电费工程量表

序号	构件类别	构件名称	算量类别	项目名称		单位	工程量
				算量名称	定额信息		
1	水电费	工程水电费	清单	措施项目		项/m²	
2			定额	建筑面积		m²	

第三章　框架实例手工算量

第一节　首层手工工程量计算

一、围护结构工程量计算

（一）柱子

1. 框架柱工程量计算

首层框架柱工程量计算表见表3.1.1。

表3.1.1　首层框架柱工程量计算表

构件名称	算量类别	算量名称	计算公式	工程量	单位
KZ1-500×500	清单	体积	同定额算量	3.9	m³
	定额	体积	柱截面面积×柱高×柱数量	3.9	m³
			0.5×0.5×3.9×4		
	清单	模板措施项目	面积同定额		项/m²
	定额	模板面积	柱周长×柱高×柱数量	31.2	m²
			0.5×4×3.9×4		
		超模面积	柱周长×超高高度×柱数量	5.2	m²
			0.5×4×0.65×4		
KZ2-500×500	清单	体积	同定额算量	5.85	m³
	定额	体积	柱截面面积×柱高×柱数量	5.85	m³
			0.5×0.5×3.9×6		
	清单	模板措施项目	面积同定额		项/m²
	定额	模板面积	柱周长×柱高×柱数量	46.8	m²
			0.5×4×3.9×6		
		超模面积	柱周长×超高高度×柱数量	7.8	m²
			0.5×4×0.65×6		
KZ3-500×500	清单	体积	同定额算量	5.85	m³
	定额	体积	柱截面面积×柱高×柱数量	5.85	m³
			0.5×0.5×3.9×6		
	清单	模板措施项目	面积同定额		项/m²
	定额	模板面积	柱周长×柱高×柱数量	46.8	m²
			0.5×4×3.9×6		
		超模面积	柱周长×超高高度×柱数量	7.8	m²
			0.5×4×0.65×6		

180

续表

构件名称	算量类别	算量名称	计算公式	工程量	单位
KZ4-500×500	清单	体积	同定额算量	11.7	m³
	定额	体积	柱截面面积×柱高×柱数量 0.5×0.5×3.9×12	11.7	m³
	清单	模板措施项目	面积同定额		项/m²
	定额	模板面积	柱周长×柱高×柱数量 0.5×4×3.9×12	93.6	m²
		超模面积	柱周长×超高高度×柱数量 0.5×4×0.65×12	15.6	m²
KZ5-600×500	清单	体积	同定额算量	2.34	m³
	定额	体积	柱截面面积×柱高×柱数量 0.6×0.5×3.9×2	2.34	m³
	清单	模板措施项目	面积同定额		项/m²
	定额	模板面积	柱周长×柱高×柱数量 (0.6+0.5)×2×3.9×2	17.16	m²
		超模面积	柱周长×超高高度×柱数量 (0.6+0.5)×2×0.65×2	2.86	m²
KZ6-500×600	清单	体积	同定额算量	2.34	m³
	定额	体积	柱截面面积×柱高×柱数量 0.5×0.6×3.9×2	2.34	m³
	清单	模板措施项目	面积同定额		项/m²
	定额	模板面积	柱周长×柱高×柱数量 (0.5+0.6)×2×3.9×2	17.16	m²
		超模面积	柱周长×超高高度×柱数量 (0.5+0.6)×2×0.65×2	2.86	m²
TZ1-300×200	清单	体积	同定额算量	0.369	m³
	定额	体积	柱截面面积×柱高×柱数量 0.3×0.2×2.05×3	0.369	m³
	清单	模板措施项目	面积同定额		项/m²
	定额	模板面积	柱周长×柱高×柱数量 (0.3+0.2)×2×2.05×3	6.15	m²
		超模面积	0	0	m²

2. 构造柱工程量计算
构造柱的位置

1号办公楼的构造柱实际上是包框柱，根据"结施-02"关于构造柱的说明，首层在部分洞口边布置构造柱，如图3.1.1所示。

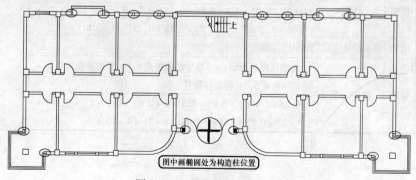

图中画椭圆处为构造柱位置

图3.1.1　首层构造柱位置图

首层构造柱工程量计算表见表3.1.2。

表 3.1.2　首层构造柱工程量计算表

构件名称	算量类别	算量名称	计算公式	工程量	单位
GZ-250×250（C2424 处）	清单	体积	同定额算量		m³
	定额	体积	｛构造柱截面体积＋［马牙槎体积］－圈梁体积｝×构造柱数量 ｛0.25×0.25×3.4＋［0.05×0.25×(3.9－0.5)＋0.05×0.25×0.7＋0.05×0.25×0.3］－0.05×0.18×0.25×2｝×4＝1.052		m³
	清单	模板措施项目	面积同定额		项/m²
	定额	模板面积	｛构造柱模板面积＋［马牙槎模板面积］＋窗侧壁模板面积－圈梁模板面积｝×构造柱数量 ｛0.25×3.4×2＋［0.1×3.4×2＋0.1×0.7×2＋0.1×0.3×2］＋0.25×2.4－0.1×0.18×4｝×4＝12.432		m²
GZ-250×250（ZJC1 处）	清单	体积	同定额算量		m³
	定额	体积	｛构造柱截面体积＋［马牙槎体积］－圈梁体积｝×构造柱数量 ｛0.25×0.25×3.4＋［0.05×0.25×(3.9－0.5)＋0.05×0.1×0.4］－0.05×0.18×0.25｝×4＝1.019		m³
	清单	模板措施项目	面积同定额		项/m²
	定额	模板面积	｛(构造柱模板面积)＋［马牙槎模板面积］＋窗侧壁模板面积－圈梁模板面积｝×构造柱数量 ｛(0.25×3.4×2－0.1×0.4)＋［0.1×3.4×2＋0.1×0.4×2］＋0.25×3.4－0.1×0.18×2｝×4＝12.936	GZ-250×250 体积＝3.4245m³ 模板面积＝41.874m²	m²
GZ-250×250（M5021 处）	清单	体积	同定额算量		m³
	定额	体积	｛构造柱截面体积＋［马牙槎体积］｝×构造柱数量 ｛0.25×0.25×3.4＋［0.05×0.25×(3.9－0.5)＋0.05×0.25×(3.9－0.5－2.1)］｝×2＝0.5425		m³
	清单	模板措施项目	面积同定额		项/m²
	定额	模板面积	｛构造柱模板面积＋［马牙槎模板面积］＋门侧壁模板面积｝×构造柱数量 ｛0.25×3.4×2＋［0.1×3.4×2＋0.1×1.3×2］＋0.25×2.1｝×2＝6.33		m²
GZ-250×250（PC 处）	清单	体积	同定额算量		m³
	定额	体积	｛［构造柱体积］＋［马牙槎体积］－圈梁体积｝×构造柱数量 ｛［0.25×0.25×2.4＋0.05×0.25×0.7＋0.05×0.25×0.3］＋［0.05×0.25×3.4］－0.05×0.18×0.25｝×4＝0.811		m³
	清单	模板措施项目	面积同定额		项/m²
	定额	模板面积	｛［构造柱模板面积］＋［马牙槎模板面积］＋窗侧壁模板面积－圈梁模板面积｝×构造柱数量 ｛［0.25×2.4×2＋0.05×0.7×2＋0.05×0.3×2］＋［(0.1×3.4×2)］＋0.25×2.4－0.1×0.18×2｝×4＝10.176		m²

（二）梁

1. 框架梁工程量计算

首层框架梁工程量计算表见表 3.1.3。

表 3.1.3 首层框架梁工程量计算表

构件名称	算量类别	算量名称	计算公式	工程量	单位
KL1-250×500	清单	体积	同定额算量	1.6822	m³
	定额	体积	［梁净长］×梁截面宽×梁截面高×梁数量 ［6-2.5+2×3.14×(2.5-0.125)/4-0.5］×0.25×0.5×2	1.6822	m³
	清单	模板措施项目	面积同定额		项/m²
	定额	模板面积	｛梁净长×（梁截面宽+梁截面高×2）-［板模板面积］｝×梁数量 ｛6.72875×(0.25+0.5×2)-［(1/4×2×3.14×(2.5-0.25)+6-2.5-0.5)×0.12］｝×2	15.2541	m²
		超模面积	同上	15.2541	m²
KL2-300×500	清单	体积	同定额算量	2.49	m³
	定额	体积	［梁净长］×梁截面宽×梁截面高×梁数量 ［(9.3-1)］×0.3×0.5×2	2.49	m³
	清单	模板措施项目	面积同定额		项/m²
	定额	模板面积	｛梁净长×（梁截面宽+梁截面高×2）-［板模板面积］｝×梁数量 ｛8.3×(0.3+0.5×2)-［5.5×0.16+2.8×0.12+(2-0.25)×0.14］｝×2	18.658	m²
		超模面积	同上	18.658	m²
KL3-250×500	清单	体积	同定额算量	2.2125	m³
	定额	体积	［梁净长］×梁截面宽×梁截面高 ［(6-0.5)×2+(7.2-0.5)］×0.25×0.5	2.2125	m³
	清单	模板措施项目	面积同定额		项/m²
	定额	模板面积	（梁净长）×（梁截面宽+梁截面高×2）-（一侧板模板面积）×2 (5.5×2+6.7)×(0.25+0.5×2)-(5.5×0.13+5.5×0.12)×2	19.375	m²
		超模面积	同上	19.375	m²
KL4-300×600	清单	体积	同定额算量	1.206	m³
	定额	体积	［梁净长］×梁截面宽×梁截面高 (7.2-0.5)×0.3×0.6	1.206	m³
	清单	模板措施项目	面积同定额		项/m²
	定额	模板面积	梁净长×（梁截面宽+梁截面高×2）-板模板面积 6.7×(0.3+0.6×2)-6.7×0.16	8.978	m²
		超模面积	同上	8.978	m²
KL5-300×500	清单	体积	同定额算量	8.28	m³
	定额	体积	（梁净长）×梁截面宽×梁截面高×梁数量 (15.3-0.15)×0.3×0.5×4	8.28	m³
	清单	模板措施项目	面积同定额		项/m²
	定额	模板面积	梁净长×（梁截面宽+梁截面高×2）×梁数量-［C轴一侧板模板面积］×2-［B轴一侧板模板面积］×2 13.8×(0.3+0.5×2)×4-［2.8×0.12+5.5×0.16×2+13.8×0.12］×2-［2.8×0.12+5.5×(0.16+0.13)+13.8×0.12］×2	57.082	m²
		超模面积	同上	57.082	m²

构件名称	算量类别	算量名称	计算公式	工程量	单位
KL6-300×500	清单	体积	同定额算量	5.145	m³
	定额	体积	[梁净长]×梁截面宽×梁截面高 [(15.3−1.5)×2+7.2−0.5]×0.3×0.5	5.145	m³
	清单	模板措施项目	面积同定额		项/m²
	定额	模板面积	(梁净长)×(梁截面宽+梁截面高×2)−(一侧板模板面积)×2−飘窗根部构件与梁相交面积 (13.8×2+6.7)×(0.3+0.5×2)−(2.8×0.12+5.5×0.16×2)×2−3.4×0.25×2	38.698	m²
		超模面积	同上	38.698	m²
KL7-300×500	清单	体积	同定额算量	4.41	m³
	定额	体积	(梁净长)×梁截面宽×梁截面高×梁数量 (16.2−1.5)×0.3×0.5×2	4.41	m³
	清单	模板措施项目	面积同定额		项/m²
	定额	模板面积	{梁净长×(梁截面宽+梁截面高×2)−[板模板面积]}×梁数量 {14.7×(0.3+0.5×2)−[14.7×0.12+(2−0.25)×0.14]}×2	34.202	m²
		超模面积	同上	34.202	m²
KL8-300×600	清单	体积	同定额算量	4.716	m³
	定额	体积	[梁净长]×梁截面宽×梁截面高 [(7.2−0.5)×2+(6.9−0.5)×2]×0.3×0.6	4.716	m³
	清单	模板措施项目	面积同定额		项/m²
	定额	模板面积	(梁净长)×(梁截面宽+梁截面高×2)−(A～B轴一侧板模板面积)×2−(C～D轴一侧板模板面积)×2 (6.7×2+6.4×2)×(0.3+0.6×2)−(6.7×0.12+6.7×0.16)×2−(6.4×0.12+6.4×0.16)×2	31.964	m²
		超模面积	同上	31.964	m²
KL9-300×600	清单	体积	同定额算量	5.256	m³
	定额	体积	[梁净长]×梁截面宽×梁截面高×梁数量 (16.2−1.6)×0.3×0.6×2	5.256	m³
	清单	模板措施项目	面积同定额		项/m²
	定额	模板面积	[梁净长×(梁截面宽+梁截面高×2)−(板模板面积)]×梁数量 [14.6×(0.3+0.6×2)−(6.6×0.16+1.9×0.12+4.45×0.13+1.6×0.12×2+6.4×0.16×2)]×2	35.211	m²
		超模面积	同上	35.211	m²
KL10-300×600	清单	体积	同定额算量	4.392	m³
	定额	体积	(梁净长)×梁截面宽×梁截面高×梁数量 (13.7−1.5)×0.3×0.6×2	4.392	m³
	清单	模板措施项目	面积同定额		项/m²
	定额	模板面积	{梁净长×(梁截面宽+梁截面高×2)−[板模板面积]}×梁数量 {12.2×(0.3+0.6×2)−[4.2×0.13+1.6×0.12+6.4×0.16+(3.35+2.1−0.75)×0.16]}×2	31.572	m²
		超模面积	同上	31.572	m²
L1-300×550	清单	体积	同定额算量	1.1385	m³
	定额	体积	(梁净长)×梁截面宽×梁截面高 (7.2−0.3)×0.3×0.55	1.1385	m³
	清单	模板措施项目	面积同定额		项/m²
	定额	模板面积	梁净长×(梁截面宽+梁截面高×2)−板模板面积 6.9×(0.3+0.55×2)−6.9×0.16	8.556	m²
		超模面积	同上	8.556	m²

续表

构件名称	算量类别	算量名称	计算公式	工程量	单位
TL1-200×40	清单	体积	同定额算量	0.24	m³
	定额	体积	（梁净长）×梁截面宽×梁截面高 （3.25－0.25）×0.2×0.4	0.24	m³
	清单	模板措施项目	面积同定额		项/m²
	定额	模板面积	梁净长×（梁截面宽＋梁截面高×2）－板模板面积 3×（0.2＋0.4×2）－3×0.1	2.7	m²
		超模面积	0	0	m²
TL2-200×400	清单	体积	同定额算量	0.212	m³
	定额	体积	（梁净长）×梁截面宽×梁截面高 （1.6－0.35＋1.6－0.2）×0.2×0.4	0.212	m³
	清单	模板措施项目	面积同定额		项/m²
	定额	模板面积	梁净长×（梁截面宽＋梁截面高×2）－板模板面积 2.65×（0.2＋0.4×2）－2.65×0.1	2.385	m²
		超模面积	0	0	m²

2. 圈梁工程量计算

首层圈梁工程量计算表见表3.1.4。

表3.1.4　首层圈梁工程量计算表

构件名称	算量类别	算量名称	计算公式	工程量	单位
QL250×180	清单	体积	同定额算量	2.61	m³
	定额	体积	［外墙圈梁净长］×圈梁截面宽×圈梁截面高 ［(7.4－1＋14.3－1.5＋15.3－2.5－3)×2]×0.25×0.18	2.61	m³
	清单	模板措施项目	面积同定额		项/m²
	定额	模板面积	［(外墙圈梁净长)×2]×圈梁截面高×2 ［(7.4－1＋14.3－1.5＋15.3－2.5－3)×2]×0.18×2	20.88	m²
		超模面积	0	0	m²

（三）门

首层门工程量计算表见表3.1.5。

表3.1.5　首层门工程量计算表

构件名称	算量类别	算量名称	计算公式	工程量	单位	所属墙体
M5021	清单	洞口面积	同定额算量"框外围面积"	10.5	m²	外墙250
	定额	框外围面积	门框外围面积×数量 5×2.1×1	10.5	m²	
		樘	1	1	套	
M1021	清单	洞口面积	同定额算量"框外围面积"	42	m²	内墙200
	定额	框外围面积	门框外围面积×数量 1×2.1×20	42	m²	
		樘	20	20	把	

（四）窗

首层窗工程量计算表见表3.1.6。

表3.1.6　首层窗工程量计算表

构件名称	算量类别	算量名称	计算公式	工程量	单位	所属墙体
C0924	清单	洞口面积	同定额算量"框外围面积"	8.64	m²	外墙250
	定额	框外围面积	窗框外围面积×数量	8.64	m²	
			0.9×2.4×4			
		框外围面积	同上	8.64	m²	
C1824	清单	洞口面积	同定额算量"框外围面积"	8.64	m²	外墙250
	定额	框外围面积	窗框外围面积×数量	8.64	m²	
			1.8×2.4×2			
		框外围面积	同上	8.64	m²	
C1624	清单	洞口面积	同定额算量"框外围面积"	7.68	m²	外墙250
	定额	框外围面积	窗框外围面积×数量	7.68	m²	
			1.6×2.4×2			
		框外围面积	同上	7.68	m²	
C1524	清单	洞口面积	同定额算量"框外围面积"	2	m²	外墙250
	定额	框外围面积	窗框外围面积×数量	7.2	m²	
			1.5×2.4×2			
		框外围面积	同上	7.2	m²	
C2424	清单	洞口面积	同定额算量"框外围面积"	11.52	m²	外墙250
	定额	框外围面积	窗框外围面积×数量	11.52	m²	
			2.4×2.4×2			
		框外围面积	同上	11.52	m²	

（五）窗台板

首层窗台板工程量计算表见表3.1.7。

表3.1.7　首层窗台板工程量计算表

构件名称	算量类别	算量名称	计算公式	工程量	单位
CTB3000×650	清单	长度	洞口宽×窗台板数量	6	m
			3×2		
	定额	面积	洞口宽×窗台板宽×窗台板数量	3.9	m²
			3×0.65×2		
CTB200	清单	长度	洞口宽总长度	15	m
			0.9×4+1.8×2+2.4×2+1.5×2		
	定额	面积	洞口宽×窗台板宽	3	m²
			(0.9×4+1.8×2+2.4×2+1.5×2)×0.2		

（六）墙洞

首层墙洞工程量计算表见表 3.1.8。

表 3.1.8　首层墙洞工程量计算表

构件名称	算量类别	算量名称	计算公式	工程量	单位
D3024	清单	洞口面积	无	0	m²
	定额	洞口面积	洞口面积×数量	14.4	m²
			3×2.4×2		

（七）过梁

首层过梁工程量计算表见表 3.1.9。

表 3.1.9　首层过梁工程量计算表

构件名称	算量类别	算量名称	计算公式	工程量	单位	所属墙体
GL120	清单	体积	同定额算量		m³	内墙200
	定额	体积	［M1021 上过梁体积］×过梁数量		m³	
			［(0.25+1+0.25)×0.2×0.12］×20＝0.72			
	清单	模板措施项目	面积同定额		项/m²	
	定额	模板面积	(M1021 上过梁模板面积)×过梁数量		m²	
			(1.5×0.12×2+1×0.2)×20＝11.2			
GL120	清单	体积	同定额算量	GL120 体积合计＝0.879m³ 模板面积合计＝13.372m²	m³	外墙250
	定额	体积	［C0924 上过梁体积］×过梁数量		m³	
			［(0.25+0.9+0.175)×0.25×0.12］×4＝0.159			
	清单	模板措施项目	面积同定额		项/m²	
	定额	模板面积	(C0924 上过梁模板面积)×过梁数量		m²	
			(1.325×0.12×2+0.9×0.25)×4＝2.172			
GL180	清单	体积	同定额算量	0.7335	m³	外墙250
	定额	体积	(C1824 上过梁体积)×过梁数量＋(C1524 上过梁体积)×过梁数量＋(C1624 上过梁体积)×过梁数量＋(C2424 上过梁体积)×过梁数量	0.7335	m³	
			(2.15×0.25×0.18)×2＋(2×0.25×0.18)×2＋(1.6×0.25×0.18)×2＋(2.4×0.25×0.18)×2＝0.7335			
	清单	模板措施项目	面积同定额		项/m²	
	定额	模板面积	(C1824 上过梁模板面积)×过梁数量＋(C1524 上过梁模板面积)×过梁数量＋(C1624 上过梁模板面积)×过梁数量＋(C2424 上过梁模板面积)×过梁数量	9.518	m²	
			(2.15×0.18×2+1.8×0.25)×2＋(2×0.18×2+1.5×0.25)×2＋(1.6×0.18×2+1.6×0.25)×2＋(2.4×0.18×2+2.4×0.25)×2＝9.518			
GL400	清单	体积	同定额算量	0.5	m³	外墙250
	定额	体积	M5021 上过梁体积	0.5	m³	
			5×0.25×0.4＝0.5			
	清单	模板措施项目	面积同定额		项/m²	
	定额	模板面积	M5021 上过梁模板面积	5.25	m²	
			5×0.4×2+5×0.25＝5.25			

（八）飘窗根部混凝土构件

首层飘窗根部混凝土构件工程量计算表见表3.1.10。

表3.1.10　首层飘窗根部混凝土构件工程量计算表

构件名称	算量类别	算量名称	计算公式	工程量	单位
飘窗上混凝土250×300	清单	体积	同定额算量	0.51	m³
	定额	体积	构件长×构件截面宽×构件截面高×构件数量	0.51	m³
			3.4×0.25×0.3×2		
	清单	模板措施项目	面积同定额		项/m²
	定额	模板面积	［构件长×（构件截面高×2+构件截面宽）+构件端头模板面积×两侧−飘窗顶板模板面积］×构件数量	5.4	m²
			［3.4×（0.3×2+0.25）+0.3×0.25×2−3.4×0.1］×2		
		超高模板面积	（构件长×构件超高高度×两侧+构件两端超高模板面积）×构件数量	2.19	m²
			（3.4×0.15×2+0.25×0.15×2）×2		
飘窗下混凝土250×700	清单	体积	同定额算量	1.19	m³
	定额	体积	构件长×构件截面宽×构件截面高×构件数量	1.19	m³
			3.4×0.25×0.7×2		
	清单	模板措施项目	面积同定额		项/m²
	定额	超高模板面积	（构件长×构件截面高×两侧+构件端头模板面积×两侧−飘窗顶板模板面积）×构件数量	9.36	m²
			（3.4×0.7×2+0.52×0.25×2−3.4×0.1）×2		
		模板面积	0	0	m²

（九）砌块墙

在计算砌块墙体积以前，我们需要先计算砌块墙的长度，见表3.1.11。

表3.1.11　首层砌块墙长度计算表

序号	位置		计算公式	墙净长	墙净高
1	外墙净长（扣框柱后）	1、8轴线	（4.7+0.6+2.1+6.9−0.5−0.5−0.25）×2=26.1m	73.7m	3.4m
		D轴线墙	37.8−0.5×7−7.2+0.5=27.6m		
		A轴线墙	（6+1.4−0.5−0.25）×2=13.3m		
		1/A轴线墙	7.2−0.5=6.7m		
2	内墙净长（扣框柱后）	B、C轴线墙净长	（37.8−0.5×7−7.2+0.5）×2=55.2m	55.2m	3.4m
		3、6轴线墙净长	（6.9−0.25×2+4.7+2.5−0.25−0.35）×2=26m	73.4m	3.3m
		2、7轴线墙净长	（6.9−0.25×2+4.7+2.5−0.25×2）×2=26.2m		
		4、5轴线墙净长	（6.9−0.25×2+4.7−0.25×2）×2=21.2m		

首层砌块墙体积工程量计算表见表 3.1.12。

表 3.1.12　首层砌块墙体积工程量表

构件名称	算量类别	算量名称	计算公式	工程量	单位
墙 QKQ250	清单	体积	同定额算量	36.381	m³
	定额	体积	外墙净长×墙厚×（墙净高）-（门窗洞面积）×墙厚-圈梁体积-飘窗根部构件体积-过梁体积-（构造柱体积-与栏板墙相交马牙槎体积）	36.381	m³
			73.7×0.25×（3.9-0.5）-（10.5+43.68+14.4）×0.25-2.61-1.7-1.3925-（3.4245-0.05×0.1×0.4×4）		
墙 QKQ200	清单	体积	同定额算量	76.497	m³
	定额	体积	水平方向墙净长×墙厚×（墙净高）+垂直方向墙净长×墙厚×（墙净高）-门洞面积×墙厚-过梁体积-梯柱体积-梯梁体积	76.497	m³
			55.2×0.2×（3.9-0.5）+73.4×0.2×（3.9-0.6）-42×0.2-0.72-0.123-0.24		

（十）护窗栏杆

首层护窗栏杆工程量计算表见表 3.1.13。

表 3.1.13　首层护窗栏杆工程量计算表

构件名称	算量类别	算量名称	计算公式	工程量	单位
护窗栏杆	清单	扶手中心线实际长度	同定额算量"扶手中心线水平投影长度"	39.3432	m
	定额	扶手中心线水平投影长度×高度	（阳台护窗栏杆长度+幕墙护窗栏杆长度）×高度	35.4089	m²
			（19.64+19.7032）×0.9		
		扶手中心线水平投影长度	阳台护窗栏杆长度+幕墙护窗栏杆长度	39.3432	m
			19.64+19.7032		

二、顶部结构工程量计算

板：首层板工程量计算表见表 3.1.14。

表 3.1.14 首层板工程量计算表

构件名称	算量类别	算量名称	位置	计算公式	工程量	单位
B120	清单	体积	(1~2)/(A~B)	同定额算量		m³
	定额	体积		(1~2轴梁间净长)×(A~B轴梁间净长)×板厚×板数量		m³
				(3.3−0.05−0.15)×(7.2−0.05−0.05)×0.12×2=5.2824		
	清单	模板措施项目		面积同定额		项/m²
	定额	模板面积		[(1~2轴梁间净长)×(A~B轴梁间净长)−(柱面积)]×板数量		m²
				[(3.3−0.05−0.15)×(7.2−0.05−0.05)−(0.2×0.2×2+0.2×0.1×2)]×2=43.78		
		超模面积		同上		m²
B120	清单	体积	(1~2)/(C~D)	同定额算量	B120 体积合计=18.4516m³ 模板面积合计=153.2631m² 超高模板面积合计=153.2631m²	m³
	定额	体积		(1~2轴梁间净长)×(C~D轴梁间净长)×板厚×板数量		m³
				(3.3−0.05−0.15)×(6.9−0.05−0.05)×0.12×2=5.0592		
	清单	模板措施项目		面积同定额		项/m²
	定额	模板面积		[(1~2轴梁间净长)×(C~D轴梁间净长)−(柱面积)]×板数量		m²
				[(3.3−0.05−0.15)×(6.9−0.05−0.05)−(0.2×0.2×2+0.2×0.1×2)]×2=41.92		
		超模面积		同上		m²
B120	清单	体积	(1~4)/(B~C)	同定额算量		m³
	定额	体积		(1~4轴梁间净长)×(B~C轴梁间净长)×板厚×板数量		m³
				(15.3−0.05−0.3−0.15)×(2.1−0.25−0.25)×0.12×2=5.6832		
	清单	模板措施项目		面积同定额		项/m²
	定额	模板面积		[(1~4轴梁间净长)×(B~C轴梁间净长)]×板数量		m²
				[(15.3−0.05−0.3−0.15)×(2.1−0.25−0.25)]×2=47.36		
		超模面积		同上		m²
B120	清单	体积	(3~4)/(A~1/A)	同定额算量		m³
	定额	体积		[1/4圆左面积+1/4圆面积−梁所占面积]×板厚×板数量		m³
				[(3.5−0.15)×(2.5−0.5)+3.14×2.25×2.25/4−(2.5−0.25)×0.25]×0.12×2=2.4268		
	清单	模板措施项目		面积同定额		项/m²
	定额	模板面积		[1/4圆左面积+1/4圆面积−梁所占面积−柱面积]×板数量		m²
				[(3.5−0.15)×(2.5−0.5)+3.14×2.25×2.25/4−(2.5−0.25)×0.25−0.1×0.1]×2=20.2031		
		超模面积		同上		m²

构件名称	算量类别	算量名称	位置	计算公式	工程量	单位
B130	清单	体积	(3~4)/(1/A~B)	同定额算量	B130 体积合计 = 6.8913m³ 模板面积合计 = 52.83m² 超高模板面积合计 = 52.83m²	m³
	定额	体积		(3~4轴梁间净长)×(1/A~B轴梁间净长)×板厚×板数量		m³
				(6-0.15-0.15)×(4.7-0.05)×0.13×2=6.8913		
	清单	模板措施项目		面积同定额		项/m²
	定额	模板面积		[(3~4轴梁间净长)×(1/A~B轴梁间净长)-(柱面积)]×板数量		m²
				[(6-0.15-0.15)×(4.7-0.05)-(0.2×0.1×2+0.25×0.2)]×2=52.83		
		超模面积		同上		m²
B160	清单	体积	(2~3)/(A~B)	同定额算量		m³
	定额	体积		(2~3轴梁间净长)×(A~B轴梁间净长)×板厚×板数量		m³
				(6-0.15-0.15)×(7.2-0.05-0.05)×0.16×2=12.9504		
	清单	模板措施项目		面积同定额		项/m²
	定额	模板面积		[(2~3轴梁间净长)×(A~B轴梁间净长)-(柱面积)]×板数量		m²
				[(6-0.15-0.15)×(7.2-0.05-0.05)-(0.2×0.1×3+0.3×0.1)]×2=80.76		
		超模面积		同上		m²
B160	清单	体积	(2~3)/C~D	同定额算量	B160 体积合计 = 43.7184m³ 模板面积合计 = 272.6m² 超高模板面积合计 = 272.6m²	m³
	定额	体积		(2~3轴梁间净长)×(C~D轴梁间净长)×板厚×板数量		m³
				(6-0.15-0.15)×(6.9-0.05-0.05)×0.16×2=12.4032		
	清单	模板措施项目		面积同定额		项/m²
	定额	模板面积		[(2~3轴梁间净长)×(C~D轴梁间净长)-柱面积]×板数量		m²
				[(6-0.15-0.15)×(6.9-0.05-0.05)-0.2×0.1×4]×2=77.36		
		超模面积		同上		m²
B160	清单	体积	(4~5)/B	同定额算量		m³
	定额	体积		(4~5轴梁间净长)×(梁间净宽)×板厚		m³
				(7.2-0.15-0.15)×(5.45-0.05)×0.16=5.9616		
	清单	模板措施项目		面积同定额		项/m²
	定额	模板面积		(4~5轴梁间净长)×(梁间净宽)-(柱面积)		m²
				(7.2-0.15-0.15)×(5.45-0.05)-(0.2×0.1×2+0.1×0.25×4)=37.12		
		超模面积		同上		m²

续表

构件名称	算量类别	算量名称	位置	计算公式	工程量	单位
B160	清单	体积	(3~4)/ (C~D)	同定额算量		m³
	定额	体积		(3~4轴梁间净长)×(C~D轴梁间净长)×板厚×板数量		m³
				(6-0.15-0.15)×(6.9-0.05-0.05)×0.16×2=12.4032		
	清单	模板措施项目		面积同定额		项/m²
	定额	模板面积		[(3~4轴梁间净长)×(C~D轴梁间净长)-柱面积]×板数量		m²
				[(6-0.15-0.15)×(6.9-0.05-0.05)-0.2×0.1×4]×2=77.36		
		超模面积		同上		m²

三、室内结构工程量计算

楼梯：首层楼梯工程量计算表见表3.1.15。

表 3.1.15　首层楼梯工程量计算表

构件名称	算量类别	算量名称	计算公式	工程量	单位
楼梯1	清单	水平投影面积	同定额算量	22.4	m²
	定额	水平投影面积	楼梯水平投影净长×楼梯水平投影宽 7×3.2	22.4	m²
	清单	模板措施项目	面积同定额		项/m²
	定额	水平投影面积	楼梯水平投影净长×楼梯水平投影宽 7×3.2	22.4	m²
楼梯1装修	清单	水平投影面积	同定额算量"水平投影面积"	22.4	m²
	定额	水平投影面积	楼梯水平投影净长×楼梯水平投影宽 7×3.2	22.4	m²
		底部实际面积(天棚抹灰)	楼梯水平投影面积×长度经验系数 22.4×1.15	25.76	m²
		底部实际面积(天棚涂料)	同上	25.76	m²
楼梯1 栏杆扶手	清单	楼梯扶手实际长度	同定额算量"扶手实际长度"	21.03	m
	定额	扶手中心线水平投影长度×高度	扶手中心线水平投影长×高度 18.75×1.05	19.6875	m²
		栏杆质量	扶手平段中心线水平投影长度×重量经验系数+扶手斜段中心线水平投影长度×长度经验系数×重量经验系数 3.55×1.66+15.2×1.15×1.66	34.9098	t
		扶手水平投影长度	扶手水平投影长 18.75	18.75	m
		扶手实际长度	扶手平段中心线水平投影长度+扶手斜段中心线水平投影长度×长度经验系数 3.55+15.2×1.15	21.03	m
TZ1 内墙面1	清单	墙面抹灰面积(柱)	同定额算量"墙面抹灰面积"	3.78	m²
	定额	墙面抹灰面积(柱)	(柱周长×柱高减板厚-与梯梁相交面积)×柱数量 (0.5×2×1.95-0.3×0.2)×2	3.78	m²
		墙面块料面积(柱)	同上	3.78	m²

续表

构件名称	算量类别	算量名称	计算公式	工程量	单位
TL2 抹灰面积	清单	天棚抹灰面积(梁)	同定额算量	2.385	m²
	定额	天棚抹灰面积(梁抹灰)	(梁净长)×(梯梁截面高减板厚 + 梯梁截面高 + 梯梁截面宽) (1.6 − 0.35 + 1.6 − 0.2)×(0.3 + 0.4 + 0.2)	2.385	m²
		天棚抹灰面积(梁涂料)	同上	2.385	m²

四、室外结构工程量计算

(一) 飘窗

首层飘窗工程量计算表见表 3.1.16。

表 3.1.16 首层飘窗工程量计算表

构件名称	算量类别	算量名称	计算公式	工程量	单位
顶板 100	清单	体积	同定额算量	0.408	m³
	定额	体积	(板长×板宽×板厚)×板数量 (3.4×0.6×0.1)×2	0.408	m³
	清单	模板措施项目	面积同定额		项/m²
	定额	模板面积	侧面模板面积：(板长 + 板宽×2)×板厚×板数量 (3.4 + 0.6×2)×0.1×2 = 0.92	5	m²
			底面模板面积：(板底面模板面积)×板数量 3.4×0.6×2 = 4.08		m²
顶板 100 顶防水	清单	顶板顶面积	同定额算量	4.08	m²
	定额	顶板顶面积	板长×板宽×板数量 3.4×0.6×2	4.08	m²
顶板 100 顶 外墙保温	清单	顶板外墙保温面积	同定额算量	4.08	m²
	定额	顶板外墙保温体积面积	板长×板宽×板数量 3.4×0.6×2	4.08	m²
顶板 100 侧防水	清单	顶板侧防水面积 (含拐入板底部分)	同定额算量	1.8	m²
	定额	顶板侧防水面积（含拐入板底部分） 防水砂浆	侧面防水面积：(板长 + 板宽×2)×板厚×板数量 (3.4 + 0.6×2)×0.1×2 = 0.92	1.8	m²
			拐入板底部分防水面积：[板底部拐入部分面积]×板数量 [(0.55×2 + 3.3)×0.1]×2 = 0.88		m²
		顶板侧防水面积（含拐入板底部分） 外墙涂料	同上	1.8	m²
顶板 100 侧 外墙保温	清单	顶板侧外墙保温面积 (含拐入板底部分)	同定额算量	1.8	m²
	定额	顶板侧外墙保温面积 (含拐入板底部分)	侧面保温面积：(板长 + 板宽×2)×板厚×板数量 (3.4 + 0.6×2)×0.1×2 = 0.92	1.8	m²
			拐入板底部分保温面积：[板底部拐入部分面积]×板数量 [(0.55×2 + 3.3)×0.1]×2 = 0.88		m²

续表

构件名称	算量类别	算量名称	计算公式	工程量	单位
顶板 100 底装修	清单	顶板天棚面积	同定额算量	2.4	m²
	定额	顶板天棚面积（抹灰）	［天棚抹灰面积］×2 ［(3.4−0.2×2)×(0.6−0.2)］×2	2.4	m²
		顶板天棚面积（涂料）	同上	2.4	m²
底板 100	清单	体积	同定额算量	0.408	m³
	定额	体积	（板长×板宽×板厚）×板数量 (3.4×0.6×0.1)×2	0.408	m³
	清单	模板措施项目	面积同定额		项/m²
	定额	模板面积	侧面模板面积：（板长＋板宽×2）×板厚×板数量 (3.4+0.6×2)×0.1×2=0.92	5	m²
			底面模板面积：（板底面模板面积）×板数量 (3.4×0.6)×2=0.88		m²
底板 100 底外墙保温	清单	底板底部外墙保温面积	同定额算量	4.08	m²
	定额	底板底部外墙保温面积	板长×板宽×板数量 3.4×0.6×2	4.08	m²
底板 100 底装修	清单	底板底部装修面积	同定额算量	4.08	m²
	定额	底板底部装修面积（抹灰）	板长×板宽×板数量 3.4×0.6×2	4.08	m²
		底板底部装修面积（涂料）	同上	4.08	m²
底板 100 侧外墙保温	清单	底板侧面外墙保温面积（含拐入板底部分）	同定额算量	1.8	m²
	定额	底板侧面外墙保温面积（含拐入板底部分）	侧面保温面积：（板长＋板宽×2）×板厚×板数量 (3.4+0.6×2)×0.1×2=0.92	1.8	m²
			拐入板底部分保温面积：［板底部拐入部分面积］×板数量 ［(0.55×2+3.3)×0.1］×2=0.88		m²
底板 100 侧装修	清单	底板侧面装修面积（含拐入板底部分）	同定额算量	1.8	m²
	定额	底板侧面装修面积（含拐入板底部分）	侧面装修面积：（板长＋板宽×2）×板厚×板数量 (3.4+0.6×2)×0.1×2=0.92	1.8	m²
			拐入板底部分装修面积：［板底部拐入部分面积］×板数量 ［(0.55×2+3.3)×0.1］×2=0.88		m²
		底板侧面装修面积（含拐入板底部分）	同上	1.8	m²
飘窗 PC1	清单	飘窗面积	同定额算量	19.2	m²
	定额	PC1 框外围面积	［飘窗中心线周长］×飘窗高×飘窗数量 ［(3.4−0.15×2)+(0.6−0.15)×2］×2.4×2	19.2	m²
		PC1 框外围面积	同上	19.2	m²

（二）阳台

首层阳台工程量计算表见表 3.1.17。

表 3.1.17 首层阳台工程量计算表

构件名称	算量类别	算量名称	计算公式	工程量	单位
阳台栏板墙 LB100×400	清单	体积	同定额算量	0.8176	m³
	定额	体积	［栏板墙中心线周长］×墙厚×栏板墙高×栏板数量－（马牙槎体积）×4 处	0.8176	m³
			［(1.78－0.3)×2＋3.68×2］×0.1×0.4×2－(0.1×0.05×0.4)×4		
踢脚3	清单	踢脚面积	见办公室2房间装修	2.762	m²
	定额	踢脚长度	见办公室2房间装修	27.62	m
内墙面1	清单	栏板内墙面抹灰面积	见办公室2房间装修	4.008	m²
	定额	栏板内墙面抹灰面积	见办公室2房间装修	4.008	m²
		栏板内墙面块料面积		3.006	m²
外墙3	清单	栏板外装修面积	同定额算量	15.93	m²
	定额	栏板外装修面积（抹灰）	［栏板外周长］×栏板墙顶到室外地坪高度×栏板数量	15.93	m²
		栏板外装修面积（涂料）		15.93	m²
外墙3保温	清单	栏板外保温面积	同定额算量	15.93	m²
	定额	栏板外保温面积	［栏板外长］×栏板墙高度×栏板数量	15.93	m²
			［(1.78－0.25)×2＋3.78×2］×0.75×2		
阳台栏板 LB100×660	清单	体积	同定额算量	1.3622	m³
	定额	体积	［栏板中心线周长］×栏板厚×栏板高×栏板数量	1.3622	m³
			［(1.78－0.3)×2＋3.68×2］×0.1×0.66×2		
	清单	模板措施项目	面积同定额		项/m²
	定额	模板面积	［栏板中心线周长］×（栏板厚＋栏板高×两侧）×栏板数量	29.3088	m²
			［(1.78－0.3)×2＋3.68×2］×（0.1＋0.66×2）×2		
内墙面1	清单	栏板内墙面抹灰面积	见办公室2房间装修	6.6132	m²
	定额	栏板内墙面抹灰面积	见办公室2房间装修	6.6132	m²
		栏板内墙面块料面积		6.6132	m²
外墙3	清单	栏板外装修面积	同定额算量	25.488	m²
	定额	栏板外装修面积（抹灰）	［栏板墙外周长］×栏板高度×栏板数量	25.488	m²
			［(1.78－0.25)×2＋3.78×2］×1.2×2		
		栏板外装修面积（涂料）	同上	25.488	m²
外墙3保温	清单	栏板外保温面积	同定额算量	25.488	m²
	定额	栏板外保温面积	［栏板墙外周长］×栏板高度×栏板数量	25.488	m²
			［(1.78－0.25)×2＋3.78×2］×1.2×2		
阳台窗 ZJC1	清单	洞口面积	同定额算量	55.728	m²
	定额	框外围面积	［阳台窗中心线周长］×阳台窗高×阳台窗数量	55.728	m²
			［(1.78－0.3)×2＋3.68×2］×2.7×2		
		框外围面积	同上	55.728	m²
地面4	清单	阳台地面积	见办公室2房间装修	32.4064	m²
	定额	阳台地面积	见办公室2房间装修	32.4064	m²
		混凝土垫层体积		1.6203	m³
		卵石垫层体积		4.861	m³
		素土垫层体积		7.4535	m³

195

（三）雨篷

首层雨篷工程量计算表见表3.1.18。

表3.1.18　首层雨篷工程量计算表

构件名称	算量类别	算量名称	计算公式	工程量	单位
雨篷1	清单	雨篷玻璃钢面积	同定额算量	27.72	m²
	定额	雨篷玻璃钢面积	雨篷长×雨篷宽	27.72	m²
			7.2×3.85		
		雨篷网架面积	同上	27.72	m²

（四）散水

计算散水以前，我们需要先计算散水几个长度，在计算长度以前，我们先了解一个万能公式，如图3.1.2所示。

求多边线外周长为L_2

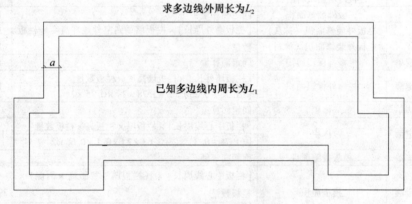

已知多边线内周长为L_1

图3.1.2　万能公式计算图

一个任意非圆弧形状的多边形，我们如果已知其内周长为L_1，每边都向外平行扩展a，那么外周长$L_2 = L_1 + 8a$；反之，如果已知外周长L_2，内周长$L_1 = L_2 - 8a$。

根据以上万能公式，我们来计算散水的几个长度。

1. 散水贴墙长度计算

散水贴墙长度 = （37.8 + 0.25×2 + 37.8 + 1.78×2 - 14）（x方向贴墙长度）+ （16.2 + 0.25 + 1.78）×2（y方向贴墙长度）+ 1.53×4（阳台突出长度）+ 0.25×2（3、6轴线缩回长度）= 108.74m

2. 散水中心线长度计算

散水中心线长度 = （108.74 - 0.25×2）+ 0.5×8 = 112.24m（此长度只是1m宽散水的长度，不包含3、6轴线缩回长度）

3. 散水外边线长度计算

散水外边线长度 = （108.74 - 0.25×2）+ 1×8 = 116.24m

4. 散水灰土垫层中心线长度

散水外边线长度 = （108.74 - 0.25×2）+ 0.65×8 = 113.44m

首层散水其他工程量计算表见表3.1.19。

表3.1.19 首层散水工程量计算表

构件名称	算量类别	算量名称	计算公式	工程量	单位
散水1	清单	散水面层面积	同定额算量"散水面层面积"	113.49	m²
	定额	散水面层面积	散水中心线长×散水宽+3~4轴间玻璃幕墙处散水面积×两侧 112.24×1+2.5×0.25×2	113.49	m²
		混凝土垫层体积	散水面层面积×垫层厚度 113.49×0.06	6.8094	m³
		3:7灰土垫层体积	散水垫层中心线长×垫层宽×垫层厚+3~4轴间玻璃幕墙处散水体积×两侧 113.44×1.3×0.15+2.5×0.25×0.15×2	22.3083	m³
		散水素土夯实面积	散水垫层中心线长×垫层宽+3~4轴间玻璃幕墙处散水面积×两侧 113.44×1.3+2.5×0.25×2	148.722	m²
		贴墙伸缩缝长度	散水贴墙长度 108.74	108.74	m
		拐角伸缩缝长度	(拐角伸缩缝长)×伸缩缝数量 (1×1.414)×12	16.968	m
		隔断伸缩缝长度	散水宽×伸缩缝数量 1×9	9	m
		与台阶相邻伸缩缝长度	散水宽×伸缩缝数量 1.25×2	2.5	m
	清单	模板措施项目	面积同定额		项/m²
	定额	混凝土垫层模板面积	散水外边线长×垫层厚度 116.24×0.06	6.9744	m²

（五）台阶

本台阶宽度超过2.5m，需要按地面来计算，此处台阶地面处出现圆弧情况，用手工很难计算准确，我们用CAD图来计算台阶1-地面的面积，如图3.1.3所示。

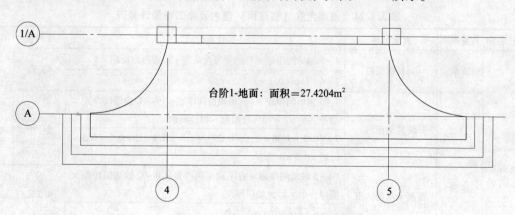

图3.1.3 台阶1-地面CAD计算图

从图3.1.3中看出，CAD计算出的台阶1-地面面积为27.4204m²。

首层台阶工程量计算表见表 3.1.20。

表 3.1.20　首层台阶工程量计算表

构件名称	算量类别	算量名称	计算公式	工程量	单位
台阶 1	清单	台阶水平投影面积	同定额算量"台阶水平投影面积"	13.86	m²
	定额	台阶水平投影面积	[台阶水平投影中心线长]×台阶投影宽度 [0.15+2.8+7.2+2.8+0.15+(1.6−0.45)×2]×0.9	13.86	m²
		台阶混凝土体积	台阶水平投影面积×混凝土厚度×经验系数 13.86×0.1×1.15	1.5939	m³
		台阶垫层体积	台阶水平投影面积×垫层厚度×经验系数 13.86×0.3×0.85	3.5343	m³
	清单	模板措施项目	面积同定额	13.86	项/m²
	定额	台阶水平投影面积	[台阶水平投影中心线长]×台阶投影宽度 [0.15+2.8+7.2+2.8+0.15+(1.6−0.45)×2]×0.9	13.86	m²
台阶 1-地面	清单	台阶水平投影面积	同定额算量"台阶水平投影面积"	27.4204	m²
	定额	台阶水平投影面积	台阶水平投影面积×混凝土厚度 27.4204	27.4204	m²
		台阶混凝土体积	台阶水平投影面积×垫层厚度 27.4204×0.1	2.742	m³
		台阶垫层体积	台阶水平投影面积×垫层厚度 27.4204×0.3	8.2261	m³

五、室内装修工程量计算

(一) 大堂 (有吊顶) 室内装修工程量计算

首层大堂 (有吊顶) 室内装修工程量计算表见表 3.1.21。

表 3.1.21　首层大堂 (有吊顶) 室内装修工程量计算表

构件名称	算量类别	算量名称	计算公式	工程量	单位
地面 1	清单	块料地面积	4~5 轴墙间净距×有吊顶房间净宽+走廊凸出面积×2 7×6+1.6×0.1×2	42.32	m²
	定额	块料地面积	4~5 轴墙间净距×(有吊顶房间净宽)+B~C 轴墙间净距×墙厚一半×2−扣梯柱面积−扣柱面积 7×(0.3+3.35+2.1+0.25)+1.6×0.1×2−0.2×0.3−0.15×0.5×4	41.96	m²
		混凝土垫层体积	(4~5 轴墙间净距×有吊顶房间净宽+B~C 轴墙间净距×墙厚一半×2)×垫层厚度 (7×6+1.6×0.1×2)×0.1	4.232	m³
		灰土垫层体积	(4~5 轴墙间净距×有吊顶房间净宽+B~C 轴墙间净距×墙厚一半×2)×垫层厚度 (7×6+1.6×0.1×2)×0.15	6.348	m³

续表

构件名称	算量类别	算量名称	计算公式	工程量	单位
地面1房心回填土	清单	房心回填土体积	同定额算量	6.348	m³
	定额	房心回填土体积	（房间墙间净面积＋走廊凸出面积×2）×房心回填土厚度 （7×6＋1.6×0.1×2）×0.15	6.348	m³
墙裙1	清单	墙裙块料面积	同定额算量	12.12	m²
	定额	墙裙块料面积	［（有吊顶房间墙裙长）×墙裙高＋（柱侧面墙裙面积）］×2 ［（6−1.6）×1.2＋（0.15×1.2＋0.25×1.2×2）］×2	12.12	m²
内墙面1	清单	墙面抹灰面积	同定额算量"墙面块料面积"	20.12	m²
	定额	墙面抹灰面积	［（有吊顶房间墙净长）×吊顶高加200减墙裙高＋（4/C柱上侧抹灰净面积）＋（4/C柱下侧抹灰净面积）×2−（扣垂直方向梁头相交面积）］×2−扣梯梁截面面积 ［（6−1.6）×2.2＋（0.15×2.2−0.05×0.1）＋（0.25×2.2−0.15×0.1）×2−（0.05×0.3＋0.1×0.3）］×2−0.2×0.4	21.98	m²
		墙面块料面积	［（有吊顶房间墙净长）×吊顶高减去墙裙高度＋4/C柱上侧块料面积＋4/C柱下侧块料面积］×2−扣梯梁截面面积 ［（6−1.6）×2＋0.15×2＋0.25×2×2］×2−0.2×0.4	20.12	m²
吊顶1	清单	吊顶面积	同定额算量	42.32	m²
	定额	吊顶面积	房间墙间净面积＋走廊凸出面积×2 6×7＋1.6×0.1×2	42.32	m²
		吊顶龙骨面积	同上	42.32	m²

（二）大堂（无吊顶）室内装修工程量计算

首层大堂（无吊顶）室内装修工程量计算表见表3.1.22。

表3.1.22　首层大堂（无吊顶）室内装修工程量计算表

构件名称	算量类别	算量名称	计算公式	工程量	单位
地面1	清单	块料地面积	房间净长×房间净宽 7×4.45＝31.15	31.15	m²
	定额	块料地面积	房间净长×房间净宽＋门洞开口面积−扣柱面积×2 7×4.45＋5×0.25−0.25×0.15×2	32.325	m²
		混凝土垫层体积	房间净长×房间净宽×垫层厚度 7×4.45×0.1	3.115	m³
		灰土垫层体积	房间净长×房间净宽×垫层厚度 7×4.45×0.15	4.6725	m³
地面1房心回填土	清单	房心回填土体积	同定额算量	4.6725	m³
	定额	房心回填土体积	（房间墙间净面积）×房心回填土厚度 （7×4.45）×0.15	4.6725	m³

续表

构件名称	算量类别	算量名称	计算公式	工程量	单位
墙裙1	清单	墙裙块料面积	同定额算量	13.74	m²
	定额	墙裙块料面积	（1/A～B轴墙裙长）×墙裙高×2＋4～5轴墙裙面积＋门洞侧壁墙裙面积＋4/B柱下侧墙裙面积 （4.7－0.25）×1.2×2＋2×1.2＋0.125×1.2×2＋0.15×1.2×2	13.74	m²
内墙面1	清单	墙面抹灰面积	同定额算量"墙面抹灰面积"	39.12	m²
	定额	墙面抹灰面积	1/A～B轴墙净长×层高减墙裙高度×2＋（4～5轴墙抹灰面积）－扣垂直方向梁柱相交面积－扣门洞面积＋（4/B柱下侧墙抹灰面积）×2 4.45×2.7×2＋（7×2.7）－0.05×0.6×2－5×0.9＋（0.15×2.7－0.05×0.6）×2	39.12	m²
		墙面块料面积	墙面抹灰面积＋门洞侧壁面积 39.12＋（0.9×2＋5）×0.125	39.97	m²

（三）楼梯间室内装修工程量计算

首层楼梯间室内装修工程量计算表见表3.1.23。

表3.1.23　首层楼梯间室内装修工程量计算表

构件名称	算量类别	算量名称	位置	计算公式	工程量	单位
地面3	清单	块料地面积		房间净长×房间净宽 7×3.5	24.5	m²
	定额	块料地面积		房间净长×房间净宽－扣独立柱面积－扣柱面积 7×3.5－0.2×0.3－0.15×0.5×2	24.29	m²
		混凝土垫层体积		房间净长×房间净宽×垫层厚度 7×3.5×0.05	1.225	m³
		卵石垫层体积		房间净长×房间净宽×垫层厚度 7×3.5×0.15	3.675	m³
地面3房心回填土	清单	房心回填土体积		同定额算量	5.39	m³
	定额	房心回填土体积		（房间墙间净面积）×房心回填土厚度 （7×3.5）×0.22	5.39	m³
踢脚1	清单	踢脚块料面积		踢脚块料长度×踢脚高度 7.3×0.1	0.73	m²
	定额	踢脚块料面积		房间净宽×2＋柱踢脚长度×2 3.5×2＋0.15×2	7.3	m
内墙面1	清单	墙面抹灰面积		同定额算量"墙面抹灰面积"	28.03	m²
	定额	墙面抹灰面积	4轴线	4轴线墙净长×层高＋柱内侧抹灰面积－扣D轴梁截面面积－扣梯梁截面面积－垂直方向梁相交面积 3.5×3.9＋0.15×3.9－0.3×0.5－0.2×0.4－0.05×0.6＝13.975	28.03	m²
			5轴线	5轴线墙净长×层高＋柱内侧抹灰面积－扣D轴梁截面面积－垂直方向梁相交面积 3.5×3.9＋0.15×3.9－0.3×0.5－0.05×0.6＝14.055		
		墙面块料面积	4轴线	4轴墙面抹灰面积－（踢脚长度）×踢脚高度 13.975－（3.5＋0.15）×0.1＝13.61	27.3	m²
			5轴线	5轴墙面抹灰面积－踢脚面积 14.055－3.65×0.1＝13.69		

（四）走廊室内装修工程量计算

首层走廊室内装修工程量计算表见表 3.1.24。

表 3.1.24　首层走廊室内装修工程量计算表

构件名称	算量类别	算量名称	计算公式	工程量	单位
地面 1	清单	块料地面积	1~4 轴墙间净距 ×B~C 轴墙间净距	24.48	m²
			15.3×1.6		
	定额	块料地面积	1~4 轴墙间净距 ×B~C 轴墙间净距 + 门洞开口面积一半	25.48	m²
			15.3×1.6+1×0.1×10		
		混凝土垫层体积	1~4 轴墙间净距 ×B~C 轴墙间净距 × 垫层厚度	2.448	m³
			15.3×1.6×0.1		
		灰土垫层体积	1~4 轴墙间净距 ×B~C 轴墙间净距 × 垫层厚度	3.672	m³
			15.3×1.6×0.15		
地面 1 房心回填土	清单	房心回填土体积	同定额算量	3.672	m³
	定额	房心回填土体积	（房间墙间净面积）× 房心回填土厚度	3.672	m³
			（15.3×1.6）×0.15		
踢脚 2	清单	踢脚块料面积	踢脚块料长度 × 踢脚高度	2.42	m²
			24.2×0.1		
	定额	踢脚块料长度	1~4 轴踢脚长度 ×2+B~C 轴踢脚长度 - 扣门洞宽 + 门洞侧壁踢脚长度	24.2	m
			15.3×2+1.6-1×10+0.1×20		
内墙面 1	清单	墙面抹灰面积	（1~4 轴墙面抹灰面积 - 门洞面积）×2+B~C 轴墙面抹灰面积 - 窗洞面积	78.2	m²
			（15.3×3.2-1×2.1×5）×2+1.6×3.2-1.6×2.4		
	定额	墙面抹灰面积	［1~4 轴墙面抹灰面积 - 门洞面积 -（扣垂直方向梁头相交面积）］×2+B~C 轴墙面抹灰面积 - 窗洞面积	84.55	m²
			［15.3×3.4-1×2.1×5-（0.1×0.3+0.1×0.15）］×2+1.6×3.4-1.6×2.4		
		墙面块料面积	［1~4 轴墙面块料面积 - 门洞面积 + 门洞侧壁面积］×2+B~C 墙块料面积 - 窗洞面积 + 窗洞侧壁面积	81.98	m²
			［15.3×3.1-1×2×5+（2×2+1）×0.1×5］×2+1.6×3.1-1.6×2.4+（1.6+2.4）×0.125×2		
吊顶 1	清单	吊顶面积	同定额算量	24.48	m²
	定额	吊顶面积	1~4 轴墙间净距 ×B~C 轴墙间净距	24.48	m²
			15.3×1.6		
		吊顶龙骨面积	同上	24.48	m²

（五）卫生间室内装修工程量计算

首层卫生间室内装修工程量计算表见表 3.1.25。

表 3.1.25 首层卫生间室内装修工程量计算表

构件名称	算量类别	算量名称	位置	计算公式	工程量	单位
地面2	清单	块料地面积		1~2轴墙间净距×C~D轴墙间净距	22.24	m²
				3.2×6.95		
	定额	块料地面积		1~2轴墙间净距×C~D轴墙间净距+门洞开口面积一半-(扣柱面积)	22.12	m²
				3.2×6.95+1×0.1-(0.25×0.25+0.25×0.15+0.25×0.3+0.3×0.15)		
		找平层面积		1~2轴墙间净距×C~D轴墙间净距	22.24	m²
				3.2×6.95		
		防水层平面面积		1~2轴墙间净距×C~D轴墙间净距	22.24	m²
				3.2×6.95		
		防水层立面面积		(房间周长)×防水卷边高度	3.045	m²
				(3.2×2+6.95×2)×0.15		
		混凝土垫层体积		1~2轴墙间净距×C~D轴墙间净距×垫层厚度	0.7784	m³
				3.2×6.95×0.035		
		灰土垫层体积		1~2轴墙间净距×C~D轴墙间净距×垫层厚度	3.336	m³
				3.2×6.95×0.15		
地面2房心回填土	清单	房心回填土体积		同定额算量	5.1152	m²
	定额	房心回填土体积		(房间墙间净面积)×房心回填土厚度	5.1152	m³
				(3.2×6.95)×0.23		
内墙面2	清单	墙面块料面积		同定额算量	62.5975	m²
	定额	墙面块料面积	D轴线	1~2轴墙净长×吊顶高度-窗洞面积+窗洞侧壁面积	62.5975	m²
				3.2×3.3-1.5×2.4+(2.4×2+1.5)×0.125=7.7475		
			1轴线	C~D轴墙净长×吊顶高度		
				6.95×3.3=22.935		
			C轴线	1~2轴墙净长×吊顶高度-门洞面积+门洞侧壁面积		
				3.2×3.3-1×2.1+(2.1×2+1)×0.1=8.98		
			2轴线	同1轴		
吊顶2	清单	吊顶面积		同定额算量	22.24	m²
	定额	吊顶面积		1~2轴墙间净距×C~D轴墙间净距	22.24	m²
				3.2×6.95		
		吊顶龙骨面积		同上	22.24	m²

（六）办公室2室内装修工程量计算

首层办公室2室内装修工程量计算表见表3.1.26。

表 3.1.26 首层办公室2室内装修工程量计算表

构件名称	算量类别	算量名称	位置	计算公式	工程量	单位
楼面4	清单	地面积		同定额算量"地面积"	32.4064	m²
	定额	地面积		(A~B长)×(1~2长)+(1轴线左阳台长)×(1轴线左阳台宽)+(1轴线右阳台长)×(1轴线右阳台宽)	32.4064	m²
				(0.05+4.7+2.5)×(3.3-0.1)+(1.78-0.1)×(3.78-0.1×2)+(2-0.1)×(1.78-0.1)		
		混凝土垫层体积		地面积×垫层厚度	1.6203	m³
				32.4064×0.05		
		卵石灌浆垫层体积		地面积×垫层厚度	4.861	m³
				32.4064×0.15		

构件名称	算量类别	算量名称	位置	计算公式	工程量	单位
地面4房心回填土	清单	房心回填土体积		同定额算量	7.4535	m³
	定额	房心回填土体积		[1~2轴墙间净距×A~B轴墙间净距+(1轴左阳台宽)×(1轴左阳台长)+(1轴右阳台宽)×(1轴右阳台长)]×房心回填土厚度	7.4535	m³
				[3.2×7.25+(1.78-0.1)×(3.78-0.2)+(2-0.1)×(1.78-0.1)]×0.23		
踢脚3	清单	踢脚抹灰面积		踢脚抹灰长度×踢脚高度	2.762	m²
				27.62×0.1		
	定额	踢脚抹灰长度		(1~2轴墙净长)+(1轴线处墙净长)+(阳台短边长度)×2+(阳台长边长度)×2+(A轴线处墙净长)+(A~B轴墙净长)	27.62	m
				(3.3-0.1)+(4.7+0.05+0.6)+(1.78-0.1)×2+(3.78-0.2)×2+(1.4-0.1)+(2.5+4.7+0.05)		
内墙面1	清单	墙面抹灰面积		同定额算量"墙面抹灰面积"	74.6972	m²
	定额	墙面抹灰面积	1轴	(1轴线墙净长)×墙净高-B轴处梁相交面积+1轴线墙头厚×(墙净高)	68.084	m²
				(0.05+4.7+0.6)×3.78-0.1×0.38+0.25×(3.9-0.5)=21.035		
			B轴	(B轴线墙净长)×墙净高-(1轴处梁相交面积+2轴处梁相交面积)-门洞面积		
				(3.3-0.1)×3.78-(0.05×0.38+0.05×0.48)-1×2.1=9.953		
			2轴	(2轴线墙净长)×墙净高-(B轴处梁相交面积+A轴处梁相交面积)		
				(2.5+4.7+0.05)×3.78-(0.1×0.38+0.05×0.38)=27.348		
			A轴	A轴线墙净长×墙净高-垂直方向梁相交面积+A轴线墙厚×墙净高		
				1.3×3.78-0.05×0.48+0.25×3.4=5.74		
			阳台短墙	(阳台短墙净长)×墙净高×2		
				(1.78-0.1-0.25)×0.4×2=1.144		
			阳台长墙	(阳台长墙净长)×墙净高×2		
				(3.78-0.2)×0.4×2=2.864		
			阳台短栏板	阳台短栏板净长×栏板净高×2	6.6132	m²
				1.43×0.66×2=1.8876		
			阳台长栏板	(阳台长栏板净长)×栏板净高×2		
				(3.78-0.1×2)×0.66×2=4.7256		

续表

构件名称	算量类别	算量名称	位置	计算公式	工程量	单位
内墙面1	定额	墙面块料面积	1轴	1轴线墙面抹灰面积 – 踢脚面积	65.922	m²
				21.035 – 5.6×0.1 = 20.475		
			B轴	B轴线墙面抹灰面积 – (墙净长 – 洞口宽)×踢脚高度 + (门洞高×2 + 门洞宽 – 踢脚高×2)×墙厚一半		
				9.953 – (3.2 – 1)×0.1 + (2.1×2 + 1 – 0.1×2)×0.1 = 10.233		
			2轴	2轴线墙面抹灰面积 – 踢脚面积		
				27.348 – 7.25×0.1 = 26.623		
			A轴	A轴线墙面抹灰面积 – 踢脚长度×踢脚高度		
				5.74 – 1.55×0.1 = 5.585		
			阳台短墙	(阳台短墙净长)×墙净高×2 – 踢脚面积		
				(1.78 – 0.1 – 0.25)×0.4×2 – 1.43×0.1×2 = 0.858		
			阳台长墙	(阳台长墙净长)×墙净高×2 – 踢脚面积		
				(3.78 – 0.2)×0.4×2 – 3.58×0.1×2 = 2.148		
			阳台短栏板	阳台短栏板净长×栏板净高×2	6.6132	m²
				1.43×0.66×2 = 1.8876		
			阳台长栏板	(阳台长栏板净长)×栏板净高×2		
				(3.78 – 0.1×2)×0.66×2 = 4.7256		
天棚1	清单	天棚抹灰面积		同定额算量	34.5609	m²
	定额	天棚抹灰面积	(A~B)/(1~2)天棚	(1~2轴梁间净距)×(A~B轴梁间净距) + (B轴墙上梁净面积) + (2轴墙上梁净面积) + (A轴墙上梁净面积) + (1轴墙上梁净面积) + 悬空梁底面积 + 悬空梁侧面积	34.5609	m²
				(3.3 – 0.05 – 0.15)×(7.2 – 0.05 – 0.05) + (3.3 – 0.5)×0.1 + (7.2 – 0.5)×0.05 + (1.4 – 0.25)×0.05 + (4.7 + 0.6 – 0.25)×0.05 + 1.65×0.15×2 + 1.65×0.38×2 = 24.684		
			阳台天棚	[阳台天棚净面积] + 悬空梁侧面积 + 悬空梁底面积		
				[(1.78 – 0.1 – 0.25)×3.58 + (2 – 0.1 + 0.25)×(1.78 – 0.1 – 0.25)] + 1.65×0.36×2 + 1.65×0.15×2 = 9.8769		
		天棚抹灰面积		同上	34.5609	m²
踢脚3	清单	踢脚抹灰面积(柱)		踢脚抹灰长度×高度	0.2	m²
				2×0.1		
	定额	踢脚抹灰长度(柱)		柱截面周长	2	m
				0.5×4		
内墙面1	清单	墙面抹灰面积(柱)		同定额算量"墙面抹灰面积"	7.312	m²
	定额	墙面抹灰面积(柱)		柱与梁相交面积×2 + 柱与梁不相交面积×2	7.312	m²
				(0.5×3.78 – 0.3×0.38)×2 + 0.5×3.76×2		
		墙面块料面积(柱)		墙面抹灰面积 – 踢脚面积	7.112	m²
				7.312 – 2×0.1		

(七) (3~4)/(A~B) 办公室1室内装修工程量计算

首层 (3~4)/(A~B) 办公室1室内装修工程量计算表见表3.1.27。

表 3.1.27 首层 (3~4)/(A~B) 办公室 1 室内装修工程量计算表

构件名称	算量类别	算量名称	位置	计算公式	工程量	单位
地面3	清单	块料地面积		1/4 圆上面积 + 1/4 圆左面积 + 1/4 圆面积	40.9563	m²
				5.8×4.75+2.5×3.4+3.14×2.5×2.5/4		
	定额	块料地面积		(1/4 圆面积) + (1/4 圆上面积) + (1/4 圆左面积) - (扣柱所占面积) - 门洞开口面积一半×2	40.8638	m²
				(2.5×2.5×3.14/4) + (5.8×4.75) + (3.4×2.5) - (0.15×0.3×2+0.25×0.25+0.25×0.35+0.15×0.35) +1×0.1×2		
		混凝土垫层体积		[(1/4 圆面积) + (1/4 圆上面积) + (1/4 圆左面积)] × 垫层厚度	2.0478	m³
				[(2.5×2.5×3.14/4) + (5.8×4.75) + (3.4×2.5)] ×0.05		
		卵石垫层体积		[(1/4 圆面积) + (1/4 圆上面积) + (1/4 圆左面积)] × 垫层厚度	6.1434	m³
				[(2.5×2.5×3.14/4) + (5.8×4.75) + (3.4×2.5)] ×0.15		
地面3房心回填土	清单	房心回填土体积		同定额算量"墙面抹灰面积"	9.0104	m³
	定额	房心回填土体积		{[1/4 圆上面积] + [1/4 圆左面积] + [1/4 圆面积]} ×0.22	9.0104	m³
				{[(6-0.1-0.1)×(4.7+0.05)] + [2.5×(3.5-0.1)] + [3.14×2.5×2.5/4]} ×0.22		
踢脚1	清单	踢脚块料面积		踢脚块料长度 × 踢脚高度	1.72	m²
				17.2×0.1		
	定额	踢脚块料长度		(B 轴线踢脚长) + 3 轴线踢脚长 + 4 轴线踢脚长 + (柱踢脚长度) + 门洞侧壁长度 - 门洞长度	17.2	m
				(6-0.2) +7.25+4.75+ (0.25+0.35+0.25+0.15) +0.1×4-1×2		
内墙面1	清单	墙面抹灰面积	B 轴线	B 轴线墙净长 × 吊顶高 - 洞口面积 ×2	57.51	m²
				5.8×3.3-1×2.1×2=14.94		
			4 轴线	4 轴线墙净长 × 吊顶高 + (柱侧面抹灰面积)		
				4.75×3.3+ (0.25×3.3+0.25×3.3+0.35×3.3) =18.48		
			3 轴线	3 轴线墙墙净长 × 墙净高 + 柱抹灰面积		
				7.25×3.3+0.15×3.3=24.42		
	定额	墙面抹灰面积	B 轴线	B 轴线墙净长 × 吊顶高度加 200 - 垂直方向梁凸出墙宽度 × 垂直方向梁底到抹灰顶标高的高度 ×2 - 洞口面积 ×2	60.52	m²
				5.8×3.5-0.05×0.2×2-1×2.1×2=16.08		
			4 轴线	4 轴线墙净长 × 吊顶高加 200 - 垂直方向梁相交面积 + (柱抹灰面积)		
				4.75×3.5-0.1×0.1+ (0.25×3.5-0.2×0.05+0.25×3.4+0.35×3.5-0.1×0.25) =19.53		
			3 轴线	3 轴线墙墙净长 × 墙净高 + 3 轴线梁间抹灰长度 × 吊顶上 200 - 扣垂直方向梁面积 ×2 +3/B 梁高差面积 + 柱抹灰面积		
				7.25×3.3+7.15×0.2-0.1×0.25×2+0.1×0.1+ (0.15×3.3+0.1×0.2) =25.83		
		墙面块料面积	B 轴线	B 轴线墙净长 × 吊顶高度减踢脚高度 - 门洞面积减踢脚面积 + 门洞侧壁面积减踢脚面积	59.84	m²
				5.8×3.2-1×2×2+ (2×2+1) ×0.1×2=15.56		
			4 轴线	4 轴线墙净长 × 吊顶高度减踢脚高度 + (柱块料面积)		
				4.75×3.2+ (0.25×3.2×2+0.35×3.2) =17.92		
			3 轴线	3 轴线墙净长 × 吊顶高度减踢脚高度 + 柱块料面积		
				7.25×3.2+0.15×3.2=23.68		

续表

构件名称	算量类别	算量名称	位置	计算公式	工程量	单位
吊顶1	清单	吊顶面积		同定额算量	40.9563	m²
	定额	吊顶面积		1/4 圆上面积 + 1/4 圆左面积 + 1/4 圆面积	40.9563	m²
				5.8×4.75+2.5×3.4+3.14×2.5×2.5/4		
		吊顶龙骨面积		同上	40.9563	m²

（八）（2～3）/（A～B）办公室1室内装修工程量计算

首层（2～3）/（A～B）办公室1室内装修工程量计算表见表3.1.28。

表3.1.28　首层（2～3）/（A～B）办公室1室内装修工程量计算表

构件名称	算量类别	算量名称	位置	计算公式	工程量	单位
地面3	清单	块料地面积		2～3轴墙间净距×A～B轴墙间净距	42.05	m²
				5.8×7.25		
	定额	块料地面积		2～3轴墙间净距×A～B轴墙间净距+门洞开口面积一半－（扣柱面积）	42.07	m²
				5.8×7.25+1×0.1×2－(0.15×0.3×2+0.15×0.35+0.25×0.15)		
		混凝土垫层体积		2～3轴墙间净距×A～B轴墙间净距×垫层厚度	2.1025	m³
				5.8×7.25×0.05		
		卵石垫层体积		2～3轴墙间净距×A～B轴墙间净距×垫层厚度	6.3075	m³
				5.8×7.25×0.15		
地面3房心回填土	清单	房心回填土体积		同定额算量	9.251	m³
	定额	房心回填土体积		（房间墙间净面积）×房心回填土厚度	9.251	m³
				(5.8×7.25)×0.22		
踢脚1	清单	踢脚块料面积		踢脚块料长度×踢脚高度	2.45	m²
				24.5×0.1		
	定额	踢脚块料长度		2～3轴踢脚长×2+A～B轴踢脚长×2－扣门洞宽×2+门洞侧壁踢脚长度	24.5	m
				5.8×2+7.25×2－1×2+0.1×4		
内墙面1	清单	墙面抹灰面积	B轴线	2～3轴墙净长×墙净高－门洞面积	73.288	m²
				5.8×3.3－2.1×2=14.94		
			2轴线	A～B轴墙净长×墙净高		
				7.25×3.3=23.924		
			A轴线	2～3轴墙净长×墙净高－窗洞面积		
				5.8×3.3－(0.9×2.4×2+1.8×2.4)=10.5		
			3轴线	同2轴		
	定额	墙面抹灰面积	B轴线	2～3轴墙净长×墙净高+2～3轴梁间净长×吊顶上梁高－门洞面积－垂直方向梁与柱相交面积	78.44	m²
				5.8×3.4+5.7×0.1－1×2.1×2－0.05×0.1×2=16.08		
			2轴线	A～B轴墙净长×墙净高+A～B轴梁间净长×吊顶上梁高+B轴梁少算面积+A轴梁少算面积		
				7.25×3.3+7.1×0.2+0.1×0.1+0.05×0.1=25.36		
			A轴线	2～3轴墙净长×墙净高+2～3轴梁间净长×吊顶上梁高－（窗洞面积）－垂直方向梁与柱相交面积		
				5.8×3.4+5.7×0.1－(0.9×2.4×2+1.8×2.4)－0.05×0.1×2=11.64		
			3轴线	同2轴		

构件名称	算量类别	算量名称	位置	计算公式	工程量	单位
内墙面1	定额	墙面块料面积	B轴线	2~3轴墙净长×吊顶高减踢脚高 − 门洞面积 + 门洞侧壁面积 5.8×3.2 − 1×2×2 + (2×2 + 1)×0.1×2 = 15.56	74.13	m²
			2轴线	A~B墙墙间净长×吊顶高减踢脚高 7.25×3.2 = 23.2		
			A轴线	2~3轴墙净长×吊顶高减踢脚高 −（窗洞面积）+ 窗洞侧壁面积 5.8×3.2 −（0.9×2.4×2 + 1.8×2.4）+（0.9×2 + 2.4×4 + 1.8 + 2.4×2）×0.125 = 12.17		
			3轴线	同2轴		
吊顶1	清单	吊顶面积		同定额算量	42.05	m²
	定额	吊顶面积		2~3轴墙间净距×A~B墙间净距 5.8×7.25	42.05	m²
		吊顶龙骨面积		同上	42.05	m²

（九）（2~3)/(C~D) 办公室1室内装修工程量计算

首层（2~3)/(C~D) 办公室1室内装修工程量计算表见表3.1.29。

表 3.1.29　首层 （2~3)/(C~D) 办公室1室内装修工程量计算表

构件名称	算量类别	算量名称	位置	计算公式	工程量	单位
地面3	清单	块料地面积		2~3轴墙间净距×C~D轴墙间净距 5.8×6.95	40.31	m²
	定额	块料地面积		2~3轴墙间净距×C~D轴墙间净距 + 门洞开口面积一半×2 −（扣柱面积） 5.8×6.95 + 1×0.1×2 −（0.25×0.15×2 + 0.3×0.15×2）	40.345	m²
		混凝土垫层体积		2~3轴墙间净距×C~D轴墙间净距×垫层厚度 5.8×6.95×0.05	2.0155	m³
		卵石垫层体积		2~3轴墙间净距×C~D轴墙间净距×垫层厚度 5.8×6.95×0.15	6.0465	m³
地面3房心回填土	清单	房心回填土体积		同定额算量	8.8682	m³
	定额	房心回填土体积		（房间墙间净面积）×房心回填土厚度 (5.8×6.95)×0.22	8.8682	m³
踢脚1	清单	踢脚块料面积		踢脚块料长度×踢脚高度 23.9×0.1	2.39	m²
	定额	踢脚块料长度		2~3轴踢脚长×2 + C~D轴踢脚长×2 − 扣门洞宽×2 + 门洞侧壁踢脚长度 5.8×2 + 6.95×2 − 1×2 + 0.1×4	23.9	m

构件名称	算量类别	算量名称	位置	计算公式	工程量	单位
内墙面1	清单	墙面抹灰面积	B轴线	2~3轴墙净长×墙净高－窗洞面积	72.75	m²
				5.8×3.3－3×2.4＝11.94		
			2轴线	C~D轴墙净长×墙净高		
				6.95×3.3＝22.935		
			C轴线	2~3轴墙净长×墙净高－门洞面积		
				5.8×3.3－2.1×2＝14.94		
			3轴线	同2轴		
	定额	墙面抹灰面积	D轴	2~3轴墙净长×墙净高＋2~3轴梁净长×吊顶上梁高－窗洞面积－扣垂直梁与柱相交面积	77.78	m²
				5.8×3.4＋5.7×0.1－3×2.4－0.05×0.1×2＝13.08		
			2轴	C~D轴墙净长×墙净高＋D~C轴梁间净长×吊顶上梁高＋D轴梁少算面积＋C轴梁少算面积		
				6.95×3.3＋6.8×0.2＋0.05×0.1＋0.1×0.1＝24.31		
			C轴	2~3轴墙净长×墙净高＋2~3轴梁间净长×吊顶上梁高－门洞面积－垂直方向梁与柱相交面积		
				5.8×3.4＋5.7×0.1－1×2.1×2－0.05×0.1×2＝16.08		
			3轴	同2轴		
		墙面块料面积	D轴	2~3轴墙净长×吊顶高减踢脚高－窗洞面积＋窗洞侧壁面积	72.375	m²
				5.8×3.2－3×2.4＋7.8×0.125＝12.335		
			2轴	C~D轴墙净长×吊顶高减踢脚高		
				6.95×3.2＝22.24		
			C轴	2~3轴墙净长×吊顶高减踢脚高－门洞面积＋门洞侧壁面积		
				5.8×3.2－1×2×2＋(2×2＋1)×0.1×2＝15.56		
			3轴	同2轴		
吊顶1	清单	吊顶面积		同定额算量	40.31	m²
	定额	吊顶面积		2~3轴墙间净距×C~D轴墙间净距	40.31	m²
				5.8×6.95		
		吊顶龙骨面积		同上	40.31	m²

（十）（3~4）/（C~D）办公室1室内装修工程量计算

首层（3~4）/（C~D）办公室1室内装修工程量计算表见表3.1.30。

表3.1.30 首层（3~4）/（C~D）办公室1室内装修工程量计算表

构件名称	算量类别	算量名称	位置	计算公式	工程量	单位
地面3	清单	块料地面积		3~4轴墙间净距×C~D轴墙间净距	40.31	m²
				5.8×6.95		
	定额	块料地面积		3~4轴墙间净距×C~D轴墙间净距＋门洞开口面积一半－（扣柱面积）	40.345	m²
				5.8×6.95＋1×0.1×2－(0.15×0.25×2＋0.15×0.3×2)		
		混凝土垫层体积		3~4轴墙间净距×C~D轴墙间净距×垫层厚度	2.0155	m³
				5.8×6.95×0.05		
		卵石垫层体积		3~4轴墙间净距×C~D轴墙间净距×垫层厚度	6.0465	m³
				5.8×6.95×0.15		

续表

构件 名称	算量 类别	算量名称	位置	计算公式	工程量	单位
地面3 房心回 填土	清单	房心回填土体积		同定额算量	8.8682	m³
	定额	房心回填土体积		（房间墙间净面积）×房心回填土厚度	8.8682	m³
				（5.8×6.95）×0.22		
踢脚1	清单	踢脚块料面积		踢脚块料长度×踢脚高度	2.39	m²
				23.9×0.1		
	定额	踢脚块料长度		3~4轴踢脚长×2＋C~D轴踢脚长×2－扣门洞宽×2＋门洞侧壁踢脚长度	23.9	m
				5.8×2＋6.95×2－1×2＋0.1×4		
内墙 面1	清单	墙面抹灰面积	D轴线	3~4轴墙净长×墙净高－窗洞面积	74.19	m²
				5.8×3.3－2.4×2.4＝13.38		
			3轴线	C~D轴墙净长×墙净高		
				6.95×3.3＝22.935		
			C轴线	3~4轴墙净长×墙净高－门洞面积		
				5.8×3.3－1×2.1×2＝14.94		
			4轴线	同3轴		
	定额	墙面抹灰面积	D轴	3~4轴墙净长×墙净高＋3~4轴梁间净长×吊顶上梁高－窗洞面积－垂直方向梁与柱相交面积	79.22	m²
				5.8×3.4＋5.7×0.1－2.4×2.4－0.05×0.1×2＝14.52		
			2轴	C~D轴墙净长×墙净高＋C~D轴梁间净长×吊顶上梁高＋D轴梁少算面积＋C轴梁少算面积		
				6.95×3.3＋6.8×0.2＋0.1×0.1＋0.05×0.1＝24.31		
			C轴	3~4轴墙净长×墙净高＋3~4轴梁间净长×吊顶上梁高－门洞面积－垂直方向梁与柱相交面积		
				5.8×3.4＋5.7×0.1－1×2.1×2－0.05×0.1×2＝16.08		
			3轴	同2轴		
		墙面块料面积	D轴	3~4轴墙净长×吊顶高减踢脚高－窗洞面积＋窗洞侧壁面积	73.74	m²
				5.8×3.2－2.4×2.4＋2.4×0.125×3＝13.7		
			3轴	C~D轴墙净长×吊顶高减踢脚高		
				6.95×3.2＝22.24		
			C轴	3~4轴墙净长×吊顶高减踢脚高－门洞面积＋门洞侧壁面积		
				5.8×3.2－1×2×2＋（2×2＋1）×0.1×2＝15.56		
			4轴	同2轴		
吊顶1	清单	吊顶面积		同定额算量	40.31	m²
	定额	吊顶面积		3~4轴墙间净距×C~D轴墙间净距	40.31	m²
				5.8×6.95		
		吊顶龙骨面积		同上	40.31	m²

六、室外装修工程量计算

外墙裙（墙面）工程量计算：在计算外墙裙（墙面）以前我们需要先计算外墙裙的长度。

首层1.5m高外墙裙的长度＝（0.25＋0.25＋6＋1.3）×2（A轴线长度）＋（6.9＋0.25＋2.1＋4.7＋0.5）×2（1、8轴线长度）＋（0.25＋3.3＋6＋6）×2（D轴线长度）＝75.6m

首层外墙裙（墙面）工程量计算表见表3.1.31。

表 3.1.31　首层外墙裙（墙面）工程量计算表

构件名称	算量类别	算量名称	位置	计算公式	工程量	单位
外墙裙外墙2	清单	墙面块料面积		同定额算量	122.11	m²
	定额	墙裙块料面积	1/A 轴	1/A 轴墙裙长×墙裙高－门洞面积＋（洞口侧壁长度）×墙厚一半 7.2×3.4－5×2＋（2×2＋5）×0.125＝15.605	122.11	m²
			A 轴	［（A 轴墙裙长）×墙裙高－（窗洞面积）＋（洞口侧壁长度）×墙厚一半＋栏板上墙裙面积］×2 处 ［（1.3＋6＋0.25＋0.25）×1.5－（0.9×0.45×2＋1.8×0.45）＋（0.9×2＋1.8＋0.45×6）×0.125＋0.75×0.1］×2＝21.885		
			1 轴	［（1 轴墙裙长）×墙裙高－窗洞面积＋（洞口侧壁长度）×墙厚一半＋栏板上墙裙面积］×2 处 ［（0.25＋6.9＋2.1＋4.7＋0.5）×1.5－1.6×0.45＋（1.6＋0.45×2）×0.125＋0.75×0.1］×2＝42.685		
			D 轴	［（D 轴墙裙长）×墙裙高－（窗洞面积）＋（洞口侧壁长度）×墙厚一半－与飘窗板相交面积］×2 处 ［（0.25＋3.3＋6＋6＋0.25）×1.5－（1.5×0.45＋3×0.45＋2.4×0.45）＋（0.45×4＋1.5＋2.4）×0.125－3.4×0.1］×2＝41.935		
		墙裙块料面积（轻钢龙骨）		同上	122.11	m²
外墙裙保温外墙2	清单	外墙保温面积		同定额算量	117.36	m²
	定额	外墙保温面积	1/A 轴	1/A 轴墙裙长×墙裙高－门洞面积 7.2×3.4－5×2＝14.48	117.36	m²
			A 轴	［（A 轴墙裙长）×墙裙高－（窗洞面积）＋栏板上墙裙面积］×2 处 ［（1.3＋6＋0.25＋0.25）×1.5－（0.9×0.45×2＋1.8×0.45）＋0.75×0.1］×2＝20.31		
			1 轴	［（1 轴墙裙长）×墙裙高－窗洞面积＋栏板上墙裙面积］×2 处 ［（0.25＋6.9＋2.1＋4.7＋0.5）×1.5－1.6×0.45＋0.75×0.1］×2＝42.06		
			D 轴	［（D 轴墙裙长）×墙裙高－（窗洞面积）－与飘窗板相交面积］×2 处 ［（0.25＋3.3＋6＋6＋0.25）×1.5－（1.5×0.45＋3×0.45＋2.4×0.45）－3.4×0.1］×2＝40.51		
外墙面外墙1	清单	外墙面块料面积		同定额算量	173.19	m²
	定额	外墙面块料面积	1/A 轴	1/A 轴墙面净长×墙面高 7.2×0.4＝2.88	173.19	m²
			A 轴	［（A 轴墙面净长）×墙面高－（窗洞面积）＋（洞口侧壁长度）×墙厚一半－栏板与墙相交面积］×2 处 ［（1.4＋6＋0.25＋0.25）×2.75－（0.9×1.95×2＋1.8×1.95）＋（1.95×6＋0.9×2＋1.8）×0.125－0.8×0.1］×2＝33.075		
			1 轴	［（1 轴墙面净长）×墙面高－窗洞面积＋（洞口侧壁长度）×墙厚一半＋栏板与墙相交面积］×2 处 ［（0.25＋6.9＋2.1＋4.7＋0.6）×2.75－1.6×1.95＋（1.95×2＋1.6）×0.125－0.8×0.1］×2＝75		
			D 轴	［（D 轴墙面净长）×墙面高－（窗洞面积）＋（洞口侧壁长度）×墙厚一半－与飘窗板相交面积］×2 处 ［（0.25＋3.3＋6＋6＋0.25）×2.75－（1.5×1.95＋3×1.95＋2.4×1.95）＋（1.95×4＋1.5＋2.4）×0.125－3.4×0.1］×2＝62.235		

续表

构件名称	算量类别	算量名称	位置	计算公式	工程量	单位
外墙面保温外墙1	清单	外墙保温面积		同定额算量	163.065	m²
	定额	外墙保温面积	1/A轴	1/A轴墙面净长×墙面高	163.065	m²
				7.2×0.4=2.88		
			A轴	[（A轴墙面净长）×墙面高－（窗洞面积）－栏板与墙相交面积]×2处		
				[（1.4+6+0.25+0.25）×2.75－（0.9×1.95×2+1.8×1.95）－0.8×0.1]×2=29.25		
			1轴	[（1轴墙面净长）×墙面高－窗洞面积＋栏板与墙相交面积]×2处		
				[（0.25+6.9+2.1+4.7+0.6）×2.75－1.6×1.95－0.8×0.1]×2=73.625		
			D轴	[（D轴墙面净长）×墙面高－（窗洞面积）－与飘窗板相交面积]×2处		
				[（0.25+3.3+6+6+0.25）×2.75－（1.5×1.95+3×1.95+2.4×1.95）－3.4×0.1]×2=59.31		
玻璃幕墙MQ-1	清单	玻璃幕墙面积		同定额算量	199.4976	m²
	定额	玻璃幕墙面积		幕墙宽×幕墙高×幕墙数量	199.4976	m²
				6.927×14.4×2		
玻璃幕墙MQ-2	清单	玻璃幕墙面积		同定额算量	103.68	m²
	定额	玻璃幕墙面积		幕墙宽×幕墙高	103.68	m²
				7.2×14.4		

第二节　二层和三层手工工程量计算

一、围护结构工程量计算

二层围护结构中的圈梁、窗台板、墙洞的工程量和首层完全一样，这里只列出和首层不同的部分。

（一）柱子

1. 框架柱工程量计算

二层框架柱工程量计算表见表3.2.1。

表 3.2.1　二层框架柱工程量计算表

构件名称	算量类别	算量名称	计算公式	工程量	单位
KZ1-500×500	清单	体积	同定额算量	3.6	m³
	定额	体积	柱截面面积×柱高×柱数量	3.6	m³
			0.5×0.5×3.6×4		
	清单	模板措施项目	面积同定额		项/m²
	定额	模板面积	柱周长×柱高×柱数量	28.8	m²
			0.5×4×3.6×4		
		模板面积	0	0	m²
KZ2-500×500	清单	体积	同定额算量	5.4	m³
	定额	体积	柱截面面积×柱高×柱数量	5.4	m³
			0.5×0.5×3.6×6		
	清单	模板措施项目	面积同定额		项/m²
	定额	模板面积	柱周长×柱高×柱数量	43.2	m²
			0.5×4×3.6×6		
		超模面积	0	0	m²
KZ3-500×500	清单	体积	同定额算量	5.4	m³
	定额	体积	柱截面面积×柱高×柱数量	5.4	m³
			0.5×0.5×3.6×6		
	清单	模板措施项目	面积同定额		项/m²
	定额	模板面积	柱周长×柱高×柱数量	43.2	m²
			0.5×4×3.6×6		
		超模面积	0	0	m²
KZ4-500×500	清单	体积	同定额算量	10.8	m³
	定额	体积	柱截面面积×柱高×柱数量	10.8	m³
			0.5×0.5×3.6×12		
	清单	模板措施项目	面积同定额		项/m²
	定额	模板面积	柱周长×柱高×柱数量	86.4	m²
			0.5×4×3.6×12		
		超模面积	0	0	m²
KZ5-600×500	清单	体积	同定额算量	2.16	m³
	定额	体积	柱截面面积×柱高×柱数量	2.16	m³
			0.6×0.5×3.6×2		
	清单	模板措施项目	面积同定额		项/m²
	定额	模板面积	柱周长×柱高×柱数量	15.84	m²
			(0.6+0.5)×2×3.6×2		
		超模面积	0	0	m²

续表

构件名称	算量类别	算量名称	计算公式	工程量	单位
KZ6-500×600	清单	体积	同定额算量	2.16	m³
	定额	体积	柱截面面积×柱高×柱数量 0.5×0.6×3.6×2	2.16	m³
	清单	模板措施项目	面积同定额		项/m²
	定额	模板面积	柱周长×柱高×柱数量 (0.5+0.6)×2×3.6×2	15.84	m²
		超模面积	0	0	m²
TZ1-300×200	清单	体积	同定额算量	0.324	m³
	定额	体积	柱截面面积×柱高×柱数量 0.3×0.2×1.8×3	0.324	m³
	清单	模板措施项目	面积同定额		项/m²
	定额	模板面积	柱周长×柱高×柱数量 (0.3+0.2)×2×1.8×3	5.4	m²
		超模面积	0	0	m²

2. 构造柱工程量计算

二层构造柱工程量计算表见表 3.2.2。

表 3.2.2　二层构造柱工程量计算表

构件名称	算量类别	算量名称	计算公式	工程量	单位
GZ-250×250 （C2424 处）	清单	体积	同定额算量		m³
	定额	体积	｛构造柱截面体积＋［马牙槎体积］－圈梁体积｝×构造柱数量 ｛0.25×0.25×3.1＋［0.05×0.25×3.1＋0.05×0.25× 0.7］－0.05×0.25×0.18×2｝×4＝0.9472		m³
	清单	模板措施项目	面积同定额		项/m²
	定额	模板面积	｛构造柱模板面积＋［马牙槎模板面积］＋窗侧壁模板面 积－圈梁模板面积｝×构造柱数量 ｛0.25×3.1×2＋［0.1×3.1×2＋0.1×0.7×2］＋0.25× 2.4－0.1×0.18×4｝×4＝11.352		m²
GZ-250×250 （ZJC1 处）	清单	体积	同定额算量	GZ-250×250 体积＝ 3.1246m³ 模板面积＝ 38.654m²	m³
	定额	体积	｛构造柱截面体积＋［马牙槎体积］－圈梁体积｝×构造柱数量 ｛0.25×0.25×3.1＋［0.05×0.25×3.1］－0.05×0.18× 0.25｝×4＝0.9212		m³
	清单	模板措施项目	面积同定额		项/m²
	定额	模板面积	｛构造柱模板面积＋［马牙槎模板面积］＋窗侧壁模板面 积－圈梁模板面积｝×构造柱数量 ｛0.25×3.1×2＋［0.1×3.1×2］＋0.25×3.1－0.1×0.18× 2｝×4＝11.636		m²
GZ-250×250 （C5027 处）	清单	体积	同定额算量		m³
	定额	体积	｛构造柱截面体积＋［马牙槎体积］｝×构造柱数量 ｛0.25×0.25×3.1＋［0.05×0.25×3.1＋0.05×0.25× 0.4］｝×2＝0.475		m³
	清单	模板措施项目	面积同定额		项/m²
	定额	模板面积	｛构造柱模板面积＋［马牙槎模板面积］＋门侧壁模板面 积｝×构造柱数量 ｛0.25×3.1×2＋［0.1×3.1×2＋0.1×0.4×2］＋0.25× 2.7｝×2＝5.85		m²

续表

构件名称	算量类别	算量名称	计算公式	工程量	单位
GZ-250×250（PC 处）	清单	体积	同定额算量	GZ-250×250 体积 = 3.1246m³ 模板面积 = 38.654m²	m³
	定额	体积	{[构造柱体积]+[马牙槎体积]-圈梁体积}×构造柱数量 {[0.25×0.25×2.4+0.05×0.25×0.7]+[0.95×0.25×3.1]-0.05×0.18×0.25}×4=0.7812		m³
	清单	模板措施项目	面积同定额		项/m²
	定额	模板面积	{[构造柱模板面积]+[马牙槎模板面积]+窗侧壁模板面积-圈梁模板面积}×构造柱数量 {[0.25×2.4×2+0.05×0.7×2]+[0.1×3.1×2]+0.25×2.4-0.1×0.18×2}×4=9.816		m²

（二）梁

二层框架梁除 KL4 和 KL10 以外，其余梁的计算方法和计算结果和首层相同，只是超高模板为 0，这里只计算 KL4 和 KL10 的工程量。

二层框架梁工程量计算表见表 3.2.3。

表 3.2.3　二层框架梁工程量计算表

构件名称	算量类别	算量名称	计算公式	工程量	单位
KL3-250×500	清单	体积	同定额算量	2.2125	m³
	定额	体积	[梁净长]×梁截面宽×梁截面高 [(6-0.5)×2+(7.2-0.5)]×0.25×0.5	2.2125	m³
	清单	模板措施项目	面积同定额		项/m²
	定额	模板面积	(梁净长)×(梁截面宽+梁截面高×2)-[板模板面积] (5.5×2+6.7)×(0.25+0.5×2)-[(5.5×0.13+5.5×0.12)×2+6.7×0.13]	18.504	m²
	定额	超模面积	(4~5 轴梁净长)×(梁截面宽+梁截面高×2)-板模板面积 (7.2-0.5)×(0.25+0.5×2)-6.7×0.13	7.504	m²
KL4-300×600	清单	体积	同定额算量	1.206	m³
	定额	体积	(梁净长)×梁截面宽×梁截面高 (7.2-0.5)×0.3×0.6	1.206	m³
	清单	模板措施项目	面积同定额		项/m²
	定额	模板面积	梁净长×(梁截面宽+梁截面高×2)-(板模板面积) 6.7×(0.3+0.6×2)-(6.7×0.16+6.7×0.13)	8.107	m²
	定额	超模面积	0	0	m²
KL6-300×500	清单	体积	同定额算量	5.145	m³
	定额	体积	[梁净长]×梁截面宽×梁截面高 [(15.3-1.5)×2+7.2-0.5]×0.3×0.5	5.145	m³
	清单	模板措施项目	面积同定额		项/m²
	定额	模板面积	(梁净长)×(梁截面宽+梁截面高×2)-(一侧板模板面积)×2-飘窗板与梁相交面积 (13.8×2+6.7)×(0.3+0.5×2)-(2.8×0.12+5.5×0.16×2)×2-3.4×0.1×2	39.718	m²
	定额	超模面积	0	0	m²

构件名称	算量类别	算量名称	计算公式	工程量	单位
KL10-300×600	清单	体积	同定额算量	4.392	m³
	定额	体积	（梁净长）×梁截面宽×梁截面高×梁数量 (13.7−1.5)×0.3×0.6×2	4.392	m³
	清单	模板措施项目	面积同定额		项/m²
	定额	模板面积	{梁净长×（梁截面宽＋梁截面高×2）−[板模板面积]}×梁数量 {12.2×(0.3+0.6×2)−[4.2×0.13×2+1.6×0.12+6.4×0.16+(3.35+2.1−0.75)×0.16]}×2	30.48	m²
		超模面积	0	0	m²

（三）门

二层门工程量计算表见表3.2.4。

表3.2.4　二层门工程量计算表

构件名称	算量类别	算量名称	计算公式	工程量	单位	所属墙体
M1021	清单	洞口面积	同定额算量"框外围面积"	42	m²	内墙200
	定额	框外围面积	门框外围面积×数量 1×2.1×20	42	m²	
		樘	20	20	把	

（四）窗

二层窗工程量计算表见表3.2.5。

表3.2.5　二层窗工程量计算表

构件名称	算量类别	算量名称	计算公式	工程量	单位	所属墙体
C0924	清单	洞口面积	同定额算量"框外围面积"	8.64	m²	外墙250
	定额	框外围面积	窗框外围面积×数量 0.9×2.4×4	8.64	m²	
		框外围面积	同上	8.64	m²	
C1824	清单	洞口面积	同定额算量"框外围面积"	8.64	m²	外墙250
	定额	框外围面积	窗框外围面积×数量 1.8×2.4×2	8.64	m²	
		框外围面积	同上	8.64	m²	
C1624	清单	洞口面积	同定额算量"框外围面积"	7.68	m²	外墙250
	定额	框外围面积	窗框外围面积×数量 1.6×2.4×2	7.68	m²	
		框外围面积	同上	7.68	m²	
C1524	清单	洞口面积	同定额算量"框外围面积"	7.2	m²	外墙250
	定额	框外围面积	窗框外围面积×数量 1.5×2.4×2	7.2	m²	
		框外围面积	同上	7.2	m²	
C2424	清单	洞口面积	同定额算量"框外围面积"	11.52	m²	外墙250
	定额	框外围面积	窗框外围面积×数量 2.4×2.4×2	11.52	m²	
		框外围面积	同上	11.52	m²	
C5027	清单	洞口面积	同定额算量"框外围面积"	13.5	m²	外墙250
	定额	框外围面积	窗框外围面积×数量 5×2.7×1	13.5	m²	
		框外围面积	同上	13.5	m²	

(五) 过梁

二层过梁工程量计算表见表 3.2.6。

表 3.2.6 二层过梁工程量计算表

构件名称	算量类别	算量名称	计算公式	工程量	单位	所属墙体
GL120	清单	体积	同定额算量	0.72	m³	内墙200
	定额	体积	[M1021 上过梁体积]×过梁数量 [(0.25+1+0.25)×0.2×0.12]×20	0.72	m³	
	清单	模板措施项目	面积同定额		项/m²	
	定额	模板面积	[M1021 上过梁模板面积]×过梁数量 [1.5×0.12×2+1×0.2]×20	11.2	m²	

(六) 飘窗板根部混凝土构件

二层飘窗根部混凝土构件工程量计算表见表 3.2.7。

表 3.2.7 二层飘窗根部混凝土构件工程量计算表

构件名称	算量类别	算量名称	计算公式	工程量	单位
飘窗下混凝土250×700	清单	体积	同定额算量	1.19	m³
	定额	体积	构件长×构件截面宽×构件截面高×构件数量 3.4×0.25×0.7×2	1.19	m³
	清单	模板措施项目	面积同定额		项/m²
	定额	模板面积	(构件长×构件截面高×两侧+构件端头模板面积×两侧-飘窗顶板模板面积)×构件数量 (3.4×0.7×2+0.52×0.25×2-3.4×0.1)×2	9.36	m²
		超模面积	0	0	m²

(七) 砌块墙

二层砌块墙体积工程量计算表见表 3.2.8。

表 3.2.8 二层砌块墙体积工程量计算表

构件名称	算量类别	算量名称	计算公式	工程量	单位
墙 QKQ250	清单	体积	同定额算量	32.2979	m³
	定额	体积	外墙净长×墙厚×(墙净高)-(窗洞面积)×墙厚-圈梁体积-飘窗根部构件体积-构造柱体积 73.7×0.25×(3.6-0.5)-(57.18+14.4)×0.25-2.61-1.19-3.1246	32.2979	m³
墙 QKQ200	清单	体积	同定额算量	68.796	m³
	定额	体积	水平方向墙净长×墙厚×(墙净高)+垂直方向墙净长×墙厚×(墙净高)-门洞面积×墙厚-过梁体积-梯柱体积-梯梁体积 55.2×0.2×(3.6-3.1)+73.4×0.2×(3.6-0.6)-42×0.2-0.72-0.108-0.24	68.796	m³

（八）护窗栏杆

二层护窗栏杆工程量计算表见表 3.2.9。

表 3.2.9 二层护窗栏杆工程量计算表

构件名称	算量类别	算量名称	计算公式	工程量	单位
护窗栏杆	清单	扶手中心线实际长度	同定额算量"扶手中心线水平投影长度"	39.3432	m
	定额	扶手中心线水平投影长度×高度	（阳台护窗栏杆长度＋幕墙护窗栏杆长度）×高度 （19.64＋19.7032）×0.9	35.4089	m²
		扶手中心线水平投影长度	阳台护窗栏杆长度＋幕墙护窗栏杆长度 19.64＋19.7032	39.3432	m
玻璃栏板	清单	栏板中心线实际长度	同定额算量"栏板中心线水平投影长度"	6.7	m
	定额	栏板中心线水平投影长度×高度	休息大厅玻璃栏板水平投影长度×高度 6.7×0.9	6.03	m²
		栏板中心线水平投影长度	休息大厅栏板玻璃水平投影长度 6.7	6.7	m

二、顶部结构工程量计算

板：二层板除大堂上空板以外，其余的板和首层工程量一样，这里不再赘述，二层板工程量计算表见表 3.2.10。

表 3.2.10 二层板工程量计算表

构件名称	算量类别	算量名称	位置	计算公式	工程量	单位
B120	清单	体积	（1~2）/（A~B）	同定额算量		m³
	定额	体积		（1~2 轴梁间净长）×（A~B 轴梁间净长）×板厚×板数量		m³
				（3.3－0.05－0.15）×（7.2－0.05－0.05）×0.12×2＝5.2824		
	清单	模板措施项目		面积同定额		项/m²
	定额	模板面积		[（1~2 轴梁间净长）×（A~B 轴梁间净长）－（柱面积）]×板数量	B120 体积合计＝18.4516m³ 模板面积合计＝153.2631m² 超高模板面积合计＝0	m²
				[（3.3－0.05－0.15）×（7.2－0.05－0.05）－（0.2×0.2×2＋0.2×0.1×2）]×2＝43.78		
		超模面积		0		m²
B120	清单	体积	（1~2）/（C~D）	同定额算量		m³
	定额	体积		（1~2 轴梁间净长）×（C~D 轴梁间净长）×板厚×板数量		m³
				（3.3－0.05－0.15）×（6.9－0.05－0.05）×0.12×2＝5.0592		m³
	清单	模板措施项目		面积同定额		项/m²
	定额	模板面积		[（1~2 轴梁间净长）×（C~D 轴梁间净长）－（柱面积）]×板数量		m²
				[（3.3－0.05－0.15）×（6.9－0.05－0.05）－（0.2×0.2×2＋0.2×0.1×2）]×2＝41.92		
		超模面积		0		m²

续表

构件 名称	算量 类别	算量名称	位置	计算公式	工程量	单位
B120	清单	体积	(1～4)/ (B～C)	同定额算量	B120 体积合计＝ 18.4516m³ 模 板面积合计＝ 153.2631m² 超高模板面 积合计＝0	m³
	定额	体积		(1～4轴梁间净长)×(B～C轴梁间净长)×板厚× 板数量		m³
				(15.3－0.05－0.3－0.15)×(2.1－0.25－0.25)× 0.12×2＝5.6832		
	清单	模板措施项目		面积同定额		项/m²
	定额	模板面积		[(1～4轴梁间净长)×(B～C轴梁间净长)]×板数量		m²
				[(15.3－0.05－0.3－0.15)×(2.1－0.25－ 0.25)]×2＝47.36		
		超模面积		0		m²
B120	清单	体积	(3～4)/ (A～1/A)	同定额算量		m³
	定额	体积		[1/4圆左面积＋1/4圆面积－梁所占面积]×板 厚×板数量		m³
				[(3.5－0.15)×(2.5－0.5)＋3.14×2.25×2.25/ 4－(2.5－0.25)×0.25]×0.12×2＝2.4268		
	清单	模板措施项目		面积同定额		项/m²
	定额	模板面积		[1/4圆左面积＋1/4圆面积－梁所占面积－柱面 积]×板数量		m²
				[(3.5－0.15)×(2.5－0.5)＋3.14×2.25×2.25/ 4－(2.5－0.25)×0.25－0.1×0.1]×2＝20.2031		
		超模面积		0		m²
B130	清单	体积	(4～5)/ (1/A～B)	同定额算量	B130 体积合计＝ 10.883m³ 模 板面积合计＝ 83.485m² 超高模板面 积合计＝ 30.655m²	m³
	定额	体积		(4～5轴梁间净长)×(1/A～B轴梁间净长)× 板厚		m³
				(7.2－0.15－0.15)×(4.7－0.25)×0.13＝3.9917		
	清单	模板措施项目		面积同定额		项/m²
	定额	模板面积		(4～5轴梁间净长)×(1/A～B轴梁间净长)－柱 面积		m²
				(7.2－0.15－0.15)×(4.7－0.25)－0.25×0.1× 2＝30.655		
		超模面积		同上		m²
B130	清单	体积	(3～4)/ (1/A～B)	同定额算量		m³
	定额	体积		(3～4轴梁间净长)×(1/A～B轴梁间净长)×板 厚×板数量		m³
				(6－0.15－0.15)×(4.7－0.05)×0.13×2＝6.8913		
	清单	模板措施项目		面积同定额		项/m²
	定额	模板面积		[(3～4轴梁间净长)×(1/A～B轴梁间净长)－ (柱面积)]×板数量		m²
				[(6－0.15－0.15)×(4.7－0.05)－(0.2×0.1×2＋ 0.25×0.2)]×2＝52.83		
		超模面积		0		m²

构件名称	算量类别	算量名称	位置	计算公式		工程量	单位
B160	清单	体积	(2~3)/(A~B)	同定额算量			m³
	定额	体积		(2~3轴梁间净长)×(A~B轴梁间净长)×板厚×板数量			m³
				(6-0.15-0.15)×(7.2-0.05-0.05)×0.16×2=12.9504			
	清单	模板措施项目		面积同定额			项/m²
	定额	模板面积		[(2~3轴梁间净长)×(A~B轴梁间净长)-(柱面积)]×板数量			m²
				[(6-0.15-0.15)×(7.2-0.05-0.05)-(0.2×0.1×3+0.3×0.1)]×2=80.76			
		超模面积		0			m²
B160	清单	体积	(2~3)/(C~D)	同定额算量			m³
	定额	体积		(2~3轴梁间净长)×(C~D轴梁间净长)×板厚×板数量			m³
				(6-0.15-0.15)×(6.9-0.05-0.05)×0.16×2=12.4032		B160体积合计=43.7184m³ 模板面积合计=272.6m² 超高模板面积合计=0	
	清单	模板措施项目		面积同定额			项/m²
	定额	模板面积		[(2~3轴梁间净长)×(C~D轴梁间净长)-柱面积]×板数量			m²
				[(6-0.15-0.15)×(6.9-0.05-0.05)-0.2×0.1×4]×2=77.36			
		超模面积		0			m²
B160	清单	体积	(4~5)/B	同定额算量			m³
	定额	体积		(4~5轴梁间净长)×(梁间净宽)×板厚			m³
				(7.2-0.15-0.15)×(5.45-0.05)×0.16=5.9616			
	清单	模板措施项目		面积同定额			项/m²
	定额	模板面积		(4~5轴梁间净长)×(梁间净宽)-柱面积			m²
				(7.2-0.15-0.15)×(5.45-0.05)-(0.2×0.1×2+0.1×0.25×4)=37.12			
		超模面积		0			m²
B160	清单	体积	(3~4)/(C~D)	同定额算量			m³
	定额	体积		(2~3轴梁间净长)×(C~D轴梁间净长)×板厚×板数量			m³
				(6-0.15-0.15)×(6.9-0.05-0.05)×0.16×2=12.4032			
	清单	模板措施项目		面积同定额			项/m²
	定额	模板面积		[(2~3轴梁间净长)×(C~D轴梁间净长)-柱面积]×板数量			m²
				[(6-0.15-0.15)×(6.9-0.05-0.05)-0.2×0.1×4]×2=77.36			
		超模面积		0			m²

三、室内结构工程量计算

楼梯:二层楼梯工程量计算表见表3.2.11。

表 3.2.11　二层楼梯工程量计算表

构件名称	算量类别	算量名称	计算公式	工程量	单位
楼梯1	清单	水平投影面积	同定额算量	22.4	m^2
	定额	水平投影面积	楼梯水平投影净长×楼梯水平投影宽 $7×3.2$	22.4	m^2
	清单	模板措施项目	面积同定额		项/m^2
	定额	水平投影面积	楼梯水平投影净长×楼梯水平投影宽 $7×3.2$	22.4	m^2
楼梯1装修	清单	水平投影面积	同定额算量"水平投影面积"	22.4	m^2
	定额	水平投影面积	楼梯水平投影净长×楼梯水平投影宽 $7×3.2$	22.4	m^2
		底部实际面积(天棚抹灰)	楼梯水平投影面积×长度经验系数 $22.4×1.15$	25.76	m^2
		底部实际面积(天棚涂料)	同上	25.76	m^2
楼梯1栏杆扶手	清单	楼梯扶手实际长度	同定额算量"扶手实际长度"	19.65	m
	定额	扶手中心线水平投影长度×高度	扶手中心线水平投影长×高度 $17.55×1.05$	18.4275	m^2
		栏杆质量	扶手平段中心线水平投影长度×重量经验系数+扶手斜段中心线水平投影长度×长度经验系数×重量经验系数 $3.55×1.66+14×1.15×1.66$	32.619	t
		扶手水平投影长度	扶手水平投影长 17.55	17.55	m
		扶手实际长度	扶手平段中心线水平投影长度+扶手斜段中心线水平投影长度×长度经验系数 $3.55+14×1.15$	19.65	m
TZ1 内墙面1	清单	墙面抹灰面积(柱)	同定额算量"墙面抹灰面积"	3.28	m^2
	定额	墙面抹灰面积(柱)	(柱周长×柱高减板厚-与梯梁相交面积)×柱数量 $(0.5×2×1.7-0.3×0.2)×2$	3.28	m^2
		墙面块料面积(柱)	同上	3.28	m^2
TL2 抹灰面积	清单	天棚抹灰面积(梁)	同定额算量	2.385	m^2
	定额	天棚抹灰面积(梁抹灰)	(梁净长)×(梯梁截面高减板厚+梯梁截面高+梯梁截面宽) $(1.6-0.35+1.6-0.2)×(0.3+0.4+0.2)$	2.385	m^2
		天棚抹灰面积(梁涂料)	同上	2.385	m^2

四、室外结构工程量计算

二层室外结构中的飘窗工程量计算和首层完全相同,这里只列出阳台的工程量计算。

阳台:二层阳台工程量计算表见表 3.2.12。

表 3.2.12 二层阳台工程量计算表

构件名称	算量类别	算量名称	计算公式	工程量	单位
阳台栏板 LB100×400	清单	体积	同定额算量	0.8256	m³
	定额	体积	[栏板中心线周长]×栏板厚×栏板高×栏板数量 [(1.78−0.3)×2+3.68×2]×0.1×0.4×2	0.8256	m³
	清单	模板措施项目	面积同定额		项/m²
	定额	模板面积	[栏板中心线周长]×栏板高×两侧×栏板数量 [(1.78−0.3)×2+3.68×2]×0.4×2×2	16.512	m²
踢脚3	清单	踢脚面积	见办公室2房间装修	2.762	m²
	定额	踢脚长度	见办公室2房间装修	27.62	m
内墙面1	清单	栏板内墙面抹灰面积	见办公室2房间装修	4.008	m²
	定额	栏板内墙面抹灰面积	见办公室2房间装修	4.008	m²
		栏板内墙面块料面积		3.006	m²
外墙3	清单	栏板外装修面积	见首层阳台外墙3装修		m²
	定额	栏板外装修面积(抹灰)	见首层阳台外墙3装修		m²
		栏板外装修面积(涂料)			m²
外墙3保温	清单	栏板外保温面积	见首层阳台外墙3装修		m²
	定额	栏板外保温面积	见首层阳台外墙3装修		m²
阳台栏板 LB100×360	清单	体积	同定额算量	0.743	m³
	定额	体积	[栏板中心线周长]×栏板厚×栏板高×栏板数量 [(1.78−0.3)×2+3.68×2]×0.1×0.36×2	0.743	m³
	清单	模板措施项目	面积同定额		项/m²
	定额	模板面积	[栏板中心线周长]×(栏板厚+栏板高×两侧)×栏板数量 [(1.78−0.3)×2+3.68×2]×(0.1+0.36×2)×2	16.9248	m²
内墙面1	清单	栏板内墙面抹灰面积	见办公室2房间装修	3.6072	m²
	定额	栏板内墙面抹灰面积	见办公室2房间装修	3.6072	m²
		栏板内墙面块料面积		3.6072	m²
外墙3	清单	栏板外装修面积	同定额算量	19.116	m²
	定额	栏板外装修面积(抹灰)	[栏板墙外周长]×栏板高度×栏板数量 [(1.78−0.25)×2+3.78×2]×0.9×2	19.116	m²
		栏板外装修面积(涂料)	同上	19.116	m²
外墙3保温	清单	栏板外保温面积	同定额算量	19.116	m²
	定额	栏板外保温面积	[栏板墙外周长]×栏板高度×栏板数量 [(1.78−0.25)×2+3.78×2]×0.9×2	19.116	m²
阳台窗 ZJC1	清单	洞口面积	同定额算量	55.728	m²
	定额	框外围面积	[阳台窗中心线周长]×阳台窗高×阳台窗数量 [(1.78−0.3)×2+3.68×2]×2.7×2	55.728	m²
		框外围面积	同上	55.728	m²
阳台板 B140	清单	体积	同定额算量	2.5833	m³
	定额	体积	[阳台板面积]×板厚×板数量 [(1.78−0.25)×3.78+2.25×(1.78−0.25)]×0.14×2	2.5833	m³
	清单	模板措施项目	面积同定额		项/m²
	定额	模板面积(含侧模)	侧面模板面积:(阳台板外周长)×板厚×板数量 (1.53×2+3.78×2)×0.14×2=2.9736 底面模板面积:[阳台板面积]×板数量 (1.53×3.78+2.25×1.53)×2=18.4518	21.4254	m²
		超模面积(含侧模)	同上	21.4254	m²

续表

构件名称	算量类别	算量名称	计算公式	工程量	单位
阳台楼面 楼面 4	清单	阳台地面积	见办公室 2 房间装修	32.4064	m²
	定额	阳台地面积	见办公室 2 房间装修	32.4064	m²
		阳台地面垫层体积		1.2963	m³
阳台天棚 天棚 1	清单	天棚抹灰面积	见办公室 2 房间装修	34.5609	m²
	定额	天棚抹灰面积	见办公室 2 房间装修	34.5609	m²
		天棚抹灰面积			m²

五、室内装修工程量计算

（一）公共休息大厅（有地面）室内装修工程量计算

二层公共休息大厅（有地面）室内装修工程量计算表见表 3.2.13。

表 3.2.13 二层公共休息大厅（有地面）室内装修工程量计算表

构件名称	算量类别	算量名称	计算公式	工程量	单位
楼面 3	清单	块料地面积	4～5 轴墙间净距×（有吊顶房间净宽）+B～C 轴墙间净距×墙厚一半×2	42.32	m²
			7×6+1.6×0.1×2		
	定额	块料地面积	4～5 轴墙间净距×（有吊顶房间净宽）+B～C 轴墙间净距×墙厚一半×2－扣梯柱面积－扣柱面积	41.96	m²
			7×（0.3+3.35+2.1+0.25）+1.6×0.1×2－0.2×0.3－0.15×0.5×4		
		垫层体积	4～5 轴墙间净距×有吊顶房间净宽+B～C 轴墙间净距×墙厚一半×2）×垫层厚度	1.6928	m³
			（7×6+1.6×0.1×2）×0.04		
踢脚 2	清单	踢脚块料面积	踢脚块料长度×踢脚高度	1.01	m²
			10.1×0.1		
	定额	踢脚块料长度	［（有吊顶房间踢脚长）+（柱侧面踢脚长度）］×2	10.1	m
			［（6－1.6）+（0.15+0.25×2）］×2		
内墙面 1	清单	墙面抹灰面积	［（有吊顶房间墙净长）×吊顶高+4/C 柱上侧抹灰面积+4/C 柱下侧抹灰面积×2］×2－扣梯梁截面积	29.21	m²
			［（6－1.6）×2.9+0.15×2.9+0.25×2.9×2］×2－0.2×0.4		
	定额	墙面抹灰面积	［（有吊顶房间墙净长）×吊顶高加 200+（4/C 柱上侧抹灰净面积）+（4/C 柱下侧抹灰净面积）×2－（扣垂直方向梁头相交面积）］×2－扣梯梁截面面积	31.07	m²
			［（6－1.6）×3.1+（0.15×3.1－0.05×0.1）+（0.25×3.1－0.15×0.1）×2－（0.05×0.3+0.1×0.3）］×2－0.2×0.4		
		墙面块料面积	［（有吊顶房间墙净长）×吊顶高减去踢脚高度+4/C 柱上侧块料面积+4/C 柱下侧块料面积］×2－扣梯梁截面积	28.2	m²
			［（6－1.6）×2.8+0.15×2.8+0.25×2.8×2］×2－0.2×0.4		
吊顶 1	清单	吊顶面积	同定额算量	42.32	m²
	定额	吊顶面积	房间墙面净面积+走廊凸出面积×2	42.32	m²
			7×6+1.6×0.1×2		
		吊顶龙骨面积	同上	42.32	m²

（二）公共休息大厅（无地面）室内装修工程量计算

二层公共休息大厅（无地面）室内装修工程量计算表见表 3.2.14。

表3.2.14　二层公共休息大厅（无地面）室内装修工程量计算表

构件名称	算量类别	算量名称	计算公式	工程量	单位
内墙面1	清单	墙面抹灰面积	1/A－B轴墙净长×吊顶高×2＋4/B柱下侧墙抹灰面积×2＋4～5轴墙抹灰面积－扣窗洞面积	34.48	m²
			4.45×2.9×2＋0.15×2.9×2＋7×2.9－5×2.5		
	定额	墙面抹灰面积	（1/A～B轴墙净长×吊顶高加200）×2＋（4/B柱下侧墙抹灰面积）×2＋4～5轴墙抹灰面积－扣垂直方向梁柱相交面积－扣窗洞面积	36.7	m²
			（4.45×3.1）×2＋（0.15×3.1－0.05×0.1）×2＋7×3.1－0.05×0.1×2－5×2.7		
		墙面块料面积	1/A～B轴墙净长×吊顶高×2＋4/B柱下侧墙抹灰面积×2＋4～5轴墙块料面积－吊顶下窗洞面积＋吊顶下窗洞侧壁面积	35.73	m²
			4.45×2.9×2＋0.15×2.9×2＋7×2.9－5×2.5＋（2.5×2＋5）×0.125		
吊顶1	清单	吊顶面积	同定额算量	31.15	m²
	定额	吊顶面积	房间墙间净长×（房间墙间净宽）	31.15	m²
			7×（4.7－0.25）		
		吊顶龙骨面积	同上	31.15	m²

（三）楼梯间室内装修工程量计算

二层楼梯间室内装修工程量计算表见表3.2.15。

表3.2.15　二层楼梯间室内装修工程量计算表

构件名称	算量类别	算量名称	位置	计算公式	工程量	单位
内墙面1	清单	墙面抹灰面积		同定额算量"墙面抹灰面积"	25.84	m²
	定额	墙面抹灰面积	4轴线	4轴线墙净长×层高＋柱内侧抹灰面积－扣D轴梁截面面积－扣梯梁截面面积－垂直方向梁与柱相交面积	25.84	m²
				3.5×3.6＋0.15×3.6－0.3×0.5－0.2×0.4－0.05×0.6＝12.88		
			5轴线	5轴线墙净长×层高＋柱内侧抹灰面积－扣D轴梁截面面积－垂直方向梁与柱相交面积		
				3.5×3.6＋0.15×3.6－0.3×0.5－0.05×0.6＝12.96		
		墙面块料面积	4轴线墙块料面积	同4轴线墙抹灰面积	25.84	m²
			5轴线墙块料面积	同5轴线墙抹灰面积		

（四）走廊室内装修工程量计算

二层走廊室内装修工程量计算表见表3.2.16。

表3.2.16　二层走廊室内装修工程量计算表

构件名称	算量类别	算量名称	计算公式	工程量	单位
楼面3	清单	块料地面积	1～4轴墙间净距×B～C轴墙间净距	24.48	m²
			15.3×1.6		
	定额	块料地面积	1～4轴墙间净距×B～C轴墙间净距＋门洞开口面积一半	25.48	m²
			15.3×1.6＋1×0.1×10		
		垫层体积	1～4轴墙间净距×B～C轴墙间净距×垫层厚度	0.9792	m³
			15.3×1.6×0.04		

续表

构件名称	算量类别	算量名称	计算公式	工程量	单位
踢脚2	清单	踢脚块料面积	踢脚块料长度×踢脚高度 24.2×0.1	2.42	m²
	定额	踢脚块料长度	1～4轴踢脚长度×2+B～C轴踢脚长度－扣门洞宽+门洞踢脚长度 15.3×2+1.6－1×10+0.1×20	24.2	m
内墙面1	清单	墙面抹灰面积	(1～4轴墙面抹灰面积－门洞面积)×2+B～C轴墙抹灰面积－窗洞面积 (15.3×2.9－1×2.1×5)×2+1.6×2.9－1.6×2.2	68.86	m²
	定额	墙面抹灰面积	[1～4轴墙面抹灰面积－门洞面积－(扣垂直方向梁头相交面积)]×2+B～C轴墙抹灰面积－窗洞面积 [15.3×3.1－1×2.1×5－(0.3×0.1+0.15×0.1)]×2+1.6×3.1－1.6×2.4	74.89	m²
		墙面块料面积	[1～4轴墙面块料面积－门洞面积+门洞侧壁面积]×2+B～C墙块料面积－吊顶下窗洞面积+吊顶下窗洞侧壁面积 [15.3×2.8－1×2×5+(2×2+1)×0.1×5]×2+1.6×2.8－1.6×2.2+(1.6+2.2×2)×0.125	72.39	m²
吊顶1	清单	吊顶面积	同定额算量	24.48	m²
	定额	吊顶面积	1～4轴墙间净距×B～C轴墙间净距 15.3×1.6	24.48	m²
		吊顶龙骨面积	同上	24.48	m²

（五）卫生间室内装修工程量计算

二层卫生间室内装修工程量计算表见表3.2.17。

表 3.2.17　二层卫生间室内装修工程量计算表

构件名称	算量类别	算量名称	位置	计算公式	工程量	单位
楼面2	清单	块料地面积		1～2轴墙间净距×C～D轴墙间净距 3.2×6.95	22.24	m²
	定额	块料地面积		1～2轴墙间净距×C～D轴墙间净距+门洞开口面积一半－(扣柱面积) 3.2×6.95+1×0.1－(0.25×0.25+0.25×0.15+0.25×0.3+0.3×0.15)	22.12	m²
		防水层平面面积		1～2轴墙间净距×C～D轴墙间净距 3.2×6.95	22.24	m²
		防水层立面面积		(房间周长)×防水卷边高度 (3.2×2+6.95×2)×0.15	3.045	m²
		找平层面积		1～2轴墙间净距×C～D轴墙间净距 3.2×6.95	22.24	m²
		找坡层体积		1～2轴墙间净距×C～D轴墙间净距×找坡厚度 3.2×6.95×0.035	0.7784	m³
内墙面2	清单	墙面块料面积		同定额算量	54.54	m²
	定额	墙面块料面积	D轴线	1～2轴墙净长×吊顶高度－吊顶下窗洞面积+吊顶下窗洞侧壁面积 3.2×2.9－1.5×2.2+2.2×2×0.125=6.53	54.54	m²
			1轴线	C～D轴墙净长×吊顶高度 6.95×2.9=20.155		
			C轴线	1～2轴墙净长×吊顶高度－门洞面积+门洞侧壁面积 3.2×3.3－1×2.1+(2.1×2+1)×0.1=7.7		
			2轴线	同1轴		

构件名称	算量类别	算量名称	位置	计算公式	工程量	单位
吊顶2	清单	吊顶面积		同定额算量	22.24	m²
	定额	吊顶面积		1~2轴墙间距×C~D轴墙间净距 3.2×6.95	22.24	m²
		吊顶龙骨面积		同上	22.24	m²

（六）办公室2室内装修工程量计算

二层办公室2室内装修工程量计算表见表3.2.18。

表3.2.18 二层办公室2室内装修工程量计算表

构件名称	算量类别	算量名称	位置	计算公式	工程量	单位
楼面4	清单	地面积		同定额算量"地面积"	32.4064	m²
	定额	地面积		（A~B长）×（1~2长）+（1轴线左阳台长）×（1轴线左阳台宽）+（1轴线右阳台长）×（1轴线右阳台宽） （0.05+4.7+2.5）×（3.3-0.1）+（1.78-0.1）×（3.78-0.1×2）+（2-0.1）×（1.78-0.1）	32.4064	m²
		垫层体积		地面积×垫层厚度 32.4064×0.04	1.2963	m³
踢脚3	清单	踢脚抹灰面积		踢脚抹灰长度×踢脚高度 27.62×0.1	2.762	m²
	定额	踢脚抹灰长度		（1~2轴墙净长）+（1轴线处墙净长）+（阳台短边长度）×2+（阳台长边长度）×2+（A轴线处墙净长）+（A~B轴墙净长） （3.3-0.1）+（4.7+0.05+0.6）+（1.78-0.1）×2+（3.78-0.2）×2+（1.4-0.1）+（2.5+4.7+0.05）	27.62	m
内墙面1	清单	墙面抹灰面积		同定额算量"墙面抹灰面积"	66.4112	m²
	定额	墙面抹灰面积	1轴线	（1轴线墙净长）×墙净高-B轴处梁相交面积+1轴线墙头宽×墙净高 （0.05+4.7+0.6）×3.48-0.1×0.38+0.25×3.1=19.355	58.796	m²
			B轴线	（B轴线墙净长）×墙净高-（1轴处梁相交面积+2轴处梁相交面积）-门洞面积 （3.3-0.1）×3.48-（0.05×0.38+0.05×0.48）-1×2.1=8.993		
			2轴线	（2轴线墙净长）×墙净高-（B轴处梁相交面积+A轴处梁相交面积） （2.5+4.7+0.05）×3.48-（0.1×0.38+0.05×0.38）=25.173		
			A轴线	A轴线墙净长×墙净高-垂直方向梁相交面积+A轴线墙厚×墙净高 1.3×3.48-0.05×0.48+0.25×3.1=5.275		
			阳台短栏板下	（阳台短墙净长）×墙净高×2 （1.78-0.1-0.25）×0.4×2=1.144	7.6152	m²
			阳台长栏板下	（阳台长墙净长）×墙净高×2 （3.78-0.2）×0.4×2=2.864		
			阳台短栏板上	（阳台短栏板净长）×栏板净高×2 （1.78-0.1-0.25）×0.36×2=1.0296		
			阳台长栏板上	（阳台长栏板净长）×栏板净高×2 （3.78-0.1×2）×0.36×2=2.5776		

续表

构件名称	算量类别	算量名称	位置	计算公式	工程量	单位
内墙面1	定额	墙面块料面积	1轴线	1轴线墙抹灰面积－踢脚面积 $19.355 - 5.6 \times 0.1 = 18.795$	57.636	m²
			B轴线	B轴线墙抹灰面积－（墙净长－洞口宽）×踢脚高度＋（门洞高×2＋门洞宽－踢脚高×2）×墙厚一半 $8.993 - (3.2 - 1) \times 0.1 + (2.1 \times 2 + 1 - 0.1 \times 2) \times 0.1 = 9.273$		
			2轴线	2轴线墙面抹灰面积－踢脚面积 $25.173 - 7.25 \times 0.1 = 24.448$		
			A轴线	A轴线墙抹灰面积－（踢脚长度）×踢脚高度 $5.275 - 1.55 \times 0.1 = 5.12$		
			阳台短栏板下	（阳台短墙净长）×墙净高×2－踢脚面积 $(1.78 - 0.1 - 0.25) \times 0.4 \times 2 - 1.43 \times 0.1 \times 2 = 0.858$	6.6132	m²
			阳台长栏板下	（阳台长墙净长）×墙净高×2－踢脚面积 $(3.78 - 0.2) \times 0.4 \times 2 - 3.58 \times 0.1 \times 2 = 2.148$		
			阳台短栏板上	（阳台短栏板净长）×栏板净高×2 $(1.78 - 0.1 - 0.25) \times 0.36 \times 2 = 1.0296$		
			阳台长栏板上	（阳台长栏板净长）×栏板净高×2 $(3.78 - 0.1 \times 2) \times 0.36 \times 2 = 2.5776$		
天棚1	清单	天棚抹灰面积		同定额算量	34.5609	m²
	定额	天棚抹灰面积	(A～B)/(1～2)天棚	（1～2轴梁间净距）×（A～B轴梁间净距）＋（B轴墙上梁净面积）＋（2轴墙上梁净面积）＋（A轴墙上梁净面积）＋（1轴墙上梁净面积）＋悬空梁底面积＋悬空梁侧面积 $(3.3 - 0.05 - 0.15) \times (7.2 - 0.05 - 0.05) + (3.3 - 0.5) \times 0.1 + (7.2 - 0.5) \times 0.05 + (1.4 - 0.25) \times 0.05 + (4.7 + 0.6 - 0.25) \times 0.05 + 1.65 \times 0.15 \times 2 + 1.65 \times 0.38 \times 2 = 24.684$	34.5609	m²
			阳台天棚	［阳台天棚净面积］＋悬空梁侧面积＋悬空梁底面积 $[(1.78 - 0.1 - 0.25) \times 3.58 + (2 - 0.1 + 0.25) \times (1.78 - 0.1 - 0.25)] + 1.65 \times 0.36 \times 2 + 1.65 \times 0.15 \times 2 = 9.8769$		
踢脚3	清单	踢脚抹灰面积（柱）		踢脚抹灰长度×高度 2×0.1	0.2	m²
	定额	踢脚抹灰长度（柱）		柱截面周长 0.5×4	2	m
内墙面1	清单	墙面抹灰面积（柱）		同定额算量"墙面抹灰面积"	6.712	m²
	定额	墙面抹灰面积（柱）		柱与梁相交面积×2＋柱与梁不相交面积×2 $(0.5 \times 3.48 - 0.3 \times 0.38) \times 2 + 0.5 \times 3.46 \times 2$	6.712	m²
		墙面块料面积（柱）		墙面抹灰面积－踢脚面积 $6.712 - 2 \times 0.1$	6.512	m²

（七）（3~4)/（A~B）办公室 1 室内装修工程量计算

二层（3~4)/（A~B）办公室 1 室内装修工程量计算表见表 3.2.19。

表 3.2.19 二层（3~4)/（A~B）办公室 1 室内装修工程量计算表

构件名称	算量类别	算量名称	位置	计算公式	工程量	单位
楼面 1	清单	块料地面积		1/4 圆上面积 + 1/4 圆左面积 + 1/4 圆面积	40.9563	m²
				$5.8 \times 4.75 + 2.5 \times 3.4 + 3.14 \times 2.5 \times 2.5/4$		
	定额	块料地面积		（1/4 圆面积）+（1/4 圆上面积）+（1/4 圆左面积）-（扣柱所占面积）+ 门洞开口面积一半 ×2	40.8638	m²
				$(2.5 \times 2.5 \times 3.14/4) + (5.8 \times 4.75) + (3.4 \times 2.5) - (0.15 \times 0.3 \times 2 + 0.25 \times 0.25 + 0.25 \times 0.35 + 0.15 \times 0.35) + 1 \times 0.1 \times 2 = 40.8638$		
		水泥砂浆找平地面积		（1/4 圆面积）+（1/4 圆上面积）+（1/4 圆左面积）	40.9563	m²
				$(2.5 \times 2.5 \times 3.14/4) + (5.8 \times 4.75) + (3.4 \times 2.5)$		
踢脚 1	清单	踢脚块料面积		踢脚块料长度 × 踢脚高度	1.72	m²
				17.2×0.1		
	定额	踢脚块料长度		（B 轴线踢脚长）+3 轴线踢脚长 +4 轴线踢脚长 +（柱踢脚长度）+ 门洞侧壁长度 - 门洞长度	17.2	m
				$(6 - 0.2) + 7.25 + 4.75 + (0.25 + 0.35 + 0.25 + 0.15) + 0.1 \times 4 - 1 \times 2$		
内墙面 1	清单	墙面抹灰面积		同定额算量"墙面抹灰面积"	60.52	m²
	定额	墙面抹灰面积	B 轴线	B 轴线墙净长 ×（墙净高）- 垂直方向梁相交面积 - 洞口面积		m²
				$5.8 \times (3.6 - 0.13) - 0.47 \times 0.05 \times 2 - 1 \times 2.1 \times 2 = 15.879$		
			4 轴线	4 轴线墙净长 × 墙净高 - 水平方向梁柱相交面积 + [（1/A）/4 轴处 x 方向上柱抹灰面积] + [（1/A）/4 轴处 y 方向左柱抹灰面积] + [（1/A）/4 轴处 x 方向下柱抹灰面积]	60.52	m²
				$4.75 \times 3.47 - 0.1 \times 0.37 + [0.25 \times 3.47 - 0.05 \times 0.47] + [0.25 \times 3.47 - 0.25 \times 0.37] + [0.35 \times (3.6 - 0.12) - 0.25 \times (0.5 - 0.12)] = 19.1875$		
			3 轴线	（1/A~B 轴墙净长）× 墙净高 -（垂直方向梁相交面积）+（A~1/A 轴墙净长）× 墙净高 +（A/3 轴处 x 方向上柱抹灰面积）-（垂直方向梁相交面积）		
				$(4.75 + 0.125) \times 3.47 - (0.1 \times 0.37 + 0.125 \times 0.37) + (2.5 - 0.125) \times 3.48 + (0.15 \times 3.48 - 0.05 \times 0.48) - (0.25 \times 0.38 + 0.125 \times 0.38) = 25.4535$		
		墙面块料面积	B 轴线	B 轴线墙净长 ×（墙净高减踢脚高）- 垂直方向梁相交面积 - 门洞面积 + 门洞侧壁面积		m²
				$5.8 \times (3.6 - 0.13 - 0.1) - 0.47 \times 0.05 \times 2 - 1 \times 2 \times 2 + (2 \times 2 + 1) \times 0.1 \times 2 = 16.499$	59.84	m²
			4 轴线	4 轴线墙抹灰面积 - 踢脚面积		
				$19.1875 - (4.75 + 0.25 + 0.25 + 0.35) \times 0.1 = 18.6275$		
			3 轴线	3 轴线墙抹灰面积 - 踢脚面积		
				$25.4535 - (4.75 + 2.5 + 0.15) \times 0.1 = 24.7135$		

构件名称	算量类别	算量名称	位置	计算公式	工程量	单位
天棚1	清单	天棚抹灰面积		同定额算量	50.8101	m²
	定额	天棚抹灰面积	B~1/A	3~4轴梁间净长×B~1/A轴梁间净长+（B轴墙上梁净面积）+（4轴墙上梁净面积）+[3轴墙上梁净面积]+[1/A轴悬空梁净长）×（梁截面宽一半+梁截面高减板厚）]]	50.8101	m²
				5.7×4.65+（5.5×0.1）+（4.2×0.05）+[（4.7−0.25+0.125）×0.05]+[（6−0.15−0.35）×（0.125+0.37）]=30.2163		
			弧形	1/4圆天棚抹灰面积−扣1/A轴处梁面积+[（1/4圆悬空梁净长）×（梁截面高减板厚+梁截面宽+梁截面高）]+1/4圆左天棚抹灰面积+[3轴墙上梁净面积]+[（1/A轴悬空梁净长）×（梁截面宽一半+梁截面高减板厚）]+[（1/4圆左悬空梁净长）×（梁截面高减板厚+梁截面宽+梁截面高）]		
				3.14×2.25×2.25/4−0.25×2.25+[（2×3.14×2.375/4−0.25）×（0.38+0.25+0.5）]+3.35×2+[0.05×（2.5−0.35−0.125）]+[（6−0.15−0.35）×（0.125+0.38）]+[（3.5−0.25）×（0.38+0.25+0.5）]=20.5938		

（八）（2~3）/（A~B）办公室1室内装修工程量计算

二层（2~3）/（A~B）办公室1室内装修工程量计算表见表3.2.20。

表3.2.20 二层（2~3）/（A~B）办公室1室内装修工程量计算表

构件名称	算量类别	算量名称	位置	计算公式	工程量	单位
楼面1	清单	块料地面积		2~3轴墙间净距×A~B轴墙间净距	42.05	m²
				5.8×7.25		
	定额	块料地面积		2~3轴墙间净距×A~B轴墙间净距+门洞开口面积一半−（扣柱面积）	42.07	m²
				5.8×7.25+1×0.1×2−（0.15×0.3×2+0.15×0.35+0.25×0.15）		
		水泥砂浆找平地面积		2~3轴墙间净距×A~B轴墙间净距	42.05	m²
				5.8×7.25		
踢脚1	清单	踢脚块料面积		踢脚块料长度×踢脚高度	2.45	m²
				24.5×0.1		
	定额	踢脚块料长度		2~3轴踢脚长×2+A~B轴踢脚长×2−扣门洞宽×2+门洞侧壁踢脚长度	24.5	m
				5.8×2+7.25×2−1×2+0.1×4		

续表

构件名称	算量类别	算量名称	位置	计算公式	工程量	单位
内墙面1	清单	墙面抹灰面积		同定额算量"墙面抹灰面积"	76.754	m²
	定额	墙面抹灰面积	B轴线	2~3轴墙间净长×(墙净高)-垂直方向梁与柱相交面积-门洞面积	76.754	m²
				5.8×(3.6-0.16)-0.44×0.05×2-1×2.1×2=15.708		
			3轴线	A~B轴墙间净长×(墙净高)-D轴梁与柱相交面积-C轴梁与柱相交面积		
				7.25×(3.6-0.16)-0.05×0.34-0.1×0.34=24.889		
			A轴线	2~3轴墙间净长×(墙净高)-垂直方向梁与柱相交面积-(窗洞面积)		
				5.8×(3.6-0.16)-0.44×0.05×2-(0.9×2.4×2+1.8×2.4)=11.268		
			2轴线	同3轴		
		墙面块料面积	B轴线	2~3轴墙间净长×墙净高-垂直方向梁与柱相交面积-门洞面积+门洞侧壁面积	77.594	m²
				5.8×(3.6-0.16-0.1)-0.44×0.05×2-1×2×2+(2×2+1)×0.1×2=16.328		
			3轴线	2轴线墙抹灰面积-踢脚面积		
				24.889-7.25×0.1=24.164		
			A轴线	2~3轴墙间净长×墙净高-垂直方向梁与柱相交面积-(窗洞面积)+窗洞侧壁面积		
				5.8×(3.6-0.16-0.1)-0.44×0.05×2-(0.9×2.4×2+1.8×2.4)+(0.9×2+2.4×4+1.8+2.4×2)×0.125=12.938		
			2轴线	同3轴		
天棚1	清单	天棚抹灰面积		同定额算量	41.96	m²
	定额	天棚抹灰面积		(2~3轴梁间净距)×(A~B轴梁间净距)+(B轴墙上梁净面积)+(3轴墙上梁净面积)+(A轴墙上梁净面积)+(2轴墙上梁净面积)	41.96	m²
				(6-0.3)×(7.2-0.1)+(5.5×0.1)+(6.6×0.05)+(5.5×0.05)+(6.7×0.05)		
		天棚抹灰面积		同上	41.96	m²

（九）（2~3)/(C~D) 办公室1室内装修工程量计算

二层（2~3)/(C~D) 办公室1室内装修工程量计算表见表3.2.21。

表3.2.21　二层（2~3)/(C~D)办公室1室内装修工程量计算表

构件名称	算量类别	算量名称	位置	计算公式	工程量	单位
楼面1	清单	块料地面积		2~3轴墙间净距×C~D轴墙间净距	40.31	m²
				5.8×6.95		
	定额	块料地面积		2~3轴墙间净距×C~D轴墙间净距+门洞开口面积一半×2-(扣柱面积)	40.345	m²
				5.8×6.95+1×0.1×2-(0.25×0.15×2+0.3×0.15×2)		
		水泥砂浆找平地面积		2~3轴墙间净距×C~D轴墙间净距	40.31	m²
				5.8×6.95		

构件名称	算量类别	算量名称	位置	计算公式	工程量	单位
踢脚1	清单	踢脚块料面积		踢脚块料长度×踢脚高度	2.39	m²
				23.9×0.1		
	定额	踢脚块料长度		2~3轴踢脚长×2+C~D轴踢脚长×2-扣门洞宽×2+门洞踢脚长度	23.9	m
				5.8×2+6.95×2-1×2+0.1×4		
内墙面1	清单	墙面抹灰面积		同定额算量"墙面抹灰面积"	76.13	m²
	定额	墙面抹灰面积	D轴线	2~3墙间净长×(墙净高)-扣垂直方向柱梁相交面积-窗洞面积	76.13	m²
				5.8×(3.6-0.16)-0.05×0.44×2-3×2.4=12.708		
			2轴线	C~D轴墙间净长×(墙净高)-D轴梁与柱相交面积-C轴梁与柱相交面积		
				6.95×(3.6-0.16)-0.05×0.34-0.1×0.34=23.857		
			C轴线	2~3轴墙间净长×(墙净高)-垂直方向梁与柱相交面积-门洞面积		
				5.8×(3.6-0.16)-0.44×0.05×2-1×2.1×2=15.708		
			3轴线	同2轴		
		墙面块料面积	D轴线	2~3轴墙净长×(墙净高减踢脚高)-扣垂直方向柱梁相交面面积-窗洞面积+窗洞侧壁面积	75.755	m²
				5.8×(3.6-0.16-0.1)-0.05×0.44×2-3×2.4+(3+2.4×2)×0.125=13.103		
			2轴线	2轴线墙抹灰面积-踢脚面积		
				23.857-6.95×0.1=23.162		
			C轴线	2~3轴墙间净长×(墙净高)-垂直方向梁与柱相交面积-门洞面积+门洞侧壁面积		
				5.8×(3.6-0.16-0.1)-0.44×0.05×2-1×2×2+(2×2+1)×0.1×2=16.328		
			3轴线	同2轴		
天棚1	清单	天棚抹灰面积		同定额算量	40.225	m²
	定额	天棚抹灰面积		(2~3轴梁间净距)×(C~D轴梁间净距)+D轴墙上梁净面积+3轴墙上梁净面积×2+C轴墙上梁净面积	40.225	m²
				(6-0.3)×(6.9-0.1)+5.5×0.05+6.4×0.05×2+5.5×0.1		
		天棚抹灰面积		同上	40.225	m²

（十）（3~4)/(C~D）办公室1室内装修工程量计算

二层（3~4)/(C~D）办公室1室内装修工程量计算表见表3.2.22。

表3.2.22 二层（3~4)/(C~D）办公室1室内装修工程量计算表

构件名称	算量类别	算量名称	位置	计算公式	工程量	单位
楼面1	清单	块料地面积		3~4轴墙间净距×C~D轴墙间净距	40.31	m²
				5.8×6.95		
	定额	块料地面积		3~4轴墙间净距×C~D轴墙间净距+门洞开口面积一半-(扣柱面积)	40.345	m²
				5.8×6.95+1×0.1×2-(0.15×0.25×2+0.15×0.3×2)		
		水泥砂浆找平地面积		3~4轴墙间净距×C~D轴墙间净距	40.31	m²
				5.8×6.95		

续表

构件名称	算量类别	算量名称	位置	计算公式	工程量	单位
踢脚1	清单	踢脚块料面积		踢脚块料长度×踢脚高度	2.39	m²
				23.9×0.1		
	定额	踢脚块料长度		3~4轴踢脚长×2+C~D轴踢脚长×2-扣门洞宽×2+门洞踢脚长度	23.9	m
				5.8×2+6.95×2-1×2+0.1×4		
内墙面1	清单	墙面抹灰面积		同定额算量"墙面抹灰面积"	77.57	m²
	定额	墙面抹灰面积	D轴线	3~4轴墙间净长×墙净高-扣垂直方向柱梁相交面积-窗洞面积	77.57	m²
				(6-0.2)×(3.6-0.16)-0.05×0.44×2-2.4×2.4=14.148		
			3轴线	C~D轴墙间净长×墙净高-D轴梁与柱相交面积-C轴梁与柱相交面积		
				6.95×(3.6-0.16)-0.05×0.34-0.1×0.34=23.857		
			C轴线	3~4轴墙间净长×墙净高-垂直方向梁与柱相交面积-门洞面积		
				5.8×(3.6-0.16)-0.44×0.05×2-1×2.1×2=15.708		
			4轴线	同3轴		
		墙面块料面积	D轴线	3~4轴墙净长×墙净高减踢脚高-扣垂直方向柱梁相交面积-窗洞面积+窗洞侧壁面积	77.12	m²
				(6-0.2)×(3.6-0.16-0.1)-0.05×0.44×2-2.4×2.4+(2.4+2.4×2)×0.125=14.468		
			3轴线	3轴线墙抹灰面积-踢脚面积		
				23.857-6.95×0.1=23.162		
			C轴线	3~4轴墙间净长×墙净高-垂直方向梁与柱相交面积-门洞面积+门洞侧壁面积		
				5.8×(3.6-0.16-0.1)-0.44×0.05×2-1×2×2+(2×2+1)×0.1×2=16.328		
			4轴线	同3轴		
天棚1	清单	天棚抹灰面积		同定额算量	40.225	m²
	定额	天棚抹灰面积		(2~3轴梁间净距)×(C~D轴梁间净距)+(D轴墙上梁净面积)+(3轴墙上梁净面积)+(C轴墙上梁净面积)+(2轴墙上梁净面积)	40.225	m²
				(6-0.3)×(6.9-0.1)+(5.5×0.05)+(6.4×0.05)+(5.5×0.1)+(6.4×0.05)		
		天棚抹灰面积		同上	40.225	m²

六、室外装修工程量计算

外墙面工程量计算：二层外墙裙（墙面）工程量计算表见表3.2.23。

表 3.2.23　二层外墙裙（墙面）工程量计算表

构件 名称	算量 类别	算量名称	位置	计算公式	工程量	单位
外墙面 外墙 1	清单	墙面块料面积		同定额算量	241.695	m²
	定额	墙面块料面积	1/A轴	1/A轴墙面净长×墙面高−窗洞面积+（洞口侧壁长度）×墙厚一半	241.695	m²
				$7.2 \times 3.6 - 5 \times 2.7 + (5 \times 2 + 2.7 \times 2) \times 0.125 = 14.345$		
			A轴	［（A轴墙面净长）×墙面高−（窗洞面积）+（洞口侧壁长度）×墙厚一半−栏板与墙相交面积］×2处		
				$[(1.4 + 6 + 0.25 + 0.25) \times 3.6 - (0.9 \times 2.4 \times 2 + 1.8 \times 2.4) + (2.4 \times 6 + 0.9 \times 4 + 1.8 \times 2) \times 0.125 - 0.9 \times 0.1] \times 2 = 44.82$		
			1轴	［（1轴墙面净长）×墙面高−窗洞面积+（洞口侧壁长度）×墙厚一半+栏板与墙相交面积］×2处		
				$[(0.25 + 6.9 + 2.1 + 4.7 + 0.6) \times 3.6 - 1.6 \times 2.4 + (1.6 \times 2 + 2.4 \times 2) \times 0.125 - 0.9 \times 0.1] \times 2 = 98.9$		
			D轴	［（D轴墙面净长）×墙面高−（窗洞面积）+（洞口侧壁长度）×墙厚一半−与飘窗板相交面积］×2处		
				$[(0.25 + 3.3 + 6 + 6 + 0.25) \times 3.6 - (1.5 \times 2.4 + 3 \times 2.4 + 2.4 \times 2.4) + (2.4 \times 4 + 1.5 \times 2 + 2.4 \times 2) \times 0.125 - 3.4 \times 0.1 \times 2] \times 2 = 83.63$		
外墙面 保温 外墙 1	清单	外墙保温面积		同定额算量	228.02	m²
	定额	外墙保温面积	1/A轴	1/A轴墙面净长×墙面高−窗洞面积	228.02	m²
				$7.2 \times 3.6 - 5 \times 2.7 = 12.42$		
			A轴	［（A轴墙面净长）×墙面高−（窗洞面积）−栏板与墙相交面积］×2处		
				$[(1.4 + 6 + 0.25 + 0.25) \times 3.6 - (0.9 \times 2.4 \times 2 + 1.8 \times 2.4) - 0.9 \times 0.1] \times 2 = 39.42$		
			1轴	［（1轴墙面净长）×墙面高−窗洞面积+栏板与墙相交面积］×2处		
				$[(0.25 + 6.9 + 2.1 + 4.7 + 0.6) \times 3.6 - 1.6 \times 2.4 - 0.9 \times 0.1] \times 2 = 96.9$		
			D轴	［（D轴墙面净长）×墙面高−（窗洞面积）−与飘窗板相交面积］×2处		
				$[(0.25 + 3.3 + 6 + 6 + 0.25) \times 3.6 - (1.5 \times 2.4 + 3 \times 2.4 + 2.4 \times 2.4) - 3.4 \times 0.1 \times 2] \times 2 = 79.28$		
玻璃 幕墙 MQ-1	清单	玻璃幕墙面积		见首层室外装修		m²
	定额	玻璃幕墙面积		见首层室外装修		m²
玻璃 幕墙 MQ-2	清单	玻璃幕墙面积		见首层室外装修		m²
	定额	玻璃幕墙面积		见首层室外装修		m²

七、三层工程量计算

三层的大部分工程量和首层、二层相同，这里只列出和首层、二层不同的构件工程量计算过程。

（一）三层护窗栏杆的工程量计算

三层护窗栏杆的工程量计算表见表 3.2.24。

表 3.2.24　三层护窗栏杆的工程量计算表

构件名称	算量类别	算量名称	计算公式	工程量	单位
护窗栏杆	清单	扶手中心线实际长度	同定额算量"扶手中心线水平投影长度"	46.0432	m
	定额	扶手中心线水平投影长度×高度	（阳台护窗栏杆长度＋幕墙护窗栏杆长度＋4～5 轴线处护窗栏杆）×高度	41.4389	m²
			（19.64＋19.7032＋6.7）×0.9		
		扶手中心线水平投影长度	阳台护窗栏杆长度＋幕墙护窗栏杆长度＋4～5 轴线处护窗栏杆	46.0432	m
			19.64＋19.7032＋6.7		

（二）三层楼梯栏杆工程量计算

三层楼梯和二层楼梯的工程量是相同的，只是到了三层楼梯栏杆发生了变化。三层楼梯栏杆的工程量计算见表 3.2.25

表 3.2.25　三层楼梯栏杆工程量计算表

构件名称	算量类别	算量名称	计算公式	工程量	单位
楼梯 1 栏杆扶手	清单	楼梯扶手实际长度	同定额算量"扶手实际长度"	21.2	m
	定额	扶手中心线水平投影长度×高度	扶手中心线水平投影长×高度	20.055	m²
			19.1×1.05		
		栏杆质量	扶手平段中心线水平投影长度×重量经验系数＋扶手斜段中心线水平投影长度×长度经验系数×重量经验系数	35.192	t
			5.1×1.66＋14.1.15×1.66		
		扶手水平投影长度	扶手水平投影长	19.1	m
			19.1		
		栏杆质量	扶手平段中心线水平投影长度×重量经验系数＋扶手斜段中心线水平投影长度×长度经验系数×重量经验系数	35.192	t
			5.1×1.66＋14.1.15×1.66		
		扶手实际长度	扶手平段中心线水平投影长度＋扶手斜段中心线水平投影长度×长度经验系数	21.1	m
			5.1＋14×1.15		
		栏杆质量	扶手平段中心线水平投影长度×重量经验系数＋扶手斜段中心线水平投影长度×长度经验系数×重量经验系数	35.192	t
			5.1×1.66＋14.1.15×1.66		

（三）三层板的工程量计算

三层板的工程量计算表见表 3.2.26。

表 3.2.26　三层板的工程量计算表

构件 名称	算量 类别	算量名称	位置	计算公式	工程量	单位
B120	清单	体积	(1~2)/ (A~B)	同定额算量	B120 体积合计 = 18.4516m³ 模 板面积合计 = 153.2631m² 超高模板面 积合计 =0	m³
	定额	体积		(1~2 轴梁间净长)×(A~B 轴梁间净长)×板厚× 板数量		m³
				(3.3 - 0.05 - 0.15)×(7.2 - 0.05 - 0.05)× 0.12×2 = 5.2824		
	清单	模板措施项目		面积同定额		项/m²
	定额	模板面积		[(1~2 轴梁间净长)×(A~B 轴梁间净长) - (柱 面积)]×板数量		m²
				[(3.3 - 0.05 - 0.15)×(7.2 - 0.05 - 0.05) - (0.2×0.2×2 + 0.2×0.1×2)]×2 = 43.78		
		超模面积		0		m²
B120	清单	体积	(1~2)/ (C~D)	同定额算量		m³
	定额	体积		(1~2 轴梁间净长)×(C~D 轴梁间净长)×板厚× 板数量		m³
				(3.3 - 0.05 - 0.15)×(6.9 - 0.05 - 0.05)× 0.12×2 = 5.0592		
	清单	模板措施项目		面积同定额		项/m²
	定额	模板面积		[(1~2 轴梁间净长)×(C~D 轴梁间净长) - (柱 面积)]×板数量		m²
				[(3.3 - 0.05 - 0.15)×(6.9 - 0.05 - 0.05) - (0.2× 0.2×2 + 0.2×0.1×2)]×2 = 41.92		
		超模面积		0		m²

续表

构件名称	算量类别	算量名称	位置	计算公式		工程量	单位
B120	清单	体积	(1~4)/(B~C)	同定额算量		B120 体积合计=18.4516m³ 模板面积合计=153.2631m² 超高模板面积合计=0	m³
	定额	体积		(1~4轴梁间净长)×(B~C轴梁间净长)×板厚×板数量			m³
				(15.3-0.05-0.3-0.15)×(2.1-0.25-0.25)×0.12×2=5.6832			
	清单	模板措施项目		面积同定额			项/m²
	定额	模板面积		[((1~4轴梁间净长)×(B~C轴梁间净长)-(柱面积)]×板数量			m²
				[(15.3-0.05-0.3-0.15)×(2.1-0.25-0.25)]×2=47.36			
		超模面积		0			m²
B120	清单	体积	(3~4)/(A~1/A)	同定额算量			m³
	定额	体积		[1/4圆左面积+1/4圆面积-梁所占面积]×板厚×板数量			m³
				[(3.5-0.15)×(2.5-0.5)+3.14×2.25×2.25/4-(2.5-0.25)×0.25]×0.12×2=2.4268			
	清单	模板措施项目		面积同定额			项/m²
	定额	模板面积		[1/4圆左面积+1/4圆面积-梁所占面积-柱面积]×板数量			m²
				[(3.5-0.15)×(2.5-0.5)+3.14×2.25×2.25/4-(2.5-0.25)×0.25-0.1×0.1]×2=20.2031			
		超模面积		0			m²
B130	清单	体积	(3~4)/(1/A~B)	同定额算量		B130 体积合计=6.8913m³ 模板面积合计=52.83m² 超高模板面积合计=0	m³
	定额	体积		(3~4轴梁间净长)×(1/A~B轴梁间净长)×板厚×板数量			m³
				(6-0.15-0.15)×(4.7-0.05)×0.13×2=6.8913			
	清单	模板措施项目		面积同定额			项/m²
	定额	模板面积		[(3~4轴梁间净长)×(1/A~B轴梁间净长)-(柱面积)]×板数量			m²
				[(6-0.15-0.15)×(4.7-0.05)-(0.2×0.1×2+0.25×0.2)]×2=52.83			
		超模面积		0			m²

续表

构件 名称	算量 类别	算量名称	位置	计算公式	工程量	单位
B160	清单	体积	(2~3)/ (A~B)	同定额算量		m³
	定额	体积		(2~3轴梁间净长)×(A~B轴梁间净长)×板厚× 板数量		m³
				(6-0.15-0.15)×(7.2-0.05-0.05)×0.16× 2=12.9504		
	清单	模板措施项目		面积同定额		项/m²
	定额	模板面积		[(2~3轴梁间净长)×(A~B轴梁间净长)-(柱 面积)]×板数量		m²
				[(6-0.15-0.15)×(7.2-0.05-0.05)-(0.2× 0.1×3+0.3×0.1)]×2=80.76		
		超模面积		0		m²
B160	清单	体积	(2~3)/ (C~D)	同定额算量		m³
	定额	体积		(2~3轴梁间净长)×(C~D轴梁间净长)×板厚× 板数量		m³
				(6-0.15-0.15)×(6.9-0.05-0.05)×0.16× 2=12.4032		
	清单	模板措施项目		面积同定额	B160 体积合计= 43.7184m³ 模 板面积合计= 272.6m² 超高模板面 积合计=0	项/m²
	定额	模板面积		[(2~3轴梁间净长)×(C~D轴梁间净长)-柱面 积]×板数量		m²
				[(6-0.15-0.15)×(6.9-0.05-0.05)-0.2× 0.1×4]×2=77.36		
		超模面积		0		m²
B160	清单	体积	(4~5)/B	同定额算量		m³
	定额	体积		(4~5轴梁间净长)×(梁间净宽)×板厚		m³
				(7.2-0.15-0.15)×(5.45-0.05)×0.16=5.9616		
	清单	模板措施项目		面积同定额		项/m²
	定额	模板面积		(4~5轴梁间净长)×(梁间净长宽)-柱面积		m²
				(7.2-0.15-0.15)×(5.45-0.05)-(0.2× 0.1×2+0.1×0.25×4)=37.12		
		超模面积		0		m²
B160	清单	体积	(3~4)/ (C~D)	同定额算量		m³
	定额	体积		(2~3轴梁间净长)×(C~D轴梁间净长)×板厚× 板数量		m³
				(6-0.15-0.15)×(6.9-0.05-0.05)×0.16× 2=12.4032		
	清单	模板措施项目		面积同定额		项/m²
	定额	模板面积		[(2~3轴梁间净长)×(C~D轴梁间净长)-柱面 积]×板数量		m²
				[(6-0.15-0.15)×(6.9-0.05-0.05)-0.2× 0.1×4]×2=77.36		
		超模面积		0		m²

（四）公共休息大厅（有吊顶）室内装修工程量计算

三层公共休息大厅（有吊顶）室内装修工程量计算表见表3.2.27。

表3.2.27　三层公共休息大厅（有吊顶）室内装修工程量计算表

构件名称	算量类别	算量名称	计算公式	工程量	单位
楼面3	清单	块料地面积	4~5轴墙间净距×（有吊顶房间净宽）+走廊凸出面积×2	42.32	m²
			7×6+1.6×0.1×2		
	定额	块料地面积	4~5轴墙净长×（有吊顶房间净宽）+B~C轴墙间净距×墙厚一半×2-扣梯柱面积-扣柱面积	41.96	m²
			7×（0.3+3.35+2.1+0.25）+1.6×0.1×2-0.2×0.3-0.15×0.5×4		
		垫层体积	（4~5轴墙净长×有吊顶房间净宽+B~C轴墙间净距×墙厚一半×2）×垫层厚度	1.6928	m³
			（7×6+1.6×0.1×2）×0.04		
踢脚2	清单	踢脚块料面积	踢脚块料长度×踢脚高度	1.01	m²
			10.1×0.1		
	定额	踢脚块料长度	［有吊顶房间踢脚长+柱侧面踢脚长度］×2	10.1	m
			［（6-1.6）+（0.15+0.25×2）］×2		
内墙面1	清单	墙面抹灰面积	［（有吊顶房间墙净长）×吊顶高+4/C柱上侧抹灰面积+4/C柱下侧抹灰面积×2］×2-扣梯梁截面面积	29.21	m²
			［（6-1.6）×2.9+0.15×3.1+0.25×3.1×2］×2-0.2×0.4		
	定额	墙面抹灰面积	［（有吊顶房间墙净长）×吊顶高加200+（4/C柱上侧抹灰净面积）+（4/C柱下侧抹灰净面积）×2-（扣垂直方向梁头相交面积）］×2-扣梯梁截面面积	31.07	m²
			［（6-1.6）×3.1+（0.15×3.1-0.05×0.1）+（0.25×3.1-0.15×0.1）×2-（0.05×0.3+0.1×0.3）］×2-0.2×0.4		
		墙面块料面积	［（有吊顶房间墙净长）×吊顶高减去踢脚高度+4/C柱上侧块料面积+4/C柱下侧块料面积］×2-扣梯梁截面面积	28.2	m²
			［（6-1.6）×2.8+0.15×2.8+0.25×2.8×2］×2-0.2×0.4		
吊顶1	清单	吊顶面积	同定额算量	42.32	m²
	定额	吊顶面积	房间墙内净面积+走廊凸出面积×2	42.32	m²
			6×7+1.6×0.1×2		
		吊顶面积	同上	42.32	m²

（五）公共休息大厅（无吊顶）室内装修工程量计算

三层公共休息大厅（无吊顶）室内装修工程量计算表见表3.2.28。

表3.2.28　三层公共休息大厅（无吊顶）室内装修工程量计算表

构件名称	算量类别	算量名称	计算公式	工程量	单位
地面1	清单	块料地面积	房间净长×房间净宽	31.15	m²
			7×4.45=31.15		
	定额	块料地面积	房间净长×房间净宽-扣柱面积×2	31.075	m²
			7×4.45-0.25×0.15×2		
		垫层体积	房间净长×房间净宽×垫层厚度	1.246	m³
			7×4.45×0.04		

续表

构件名称	算量类别	算量名称	计算公式	工程量	单位
踢脚2	清单	踢脚块料面积	踢脚块料长度×踢脚高度	1.62	m²
			16.2×0.1		
	定额	踢脚块料长度	(B～1/A轴踢脚长)×2+4～5轴踢脚长度+4/B柱下侧踢脚长度	16.2	m
			(4.7-0.25)×2+7+0.15×2		
内墙面1	清单	墙面抹灰面积	同定额算量"墙面抹灰面积"	44.7	m²
	定额	墙面抹灰面积	B～1/A轴墙抹灰长×层高×2+(4/B柱下侧墙抹灰面积)×2+1/A轴墙抹灰面积	44.7	m²
			4.45×3.6×2+(0.15×3.6-0.05×0.6)×2+(7×3.6-5×2.7-0.05×0.6×2)		
		墙面块料面积	墙抹灰面积+门洞侧壁面积-踢脚面积	45.005	m²
			44.7+(5+2.7)×0.125×2-(4.6×2×0.1+7×0.1)		

第三节 四层手工工程量计算

一、围护结构工程量计算

(一)柱子

1. 框架柱工程量计算

四层框架柱工程量计算表见表3.3.1。

表3.3.1 四层框架柱工程量计算表

构件名称	算量类别	算量名称	计算公式	工程量	单位
KZ1-500×500	清单	体积	同定额算量	3.4	m³
	定额	体积	柱截面面积×柱高×柱数量	3.4	m³
			0.5×0.5×3.6×4		
	清单	模板措施项目	面积同定额		项/m²
	定额	模板面积	柱周长×柱高×柱数量	27.2	m²
			0.5×4×3.1×4		
		模板面积	0	0	m²
KZ2-500×500	清单	体积	同定额算量	5.1	m³
	定额	体积	柱截面面积×柱高×柱数量	5.1	m³
			0.5×0.5×3.4×6		
	清单	模板措施项目	面积同定额		项/m²
	定额	模板面积	柱周长×柱高×柱数量	40.8	m²
			0.5×4×3.4×6		
		超模面积	0	0	m²

续表

构件名称	算量类别	算量名称	计算公式	工程量	单位
KZ3 – 500 × 500	清单	体积	同定额算量	5.1	m³
	定额	体积	柱截面面积×柱高×柱数量 0.5×0.5×3.4×6	5.1	m³
	清单	模板措施项目	面积同定额		项/m²
	定额	模板面积	柱周长×柱高×柱数量 0.5×4×3.4×6	40.8	m²
		超模面积	0	0	m²
KZ4 – 500 × 500	清单	体积	同定额算量	10.2	m³
	定额	体积	柱截面面积×柱高×柱数量 0.5×0.5×3.4×12	10.2	m³
	清单	模板措施项目	面积同定额		项/m²
	定额	模板面积	柱周长×柱高×柱数量 0.5×4×3.4×12	81.6	m²
		超模面积	0	0	m²
KZ5 – 600 × 500	清单	体积	同定额算量	2.04	m³
	定额	体积	柱截面面积×柱高×柱数量 0.6×0.5×3.4×2	2.04	m³
	清单	模板措施项目	面积同定额		项/m²
	定额	模板面积	柱周长×柱高×柱数量 (0.6+0.5)×2×3.4×2	14.96	m²
		超模面积	0	0	m²
KZ6 – 500 × 600	清单	体积	同定额算量	2.04	m³
	定额	体积	柱截面面积×柱高×柱数量 0.5×0.6×3.4×2	2.04	m³
	清单	模板措施项目	面积同定额		项/m²
	定额	模板面积	柱周长×柱高×柱数量 (0.5+0.6)×2×3.4×2	14.96	m²
		超模面积	0	0	m²
TZ1 – 300 × 200	清单	体积	同定额算量	0.324	m³
	定额	体积	柱截面面积×柱高×柱数量 0.3×0.2×1.8×3	0.324	m³
	清单	模板措施项目	面积同定额		项/m²
	定额	模板面积	柱周长×柱高×柱数量 (0.3+0.2)×2×1.8×3	5.4	m²
		超模面积	0	0	m²

2. 构造柱工程量计算

四层构造柱工程量计算表见表3.3.2。

表3.3.2　四层构造柱工程量计算表

构件名称	算量类别	算量名称	计算公式	工程量	单位
GZ－250×250（C2424 处）	清单	体积	同定额算量	GZ－250×250 体积 =2.8644m³模板面积 =35.714m²	m³
	定额	体积	{构造柱截面体积 +［马牙槎体积］－圈梁体积}×构造柱数量		m³
			{0.25×0.25×2.8 +［0.05×0.25×2.8 +0.05×0.25×0.4］－0.05×0.25×0.18×2}×4 =0.842		
	清单	模板措施项目	面积同定额		项/m²
	定额	模板面积	{构造柱模板面积 +［马牙槎模板面积］+窗侧壁模板面积 －圈梁模板面积}×构造柱数量		m²
			{0.25×2.8×2 +［0.1×2.8×2 +0.1×2×0.4］+2.4×0.25 －0.1×0.18×4}×4 =10.272		
GZ－250×250（ZJC1 处）	清单	体积	同定额算量		m³
	定额	体积	{构造柱截面体积 +［马牙槎体积］－圈梁体积}×构造柱数量		m³
			{0.25×0.25×2.8 +［0.05×0.25×2.8］－0.05×0.18×0.25}×4 =0.8312		
	清单	模板措施项目	面积同定额		项/m²
	定额	模板面积	{构造柱模板面积 +［马牙槎模板面积］+窗侧壁模板面积 －圈梁模板面积}×构造柱数量		m²
			{0.25×2.8×2 +［0.1×2.8×2］+0.25×2.8 －0.1×0.18×2}×4 =10.496		
GZ－250×250（C5027 处）	清单	体积	同定额算量		m³
	定额	体积	{构造柱截面体积 +［马牙槎体积］}×构造柱数量		m³
			{0.25×0.25×2.9 +［0.05×0.25×2.9 +0.05×0.25×0.2］}×2 =0.44		
	清单	模板措施项目	面积同定额		项/m²
	定额	模板面积	{构造柱模板面积 +［马牙槎模板面积］+门侧壁模板面积}×构造柱数量		m²
			{0.25×2.9×2 +［0.1×2.9×2 +0.1×0.2×2］+2.7×0.25}×2 =5.49		
GZ－250×250（PC 处）	清单	体积	同定额算量		m³
	定额	体积	{［构造柱体积］+［马牙槎体积］－圈梁体积}×构造柱数量		m³
			{［0.25×0.25×2.4 +0.05×0.25×0.4］+［0.05×0.25×2.8］－0.05×0.18×0.25}×4 =0.7512		
	清单	模板措施项目	面积同定额		项/m²
	定额	模板面积	{［构造柱模板面积］+［马牙槎模板面积］+窗侧壁模板面积 －圈梁模板面积}×构造柱数量		m²
			{［0.25×2.4×2 +0.05×0.4×2］+［0.1×2.8×2］+2.4×0.25 －0.1×0.18×2}×4 =9.456		

（二）屋面框架梁

四层屋面框架梁工程量计算表见表3.3.3。

表3.3.3 四层屋面框架梁工程量计算表

构件名称	算量类别	算量名称	计算公式	工程量	单位
WKL1－250×600	清单	体积	同定额算量	2.0186	m³
	定额	体积	［梁净长］×梁截面宽×梁截面高×梁数量 $[6-2.5+2×3.14×(2.5-0.125)/4-0.5]×0.25×0.6×2$	2.0186	m³
	清单	模板措施项目	面积同定额		项/m²
	定额	模板面积	｛梁净长×（梁截面宽＋梁截面高×2）－［板模板面积］｝×梁数量 $\{6.72875×(0.25+0.6×2)-[(1/4×2×3.14×(2.5-0.25)+6-2.5-0.5)×0.12]\}×2$	17.9456	m²
		超模面积	0	0	m²
WKL2－300×600	清单	体积	同定额算量	2.988	m³
	定额	体积	［梁净长］×梁截面宽×梁截面高×梁数量 $[(9.3-1)×0.3×0.6]×2$	2.988	m³
	清单	模板措施项目	面积同定额		项/m²
	定额	模板面积	｛梁净长×（梁截面宽＋梁截面高×2）－［板模板面积］｝×梁数量 $\{8.3×(0.3+0.6×2)-[5.5×0.16+2.8×0.12+(2-0.25)×0.14]\}×2$	21.978	m²
		超模面积	0	0	m²
WKL3－250×500	清单	体积	同定额算量	2.2125	m³
	定额	体积	［梁净长］×梁截面宽×梁截面高 $[(6-0.5)×2+(7.2-0.5)]×0.25×0.5$	2.2125	m³
	清单	模板措施项目	面积同定额		项/m²
	定额	模板面积	（梁净长）×（梁截面宽＋梁截面高×2）－［板模板面积］ $(5.5×2+6.7)×(0.25+0.5×2)-[(5.5×0.13+5.5×0.12)×2-(7.2-0.5)×0.13]$	18.504	m²
		超模面积	（4－5轴梁净长）×（梁截面宽＋梁截面高×2）－板模板面积 $(7.2-0.5)×(0.25+0.5×2)-6.7×0.13$	7.504	m²
WKL4－300×600	清单	体积	同定额算量	1.206	m³
	定额	体积	（梁净长）×梁截面宽×梁截面高 $(7.2-0.5)×0.3×0.6$	1.206	m³
	清单	模板措施项目	面积同定额		项/m²
	定额	模板面积	梁净长×（梁截面宽＋梁截面高×2）－板模板面积 $6.7×(0.3+0.6×2)-6.7×(0.16+0.13)$	8.107	m²
		超模面积	0	0	m²

续表

构件名称	算量类别	算量名称	计算公式	工程量	单位
WKL5-300×500	清单	体积	同定额算量	8.28	m³
	定额	体积	(梁净长)×梁截面宽×梁截面高×梁数量 (15.3-1.5)×0.3×0.5×4	8.28	m³
	清单	模板措施项目	面积同定额		项/m²
	定额	模板面积	梁净长×(梁截面宽+梁截面高×2)×梁数量-[C轴—侧板模板面积]×2-[B轴—侧板模板面积]×2 13.8×(0.3+0.5×2)×4-[2.8×0.12+5.5×0.16×2+13.8×0.12]×2-[2.8×0.12+5.5×(0.16+0.13)+13.8×0.12]×2	57.082	m²
	定额	超模面积	0	0	m²
WKL6-300×600	清单	体积	同定额算量	6.174	m³
	定额	体积	[梁净长]×梁截面宽×梁截面高 [(15.3-1.5)×2+7.2-0.5]×0.3×0.6	6.174	m³
	清单	模板措施项目	面积同定额		项/m²
	定额	模板面积	(梁净长)×(梁截面宽+梁截面高×2)-[板模板面积]-飘窗根部梁相交面积 (13.8×2+6.7)×(0.3+0.6×2)-[2.8×0.12+5.5×0.16×2+3.4×0.1)×2+6.7×0.12]	45.774	m²
	定额	超模面积	0	0	m²
WKL7-300×600	清单	体积	同定额算量	5.292	m³
	定额	体积	(梁净长)×梁截面宽×梁截面高×梁数量 (16.2-1.5)×0.3×0.6×2	5.292	m³
	清单	模板措施项目	面积同定额		项/m²
	定额	模板面积	{梁净长×(梁截面宽+梁截面高×2)-[板模板面积]}×梁数量 {14.7×(0.3+0.6×2)-[14.7×0.12+(2-0.25)×0.14]}×2	40.082	m²
	定额	超模面积	0	0	m²
WKL8-300×600	清单	体积	同定额算量	4.716	m³
	定额	体积	[梁净长]×梁截面宽×梁截面高 [(7.2-0.5)×2+(6.9-0.5)×2]×0.3×0.6	4.716	m³
	清单	模板措施项目	面积同定额		项/m²
	定额	模板面积	梁净长×(梁截面宽+梁截面高×2)-(A~B轴—侧板模板面积)×2-(C~D轴—侧板模板面积)×2 (6.7×2+6.4×2)×(0.3+0.6×2)-(6.7×0.12+6.7×0.16)×2-(6.4×0.12+6.4×0.16)×2	31.964	m²
	定额	超模面积	0	0	m²

构件名称	算量类别	算量名称	计算公式	工程量	单位
WKL9－300×600	清单	体积	同定额算量	5.256	m³
	定额	体积	（梁净长）×梁截面宽×梁截面高×梁数量 （16.2－1.6）×0.3×0.6×2	5.256	m³
	清单	模板措施项目	面积同定额		项/m²
	定额	模板面积	［梁净长×（梁截面宽＋梁截面高×2）－（板模板面积）］×梁数量 ［14.6×（0.3＋0.6×2）－（6.6×0.16＋1.9×0.12＋4.45×0.13＋1.6×0.12×2＋6.4×0.16×2）］×2	35.211	m²
		超模面积	0	0	m²
WKL10－300×600	清单	体积	同定额算量	4.392	m³
	定额	体积	（梁净长）×梁截面宽×梁截面高×梁数量 （13.7－1.5）×0.3×0.6×2	4.392	m³
	清单	模板措施项目	面积同定额		项/m²
	定额	模板面积	｛梁净长×（梁截面宽＋梁截面高×2）－［板模板面积］｝×梁数量 ｛12.2×（0.3＋0.6×2）－［4.2×0.13×2＋1.6×0.12＋6.4×0.16＋（3.35＋2.1－0.75）×0.16＋3×0.12］｝×2	29.76	m²
		超模面积	0	0	m²
L1－300×550	清单	体积	同定额算量	1.1385	m³
	定额	体积	梁净长×梁截面宽×梁截面高 （7.2－0.3）×0.3×0.55	1.1385	m³
	清单	模板措施项目	面积同定额		项/m²
	定额	模板面积	梁净长×（梁截面宽＋梁截面高×2）－板模板面积 6.9×（0.3＋0.55×2）－6.9×（0.16＋0.12）	7.728	m²
		超模面积	0	0	m²

（三）飘窗板根部混凝土构件

四层飘窗根部混凝土构件工程量计算表见表3.3.4。

表3.3.4 四层飘窗根部混凝土构件工程量计算表

构件名称	算量类别	算量名称	计算公式	工程量	单位
飘窗下混凝土250×400	清单	体积	同定额算量	0.68	m³
	定额	体积	构件长×构件截面宽×构件截面高×构件数量 3.4×0.25×0.4×2	0.68	m³
	清单	模板措施项目	面积同定额		项/m²
	定额	模板面积	（构件长×构件截面高×两侧＋构件两端模板面积－飘窗顶板模板面积）×构件数量 （3.4×0.4×2＋0.22×0.25×2－3.4×0.1）×2	4.98	m²
		超模面积	0	0	m²

（四）砌块墙

四层砌块墙体积工程量计算表见表3.3.5。

表3.3.5　四层砌块墙体积工程量表

构件名称	算量类别	算量名称	计算公式	工程量	单位
墙 QKQ250	清单	体积	同定额算量	27.7081	m³
	定额	体积	外墙净长×墙厚×（墙净高）＋1/A 轴墙净长×墙厚×（墙净高）－（窗洞面积）×墙厚－圈梁体积－飘窗根部构件体积－构造柱体积	27.7081	m³
			67×0.25×（3.4－0.6）＋6.7×0.25×（3.4－0.5）－（57.18＋14.4）×0.25－2.61－0.68－2.8644		
墙 QKQ200	清单	体积	同定额算量	64	m³
	定额	体积	水平方向墙净长×墙厚×（墙净高）＋垂直方向墙净长×墙厚×（墙净高）－门洞面积×墙厚－过梁体积	64	m³
			55.2×0.2×（3.4－0.5）＋73.4×0.2×（3.4－0.6）－42×0.2－0.72		

（五）护窗栏杆

四层护窗栏杆工程量计算表见表3.3.6。

表3.3.6　四层护窗栏杆工程量计算表

构件名称	算量类别	算量名称	计算公式	工程量	单位
护窗栏杆	清单	扶手中心线实际长度	同定额算量"扶手中心线水平投影长度"	39.3432	m
	定额	扶手中心线水平投影长度×高度	（阳台护窗栏杆长度＋幕墙护窗栏杆长度）×高度	35.6789	m²
			（19.64＋20.0032）×0.9		
		扶手中心线水平投影长度	阳台护窗栏杆长度＋幕墙护窗栏杆长度	39.6432	m
			19.64＋20.0032		
护窗栏杆	清单	栏板中心线实际长度	同定额算量"栏板中心线水平投影长度"	6.7	m
	定额	栏板中心线水平投影长度×高度	休息大厅栏板水平投影长度×高度	6.03	m²
			6.7×0.9		
		栏板中心线水平投影长度	休息大厅栏板水平投影长度	6.7	m
			6.7		

二、顶部结构工程量计算

板：四层板工程量计算表见表3.3.7。

表 3.3.7　四层板工程量计算表

构件名称	算量类别	算量名称	位置	计算公式	工程量	单位
B120	清单	体积	(1~2)/(A~B)	同定额算量		m³
	定额	体积		(1~2 轴梁间净长)×(A~B 轴梁间净长)×板厚×板数量		m³
				(3.3-0.05-0.15)×(7.2-0.05-0.05)×0.12×2=5.2824		
	清单	模板措施项目		面积同定额		项/m²
	定额	模板面积		[(1~2 轴梁间净长)×(A~B 轴梁间净长)-(柱面积)]×板数量		m²
				[(3.3-0.05-0.15)×(7.2-0.05-0.05)-(0.2×0.2×2+0.2×0.1×2)]×2=43.78		
		超模面积		0		m²
B120	清单	体积	(1~2)/(C~D)	同定额算量		m³
	定额	体积		(1~2 轴梁间净长)×(C~D 轴梁间净长)×板厚×板数量		m³
				(3.3-0.05-0.15)×(6.9-0.05-0.05)×0.12×2=5.0592		
	清单	模板措施项目		面积同定额	B120 体积合计=175.3031 m³ 模板面积合计=21.1012 m² 超高模板面积合计=0	项/m²
	定额	模板面积		[(1~2 轴梁间净长)×(C~D 轴梁间净长)-(柱面积)]×板数量		m²
				[(3.3-0.05-0.15)×(6.9-0.05-0.05)-(0.2×0.2×2+0.2×0.1×2)]×2=41.92		
		超模面积		0		m²
B120	清单	体积	(1~4)/(B~C)	同定额算量		m³
	定额	体积		(1~4 轴梁间净长)×(B~C 轴梁间净长)×板厚×板数量		m³
				(15.3-0.05-0.3-0.15)×(2.1-0.25-0.25)×0.12×2=5.6832		
	清单	模板措施项目		面积同定额		项/m²
	定额	模板面积		[(1~4 轴梁间净长)×(B~C 轴梁间净长)]×板数量		m²
				[(15.3-0.05-0.3-0.15)×(2.1-0.25-0.25)]×2=47.36		
		超模面积		0		m²
B120	清单	体积	(3~4)/(A~1/A)	同定额算量		m³
	定额	体积		[1/4 圆左面积+1/4 圆面积-梁所占面积]×板厚×板数量		m³
				[(3.5-0.15)×(2.5-0.5)+3.14×2.25×2.25/4-(2.5-0.25)×0.25]×0.12×2=2.4268		
	清单	模板措施项目		面积同定额		项/m²
	定额	模板面积		[1/4 圆左面积+1/4 圆面积-梁所占面积-柱面积]×板数量		m²
				[(3.5-0.15)×(2.5-0.5)+3.14×2.25×2.25/4-(2.5-0.25)×0.25-0.1×0.1]×2=20.2031		
		超模面积		0		m²

构件名称	算量类别	算量名称	位置	计算公式	工程量	单位
B120	清单	体积	楼梯间	同定额算量		m^3
	定额	体积		$(4\sim5$ 轴梁间净长$)\times$梁间净宽$\times$板厚		m^3
				$(7.2-0.3)\times3.2\times0.12=2.6496$		
	清单	模板措施项目		面积同定额		项/m^2
	定额	模板面积		$(4\sim5$ 轴梁间净长$)\times$梁间净宽$\times$柱面积		m^2
				$(7.2-0.3)\times3.2-0.1\times0.2\times2=22.04$		
		超模面积		0		m^2
B130	清单	体积	$(4\sim5)/$ $(1/A\sim B)$	同定额算量		m^3
	定额	体积		$(4\sim5$ 轴梁间净长$)\times(1/A\sim B$ 轴梁间净长$)\times$板厚		m^3
				$(7.2-0.15-0.15)\times(4.7-0.25)\times0.13=3.9917$		
	清单	模板措施项目		面积同定额	B130 合计 = 10.883 m^3 模板 面积合 计 = 83.485 m^2 超高模 板面积 合计 = 30.655 m^2	项/m^2
	定额	模板面积		$(4\sim5$ 轴梁间净长$)\times(1/A\sim B$ 轴梁间净长$)-$柱面积		m^2
				$(7.2-0.15-0.15)\times(4.7-0.25)-0.25\times0.1\times2=30.655$		
		超模面积		同上		m^2
B130	清单	体积	$(3\sim4)/$ $(1/A\sim B)$	同定额算量		m^3
	定额	体积		$(3\sim4$ 轴梁间净长$)\times(1/A\sim B$ 轴梁间净长$)\times$板厚$\times$板数量		m^3
				$(6-0.15-0.15)\times(4.7-0.05)\times0.13\times2=6.8913$		
	清单	模板措施项目		面积同定额		项/m^2
	定额	模板面积		$[(3\sim4$ 轴梁间净长$)\times(1/A\sim B$ 轴梁间净长$)-($柱面积$)]\times$板数量		m^2
				$[(6-0.15-0.15)\times(4.7-0.05)-(0.2\times0.1\times2+0.25\times0.2)]\times2=52.83$		
		超模面积		0		m^2

构件名称	算量类别	算量名称	位置	计算公式		工程量	单位
B160	清单	体积	(2~3)/(A~B)	同定额算量		B160合计=43.7184 m³ 模板面积合计=272.6m² 超高模板面积合计=0	m³
	定额	体积		(2~3轴梁间净长)×(A~B轴梁间净长)×板厚×板数量			
				(6-0.15-0.15)×(7.2-0.05-0.05)×0.16×2=12.9504			m³
	清单	模板措施项目		面积同定额			项/m²
	定额	模板面积		[(2~3轴梁间净长)×(A~B轴梁间净长)-(柱面积)]×板数量			m²
				[(6-0.15-0.15)×(7.2-0.05-0.05)-(0.2×0.1×3+0.3×0.1)]×2=80.76			
		超模面积		0			m²
B160	清单	体积	(2~3)/(C~D)	同定额算量			m³
	定额	体积		(2~3轴梁间净长)×(C~D轴梁间净长)×板厚×板数量			
				(6-0.15-0.15)×(6.9-0.05-0.05)×0.16×2=12.4032			m³
	清单	模板措施项目		面积同定额			项/m²
	定额	模板面积		[(2~3轴梁间净长)×(C~D轴梁间净长)-柱面积]×板数量			
				[(6-0.15-0.15)×(6.9-0.05-0.05)-0.2×0.1×4]×2=77.36			m²
		超模面积		0			m²
B160	清单	体积	(4~5)/B	同定额算量		B160体积合计=43.7184 m³ 模板面积合计=272.6 m² 超高模板面积合计=0	m³
	定额	体积		(4~5轴梁间净长)×(梁间净宽)×板厚			
				(7.2-0.15-0.15)×(5.45-0.05)×0.16=5.9616			m³
	清单	模板措施项目		面积同定额			项/m²
	定额	模板面积		(4~5轴梁间净长)×(梁间净宽)-柱面积			
				(7.2-0.15-0.15)×(5.45-0.05)-(0.2×0.1×2+0.1×0.25×4)=37.12			m²
		超模面积		0			m²
B160	清单	体积	(3~4)/(C~D)	同定额算量			m³
	定额	体积		(2~3轴梁间净长)×(C~D轴梁间净长)×板厚×板数量			
				(6-0.15-0.15)×(6.9-0.05-0.05)×0.16×2=12.4032			m³
	清单	模板措施项目		面积同定额			项/m²
	定额	模板面积		[(2~3轴梁间净长)×(C~D轴梁间净长)-柱面积]×板数量			
				[(6-0.15-0.15)×(6.9-0.05-0.05)-0.2×0.1×4]×2=77.36			m²
		超模面积		0			m²

三、室外结构工程量计算

（一）阳台

四层阳台工程量计算表见表3.3.8。

表3.3.8　四层阳台工程量计算表

构件名称	算量类别	算量名称	计算公式	工程量	单位
阳台栏板 LB100×400	清单	体积	同定额算量	0.8256	m³
	定额	体积	［栏板中心线周长］×栏板厚×栏板高×栏板数量 ［(1.78−0.3)×2+3.68×2］×0.1×0.4×2	0.8256	m³
	清单	模板措施项目	面积同定额		项/m²
	定额	模板面积	［栏板中心线周长］×栏板高×两侧×栏板数量 ［(1.78−0.3)×2+3.68×2］×0.4×2×2	16.512	m²
踢脚3	清单	踢脚面积	见办公室2房间装修	2.762	m²
	定额	踢脚长度	见办公室2房间装修	27.62	m
内墙面1	清单	栏板内墙面抹灰面积	见办公室2房间装修	4.008	m²
	定额	栏板内墙面抹灰面积	见办公室2房间装修	4.008	m²
		栏板内墙面块料面积		3.006	
外墙3	清单	栏板外装修面积	见二层阳台外墙3装修		m²
	定额	栏板外装修面积（抹灰）	见二层阳台外墙3装修		m²
		栏板外装修面积（涂料）			
外墙3保温	清单	栏板外保温面积	见二层阳台外墙3装修		m²
	定额	栏板外保温面积	见二层阳台外墙3装修		m²
阳台栏板 LB100×460	清单	体积	同定额算量	0.9494	m³
	定额	体积	［栏板中心线周长］×栏板厚×栏板高×栏板数量 ［(1.78−0.3)×2+3.68×2］×0.1×0.46×2	0.9494	m³
	清单	模板措施项目	面积同定额		项/m²
	定额	模板面积	［栏板中心线周长］×（栏板厚+栏板高×两侧）×栏板数量 ［(1.78−0.3)×2+3.68×2］×(0.1+0.46×2)×2	21.0528	m²
内墙面1	清单	栏板内墙面抹灰面积	见办公室2房间装修	4.6092	m²
	定额	栏板内墙面抹灰面积	见办公室2房间装修	4.6092	m²
		栏板内墙面块料面积		4.6092	
外墙3	清单	栏板外装修面积	同定额算量	16.992	m²
	定额	栏板外装修面积（抹灰）	［栏板墙外周长］×栏板高度×栏板数量 ［(1.78−0.25)×2+3.78×2］×0.8×2	16.992	m²
		栏板外装修面积（涂料）	同上	16.992	m²
外墙3保温	清单	栏板外保温面积	同定额算量	16.992	m²
	定额	栏板外保温面积	［栏板墙外周长］×栏板高度×栏板数量 ［(1.78−0.25)×2+3.78×2］×0.8×2	16.992	m²

续表

构件名称	算量类别	算量名称	计算公式	工程量	单位
阳台窗 ZJC1	清单	洞口面积	同定额算量	49.536	m²
	定额	框外围面积	[阳台窗中心线周长]×阳台窗高×阳台窗数量	49.536	m²
			[(1.78−0.3)×2+3.68×2]×2.4×2		
		框外围面积	同上	49.536	m²
阳台板 B140	清单	体积	同定额算量	2.5833	m³
	定额	体积	[阳台板面积]×板厚×板数量	2.5833	m³
			[(1.78−0.25)×3.78+2.25×(1.78−0.25)]×0.14×2		
	清单	模板措施项目	面积同定额		项/m²
	定额	模板面积(含侧模)	侧面模板面积:(阳台板外周长)×板厚×板数量	21.4254	m²
			(1.53×2+3.78×2)×0.14×2=2.9736		
			底面模板面积:[阳台板面积]×板数量		
			(1.53×3.78+2.25×1.53)×2=18.4518		
	定额	超模面积(含侧模)	0	0	m²
阳台楼面 楼面4	清单	阳台地面积	见办公室2房间装修	32.4064	m²
	定额	阳台地面积	见办公室2房间装修	32.4064	m²
		阳台地面垫层体积		1.2963	m³
阳台天棚 天棚1	清单	天棚抹灰面积	见办公室2房间装修	35.2209	m²
	定额	天棚抹灰面积	见办公室2房间装修	35.2209	m²

(二) 雨篷 (阳台顶板)

四层雨篷工程量计算表见表3.3.9。

表3.3.9　四层雨篷工程量计算表

构件名称	算量类别	算量名称	计算公式	工程量	单位
雨篷板 雨篷2	清单	雨篷板体积	同定额算量	2.5833	m³
	定额	雨篷板体积	[雨篷板面积]×板厚×板数量	2.5833	m³
			[(1.78−0.25)×3.78+2.25×(1.78−0.25)]×0.14×2		
	清单	模板措施项目	面积同定额		项/m²
	定额	雨篷模板面积(含侧模)	侧面模板面积:(阳台板外周长)×板厚×板数量	21.4254	m²
			(1.53×2+3.78×2)×0.14×2=2.9736		
			底面模板面积:[阳台板面积]×板数量		
			(1.53×3.78+2.25×1.53)×2=18.4518		
	定额	雨篷超模面积(含侧模)	0	0	m²

续表

构件名称	算量类别	算量名称	计算公式	工程量	单位
雨篷板防水屋面1	清单	防水层面积（含卷边）	防水层平面面积 + 防水层卷边面积 16.3878 + 6.158	22.5458	m²
	定额	防水层平面面积	[栏板内边线防水面积]×板数量 [((1.78 − 0.25 − 0.1)×(3.78 − 0.2) + (2.25 − 0.1)×(1.78 − 0.25 − 0.1)]×2	16.3878	m²
		防水层卷边面积	[栏板内边线卷边面积]×板数量 [(1.43×2 + 3.58×2)×0.2 + (1.9 + 0.25)×0.25×2]×2	6.158	m²
		找平层平面面积	防水层平面面积 16.3878	16.3878	m²
		找坡层体积	防水层平面面积×找坡厚度 16.3878×0.04	0.6555	m³
雨篷板保温屋面1	清单	保温层面积	保温层平面面积 16.3878	16.3878	m²
	定额	保温层体积	防水层平面面积×保温厚度 16.3878×0.08	1.311	m³
雨篷栏板LB100×200	清单	栏板体积	同定额算量	0.4128	m³
	定额	栏板体积	[栏板中心线周长]×栏板厚×栏板高×栏板数量 [(1.78 − 0.3)×2 + 3.68×2]×0.1×0.2×2	0.4128	m³
	清单	模板措施项目	面积同定额		项/m²
	定额	栏板模板面积	[栏板中心线周长]×栏板高×两侧×栏板数量 [(1.78 − 0.3)×2 + 3.68×2]×0.2×2×2	8.256	m²
外墙5	清单	栏板内装修面积	同定额算量	4.088	m²
	定额	栏板内装修面积	(栏板内边线长度)×栏板高×栏板数量 (1.43×2 + 3.58×2)×0.2×2	4.088	m²
外墙3	清单	栏板外装修面积	见四层阳台外墙3装修		m²
	定额	栏板外装修面积	见四层阳台外墙3装修		m²
		栏板外装修面积			m²
外墙3	清单	栏板外保温面积	见四层阳台外墙3装修		m²
	定额	栏板外保温面积	见四层阳台外墙3装修		m²
外墙5	清单	栏板顶装修面积	同定额算量	2.064	m²
	定额	栏板顶装修面积	[栏板中心线周长]×栏板厚×栏板数量 [(1.78 − 0.3)×2 + 3.68×2]×0.1×2	2.064	m²

四、室内装修工程量计算

（一）公共休息大厅（有地面）室内装修工程量计算

四层公共休息大厅（有地面）室内装修工程量计算表见表3.3.10。

表 3.3.10 四层公共休息大厅（有地面）室内装修工程量计算表

构件名称	算量类别	算量名称	计算公式	工程量	单位
楼面3	清单	块料地面积	4~5轴墙间净距×（有吊顶房间净宽）+B~C轴墙间净距×墙厚×一半×2	42.32	m²
			7×6+1.6×0.1×2		
	定额	块料地面积	4~5轴墙间净距×（有吊顶房间净宽）+B~C轴墙间净距×墙厚×一半×2-扣柱面积	42.02	m²
			7×（0.3+3.35+2.1+0.25）+1.6×0.1×2-0.15×0.5×4		
		垫层体积	（4~5轴墙间净距×（有吊顶房间净宽）+B~C轴墙间净距×墙厚×一半×2）×垫层厚度	1.6928	m³
			（7×6+1.6×0.1×2）×0.04		
踢脚2	清单	踢脚块料面积	踢脚块料长度×踢脚高度	1.01	m²
			10.1×0.1		
	定额	踢脚块料长度	[（有吊顶房间踢脚长）+（柱侧面踢脚长度）]×2	10.1	m
			[（6-1.6）+（0.15+0.25×2）]×2		
内墙面1	清单	墙面抹灰面积	同定额算量"墙面抹灰面积"	31.918	m²
	定额	墙面抹灰面积	[（有吊顶房间墙净长）×墙净高+（4/C柱上侧抹灰净面积）+（4/C柱下侧抹灰净面积）×2-（扣垂直方向梁头相交面积）]×2	31.918	m²
			[（6-1.6）×3.24+（0.15×3.24-0.05×0.44）+（0.25×3.24-0.15×0.44）×2-（0.3×0.39+0.3×0.44）]×2		
		墙面块料面积	墙面抹灰面积-踢脚面积	30.908	m²
			31.918-10.1×0.1		
天棚1	清单	天棚抹灰面积	同定额算量	49.207	m²
	定额	天棚抹灰面积	梁间天棚净面积+[4轴墙上梁净面积×2]+（悬空梁底面净面积）+[悬空梁侧面净面积]	49.207	m²
			6.9×5.4+[（3.35-0.25+0.3）×0.05×2]+（6.9×0.3+6.7×0.3+1.6×0.15×2）+[6.9×（0.55-0.16）+6.7×（0.6-0.16）+1.6×（0.6-0.16）×2]		
		天棚抹灰面积	同上	49.207	m²

（二）公共休息大厅（无地面）室内装修工程量计算

四层公共休息大厅（无地面）室内装修工程量计算表见表 3.3.11。

表 3.3.11 四层公共休息大厅（无地面）室内装修工程量计算表

构件名称	算量类别	算量名称	计算公式	工程量	单位
内墙面1	清单	墙面抹灰面积	同定额算量"墙面抹灰面积"	39.38	m²
	定额	墙面抹灰面积	（1/A~B轴墙净长）×2+（4/B柱下侧墙抹灰面积）×2+4~5轴墙抹灰面积-扣垂直方向梁柱相交面积-扣窗洞面积	39.38	m²
			（4.45×3.27）×2+（0.15×3.27-0.05×0.47）×2+7×3.27-0.05×0.47×2-5×2.7		
		墙面块料面积	墙面抹灰面积+窗洞侧壁面积	41.305	m²
			39.38+15.4×0.125		
吊顶1	清单	天棚抹灰面积	同定额算量	34.274	m²
	定额	天棚抹灰面积	梁间天棚净面积+[4轴墙上梁净面积]×2+[B轴悬空梁侧面积]	34.274	m²
			6.9×4.45+[（4.7-0.5）×0.05]×2+[6.7×（0.6-0.13）]		
		天棚抹灰面积	同上	34.274	m²

（三）楼梯间室内装修工程量计算

四层楼梯间室内装修工程量计算表见表 3.3.12。

表 3.3.12　四层楼梯间室内装修工程量计算表

构件名称	算量类别	算量名称	计算公式	工程量	单位
内墙面1	清单	墙面抹灰面积	同定额算量"墙面抹灰面积"	23.608	m²
	定额	墙面抹灰面积	[4 轴线墙净长 × 层高 + （柱内侧抹灰面积）- 扣 D 轴梁截面面积] × 2	23.608	m²
			[3.5 × 3.28 + (0.15 × 3.28 - 0.05 × 0.48) - 0.3 × 0.48] × 2		
		天棚抹灰面积	同上	23.608	m²
天棚1	清单	天棚抹灰面积	同定额算量	34.593	m²
	定额	天棚抹灰面积	梁间天棚净面积 + 4 轴墙上梁净面积 × 2 + [（D 轴悬空梁净面积）+ L_1 悬空梁侧面积）]	34.593	m²
			6.9 × 3.2 + 3 × 0.05 × 2 + [(6.7 × 0.3 + 6.7 × 0.48 + 6.7 × 0.6) + 6.9 × 0.43]		
		天棚抹灰面积	同上	34.593	m²

（四）走廊室内装修工程量计算

四层走廊室内装修工程量计算表见表 3.3.13。

表 3.3.13　四层走廊室内装修工程量计算表

构件名称	算量类别	算量名称	计算公式	工程量	单位
楼面3	清单	块料地面积	1~4 轴墙间净距 × B~C 轴墙间净距	24.48	m²
			15.3 × 1.6		
	定额	块料地面积	1~4 轴墙间净距 × B~C 轴墙间净距 + 门洞开口面积一半	25.48	m²
			15.3 × 1.6 + 1 × 0.1 × 10		
		垫层体积	1~4 轴墙间净距 × B~C 轴墙间净距 × 垫层厚度	0.9792	m³
			15.3 × 1.6 × 0.04		
踢脚2	清单	踢脚块料面积	踢脚块料长度 × 踢脚高度	2.42	m²
			24.2 × 0.1		
	定额	踢脚块料长度	1~4 轴踢脚长度 × 2 + B~C 轴踢脚长度 - 扣门洞宽 + 门洞踢脚长度	24.2	m
			15.3 × 2 + 1.6 - 1 × 10 + 0.1 × 20		
内墙面1	清单	墙面抹灰面积	同定额算量"墙面抹灰面积"	80.296	m²
	定额	墙面抹灰面积	[1~4 轴墙面抹灰面积 - 门洞面积 - （扣垂直方向梁头相交面积）] × 2 + B~C 轴墙抹灰面积 - 窗洞面积	80.296	m²
			[15.3 × 3.28 - 1 × 2.1 × 5 - (0.3 × 0.48 + 0.15 × 0.48 + 0.05 × 0.48)] × 2 + 1.6 × 3.28 - 1.6 × 2.4		
		墙面块料面积	墙面抹灰面积 + 门洞侧壁面积 × 10 + [窗洞侧壁面积] × 2 - 踢脚面积	84.076	m²
			80.296 + (1 + 2.1 × 2) × 0.1 × 10 + [(1.6 + 2.4) × 0.125] × 2 - 24.2 × 0.1		
天棚1	清单	天棚抹灰面积	同定额算量	26.784	m²
	定额	天棚抹灰面积	B~C 轴墙净长 × 1~4 轴墙净宽 + 悬空梁侧面面积	26.784	m²
			1.6 × 15.3 + 1.6 × 0.48 × 3		
		天棚抹灰面积	同上	26.784	m²

（五）卫生间室内装修工程量计算

四层卫生间室内装修工程量计算表见表 3.3.14。

表 3.3.14 四层卫生间室内装修工程量计算表

构件名称	算量类别	算量名称	位置	计算公式	工程量	单位
楼面2	清单	块料地面积		1~2轴墙间净距×C~D轴墙间净距 3.2×6.95	22.24	m²
	定额	块料地面积		1~2轴墙间净距×C~D轴墙间净距+门洞开口面积一半−(扣柱面积) 3.2×6.95+1×0.1−(0.25×0.25+0.25×0.15+0.25×0.3+0.3×0.15)	22.12	m²
		防水层平面面积		1~2轴墙间净距×C~D轴墙间净距 3.2×6.95	22.24	m²
		防水层立面面积		(房间净周长)×防水卷边高度 (3.2×2+6.95×2)×0.15	3.045	m²
		找平层面积		1~2轴墙间净距×C~D轴墙间净距 3.2×6.95	22.24	m²
		找坡层体积		1~2轴墙间净距×C~D轴墙间净距×找坡厚度 3.2×6.95×0.035	0.7784	m³
内墙面2	清单	墙面块料面积		同定额算量	61.59715	m²
	定额	墙面块料面积	D轴线	1~2轴墙净长×墙净高−垂直方向梁相交面积−窗洞面积+窗洞侧壁面积 3.2×3.28−0.05×0.48×2−1.5×2.4+(1.5+2.4×2)×0.125=7.6355	61.9715	m²
			1轴线	C~D轴墙净长×墙净高−(垂直方向梁相交面积) 6.95×3.28−(0.05×0.48+0.1×0.38)=22.734		
			C轴线	1~2轴墙净长×墙净高−垂直方向梁相交面积−门洞面积+门洞侧壁面积 3.2×3.28−0.05×0.48×2−1×2.1+(2.1×2+1)×0.1=8.868		
			2轴线	同1轴		
天棚1	清单	天棚抹灰面积		同定额算量	22.14	m²
	定额	天棚抹灰面积		(1~2轴墙间净长)×C~D轴墙间净宽+(1、2轴墙上梁净面积)+D轴墙上梁净面积+C轴墙上梁净面积 (3.3−0.2)×6.8+(6.4×0.05×2)+2.8×0.05+2.8×0.1	22.14	m²
		天棚抹灰面积		同上	22.14	

（六）办公室2室内装修工程量计算

四层办公室2室内装修工程量计算表见表3.3.15。

表 3.3.15 四层办公室2室内装修工程量计算表

构件名称	算量类别	算量名称	位置	计算公式	工程量	单位
楼面4	清单	地面积		同定额算量"地面积"	32.4064	m²
	定额	地面积		(A~B长)×(1~2长)+(1轴线左阳台长)×(1轴线左阳台宽)+(1轴线右阳台长)×(1轴线右阳台宽) (0.05+4.7+2.5)×(3.3−0.1)+(1.78−0.1)×(3.78−0.1×2)+(2−0.1)×(1.78−0.1)	32.4064	m²
		垫层体积		地面积×垫层厚度 32.4064×0.04	1.2963	m³

构件名称	算量类别	算量名称	位置	计算公式	工程量	单位
踢脚3	清单	踢脚抹灰面积		踢脚抹灰长度×踢脚高度	2.762	m²
				27.62×0.1		
	定额	踢脚抹灰长度		（1~2净宽）+（1轴线处墙净长）+（阳台短边长度）×2+（1轴线处墙净长）×2+（A轴线处墙净长）+（A~B净宽）	27.62	m
				（3.3−0.1）+（4.7+0.05+0.6）+（1.78−0.1）×2+（3.78−0.2）×2+（1.4−0.1）+（2.5+4.7+0.05）		
内墙面1	清单	墙面抹灰面积		同定额算量"墙面抹灰面积"	63.8332	m²
	定额	墙面抹灰面积	1轴	（1轴线墙净长）×墙净高−B轴处梁相交面积+1轴线墙头宽×墙净高	55.216	m²
				（0.05+4.7+0.6）×3.28−0.1×0.4+0.25×2.8=18.21		
			B轴	（B轴线墙净长）×墙净高−（1轴处梁相交面积+2轴处梁相交面积）−门洞面积		
				（3.3−0.1）×3.28−（0.05×0.4+0.05×0.48）−1×2.1=8.348		
			2轴	（2轴线墙净长）×墙净高−（B轴处梁相交面积+A轴处梁相交面积）		
				（2.5+4.7+0.05）×3.28−（0.1×0.38+0.05×0.4）=23.718		
			A轴	A轴线墙净长×墙净高−垂直方向梁相交面积+A轴线墙厚×墙净高		
				1.3×3.28−0.05×0.48+0.25×2.8=4.94		
			阳台短栏板下	（阳台短墙净长）×墙净高×2	8.6172	m²
				（1.78−0.1−0.25）×0.4×2=1.144		
			阳台长栏板下	（阳台长墙净长）×墙净高×2		
				（3.78−0.2）×0.4×2=2.864		
			阳台短栏板上	（阳台短栏板净长）×栏板净高×2		
				（1.78−0.1−0.25）×0.46×2=1.3156		
			阳台长栏板上	（阳台长栏板净长）×栏板净高×2		
				（3.78−0.1×2）×0.46×2=3.2936		
		墙面块料面积	1轴	1轴线墙抹灰面积−踢脚面积	54.056	m²
				18.21−5.6×0.1=17.65		
			B轴	B轴线墙抹灰面积−（墙净长−洞口宽）×踢脚高度+（门洞高×2+门洞宽−踢脚高×2）×墙厚一半		
				8.348−（3.2−1）×0.1+（2.1×2+1−0.1×2）×0.1=8.628		
			2轴	2轴线墙面抹灰面积−踢脚面积		
				23.718−7.25×0.1=22.993		
			A轴	A轴线墙抹灰面积−（踢脚长度）×踢脚高度		
				4.94−1.55×0.1=4.785		
			阳台短栏板下	（阳台短墙净长）×墙净高×2−踢脚面积	7.6152	m²
				（1.78−0.1−0.25）×0.4×2−1.43×0.1×2=0.858		
			阳台长栏板下	（阳台长墙净长）×墙净高×2−踢脚面积		
				（3.78−0.2）×0.4×2−3.58×0.1×2=2.148		
			阳台短栏板上	（阳台短栏板净长）×栏板净高×2		
				（1.78−0.1−0.25）×0.46×2=1.315		
			阳台长栏板上	（阳台长栏板净长）×栏板净高×2		
				（3.78−0.1×2）×0.46×2=3.2936		

构件名称	算量类别	算量名称	位置	计算公式	工程量	单位
天棚1	清单	天棚抹灰面积		同定额算量	35.2209	m²
	定额	天棚抹灰面积	(A~B)/(1~2)天棚	（1~2轴梁间净距）×（A~B轴梁间净距）+（B轴墙上梁净面积）+（2轴墙上梁净面积）+（A轴墙上梁净面积）+（1轴墙上梁净面积）+悬空梁底面积+悬空梁侧面积	35.2209	m²
				（3.3-0.05-0.15）×（7.2-0.05-0.05）+（3.3-0.5）×0.1+（7.2-0.5）×0.05+（1.4-0.25）×0.05+（4.7+0.6-0.25）×0.05+1.65×0.15×2+1.65×0.48×2=25.014		
			阳台天棚	［阳台天棚净面积］+悬空梁侧面积+悬空梁底面积		
				［（1.78-0.1-0.25）×3.58+（2-0.1+0.25）×（1.78-0.1-0.25）］+1.65×0.46×2+1.65×0.15×2=10.2069		
踢脚3	清单	踢脚抹灰面积（柱）		踢脚抹灰长度×高度	0.2	m²
				2×0.1		
	定额	踢脚抹灰长度（柱）		柱截面周长	2	m
				0.5×4		
内墙面1	清单	墙面抹灰面积（柱）		同定额算量"墙面抹灰面积"	6.252	m²
	定额	墙面抹灰面积（柱）		柱与梁相交面积×2+柱与梁不相交面积×2	6.252	m²
				（0.5×3.28-0.3×0.48）×2+0.5×3.26×2		
		墙面块料面积（柱）		墙面抹灰面积-踢脚面积	6.052	m²
				6.252-2×0.1		

（七）（3~4）/（A~B）办公室1室内装修工程量计算

四层（3~4）/（A~B）办公室1室内装修工程量计算表见表3.3.16。

表3.3.16　四层（3~4）/（A~B）办公室1室内装修工程量计算表

构件名称	算量类别	算量名称	位置	计算公式	工程量	单位
楼面1	清单	块料地面积		1/4圆上面积+1/4圆左面积+1/4圆面积	40.9563	m²
				5.8×4.75+2.5×3.4+3.14×2.5×2.5/4		
	定额	块料地面积		（1/4圆面积）+（1/4圆上面积）+（1/4圆左面积）-（扣柱所占面积）+门洞开口面积一半×2	40.8638	m²
				（2.5×2.5×3.14/4）+（5.8×4.75）+（3.4×2.5）-（0.15×0.3×2+0.25×0.25+0.25×0.35+0.15×0.35）+1×0.1×2=40.8638		
		水泥砂浆找平地面积		（1/4圆面积）+（1/4圆上面积）+（1/4圆左面积）	40.9563	m²
				（2.5×2.5×3.14/4）+（5.8×4.75）+（3.4×2.5）		

构件名称	算量类别	算量名称	位置	计算公式	工程量	单位
踢脚1	清单	踢脚块料面积		踢脚块料长度×踢脚高度	1.72	m²
				17.2×0.1		
	定额	踢脚块料长度		（B轴线踢脚长）+3轴线踢脚长+4轴线踢脚长+（柱踢脚长度）+门洞侧壁长度−门洞长度	17.2	m
				（6−0.2）+7.25+4.75+（0.25+0.35+0.25+0.15）+0.1×4−1×2		
内墙面1	清单	墙面抹灰面积		同定额算量"墙面抹灰面积"	56.71	m²
	定额	墙面抹灰面积	B轴线	B轴线墙抹灰长度×墙净高−垂直方向梁相交面积−洞口面积	56.71	m²
				5.8×（3.4−0.13）−0.47×0.05×2−1×2.1×2=14.719		
			4轴线	4轴线墙间抹灰长度×墙净高−水平方向梁柱相交面积+（A/4轴x方向上柱抹灰面积）+（A/4轴y方向左柱抹灰面积）+［A/4轴x方向下柱抹灰面积］		
				4.75×3.27−0.1×0.37+（0.25×3.27−0.05×0.47）+（0.25×3.27−0.25×0.37）+［0.35×（3.4−0.12）−0.25×（0.6−0.12）］=18.0425		
			3轴线	（B~1/A轴墙净长）×墙净高−（水平方向梁相交面积）+（1/A~A轴墙净长）×墙净高+（A/3轴x方向上柱抹灰面积）−（水平方向梁相交面积）		
				（4.75+0.125）×3.27−（0.1×0.37+0.125×0.37）+（2.5−0.125）×3.28+（0.15×3.28−0.05×0.48）−（0.25×0.48+0.125×0.38）=23.9485		
		墙面块料面积	B轴线	B轴线墙块料长度×墙净高减踢脚高−垂直方向梁相交面积−门洞面积+门洞侧壁面积	56.03	m²
				5.8×（3.4−0.13−0.1）−0.47×0.05×2−1×2×2+（2×2+1）×0.1×2=15.339		
			4轴线	4轴线墙抹灰面积−踢脚面积		
				18.0425−（4.75+0.5+0.35）×0.1=17.4825		
			3轴线	3轴线墙抹灰面积−踢脚面积		
				23.9485−（0.05+4.7+2.5+0.15）×0.1=23.2085		
天棚1	清单	天棚抹灰面积		同定额算量	52.1559	m²
	定额	天棚抹灰面积	（B~1）/A天棚抹灰面积	3~4轴梁间净长×B~1/A轴梁间净长+（B轴墙上梁净面积）+（4轴墙上梁净面积）+［3轴墙上梁净面积］+［1/A轴悬空梁净长×（梁截面宽一半+梁截面高减板厚）］	52.1559	m²
				5.7×4.65+（5.5×0.1）+（4.2×0.05）+［（4.7−0.25+0.125）×0.05］+［（6−0.15−0.35）×（0.125+0.37）］=30.2163		
			弧形天棚抹灰面积	1/4圆天棚抹灰面积−扣1/A轴处梁面积+［（1/4圆悬空梁净长）×（梁截面高减板厚+梁截面宽+梁截面高）］+1/4圆左天棚抹灰面积+［3轴墙上梁净面积］+［（1/A轴悬空梁净长）×（梁截面宽一半+梁截面高减板厚）］+［（1/4圆左悬空梁净长）×（梁截面高减板厚+梁截面宽+梁截面高）］		
				3.14×2.25×2.25/4−0.25×2.25+［（2×3.14×2.375/4−0.25）×（0.48+0.25+0.6）］+3.35×2+［（2.5−0.35−0.125）×0.05］+［（6−0.15−0.35）×（0.125+0.38）］+［（3.5−0.252×（0.48+0.25+0.6）］=21.9396		

（八）（2～3）/（A～B）办公室 1 室内装修工程量计算

四层（2～3）/（A～B）办公室 1 室内装修工程量计算表见表 3.3.17。

表 3.3.17 四层（2～3）/（A～B）办公室 1 室内装修工程量计算表

构件名称	算量类别	算量名称	位置	计算公式	工程量	单位
楼面 1	清单	块料地面积		2～3 轴墙间净距 × A～B 轴墙间净距	42.05	m²
				5.8 × 7.25		
	定额	块料地面积		2～3 轴墙间净距 × A～B 轴墙间净距 + 门洞开口面积一半 -（扣柱面积）	42.07	m²
				5.8 × 7.25 + 1 × 0.1 × 2 -（0.15 × 0.3 × 2 + 0.15 × 0.35 + 0.25 × 0.15）		
		水泥砂浆找平地面积		2～3 轴墙间净距 × A～B 轴墙间净距	42.05	m²
				5.8 × 7.25		
踢脚 1	清单	踢脚块料面积		踢脚块料长度 × 踢脚高度	2.45	m²
				24.5 × 0.1		
	定额	踢脚块料长度		2～3 轴踢脚长 × 2 + A～B 轴踢脚长 × 2 - 扣门洞宽 × 2 + 门洞侧壁踢脚长度	24.5	m
				5.8 × 2 + 7.25 × 2 - 1 × 2 + 0.1 × 4		
内墙面 1	清单	墙面抹灰面积		同定额算量"墙面抹灰面积"	71.524	m²
	定额	墙面抹灰面积	B 轴线	2～3 轴墙间净长 ×（墙净高）- 垂直方向梁与柱相交面积 - 门洞面积	71.524	m²
				5.8 ×（3.4 - 0.16）- 0.44 × 0.05 × 2 - 1 × 2.1 × 2 = 14.548		
			3 轴线	A～B 轴墙间净长 ×（墙净高）- D 轴梁与柱相交面积 - C 轴梁与柱相交面积		
				7.25 ×（3.4 - 0.16）- 0.05 × 0.44 - 0.1 × 0.34 = 23.434		
			A 轴线	（2～3）轴墙间净长 ×（墙净高）- 垂直方向梁与柱相交面积 -（窗洞面积）		
				5.8 ×（3.4 - 0.16）- 0.44 × 0.05 × 2 -（0.9 × 2.4 × 2 + 1.8 × 2.4）= 10.108		
			2 轴线	同 3 轴		
		墙面块料面积	B 轴线	2～3 轴墙间净长 ×（墙净高）- 垂直方向梁与柱相交面积 - 门洞面积 + 门洞侧壁面积	72.364	m²
				5.8 ×（3.4 - 0.16 - 0.1）- 0.44 × 0.05 × 2 - 1 × 2 × 2 +（2 × 2 + 1）× 0.1 × 2 = 15.168		
			3 轴线	2 轴线墙抹灰面积 - 踢脚面积		
				23.434 - 7.25 × 0.1 = 22.709		
			A 轴线	2～3 轴墙间净长 ×（墙净高）- 垂直方向梁与柱相交面积 -（窗洞面积）+ 窗洞侧壁面积		
				5.8 ×（3.4 - 0.16 - 0.1）- 0.44 × 0.05 × 2 -（0.9 × 2.4 × 2 + 1.8 × 2.4）+（0.9 × 2 + 2.4 × 4 + 1.8 + 2.4 × 2）× 0.125 = 11.778		
			2 轴线	同 3 轴		
天棚 1	清单	天棚抹灰面积		同定额算量	41.96	m²
	定额	天棚抹灰面积		（2～3 轴梁间净距）×（D～C 轴梁间净距）+ B 轴墙上梁净面积 + 3 轴墙上梁净面积 + A 轴墙上梁净面积 + 2 轴墙上梁净面积	41.96	m²
				（6 - 0.3）×（7.2 - 0.1）+ 5.5 × 0.1 + 6.6 × 0.05 + 5.5 × 0.05 + 6.7 × 0.05		
		天棚抹灰面积		同上	41.96	m²

（九）（2~3）/（C~D）办公室 1 室内装修工程量计算

四层（2~3）/（C~D）办公室 1 室内装修工程量计算表见表 3.3.18。

表 3.3.18 四层（2~3）/（C~D）办公室 1 室内装修工程量计算表

构件名称	算量类别	算量名称	位置	计算公式	工程量	单位
楼面1	清单	块料地面积		2~3 轴墙间净距×C~D 轴墙间净距	40.31	m²
				5.8×6.95		
	定额	块料地面积		2~3 轴墙间净长×C~D 轴墙间净宽 + 门洞开口面积一半×2 − （扣柱面积）	40.345	m²
				5.8×6.95+1×0.1×2−（0.25×0.15×2+0.3×0.15×2）		
		水泥砂浆找平地面积		2~3 轴墙间净长×C~D 轴墙间净宽	40.31	m²
				5.8×6.95		
踢脚1	清单	踢脚块料面积		踢脚块料长度×踢脚高度	2.39	m²
				23.9×0.1		
	定额	踢脚块料长度		2~3 轴墙间踢脚长×2+C~D 轴墙间踢脚长×2−扣门洞宽×2+门洞踢脚长度	23.9	m
				5.8×2+6.95×2−1×2+0.1×4		
内墙面1	清单	墙面抹灰面积		同定额算量"墙面抹灰面积"	71.02	m²
	定额	墙面抹灰面积	D 轴线	（2~3 轴墙间净长）×（墙净高）−扣垂直方向柱梁相交面积−窗洞面积	71.02	m²
				（6−0.2）×（3.4−0.16）−0.05×0.44×2−3×2.4=11.548		
			2 轴线	C~D 轴墙间净长×（墙净高）−D 轴梁与柱相交面积−C 轴梁与柱相交面积		
				6.95×（3.4−0.16）−0.05×0.44−0.1×0.34=22.462		
			C 轴线	2~3 轴墙间净长×（墙净高）−垂直方向梁与柱相交面积−门洞面积		
				5.8×（3.4−0.16）−0.44×0.05×2−1×2.1×2=14.548		
			3 轴线	同 2 轴		
		墙面块料面积	D 轴线	（2~3 轴墙净长）×（墙净高减踢脚高）−扣垂直方向柱梁相交面积−窗洞面积+窗洞侧壁面积	70.645	m³
				（6−0.2）×（3.4−0.16−0.1）−0.05×0.44×2−3×2.4+（3+2.4×2）×0.125=11.943		
			2 轴线	2 轴线墙抹灰面积−踢脚面积		
				22.462−6.95×0.1=21.767		
			C 轴线	2~3 轴墙间净长×（墙净高）−垂直方向梁与柱相交面积−门洞面积+门洞侧壁面积		
				5.8×（3.4−0.16−0.1）−0.44×0.05×2−1×2×2+（2×2+1）×0.1×2=15.168		
			3 轴线	同 2 轴		
天棚1	清单	天棚抹灰面积		同定额算量	40.225	m²
	定额	天棚抹灰面积		（2~3 轴梁间净距）×（D~C 轴梁间净距）+D 轴墙上梁净面积+3 轴墙上梁净面积×2+C 轴墙上梁净面积	40.225	m²
				（6−0.3）×（6.9−0.1）+5.5×0.05+6.4×0.05×2+5.5×0.1		
		天棚抹灰面积		同上	40.225	m²

（十）（3～4）/（C～D）办公室 1 室内装修工程量计算

四层（3～4）/（C～D）办公室 1 室内装修工程量计算表见表 3.3.19。

表 3.3.19 四层（3～4）/（C～D）办公室 1 室内装修工程量计算表

构件名称	算量类别	算量名称	位置	计算公式	工程量	单位
楼面 1	清单	块料地面积		（3～4）轴墙间净距 ×（C～D）轴墙间净距	40.31	m²
				5.8×6.95		
	定额	块料地面积		（3～4）轴墙间净距 ×（C～D）轴墙间净距 + 门洞开口面积一半 -（扣柱面积）	40.345	m²
				5.8×6.95 + 1×0.1×2 -（0.15×0.25×2 + 0.15×0.3×2）		
		水泥砂浆找平地面积		3～4 轴墙间净距 ×C～D 轴墙间净距	40.31	m²
				5.8×6.95		
踢脚 1	清单	踢脚块料面积		踢脚块料长度 × 踢脚高度	2.39	m²
				23.9×0.1		
	定额	踢脚块料长度		3～4 轴踢脚长 ×2 + C～D 轴踢脚长 ×2 - 扣门洞宽 ×2 + 门洞踢脚长度	23.9	m
				5.8×2 + 6.95×2 - 1×2 + 0.1×4		
内墙面 1	清单	墙面抹灰面积		同定额算量"墙面抹灰面积"	72.46	m²
	定额	墙面抹灰面积	D 轴线	（3～4 轴墙间净长）×（墙净高）- 扣垂直方向柱梁相交面积 - 窗洞面积	72.46	m²
				（6-0.2）×（3.4-0.16）- 0.05×0.44×2 - 2.4×2.4 = 12.988		
			3 轴线	C～D 轴墙间净长 ×（墙净高）- D 轴梁与柱相交面积 - C 轴梁与柱相交面积		
				6.95×（3.4-0.16）- 0.05×0.44 - 0.1×0.34 = 22.462		
			C 轴线	3～4 轴墙间净长 ×（墙净高）- 垂直方向梁与柱相交面积 - 门洞面积		
				5.8×（3.4-0.16）- 0.44×0.05×2 - 1×2.1×2 = 14.548		
			4 轴线	同 3 轴		
		墙面块料面积	D 轴线	（3～4 轴墙净长）×（墙净高减踢脚高）- 扣垂直方向柱梁相交面积 - 窗洞面积 + 窗洞侧壁面积	72.01	m²
				（6-0.2）×（3.4-0.16-0.1）- 0.05×0.44×2 - 2.4×2.4 +（2.4+2.4×2）×0.125 = 13.308		
			3 轴线	2 轴线墙抹灰面积 - 踢脚面积		
				22.462 - 6.95×0.1 = 21.767		
			C 轴线	3～4 轴墙间净长 ×（墙净高）- 垂直方向梁与柱相交面积 - 门洞面积 + 门洞侧壁面积		
				5.8×（3.4-0.16-0.1）- 0.44×0.05×2 - 1×2×2 +（2×2+1）×0.1×2 = 15.168		
			4 轴线	同 3 轴		
天棚 1	清单	天棚抹灰面积		同定额算量	40.225	m²
	定额	天棚抹灰面积		（2～3 轴梁间净距）×（C～D 轴梁间净距）+ D 轴墙上梁净面积 +（3 轴墙上梁净面积）×2 + C 轴墙上梁净面积	40.225	m²
				（6-0.3）×（6.9-0.1）+ 5.5×0.05 +（6.4×0.05）×2 + 5.5×0.1		
		天棚抹灰面积		同上	40.225	m²

五、室外装修工程量计算

外墙面工程量计算：四层外墙裙（墙面）工程量计算表见表 3.3.20。

表 3.3.20　四层外墙裙（墙面）工程量计算表

构件名称	算量类别	算量名称	位置	计算公式	工程量	单位
外墙面 外墙 1	清单	墙面块料面积		同定额算量	224.915	m²
	定额	墙面块料面积	1/A 轴	1/A 轴墙面净长×墙面高 – 窗洞面积 + （洞口侧壁长度）×墙厚一半	224.915	m²
				$7.2 \times 3.4 - 5 \times 2.7 + (5 \times 2 + 2.7 \times 2) \times 0.125 = 12.905$		
			A 轴	［（A 轴墙面净长）×墙面高 – （窗洞面积）+（洞口侧壁长度）×墙厚一半 – 栏板与墙相交面积］×2 处		
				$[(1.4 + 6 + 0.25 + 0.25) \times 3.4 - (0.9 \times 2.4 \times 2 + 1.8 \times 2.4) + (2.4 \times 6 + 0.9 \times 4 + 1.8 \times 2) \times 0.125 - 1 \times 0.1] \times 2 = 41.64$		
			1 轴	［（1 轴墙面净长）×墙面高 – 窗洞面积 + （洞口侧壁长度）×墙厚一半 – 栏板与墙相交面积］×2 处		
				$[(0.25 + 6.9 + 2.1 + 4.7 + 0.6) \times 3.4 - 1.6 \times 2.4 + (1.6 \times 2 + 2.4 \times 2) \times 0.125 - 1 \times 0.1] \times 2 = 93.06$		
			D 轴	［（D 轴墙面净长）×墙面高 – （窗洞面积）+（洞口侧壁长度）×墙厚一半 – 与飘窗板相交面积］×2 处		
				$[(0.25 + 3.3 + 6 + 6 + 0.25) \times 3.4 - (1.5 \times 2.4 + 3 \times 2.4 + 2.4 \times 2.4) + (2.4 \times 4 + 1.5 \times 2 + 2.4 \times 2) \times 0.125 - 3.4 \times 0.1 \times 2] \times 2 = 77.31$		
外墙面 保温 外墙 1	清单	外墙保温面积		同定额算量	211.24	m²
	定额	外墙保温面积	1/A 轴	1/A 轴墙面净长×墙面高 – 窗洞面积	211.24	m²
				$7.2 \times 3.4 - 5 \times 2.7 = 10.98$		
			A 轴	［（A 轴墙面净长）×墙面高 – （窗洞面积）– 栏板与墙相交面积］×2 处		
				$[(1.4 + 6 + 0.25 + 0.25) \times 3.4 - (0.9 \times 2.4 \times 2 + 1.8 \times 2.4) - 1 \times 0.1] \times 2 = 36.24$		
			1 轴	［（1 轴墙面净长）×墙面高 – 窗洞面积 – 栏板与墙相交面积］×2 处		
				$[(0.25 + 6.9 + 2.1 + 4.7 + 0.6) \times 3.4 - 1.6 \times 2.4 - 1 \times 0.1] \times 2 = 91.06$		
			D 轴	［（D 轴墙面净长）×墙面高 – （窗洞面积）– 与飘窗板相交面积］×2 处		
				$[(0.25 + 3.3 + 6 + 6 + 0.25) \times 3.4 - (1.5 \times 2.4 + 3 \times 2.4 + 2.4 \times 2.4) - 3.4 \times 0.1 \times 2] \times 2 = 72.96$		
玻璃 幕墙 MQ – 1	清单	玻璃幕墙面积		见首层室外装修		m²
	定额	玻璃幕墙面积		见首层室外装修		m²
玻璃 幕墙 MQ – 2	清单	玻璃幕墙面积		见首层室外装修		m²
	定额	玻璃幕墙面积		见首层室外装修		m²

第四节 屋面层手工工程量计算

一、围护结构

(一)构造柱工程量计算

屋面层构造柱工程量计算表见表 3.4.1。

表 3.4.1 屋面层构造柱工程量计算表

构件名称	算量类别	算量名称	计算公式	工程量	单位
GZ1 240×240	清单	体积	同定额算量	2.046	m³
	定额	体积	(构造柱体积 + 构造柱马牙槎体积)×构造柱数量 (0.24×0.24×0.9 + 0.03×0.24×0.84×2)×32	2.046	m³
	清单	模板措施项目	面积同定额		项/m²
	定额	模板面积	(构造柱模板面积 + 构造柱马牙槎模板面积)×构造柱数量 (0.24×0.9×2 + 0.06×0.84×2×2)×32	20.2752	m²
GZ2 240×490	清单	体积	同定额算量	0.2359	m³
	定额	体积	(构造柱体积 + 构造柱马牙槎体积)×构造柱数量 (0.24×0.49×0.9 + 0.03×0.24×0.84×2)×2	0.2359	m³
	清单	模板措施项目	面积同定额		项/m²
	定额	模板面积	[构造柱模板面积 + 构造柱马牙槎模板面积]×构造柱数量 [(0.24 + 0.49 − 0.24)×0.9×2 + 0.06×0.84×2×2]×2	2.1672	m²

(二)压顶工程量计算

因为计算压顶体积要用到压顶中心线长度,计算压顶装修、模板工程量要用到压顶内外边线等长度,所以我们在计算压顶工程量以前,需要先计算有关压顶长度的几个参数。又因为此工程出现一段圆弧,几个参数圆弧处的长度手工很难计算准确,我们就借助 CAD 图进行计算。

1. 压顶长度参数计算

(1)压顶中心线长度

压顶中心线长度计算图如图 3.4.1 所示。

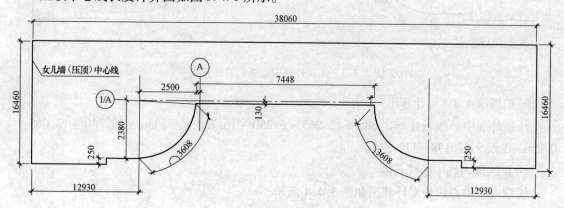

图 3.4.1 压顶中心线长度计算图

根据图 3.4.1，可计算出：

压顶中心线长度 = 3.608 + 12.930 + 0.250 + 16.460 + 38.060 + 16.460 + 12.930 + 0.250 + 3.608 + 7.448 = 112.004m

（2）压顶外边线长度

压顶外边线长度计算图如图 3.4.2 所示。

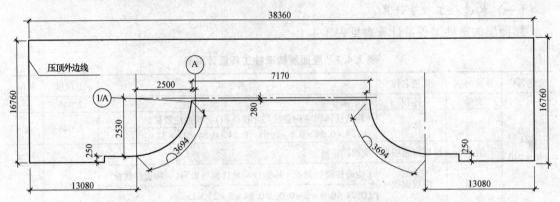

图 3.4.2　压顶外边线长度计算图

根据图 3.4.2，可计算出：

压顶外边线长度 = 3.694 + 13.080 + 0.250 + 16.760 + 38.360 + 16.760 + 13.080 + 0.250 + 3.694 + 7.170 = 113.098m

（3）压顶外底中心线长度

压顶外底中心线长度计算图如图 3.4.3 所示。

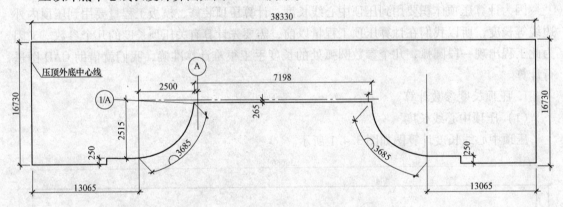

图 3.4.3　压顶外底中心线长度计算图

根据图 3.4.3，可计算出：

压顶外底中心线长度 = 3.685 + 13.065 + 0.250 + 16.730 + 38.330 + 16.730 + 13.065 + 0.250 + 3.685 + 7.198 = 112.988m

（4）压顶内底中心线长度

压顶内底中心线长度计算图如图 3.4.4 所示。

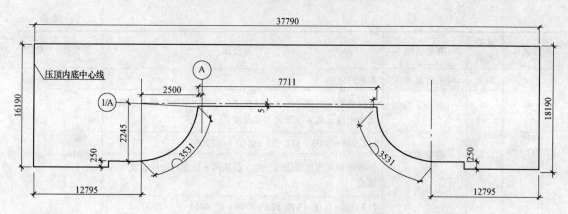

图 3.4.4 压顶内底中心线长度计算图

根据图 3.4.4，可计算出：

压顶内底中心线长度 = 3.531 + 12.795 + 0.25 + 16.190 + 37.790 + 16.190 + 12.795 + 0.25 + 3.531 + 7.711 = 111.033m

（5）压顶内边线长度

压顶内边线长度计算图如图 3.4.5 所示。

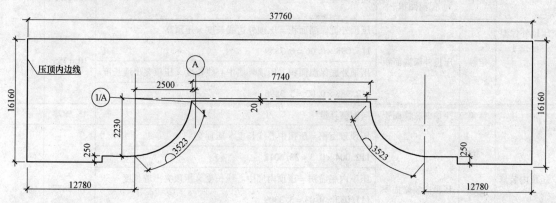

图 3.4.5 压顶内边线长度计算图

根据图 3.4.5，可计算出：

压顶内边线长度 = 3.523 + 12.780 + 0.25 + 16.160 + 37.760 + 16.160 + 12.780 + 0.25 + 3.523 + 7.740 = 110.926m

2. 压顶工程量计算

屋面层压顶工程量计算表见表 3.4.2。

表 3.4.2 屋面层压顶工程量计算表

构件名称	算量类别	算量名称	计算公式	工程量	单位
压顶 YD300×60	清单	体积	同定额算量	1.8914	m³
	定额	体积	压顶中心线长度×压顶宽×压顶高 - 构造柱体积 112.004 × 0.3 × 0.06 - (0.24 × 0.24 × 0.06 × 32 + 0.24 × 0.49 × 0.06 × 2)	1.8914	m³

续表

构件名称	算量类别	算量名称	计算公式	工程量	单位
压顶 YD300×60	清单	模板措施项目	面积同定额		项/m²
	定额	模板面积	底模面积 = 压顶外底中心线长度 × 压顶突出墙长度 + 压顶内底中心线长度 × 压顶突出墙长度	20.162	m²
			112.988 × 0.03 + 111.033 × 0.03 = 6.7206		
			侧模面积 = 压顶外边线长度 × 压顶高 + 压顶内边线长度 × 压顶高		
			113.098 × 0.06 + 110.926 × 0.06 = 13.4414		
压顶外装修	清单	压顶外装修面积	同定额算量	10.1755	m²
	定额	压顶外装修面积	压顶外侧面积 = 压顶外边线长度 × 压顶高	10.1755	m²
			113.098 × 0.06 = 6.7859		
			压顶外底面积 = 压顶外底中心线长度 × 压顶突出墙长度		
			112.988 × 0.03 = 3.3896		
压顶外保温 外墙1	清单	压顶外保温面积	同定额算量	10.1755	m²
	定额	压顶外保温面积	压顶外侧保温面积 = 压顶外边线长度 × 压顶高	10.1755	m²
			113.098 × 0.06 = 6.7859		
			压顶外底保温面积 = 压顶外底中心线长度 × 压顶突出墙长度		
			112.988 × 0.03 = 3.3896		
压顶内装修	清单	压顶内装修面积	同定额算量	43.5877	m²
	定额	压顶内装修面积	压顶顶面积 = 压顶中心线长度 × 压顶宽	43.5877	m²
			112.004 × 0.3 = 33.6012		
			压顶内底面积 = 压顶内底中心线长度 × 压顶突出墙长度		
			111.033 × 0.03 = 3.3309		
			压顶内侧面积 = 压顶内边线长度 × 压顶高		
			110.926 × 0.06 = 6.6556		

（三）女儿墙工程量计算

屋面层女儿墙工程量计算表见表 3.4.3。

表 3.4.3　屋面层女儿墙工程量计算表

构件名称	算量类别	算量名称	计算公式	工程量	单位
女儿墙240	清单	体积	同定额算量	20.42289	m³
	定额	体积	女儿墙中心线长度 × 女儿墙厚 × 女儿墙高 − （构造柱体积） 112.004 × 0.24 × 0.84 − （0.24 × 0.24 × 0.84 × 32 + 0.03 × 0.24 × 0.84 × 2 × 32 + 0.24 × 0.49 × 0.84 × 2 + 0.03 × 0.24 × 0.84 × 2 × 2）	20.42289	m³

二、室内装修

屋面层室内装修工程量计算：屋面层中的屋面相当于室内装修的地面，屋面卷边相当于室内装修的踢脚，女儿墙内装修相当于室内装修的墙面，计算女儿墙内装修需要计算女儿墙的内边线长度，如图 3.4.6 所示。

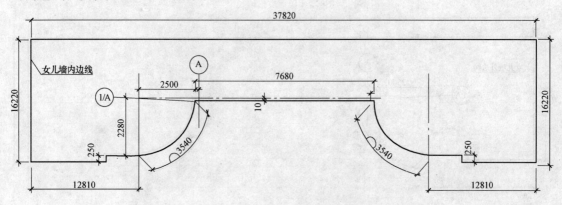

图 3.4.6　女儿墙内边线长度计算图

女儿墙内边线长度 = 37.820 + 16.220 + 12.810 + 0.250 + 3.540 + 7.680 + 3.540 + 12.810 + 0.250 + 16.220 = 111.14m

屋面层室内装修工程量计算表见表 3.4.4。

表 3.4.4　屋面层室内装修工程量计算表

构件名称	算量类别	算量名称	计算公式	工程量	单位
屋面1	清单	防水层面积（含卷边）	防水层平面面积 + 防水层卷边面积 589.1041 + 27.785	616.8891	m²
	定额	防水层平面面积	1~8 轴墙间净距×1/A~D 轴墙间净距 + (1~3 轴墙间净距× A~1/A 轴墙间净距 − 扣柱面积)×2 + [1/4 圆左平面面积 + 1/4 圆平面面积 − 1/A 轴处多算平面面积]×2 37.82×13.72 + (9.31×2.5 − 0.12×0.25)×2 + [2.25× 3.5 + 3.14×2.26×2.26/4 − (2.5 − 0.24)×0.01]×2	589.1041	m²
		防水层卷边面积	女儿墙内边线长度×防水卷边高 111.14×0.25	27.785	m²
		找平层平面面积	防水层平面面积 589.1014	589.1041	m²
		找坡层体积	防水层平面面积×找坡厚度 589.1041×0.04	23.5642	m³
屋面1	清单	保温层面积	保温层平面面积 589.1041	589.1041	m²
	定额	保温层体积	防水层平面面积×保温厚度 589.1041×0.08	47.1283	m³
女儿墙内装修外墙5	清单	女儿墙内装修面积	同定额算量	93.3576	m²
	定额	女儿墙内装修面积	女儿墙内边线长度×女儿墙高 111.14×0.84	93.3576	m²

三、室外装修

屋面层室外装修工程量计算：计算屋面层室外装修工程量以前，需要计算屋面层女儿墙的外周长，如图3.4.7所示。

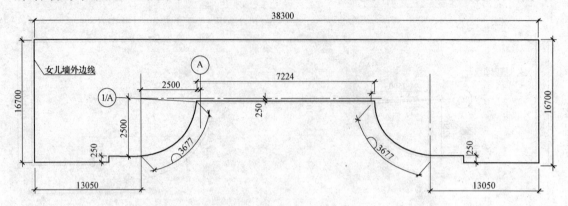

图 3.4.7　女儿墙外周长计算图

女儿墙外周长 = 38.300 + 16.700 + 13.050 + 0.250 + 3.677 + 7.224 + 3.677 + 13.050 + 0.250 + 16.700 = 112.878m

屋面层室外装修工程量计算表见表3.4.5。

表 3.4.5　屋面层室外装修工程量计算表

构件名称	算量类别	算量名称	计算公式	工程量	单位
外墙1	清单	墙面块料面积	同定额算量	94.7375	m²
	定额	墙面块料面积	女儿墙外边线长度 × 女儿墙高 − 栏板与墙面相交面积	94.7375	m²
			112.878 × 0.84 − 0.2 × 0.1 × 4		
外墙1	清单	外墙保温面积	同定额算量	94.7375	m²
	定额	外墙保温面积	女儿墙外边线长度 × 女儿墙高 − 栏板与墙面相交面积	94.7375	m²
			112.878 × 0.84 − 0.2 × 0.1 × 4		

第五节　基础层手工工程量计算

一、底部结构工程量计算

（一）土方

1. 基坑土方工程量计算

基础层基坑土方工程量计算表见表3.5.1。

表3.5.1 基础层基坑土方工程量计算表

构件名称	算量类别	算量名称	计算公式	工程量	单位
JK-1	清单	土方体积	基坑垫层外皮长×基坑垫层外皮宽×挖土深度×基坑数量	28.072	m³
			2.2×2.2×1.45×4		
	定额	土方体积	（基坑垫层外皮长＋工作面宽×2）×（基坑垫层外皮宽＋工作面宽×2）×挖土深度×基坑数量	45.472	m³
			(2.2＋0.3×2)×(2.2＋0.3×2)×1.45×4		
		土方体积	同上	45.472	m³
		开挖底面积	（基坑垫层外皮长＋工作面宽×2）×（基坑垫层外皮宽＋工作面宽×2）×基坑数量	31.36	m²
			(2.2＋0.3×2)×(2.2＋0.3×2)×4		
JK-2	清单	土方体积	基坑垫层外皮长×基坑垫层外皮宽×挖土深度×基坑数量	29.696	m³
			3.2×3.2×1.45×2		
	定额	土方体积	（基坑垫层外皮长＋工作面宽×2）×（基坑垫层外皮宽＋工作面宽×2）×挖土深度×基坑数量	41.876	m³
			(3.2＋0.3×2)×(3.2＋0.3×2)×1.45×2		
		土方体积	同上	41.876	m³
		开挖底面积	（基坑垫层外皮长＋工作面宽×2）×（基坑垫层外皮宽＋工作面宽×2）×基坑数量	28.88	m²
			(3.2＋0.3×2)×(3.2＋0.3×2)×2		
JK-3	清单	土方体积	基坑垫层外皮长×基坑垫层外皮宽×挖土深度×基坑数量	89.088	m³
			3.2×3.2×1.45×6		
	定额	土方体积	（基坑垫层外皮长＋工作面宽×2）×（基坑垫层外皮宽＋工作面宽×2）×挖土深度×基坑数量	125.628	m³
			(3.2＋0.3×2)×(3.2＋0.3×2)×1.45×6		
		土方体积	同上	125.628	m³
		开挖底面积	（基坑垫层外皮长＋工作面宽×2）×（基坑垫层外皮宽＋工作面宽×2）×基坑数量	86.64	m²
			(3.2＋0.3×2)×(3.2＋0.3×2)×6		
JK-4	清单	土方体积	基坑垫层外皮长×基坑垫层外皮宽×挖土深度×基坑数量	144.768	m³
			5.2×3.2×1.45×6		
	定额	土方体积	（基坑垫层外皮长＋工作面宽×2）×（基坑垫层外皮宽＋工作面宽×2）×挖土深度×基坑数量	191.748	m³
			(5.2＋0.3×2)×(3.2＋0.3×2)×1.45×6		
		土方体积	同上	191.748	m³
		开挖底面积	（基坑垫层外皮长＋工作面宽×2）×（基坑垫层外皮宽＋工作面宽×2）×基坑数量－与基坑2相交底面积	129.54	m²
			(5.2＋0.3×2)×(3.2＋0.3×2)×6－0.25×5.4×2		

续表

构件名称	算量类别	算量名称	计算公式	工程量	单位
JK-5	清单	土方体积	基坑垫层外皮长×基坑垫层外皮宽×挖土深度×基坑数量 3.3×3.2×1.45×2	30.624	m³
	定额	土方体积	(基坑垫层外皮长+工作面宽×2)×(基坑垫层外皮宽+工作面宽×2)×挖土深度×基坑数量 (3.3+0.3×2)×(3.2+0.3×2)×1.45×2	42.978	m³
		土方体积	同上	42.978	m³
		开挖底面积	(基坑垫层外皮长+工作面宽×2)×(基坑垫层外皮宽+工作面宽×2)×基坑数量 (3.3+0.3×2)×(3.2+0.3×2)×2	29.64	m²
JK-6	清单	土方体积	基坑垫层外皮长×基坑垫层外皮宽×挖土深度×基坑数量 3.2×3.3×1.45×2	30.624	m³
	定额	土方体积	(基坑垫层外皮长+工作面宽×2)×(基坑垫层外皮宽+工作面宽×2)×挖土深度×基坑数量 (3.2+0.3×2)×(3.3+0.3×2)×1.45×2	42.978	m³
		土方体积	同上	42.978	m³
		开挖底面积	(基坑垫层外皮长+工作面宽×2)×(基坑垫层外皮宽+工作面宽×2)×基坑数量 (3.2+0.3×2)×(3.3+0.3×2)×2	29.64	m²
JK-2′	清单	土方体积	基坑垫层外皮长×基坑垫层外皮宽×挖土深度×基坑数量 4.8×2.7×1.45×2	37.584	m³
	定额	土方体积	(基坑垫层外皮长+工作面宽×2)×(基坑垫层外皮宽+工作面宽×2)×挖土深度×基坑数量-与基坑4相交体积 (4.8+0.3×2)×(2.7+0.3×2)×1.45×2-0.25×5.4×1.45×2	47.763	m³
		土方体积	同上	47.763	m³
		开挖底面积	(基坑垫层外皮长+工作面宽×2)×(基坑垫层外皮宽+工作面宽×2)×基坑数量 (4.8+0.3×2)×(2.7+0.3×2)×2	35.64	m²

2. 基槽土方工程量计算

由于本工程基础量有一部分埋在地下，需要在基础梁下挖土，所以产生了基槽挖土。在计算基槽土方以前，我们需要先用CAD的方法计算出弧形基础梁挖基槽的长度，如图3.5.1所示。

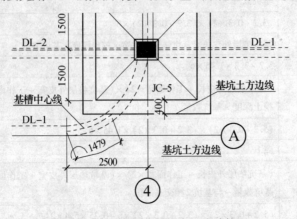

图3.5.1　弧形部分基槽中心线计算图

基础层基槽土方工程量计算表见表 3.5.2。

表 3.5.2　基础层基槽土方工程量计算表

构件类别	构件名称	算量类别	算量名称	计算公式	工程量	单位
基槽土方	基槽-1	清单	土方体积	{［垂直方向基槽净长］+［水平方向基槽净长］}×地梁截面宽×基槽高	8.5307	m^3
				{［(16.2-7)×2+(16.2-8.4)×2+(16.2-8.5)×2+(4.7+2.1+6.9-8.4)×2］+［(37.8-21.4)+(37.8-21.9)×2+(9.3-5.9)×2+(3.5-1.6)×2+(2×3.14×2.35/4-1.6)×2+(7.2-0.3)+(6+7.2+6-6.9)]}×0.3×0.2		
		定额	土方体积	{［垂直方向基槽净长］+［水平方向基槽净长］}×(地梁截面宽+工作面宽×2)×基槽高-1/A轴基槽与基坑相交体积	20.555	m^3
				{［(16.2-8.2)×2+(16.2-9.6)×2+(16.2-9.7)×2+(4.7+2.1+6.9-9.6)×2］+［(37.8-25.6)×3+(9.3-7.1)×2+(3.5-1.9)×2+1.479（图3.5.1）×2+(7.2-0.9)+(6+7.2+6-8.7)]}×(0.3+0.3×2)×0.2-0.05×1.45×0.2×2		
			土方体积	同上	20.555	m^3
			开挖底面积	{［垂直方向基槽净长］+［水平方向基槽净长］}×基槽宽-1/A轴基槽与基坑相交面积	102.7772	m^2
				［(16.2-8.2)×2+(16.2-9.6)×2+(16.2-9.7)×2+(4.7+2.1+6.9-9.6)×2+(37.8-25.6)×3+(9.3-7.1)×2+(3.5-1.9)×2+1.479（图3.5.1）×2+(7.2-0.9)+(6+7.2+6-8.7)]×0.9-0.05×1.45×2		

（二）基础垫层

基础垫层工程量计算表见表 3.5.3。

表 3.5.3　基础垫层工程量计算表

构件名称	算量类别	算量名称	计算公式	工程量	单位
DC-1	清单	垫层体积	同定额算量	1.936	m^3
	定额	垫层体积	垫层面积×垫层厚度×垫层数量 2.2×2.2×0.1×4	1.936	m^3
	清单	模板措施项目	面积同定额		项/m^2
	定额	垫层模板面积	垫层周长×垫层厚度×垫层数量 2.2×4×0.1×4	3.52	m^2
DC-2	清单	垫层体积	同定额算量	2.048	m^3
	定额	垫层体积	垫层面积×垫层厚度×垫层数量 3.2×3.2×0.1×2	2.048	m^3
	清单	模板措施项目	面积同定额		项/m^2
	定额	垫层模板面积	垫层周长×垫层厚度×垫层数量 3.2×4×0.1×2	2.56	m^2

续表

构件名称	算量类别	算量名称	计算公式	工程量	单位
DC－3	清单	垫层体积	同定额算量	6.144	m³
	定额	垫层体积	垫层面积×垫层厚度×垫层数量 3.2×3.2×0.1×6	6.144	m³
	清单	模板措施项目	面积同定额		项/m²
	定额	垫层模板面积	垫层周长×垫层厚度×垫层数量 3.2×4×0.1×6	7.68	m²
DC－4	清单	垫层体积	同定额算量	9.984	m³
	定额	垫层体积	垫层面积×垫层厚度×垫层数量 5.2×3.2×0.1×6	9.984	m³
	清单	模板措施项目	面积同定额		项/m²
	定额	垫层模板面积	垫层周长×垫层厚度×垫层数量 (5.2＋3.2)×2×0.1×6	10.08	m²
DC－5	清单	垫层体积	同定额算量	2.112	m³
	定额	垫层体积	垫层面积×垫层厚度×垫层数量 3.3×3.2×0.1×2	2.112	m³
	清单	模板措施项目	面积同定额		项/m²
	定额	垫层模板面积	垫层周长×垫层厚度×垫层数量 (3.3＋3.2)×2×0.1×2	2.6	m²
DC－6	清单	垫层体积	同定额算量	2.112	m³
	定额	垫层体积	垫层面积×垫层厚度×垫层数量 3.3×3.2×0.1×2	2.112	m³
	清单	模板措施项目	面积同定额		项/m²
	定额	垫层模板面积	垫层周长×垫层厚度×垫层数量 (3.3＋3.2)×2×0.1×2	2.6	m²
DC－2′	清单	垫层体积	同定额算量	2.592	m³
	定额	垫层体积	垫层面积×垫层厚度×垫层数量 2.7×4.8×0.1×2	2.592	m³
	清单	模板措施项目	面积同定额		项/m²
	定额	垫层模板面积	垫层周长×垫层厚度×垫层数量 (2.7＋4.8)×2×0.1×2	3	m²

（三）独立基础

独立基础工程量计算表见表3.5.4。

四棱锥台形独立基础体积 $= a \times b \times h + \dfrac{h\left[a \times b+(a_1+a) \times (b_1+b)+a_1 \times b_1\right]}{6}$，如图3.5.2所示。

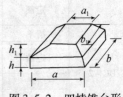

图3.5.2　四棱锥台形独立基础

表 3.5.4　独立基础工程量计算表

构件名称	算量类别	算量名称	计算公式	工程量	单位
JC-1	清单	独基体积	同定额算量	6.2827	m³
	定额	独基体积	$a \times b \times h + h_1/6\,[\,a \times b + (a_1 + a) \times (b_1 + b) + a_1 \times b_1\,] \times$独立基础数量 $(2 \times 2 \times 0.3 + 1/6 \times 0.2 \times [2 \times 2 + (2+0.6) \times (2+0.6) + 0.6 \times 0.6]) \times 4$	6.2827	m³
	清单	模板措施项目	面积同定额		项/m²
	定额	独基模板面积	独基周长×独基高×独基数量 $(2 \times 2 + 2 \times 2) \times 0.3 \times 4$	9.6	m²
JC-2	清单	独基体积	同定额算量	7.632	m³
	定额	独基体积	$a \times b \times h + h_1/6\,[\,a \times b + (a_1 + a) \times (b_1 + b) + a_1 \times b_1\,] \times$独立基础数量 $(3 \times 3 \times 0.3 + 1/6 \times 0.3 \times [3 \times 3 + (3+0.6) \times (3+0.6) + 0.6 \times 0.6]) \times 2$	7.632	m³
	清单	模板措施项目	面积同定额		项/m²
	定额	独基模板面积	独基周长×独基高×独基数量 $(3 \times 2 + 3 \times 2) \times 0.3 \times 2$	7.2	m²
JC-3	清单	独基体积	同定额算量	22.896	m³
	定额	独基体积	$a \times b \times h + h_1/6\,[\,a \times b + (a_1 + a) \times (b_1 + b) + a_1 \times b_1\,] \times$独立基础数量 $(3 \times 3 \times 0.3 + 1/6 \times 0.3 \times [3 \times 3 + (3+0.6) \times (3+0.6) + 0.6 \times 0.6]) \times 6$	22.896	m³
	清单	模板措施项目	面积同定额		项/m²
	定额	独基模板面积	独基周长×独基高×独基数量 $(3 \times 2 + 3 \times 2) \times 0.3 \times 6$	21.6	m²
JC-4	清单	独基体积	同定额算量	40.302	m³
	定额	独基体积	$a \times b \times h + h_1/6\,[\,a \times b + (a_1 + a) \times (b_1 + b) + a_1 \times b_1\,] \times$独立基础数量 $(5 \times 3 \times 0.3 + 1/6 \times 0.3 \times [5 \times 3 + (5+2.7) \times (3+0.6) + 2.7 \times 0.6]) \times 6$	40.302	m³
	清单	模板措施项目	面积同定额		项/m²
	定额	独基模板面积	独基周长×独基高×独基数量 $(5 \times 2 + 3 \times 2) \times 0.3 \times 6$	28.8	m²
JC-5	清单	独基体积	同定额算量	7.92	m³
	定额	独基体积	$a \times b \times h + h_1/6\,[\,a \times b + (a_1 + a) \times (b_1 + b) + a_1 \times b_1\,] \times$独立基础数量 $(3.1 \times 3 \times 0.3 + 1/6 \times 0.3 \times [3.1 \times 3 + (3.1+0.7) \times (3+0.6) + 0.7 \times 0.6]) \times 2$	7.92	m³
	清单	模板措施项目	面积同定额		项/m²
	定额	独基模板面积	独基周长×独基高×独基数量 $(3 \times 2 + 3.1 \times 2) \times 0.3 \times 2$	7.32	m²
JC-6	清单	独基体积	同定额算量	7.92	m³
	定额	独基体积	$a \times b \times h + h_1/6\,[\,a \times b + (a_1 + a) \times (b_1 + b) + a_1 \times b_1\,] \times$独立基础数量 $(3 \times 3.1 \times 0.3 + 1/6 \times 0.3 \times [3 \times 3.1 + (3+0.6) \times (3.1+0.7) + 0.6 \times 0.7]) \times 2$	7.92	m³
	清单	模板措施项目	面积同定额		项/m²
	定额	独基模板面积	独基周长×独基高×独基数量 $(3 \times 2 + 3.1 \times 2) \times 0.3 \times 2$	7.32	m²

续表

构件名称	算量类别	算量名称	计算公式	工程量	单位
JC-2'	清单	独基体积	同定额算量	9.2833	m³
	定额	独基体积	$a \times b \times h + h_1/6 [a \times b + (a_1 + a) \times (b_1 + b) + a_1 \times b_1] \times$独立基础数量 $(4.6 \times 2.5 \times 0.3 + 1/6 \times 0.2 \times [4.6 \times 2.5 + (4.6 + 2.7) \times (2.5 + 0.6) + 2.7 \times 0.6)]) \times 2$	9.2833	m³
	清单	模板措施项目	面积同定额		项/m²
	定额	独基模板面积	独基周长×独基高×独基数量 $(2.5 \times 2 + 4.6 \times 2) \times 0.3 \times 2$	8.52	m²

（四）基础回填土

基础回填土工程量计算表见表3.5.5。

表3.5.5 基础回填土工程量计算表

构件名称	算量类别	算量名称	计算公式	工程量	单位
基础回填土 HTT1	清单	回填土体积	基坑土方体积＋基槽土方体积＋阳台基槽土方体积－基坑垫层体积－阳台基槽垫层体积－独立基础体积－室外地坪以下柱体积－室外地坪以下基础梁体积－室外地坪下阳台条基体积 $390.456 + 8.5307 + 7.3331 - 26.928 - 1.386 - 102.236 - 6.35 - 16.1927 - (0.24 \times 0.25 + 0.37 \times 0.12 + 0.5 \times 0.12) \times 9.9 \times 2$	249.972	m³
	定额	回填土体积	基坑土方体积＋基槽土方体积＋阳台基槽土方体积－基坑垫层体积－阳台基槽垫层体积－独立基础体积－室外地坪以下柱体积－室外地坪以下基础梁体积－室外地坪下阳台条基体积 $538.443 + 20.555 + 10.483 - 26.928 - 1.386 - 102.236 - 6.35 - 16.1927 - (0.24 \times 0.25 + 0.37 \times 0.12 + 0.5 \times 0.12) \times 9.9 \times 2$	412.7985	m³
		回填土体积	同上	412.7985	m³

（五）阳台墙基础

我们把阳台墙基础的挖基槽也算到了这里，由于阳台基槽与基坑之间有相互重叠的部分，手工算起来比较复杂，用CAD将其画出，如图3.5.3所示，这样能计算出阳台墙挖基槽的底面积，由于挖深很浅不放坡，用底面积乘以高度就可以算出阳台墙挖基槽的土方体积。

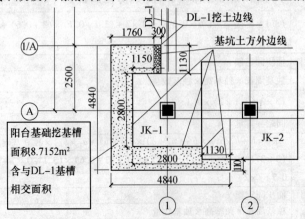

图3.5.3 阳台墙基槽土方计算图

阳台墙基础工程量计算表见表3.5.6。

表3.5.6　阳台墙基础工程量计算表

构件名称	算量类别	算量名称	计算公式	工程量	单位
基槽土方 TJTF	清单	土方体积	{基槽中心线长度×垫层截面宽×基槽挖深−［与JK−2相交体积］}×2	7.3331	m³
			{9.9×0.7×0.59−［1.35×（0.18+0.35）×0.59］}×2		
	定额	土方体积	［土方净面积（图3.5.3）×土方深度−扣基槽体积］×阳台数量	10.1483	m³
			［8.7152×0.59−（1.3−0.17）×0.3×0.2］×2		
		开挖底面积	土方净面积（图3.5.3）×阳台数量	17.4304	m²
			8.7152×2		
条基垫层 TJDC	清单	垫层体积	同定额算量	1.386	m³
	定额	垫层体积	（垫层中心线长度）×垫层宽度×垫层厚度×阳台数量	1.386	m³
			（1.41×2+3.54×2）×0.7×0.1×2		
	清单	模板措施项目	面积同定额		项/m²
	定额	垫层模板面积	（垫层中心线长度+垫层宽度）×垫层厚度×2×阳台数量	4.24	m²
			（（1.41+3.54）×2+0.7）×0.1×2×2		
砖条基 ZTJ	清单	体积	同定额算量	3.7778	m³
	定额	体积	（阳台墙条基截面积）×条基中心线长度×条基数量	3.7778	m³
			（0.24×0.36+0.37×0.12+0.5×0.12）×9.9×2		
地圈梁 DQL	清单	体积	同定额算量	1.1404	m³
	定额	体积	（圈梁中心线长度）×圈梁高度×圈梁宽度×阳台数量	1.1404	m³
			（1.41×2+3.54×2）×0.24×0.24×2		
	清单	模板措施项目	面积同定额		项/m²
	定额	模板面积	（圈梁中心线长度）×圈梁侧模高度×2×阳台数量	9.504	m²
			（1.41×2+3.54×2）×0.24×2×2		

二、围护结构工程量计算

基础层围护结构包括框架柱和基础梁。

（一）框架柱

基础层框架柱工程量计算表见表3.5.7。

表3.5.7　基础层框架柱工程量计算表

构件名称	算量类别	算量名称	计算公式	工程量	单位
KZ1−500×500	清单	体积	同定额算量	1.2	m³
	定额	体积	柱截面面积×柱高×柱数量	1.2	m³
			0.5×0.5×1.2×4		
	清单	模板措施项目	面积同定额		项/m²
	定额	模板面积	柱周长×柱高×柱数量	9.6	m²
			2×1.2×4		
		超模面积	0	0	m²

续表

构件名称	算量类别	算量名称	计算公式	工程量	单位
KZ2－500×500	清单	体积	同定额算量	1.75	m³
	定额	体积	JC－2 上柱体积×柱数量＋JC－2′上柱体积×柱数量	1.75	m³
			0.5×0.5×1.1×2＋0.5×0.5×1.2×4		
	清单	模板措施项目	面积同定额		项/m²
	定额	模板面积	JC－2 上柱模板面积×柱数量＋JC－2′上柱模板面积×柱数量	14	m²
			2×1.1×2＋2×1.2×4		
		超模面积	0	0	m²
KZ3－500×500	清单	体积	同定额算量	1.65	m³
	定额	体积	柱截面面积×柱高×柱数量	1.65	m³
			0.5×0.5×1.1×6		
	清单	模板措施项目	面积同定额		项/m²
	定额	模板面积	柱周长×柱高×柱数量	13.2	m²
			2×1.1×6		
		超模面积	0	0	m²
KZ4－500×500	清单	体积	同定额算量	3.3	m³
	定额	体积	柱截面面积×柱高×柱数量	3.3	m³
			0.5×0.5×1.1×12		
	清单	模板措施项目	面积同定额		项/m²
	定额	模板面积	柱周长×柱高×柱数量	26.4	m²
			2×1.1×12		
		超模面积	0	0	m²
KZ5－600×500	清单	体积	同定额算量	0.66	m³
	定额	体积	柱截面面积×柱高×柱数量	0.66	m³
			0.6×0.5×1.1×2		
	清单	模板措施项目	面积同定额		项/m²
	定额	模板面积	柱周长×柱高×柱数量	4.84	m²
			2.2×1.1×2		
		超模面积	0	0	m²
KZ6－500×600	清单	体积	同定额算量	0.66	m³
	定额	体积	柱截面面积×柱高×柱数量	0.66	m³
			0.5×0.6×1.1×2		
	清单	模板措施项目	面积同定额		项/m²
	定额	模板面积	柱周长×柱高×柱数量	4.84	m²
			2.2×1.1×2		
		超模面积	0	0	m²

（二）基础梁

基础梁工程量计算表见表3.5.8。

表3.5.8　基础梁工程量计算表

构件名称	算量类别	算量名称	计算公式	工程量	单位
DL1－300×550	清单	体积	同定额算量	44.53	m³
	定额	体积	{［垂直方向梁净长］＋［水平方向梁净长］}×梁宽×梁高 {［(16.2－1.5)×4＋(16.2－1.6)×2＋(13.7－1.5)×2］＋［(37.8－3.5)×3＋(9.3－1)×2＋(3.5－0.25＋2×3.14×2.35/4－0.25)×2＋(19.2－1.5)＋(7.2－0.3)］}×0.3×0.55	44.53	m³
	清单	模板措施项目	面积同定额		项/m²
	定额	模板面积	{［垂直方向梁净长］＋［水平方向梁净长］}×（梁宽＋梁高×两侧）－扣条基与地梁相交模板面积 {［(16.2－1.5)×4＋(16.2－1.6)×2＋(13.7－1.5)×2］＋［(37.8－3.5)×3＋(9.3－1)×2＋(3.5－0.25＋2×3.14×2.35/4－0.25)×2＋(19.2－1.5)＋(7.2－0.3)］}×(0.3＋0.55×2)－0.55×0.24×4	377.3026	m²

第六节　其他项目

一、建筑面积

建筑面积我们仍然用CAD来计算，如图3.6.1所示。

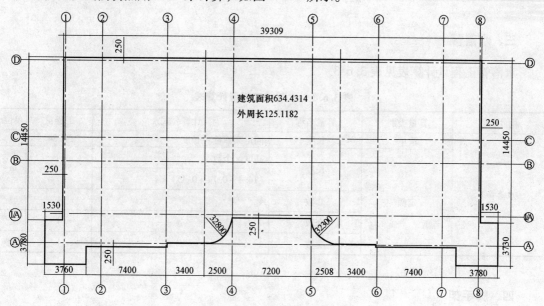

图3.6.1　建筑面积计算图

建筑面积工程量计算表见表 3.6.1。

表 3.6.1　建筑面积工程量计算表

构件名称	算量类别	算量名称	计算公式	工程量	单位
首层建筑面积	清单	建筑面积	无	634.4314	m²
	定额	建筑面积	图 3.6.1		
			634.4314		
二层建筑面积	清单	建筑面积	无	634.4314	m²
	定额	建筑面积	同上		
三层建筑面积	清单	建筑面积	无	634.4314	m²
	定额	建筑面积	同上		
四层建筑面积	清单	建筑面积	无	634.4314	m²
	定额	建筑面积	同上		

二、平整场地

平整场地工程量计算表见表 3.6.2。

表 3.6.2　平整场地工程量计算表

构件名称	算量类别	算量名称	计算公式	工程量	单位
平整场地	清单	面积	首层建筑面积	634.4314	m²
			634.4314		
	定额	面积	首层建筑面积 ×1.4	888.2039	m²
			634.4314×1.4		

三、水落管

水落管工程量计算表见表 3.6.3。

表 3.6.3　水落管工程量计算表

构件名称	算量类别	算量名称	计算公式	工程量	单位
水落管1	清单	长度	同定额算量"长度"	58.84	m
	定额	长度	高度×个数	58.84	m
			(14.4−0.14+0.45)×4		
		套数	4	4	套
		套数	4	4	套
		套数	4	4	套

四、脚手架

脚手架工程量计算表见表 3.6.4。

表3.6.4　脚手架工程量计算表

构件名称	算量类别	算量名称	计算公式	工程量	单位
综合脚手架	清单	措施项目	同定额算量	2537.7256	m²
	定额	面积	首层建筑面积 ×4	2537.7256	m²
			634.4314 ×4		

五、垂直封闭

垂直封闭工程量计算表见表3.6.5。

表3.6.5　垂直封闭工程量计算表

构件名称	算量类别	算量名称	计算公式	工程量	单位
垂直封闭	清单	措施项目			
	定额	面积	建筑物外周长 × 檐口高度	1858.0053	m²
			125.1182 × （14.4 ＋0.45）		

六、大型机械垂直运输费

大型机械垂直运输费工程量计算表见表3.6.6。

表3.6.6　大型机械垂直运输费工程量计算表

构件名称	算量类别	算量名称	计算公式	工程量	单位
大型机械垂直运输费	清单	措施项目	同定额算量	2537.7256	m²
	定额	建筑面积	首层建筑面积 ×4	2537.7256	m²
			634.4314 ×4		

七、工程水电费

工程水电费工程量计算表见表3.6.7。

表3.6.7　工程水电费工程量计算表

构件名称	算量类别	算量名称	计算公式	工程量	单位
工程水电费	清单	措施项目	同定额算量	2537.7256	m²
	定额	建筑面积	首层建筑面积 ×4	2537.7256	m²
			634.4314 ×4		

第四章 框架实例清单模式软件算量

第一节 打开软件 建立楼层 建立轴网

用软件计算工程量有以下三种模式可以选择：

（1）纯清单模式：只按清单规则计算工程量；

（2）纯定额模式：按照当地的计算规则计算工程量；

（3）清单定额模式：就是前两种方式的结合，既要根据清单规则算出清单的工程量，又要根据当地定额规则算出定额工程量。

这里介绍纯清单模式。

一、打开软件

左键单击（以下简称单击）"开始"菜单→单击"所有程序"→单击"广联达建设工程造价管理整体解决方案"→单击"广联达图形算量软件 GCL2008"→进入到"欢迎使用 GCL2008"界面→单击"新建向导"→进入"新建工程：第一步，工程名称"界面→修改"工程名称"为"1号办公楼（清单模式）"→选择相应地区的"定额规则"和"定额库"→"做法模式"选择"纯做法模式"，如图4.1.1所示。

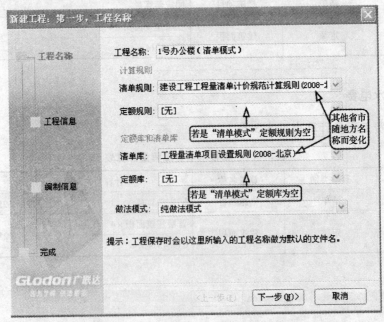

图4.1.1 新建工程第一步操作步骤

单击"下一步"→出现"新建工程：第二步，工程信息"界面→填写楼层信息和"室外地坪相对±0.000标高"为"－0.45"，如图4.1.2所示。

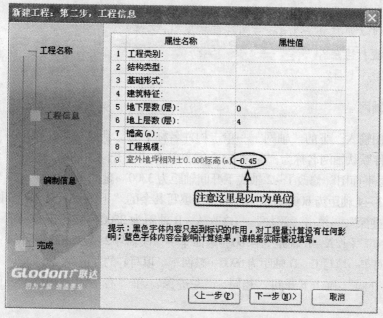

图4.1.2　新建工程第二步操作步骤

单击"下一步"→出现"新建工程：第三步，编制信息"界面（这一步与算量关系不大，不用填写）→单击"下一步"→出现"新建工程：第四步，完成"界面。检查一下前面几步填写的是否正确，若不正确，可以单击"上一步"返回去更改；如果检查没有问题，单击"完成"进入"楼层信息"界面。

思考题（答案见网站 www.qiaosd.com）：

室外地坪相对标高的调整会对哪些工程量会产生影响？

二、建立楼层

根据"建施－11"的1—1剖面图编制"楼层信息"。具体操作步骤如下：

单击"插入楼层"按钮4次→修改"第5层"为"屋面层"→修改层高（图4.1.3）→修改首层底标高为"－0.1"→敲回车。

	编码	名称	层高(m)	首层	底标高(m)	相同层数	现浇板厚(mm)	建筑面积(m2)
1	5	屋面层	0.900	☐	14.400	1	120	
2	4	第4层	3.400	☐	11.000	1	120	
3	3	第3层	3.600	☐	7.400	1	120	
4	2	第2层	3.600	☐	3.800	1	120	
5	1	首层	3.900	☑	-0.100	1	120	
6	0	基础层	1.800	☐	-1.900	1	120	

图4.1.3　楼层信息

楼层建好后，单击"绘图输入"软件会自动进入轴线编辑界面。

思考题（答案见网站 www.qiaosd.com）：

1. 软件默认的首层底标高为多少？为什么要修改为"-0.1"？
2. 为什么第4层层高为3.4m与图纸层高3.3m不符？
3. 怎样设置标准层？
4. 怎样建立-1层？

三、建立轴网

双击"绘图输入"下的"轴网"→单击构件名称下的"新建"下拉菜单→单击"新建正交轴网"→软件默认轴网名称为"轴网-1"且默认在"下开间"状态→单击"添加"→根据"建施-03首层平面图"修改1~2轴线下开间轴距为3300→敲回车→填写2~3轴距为6000→敲回车→填写3~4轴距为6000→用同样的方法填写其余的"下开间"尺寸，如图4.1.4所示。

单击"左进深"→单击"添加"→修改A~B轴距为2500→敲回车键一下→改轴号B为1/A→敲回车→填写1/A~B轴距为4700→敲回车→修改轴号2/A为B→敲回车→填写B~C轴距为2100→敲回车→填写C~D轴距为6900→敲回车。填写好的左进深尺寸如图4.1.5所示。

由于"上开间"和"下开间"相同，"左进深"和"右进深"相同，我们在这里就不再重复建立了。

左键双击"轴网-1"，出现"请输入角度"对话框，如图4.1.6所示。

下开间	左进深	上开间	右
轴号	**轴距**	**级别**	
1	3300	1	
2	6000	1	
3	6000	1	
4	7200	1	
5	6000	1	
6	6000	1	
7	3300	1	
8		1	

图4.1.4　下开间尺寸信息

下开间	左进深	上开间	右
轴号	**轴距**	**级别**	
A	2500	1	
1/A	4700	1	
B	2100	1	
C	6900	1	
D		1	

图4.1.5　左进深尺寸信息

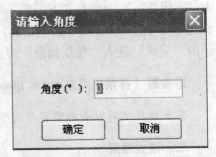

图4.1.6　请输入角度对话框

由于1号办公楼轴网与x方向角度为0，软件默认就是正确的，单击"确定"轴网就建好了，建好的轴网如图4.1.7所示。

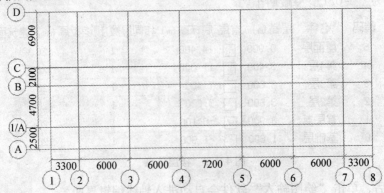

图4.1.7　1号办公楼轴网

思考题（答案见网站 www. qiaosd. com）：

1. 多轴网怎样拼接？

2. 轴网里的"级别"是什么意思？

第二节 首层主体工程量计算

从图纸中我们可以看出，1 号办公楼 1～4 轴线和 5～8 轴线完全是对称关系，在软件计算时我们可以先画出 1～4 轴线的所有构件，然后将其镜像到 5～8 轴线即可。我们按照列项书中讲过的六大块的流程来画图，但是在实际操作过程中往往先画主体结构，再画室内外装修。我们这里采取的画图顺序是：

先画每层的主体：围护结构→顶部结构→室内结构→室外结构；再画每层的装修：室内装修→室外装修。

至于围护结构先画哪个构件后画哪个构件，应根据具体的工程具体对待，软件没有严格的规定。作者的经验是：框架结构先从柱子开始画起，剪力墙结构先从剪力墙开始画起，本工程属于框架结构，我们就先画框架柱。

特别提醒：在实际操作中应根据具体图纸确定画图顺序，不要死搬硬套六大块的顺序，讲六大块的思路是想帮助大家不漏算、不重算，死搬硬套有时就会适得其反，从这方面讲六大块作为自查的顺序或者查别人工程的顺序更为合理。

一、画框架柱

（一）建立属性和做法

单击柱前面的"＋"号使其展开→单击下一级的"柱"→单击黑屏上方的"构件列表"按钮→单击"属性"按钮（注意：每次重新打开软件，"构件列表"、"属性"若不在屏幕左侧都可以采用这种方法调出）→单击"新建"下拉菜单→单击"新建矩形柱"→在"属性编辑框"内改柱子名称为"KZ1-500×500"，如图 4.2.1 所示。

双击构件名称下建立好的"KZ1-500×500"，进入"做法"编辑框→单击"添加清单"→单击"查询匹配清单"页签→双击编码为"010402001"的清单项对应的清单项就自动添加上了（注意：此时我们只添加了实体项目的清单项，并没有添加模板的措施项目）→单击"查询措施"页签→双击编号为"1.1"的措施项目，软件会自动添加到实体项目的下方，并修改相应的工程量表达式，如图 4.2.2 所示。

属性名称	属性值
名称	KZ1-500*500
类别	框架柱
材质	现浇混凝土
砼类型	(预拌砼)
砼标号	(C30)
截面宽度(mm)	500
截面高度(mm)	500
截面面积(m2)	0.25
截面周长(m)	2
顶标高(m)	层顶标高
底标高(m)	层底标高
模板类型	普通模板

图 4.2.1 KZ1-500×500 的属性编辑

	编码	类别	项目名称	单位	工程量表达式	表达式说明
1	010402001	项	矩形柱	m3	TJ	TJ<体积>
2	1.1	项	混凝土、钢筋混凝土模板及支架	项	MBMJ	MBMJ<模板面积>

图 4.2.2 KZ1-500×500 的默认做法

措施项目中的模板工程并不能分辨出工程量属于哪个构件，所以我们需要人为填写构件信息以便区分构件工程量，如图4.2.3所示。

	编码	类别	项目名称	单位	工程量表达式	表达式说明
1	010402001	项	矩形柱	m3	TJ	TJ〈体积〉
2	1.1	项	混凝土、钢筋混凝土模板及支架 框架柱	m2	MBMJ	MBMJ〈模板面积〉

人为填写构件名称

图4.2.3　KZ1-500×500人为加入构件信息后的做法

此时的构件信息不能进行组价，缺少混凝土强度等级和混凝土要求等信息，我们可以在项目特征里描述，具体操作步骤如下：

单击实体项目清单项的任意位置→单击"项目特征"按钮，软件会自动弹出"项目特征"页签，根据图纸要求填写相应的特征描述，如图4.2.4所示。

	特征	特征值	输出
1	柱截面尺寸	500*500	☑
2	混凝土强度等级	C30	☑
3	砼要求	预拌砼	☑
4	柱高度		☐
5	混凝土拌和料要求		☐

图4.2.4　KZ1-500×500的项目特征描述

将KZ1-500×500的属性、做法及项目特征定义好后，我们可以采取复制的方法定义其他框架柱，方法如下：

选中已经定义好的KZ1-500×500→单击右键→单击"复制"，软件会自动在"属性编辑框"里建立一个构件"KZ1-500×500-1"→将"KZ1-500×500-1"修改成"KZ2-500×500"。这时的做法就是正确的，其他柱的属性和做法依次类推。

建立好的首层柱的属性和做法如图4.2.5~图4.2.9所示。项目特征的具体填写方法如图4.2.4所示，其他构件相同。

（二）画首层1~4轴框架柱

根据"结施-04柱子结构平面图"，用"点"式画法直接绘制1~4轴线的KZ1~KZ4，用偏移画法画KZ5和KZ6。

单击"绘图"按钮进入绘图界面→选中构件名称下的"KZ1-500×500"→单击"点"按钮→单击（1/A）交点→单击（1/D）交点，这样KZ1就画好了，KZ2、KZ3、KZ4采用同样的方法绘制。

因为KZ5和KZ6是偏移柱，我们需要采用偏移的方法绘制，操作步骤如下：

选中构件名称下的"KZ5-600×500"→单击"点"按钮→按住"Ctrl"键，单击（4，1/A）交点出现"设置偏心柱"的对话框，如图4.2.10所示。修改柱截面x方向的偏移值为350和250，y方向不用修改，单击"关闭"，KZ5就画好了。KZ6采用同样的方法绘制。

属性名称	属性值
名称	KZ2-500*500
类别	框架柱
材质	现浇混凝土
砼类型	(预拌砼)
砼标号	(C30)
截面宽度 (mm)	500
截面高度 (mm)	500
截面面积 (m2)	0.25
截面周长 (m)	2
顶标高 (m)	层顶标高
底标高 (m)	层底标高
模板类型	普通模板

	编码	类别	项目名称	单位	工程量表达式	表达式说明
1	010402001	项	矩形柱	m3	TJ	TJ〈体积〉
2	1.1	项	混凝土、钢筋混凝土模板及支架 框架柱	m2	MBMJ	MBMJ〈模板面积〉

图 4.2.5　KZ2-500×500 的属性和做法

项目特征：1. 柱截面尺寸：500×500；2. 混凝土强度等级：C30；3. 混凝土要求：预拌混凝土

属性名称	属性值
名称	KZ3-500*500
类别	框架柱
材质	现浇混凝土
砼类型	(预拌砼)
砼标号	(C30)
截面宽度 (mm)	500
截面高度 (mm)	500
截面面积 (m2)	0.25
截面周长 (m)	2
顶标高 (m)	层顶标高
底标高 (m)	层底标高
模板类型	普通模板

	编码	类别	项目名称	单位	工程量表达式	表达式说明
1	010402001	项	矩形柱	m3	TJ	TJ〈体积〉
2	1.1	项	混凝土、钢筋混凝土模板及支架 框架柱	m2	MBMJ	MBMJ〈模板面积〉

图 4.2.6　KZ3-500×500 的属性和做法

项目特征：1. 柱截面尺寸：500×500；2. 混凝土强度等级：C30；3. 混凝土要求：预拌混凝土

属性名称	属性值
名称	KZ4-500*500
类别	框架柱
材质	现浇混凝土
砼类型	(预拌砼)
砼标号	(C30)
截面宽度(mm)	500
截面高度(mm)	500
截面面积(m2)	0.25
截面周长(m)	2
顶标高(m)	层顶标高
底标高(m)	层底标高
模板类型	普通模板

	编码	类别	项目名称	单位	工程量表达式	表达式说明
1	010402001	项	矩形柱	m3	TJ	TJ〈体积〉
2	1.1	项	混凝土、钢筋混凝土模板及支架 框架柱	m2	MBMJ	MBMJ〈模板面积〉

图 4.2.7　KZ4-500×500 的属性和做法

项目特征：1. 柱截面尺寸：500×500；2. 混凝土强度等级：C30；3. 混凝土要求：预拌混凝土

属性名称	属性值
名称	KZ5-600*500
类别	框架柱
材质	现浇混凝土
砼类型	(预拌砼)
砼标号	(C30)
截面宽度(mm)	600
截面高度(mm)	500
截面面积(m2)	0.3
截面周长(m)	2.2
顶标高(m)	层顶标高
底标高(m)	层底标高
模板类型	普通模板

	编码	类别	项目名称	单位	工程量表达式	表达式说明
1	010402001	项	矩形柱	m3	TJ	TJ〈体积〉
2	1.1	项	混凝土、钢筋混凝土模板及支架 框架柱	m2	MBMJ	MBMJ〈模板面积〉

图 4.2.8　KZ5-600×500 的属性和做法

项目特征：1. 柱截面尺寸：600×500；2. 混凝土强度等级：C30；3. 混凝土要求：预拌混凝土

属性名称	属性值
名称	KZ6-500*600
类别	框架柱
材质	现浇混凝土
砼类型	(预拌砼)
砼标号	(C30)
截面宽度(mm)	500
截面高度(mm)	600
截面面积(m2)	0.3
截面周长(m)	2.2
顶标高(m)	层顶标高
底标高(m)	层底标高
模板类型	普通模板

	编码	类别	项目名称	单位	工程量表达式	表达式说明
1	010402001	项	矩形柱	m3	TJ	TJ〈体积〉
2	1.1	项	混凝土、钢筋混凝土模板及支架 框架柱	m2	MBMJ	MBMJ〈模板面积〉

图 4.2.9　KZ6-500×600 的属性和做法

项目特征：1. 柱截面尺寸：500×600；2. 混凝土强度等级：C30；3. 混凝土要求：预拌混凝土

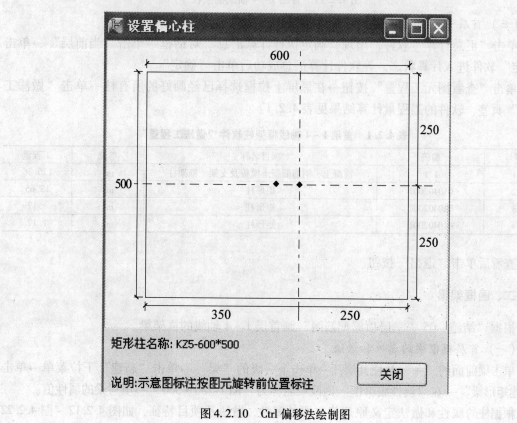

图 4.2.10　Ctrl 偏移法绘制图

绘制好的首层1~4轴线的框架柱，如图4.2.11所示。

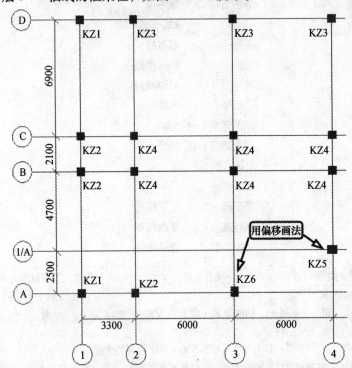

图4.2.11　首层1~4轴线框架柱

（三）首层1~4轴框架柱软件计算结果

单击"汇总计算"软件，出现"确定执行计算汇总"对话框→单击"当前层"→单击"确定"软件进入计算状态，等软件计算汇总成功后单击"确定"。

单击"查看图元工程量"按钮→在黑屏上拉框选择已经画好的所有柱→单击"做法工程量"页签，软件的工程量计算结果见表4.2.1。

表4.2.1　首层1~4轴线框架柱软件"做法工程量"

序号	编码	项目名称	单位	工程量
1	1.1	混凝土、钢筋混凝土模板及支架　框架柱	m²	126.36
2	010402001	矩形柱	m³	13.65
3	010402001	矩形柱	m³	1.17
4	010402001	矩形柱	m³	1.17

查看后单击"退出"按钮。

二、画框架梁

根据"结施-05—三层顶梁配筋图"画首层1~4轴线的框架梁。

（一）首层框架梁的属性和做法

单击梁前面的"+"号使其展开→单击下一级的"梁"→单击"新建"下拉菜单→单击"新建矩形梁"→在"属性编辑框"内改梁名称为"KL1-250×500"→填写梁的属性值。

根据柱的属性和做法定义原理建立梁的属性、做法及项目特征，如图4.2.12~图4.2.22所示。

286

属性名称	属性值
名称	KL1-250*500
类别1	框架梁
类别2	
材质	现浇混凝土
砼类型	(预拌砼)
砼标号	(C30)
截面宽度(mm)	250
截面高度(mm)	500
截面面积(m2)	0.125
截面周长(m)	1.5
起点顶标高(m)	层顶标高
终点顶标高(m)	层顶标高
轴线距梁左边	(125)
图元形状	矩形
模板类型	普通模板

	编码	类别	项目名称	单位	工程量表达式	表达式说明
1	010405001	项	有梁板	m3	TJ	TJ〈体积〉
2	1.1	项	混凝土、钢筋混凝土模板及支架 弧形框架梁	m2	MBMJ	MBMJ〈模板面积〉

图 4.2.12　KL1-250×500 的属性和做法

项目特征：1. 混凝土强度等级：C30；2. 梁截面尺寸：250×500；3. 混凝土要求：预拌混凝土

属性名称	属性值
名称	KL2-300*500
类别1	框架梁
类别2	
材质	现浇混凝土
砼类型	(预拌砼)
砼标号	(C30)
截面宽度(mm)	300
截面高度(mm)	500
截面面积(m2)	0.15
截面周长(m)	1.6
起点顶标高(m)	层顶标高
终点顶标高(m)	层顶标高
轴线距梁左边	(150)
图元形状	矩形
模板类型	普通模板

	编码	类别	项目名称	单位	工程量表达式	表达式说明
1	010405001	项	有梁板	m3	TJ	TJ〈体积〉
2	1.1	项	混凝土、钢筋混凝土模板及支架 框架梁	m2	MBMJ	MBMJ〈模板面积〉

图 4.2.13　KL2-300×500 的属性和做法

项目特征：1. 混凝土强度等级：C30；2. 梁截面尺寸：300×500；3. 混凝土要求：预拌混凝土

属性名称	属性值
名称	KL3-250*500
类别1	框架梁
类别2	
材质	现浇混凝土
砼类型	(预拌砼)
砼标号	(C30)
截面宽度(mm)	250
截面高度(mm)	500
截面面积(m2)	0.125
截面周长(m)	1.5
起点顶标高(m)	层顶标高
终点顶标高(m)	层顶标高
轴线距梁左边	(125)
图元形状	矩形
模板类型	普通模板

	编码	类别	项目名称	单位	工程量表达式	表达式说明
1	010405001	项	有梁板	m3	TJ	TJ〈体积〉
2	1.1	项	混凝土、钢筋混凝土模板及支架 框架梁	m2	MBMJ	MBMJ〈模板面积〉

图 4.2.14　KL3-250×500 的属性和做法

项目特征：1. 混凝土强度等级：C30；2. 梁截面尺寸：250×500；3. 混凝土要求：预拌混凝土

属性名称	属性值
名称	KL4-300*600
类别1	框架梁
类别2	
材质	现浇混凝土
砼类型	(预拌砼)
砼标号	(C30)
截面宽度(mm)	300
截面高度(mm)	600
截面面积(m2)	0.18
截面周长(m)	1.8
起点顶标高(m)	层顶标高
终点顶标高(m)	层顶标高
轴线距梁左边	(150)
图元形状	矩形
模板类型	普通模板

	编码	类别	项目名称	单位	工程量表达式	表达式说明
1	010405001	项	有梁板	m3	TJ	TJ〈体积〉
2	1.1	项	混凝土、钢筋混凝土模板及支架 框架梁	m2	MBMJ	MBMJ〈模板面积〉

图 4.2.15　KL4-300×600 的属性和做法

项目特征：1. 混凝土强度等级：C30；2. 梁截面尺寸：300×600；3. 混凝土要求：预拌混凝土

属性名称	属性值
名称	KL5-300*500
类别1	框架梁
类别2	
材质	现浇混凝土
砼类型	(预拌砼)
砼标号	(C30)
截面宽度(mm)	300
截面高度(mm)	500
截面面积(m2)	0.15
截面周长(m)	1.6
起点顶标高(m)	层顶标高
终点顶标高(m)	层顶标高
轴线距梁左边	(150)
图元形状	矩形
模板类型	普通模板

	编码	类别	项目名称	单位	工程量表达式	表达式说明
1	010405001	项	有梁板	m3	TJ	TJ〈体积〉
2	1.1	项	混凝土、钢筋混凝土模板及支架 框架梁	m2	MBMJ	MBMJ〈模板面积〉

图 4.2.16　KL5-300×500 的属性和做法

项目特征：1. 混凝土强度等级：C30；2. 梁截面尺寸：300×500；3. 混凝土要求：预拌混凝土

属性名称	属性值
名称	KL6-300*500
类别1	框架梁
类别2	
材质	现浇混凝土
砼类型	(预拌砼)
砼标号	(C30)
截面宽度(mm)	300
截面高度(mm)	500
截面面积(m2)	0.15
截面周长(m)	1.6
起点顶标高(m)	层顶标高
终点顶标高(m)	层顶标高
轴线距梁左边	(150)
图元形状	矩形
模板类型	普通模板

	编码	类别	项目名称	单位	工程量表达式	表达式说明
1	010405001	项	有梁板	m3	TJ	TJ〈体积〉
2	1.1	项	混凝土、钢筋混凝土模板及支架 框架梁	m2	MBMJ	MBMJ〈模板面积〉

图 4.2.17　KL6-300×500 的属性和做法

项目特征：1. 混凝土强度等级：C30；2. 梁截面尺寸：300×500；3. 混凝土要求：预拌混凝土

属性名称	属性值
名称	KL7-300*500
类别1	框架梁
类别2	
材质	现浇混凝土
砼类型	(预拌砼)
砼标号	(C30)
截面宽度(mm)	300
截面高度(mm)	500
截面面积(m2)	0.15
截面周长(m)	1.6
起点顶标高(m)	层顶标高
终点顶标高(m)	层顶标高
轴线距梁左边	(150)
图元形状	矩形
模板类型	普通模板

	编码	类别	项目名称	单位	工程量表达式	表达式说明
1	010405001	项	有梁板	m3	TJ	TJ〈体积〉
2	1.1	项	混凝土、钢筋混凝土模板及支架 框架梁	m2	MBMJ	MBMJ〈模板面积〉

图 4.2.18 KL7-300×500 的属性和做法

项目特征：1. 混凝土强度等级：C30；2. 梁截面尺寸：300×500；3. 混凝土要求：预拌混凝土

属性名称	属性值
名称	KL8-300*600
类别1	框架梁
类别2	
材质	现浇混凝土
砼类型	(预拌砼)
砼标号	(C30)
截面宽度(mm)	300
截面高度(mm)	600
截面面积(m2)	0.18
截面周长(m)	1.8
起点顶标高(m)	层顶标高
终点顶标高(m)	层顶标高
轴线距梁左边	(150)
图元形状	矩形
模板类型	普通模板

	编码	类别	项目名称	单位	工程量表达式	表达式说明
1	010405001	项	有梁板	m3	TJ	TJ〈体积〉
2	1.1	项	混凝土、钢筋混凝土模板及支架 框架梁	m2	MBMJ	MBMJ〈模板面积〉

图 4.2.19 KL8-300×600 的属性和做法

项目特征：1. 混凝土强度等级：C30；2. 梁截面尺寸：300×600；3. 混凝土要求：预拌混凝土

属性名称	属性值
名称	KL9-300*600
类别1	框架梁
类别2	
材质	现浇混凝土
砼类型	(预拌砼)
砼标号	(C30)
截面宽度(mm)	300
截面高度(mm)	600
截面面积(m2)	0.18
截面周长(m)	1.8
起点顶标高(m)	层顶标高
终点顶标高(m)	层顶标高
轴线距梁左边	(150)
图元形状	矩形
模板类型	普通模板

	编码	类别	项目名称	单位	工程量表达式	表达式说明
1	010405001	项	有梁板	m3	TJ	TJ〈体积〉
2	1.1	项	混凝土、钢筋混凝土模板及支架 框架梁	m2	MBMJ	MBMJ〈模板面积〉

图 4.2.20 KL9-300×600 的属性和做法

项目特征：1. 混凝土强度等级：C30；2. 梁截面尺寸：300×600；3. 混凝土要求：预拌混凝土

属性名称	属性值
名称	KL10-300*600
类别1	框架梁
类别2	
材质	现浇混凝土
砼类型	(预拌砼)
砼标号	(C30)
截面宽度(mm)	300
截面高度(mm)	600
截面面积(m2)	0.18
截面周长(m)	1.8
起点顶标高(m)	层顶标高
终点顶标高(m)	层顶标高
轴线距梁左边	(150)
图元形状	矩形
模板类型	普通模板

	编码	类别	项目名称	单位	工程量表达式	表达式说明
1	010405001	项	有梁板	m3	TJ	TJ〈体积〉
2	1.1	项	混凝土、钢筋混凝土模板及支架 框架梁	m2	MBMJ	MBMJ〈模板面积〉

图 4.2.21 KL10-300×600 的属性和做法

项目特征：1. 混凝土强度等级：C30；2. 梁截面尺寸：300×600；3. 混凝土要求：预拌混凝土

属性名称	属性值
名称	L1-300*550
类别1	非框架梁
类别2	
材质	现浇混凝土
砼类型	(预拌砼)
砼标号	(C30)
截面宽度(mm)	300
截面高度(mm)	550
截面面积(m2)	0.165
截面周长(m)	1.7
起点顶标高(m)	层顶标高
终点顶标高(m)	层顶标高
轴线距梁左边	(150)
图元形状	矩形
模板类型	普通模板

	编码	类别	项目名称	单位	工程量表达式	表达式说明
1	010405001	项	有梁板	m3	TJ	TJ〈体积〉
2	1.1	项	混凝土、钢筋混凝土模板及支架 框架次梁	m2	MBMJ	MBMJ〈模板面积〉

图 4.2.22　L1-300×550 的属性和做法

项目特征：1. 混凝土强度等级：C30；2. 梁截面尺寸：300×550；3. 混凝土要求：预拌混凝土

（二）画首层 1~4 轴框架梁

1. 画 KL1-250×500

KL1-250×500 有一段属于圆弧梁，需要以下几个步骤完成：

（1）找圆心

我们需要先打个辅助轴线，找到弧梁的圆心，操作步骤如下：

单击"平行"按钮→单击 4 轴线→输入偏移值"−2500"→单击"确定"，辅轴就建好了，如图 4.2.23 所示。

（2）画 KL1 圆弧段

先将 KL1 画到轴线位置。选中定义好的"KL1-250×500"→将"三点画弧"按钮后面的"小三角"点开→单击"顺小弧"→填写半径"2500"→敲回车→单击（4，1/A）交点（注

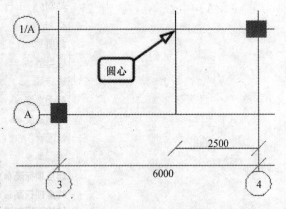

图 4.2.23　弧梁的圆心

意：这里很容易误选为 KZ5 的中心点）→单击辅轴与 A 轴的交点→单击"直线"按钮→单击（3/A）交点（注意：这里很容易误选为 KZ6 的中心点）→单击右键结束，如图 4.2.24 所示。

（3）再将 KL1 偏移到图纸位置

选中画好的 KL1-250×500 弧段→单击右键出现右键菜单→单击"偏移"→移动鼠标到图纸要求的方向→填写偏移值"125"→敲回车，出现"确认"对话框→单击"是"，KL1 就偏移到图纸要求的位置。

用同样的方法偏移 KL1 直线部分，偏移好的 KL1-250×500 如图 4.2.25 所示。

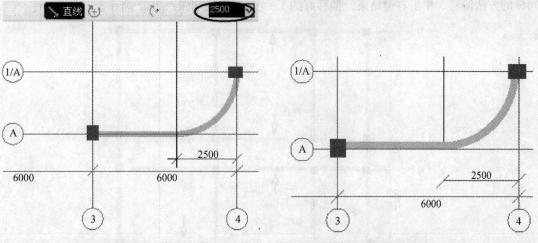

图 4.2.24 KL1-250×500 画法示意图　　　　图 4.2.25 偏移好的 KL1

（4）删除辅助轴线

一般情况下，我们用过的辅助轴线要随时删除，再用的时候再建立，这样可以保证界面清晰、画图准确。删除辅助轴线的操作步骤如下：

单击"轴线"前面的"＋"号→单击"辅助轴线"→在黑屏位置从右下角往左上角拉框选中所有的辅助轴线→单击右键，出现右键菜单→单击"删除"→弹出"确认"对话框→单击"是"，辅助轴线就删除了。

2. 画 1～4 轴线的其他梁

在画梁的状态下，选中"KL2-300×500"→单击"直线"按钮→单击（3/A）交点→单击（1/A）交点→单击右键结束。

选中"KL7-300×500"→单击"直线"按钮→单击（1/A）交点→单击（1/D）交点→单击右键结束。

其余框架梁按同样的方法绘制，画好的首层 1～4 轴线框架梁如图 4.2.26 所示。

（1）偏移梁

1～4 轴线的框架梁虽然画好了，但并不在图纸所要求的位置上，我们需要用偏移的方法将其偏移到图纸所要求的位置，操作步骤如下：

选中已经画好的"KL2-300×500"（注意：如果选不中，单击"选择"按钮）→单击右键，出现右键菜单→单击"单对齐"→选择 A 轴线任意一根框架柱的外皮→单击"KL2-300×500"的外皮，"KL2-300×500"就自动和柱外皮对齐了。1 轴线的"KL7-300×500"、D 轴线的"KL6-300×500"、

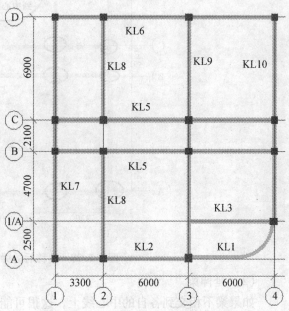

图 4.2.26 画好的首层 1～4 轴线的框架梁

C 轴线的"KL5-300×500"、B 轴线的"KL5-300×500"、1/A 轴线的"KL3-250×500"采取同样的方法偏移、单击右键结束，偏移好的 1~4 轴线的梁如图 4.2.27 所示。

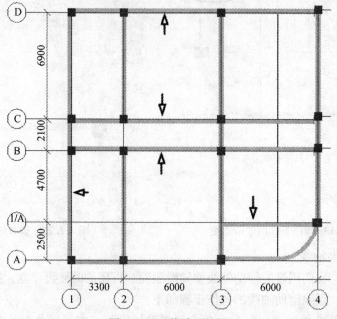

图 4.2.27　偏移后的梁

　　这时候梁虽然偏移到图纸的位置，但是各个梁头之间并没有相交到梁的中心线，在输入法为英文的状态下按"Z"键取消柱子的显示，如图 4.2.28 所示。

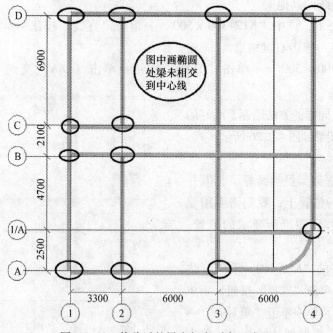

图 4.2.28　偏移后的梁未相交到中心线上

（2）延伸梁

　　如果梁不相交到各自的中心线上，这很可能影响到以后板的布置，我们需要用延伸的方法将梁延伸相交到各自的中心线上，操作步骤如下：

294

单击"延伸"按钮→单击 1/A 轴线上的 KL3-250×500→单击与其垂直的 KL10-300×600→单击右键→单击 A 轴线的 KL2-300×500→单击与其垂直的 KL7-300×500、KL8-300×600、KL9-300×600。

用同样的方法延伸其他的梁，使图 4.2.29 所示椭圆位置的梁都相交到中心线上。

偏移和延伸后的梁如图 4.2.30 所示。

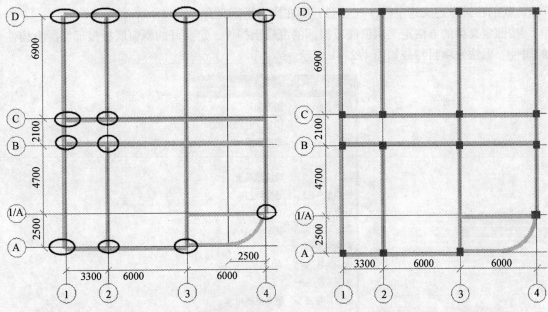

图 4.2.29　延伸后梁 – 梁相交到中心线　　　　图 4.2.30　画好的 1~4 轴线的梁

（三）首层 1~4 轴框架梁软件计算结果

汇总后，单击"查看图元工程量"按钮→拉框选择已经画好的梁→单击"做法工程量"页签，软件计算的工程量计算结果见表 4.2.2。

表 4.2.2　首层 1~4 轴线框架梁软件"做法工程量"（未画板以前）

序号	编码	项目名称	单位	工程量
1	1.1	混凝土、钢筋混凝土模板及支架　弧形框架梁	m²	8.4135
2	1.1	混凝土、钢筋混凝土模板及支架　框架梁	m²	150.445
3	010405001	有梁板 体积	m³	7.182
4	010405001	有梁板 体积	m³	1.5288
5	010405001	有梁板 体积	m³	9.66

思考题（答案见网站 www.qiaosd.com）：

1. 在画其他构件状态下能否画"平行"辅助轴线和"两点"辅助轴线？

2. 在画其他构件状态下能否删除辅助轴线？

3. 删除辅助轴线时，在绘图区从"左上角"往"右下角"拉框和从"右下角"往"左上角"拉框有什么区别？

4. 要让梁与某根柱子外皮对齐，是在画梁状态下操作还是在画柱状态下操作？是先点柱外边线还是点梁外边线？

5. 要让 L1 延伸到 L2 的中心线，点完"延伸"按钮后，是先点 L1 还是先点 L2？

三、画首层飘窗底板根部构件

（一）首层飘窗底板根部构件

1. 首层飘窗底板根部构件的属性和做法

从"结施-08"中1—1详图，我们知道飘窗底板根部混凝土构件的截面尺寸为250×700，我们在梁里定义这个构件（注意：不在飘窗里定义）。

按照定义梁的方法定义飘窗底板根部的混凝土构件，定义好的飘窗底板根部混凝土构件的属性、做法及项目特征如图4.2.31所示。

属性名称	属性值
名称	飘窗下砼250*700
类别1	非框架梁
类别2	
材质	现浇混凝土
砼类型	(预拌砼)
砼标号	(C30)
截面宽度(mm)	250
截面高度(mm)	700
截面面积(m2)	0.175
截面周长(m)	1.9
起点顶标高(m)	层底标高+0.7
终点顶标高(m)	层底标高+0.7
轴线距梁左边	(125)
图元形状	矩形
模板类型	普通模板

	编码	类别	项目名称	单位	工程量表达式	表达式说明
1	010407001	项	其他构件	m3	TJ	TJ〈体积〉
2	1.1	项	混凝土、钢筋混凝土模板及支架 飘窗下砼250*700	m2	MBMJ	MBMJ〈模板面积〉

图4.2.31　飘窗底板根部混凝土构件的属性和做法

项目特征：1. 混凝土强度等级：C30；2. 截面尺寸：飘窗下混凝土250×700；3. 混凝土要求：预拌混凝土

2. 画首层飘窗底板根部构件

（1）先打辅助轴线

从"结施-08"中1—1详图我们知道，飘窗底板根部混凝土构件的长度和飘窗板一样长，画此构件需要打辅助轴线，如图4.2.32所示。

（2）画飘窗底板根部混凝土构件

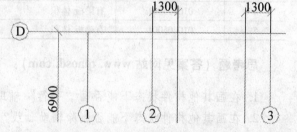

图4.2.32　画飘窗根部构件的辅助轴线

选中构件名称下的"飘窗下混凝土250×700"→单击"直线"按钮→分别单击D轴线与两个辅助轴线的交点→单击右键结束→选中已经画好的构件→单击右键出现右键菜单→单击"单对齐"→单击D轴线柱外皮→单击"飘窗下混凝土250×700"外皮→单击右键结束，画好的飘窗底板根部混凝土构件三维图如图4.2.33所示。

3. 首层飘窗底板根部构件软件计算结果

因为我们在梁里画的飘窗底板根部混凝土构件，这时就不能用拉框选择的方法选择要查的构件工程量，我们需要用"批量选择构件图元"功能查看飘窗底板根部构件的工程量，操作步骤如下：

在画梁状态下，单击右键，出现右键菜单→单击"批量选择构件图元"，弹出"批量选择构件图元"对话框→勾选"只显示当前构件类型"→单击"飘窗下混凝土 250 × 700"→单击"确定"→单击"查看图元工程量"按钮，弹出"查看构件图元工程量"对话框→单击"做法工程量"，见表 4.2.3。

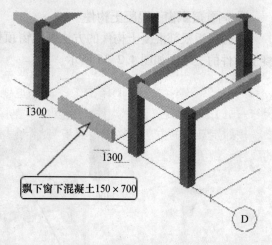

图 4.2.33　画好的飘窗底板根部混凝土构件三维图

表 4.2.3　首层 1～4 轴线飘窗底板根部混凝土构件软件"做法工程量"

序号	编码	项目名称	单位	工程量
1	1.1	混凝土、钢筋混凝土模板及支架　飘窗下混凝土 250×700	m²	5.96
2	010407001	其他构件	m³	0.595

（二）画首层飘窗顶板根部混凝土构件

1. 首层飘窗顶板根部混凝土构件的属性和做法

用同样的方法定义飘窗顶板根部混凝土构件的属性和做法，如图 4.2.34 所示。

属性名称	属性值
名称	飘窗上砼250*300
类别1	非框架梁
类别2	
材质	现浇混凝土
砼类型	(预拌砼)
砼标号	(C30)
截面宽度(mm)	250
截面高度(mm)	300
截面面积(m2)	0.075
截面周长(m)	1.1
起点顶标高(m)	层顶标高-0.5
终点顶标高(m)	层顶标高-0.5
轴线距梁左边	(125)
图元形状	矩形
模板类型	普通模板

	编码	类别	项目名称	单位	工程量表达式	表达式说明
1	010407001	项	其他构件	m3	TJ	TJ〈体积〉
2	1.1	项	混凝土、钢筋混凝土模板及支架　飘窗上砼250*300	m2	MBMJ	MBMJ〈模板面积〉

图 4.2.34　飘窗顶板根部混凝土构件的属性和做法

项目特征：1. 混凝土强度等级：C30；2. 截面尺寸：飘窗上混凝土 250×300；3. 混凝土要求：预拌混凝土

2. 画首层飘窗上混凝土构件

用画底板根部混凝土构件的方法画飘窗顶板根部的混凝土构件，画好的飘窗顶板根部混凝土构件的三维图如图 4.2.35 所示。

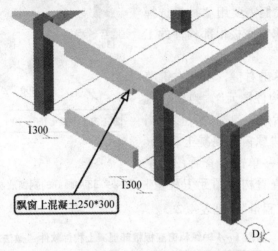

1300

1300

飘窗上混凝土250*300

Ⓓ

图 4.2.35　飘窗顶板根部混凝土构件三维图

3. 删除用过的辅助轴线

4. 首层飘窗上混凝土构件软件计算结果

汇总计算后，用"批量选择构件图元"的方法查看飘窗顶板根部混凝土构件，软件计算结果见表 4.2.4。

表 4.2.4　首层 1～4 轴线飘窗顶板根部混凝土构件软件"做法工程量"

序号	编码	项目名称	单位	工程量
1	1.1	混凝土、钢筋混凝土模板及支架　飘窗上混凝土 250×300	m^2	3.04
2	010407001	其他构件	m^3	0.255

思考题（答案见网站 www.qiaosd.com）：

1. 梁的"起点顶标高"和"终点顶标高"分别是什么意思？

2. 飘窗下混凝土 250×700 构件的"起点顶标高"和"终点顶标高"为什么修改为"层底标高 +0.7"？如果直接填写"0.6"行吗？

四、画 1～4 轴线砌块墙

根据"建施 −03"首层平面图绘制首层 1～4 轴线的砌块墙。

（一）墙的属性和做法

单击墙前面的" + "号使其展开→单击下一级的"墙"→单击"新建"下拉菜单→单击"新建外墙"→在"属性编辑框"内改墙名称为"Q250"→填写墙的属性、做法及项目特征，如图 4.2.36 所示。

属性名称	属性值
名称	Q250
类别	陶粒空心
材质	砌块
砂浆类型	(混合砂浆)
砂浆标号	(M5)
厚度(mm)	250
轴线距左墙皮	(125)
内/外墙标志	外墙
起点顶标高(m)	层顶标高
终点顶标高(m)	层顶标高
起点底标高(m)	层底标高
终点底标高(m)	层底标高

	编码	类别	项目名称	单位	工程量表达式	表达式说明
1	010304001	项	空心砖墙、砌块墙	m3	TJ	TJ〈体积〉

图 4.2.36　Q250 的属性和做法

项目特征：1. 墙体厚度：250；2. 砌块品种：陶粒砌块；3. 砂浆强度等级：M5 水泥砂浆

用同样的方法建立内墙"Q200"，如图 4.2.37 所示。

属性名称	属性值
名称	Q200
类别	陶粒空心砌
材质	砌块
砂浆类型	(混合砂浆)
砂浆标号	(M5)
厚度(mm)	200
轴线距左墙皮	(100)
内/外墙标志	内墙
起点顶标高(m)	层顶标高
终点顶标高(m)	层顶标高
起点底标高(m)	层底标高
终点底标高(m)	层底标高

	编码	类别	项目名称	单位	工程量表达式	表达式说明
1	010304001	项	空心砖墙、砌块墙	m3	TJ	TJ〈体积〉

图 4.2.37　Q200 的属性和做法

项目特征：1. 墙体厚度：200；2. 砌块品种：陶粒砌块；3. 砂浆强度等级：M5 水泥砂浆

（二）画首层 1～4 轴线的墙

1. 画首层 1～4 轴线的墙

（1）先将墙画到轴线上

先将内外墙画到相应的轴线上，因为 1 轴线和 A 轴线的墙并没有相交到（1/A）交点的位置，我们需要先打两根辅轴找到它们各自的端点，打辅轴的操作步骤如下：

单击"平行"按钮→单击 2 轴线，出现"请输入"对话框→填写偏移值"-1400"→单击 1/A 轴线→填写偏移值"-600"，这样两根辅轴就画好了。

选中构件名称下的"Q250"→单击"直线"按钮→单击（3/A）交点→单击辅轴与 A 轴的交点→单击右键结束。

单击 1 轴与辅轴的交点→单击（1/D）交点→单击（4/D）交点→单击右键结束。

选中"Q200"的墙→单击"直线"按钮→单击（4/D）交点→单击（4/C）交点→单击右键结束。

用同样的方法画其余 Q200 的墙，画好的 1～4 轴线的墙如图 4.2.38 所示。

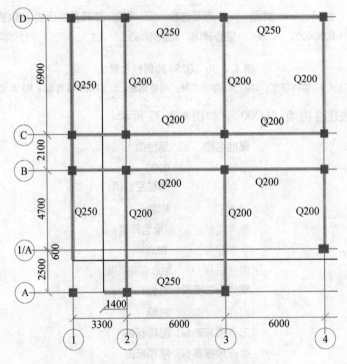

图 4.2.38　首层 1～4 轴线画到轴线上的墙

（2）将墙偏移到图纸要求的位置

我们用梁对齐的方法将墙也偏移到图纸所要求的位置，如图 4.2.39 所示。

但是这时候墙并没有相交到中心线，按"Z"去掉柱子的显示可看出，如图 4.2.40 所示。

（3）将墙延伸使其相交到中心线位置

用"延伸"的方法使椭圆处的墙相交到墙中心线（延伸方法参考梁的操作步骤），如图 4.2.41 所示。

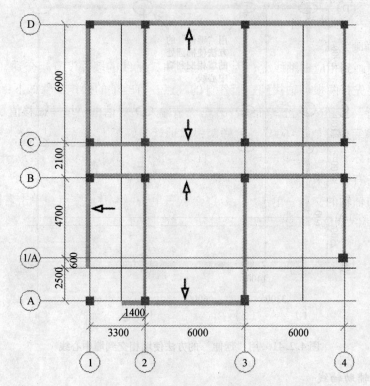

图 4.2.39　墙移动到与柱外皮齐

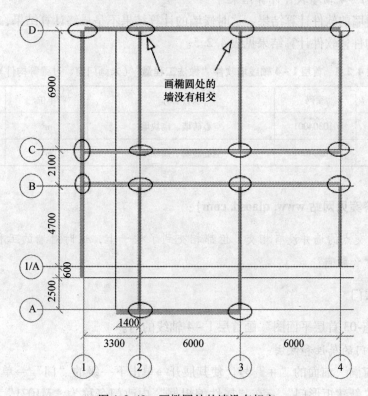

图 4.2.40　画椭圆处的墙没有相交

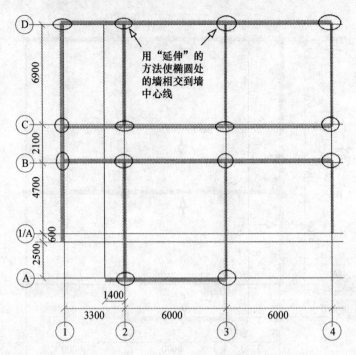

图 4.2.41 用"延伸"的方法使墙相交到墙中心线

（三）删除辅助轴线

（四）首层 1~4 轴墙软件计算结果

汇总后查看墙的软件计算结果，这时候墙的计算结果不是最终计算结果，因为还没有画门窗、过梁等构件，软件计算结果见表 4.2.5。

表 4.2.5 首层 1~4 轴线墙软件"做法工程量"（未画门窗、过梁等构件）

序号	编码	项目名称	单位	工程量
1	010304001	空心砖墙、砌块墙	m³	42.99
2	010304001	空心砖墙、砌块墙	m³	27.625

思考题（答案见网站 www. qiaosd. com）:

1.（2/B）交点的墙并没有相交，但都相交到了柱子上，这时对墙的工程量有无影响？对室内装修有什么影响？

五、画首层门

根据"建施-03 首层平面图"画首层 1~4 轴线的门。

（一）首层门的属性和做法

单击"门窗洞"前面的"+"号，使其展开→单击下一级的"门"→单击"新建"下拉菜单→单击"新建矩形门"→在"属性编辑框"内改门名称为"M1021"→填写门的属性、做法及项目特征，如图 4.2.42 所示。

属性名称	属性值
名称	M1021
洞口宽度 (mm)	1000
洞口高度 (mm)	2100
框厚 (mm)	0
立樘距离 (mm)	0
离地高度 (mm)	0
框左右扣尺寸 (mm)	0
框上下扣尺寸 (mm)	0
框外围面积 (m2)	2.1
洞口面积 (m2)	2.1
备注	

改框厚为"0"

	编码	类别	项目名称	单位	工程量表达式	表达式说明
1	020401004	项	胶合板门	m2	DKMJ	DKMJ〈洞口面积〉

图 4.2.42 M1021 的属性和做法

项目特征：1. 门类型：木质夹板门 M1021；2. 框截面尺寸：1000×2100；3. 油漆品种、刷漆遍数：底油一遍，调和漆两遍；4. 门锁：把；5. 运输：5km 内，不考虑运距；6. 含后塞口

用同样的方法建立 M5021 的属性和做法，如图 4.2.43 所示。

属性名称	属性值
名称	M5021
洞口宽度 (mm)	5000
洞口高度 (mm)	2100
框厚 (mm)	0
立樘距离 (mm)	0
离地高度 (mm)	0
框左右扣尺寸 (mm)	0
框上下扣尺寸 (mm)	0
框外围面积 (m2)	10.5
洞口面积 (m2)	10.5
备注	

	编码	类别	项目名称	单位	工程量表达式	表达式说明
1	020404002	项	旋转玻璃门	m2	DKMJ	DKMJ〈洞口面积〉

图 4.2.43 M5021 的属性和做法

项目特征：1. 材质：旋转玻璃门 M5021；2. 运输：5km 内，不考虑运距；3. 含后塞口

（二）画首层 1~4 轴线的门

选中定义好的 M1021→单击"点"按钮→放到图 4.2.44 所示门的大致位置，软件自动

会出现两个数据→单击"Tab"键两次，软件会自动将数据"453.105"涂黑（你可能出现的是其他数据）→按照首层平面图将453.105改为600（图4.2.44）→敲回车，M1021就画到图上的准确位置，用同样的方法画其他位置的M1021。

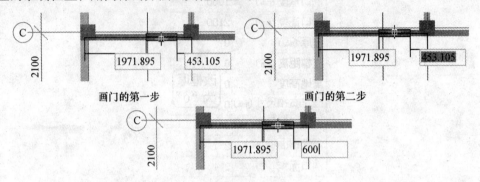

图4.2.44　画好的一个M1021

注意：这里为什么不将数据"1971.895"改为图纸数据"1700"。因为软件要的是1轴线墙的中心线到门边的距离，而图纸给的是1轴线到门边的距离。

用"点"式画法画其余的门M1021，这样，首层1～4轴线门就画好了，如图4.2.45所示。

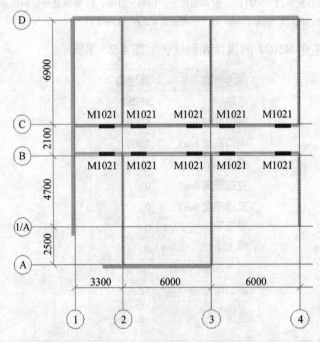

图4.2.45　画好的首层1～4轴线门

（三）首层1～4轴线的门软件计算结果

汇总后查看首层1～4轴线的门软件计算结果，见表4.2.6。

表4.2.6　首层1～4轴线门软件"做法工程量"

序号	编码	项目名称	单位	工程量
1	020401004	胶合板门	m²	21

思考题（答案见网站 www.qiaosd.com）：

1. 门的框厚为什么要设置为"0"？

2. 画门窗时，软件要填的尺寸是门边到墙端的距离还是门边到轴线的距离？

3. 如果要切换门两边的数据框用哪个键？

4. 怎样显示已画好的构件名称？

5. 从什么地方可以看出哪个构件有快捷键？

6. 对于没有快捷键的构件怎样显示构件或构件名称？

六、画首层窗

（一）首层窗的属性和做法

单击"门窗洞"前面的"+"号，使其展开→单击下一级的"窗"→单击"新建"下拉菜单→单击"新建矩形窗"→在"属性编辑框"内改窗名称为"C0924"→填写窗的属性、做法及项目特征，如图4.2.46所示。

由于窗台板的图纸尺寸为窗宽，我们在做法里直接用"DKKD"代替窗台板的工程量，如图4.2.46所示。

属性名称	属性值
名称	C0924
洞口宽度（mm）	900
洞口高度（mm）	2400
框厚（mm）	0
立樘距离（mm）	0
离地高度（mm）	700
框左右扣尺寸（mm）	0
框上下扣尺寸（mm）	0
框外围面积（m2）	2.16
洞口面积（m2）	2.16

	编码	类别	项目名称	单位	工程量表达式	表达式说明
1	020406007	项	塑钢窗	m2	DKMJ	DKMJ〈洞口面积〉
2	020409003	项	石材窗台板	m	DKKD	DKKD〈洞口宽度〉

图4.2.46　C0924的属性和做法

C0924项目特征：1. 窗类型：塑钢窗C0924；2. 洞口尺寸：900×2400；3. 运输：5km内，不考虑运距；4. 含后塞口

窗台板项目特征：1. 窗台板材质：大理石；2. 窗台板宽度：200

注意：因我们在楼层定义时将首层底标高修改为"-0.1"，所以软件的窗离地高度从600mm修改为700mm。

用同样的方法建立其他窗的属性和做法，如图4.2.47～图4.2.50所示。

属性名称	属性值
名称	C1524
洞口宽度 (mm)	1500
洞口高度 (mm)	2400
框厚 (mm)	0
立樘距离 (mm)	0
离地高度 (mm)	700
框左右扣尺寸 (mm)	0
框上下扣尺寸 (mm)	0
框外围面积 (m2)	3.6
洞口面积 (m2)	3.6

	编码	类别	项目名称	单位	工程量表达式	表达式说明
1	020406007	项	塑钢窗	m2	DKMJ	DKMJ〈洞口面积〉
2	020409003	项	石材窗台板	m	DKKD	DKKD〈洞口宽度〉

图 4.2.47 C1524 的属性和做法

项目特征：1. 窗类型：塑钢窗 C1524；2. 洞口尺寸：1500×2400；3. 运输：5km 内，不考虑运距；4. 含后塞口

窗台板项目特征：1. 窗台板材质：大理石；2. 窗台板宽度：200

属性名称	属性值
名称	C1624
洞口宽度 (mm)	1600
洞口高度 (mm)	2400
框厚 (mm)	0
立樘距离 (mm)	0
离地高度 (mm)	700
框左右扣尺寸 (mm)	0
框上下扣尺寸 (mm)	0
框外围面积 (m2)	3.84
洞口面积 (m2)	3.84

	编码	类别	项目名称	单位	工程量表达式	表达式说明
1	020406007	项	塑钢窗	m2	DKMJ	DKMJ〈洞口面积〉

图 4.2.48 C1624 的属性和做法

项目特征：1. 窗类型：塑钢窗 C1624；2. 洞口尺寸：1600×2400；3. 运输：5km 内，不考虑运距；4. 含后塞口

属性名称	属性值
名称	C1824
洞口宽度 (mm)	1800
洞口高度 (mm)	2400
框厚 (mm)	0
立樘距离 (mm)	0
离地高度 (mm)	700
框左右扣尺寸 (mm)	0
框上下扣尺寸 (mm)	0
框外围面积 (m2)	4.32
洞口面积 (m2)	4.32

	编码	类别	项目名称	单位	工程量表达式	表达式说明
1	020406007	项	塑钢窗	m2	DKMJ	DKMJ〈洞口面积〉
2	020409003	项	石材窗台板	m	DKKD	DKKD〈洞口宽度〉

图 4.2.49　C1824 的属性和做法

C1824 项目特征：1. 窗类型：塑钢窗 C1824；2. 洞口尺寸：1800×2400；3. 运输：5km 内，不考虑运距；4. 含后塞口
窗台板项目特征：1. 窗台板材质：大理石；2. 窗台板宽度：200

属性名称	属性值
名称	C2424
洞口宽度 (mm)	2400
洞口高度 (mm)	2400
框厚 (mm)	0
立樘距离 (mm)	0
离地高度 (mm)	700
框左右扣尺寸 (mm)	0
框上下扣尺寸 (mm)	0
框外围面积 (m2)	5.76
洞口面积 (m2)	5.76

	编码	类别	项目名称	单位	工程量表达式	表达式说明
1	020406007	项	塑钢窗	m2	DKMJ	DKMJ〈洞口面积〉
2	020409003	项	石材窗台板	m	DKKD	DKKD〈洞口宽度〉

图 4.2.50　C2424 的属性和做法

C2424 项目特征：1. 窗类型：塑钢窗 C2424；2. 洞口尺寸：2400×2400；3. 运输：5km 内，不考虑运距；4. 含后塞口
窗台板项目特征：1. 窗台板材质：大理石；2. 窗台板宽度：200

（二）画首层 1~4 轴线的窗

选中构件名称下的"C0924"→单击"点"按钮→按照画门的方法画窗，画好的 1~4
轴线的窗，如图 4.2.51 所示。

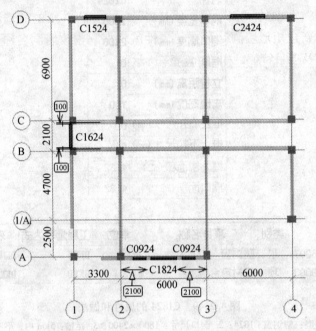

图 4.2.51　画好的首层 1~4 轴线的窗

（三）首层 1~4 轴线的窗软件计算结果

汇总后查看首层 1~4 轴线的窗软件计算结果，见表 4.2.7。

表 4.2.7　首层 1~4 轴线窗软件"做法工程量"

序号	编码	项目名称	单位	工程量
1	020409003	石材窗台板	m	7.5
2	020406007	塑钢窗	m²	4.32
3	020406007	塑钢窗	m²	3.6
4	020406007	塑钢窗	m²	3.84
5	020406007	塑钢窗	m²	4.32
6	020406007	塑钢窗	m²	5.76

思考题（答案见网站 www.qiaosd.com）：

1. 从图纸可以看出窗的底标高 0.6m，属性里为什么填写窗的离地高度为 700m？

2. 怎样在窗的做法里计算窗台板的面积？这里的窗台板能否扣除墙的面积？

3. 为什么画 C1624 时尺寸数据要填写 100？

4. 门窗洞口如果不精确定位会对哪些量产生影响？

七、画首层墙洞

（一）首层墙洞的属性和做法

单击"门窗洞"前面的"＋"号，使其展开→单击下一级的"墙洞"→单击"新建"下拉菜单→单击"新建矩形墙洞"→在"属性编辑框"内改墙洞名称为"D3024"→填写墙洞的属性、做法及项目特征，如图4.2.52所示。

属性名称	属性值
名称	D3024
洞口宽度(mm)	3000
洞口高度(mm)	2400
离地高度(mm)	**700**
洞口面积(m2)	7.2

	编码	类别	项目名称	单位	工程量表达式	表达式说明
1	020409003	项	石材窗台板	m	DKKD	DKKD〈洞口宽度〉

图4.2.52　D3024的属性和做法

窗台板项目特征：1. 窗台板材质：大理石；2. 窗台板宽度：650

（二）画首层1~4轴线的墙洞

按照画门的方法画墙洞，画好的墙洞如图4.2.53所示。

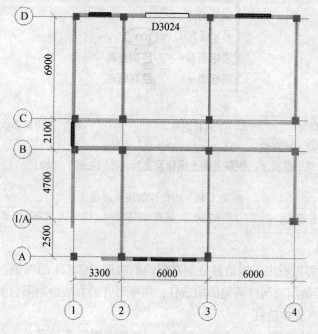

图4.2.53　首层1~4轴线墙洞

（三）首层1~4轴线的墙洞软件计算结果

汇总后查看墙洞的计算结果，见表4.2.8。

表 4.2.8　首层 1～4 轴线墙洞软件"做法工程量"

序号	编码	项目名称	单位	工程量
1	020409003	石材窗台板	m	3

八、画首层构造柱

构造柱的设置见"结施-01"的结构设计总说明。

(一)构造柱属性和做法

单击"柱"前面的"＋"号，使其展开→单击下一级"构造柱"→单击"新建"下拉菜单→单击"新建矩形构造柱"→修改构造柱名称为"GZ-250×250"。因此工程属于砌块墙，构造柱的马牙槎宽度填写为 100，构造柱的属性、做法及项目特征如图 4.2.54 所示。

属性名称	属性值
名称	GZ-250*250
类别	带马牙槎
材质	现浇混凝土
砼类型	(预拌砼)
砼标号	(C25)
截面宽度(mm)	250
截面高度(mm)	250
截面面积(m2)	0.0625
截面周长(m)	1
马牙槎宽度(mm)	100
顶标高(m)	层顶标高
底标高(m)	层底标高

	编码	类别	项目名称	单位	工程量表达式	表达式说明
1	010402001	项	矩形柱	m3	TJ	TJ〈体积〉
2	1.1	项	混凝土、钢筋混凝土模板及支架 构造柱	m2	MBMJ	MBMJ〈模板面积〉

图 4.2.54　构造柱的属性和做法

项目特征：1. 柱截面尺寸：GZ-250×250；2. 混凝土强度等级：C25；3. 混凝土要求：预拌混凝土

(二)画构造柱

从"结施-01"可以看出，构造柱分别在飘窗的两侧、C2424 的两侧、阳台洞口处，我们可以用布置的方法绘制门窗洞口两侧的构造柱，用单对齐的方法绘制阳台洞口处的构造柱。

1. 在门窗洞口布置构造柱

选中构件名称下的"GZ-250×250"→单击"智能布置"下拉菜单→单击"门窗洞口"→单击画好的 D3024→单击画好的 C2424→单击右键，构造柱就布置好了。

2. 画阳台洞口处构造柱

选中构件名称下的"GZ-250×250"→单击"点"按钮→在不显示梁的状态下单击 1 轴

线墙端点→单击 A 轴线墙端点（这时构造柱已经画上但是位置不对，需要偏移）→单击右键结束→选中 1 轴线墙端头画好的构造柱→单击右键，出现右键菜单→单击"单对齐"→选中 1 轴墙端头→单击构造柱下边线→单击 A 轴线墙头→单击构造柱左边线→单击右键结束，阳台洞口处构造柱就画好了。

　　画好的 1~4 轴线的构造柱如图 4.2.55 所示。

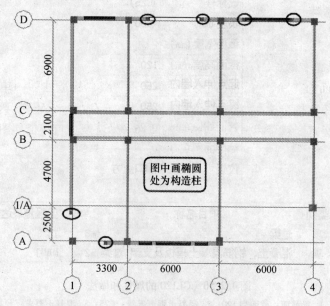

图 4.2.55　首层 1~4 轴线构造柱

（三）构造柱软件计算结果

汇总后用"批量选择构件图元"选中查看构造柱的计算结果，见表 4.2.9。

表 4.2.9　首层 1~4 轴线构造柱软件"做法工程量"

序号	编码	项目名称	单位	工程量
1	1.1	混凝土、钢筋混凝土模板及支架构造柱	m²	17.98
2	010402001	矩形柱	m³	1.455

思考题（答案见网站 www.qiaosd.com）：

1. 砖墙构造柱马牙槎宽度一般为多少，砌块墙构造柱马牙槎宽度一般为多少？
2. 取消梁的显示用哪个快捷键？

九、画首层过梁

根据"结施-01"结构设计总说明右下角过梁尺寸及配筋表，再结合图纸的具体情况，建立 GL120、GL180 和 GL400。

（一）首层过梁的属性和做法

单击"门窗洞"前面的"+"号，使其展开→单击下一级的"过梁"→单击"新建"下拉菜单→单击"新建矩形过梁"→在"属性编辑框"内改过梁名称为"GL120"→填写GL120 的属性、做法及项目特征，如图 4.2.56~图 4.2.58 所示。

属性名称	属性值
名称	GL120
材质	现浇混凝
砼类型	(预拌砼)
砼标号	(C25)
长度(mm)	(500)
截面宽度(mm)	
截面高度(mm)	120
起点伸入墙内	250
终点伸入墙内	250
截面周长(m)	0.24
截面面积(m2)	0
位置	洞口上方

	编码	类别	项目名称	单位	工程量表达式	表达式说明
1	010403005	项	过梁	m3	TJ	TJ<体积>
2	1.1	项	混凝土、钢筋混凝土模板及支架　过梁	m2	MBMJ	MBMJ<模板面积>

图 4.2.56　GL120 的属性和做法

项目特征：1. 梁截面：截面高 120；2. 混凝土强度等级：C25；3. 混凝土要求：预拌混凝土

属性名称	属性值
名称	GL180
材质	现浇混凝
砼类型	(预拌砼)
砼标号	(C25)
长度(mm)	(500)
截面宽度(mm)	
截面高度(mm)	180
起点伸入墙内	250
终点伸入墙内	250
截面周长(m)	0.36
截面面积(m2)	0
位置	洞口上方

	编码	类别	项目名称	单位	工程量表达式	表达式说明
1	010403005	项	过梁	m3	TJ	TJ<体积>
2	1.1	项	混凝土、钢筋混凝土模板及支架　过梁	m2	MBMJ	MBMJ<模板面积>

图 4.2.57　GL180 的属性和做法

项目特征：1. 梁截面：截面高 180；2. 混凝土强度等级：C25；3. 混凝土要求：预拌混凝土

属性名称	属性值
名称	GL400
材质	现浇混凝
砼类型	(预拌砼)
砼标号	(C25)
长度(mm)	(500)
截面宽度(mm)	
截面高度(mm)	400
起点伸入墙内	250
终点伸入墙内	250
截面周长(m)	0.8
截面面积(m2)	0
位置	洞口上方

	编码	类别	项目名称	单位	工程量表达式	表达式说明
1	010403005	项	过梁	m3	TJ	TJ<体积>
2	1.1	项	混凝土、钢筋混凝土模板及支架 过梁	m2	MBMJ	MBMJ<模板面积>

图 4.2.58　GL400 的属性和做法

项目特征：1. 梁截面：截面高 400；2. 混凝土强度等级：C25；3. 混凝土要求：预拌混凝土

（二）画首层 1~4 轴线的过梁

1. 智能布置 GL120

选中构件名称下的 GL120→单击"智能布置"下拉菜单→单击"按门窗洞口宽度布置"，弹出"按洞口宽度布置过梁"对话框→按照图纸填写 GL120 的布置条件（图 4.2.59）→单击"确定"，M1021 和 C0924 的过梁就布置好了。

2. 修改 A 轴线过梁的长度尺寸

虽然 A 轴线的 GL120 已经布置上了，但是软件默认的过梁长度尺寸并不对，如图 4.2.60 所示。

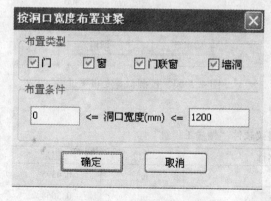

图 4.2.59　GL120 的布置条件

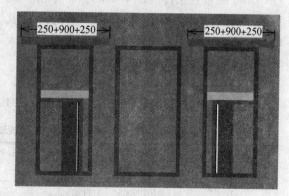

图 4.2.60　软件默认 A 轴线过梁的尺寸

我们要将其修改为如图 4.2.61 所示的情况（根据图纸可以看出窗间墙尺寸只有 350，所以两窗过梁各伸进 175）。

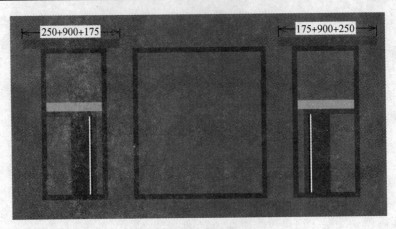

图4.2.61 修改后的过梁尺寸

修改步骤如下：

单击"工具"下拉菜单→单击"显示线性图元方向"，图形中就显示过梁的起点和终点方向，如图4.2.62所示。

图4.2.62 过梁的起点和终点线性方向

选中A轴线右侧的GL120→修改GL120的属性中"终点伸入墙内长度"为175→单击右键，出现右键菜单→单击"取消选择"→单击A轴线左侧GL120→修改GL120的属性中"起点伸入墙内长度"为175→单击右键，出现右键菜单→单击"取消选择"，这样A轴线的GL120长度就修改好了。

3. 智能布置GL180

选中构件名称下GL180→单击"智能布置"下拉菜单→单击"按门窗洞口宽度布置"弹出"按洞口宽度布置过梁"对话框→按照图纸填写GL180的布置条件（图4.2.63）→单击"确定"，这样C1524、C1624、C2424上的过梁就布置好了。软件会自动调整C1824上过梁伸入墙内的长度。

（三）首层1~4轴线的过梁软件计算结果

汇总后查看过梁的软件计算结果见表4.2.10。

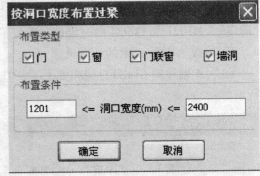

图4.2.63 按洞口宽度布置过梁

表4.2.10 首层1~4轴线过梁软件"做法工程量"

序号	编码	项目名称	单位	工程量
1	010403005	过梁	m^3	0.4395
2	010403005	过梁	m^3	0.3668
3	1.1	混凝土、钢筋混凝土模板及支架 过梁	m^2	11.445

思考题（答案见网站 www. qiaosd. com）：

1. 软件默认过梁伸入墙内尺寸多少？
2. 过梁与框架柱相交软件能否自动扣减？谁的级别大？
3. 过梁与构造柱相交软件能否自动扣减？谁的级别大？
4. 显示线性图元方向是哪个快捷键？

十、画首层现浇带

根据"结施-01"结构设计总说明绘制。

（一）首层现浇带属性和做法

现浇带实际就是圈梁，这里按圈梁定义。

单击梁前面的"+"号，使其展开→单击下一级的"圈梁"→单击"新建"下拉菜单→单击"新建矩形圈梁"→在"属性编辑框"内改圈梁名称为"QL250×180"→填写圈梁的属性、做法及项目特征，如图 4.2.64 所示。

属性名称	属性值
名称	QL250*180
材质	现浇混凝土
砼类型	(预拌砼)
砼标号	(C25)
截面宽度(mm)	250
截面高度(mm)	180
截面面积(m2)	0.045
截面周长(m)	0.86
起点顶标高(m)	层底标高+0.7
终点顶标高(m)	层底标高+0.7
轴线距梁左边	(125)
图元形状	直形

	编码	类别	项目名称	单位	工程量表达式	表达式说明
1	010403004	项	圈梁	m3	TJ	TJ〈体积〉
2	1.1	项	混凝土、钢筋混凝土模板及支架 圈梁	m2	MBMJ	MBMJ〈模板面积〉

图 4.2.64 现浇带的属性和做法

项目特征：1. 梁截面：250×180；2. 混凝土强度等级：C25；3. 混凝土要求：预拌混凝土

（二）画首层现浇带

我们用布置的方法画现浇带。

选中构件名称下的 QL250×180→单击"智能布置"下拉菜单→单击"墙中心线"→单击"批量选择"按钮，弹出"批量选择构件图元"对话框→单击"Q250"→单击"确定"→单击右键结束，外墙窗下现浇带就画好了。

画好的首层 1～4 轴线现浇带如图 4.2.65 所示。

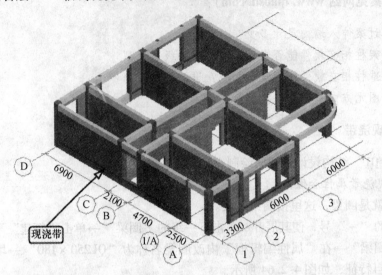

图 4.2.65　现浇带布置示意图

（三）首层现浇带软件计算结果

汇总后用"批量选择构件图元"的方法查看圈梁的软件计算结果，见表 4.2.11。

表 4.2.11　首层 1～4 轴线圈梁软件"做法工程量"

序号	编码	项目名称	单位	工程量
1	1.1	混凝土、钢筋混凝土模板及支架　圈梁	m²	10.44
2	010403004	圈梁	m³	1.305

思考题（答案见网站 www. qiaosd. com）：

圈梁与构造柱相交软件能否自动扣减？谁的级别大？

十一、画首层 3～4 轴线处护窗栏杆

（一）首层护窗栏杆的属性和做法

在软件里我们用"自定义线"来画护窗栏杆，操作步骤如下：

单击"自定义"前面的"＋"号，使其展开→单击下一级的"自定义线"→单击"新建"下拉菜单→单击"新建矩形自定义线"→在"属性编辑框"内改自定义线名称为"护窗栏杆"→填写护窗栏杆属性值、做法及项目特征，如图 4.2.66 所示。

（二）画玻璃幕墙处护窗栏杆

1. 先打一条与 4 轴平行的辅轴

2. 将护窗栏杆画到轴线位置

选中构件名称下的护窗栏杆→单击"三点画弧"后面的"小三角形"→单击"顺小弧"→填写半径为 2500→单击（4，1/A）交点→单击 A 轴线和辅轴的交点→单击"直线"按钮→单击（3/A）交点→单击右键结束。画到轴线上的护窗栏杆如图 4.2.67 所示。

属性名称	属性值
名称	护窗栏杆
截面宽度 (mm)	50
截面高度 (mm)	900
起点顶标高 (m)	层底标高+1
终点顶标高 (m)	层底标高+1
轴线距左边线	(25)
扣减优先级	要扣减点，不扣

	编码	类别	项目名称	单位	工程量表达式	表达式说明
1	020107001	项	金属扶手带栏杆、栏板 护窗栏杆	m	CD	CD〈长度〉

图 4.2.66 护窗栏杆的属性和做法

项目特征：1. 扶手材料种类：不锈钢；2. 栏杆材料种类：不锈钢

3. 将护窗栏杆偏移到图纸要求位置

选中画好的弧形段护窗栏杆→单击右键，出现右键菜单→单击"偏移"→挪动鼠标到如图 4.2.68 所示的位置→填写偏移值为"175"→敲回车→弹出"确认"对话框→单击"是"，弧线段的护窗栏杆就偏移好了。

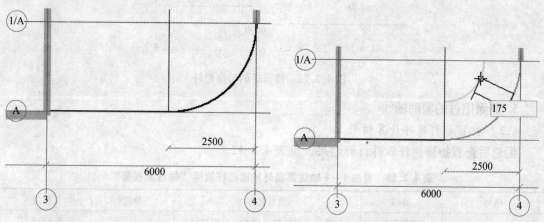

图 4.2.67 画到轴线上的护窗栏杆 　　　图 4.2.68 弧形段栏杆挪动示意图

用同样的方法偏移直线段的护窗栏杆，如图 4.2.69 所示。

画好的玻璃幕墙处的护窗栏杆，如图 4.2.70 所示。

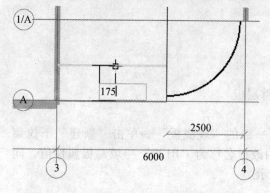

图 4.2.69 直线段的护窗栏杆偏移示意图

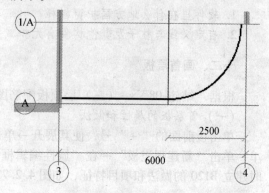

图 4.2.70 画好的玻璃幕墙处的护窗栏杆

4. 修剪多余的护窗栏杆

这时候护窗栏杆虽然已经画好了，但是有一部分长度伸进到框架柱内，软件并不会自动扣减，我们要将伸入柱内部分剪掉，操作步骤如下：

单击"平行"按钮→单击1/A轴线弹出"请输入"对话框→填写偏移距离为"-250"→单击"确定"→单击"平行"按钮→单击3轴线，弹出"请输入"对话框→填写偏移距离为"250"→单击"确定"，这样辅轴就画好了。

在英文状态下按"Z"键取消柱子的显示→单击"修剪"按钮→选中与1/A平行的辅助轴线→单击辅助轴线上面多余的护窗栏杆→单击右键结束→单击与3轴平行的辅助轴线→单击辅助轴线左侧多余的护窗栏杆→单击右键结束。修剪后的护窗栏杆如图4.2.71所示。

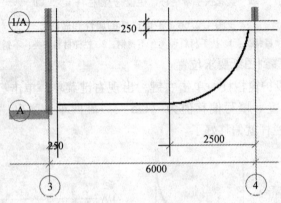

图 4.2.71　修剪后的护窗栏杆

5. 删除用过的辅助轴线

（三）护窗栏杆软件计算结果

汇总后查看护窗栏杆软件计算结果，见表4.2.12。

表 4.2.12　首层 1~4 轴线幕墙处护窗栏杆软件"做法工程量"

序号	编码	项目名称	单位	工程量
1	020107001	金属扶手带栏杆、栏板　护窗栏杆	m	6.6516

思考题（答案见网站 www.qiaosd.com）：

1. 软件里在什么地方画护窗栏杆？
2. 自定义线与柱子及其他构件有无扣减关系？

十二、画首层板

根据"结施-08"—（三）层顶板配筋图画首层板。

（一）首层板的属性和做法

单击板前面的"+"号，使其展开→单击下一级的"现浇板"→单击"新建"下拉菜单→单击"新建现浇板"→在"属性编辑框"内改板名称为"B120"→填写板属性值，同时建立 B120 的做法和项目特征，如图4.2.72所示。

属性名称	属性值
名称	B120
类别	有梁板
砼类型	(预拌砼)
砼标号	C30
厚度 (mm)	120
顶标高 (m)	层顶标高
是否是楼板	是
模板类型	普通模板

	编码	类别	项目名称	单位	工程量表达式	表达式说明
1	010405001	项	有梁板	m3	TJ	TJ〈体积〉
2	1.1	项	混凝土、钢筋混凝土模板及支架 板	m2	MBMJ	MBMJ〈模板面积〉

图 4.2.72　B120 的属性和做法
项目特征：1. 板厚度：120；2. 混凝土强度等级：C30；3. 混凝土要求：预拌混凝土

用同样的方法建立 B130 和 B160 的属性和做法，如图 4.2.73、图 4.2.74 所示。

属性名称	属性值
名称	B130
类别	有梁板
砼类型	(预拌砼)
砼标号	C30
厚度 (mm)	130
顶标高 (m)	层顶标高
是否是楼板	是
模板类型	普通模板

	编码	类别	项目名称	单位	工程量表达式	表达式说明
1	010405001	项	有梁板	m3	TJ	TJ〈体积〉
2	1.1	项	混凝土、钢筋混凝土模板及支架 板	m2	MBMJ	MBMJ〈模板面积〉

图 4.2.73　B130 属性和做法
项目特征：1. 板厚度：130；2. 混凝土强度等级：C30；3. 混凝土要求：预拌混凝土

（二）画首层板

1. 用"智能布置"的方法画板

画板有"点"式画法、智能布置画法、画线封闭画法等几种，一般我们都用"点"式画法。但是用这个方法大家需要注意，如果一个封闭的房间里同时有墙和梁，并且墙和梁的宽度不同，我们用"点"式画法画板的时候，就不知道板认的是墙的中心线还是梁的中心线。在实际操作中发现，如果把墙和梁的显示去掉，板中间留有空隙，为了让板与板之间没有缝隙，这里教大家用"智能布置"的方法画板。

属性名称	属性值
名称	B160
类别	有梁板
砼类型	(预拌砼)
砼标号	C30
厚度(mm)	160
顶标高(m)	层顶标高
是否是楼板	是
模板类型	普通模板

	编码	类别	项目名称	单位	工程量表达式	表达式说明
1	010405001	项	有梁板	m3	TJ	TJ〈体积〉
2	1.1	项	混凝土、钢筋混凝土模板及支架 板	m2	MBMJ	MBMJ〈模板面积〉

图 4.2.74　B160 的属性和做法

项目特征：1. 板厚度：160；2. 混凝土强度等级：C30；3. 混凝土要求：预拌混凝土

　　其实这里教大家用"智能布置"的方法画板，还有一个原因是我们在圆弧处用自定义线画了护窗栏杆，如果我们用"点"式画法画板，软件会默认板边线为自定义线而非梁中心线，而这一点我们很难发现。

　　所以，对画板来说"智能布置"是最笨的方法，但同时它又是最安全、最有效的方法。

　　2. 画板的操作步骤

　　选中构件名称下的 B120→单击"智能布置"下拉菜单→单击"梁中心线"→单击封闭区域 (1～2)/(C～D) 四周的梁（图4.2.75）→单击右键板 (1～2)/(C～D) 就布置好了，如图4.2.76 所示。

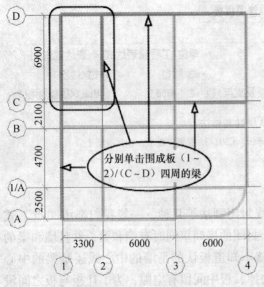

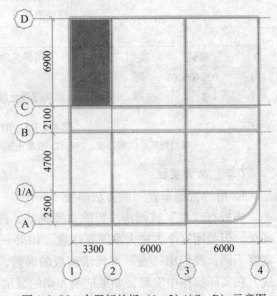

图 4.2.75　分别单击板 (1～2)/(C～D) 四周的梁　　　图 4.2.76　布置好的板 (1～2)/(C～D) 示意图

用同样的方法布置其他板，布置好的首层 1~4 轴线的板如图 4.2.77 所示。

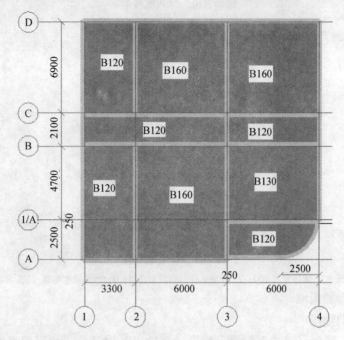

图 4.2.77　首层 1~4 轴板图

（三）首层 1~4 轴线板软件计算结果

汇总后查看首层 1~4 轴线板的软件计算结果，见表 4.2.13。

表 4.2.13　首层 1~4 轴线板软件"做法工程量"

序号	编码	项目名称	单位	工程量
1	1.1	混凝土、钢筋混凝土模板及支架　板	m²	220.7898
2	010405001	有梁板	m³	18.8784
3	010405001	有梁板	m³	3.4457
4	010405001	有梁板	m³	9.2262

思考题（答案见网站 www. qiaosd. com）：

1. 画板有几种方法？

2. 如果一个房间既有墙又有梁且墙梁中心线不重合，用"点"式画法画的板，软件默认板边线是墙中心线还是梁中心线？

十三、画首层阳台

首层阳台里包含了阳台栏板墙、阳台栏板、阳台板、阳台窗、阳台栏杆等构件，下面分别讲解。

（一）画阳台栏板墙

1. 首层阳台栏板墙属性和做法

根据"建施-11"的 2 号大样图我们知道，首层阳台栏板窗下部分实际上是砌块墙，我们在墙里定义阳台窗下的栏板，如图 4.2.78 所示。

属性名称	属性值
名称	LB100*400
类别	陶粒空心砌块
材质	砌块
砂浆类型	(混合砂浆)
砂浆标号	(M5)
厚度(mm)	100
轴线距左墙皮	(50)
内/外墙标志	内墙
起点顶标高(m)	层底标高+0.4
终点顶标高(m)	层底标高+0.4
起点底标高(m)	层底标高
终点底标高(m)	层底标高

	编码	类别	项目名称	单位	工程量表达式	表达式说明
1	010304001	项	空心砖墙、砌块墙	m3	TJ	TJ<体积>

图 4.2.78　首层栏板墙属性和做法

项目特征：1. 墙体厚度 100；2. 砌块品种：陶粒砌块墙；3. 砂浆强度等级：M5 水泥砂浆

2. 画首层阳台栏板墙

（1）先画辅助轴线

单击"平行"按钮→单击 2 轴线，弹出"请输入"对话框→填写偏移值"-1350"→单击"确定"→单击 1/A 轴线，弹出"请输入"对话框→填写偏移值"-550"→单击"确定"→单击 1 号轴线，弹出"请输入"对话框→填写偏移值"-1730"→单击"确定"→单击 A 轴线弹出"请输入"对话框→填写偏移值"-1730"→单击"确定"，这样辅助轴线就画好了，如图 4.2.79 所示。

（2）延伸辅助轴线使其相交

这时候我们虽然画好了辅助轴线，但是辅助轴线之间并没有相交，我们要用轴线延伸的方法使其相交，操作步骤如下：

单击轴线前面的"＋"号，使其展开→单击下一级"辅助轴线"→单击"延伸"按钮→单击与 1 轴平行的辅助轴线作为延伸的终点→单击与其垂直的两条辅助轴线→单击右键结束→单击与 A 轴平行的辅助轴线作为延伸的终点→单击与其垂直的两条辅助轴线→单击右键结束，延伸后的辅助轴线如图 4.2.80 所示。

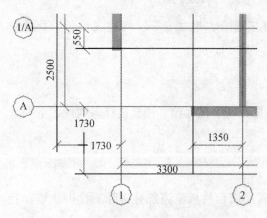

图 4.2.79　画阳台栏板墙的辅助轴线

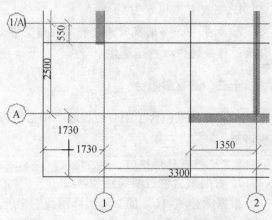

图 4.2.80　画阳台栏板墙延伸后的辅助轴线

3. 画首层阳台栏板墙

在画墙的状态下，选中构件名称下的 LB100×400→单击"直线"按钮→按照图 4.2.81 所示顺时针方向的顺序分别单击 1 号交点→2 号交点→3 号交点→4 号交点→5 号交点→单击右键结束。

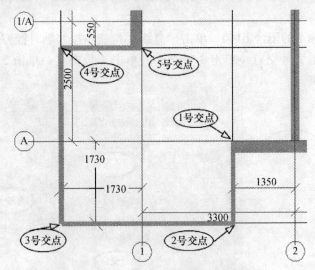

图 4.2.81　画好的首层 1～4 轴线阳台栏板墙

4. 首层阳台栏板墙软件计算结果

汇总后查看首层 1～4 轴线阳台栏板墙软件计算结果，见表 4.2.14。

表 4.2.14　首层 1～4 轴线阳台栏板墙软件"做法工程量"

序号	编码	项目名称	单位	工程量
1	010304001	空心砖墙、砌块墙	m³	0.4088

（二）画阳台板（首层顶）

从"建施-11"我们知道，首层阳台并没有底板，这里画的是首层阳台的顶板（实际上是二层阳台底板）。

1. 阳台板的属性和做法

根据"结施-08"我们知道阳台板的厚度为 140，在板里定义阳台板的属性，如图 4.2.82 所示。

属性名称	属性值
名称	阳台B140
类别	有梁板
砼类型	(预拌砼)
砼标号	C30
厚度(mm)	140
顶标高(m)	层顶标高
是否是楼板	是
模板类型	普通模板

阳台板的模板面积包括底部模板面积和侧面模板面积，我们填写工程量表达式时需要添加两条表达式，为了方便大家对软件的使用，我们来讲解一下"追加"，操作步骤如下：

单击"工程量表达式"，弹出"选择工程量代码"对话框→双击 "模板面积"代码→单击左下角的"追加"→双击"侧面模板面积" 图 4.2.82　阳台板属性
代码，软件会自动添加上两条表达式，如图 4.2.83 所示。

	编码	类别	项目名称	单位	工程量表达式	表达式说明
1	010405008	项	雨篷、阳台板	m3	TJ	TJ<体积>
2	1.1	项	混凝土、钢筋混凝土模板及支架 阳台板	m2	MBMJ+CMBMJ	MBMJ<模板面积>+CMBMJ<侧面模板面积>

图 4.2.83　阳台板 B140 做法

项目特征：1. 混凝土强度等级：C30；2. 板厚：140；3. 混凝土要求：预拌混凝土

2. 画阳台板（首层顶）

（1）先将阳台板画到轴线上

这里我们用画封闭图形的方法画板，仍然可以利用画阳台栏板墙的辅助轴线，操作步骤如下：

选中构件名称下的阳台 B140→单击"直线"按钮→按照顺时针方向单击图 4.2.84 所示的 1 号交点→单击 2 号交点→单击 3 号交点→单击 4 号交点→单击 5 号交点→单击 6 号交点→单击右键结束。

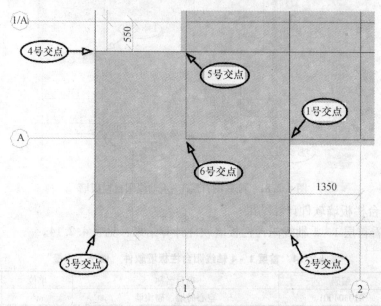

图 4.2.84　画在轴线上的首层阳台顶板

（2）将阳台顶板偏移到栏板外皮

前面我们画的阳台板外边线是在栏板墙的中心线上，但是实际图纸阳台板的外边线应该在栏板的外边线上，我们要用偏移的方法将其偏移到阳台栏板的外边线上，操作步骤如下：

选中已经画好的阳台 B140→单击右键，出现右键菜单→单击"偏移"弹出"请选择偏移方式"对话框→单击"多边偏移"→单击"确定"→按照顺时针的方向分别单击阳台板的四条外边线（图 4.2.85）→单击右键向外挪动鼠标→填写偏移值"50"→敲回车键，阳台顶板就偏移好了。

画好的阳台板如图 4.2.86 所示。

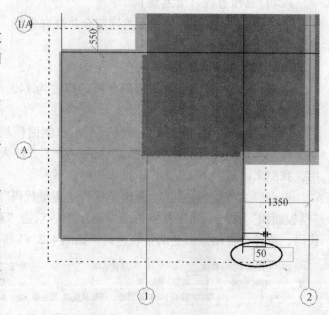

图 4.2.85　阳台板偏移示意图

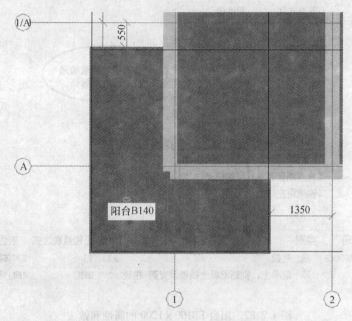

图 4.2.86　画好的阳台板（首层顶）

3. 阳台板（首层顶）软件计算结果

汇总后查看首层 1～4 轴线阳台顶板软件计算结果，见表 4.2.15。

表 4.2.15　首层 1～4 轴线阳台顶板软件"做法工程量"

序号	编码	项目名称	单位	工程量
1	1.1	混凝土、钢筋混凝土模板及支架 阳台板	m²	10.7127
2	010405008	雨篷、阳台板	m³	1.2916

（三）画阳台窗上栏板

从"建施-11"2 号节点详图我们可以看出，首层阳台窗上部分栏板和二层的阳台栏板实际上是一个栏板，广联达图形 GCL2008 又具备跨层画构件的功能，我们在这里就直接画跨层栏板。

1. 阳台窗上栏板的属性和做法

单击"其他"前面的"＋"号，将其展开→单击下一级的"栏板"→单击"新建"下拉菜单→单击"新建矩形栏板"→修改栏板名称为"LB100×1200"→填写 LB100×1200 的属性、做法及项目特征，如图 4.2.87 所示。

2. 画阳台窗上栏板

阳台窗上栏板的画法和阳台窗下栏板画法相同，画好的阳台窗上栏板如图 4.2.88 所示。

3. 阳台窗上栏板软件计算结果

汇总后查看阳台窗上栏板的软件计算结果，见表 4.2.16。

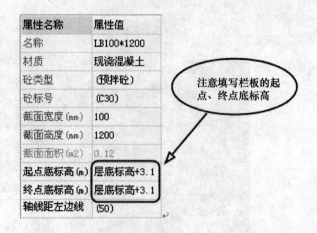

属性名称	属性值
名称	LB100*1200
材质	现浇混凝土
砼类型	(预拌砼)
砼标号	(C30)
截面宽度(mm)	100
截面高度(mm)	1200
截面面积(m2)	0.12
起点底标高(m)	层底标高+3.1
终点底标高(m)	层底标高+3.1
轴线距左边线	(50)

注意填写栏板的起点、终点底标高

	编码	类别	项目名称	单位	工程量表达式	表达式说明
1	010405006	项	栏板	m3	TJ	TJ〈体积〉
2	1.1	项	混凝土、钢筋混凝土模板及支架 栏板	m2	MBMJ	MBMJ〈模板面积〉

图 4.2.87 阳台 LB100×1200 的属性和做法

项目特征：1. 板厚度：100；2. 混凝土强度等级：C30；3. 混凝土要求：预拌混凝土

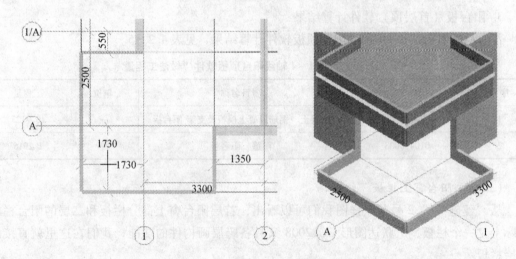

图 4.2.88 画好的阳台窗上栏板

表 4.2.16 首层 1~4 轴线阳台窗上栏板软件"做法工程量"

序号	编码	项目名称	单位	工程量
1	1.1	混凝土、钢筋混凝土模板及支架 栏板	m²	23.3904
2	010405006	栏板	m³	1.0939

（四）画阳台窗

根据"建施-03"画阳台窗。

1. 阳台窗的属性和做法

我们用软件里的"带形窗"画阳台窗，操作步骤如下：

单击"门窗洞"前面的"+"号，使其展开→单击下一级"带形窗"→单击"新建"下拉菜单→单击"新建带形窗"→修改"带形窗"名称为"ZJC1"→填写"ZJC1"的属性、做法及项目特征，如图 4.2.89 所示。

属性名称	属性值
名称	ZJC1
框厚(mm)	60
起点顶标高(m)	层底标高+3.1
起点底标高(m)	层底标高+0.4
终点顶标高(m)	层底标高+3.1
终点底标高(m)	层底标高+0.4
轴线距左边线	(30)

	编码	类别	项目名称	单位	工程量表达式	表达式说明
1	020406007	项	塑钢窗	m2	DKMJ	DKMJ〈洞口面积〉

图 4.2.89 带形窗 ZJC1 的属性和做法

项目特征：1. 窗类型：塑钢窗 ZJC1；2. 洞口尺寸：10320×2700；3. 含后塞口

2. 画阳台窗

用画栏板的方法画带形窗"ZJC1"，画好的首层 1~4 轴线阳台的带形窗如图 4.2.90 所示。

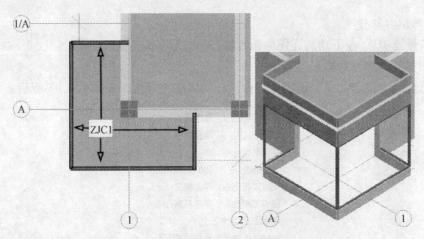

图 4.2.90 首层 1~4 轴线阳台的带形窗 ZJC1

3. 修剪带形窗伸入墙内尺寸

因为圈梁在带形窗高度范围内，如图 4.2.91 所示，如果圈梁和带形窗相交，软件在计算带形窗靠墙一侧高度时会自动扣除圈梁的高度，这时候带形窗的工程量就会算错，我们需要修剪带形窗伸入墙内部分，操作步骤如下：

先在 1 轴线和 A 轴线分别打两条墙外皮的辅助轴线→单击"修剪"按钮→单击 1 轴线的辅轴→单击伸入墙内的带形窗→单击右键结束→单击 A 轴线的平行辅轴→单击伸入墙内的带形窗→单击右键结束。修剪后的带形窗如图 4.2.92 所示。

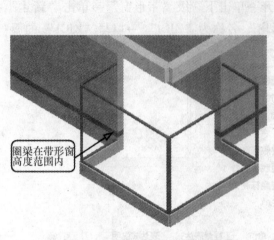

图 4.2.91 带形窗和圈梁相交示意图

图 4.2.92 修剪后的带形窗

4. 阳台窗软件计算结果

汇总计算后查看阳台窗软件计算结果，见表 4.2.17。

表 4.2.17 首层 1～4 轴线阳台窗软件"做法工程量"

序号	编码	项目名称	单位	工程量
1	020406007	塑钢窗	m²	27.864

（五）画阳台栏杆

根据"建施-03"左下角的详图画阳台栏杆。

1. 阳台栏杆的属性和做法

我们仍然在"自定义线"里定义阳台栏杆的属性和做法，如图 4.2.93 所示。

属性名称	属性值
名称	阳台栏杆
截面宽度(mm)	50
截面高度(mm)	900
起点顶标高(m)	层底标高+1
终点顶标高(m)	层底标高+1
轴线距左边线	(25)
扣减优先级	要扣减点，不

	编码	类别	项目名称	单位	工程量表达式	表达式说明
1	020107001	项	金属扶手带栏杆、栏板 阳台栏杆	m	CD	CD〈长度〉

图 4.2.93 阳台栏杆的属性和做法

项目特征：1. 扶手材料种类：不锈钢；2. 栏杆材料种类：不锈钢

2. 画阳台栏杆

从图纸中我们可以算出，阳台栏杆中心线到阳台栏板的中心线距离为150，我们分别沿着栏板中心线的辅助轴线分别向内打与其平行距离为150的6条辅助轴线，在栏板墙头位置打两条距离辅助轴线为"50"的两条辅助轴线，辅助轴线画好后并延伸使其相交，如图 4.2.94 所示。

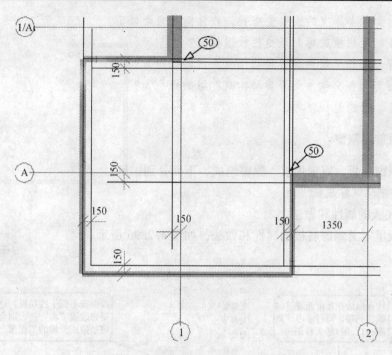

图 4.2.94　打好的画阳台栏杆的辅助轴线

根据图打好的辅助轴线，按照顺时针方向画阳台栏杆，如图 4.2.95 所示。

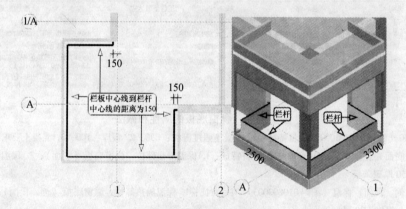

图 4.2.95　首层 1～4 轴 ZJC1

3. 阳台栏杆软件计算结果

汇总计算后查看阳台栏杆软件计算结果见表 4.2.18。

表 4.2.18　首层 1～4 轴线阳台栏杆软件"做法工程量"

序号	编码	项目名称	单位	工程量
1	020107001	金属扶手带栏杆、栏板 阳台栏杆	m	9.82

思考题（答案见网站 www. qiaosd. com）：

1. 延伸辅助轴线能否在画其他构件状态下操作？

2. 阳台板是在阳台构件里定义吗？

3. 画板时如果与原有的板重叠布置，软件能否自动修剪？

4. 软件要的是栏板底标高还是栏板顶标高？

5. 带型窗与墙相交软件是否自动扣减？谁的级别大？

6. 带型窗与梁相交软件是否自动扣减？谁的级别大？

7. "修剪"功能怎样使用？

十四、画首层飘窗

飘窗由飘窗底板、飘窗顶板、飘窗组成，下面分别讲解。

（一）画首层飘窗底板

1. 飘窗底板的属性和做法

我们在板里定义飘窗底板的属性和做法，如图 4.2.96 所示。

图 4.2.96　飘窗底板的属性和做法

飘窗底板 100（编码 010405009）项目特征：1. 混凝土强度等级：C30；2. 板厚：100；3. 混凝土要求：预拌混凝土

飘窗底板（底面）保温（编码 010803003）项目特征：1. 保温隔热部位：飘窗底板（底面）；2. 保温隔热面层材料品种、规格：50 厚聚苯板

飘窗底板（侧、顶面）保温（编码 010803003）项目特征：1. 保温隔热部位：飘窗底板（侧、顶面）；2. 保温隔热面层材料品种、规格：30 厚聚苯板

飘窗底板（外墙装修）（编码 020201001）项目特征：1. 墙体类型：飘窗底板（外墙装修）；2. 底层厚度、砂浆配合比：20 厚 1∶3 水泥砂浆；3. 面层做法：外墙涂料

2. 画飘窗底板

在画飘窗底板以前我们需要打三条辅助轴线，并延伸使其相交，如图 4.2.97 所示。

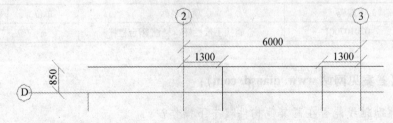

图 4.2.97　画飘窗板用的辅助轴线

我们用"矩形"画法画飘窗的底板，在构件名称下选中"飘窗底板100"→单击"矩形"按钮→单击"1号交点"→单击"2号交点"→单击右键结束，这样飘窗底板就画好了，如图4.2.98所示。

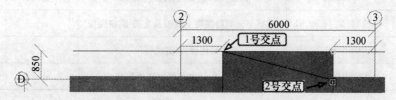

图4.2.98 用矩形画法画的飘窗底板平面

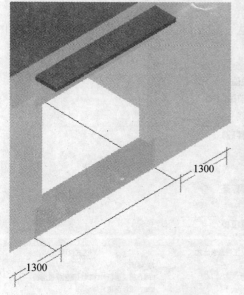

这时飘窗底板虽然画好了，但是标高并不正确，如图4.2.99所示。我们需要修改其标高到图纸要求的标高，操作步骤如下：

选中已经画好的飘窗底板100→修改属性顶标高为"层底标高+0.7"，如图4.2.100所示→敲回车→单击右键，出现右键菜单→单击"取消选择"。

修改标高后的飘窗底板三维图如图4.2.101所示。

3. 飘窗底板软件计算结果

汇总计算后查看飘窗底板软件计算结果见表4.2.19。

图4.2.99 修改标高以前的飘窗底板

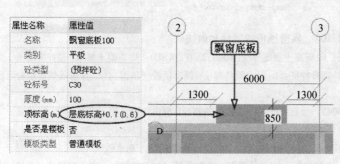

图4.2.100 飘窗底板修改属性示意图

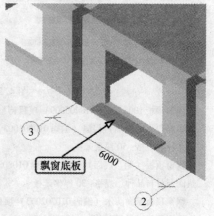

图4.2.101 修改后的飘窗底板三维图

表4.2.19 首层1~4轴线飘窗底板软件"做法工程量"

序号	编码	项目名称	单位	工程量
1	010803003	保温隔热墙 飘窗底板（侧、顶面）	m²	0.9

续表

序号	编码	项目名称	单位	工程量
2	010803003	保温隔热墙 飘窗底板（底面）	m²	2.04
3	1.1	混凝土、钢筋混凝土模板及支架 飘窗底板	m²	2.5
4	010405009	其他板 飘窗底板	m³	0.204
5	020201001	墙面一般抹灰 飘窗底板装修	m²	2.94

（二）画首层飘窗顶板

1. 飘窗顶板的属性定义和做法

用飘窗底板的方法定义飘窗顶板的属性和做法，定义好的飘窗顶板的属性和做法如图 4.2.102 所示。

属性名称	属性值
名称	飘窗顶板100
类别	平板
砼类型	（预拌砼）
砼标号	C30
厚度(mm)	100
顶标高(m)	层顶标高
是否是楼板	否
模板类型	普通模板

	编码	类别	项目名称	单位	工程量表达式	表达式说明
1	010405009	项	其他板 飘窗顶板	m3	TJ	TJ〈体积〉
2	1.1	项	混凝土、钢筋混凝土模板及支架 飘窗顶板	m2	MBMJ+CMBMJ	MBMJ〈模板面积〉+CMBMJ〈侧面模板面积〉
3	010803003	项	保温隔热墙 飘窗顶板（顶面）	m2	MBMJ	MBMJ〈模板面积〉
4	010803003	项	保温隔热墙 飘窗顶板（侧、底面）	m2	CMBMJ+(CMBMJ/HD-0.05*4)*0.1	CMBMJ〈侧面模板面积〉+（CMBMJ〈侧面模板面积〉/HD〈厚度〉-0.05*4)*0.1
5	010702003	项	屋面刚性防水 飘窗顶板	m2	MBMJ+CMBMJ+(CMBMJ/HD-0.05*4)*0.1	MBMJ〈模板面积〉+CMBMJ〈侧面模板面积〉+（CMBMJ〈侧面模板面积〉/HD〈厚度〉-0.05*4)*0.1
6	020201001	项	墙面一般抹灰 飘窗顶板装修	m2	CMBMJ+(CMBMJ/HD-0.05*4)*0.1	CMBMJ〈侧面模板面积〉+（CMBMJ〈侧面模板面积〉/HD〈厚度〉-0.05*4)*0.1
7	020301001	项	天棚抹灰 飘窗顶板 天棚1	m2	MBMJ-(CMBMJ/HD-0.1*4)*0.2	MBMJ〈模板面积〉-（CMBMJ〈侧面模板面积〉/HD-0.1*4)*0.2

图 4.2.102　飘窗顶板的属性和做法

飘窗顶板 100（编码 010405009）项目特征：1. 混凝土强度等级：C30；2. 板厚：100；3. 混凝土要求：预拌混凝土

飘窗顶板（顶面）保温（编码 010803003）项目特征：1. 保温隔热部位：飘窗顶板（顶面）；2. 保温隔热面层材料品种、规格：50 厚聚苯板

飘窗顶板（侧、底面）保温（编码 010803003）项目特征：1. 保温隔热部位：飘窗顶板（侧、底面）；2. 保温隔热面层材料品种、规格：30 厚聚苯板

飘窗顶板屋面防水（编码 010702003）项目特征：1. 防水层厚度：20；2. 防水层做法：防水砂浆

飘窗顶板（外墙装修）（编码 020201001）项目特征：1. 墙体类型：飘窗顶板（外墙装修）；2. 面层做法：外墙涂料

飘窗顶板天棚 1（编码 0203010010）项目特征：1. 面层材质：喷水性耐擦洗涂料；2. 抹灰厚度、材料种类：3 厚 1:2.5 水泥砂浆；3. 基层类型：5 厚 1:3 水泥砂浆

2. 画飘窗顶板

用画飘窗底板的方法画飘窗顶板，画好并修改好标高的飘窗顶板如图 4.2.103 所示。

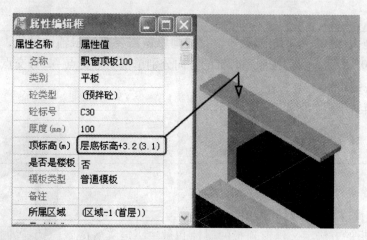

图 4.2.103　画好的飘窗顶板图

3. 删除画飘窗板所用的辅助轴线

4. 飘窗顶板软件计算结果

汇总计算后查看飘窗顶板软件计算结果，见表 4.2.20。

表 4.2.20　首层 1~4 轴线飘窗顶板软件"做法工程量"

序号	编码	项目名称	单位	工程量
1	010803003	保温隔热墙 飘窗顶板（侧、底面）	m²	0.9
2	010803003	保温隔热墙 飘窗顶板（顶面）	m²	2.04
3	1.1	混凝土、钢筋混凝土模板及支架 飘窗顶板	m²	2.5
4	010405009	其他板 飘窗顶板	m³	0.204
5	020201001	墙面一般抹灰 飘窗顶板装修	m²	0.9
6	020301001	天棚抹灰 飘窗顶板 天棚 1	m²	1.2
7	010702003	屋面刚性防水 飘窗顶板	m²	2.94

（三）画首层飘窗

1. 飘窗的属性和做法

我们在"带形窗"里定义飘窗，按照定义阳台窗的方法定义飘窗，定义好的飘窗属性和做法如图 4.2.104 所示。

属性名称	属性值
名称	PC1
框厚(mm)	60
起点顶标高(m)	层底标高+3.1
起点底标高(m)	层底标高+0.7
终点顶标高(m)	层底标高+3.1
终点底标高(m)	层底标高+0.7
轴线距左边线	(30)

	编码	类别	项目名称	单位	工程量表达式	表达式说明
1	020406007	项	塑钢窗	m2	DKMJ	DKMJ<洞口面积>

图 4.2.104　飘窗 PC1 的属性和做法

项目特征：1. 窗类型：塑钢窗 PC1；2. 洞口尺寸：4000×2400；3. 含后塞口

2. 画飘窗

根据"建施-03"的 PC1 详图可知，我们画飘窗需要打三根辅助轴线，并将其延伸相交，如图 4.2.105 所示，我们按照顺时针的方向分别单击 1 号交点→2 号交点→3 号交点→4 号交点→单击右键结束。

画好的飘窗三维图如图 4.2.106 所示。

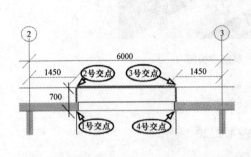

图 4.2.105　画飘窗步骤示意图　　　　图 4.2.106　画好的飘窗三维图

3. 删除画飘窗所用的辅助轴线

4. 首层飘窗软件计算结果

汇总计算后查看飘窗软件计算结果，见表 4.2.21。

表 4.2.21　首层 1～4 轴线飘窗软件"做法工程量"

序号	编码	项目名称	单位	工程量
1	020406007	塑钢窗	m^2	9.6

思考题（答案见网站 www.qiaosd.com）：

1. 飘窗软件里提供了几种解决方案？分别是什么？

十五、镜像

前面我们已经把 1～4 轴线的主体构件画完了，接下来我们需要将其镜像到 5～8 轴线，操作步骤如下：

先在 4～5 中间打一条距离 4 轴线为 3600 的辅助轴线，作为对称轴。

单击"视图"下拉菜单→单击"构件图元显示设置"→勾选"构件图元显示"栏下"所有构件"→单击"确定"，这样所有已画好的构件就都显示在绘图区了。

单击"楼层"下拉菜单→单击"块镜像"→在绘图区拉框选择 1～4 轴线所有画好的构件→单击对称轴上的任意两个交点，弹出"确认"对话框→单击"否"，这样 1～4 轴线的所有构件就镜像到 5～8 轴线了，如图 4.2.107 所示。

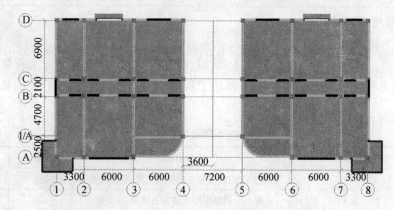

图 4.2.107 1～4 轴线的构件镜像到 4～8 轴线

思考题（答案见网站 www. qiaosd. com）：

1. 怎样让所有已画好的构件都显示在绘图区？

十六、修改 5～8 过梁伸入墙内长度

因为我们修改了 1～4 轴线过梁的起点和终点伸入墙内的长度，镜像以后过梁的起点和终点方向发生了变化，软件并没有做及时修正，需要我们人为做一些修正，否则软件汇总不过去，操作步骤如下：

单击"工具"下拉菜单→单击"显示图元方向"→在过梁状态下，选中靠近 7 轴线的 GL120→修改"起点伸入墙内长度"为"250"→敲回车→修改"终点伸入墙内长度"为"175"→单击右键，出现右键菜单→单击"取消选择"→选中靠近 6 轴线的 GL120→修改"起点伸入墙内长度"为"175"→敲回车→修改"终点伸入墙内长度"为"250"→单击右键，出现右键菜单→单击"取消选择"（注意：这里过梁的起点、终点数据根据你画图的方向来填写）。

十七、画 4～5 轴线梁

（一）画 4～5 轴线梁

先打一条距离 C 轴线为 3500 的平行辅轴，分别按图 4.2.108 所示位置先将梁画到轴线位置，再用对齐的方法将各个梁偏移到图示位置。

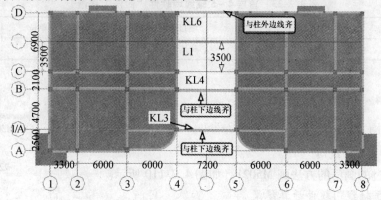

图 4.2.108 首层 4～5 轴梁示意图

（二）删除所有辅助轴线

（三）4～5轴线梁软件计算结果

汇总计算后，分别选中已经画好的4～5轴线的梁→单击"查看图元工程量"按钮，弹出"查看图元工程量"对话框→单击"做法工程量"，首层4～5轴线的梁的软件计算结果见表4.2.22。

表4.2.22　首层4～5轴线梁软件"做法工程量"

序号	编码	项目名称	单位	工程量
1	1.1	混凝土、钢筋混凝土模板及支架 框架次梁	m²	9.66
2	1.1	混凝土、钢筋混凝土模板及支架 框架梁	m²	27.135
3	010405001	有梁板	m³	1.1385
4	010405001	有梁板	m³	1.005
5	010405001	有梁板	m³	1.206
6	010405001	有梁板	m³	0.8375

十八、画4～5轴线墙

（一）画4～5轴线墙

4～5轴线实际上只有1/A轴线一道250的墙，我们先将墙画到1/A轴线上，再用"单对齐"的方法将其偏移到柱子外皮，再用"延伸"的方法延伸与其垂直的4、5轴线墙，使4、5轴线的墙与1/A轴线的墙相交到墙中心线，如图4.2.109所示。

图4.2.109　4～5轴线的墙

（二）4～5轴线墙软件计算结果

汇总后选中4～5轴线的墙，查看软件计算4～5轴线墙的工程量，见表4.2.23。

表4.2.23　首层4～5轴线墙软件"做法工程量"

序号	编码	项目名称	单位	工程量
1	010304001	空心砖墙、砌块墙	m³	5.695

十九、画4～5轴线门

4～5轴线门只有M5021。

（一）画4～5轴线门

用前面教过的画门的方法画M5021，如图4.2.110所示。

（二）4～5轴线门软件计算结果

汇总后选中4～5轴线的门，查看软件计算4～5轴线门的工

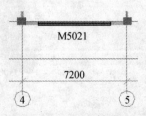

图4.2.110　4～5轴线的门

程量见表 4.2.24。

表 4.2.24　首层 4~5 轴线门软件"做法工程量"

序号	编码	项目名称	单位	工程量
1	020404002	旋转玻璃门	m²	10.5

二十、画 4~5 轴线构造柱

从"结施-01"结构设计总说明的图九中我们知道，M5021 两边有 GZ-250×250 的构造柱。

（一）画 4~5 轴线构造柱

我们用"智能布置"的方法画构造柱，如图 4.2.111 所示。

（二）4~5 轴线构造柱软件计算结果

汇总后选中 4~5 轴线的门，查看软件计算 4~5 轴线构造柱的工程量，见表 4.2.25。

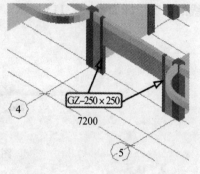

图 4.2.111　4~5 轴线构造柱

表 4.2.25　首层 4~5 轴线构造柱软件"做法工程量"表

序号	编码	项目名称	单位	工程量
1	1.1	混凝土、钢筋混凝土模板及支架 构造柱	m²	6.33
2	010402001	矩形柱	m³	0.5425

二十一、画 4~5 轴线过梁

4~5 轴线的过梁也只有 M5021 上一个过梁，按照"结施-01"的要求，这个过梁的高度为 400，我们在前面已经定义过。

（一）画 4~5 轴线过梁

选中构件名称下"GL400"→单击"点"按钮→单击 4~5 轴线 M5021→单击右键结束，画好的 4~5 轴线过梁，如图 4.2.112 所示。

（二）4~5 轴线过梁软件计算结果

汇总后选中 4~5 轴线的过梁，查看软件计算 4~5 轴线过梁的工程量，见表 4.2.26。

图 4.2.112　4~5 轴线过梁

表 4.2.26　首层 4~5 轴线过梁软件"做法工程量"

序号	编码	项目名称	单位	工程量
1	010403005	过梁	m³	0.5
2	1.1	混凝土、钢筋混凝土模板及支架 过梁	m²	5.25

二十二、画 4～5 轴线护窗栏杆

从"建施-03"我们知道，4～5 轴线的护窗栏杆在 D 轴线上。

（一）画 4～5 轴线护窗栏杆

我们仍然用自定义线来画，由于自定义线和柱子没有扣减关系，我们只能将栏杆画到柱子的外皮，尤其注意那里有一根 TZ，画护窗栏杆前需要先打几条辅助轴线，画好的 4～5 轴线的护窗栏杆如图 4.2.113 所示。

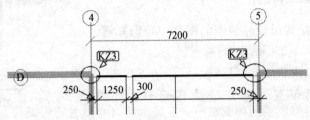

图 4.2.113　4～5 轴线护窗栏杆

（二）删除画栏杆的辅助轴线

（三）4～5 轴线护窗栏杆软件计算结果

汇总后选中 4～5 轴线的护窗栏杆，查看软件计算 4～5 轴线护窗栏杆的工程量，见表 4.2.27。

表 4.2.27　首层 4～5 轴线护窗栏杆软件"做法工程量"

序号	编码	项目名称	单位	工程量
1	020107001	金属扶手带栏杆、栏板 护窗栏杆	m	6.4

二十三、画 4～5 轴线板

从"结施-08"可以看出，4～5 轴线只有一块板 B160。

（一）画 4～5 轴线板

我们仍然用"智能布置"到"梁中心线"的方法画 4～5 轴线的板，画好的 4～5 轴线的板如图 4.2.114 所示。

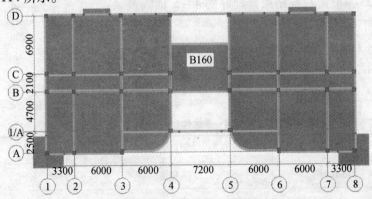

图 4.2.114　4～5 轴线的板

（二）4～5轴线板软件计算结果

汇总后选中4～5轴线的板，查看软件计算4～5轴线板的工程量，见表4.2.28。

表 4.2.28　首层4～5轴线板软件"做法工程量"

序号	编码	项目名称	单位	工程量
1	1.1	混凝土、钢筋混凝土模板及支架　板	m²	37.12
2	010405001	有梁板	m³	5.9616

二十四、画楼梯

根据"建施-12"画楼梯栏杆。

（一）画楼梯

软件里面画楼梯提供了两种画法——三维画法（也就是直形梯段）和平面画法（也就是楼梯），因我们要计算的楼梯工程量是投影面积，用平面画法就能满足要求，我们先来学习平面画法。

1. 楼梯属性和做法

单击楼梯前面的"＋"号，使其展开→单击下一级的"楼梯"→单击"新建"下拉菜单→单击"新建楼梯"→在"属性编辑框"内改楼梯名称为"楼梯1"→填写楼梯的属性和做法，如图4.2.115所示。

注意：软件提供了楼梯的投影面积代码"TYMJ"，但是我们在计算楼梯底部抹灰和涂料时用的是底部实际面积，因楼梯的底部面积并不好计算，需要用到勾股定理等公式，为了简化计算，通常人们计算底部面积时候就用投影面积乘以1.15，其中1.15是一个经验系数。

属性名称	属性值
名称	楼梯1
材质	现浇混凝
砼类型	(预拌砼)
砼标号	C30
建筑面积计算	不计算

	编码	类别	项目名称	单位	工程量表达式	表达式说明
1	010406001	项	直形楼梯	m2	TYMJ	TYMJ〈水平投影面积〉
2	1.1	项	混凝土、钢筋混凝土模板及支架　楼梯	m2	TYMJ	TYMJ〈水平投影面积〉
3	020106002	项	块料楼梯面层	m2	TYMJ	TYMJ〈水平投影面积〉
4	020301001	项	天棚抹灰　楼梯底部装修	m2	TYMJ*1.15	TYMJ〈水平投影面积〉*1.15

图 4.2.115　楼梯1的属性和做法

楼梯（编码010406001）项目特征：1. 混凝土强度等级：C30；2. 混凝土要求：预拌混凝土

楼梯面层（编码020106002）项目特征：1. 面层材料品种：地砖

楼梯底部装修（编码020301001）项目特征：1. 面层材质：喷水性耐擦洗涂料；2. 基层类型：3 厚 1：2.5 水泥砂浆；3. 基层类型：5 厚 1：3 水泥砂浆

2. 画楼梯

画楼梯之前用虚墙来圈定楼梯的范围，我们就先来定义虚墙。虚墙又分内虚墙和外虚墙，这里应用的是内虚墙，我们就先来定义内虚墙。

（1）定义虚墙

单击墙前面的"＋"号，使其展开→单击下一级的"墙"→单击"新建"下拉菜单→单击"新建虚墙"→在"属性编辑框"内修改墙名称为"XQ-内"→填写虚墙的属性，如图4.2.116所示。

（2）画虚墙

从"建施-03"我们知道此工程楼梯间和大堂是一个房间，需要先给楼梯圈定一个范围，图纸上已给出楼梯间与大堂的分界线。从"结施-11"上我们看出楼梯的另一边线距离D轴线为50，我们需要在这两条线上画两道虚墙，如图4.2.117所示。

属性名称	属性值
名称	XQ-内
类别	虚墙
厚度(mm)	0
轴线距左墙皮	(0)
内/外墙标志	内墙
起点顶标高(m)	层顶标高
终点顶标高(m)	层顶标高
起点底标高(m)	层底标高
终点底标高(m)	层底标高

图4.2.116　内虚墙的属性

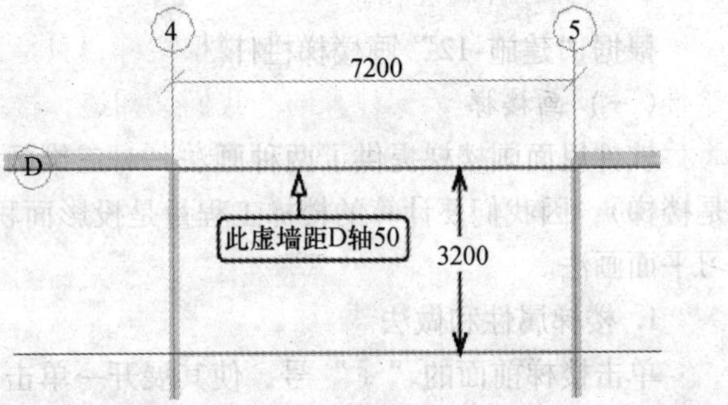

图4.2.117　画楼梯所用的虚墙

（3）画楼梯

选中构件名称下"楼梯1"→单击"点"按钮→单击虚墙圈定的楼梯范围内任意一点→单击右键结束，画好的楼梯1，如图4.2.118所示。

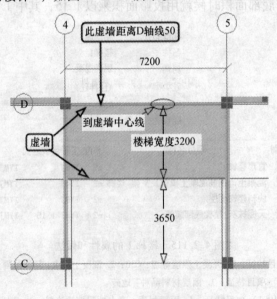

图4.2.118　画好首层楼梯

3. 删除所用的辅助轴线

4. 楼梯软件计算结果

汇总后选中4~5轴线的楼梯，查看软件计算4~5轴线楼梯的工程量，见表4.2.29。

表 4.2.29 首层 4~5 轴线楼梯软件 "做法工程量"

序号	编码	项目名称	单位	工程量
1	1.1	混凝土、钢筋混凝土模板及支架 楼梯	m²	22.4
2	020106002	块料楼梯面层	m²	22.4
3	020301001	天棚抹灰 楼梯底部装修	m²	25.76
4	010406001	直形楼梯	m²	22.4

（二）画楼梯栏杆扶手

根据 "建施-12" 画楼梯栏杆。

1. 楼梯栏杆属性和做法

我们仍然用自定义线来绘制楼梯栏杆，只是楼梯栏杆有平台栏杆和斜跑栏杆，清单计算楼梯栏杆是按实际长度计算的。我们又知道，楼梯栏杆斜跑的实际长度可以近似地认为是投影长度乘以 1.15，所以这里定义楼梯栏杆的属性和做法时，需要分成平段和斜段分别定义，如图 4.2.119、图 4.2.120 所示。

属性名称	属性值
名称	楼梯栏杆（平段）
截面宽度(mm)	50
截面高度(mm)	1050
起点顶标高(m)	层底标高+1.150
终点顶标高(m)	层底标高+1.150
轴线距左边线	(25)
扣减优先级	要扣减点，不扣减面

	编码	类别	项目名称	单位	工程量表达式	表达式说明
1	020107002	项	硬木扶手带栏杆、栏板 楼梯栏杆(平段)	m	CD	CD〈长度〉

图 4.2.119 楼梯栏杆平段属性和做法

项目特征：1. 栏杆材料种类：铁栏杆；2. 油漆品种、刷漆遍数（栏杆）：防锈漆一遍，耐酸漆两遍；
3. 油漆品种、刷漆遍数（扶手）：底油一遍，调和漆两遍

属性名称	属性值
名称	楼梯栏杆（斜段）
截面宽度(mm)	50
截面高度(mm)	1050
起点顶标高(m)	层底标高+1.150
终点顶标高(m)	层底标高+1.150
轴线距左边线	(25)
扣减优先级	要扣减点，不扣减面

	编码	类别	项目名称	单位	工程量表达式	表达式说明
1	020107002	项	硬木扶手带栏杆、栏板 楼梯栏杆(斜段)	m	CD*1.15	CD〈长度〉*1.15

图 4.2.120 楼梯栏杆斜段属性和做法

项目特征：1. 栏杆材料种类：铁栏杆；2. 油漆品种、刷漆遍数（栏杆）：防锈漆一遍，耐酸漆两遍；
3. 油漆品种、刷漆遍数（扶手）：底油一遍，调和漆两遍

2. 画首层楼梯栏杆

画楼梯栏杆之前我们需要先根据"建施-12"打几条辅助轴线，然后根据画好的辅助轴线分别画平段和斜段的楼梯栏杆，如图 4.2.121 所示。

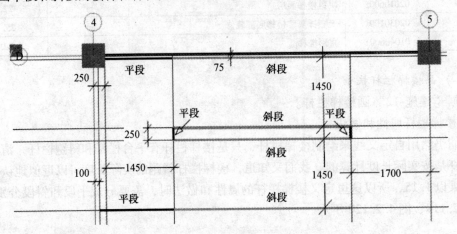

图 4.2.121　楼梯栏杆示意图

3. 删除所有辅助轴线

4. 首层楼梯栏杆软件计算结果

汇总后选中 4～5 轴线的楼梯栏杆，查看软件计算 4～5 轴线楼梯栏杆的工程量，见表 4.2.30。

表 4.2.30　首层 4～5 轴线楼梯栏杆软件"做法工程量"

序号	编码	项目名称	单位	工程量
1	020107002	硬木扶手带栏杆、栏板　楼梯栏杆（平段）	m	3.55
2	020107002	硬木扶手带栏杆、栏板　楼梯栏杆（斜段）	m	17.48

（三）画梯柱

从"结施-11"我们看出，TZ 和 TL 均不在楼梯投影面积的范围之内，梯柱和梯梁的工程量都需要重新计算，我们先来画 TZ。

1. 梯柱属性和做法

我们用定义框架柱的方法定义楼梯柱，如图 4.2.122 所示。

2. 画梯柱

（1）先画辅助轴线

画 TZ 之前我们需要根据"结施-04"先打两条辅助轴线，如图 4.2.123 所示。

（2）将 TZ 画到轴线相交位置

将 TZ 分别画到图示交点位置，并调整 4 轴线墙上 TZ 的端头，调整柱端头操作步骤为：4 轴线 TZ 柱点上后（但是方向不对），单击"调整柱端头"按钮→单击 4 轴线 TZ，TZ 会自动旋转 90°→单击右键结束，画好的轴线交点的 TZ 如图 4.2.124 所示。

（3）将 TZ 偏移到图纸位置

用"单对齐"的方法将 TZ 偏移到与梁内边线齐，如图 4.2.125 所示。

属性名称	属性值
名称	TZ1-300*200
类别	框架柱
材质	现浇混凝土
砼类型	(预拌砼)
砼标号	(C30)
截面宽度(mm)	300
截面高度(mm)	200
截面面积(m2)	0.06
截面周长(m)	1
顶标高(m)	层顶标高
底标高(m)	层底标高
模板类型	普通模板

	编码	类别	项目名称	单位	工程量表达式	表达式说明
1	010402001	项	矩形柱	m3	TJ	TJ〈体积〉
2	1.1	项	混凝土、钢筋混凝土模板及支架 梯柱	m2	MBMJ	MBMJ〈模板面积〉

图 4.2.122　TZ1-300×200 的属性和做法

项目特征：1. 柱截面尺寸：300×200；2. 混凝土强度等级：C30；3. 混凝土要求：预拌混凝土

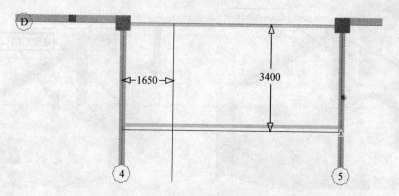

图 4.2.123　打好两条辅助轴线

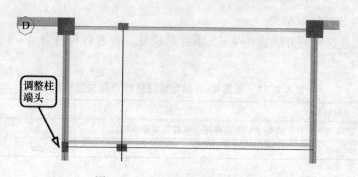

图 4.2.124　画到轴线交点的 TZ

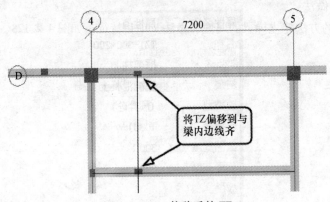

图 4.2.125 偏移后的 TZ

（4）修改 TZ 的标高

TZ 虽然画好了，但是 TZ 的标高并不符合图纸的要求，如图 4.2.126 所示。

根据"结施-11"首层 TZ 的顶标高为 1.95，我们要把 TZ 修改到图纸所要求的标高，操作步骤如下：

单击右键，出现右键菜单→单击"批量选择构件图元"，弹出"批量选择构件图元"对话框→单击"TZ1-300×200"→单击"确定"→修改属性中顶标高为"层底标高 + 2.05"（当你选择"层底标高"时，软件会自动弹出"提示"对话框，提示"柱体高度不能为 0"，我们单击"确定"就可以了）→敲回车→单击右键，出现右键菜单→单击"取消选择"，这样 TZ 的标高就修改好了，如图 4.2.127 所示。

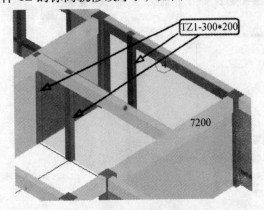

图 4.2.126 修改标高以前的 TZ

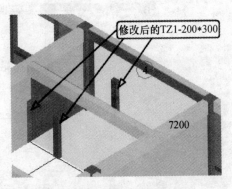

图 4.2.127 修改标高后的 TZ

3. 首层梯柱软件计算结果

汇总后用批量选择的方法选中 4～5 轴线的梯柱，查看软件计算 4～5 轴线梯柱的工程量，见表 4.2.31。

表 4.2.31 首层 4～5 轴线梯柱软件"做法工程量"

序号	编码	项目名称	单位	工程量
1	1.1	混凝土、钢筋混凝土模板及支架 梯柱	m²	6.15
2	010402001	矩形柱	m³	0.369

（四）画梯梁

梯梁和梯柱一样也在楼梯投影面积之外，我们也需要重新计算其工程量。

1. 梯梁属性和做法

用建立框架梁的方法建立梯梁的属性、做法及项目特征，如图 4.2.128、图 4.2.129 所示。

属性名称	属性值
名称	TL1-200*400
类别1	框架梁
类别2	
材质	现浇混凝土
砼类型	(预拌砼)
砼标号	(C30)
截面宽度(mm)	200
截面高度(mm)	400
截面面积(m2)	0.08
截面周长(m)	1.2
起点顶标高(m)	层底标高+2.05
终点顶标高(m)	层底标高+2.05
轴线距梁左边	(100)
图元形状	矩形
模板类型	普通模板

	编码	类别	项目名称	单位	工程量表达式	表达式说明
1	010403002	项	矩形梁	m3	TJ	TJ〈体积〉
2	1.1	项	混凝土、钢筋混凝土模板及支架 梯梁	m2	MBMJ	MBMJ〈模板面积〉

图 4.2.128　TL1-200×400 的属性和做法

项目特征：1. 混凝土强度等级：C30；2. 梁截面尺寸：200×400；3. 混凝土要求：预拌混凝土

属性名称	属性值
名称	TL2-200*400
类别1	框架梁
类别2	
材质	现浇混凝土
砼类型	(预拌砼)
砼标号	(C30)
截面宽度(mm)	200
截面高度(mm)	400
截面面积(m2)	0.08
截面周长(m)	1.2
起点顶标高(m)	层底标高+2.05
终点顶标高(m)	层底标高+2.05
轴线距梁左边	(100)
图元形状	矩形
模板类型	普通模板

	编码	类别	项目名称	单位	工程量表达式	表达式说明
1	010403002	项	矩形梁	m3	TJ	TJ〈体积〉
2	1.1	项	混凝土、钢筋混凝土模板及支架 梯梁	m2	MBMJ	MBMJ〈模板面积〉

图 4.2.129　TL2-200×400 的属性和做法

项目特征：1. 混凝土强度等级：C30；2. 梁截面尺寸：200×400；3. 混凝土要求：预拌混凝土

2. 画楼梯梁

在不显示墙、梁的状态下，先将 TL 画到轴线上，如图 4.2.130 所示，再用"单对齐"的方法将 TL 偏移到图 4.2.131 所示位置。

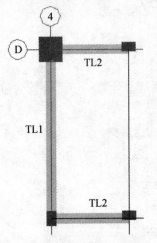

图 4.2.130　画到轴线上的 TL

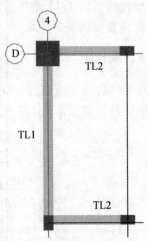

图 4.2.131　偏移后的 TL

画好的 TL 三维图如图 4.2.132 所示。

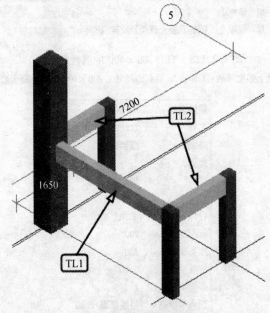

图 4.2.132　TL 的三维图

3. 删除所有辅助轴线

4. 首层楼梯梁软件计算结果

汇总后选中 4 ~ 5 轴线的梯梁，查看软件计算 4 ~ 5 轴线梯梁的工程量，见表 4.2.32。

表 4.2.32　首层 4 ~ 5 轴线梯梁软件"做法工程量"

序号	编码	项目名称	单位	工程量
1	1.1	混凝土、钢筋混凝土模板及支架　梯梁	m^2	5.65
2	010405001	有梁板	m^3	0.452

思考题（答案见网站 www.qiaosd.com）:

1. 如何画三维楼梯？
2. 楼梯做法里的 1.15 是什么意思？
3. 怎样调整柱端头的方向？

二十五、画台阶

因为此工程台阶宽度超过 2500，所以工程台阶分两部分计算：一部分按台阶计算；一部分按地面计算。如图 4.2.133 所示。

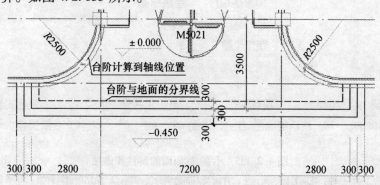

图 4.2.133　台阶与地面分界示意图

（一）台阶的属性和做法

台阶分为台阶 1 和台阶 1-地面，下面分别定义。

1. 台阶 1 属性和做法

单击"其他"前面的"＋"号，使其展开→单击下一级的"台阶"→单击"新建"下拉菜单→单击"新建台阶"→在"属性编辑框"内改台阶名称为"台阶 1"→填写"台阶1"属性、做法及项目特征，如图 4.2.134 所示。

属性名称	属性值
名称	台阶1
材质	现浇混凝
砼类型	(预拌砼)
砼标号	(C15)
顶标高(m)	层底标高
台阶高度(mm)	450
踏步个数	3
踏步高度(mm)	150

	编码	类别	项目名称	单位	工程量表达式	表达式说明
1	020108002	项	块料台阶面　台阶1	m2	MJ	MJ〈台阶整体水平投影面积〉
2	1.1	项	混凝土、钢筋混凝土模板及支架　台阶1	m2	MJ	MJ〈台阶整体水平投影面积〉

图 4.2.134　台阶 1 的属性和做法

项目特征：1. 面层材料品种：花岗岩板铺面，正、背面及四周边满涂防污剂；2. 粘结层材料种类：301:4 硬水泥砂浆；
　　　　　3. 垫层材料种类、厚度：C15 混凝土垫层、100；4. 垫层材料种类、厚度：3:7 灰土垫层、300

2. 台阶1-地面属性和做法

台阶1-地面虽然按地面计算，我们仍然在台阶里定义，如图4.2.135所示。

属性名称	属性值
名称	台阶1-地面
材质	现浇混凝土
砼类型	(预拌砼)
砼标号	(C15)
顶标高(m)	层底标高
台阶高度(mm)	450
踏步个数	3
踏步高度(mm)	150

	编码	类别	项目名称	单位	工程量表达式	表达式说明
1	020102002	项	块料楼地面 台阶1-地面	m2	MJ	MJ〈台阶整体水平投影面积〉

图4.2.135　台阶1-地面的属性和做法

项目特征：1. 面层材料品种：花岗岩板铺面，正、背面及四周边满涂防污剂；2. 粘结层材料种类：30厚1:4硬水泥砂浆；
3. 垫层材料种类、厚度：C15混凝土垫层、100；4. 垫层材料种类、厚度：3:7灰土垫层、300

（二）画台阶

1. 先画外虚墙

画台阶之前我们需要先用虚墙将"台阶1"和"台阶1-地面"分开，因台阶在室外，我们需要画外虚墙，外虚墙的属性如图4.2.136所示。

画虚墙之前需要先根据"建施-03"画与台阶有关的几条辅助轴线，根据画好的辅助轴线画外虚墙，如图4.2.137所示。

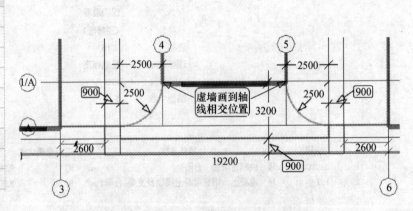

属性名称	属性值
名称	XQ-外
类别	虚墙
厚度(mm)	0
轴线距左墙皮	(0)
内/外墙标志	外墙
起点顶标高(m)	层顶标高
终点顶标高(m)	层顶标高
起点底标高(m)	层底标高
终点底标高(m)	层底标高

图4.2.136　外虚墙的属性　　　图4.2.137　画台阶的辅助轴线和虚墙图

2. 画台阶并修改标高

选中构件名称下"台阶1-地面"→单击"点"按钮→单击台阶地面范围内任意一点→

选中构件名称下"台阶 1"→单击"点"按钮→单击台阶 1 范围内任意一点→单击右键结束→选中画好的"台阶 1"和"台阶 1-地面"→修改属性中的"顶标高"为"层底标高＋0.1"→单击右键，出现右键菜单→单击"取消选择"这样台阶就画好了，如图 4.2.138 所示。

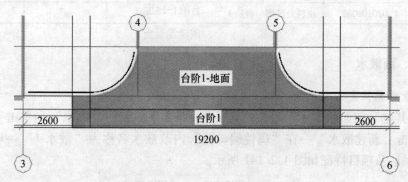

图 4.2.138　画好的台阶平面

3. 删除画台阶所用的虚墙

因为我们紧接着要画散水，散水布置在外墙外边线，我们需要把画台阶所用的虚墙删掉，否则会影响散水的布置。

在墙的状态下选中的图 4.2.139 所示的有椭圆的虚墙→单击右键，出现右键菜单→单击"删除"弹出"确认"对话框→单击"是"，这样画台阶所用的虚墙就删除了。

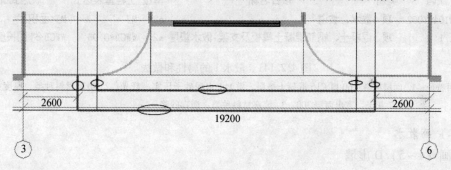

图 4.2.139　删除画台阶所用的虚墙

4. 设置台阶踏步边

选中已经画好的台阶 1→单击右键，出现右键菜单→单击"设置台阶踏步边"→单击"台阶 1"。三条外边线→单击右键弹出"踏步宽度"对话可框→填写踏步宽度为"300"→单击"确定"，台阶踏步就设置好了，如图 4.2.140 所示。

5. 删除所有的辅助轴线

6. 台阶软件计算结果

汇总后选中画好的台阶及其台阶地面，查看软件计算台阶的工程量，见表 4.2.33。

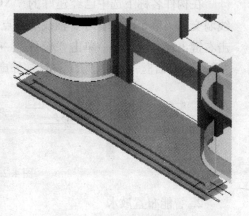

图 4.2.140　画好的台阶图

表 4.2.33　首层台阶软件"做法工程量"

序号	编码	项目名称	单位	工程量
1	1.1	混凝土、钢筋混凝土模板及支架　台阶 1	m²	13.86
2	020102002	块料楼地面　台阶 1-地面	m²	27.4223
3	020108002	块料台阶面　台阶 1	m²	13.86

二十六、画散水

(一) 散水属性定义和做法

单击"其他"前面的"＋"号，使其展开→单击下一级的"散水"→单击"新建"下拉菜单→单击"新建散水"→在"属性编辑框"内改散水名称为"散水 1"→填写"散水 1"属性、做法及项目特征如图 4.2.141 所示。

属性名称	属性值
名称	散水1
材质	现浇混凝
厚度 (mm)	100
砼类型	(预拌砼)
砼标号	(C15)

	编码	类别	项目名称	单位	工程量表达式	表达式说明
1	010407002	项	散水、坡道	m2	MJ	MJ〈面积〉
2	1.1	项	混凝土、钢筋混凝土模板及支架 散水垫层	m2	WWCD*0.06	WWCD〈外围长度〉*0.06

图 4.2.141　散水 1 的属性和做法

项目特征：1. 面层材料：60 厚 C15 混凝土垫层，撒 1:1 水泥砂子压实、赶光；2. 垫层材料种类、厚度：150 厚 3:7 灰土，宽出面层 300；3. 填塞材料种类：沥青砂浆

(二) 画散水

1. 画 (4~5)/D 虚墙

画散水之前要先在 (4~5)/D 轴线处画外虚墙，操作步骤如下：

在构件名称下选中已经建好的"XQ-外"→单击"直线"按钮→单击 4 轴线墙与 D 轴线墙交点→单 5 轴线墙与 D 轴线墙交点→单击右键结束→选中刚画好的虚墙"XQ-外"→单击右键出现右键菜单→单击"偏移"→向外挪动鼠标，填写偏移值"125"→敲回车，弹出"确认"对话框→单击"是"，这样外虚墙就画好了，如图 4.2.142 所示。

图 4.2.142　散水所用虚墙图

2. 智能布置散水

选中构件名称下的"散水 1"→单击"智能布置"下拉菜单→单击"外墙外边线"，弹

出"请输入散水宽度"对话框→填写散水宽度为"1000"→单击"确定",散水就布置好了,如图4.2.143所示。

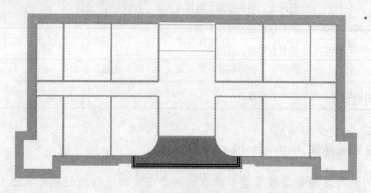

图4.2.143　智能布置后的散水图

3. 修改散水宽度和图纸一致

从"建施-03"我们看出,与台阶相连处的散水宽度为1250,需要用偏移的方法将此处散水偏移到图纸所要求的尺寸,操作步骤如下:

选中已经画好的"散水1"→单击右键,出现右键菜单→单击"偏移",弹出"请选择偏移方式"对话框→单击"多边偏移"→单击"确定"→单击3轴线右散水外边线(如图4.2.144所示椭圆处)→单击6轴线左散水外边线(如图4.2.144所示椭圆处)→单击右键向外挪动鼠标→填写偏移值为"250"→敲回车,这样散水就偏移好了。

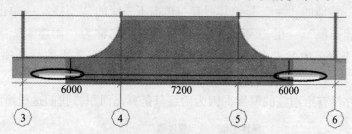

图4.2.144　散水偏移外边线示意图

偏移好的散水图如图4.2.145所示。

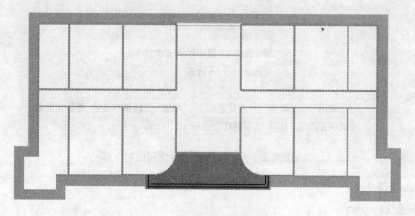

图4.2.145　偏移好的散水图

4. 散水软件计算结果

汇总后选中画好的散水1，查看软件计算散水1工程量，见表4.2.34。

表4.2.34 首层散水1软件"做法工程量"

序号	编码	项目名称	单位	工程量
1	1.1	混凝土、钢筋混凝土模板及支架　散水垫层	m²	6.9744
2	010407002	散水、坡道	m²	113.49

思考题（答案见网站 www. qiaosd. com）：

1. 散水认的是外虚墙还是内虚墙？散水认的是虚墙的中心线还是外边线？
2. 如果把虚墙厚度设为"0"，软件默认虚墙厚度是多少？
3. 散水与台阶相交软件是否自动扣减，谁的级别大？
4. 散水与墙相交软件是否自动扣减，谁的级别大？

二十七、画雨篷1

雨篷图见"建施-04"，本工程雨篷为玻璃钢雨篷，属于成品构件，我们在这里只计算出雨篷的面积即可。

（一）雨篷1属性定义和做法

单击"其他"前面的"+"号使其展开→单击下一级的"雨篷"→单击"新建"下拉菜单→单击"新建雨篷"→在"属性编辑框"内改雨篷名称为"雨篷1"→填写"雨篷1"属性和做法（由于清单中并没有玻璃雨篷这一项，所以我们采用的是补项的方法），如图4.2.146所示。

注意：图纸并没有给雨篷的厚度，因为雨篷只是算出面积，我们这里给厚度为1。

属性名称	属性值
名称	雨篷1
材质	现浇混凝土
砼类型	(预拌砼)
砼标号	(C20)
板厚(mm)	1
顶标高(m)	层顶标高-0.3(3.5)
建筑面积计	不计算

	编码	类别	项目名称	单位	工程量表达式	表达式说明
1	玻璃钢雨篷	补项	玻璃钢雨篷面积	m2	MJ	MJ<面积>

图4.2.146 雨篷1的属性和做法

（二）画雨篷1

1. 画雨篷1

在构件名称下选中"雨篷1"→单击"矩形"按钮→按住"Shift"键，单击（4，1/A）

交点，弹出"输入偏移量"对话框→填写偏移值 $x=0$，$y=-250$→单击"确定"→再次按住"Shift"键，单击（4，1/A）交点，弹出"输入偏移量"对话框→填写偏移值 $x=7200$，$y=-4100$→单击"确定"，雨篷 1 就画好了，如图 4.2.147 所示。

2. 移动雨篷 1

我们知道本工程雨篷属于玻璃钢雨篷，与外墙装修不会有扣减关系，但是我们现在画的雨篷与外墙皮紧挨着，软件会自动扣除外墙装修与雨篷根部相交部分的装修量。为了不让软件自动扣减，我们将雨篷往外挪动 100，使其与外墙不挨，这样雨篷的工程量算对了，外墙装修的工程量也不会错，操作步骤如下：

选中画好的"雨篷 1"→单击右键，出现右键菜单→单击"移动"→单击（4，1/A）交点→按住"Shift"键，再次单击（4，1/A）交点，弹出"请输入偏移量"对话框→填写偏移值 $x=0$，$y=-100$→单击"确定"，雨篷就偏移好了，如图 4.2.148 所示。

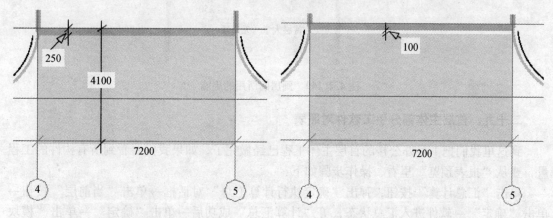

图 4.2.147　雨篷 1 示意图　　　　　　图 4.2.148　移动后的雨篷 1

（三）雨篷 1 软件计算结果

汇总后选中画好的雨篷 1，查看软件计算雨篷 1 工程量，见表 4.2.35。

表 4.2.35　首层雨篷 1 软件"做法工程量"

序号	编码	项目名称	单位	工程量
1	玻璃钢雨篷	玻璃钢雨篷	m²	27.72

思考题（答案见网站 www.qiaosd.com）：

雨篷根部与外墙装修相交时，软件在计算外墙装修时能否自动扣除与雨篷相交面积？

二十八、用虚墙分隔首层房间

从"建施-01"我们知道，楼梯间、首层大堂、走廊装修都不一样，我们需要用虚墙将其分隔成几个房间，虚墙的位置如图 4.2.149 所示。

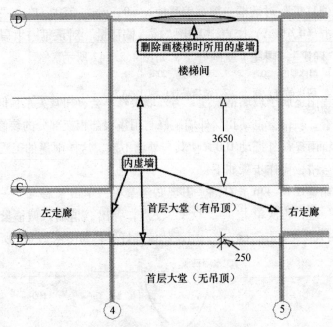

图 4.2.149 画房间所用的虚墙

二十九、首层主体部分手工软件对照表

到这里我们把 1 号办公楼的首层主体工程已经做完了，如果我们要看到所有构件的工程量，要从"报表预览"里看，操作步骤如下：

单击"汇总计算"按钮，弹出"确定执行计算汇总"对话框→单击"当前层"按钮→单击"确定"→软件进入汇总状态，等"计算汇总"成功后→单击"确定"→单击"模块导航栏"下的"报表预览"，弹出"设置报表范围"对话框→软件会自动进入"绘图输入"页签，此时的构件选择范围是正确的→单击"表格输入"页签→选择"表格输入"所要设置的楼层和构件范围（这时，因表格输入只有"散水伸缩缝"，按照默认就可以）→单击"确定"，就到了"清单汇总表"状态。我们在这里将"清单汇总表"做了一些调整，将其变成了"手工-软件对照表"，见表 4.2.36。

我们将"清单汇总表"导入到 Excel 更方便对量，操作步骤如下：

在"清单汇总表"里单击右键，出现右键菜单→单击"导入到 Excel"，软件会自动把"清单汇总表"导入到 Excel 文件里（如果你想将此文档保存起来，在 Excel 里单击"文件"下拉菜单→单击"另存为"，这样就可以将此表存到你要求的位置上了）。

表 4.2.36 首层实体项目工程量手工-软件对照

序号	编码	项目名称	项目特征	单位	软件量	手工量	备注
1	010304001001	空心砖墙、砌块墙 1. 墙体厚度：250； 2. 砌块品种：陶粒砌块； 3. 砂浆强度等级：M5 水泥砂浆	1. 墙体厚度：250； 2. 砌块品种：陶粒砌块； 3. 砂浆强度等级：M5 水泥砂浆	m²	36.4	36.381	表 4.2.36 注解 1 见网站 www.qiaosd.com

序号	编码	项目名称	项目特征	单位	软件量	手工量	备注
2	010304001002	空心砖墙、砌块墙 1. 墙体厚度：200； 2. 砌块品种：陶粒砌块； 3. 砂浆强度等级：M5 水泥砂浆	1. 墙体厚度：200； 2. 砌块品种：陶粒砌块； 3. 砂浆强度等级：M5 水泥砂浆	m²	76.497	76.497	
3	010304001003	空心砖墙、砌块墙 1. 墙体厚度：100； 2. 砌块品种：陶粒砌块墙； 3. 砂浆强度等级：M5 水泥砂浆	1. 墙体厚度：100； 2. 砌块品种：陶粒砌块墙； 3. 砂浆强度等级：M5 水泥砂浆	m²	0.8176	0.8176	
4	010402001001	矩形柱 1. 柱截面尺寸：500×500； 2. 混凝土强度等级：C30； 3. 混凝土要求：预拌混凝土	1. 柱截面尺寸：500×500； 2. 混凝土强度等级：C30； 3. 混凝土要求：预拌混凝土	m²	27.3	27.3	
5	010402001002	矩形柱 1. 柱截面尺寸：600×500； 2. 混凝土强度等级：C30； 3. 混凝土要求：预拌混凝土	1. 柱截面尺寸：600×500； 2. 混凝土强度等级：C30； 3. 混凝土要求：预拌混凝土	m²	2.34	2.34	
6	010402001003	矩形柱 1. 柱截面尺寸：500×600； 2. 混凝土强度等级：C30； 3. 混凝土要求：预拌混凝土	1. 柱截面尺寸：500×600； 2. 混凝土强度等级：C30； 3. 混凝土要求：预拌混凝土	m²	2.34	2.34	
7	010402001004	矩形柱 1. 柱截面尺寸：300×200； 2. 混凝土强度等级：C30； 3. 混凝土要求：预拌混凝土	1. 柱截面尺寸：300×200； 2. 混凝土强度等级：C30； 3. 混凝土要求：预拌混凝土	m²	0.369	0.369	

续表

序号	编码	项目名称	项目特征	单位	软件量	手工量	备注
8	010402001005	矩形柱 1. 柱截面尺寸：GZ-250×250； 2. 混凝土强度等级：C25； 3. 混凝土要求：预拌混凝土	1. 柱截面尺寸：GZ-250×250； 2. 混凝土强度等级：C25； 3. 混凝土要求：预拌混凝土	m²	3.4245	3.4245	
9	010403002001	矩形梁 1. 梁截面：200×400； 2. 混凝土强度等级：C30； 3. 混凝土拌合料要求：预拌混凝土	1. 梁截面：200×400； 2. 混凝土强度等级：C30； 3. 混凝土拌合料要求：预拌混凝土	m²	0.452	0.452	
10	010403004001	圈梁 1. 梁截面：250×180； 2. 混凝土强度等级：C25； 3. 混凝土要求：预拌混凝土	1. 梁截面：250×180； 2. 混凝土强度等级：C25； 3. 混凝土要求：预拌混凝土	m²	2.61	2.61	
11	010403005001	过梁 1. 梁截面：截面高400； 2. 混凝土强度等级：C25； 3. 混凝土要求：预拌混凝土	1. 梁截面：截面高400； 2. 混凝土强度等级：C25； 3. 混凝土要求：预拌混凝土	m²	0.5	0.5	
12	010403005002	过梁 1. 梁截面：截面高120； 2. 混凝土强度等级：C25； 3. 混凝土要求：预拌混凝土	1. 梁截面：截面高120； 2. 混凝土强度等级：C25； 3. 混凝土要求：预拌混凝土	m²	0.879	0.879	
13	010403005003	过梁 1. 梁截面：截面高180； 2. 混凝土强度等级：C25； 3. 混凝土要求：预拌混凝土	1. 梁截面：截面高180； 2. 混凝土强度等级：C25； 3. 混凝土要求：预拌混凝土	m²	0.7335	0.7335	

序号	编码	项目名称	项目特征	单位	软件量	手工量	备注
14	010405001001	有梁板 1. 混凝土强度等级：C30； 2. 梁截面尺寸：250×500； 3. 混凝土要求：预拌混凝土	1. 混凝土强度等级：C30； 2. 梁截面尺寸：250×500； 3. 混凝土要求：预拌混凝土	m²	3.895	3.8947	允许误差
15	010405001002	有梁板 1. 混凝土强度等级：C30； 2. 梁截面尺寸：300×500； 3. 混凝土要求：预拌混凝土	1. 混凝土强度等级：C30； 2. 梁截面尺寸：300×500； 3. 混凝土要求：预拌混凝土	m²	20.325	20.325	
16	010405001003	有梁板 1. 混凝土强度等级：C30； 2. 梁截面尺寸：300×600； 3. 混凝土要求：预拌混凝土	1. 混凝土强度等级：C30； 2. 梁截面尺寸：300×600； 3. 混凝土要求：预拌混凝土	m²	15.57	15.57	
17	010405001004	有梁板 1. 混凝土强度等级：C30； 2. 梁截面尺寸：300×550； 3. 混凝土要求：预拌混凝土	1. 混凝土强度等级：C30； 2. 梁截面尺寸：300×550； 3. 混凝土要求：预拌混凝土	m²	1.1385	1.1385	
18	010405001005	有梁板 1. 板厚度：120； 2. 混凝土强度等级：C30； 3. 混凝土要求：预拌混凝土	1. 板厚度：120； 2. 混凝土强度等级：C30； 3. 混凝土要求：预拌混凝土	m²	18.4523	18.4516	允许误差
19	010405001006	有梁板 1. 板厚度：130； 2. 混凝土强度等级：C30； 3. 混凝土要求：预拌混凝土	1. 板厚度：130； 2. 混凝土强度等级：C30； 3. 混凝土要求：预拌混凝土	m²	6.8913	6.8913	

序号	编码	项目名称	项目特征	单位	软件量	手工量	备注
20	010405001007	有梁板 1. 板厚度：160； 2. 混凝土强度等级：C30； 3. 混凝土要求：预拌混凝土	1. 板厚度：160； 2. 混凝土强度等级：C30； 3. 混凝土要求：预拌混凝土	m²	43.7184	43.7184	
21	010405006001	栏板 1. 板厚度：100； 2. 混凝土强度等级：C30； 3. 混凝土要求：预拌混凝土	1. 板厚度：100； 2. 混凝土强度等级：C30； 3. 混凝土要求：预拌混凝土	m²	2.1878	2.1878	
22	010405008001	雨篷、阳台板 1. 混凝土强度等级：C30； 2. 板厚：140； 3. 混凝土要求：预拌混凝土	1. 混凝土强度等级：C30； 2. 板厚：140； 3. 混凝土要求：预拌混凝土	m²	2.5833	2.5833	
23	010405009001	其他板　飘窗底板 1. 混凝土强度等级：C30； 2. 板厚：100； 3. 混凝土要求：预拌混凝土	1. 混凝土强度等级：C30； 2. 板厚：100； 3. 混凝土要求：预拌混凝土	m²	0.408	0.408	
24	010405009002	其他板　飘窗顶板 1. 混凝土强度等级：C30； 2. 板厚：100； 3. 混凝土要求：预拌混凝土	1. 混凝土强度等级：C30； 2. 板厚：100； 3. 混凝土要求：预拌混凝土	m²	0.408	0.408	
25	010406001001	直形楼梯 1. 混凝土强度等级：C30； 2. 混凝土要求：预拌混凝土	1. 混凝土强度等级：C30； 2. 混凝土要求：预拌混凝土	m²	22.4	22.4	

序号	编码	项目名称	项目特征	单位	软件量	手工量	备注
26	010407001001	其他构件 1. 混凝土强度等级：C30； 2. 截面尺寸：飘窗下混凝土 250 × 700； 3. 混凝土要求：预拌混凝土	1. 混凝土强度等级：C30； 2. 截面尺寸：飘窗下混凝土 250 × 700； 3. 混凝土要求：预拌混凝土	m²	1.19	1.19	
27	010407001002	其他构件 1. 混凝土强度等级：C30； 2. 截面尺寸：飘窗上混凝土 250 × 300； 3. 混凝土要求：预拌混凝土	1. 混凝土强度等级：C30； 2. 截面尺寸：飘窗上混凝土 250 × 300； 3. 混凝土要求：预拌混凝土	m²	0.51	0.51	
28	010407002001	散水、坡道 1. 面层材料：60厚 C15 混凝土垫层，撒 1∶1 水泥砂子压实、赶光； 2. 垫层材料种类、厚度：150 厚 3∶7 灰土，宽出面层 300； 3. 填塞材料种类：沥青砂浆	1. 面层材料：60厚 C15 混凝土垫层，撒 1∶1 水泥砂子压实、赶光； 2. 垫层材料种类、厚度：150 厚 3∶7 灰土，宽出面层 300； 3. 填塞材料种类：沥青砂浆	m²	113.49	113.49	
29	010702003001	屋面刚性防水 飘窗顶板 1. 防水层厚度：20； 2. 防水层做法：防水砂浆	1. 防水层厚度：20； 2. 防水层做法：防水砂浆	m²	5.88	5.88	
30	010803003001	保温隔热墙 飘窗底板（底面） 1. 保温隔热部位：飘窗底板（底面）； 2. 保温隔热面层材料品种、规格：50 厚聚苯板	1. 保温隔热部位：飘窗底板（底面）； 2. 保温隔热面层材料品种、规格：50 厚聚苯板	m²	4.08	4.08	

序号	编码	项目名称	项目特征	单位	软件量	手工量	备注
31	010803003002	保温隔热墙　飘窗底板（侧、顶面） 1. 保温隔热部位：飘窗底板（侧、顶面）； 2. 保温隔热面层材料品种、规格：30厚聚苯板	1. 保温隔热部位：飘窗底板（侧、顶面）； 2. 保温隔热面层材料品种、规格：30厚聚苯板	m²	1.8	1.8	
32	010803003003	保温隔热墙　飘窗顶板（顶面） 1. 保温隔热部位：飘窗顶板（顶面）； 2. 保温隔热面层材料品种、规格：50厚聚苯板	1. 保温隔热部位：飘窗顶板（顶面）； 2. 保温隔热面层材料品种、规格：50厚聚苯板	m²	4.08	4.08	
33	010803003004	保温隔热墙　飘窗顶板（侧、底面） 1. 保温隔热部位：飘窗顶板（侧、底面）； 2. 保温隔热面层材料品种、规格：30厚聚苯板	1. 保温隔热部位：飘窗顶板（侧、底面）； 2. 保温隔热面层材料品种、规格：30厚聚苯板	m²	1.8	1.8	
34	020102002001	块料楼地面　台阶1-地面 1. 面层材料品种：花岗岩板铺面，正、背面及四周边满涂防污剂； 2. 结合层厚度、砂浆配合比：30厚1:4硬水泥砂浆； 3. 垫层材料种类、厚度：C15混凝土垫层、100； 4. 垫层材料种类、厚度：3:7灰土垫层、300	1. 面层材料品种：花岗岩板铺面，正、背面及四周边满涂防污剂； 2. 结合层厚度、砂浆配合比：30厚1:4硬水泥砂浆； 3. 垫层材料种类、厚度：C15混凝土垫层、100； 4. 垫层材料种类、厚度：3:7灰土垫层、300	m²	27.4223	27.4204	允许误差
35	020106002001	块料楼梯面层 1. 面层材料品种：地砖	1. 面层材料品种：地砖	m²	22.4	22.4	

序号	编码	项目名称	项目特征	单位	软件量	手工量	备注
36	020107001001	金属扶手带栏杆、栏板 护窗栏杆 1. 扶手材料种类：不锈钢； 2. 栏杆材料种类：不锈钢	1. 扶手材料种类：不锈钢； 2. 栏杆材料种类：不锈钢	m	19.7032	39.3432	39.3432	
37	020107001002	金属扶手带栏杆、栏板 阳台栏杆 1. 扶手材料种类：不锈钢； 2. 栏杆材料种类：不锈钢	1. 扶手材料种类：不锈钢； 2. 栏杆材料种类：不锈钢	m	19.64			
38	020107002001	硬木扶手带栏杆、栏板 楼梯栏杆（平段） 1. 栏杆材料种类：铁栏杆； 2. 油漆品种、刷漆遍数（栏杆）：防锈漆一遍，耐酸漆两遍； 3. 油漆品种、刷漆遍数（扶手）：底油一遍，调和漆两遍	1. 栏杆材料种类：铁栏杆； 2. 油漆品种、刷漆遍数（栏杆）：防锈漆一遍，耐酸漆两遍； 3. 油漆品种、刷漆遍数（扶手）：底油一遍，调和漆两遍	m	3.55	21.03	21.03	
39	020107002002	硬木扶手带栏杆、栏板 楼梯栏杆（斜段） 1. 栏杆材料种类：铁栏杆； 2. 油漆品种、刷漆遍数（栏杆）：防锈漆一遍耐酸漆两遍； 3. 油漆品种、刷漆遍数（扶手）：底油一遍，调和漆两遍	1. 栏杆材料种类：铁栏杆； 2. 油漆品种、刷漆遍数（栏杆）：防锈漆一遍，耐酸漆两遍； 3. 油漆品种、刷漆遍数（扶手）：底油一遍，调和漆两遍	m	17.48			
40	020108002001	块料台阶面 台阶1 1. 面层材料品种：花岗岩板铺面，正、背面及四周边满涂防污剂； 2. 粘结层材料种类：30 厚 1：4 硬水泥砂浆； 3. 垫层材料种类、厚度：C15 混凝土垫层、100； 4. 垫层材料种类、厚度：3：7 灰土垫层、300	1. 面层材料品种：花岗岩板铺面，正、背面及四周边满涂防污剂； 2. 粘结层材料种类：30 厚 1：4 硬水泥砂浆； 3. 垫层材料种类、厚度：C15 混凝土垫层、100； 4. 垫层材料种类、厚度：3：7 灰土垫层、300	m²	13.86	13.86		

序号	编码	项目名称	项目特征	单位	软件量	手工量	备注
41	020201001001	墙面一般抹灰 飘窗底板装修 1. 墙体类型：飘窗底板（外墙装修）； 2. 底层厚度、砂浆配合比：20 厚1:3 水泥砂浆； 3. 面层做法：外墙涂料	1. 墙体类型：飘窗底板（外墙装修）； 2. 底层厚度、砂浆配合比：20 厚1:3 水泥砂浆； 3. 面层做法：外墙涂料	m²	5.88	5.88	
42	020201001002	墙面一般抹灰 飘窗顶板装修 1. 墙体类型：飘窗顶板（外墙装修）； 2. 面层做法：外墙涂料	1. 墙体类型：飘窗顶板（外墙装修）； 2. 面层做法：外墙涂料	m²	1.8	1.8	
43	020301001001	天棚抹灰 楼梯底部装修 1. 面层材质：喷水性耐擦洗涂料； 2. 基层类型：3 厚1:2.5 水泥砂浆； 3. 基层类型：5 厚1:3 水泥砂浆	1. 面层材质：喷水性耐擦洗涂料； 2. 基层类型：3 厚1:2.5 水泥砂浆； 3. 基层类型：5 厚1:3 水泥砂浆	m²	25.76	25.76	
44	020301001002	天棚抹灰 飘窗顶板 天棚1 1. 面层材质：喷水性耐擦洗涂料； 2. 抹灰厚度、材料种类：3 厚1:2.5 水泥砂浆； 3. 基层类型：5 厚1:3 水泥砂浆	1. 面层材质：喷水性耐擦洗涂料； 2. 抹灰厚度、材料种类：3 厚1:2.5 水泥砂浆； 3. 基层类型：5 厚1:3 水泥砂浆	m²	2.4	2.4	
45	020401004001	胶合板门 1. 门类型：木质夹板门 M1021； 2. 洞口尺寸：1000×2100； 3. 油漆品种、刷漆遍数：底油一遍，调和漆两遍； 4. 门锁：把； 5. 运输：5km内，不考虑运距； 6. 含后塞口	1. 门类型：木质夹板门 M1021； 2. 洞口尺寸：1000×2100； 3. 油漆品种、刷漆遍数：底油一遍，调和漆两遍； 4. 门锁：把； 5. 运输：5km内，不考虑运距； 6. 含后塞口	m²	42	42	

序号	编码	项目名称	项目特征	单位	软件量	手工量	备注
46	020406007001	塑钢窗 1. 窗类型：塑钢窗 C0924； 2. 洞口尺寸：900×2400； 3. 运输：5km 内，不考虑运距； 4. 含后塞口	1. 窗类型：塑钢窗 C0924； 2. 洞口尺寸：900×2400； 3. 运输：5km 内，不考虑运距； 4. 含后塞口	m²	8.64	8.64	
47	020406007002	塑钢窗 1. 窗类型：塑钢窗 C1524； 2. 洞口尺寸：1500×2400； 3. 运输：5km 内，不考虑运距； 4. 含后塞口	1. 窗类型：塑钢窗 C1524； 2. 洞口尺寸：1500×2400； 3. 运输：5km 内，不考虑运距； 4. 含后塞口	m²	7.2	7.2	
48	020406007003	塑钢窗 1. 窗类型：塑钢窗 C1624； 2. 洞口尺寸：1600×2400； 3. 运输：5km 内，不考虑运距； 4. 含后塞口	1. 窗类型：塑钢窗 C1624； 2. 洞口尺寸：1600×2400； 3. 运输：5km 内，不考虑运距； 4. 含后塞口	m²	7.68	7.68	
49	020406007004	塑钢窗 1. 窗类型：塑钢窗 C1824； 2. 洞口尺寸：1800×2400； 3. 运输：5km 内，不考虑运距； 4. 含后塞口	1. 窗类型：塑钢窗 C1824； 2. 洞口尺寸：1800×2400； 3. 运输：5km 内，不考虑运距； 4. 含后塞口	m²	8.64	8.64	
50	020406007005	塑钢窗 1. 窗类型：塑钢窗 C2424； 2. 洞口尺寸：2400×2400； 3. 运输：5km 内，不考虑运距； 4. 含后塞口	1. 窗类型：塑钢窗 C2424； 2. 洞口尺寸：2400×2400； 3. 运输：5km 内，不考虑运距； 4. 含后塞口	m²	11.52	11.52	

序号	编码	项目名称	项目特征	单位	软件量	手工量	备注
51	020406007006	塑钢窗 1. 窗类型：塑钢窗 PC1； 2. 洞口尺寸：4000×2400； 3. 含后塞口	1. 窗类型：塑钢窗 PC1； 2. 洞口尺寸：4000×2400； 3. 含后塞口	m²	19.2	19.2	
52	020406007007	塑钢窗 1. 窗类型：塑钢窗 ZJC1； 2. 洞口尺寸：10320×2700； 3. 含后塞口	1. 窗类型：塑钢窗 ZJC1； 2. 洞口尺寸：10320×2700； 3. 含后塞口	m²	55.728	55.728	
53	020409003001	石材窗台板 1. 窗台板材质：大理石； 2. 窗台板宽度：200	1. 窗台板材质：大理石； 2. 窗台板宽度：200	m	15	15	
54	020409003002	石材窗台板 1. 窗台板材质：大理石； 2. 窗台板宽度：650	1. 窗台板材质：大理石； 2. 窗台板宽度：650	m	6	6	
55	020404002001	旋转玻璃门 1. 材质：旋转玻璃门 M5021； 2. 运输：5km 内，不考虑运距； 3. 含后塞口	1. 材质：旋转玻璃门 M5021； 2. 运输：5km 内，不考虑运距； 3. 含后塞口	m²	10.5	10.5	
56		玻璃钢雨篷	玻璃钢雨篷面积	—	m²	27.72	27.72	

此时的工程量只有实体项目的工程量，但并没有措施项目的工程量，我们需要单击报表上方的"措施项目"来查看措施项目的工程量。我们在这里将"清单汇总表"做了一些调整，将其变成了"软件手工对照表"，见表4.2.37。

表 4.2.37　首层措施项目工程量软件手工对照

序号	编码	项目名称	单位	软件量	手工量	备注
1	1.1	混凝土、钢筋混凝土模板及支架　飘窗顶板	m²	5	5	
2	1.1	混凝土、钢筋混凝土模板及支架　过梁	m²	28.14	28.14	

序号	编码	项目名称	单位	软件量	手工量	备注
3	1.1	混凝土、钢筋混凝土模板及支架　框架次梁	m²	8.556	8.556	
4	1.1	混凝土、钢筋混凝土模板及支架　框架梁	m²	277.3295	275.74	表4.2.37注解1见网站 www.qiaosd.com
5	1.1	混凝土、钢筋混凝土模板及支架　飘窗上混凝土 250×300	m²	5.4	5.4	
6	1.1	混凝土、钢筋混凝土模板及支架　飘窗下混凝土 250×700	m²	11.06 9.36	9.36	未画基础梁的量 已画基础梁的量
7	1.1	混凝土、钢筋混凝土模板及支架　梯柱	m²	6.15	6.15	
8	1.1	混凝土、钢筋混凝土模板及支架　框架柱	m²	252.72	252.72	
9	1.1	混凝土、钢筋混凝土模板及支架　弧形框架梁	m²	15.2586	15.3291	允许误差
10	1.1	混凝土、钢筋混凝土模板及支架　构造柱	m²	41.874	41.874	
11	1.1	混凝土、钢筋混凝土模板及支架　梯梁	m²	5.65	5.085	表4.2.37注解2见网站
12	1.1	混凝土、钢筋混凝土模板及支架　散水垫层	m²	6.9744	6.9744	
13	1.1	混凝土、钢筋混凝土模板及支架　楼梯	m²	22.4	22.4	
14	1.1	混凝土、钢筋混凝土模板及支架　栏板	m²	46.7808	45.8208	表4.2.37注解3见网站
15	1.1	混凝土、钢筋混凝土模板及支架　台阶1	m²	13.86	13.86	
16	1.1	混凝土、钢筋混凝土模板及支架　板	m²	478.6995	478.6931	允许误差
17	1.1	混凝土、钢筋混凝土模板及支架　圈梁	m²	20.88	20.88	
18	1.1	混凝土、钢筋混凝土模板及支架　飘窗底板	m²	5	5	
19	1.1	混凝土、钢筋混凝土模板及支架　阳台板	m²	21.4254	21.4254	

思考题（答案见网站 www.qiaosd.com）：

1. 软件默认的 Excel 表格路径在什么位置？

2. 如果误把 C1 画成了 C2，软件怎样修改？

3. 梁与梁相交时，是否扣除相交处的模板面积？是否扣除此处板的模板面积，软件是如何处理的？

4. 当一根梁的底部与另一根梁的顶部相交时，软件是否会扣除前一个梁的底部相交面积？

第三节　二层主体工程量计算

一、将首层构件复制到二层

二层构件和首层类似，我们将首层已经画好的构件复制到二层，然后再对部分构件类别做修改，具体操作步骤如下：

切换首层到二层→单击"楼层"下拉菜单→单击"从其他楼层复制构件图元"，弹出"从其他楼层复制构件图元"对话框→切换源楼层为"首层"→在"图元选择"范围内，单击右键，出现右键菜单→单击"全部展开"→按照图 4.3.1 所示勾选相应构件（注意：取消"飘窗上混凝土 250×300"的"√"）→构件选好后单击"确定"。

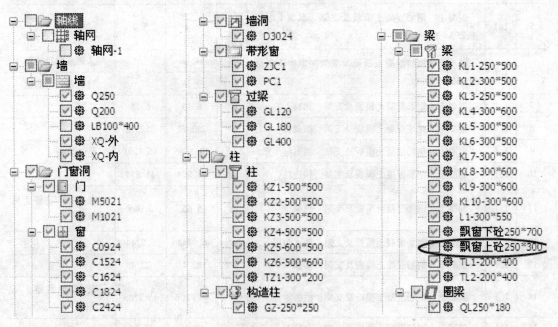

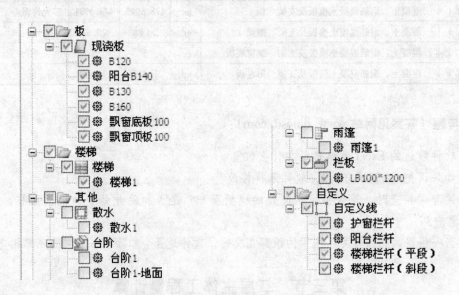

图 4.3.1　勾选首层复制到二层的图元

这样首层勾选上的构件就复制到了第二层（注意：如果你使用的是已经定义好的工程，当复制构件时会出现"同名构件处理方式"对话框→单击"不新建构件，覆盖目标层同名构件属性"（图 4.3.2）→单击"确定"（图 4.3.3）。

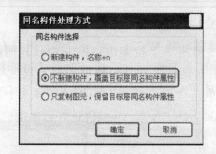

图 4.3.2　同名构件处理方式示意图

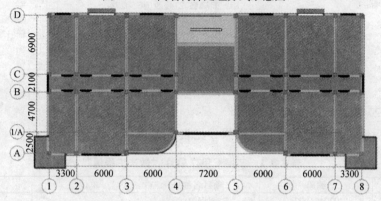

图 4.3.3　首层复制到二层的构件图

思考题（答案见网站 www. qiaosd. com）：

在什么情况下会出现"同名构件处理方式"对话框，对话框中的三项选择分别是什么意思？

二、修改 M5021 为 C5027

从"建施-04"我们知道，二层 4~5 轴线位置为窗 C5027，我们要把复制上来的 M5021 修改为 C5027，在修改之前我们需要先定义 C5027 的属性和做法。

（一）C5027 的属性和做法

定义好的 C5027 的属性和做法，如图 4.3.4 所示。

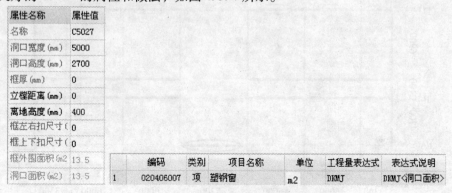

图 4.3.4　C5027 的属性和做法

项目特征：1. 窗类型：塑钢窗 C5027；2. 洞口尺寸：5000×2700；3. 运输：5km 内，不考虑运距；4. 含后塞口

（二）修改 M5021 为 C5027

在画门的状态下，选中复制好的 M5021→单击右键，出现右键菜单→单击"修改构件图元名称"，出现"修改构件图元名称"对话框→单击"目标构件"下"C5027"→单击"确定"，这样 M5021 就修改成了 C5027，如图 4.3.5 所示。

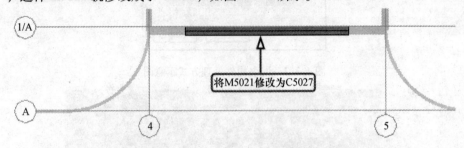

将M5021修改为C5027

图 4.3.5 将 M5021 修改为 C5027

（三）C5027 软件计算结果

汇总计算后查看 C5027 软件计算结果，见表 4.3.1。

表 4.3.1 二层 C5027 软件"做法工程量"

序号	编码	项目名称	单位	工程量
1	020406007	塑钢窗	m²	13.5

思考题（答案见网站 www.qiaosd.com）：

怎样把已经画好的门改成窗？

三、删除多余的过梁

因为二层层高为 3600，从"结施-06"二层顶梁配筋图以及内外墙门窗的高度分析出，二层外墙均没有过梁，但是复制首层构件时，将首层的门窗过梁都复制到了二层，现在要把多余的过梁删除掉，操作步骤如下：

在"过梁"状态下，选中如图 4.3.6 所示椭圆处的过梁→单击右键，出现右键菜单→单击"删除"，弹出"确认"对话框→单击"是"，这样多余的过梁就删除掉了。

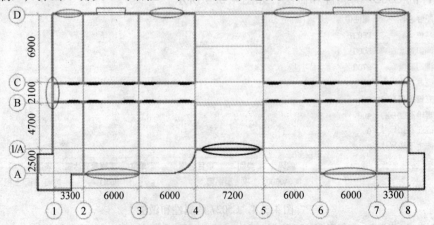

图 4.3.6 二层多余过梁位置图

汇总计算后查看其余过梁的软件计算结果，见表 4.3.2。

表 4.3.2　二层过梁软件"做法工程量"

序号	编码	项目名称	单位	工程量
1	010403005	过梁	m³	0.72
2	1.1	混凝土、钢筋混凝土模板及支架　过梁	m²	11.2

四、画二层板

二层的大部分板和首层相同，只是在首层大堂上空处多了一块 B130 的板，我们用智能布置的方法将这块板画上，画好的二层板如图 4.3.7 所示。

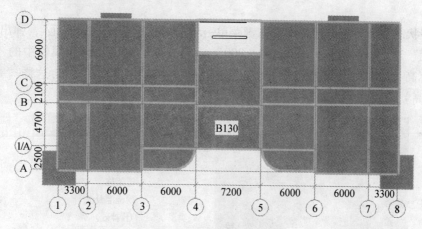

图 4.3.7　二层板位置图

汇总计算后选中 4~5 轴线处的 B130，查看 B130 的软件计算结果，见表 4.3.3。

表 4.3.3　二层 4~5 轴线处 B130 的软件"做法工程量"

序号	编码	项目名称	单位	工程量
1	1.1	混凝土、钢筋混凝土模板及支架板	m²	30.655
2	010405001	有梁板	m³	3.9917

五、修改二层楼梯栏杆

（一）修改二层楼梯栏杆

二层的楼梯投影面积并没有发生变化，只是楼梯栏杆长度会略有变化（见"建施-12"楼梯三层平面详图），我们在这里只修改二层的楼梯栏杆就可以了。

我们仍然在"自定义线"里修改二层的楼梯栏杆，用"修剪"的方法将多出的 300mm 楼梯栏杆（斜段）剪掉，再用"移动"的方法把楼梯井处楼梯栏杆（平段）向左移动，修改后的二层楼梯栏杆图如图 4.3.8 所示。

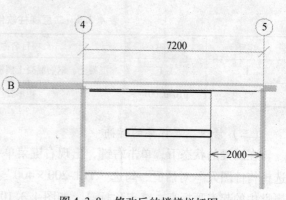

图 4.3.8　修改后的楼梯栏杆图

汇总计算后选中二层楼梯栏杆平段和斜段，查看二层楼梯栏杆软件计算结果，见表4.3.4。

表4.3.4　二层楼梯栏杆软件"做法工程量"

序号	编码	项目名称	单位	工程量
1	020107002	硬木扶手带栏杆、栏板　楼梯栏杆（平段）	m	3.55
2	020107002	硬木扶手带栏杆、栏板　楼梯栏杆（斜段）	m	16.1

（二）修改二层梯柱的标高

因为二层层高变化，从首层复制到二层的梯柱标高不对，我们要对其修改，操作步骤如下：

在画柱状态下，单击右键，出现右键菜单→单击"批量选择构件图元"，弹出"批量选择构件图元"对话框→勾选"TZ1-300×200"→单击"确定"→修改属性中的"顶标高"为"层底标高+1.8"→单击右键，出现右键菜单→单击"取消选择"，这样"TZ1-300×200"的标高就修改好了，如图4.3.9所示。

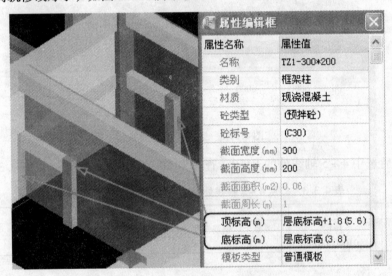

图4.3.9　二层梯柱标高修改图

汇总计算后用批量选择的方法查看二层梯柱软件计算结果，见表4.3.5。

表4.3.5　二层梯柱软件"做法工程量"

序号	编码	项目名称	单位	工程量
1	1.1	混凝土、钢筋混凝土模板及支架　梯柱	m²	5.4
2	010402001	矩形柱	m³	0.324

（三）修改二层梯梁的标高

在画梁的状态下，单击右键，出现右键菜单→单击"批量选择构件图元"，弹出"批量选择构件图元"对话框→勾选"TL1-200×400"、"TL2-200×400"→单击"确定"→修改属性中的起点顶标高、终点顶标高，如图4.3.10所示。

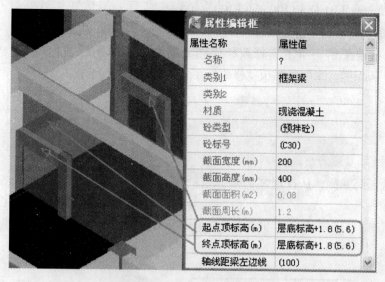

图 4.3.10　二层梯梁标高修改图

汇总计算后用批量选择的方法查看二层梯梁软件计算结果，见表 4.3.6。

表 4.3.6　二层梯梁软件"做法工程量"

序号	编码	项目名称	单位	工程量
1	1.1	混凝土、钢筋混凝土模板及支架　梯梁	m^2	5.65
2	010403002	矩形梁	m^3	0.452

六、修改二层顶阳台栏板

二层顶阳台栏板高度发生了变化，我们需要重新定义二层的阳台栏板。

（一）二层阳台栏板的属性和做法

定义好的二层顶阳台栏板如图 4.3.11 所示。

属性名称	属性值
名称	LB100*900
材质	现浇混凝土
砼类型	(预拌砼)
砼标号	(C30)
截面宽度(mm)	100
截面高度(mm)	900
截面面积(m2)	0.09
起点底标高(m)	层底标高+3.1
终点底标高(m)	层底标高+3.1
轴线距左边线	(50)

	编码	类别	项目名称	单位	工程量表达式	表达式说明
1	010405006	项	栏板	m3	TJ	TJ〈体积〉
2	1.1	项	混凝土、钢筋混凝土模板及支架　栏板	m2	MBMJ	MBMJ〈模板面积〉

图 4.3.11　二层阳台栏板属性和做法

项目特征：1. 板厚度：100；2. 混凝土强度等级：C30；3. 混凝土要求：预拌混凝土

371

（二）修改栏板 LB100×1200 为 LB100×900

在画栏板的状态下，单击"批量选择按钮"→勾选"LB100×1200"→单击"确定"→单击右键，出现右键菜单→单击"修改构件图元名称"→单击"目标构件"下"LB100×900"→单击"确定"，二层顶栏板就修改好了，如图4.3.12 所示。

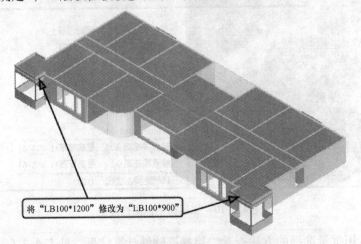

将"LB100*1200"修改为"LB100*900"

图 4.3.12　修改后的二层顶阳台栏板

汇总计算后选中二层顶阳台栏板，查看二层顶阳台栏板软件计算结果，见表4.3.7。

表 4.3.7　二层顶阳台栏板软件"做法工程量"

序号	编码	项目名称	单位	工程量
1	1.1	混凝土、钢筋混凝土模板及支架　栏板	m²	34.3968
2	010405006	栏板	m³	1.5686

七、画 900 高玻璃栏板

从"建施-04"二层平面图可以看出，在首层大堂上空处有一道900高的玻璃栏板，我们仍然用自定义线画这条栏板。

（一）玻璃栏板属性和做法

定义好的玻璃栏板如图4.3.13 所示。

属性名称	属性值
名称	玻璃栏板
截面宽度(mm)	50
截面高度(mm)	900
起点顶标高(m)	层底标高+1
终点顶标高(m)	层底标高+1
轴线距左边线	(25)
扣减优先级	要扣减点，不

	编码	类别	项目名称	单位	工程量表达式	表达式说明
1	020107001	项	金属扶手带栏杆、栏板 玻璃栏板	m	CD	CD<长度>

图 4.3.13　玻璃栏板的属性和做法

项目特征：1. 扶手材料种类：不锈钢；2. 栏板材料种类：玻璃

（二）画玻璃栏板

画好的玻璃栏板如图4.3.14所示。

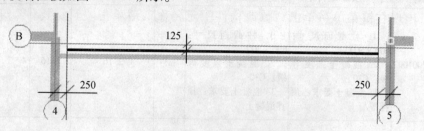

图4.3.14 画好的玻璃栏板

（三）玻璃栏板软件计算结果

汇总计算后选中玻璃栏板，看玻璃栏板软件计算结果，见表4.3.8。

表4.3.8 二层玻璃栏板软件"做法工程量"

序号	编码	项目名称	单位	工程量
1	020107001	金属扶手带栏杆、栏板，玻璃栏板	m	6.7

八、二层主体部分软件手工对照表

到这里我们就把二层的主体工程画完了，单击"汇总计算"按钮，弹出"确定执行计算汇总"对话框→单击"当前层"→单击"确定"，等"计算汇总"成功后→单击"报表预览"，弹出"设置报表范围"对话框→勾选"第二层"的所有构件→单击"确定"，查看二层实体项目工程量，手工-软件对照表见表4.3.9。

表4.3.9 二层实体项目工程量手工-软件对照

序号	编码	项目名称	项目特征	单位	软件量	手工量	备注
1	010304001001	空心砖墙、砌块墙 1. 墙体厚度：250 2. 砌块品种：陶粒砌块 3. 砂浆强度等级：M5水泥砂浆	1. 墙体厚度：250 2. 砌块品种：陶粒砌块 3. 砂浆强度等级：M5水泥砂浆	m³	32.2985	32.2979	表4.3.9注解1 见网站 www.qiaosd.com
2	010304001002	空心砖墙、砌块墙 1. 墙体厚度：200 2. 砌块品种：陶粒砌块 3. 砂浆强度等级：M5水泥砂浆	1. 墙体厚度：200 2. 砌块品种：陶粒砌块 3. 砂浆强度等级：M5水泥砂浆	m³	68.796	68.796	
3	010402001001	矩形柱 1. 柱截面尺寸：500×500 2. 混凝土强度等级：C30 3. 混凝土要求：预拌混凝土	1. 柱截面尺寸：500×500 2. 混凝土强度等级：C30 3. 混凝土要求：预拌混凝土	m³	25.2	25.2	

续表

序号	编码	项目名称	项目特征	单位	软件量	手工量	备注
4	010402001002	矩形柱 1. 柱截面尺寸：600×500 2. 混凝土强度等级：C30 3. 混凝土要求：预拌混凝土	1. 柱截面尺寸：600×500 2. 混凝土强度等级：C30 3. 混凝土要求：预拌混凝土	m³	2.16	2.16	
5	010402001003	矩形柱 1. 柱截面尺寸：500×600 2. 混凝土强度等级：C30 3. 混凝土要求：预拌混凝土	1. 柱截面尺寸：500×600 2. 混凝土强度等级：C30 3. 混凝土要求：预拌混凝土	m³	2.16	2.16	
6	010402001004	矩形柱 1. 柱截面尺寸：300×200 2. 混凝土强度等级：C30 3. 混凝土要求：预拌混凝土	1. 柱截面尺寸：300×200 2. 混凝土强度等级：C30 3. 混凝土要求：预拌混凝土	m³	0.324	0.324	
7	010402001005	矩形柱 1. 柱截面尺寸：GZ-250×250 2. 混凝土强度等级：C25 3. 混凝土要求：预拌混凝土	1. 柱截面尺寸：GZ-250×250 2. 混凝土强度等级：C25 3. 混凝土要求：预拌混凝土	m³	3.124	3.1246	允许误差
8	010403002001	矩形梁 1. 梁截面：200×400 2. 混凝土强度等级：C30 3. 混凝土要求：预拌混凝土	1. 梁截面：200×400 2. 混凝土强度等级：C30 3. 混凝土要求：预拌混凝土	m³	0.452	0.452	
9	010403004001	圈梁 1. 梁截面：250×180 2. 混凝土强度等级：C25 3. 混凝土要求：预拌混凝土	1. 梁截面：250×180 2. 混凝土强度等级：C25 3. 混凝土要求：预拌混凝土	m³	2.61	2.61	
10	010403005002	过梁 1. 梁截面：截面高120 2. 混凝土强度等级：C25 3. 混凝土要求：预拌混凝土	1. 梁截面：截面高120 2. 混凝土强度等级：C25 3. 混凝土要求：预拌混凝土	m³	0.72	0.72	

序号	编码	项目名称	项目特征	单位	软件量	手工量	备注
11	010405001001	有梁板 1. 混凝土强度等级：C30 2. 梁截面尺寸：250×500 3. 混凝土要求：预拌混凝土	1. 混凝土强度等级：C30 2. 梁截面尺寸：250×500 3. 混凝土要求：预拌混凝土	m³	3.895	3.8947	允许误差
12	010405001002	有梁板 1. 混凝土强度等级：C30 2. 梁截面尺寸：300×500 3. 混凝土要求：预拌混凝土	1. 混凝土强度等级：C30 2. 梁截面尺寸：300×500 3. 混凝土要求：预拌混凝土	m³	20.325	20.325	
13	010405001003	有梁板 1. 混凝土强度等级：C30 2. 梁截面尺寸：300×600 3. 混凝土要求：预拌混凝土	1. 混凝土强度等级：C30 2. 梁截面尺寸：300×600 3. 混凝土要求：预拌混凝土	m³	15.57	15.57	
14	010405001004	有梁板 1. 混凝土强度等级：C30 2. 梁截面尺寸：300×550 3. 混凝土要求：预拌混凝土	1. 混凝土强度等级：C30 2. 梁截面尺寸：300×550 3. 混凝土要求：预拌混凝土	m³	1.1385	1.1385	
15	010405001005	有梁板 1. 板厚度：120 2. 混凝土强度等级：C30 3. 混凝土要求：预拌混凝土	1. 板厚度：120 2. 混凝土强度等级：C30 3. 混凝土要求：预拌混凝土	m³	18.4523	18.4516	允许误差
16	010405001006	有梁板 1. 板厚度：130 2. 混凝土强度等级：C30 3. 混凝土要求：预拌混凝土	1. 板厚度：130 2. 混凝土强度等级：C30 3. 混凝土要求：预拌混凝土	m³	10.883	10.883	
17	010405001007	有梁板 1. 板厚度：160 2. 混凝土强度等级：C30 3. 混凝土要求：预拌混凝土	1. 板厚度：160 2. 混凝土强度等级：C30 3. 混凝土要求：预拌混凝土	m³	43.7184	43.7184	

续表

序号	编码	项目名称	项目特征	单位	软件量	手工量	备注
18	010405006001	栏板 1. 板厚度：100 2. 混凝土强度等级：C30 3. 混凝土要求：预拌混凝土	1. 板厚度：100 2. 混凝土强度等级：C30 3. 混凝土要求：预拌混凝土	m^3	1.5686	1.5686	
19	010405008001	雨篷、阳台板 1. 混凝土强度等级：C30 2. 板厚：140 3. 混凝土要求：预拌混凝土	1. 混凝土强度等级：C30 2. 板厚：140 3. 混凝土要求：预拌混凝土	m^3	2.5833	2.5833	
20	010405009001	其他板　飘窗底板 1. 混凝土强度等级：C30 2. 板厚：100 3. 混凝土要求：预拌混凝土	1. 混凝土强度等级：C30 2. 板厚：100 3. 混凝土要求：预拌混凝土	m^3	0.408	0.408	
21	010405009002	其他板　飘窗顶板 1. 混凝土强度等级：C30 2. 板厚：100 3. 混凝土要求：预拌混凝土	1. 混凝土强度等级：C30 2. 板厚：100 3. 混凝土要求：预拌混凝土	m^3	0.408	0.408	
22	010406001001	直形楼梯 1. 混凝土强度等级：C30 2. 混凝土要求：预拌混凝土	1. 混凝土强度等级：C30 2. 混凝土要求：预拌混凝土	m^2	22.4	22.4	
23	010407001001	其他构件 1. 混凝土强度等级：C30 2. 截面尺寸：飘窗下混凝土 250×700 3. 混凝土要求：预拌混凝土	1. 混凝土强度等级：C30 2. 截面尺寸：飘窗下混凝土 250×700 3. 混凝土要求：预拌混凝土	m^3	1.19	1.19	
24	010702003001	屋面刚性防水　飘窗顶板 1. 防水层厚度：20 2. 防水层做法：防水砂浆	1. 防水层厚度：20 2. 防水层做法：防水砂浆	m^2	5.88	5.88	

序号	编码	项目名称	项目特征	单位	软件量	手工量	备注
25	010803003001	保温隔热墙 飘窗底板（底面） 1. 保温隔热部位：飘窗底板（底面） 2. 保温隔热面层材料品种、规格：50厚聚苯板	1. 保温隔热部位：飘窗底板（底面） 2. 保温隔热面层材料品种、规格：50厚聚苯板	m²	4.08	4.08	
26	010803003002	保温隔热墙 飘窗底板（侧、顶面） 1. 保温隔热部位：飘窗底板（侧、顶面） 2. 保温隔热面层材料品种、规格：30厚聚苯板	1. 保温隔热部位：飘窗底板（侧、顶面） 2. 保温隔热面层材料品种、规格：30厚聚苯板	m²	1.8	1.8	
27	010803003003	保温隔热墙 飘窗顶板（顶面） 1. 保温隔热部位：飘窗顶板（顶面） 2. 保温隔热面层材料品种、规格：50厚聚苯板	1. 保温隔热部位：飘窗顶板（顶面） 2. 保温隔热面层材料品种、规格：50厚聚苯板	m²	4.08	4.08	
28	010803003004	保温隔热墙 飘窗顶板（侧、底面） 1. 保温隔热部位：飘窗顶板（侧、底面） 2. 保温隔热面层材料品种、规格：30厚聚苯板	1. 保温隔热部位：飘窗顶板（侧、底面） 2. 保温隔热面层材料品种、规格：30厚聚苯板	m²	1.8	1.8	
29	020106002001	块料楼梯面层 1. 面层材料品种：地砖	1. 面层材料品种：地砖	m²	22.4	22.4	
30	020107001001	金属扶手带栏杆、栏板 护窗栏杆 1. 扶手材料种类：不锈钢 2. 栏杆材料种类：不锈钢	1. 扶手材料种类：不锈钢 2. 栏杆材料种类：不锈钢	m	19.7032	39.3432	39.3432
31	020107001002	金属扶手带栏杆、栏板 阳台栏杆 1. 扶手材料种类：不锈钢 2. 栏杆材料种类：不锈钢	1. 扶手材料种类：不锈钢 2. 栏杆材料种类：不锈钢	m	19.64		

续表

序号	编码	项目名称	项目特征	单位	软件量	手工量	备注
32	020107001003	金属扶手带栏杆、栏板 玻璃栏板 1. 扶手材料种类：不锈钢 2. 栏板材料种类：玻璃	1. 扶手材料种类：不锈钢 2. 栏板材料种类：玻璃	m	6.7	6.7	
33	020107002001	硬木扶手带栏杆、栏板 楼梯栏杆（平段） 1. 栏杆材料种类：铁栏杆 2. 油漆品种、刷漆遍数（栏杆）：防锈漆一遍，耐酸漆两遍 3. 油漆品种、刷漆遍数（扶手）：底油一遍，调和漆两遍	1. 栏杆材料种类：铁栏杆 2. 油漆品种、刷漆遍数（栏杆）：防锈漆一遍，耐酸漆两遍 3. 油漆品种、刷漆遍数（扶手）：底油一遍，调和漆两遍	m	3.55	19.65	
34	020107002002	硬木扶手带栏杆、栏板 楼梯栏杆（斜段） 1. 栏杆材料种类：铁栏杆 2. 油漆品种、刷漆遍数（栏杆）：防锈漆一遍，耐酸漆两遍 3. 油漆品种、刷漆遍数（扶手）：底油一遍，调和漆两遍	1. 栏杆材料种类：铁栏杆 2. 油漆品种、刷漆遍数（栏杆）：防锈漆一遍，耐酸漆两遍 3. 油漆品种、刷漆遍数（扶手）：底油一遍，调和漆两遍	m	16.1		
35	020201001001	墙面一般抹灰 飘窗底板装修 1. 墙体类型：飘窗底板（外墙装修） 2. 底层厚度、砂浆配合比：20 厚 1:3 水泥砂浆 3. 面层做法：外墙涂料	1. 墙体类型：飘窗底板（外墙装修） 2. 底层厚度、砂浆配合比：20 厚 1:3 水泥砂浆 3. 面层做法：外墙涂料	m²	5.88	5.88	
36	020201001002	墙面一般抹灰 飘窗顶板装修 1. 墙体类型：飘窗顶板（外墙装修） 2. 面层做法：外墙涂料	1. 墙体类型：飘窗顶板（外墙装修） 2. 面层做法：外墙涂料	m²	1.8	1.8	

序号	编码	项目名称	项目特征	单位	软件量	手工量	备注
37	020301001001	天棚抹灰 楼梯底部装修 1. 面层材质：喷水性耐擦洗涂料 2. 基层类型：3 厚 1:2.5 水泥砂浆 3. 基层类型：5 厚 1:3 水泥砂浆	1. 面层材质：喷水性耐擦洗涂料 2. 基层类型：3 厚 1:2.5 水泥砂浆 3. 基层类型：5 厚 1:3 水泥砂浆	m²	25.76	25.76	
38	020301001002	天棚抹灰、飘窗顶板、天棚1 1. 面层材质：喷水性耐擦洗涂料 2. 抹灰厚度、材料种类：3 厚 1:2.5 水泥砂浆 3. 基层类型：5 厚 1:3 水泥砂浆	1. 面层材质：喷水性耐擦洗涂料 2. 抹灰厚度、材料种类：3 厚 1:2.5 水泥砂浆 3. 基层类型：5 厚 1:3 水泥砂浆	m²	2.4	2.4	
39	020401004001	胶合板门 1. 门类型：木质夹板门 M1021 2. 洞口尺寸：1000×2100 3. 油漆品种、刷漆遍数：底油一遍，调和漆两遍 4. 门锁：把 5. 运输：5km 内，不考虑运距 6. 含后塞口	1. 门类型：木质夹板门 M1021 2. 洞口尺寸：1000×2100 3. 油漆品种、刷漆遍数：底油一遍，调和漆两遍 4. 门锁：把 5. 运输：5km 内，不考虑运距 6. 含后塞口	m²	42	42	
40	020406007001	塑钢窗 1. 窗类型：塑钢窗 C0924 2. 洞口尺寸：900×2400 3. 运输：5km 内，不考虑运距 4. 含后塞口	1. 窗类型：塑钢窗 C0924 2. 洞口尺寸：900×2400 3. 运输：5km 内，不考虑运距 4. 含后塞口	m²	8.64	8.64	
41	020406007002	塑钢窗 1. 窗类型：塑钢窗 C1524 2. 洞口尺寸：1500×2400 3. 运输：5km 内，不考虑运距 4. 含后塞口	1. 窗类型：塑钢窗 C1524 2. 洞口尺寸：1500×2400 3. 运输：5km 内，不考虑运距 4. 含后塞口	m²	7.2	7.2	

序号	编码	项目名称	项目特征	单位	软件量	手工量	备注
42	020406007003	塑钢窗 1. 窗类型：塑钢窗C1624 2. 洞口尺寸：1600×2400 3. 运输：5km，不考虑运距 4. 含后塞口	1. 窗类型：塑钢窗C1624 2. 洞口尺寸：1600×2400 3. 运输：5km，不考虑运距 4. 含后塞口	m²	7.68	7.68	
43	020406007004	塑钢窗 1. 窗类型：塑钢窗C1824 2. 洞口尺寸：1800×2400 3. 运输：5km内，不考虑运距 4. 含后塞口	1. 窗类型：塑钢窗C1824 2. 洞口尺寸：1800×2400 3. 运输：5km内，不考虑运距 4. 含后塞口	m²	8.64	8.64	
44	020406007005	塑钢窗 1. 窗类型：塑钢窗C2424 2. 洞口尺寸：2400×2400 3. 运输：5km内，不考虑运距 4. 含后塞口	1. 窗类型：塑钢窗C2424 2. 洞口尺寸：2400×2400 3. 运输：5km内，不考虑运距 4. 含后塞口	m²	11.52	11.52	
45	020406007008	塑钢窗 1. 窗类型：塑钢窗C5027 2. 框材质、外围尺寸：5000×2700 3. 运输：5km内，不考虑运距 4. 含后塞口	1. 窗类型：塑钢窗C5027 2. 框材质、外围尺寸：5000×2700 3. 运输：5km内，不考虑运距 4. 含后塞口	m²	13.5	13.5	
46	020406007007	塑钢窗 1. 窗类型：塑钢窗PC1 2. 洞口尺寸：4000×2400 3. 含后塞口	1. 窗类型：塑钢窗PC1 2. 洞口尺寸：4000×2400 3. 含后塞口	m²	19.2	19.2	

序号	编码	项目名称	项目特征	单位	软件量	手工量	备注
47	020406007008	塑钢窗 1. 窗类型：塑钢窗ZJC1 2. 洞口尺寸：10320×2700 3. 含后塞口	1. 窗类型：塑钢窗ZJC1 2. 洞口尺寸：10320×2700 3. 含后塞口	m²	55.728	55.728	
48	020409003001	石材窗台板 1. 窗台板材质：大理石 2. 窗台板宽度：200	1. 窗台板材质：大理石 2. 窗台板宽度：200	m	15	15	
49	020409003002	石材窗台板 1. 窗台板材质：大理石 2. 窗台板宽度：650	1. 窗台板材质：大理石 2. 窗台板宽度：650	m	6	6	

用首层的方法查看二层措施项目的工程量，手工-软件对照表见表4.3.10。

表4.3.10 二层措施项目的工程量手工-软件对照

序号	编码	项目名称	单位	软件量	手工量	备注
1	1.1	混凝土、钢筋混凝土模板及支架 梯梁	m²	5.65	5.086	表4.3.10注解1 见网站 www.qiaosd.com
2	1.1	混凝土、钢筋混凝土模板及支架 框架次梁	m²	8.556	8.556	
3	1.1	混凝土、钢筋混凝土模板及支架 楼梯	m²	22.4	22.4	
4	1.1	混凝土、钢筋混凝土模板及支架 梯柱	m²	5.4	5.4	
5	1.1	混凝土、钢筋混凝土模板及支架 过梁	m²	11.2	11.2	
6	1.1	混凝土、钢筋混凝土模板及支架 构造柱	m²	38.654	38.654	
7	1.1	混凝土、钢筋混凝土模板及支架 圈梁	m²	20.88	20.88	
8	1.1	混凝土、钢筋混凝土模板及支架 框架柱	m²	233.28	233.28	
9	1.1	混凝土、钢筋混凝土模板及支架 飘窗下混凝土250×700	m²	9.36	9.36	
10	1.1	混凝土、钢筋混凝土模板及支架 栏板	m²	34.3968	33.4368	表4.3.10注解2 见网站

续表

序号	编码	项目名称		单位	软件量	手工量	备注
11	1.1	混凝土、钢筋混凝土模板及支架	阳台板	m²	21.4254	21.4254	
12	1.1	混凝土、钢筋混凝土模板及支架	飘窗底板	m²	5	5	
13	1.1	混凝土、钢筋混凝土模板及支架	飘窗顶板	m²	5	5	
14	1.1	混凝土、钢筋混凝土模板及支架	弧形框架梁	m²	15.2586	15.3291	允许误差
15	1.1	混凝土、钢筋混凝土模板及支架	板	m²	509.3545	509.3481	允许误差
16	1.1	混凝土、钢筋混凝土模板及支架	框架梁	m²	273.8155	273.928	表4.3.10注解3见网站

第四节　三层主体工程量计算

　　三层的层高和二层相同，大部构件类别和二层相同，只是在公共休息大厅上空又少了一块板，造成公共休息大厅房间装修和二层不同，我们稍作修改即可完成三层的工程量计算。

一、将二层所有构件复制到三层

　　将楼层切换到"第三层"→单击"楼层"下拉菜单→单击"从其他楼层复制构件图元"，弹出"从其他楼层复制构件图元"对话框→在"源楼层"下勾选"第二层"→在"图元选择"空白位置，单击右键，出现右键菜单→单击"全部选择"，这时所有构件都被选中→取消"轴线"前面的"√"→单击"确定"→等复制完成后单击"确定"（如果你用的是定义好的工程，仍然会出现"同名构件处理方式"对话框，处理方法同首层），这样二层构件就复制到了三层，如图4.4.1所示。

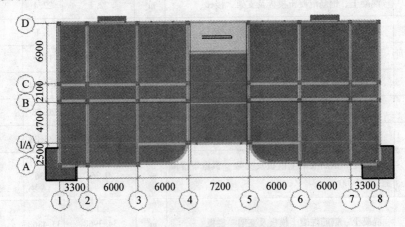

图4.4.1　复制到三层的构件

二、画 4~5 轴线处的护窗栏杆

从"建施-05"我们看出，三层（4~5）/（1/A）处出现护窗栏杆，我们要把从二层复制上来的（4~5）/B 轴线的玻璃栏板删除掉，打辅助轴线在（4~5）/（1/A）处重新画护窗栏杆，如图 4.4.2 所示。

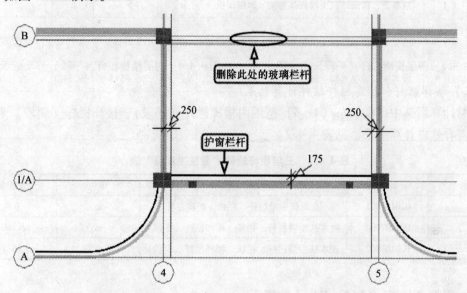

图 4.4.2　4~5 轴线处的护窗栏杆示意图

汇总计算后查看三层（4~5）/（1/A）护窗栏杆软件计算结果，见表 4.4.1。

表 4.4.1　三层（4~5）/（1/A）护窗栏杆软件手工对照

序号	编码	项目名称	单位	工程量
1	020107001	金属扶手带栏杆、栏板　护窗栏杆	m	6.7

三、画楼梯栏杆

（一）画楼梯栏杆

从"建施-12"四层楼梯详图我们可以看出，四层多了一段楼梯栏杆（平段），我们将此处楼梯栏杆画在三层，选中已经定义好的"楼梯栏杆（平段）"，分别单击椭圆位置的两个交点，如图 4.4.3 所示。

（二）移动楼梯栏杆

由图 4.4.3 可以看出，我们刚画的楼梯栏杆（平段）与垂直方向的楼梯栏杆相交了，软件会自动扣减相交部分的长度，这时候护窗栏杆和楼梯栏杆（斜段）的工程量就会算错，我们需要移动楼梯栏杆（平段）使其不相交，操作步骤如下：

选中已经画好的"楼梯栏杆（平段）"→单击右键，出现右键菜单→单击"移动"→单击 D 轴与已经画好的楼梯栏杆（平段）的交点→向任意方向挪动此交点→按住"Shift"键，单击 D 轴与楼梯栏杆（平段）的交点→弹出"输入偏移量"对话框→填写偏移值 $x=100$，$y=-100$→单击"确定"，这样楼梯栏杆（平段）就移动好了，如图 4.4.4 所示。

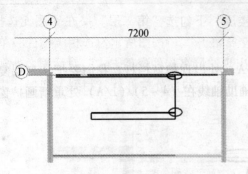
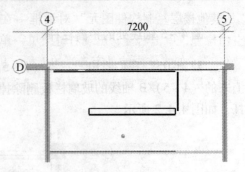

图 4.4.3　四层楼梯栏杆（平段）示意图　　　图 4.4.4　四层楼梯栏杆（平段）移动后示意图

（三）楼梯栏杆和护窗栏杆软件计算结果

汇总计算后选中（C～D)/(4～5）范围内楼梯栏杆（平段）、楼梯栏杆（斜段）和护窗栏杆，查看软件计算结果，见表 4.4.2。

表 4.4.2　三层栏杆软件"做法工程量"表

序号	编码	项目名称	单位	工程量
1	020107001	金属扶手带栏杆、栏板　护窗栏杆	m	6.4
2	020107002	硬木扶手带栏杆、栏板　楼梯栏杆（平段）	m	5.075
3	020107002	硬木扶手带栏杆、栏板　楼梯栏杆（斜段）	m	16.1

四、删除（4～5)/(1/A～B）上的板

从"结施-08"我们看出，三层顶（4～5)/(1/A～B）处没有板，我们需要把这块板删除掉，如图 4.4.5 所示。

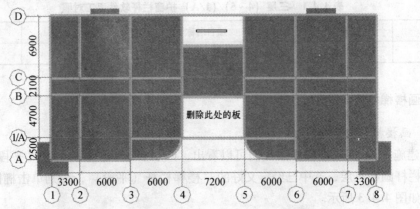

图 4.4.5　删除（4～5)/(1/A～B）处的板

第五节　四层主体工程量计算

一、复制二层构件到四层

四层的构件和二层基本相同，我们把二层的构件复制到四层，操作步骤如下：

将楼层切换到四层→单击"楼层"下拉菜单→单击"从其他楼层复制构件图元"，弹出

"从其他楼层复制构件图元"对话框→在"源楼层"下勾选"第二层"→在"图元选择"空白位置，单击右键，出现右键菜单→单击"全部展开"→按图所示勾选相应构件→单击"确定"（如果你用的是定义好的工程，仍然会出现"同名构件处理方式"对话框，处理方法同首层）→等复制成功后再单击"确定"，这样二层的部分构件就复制到了四层，如图4.5.1所示。

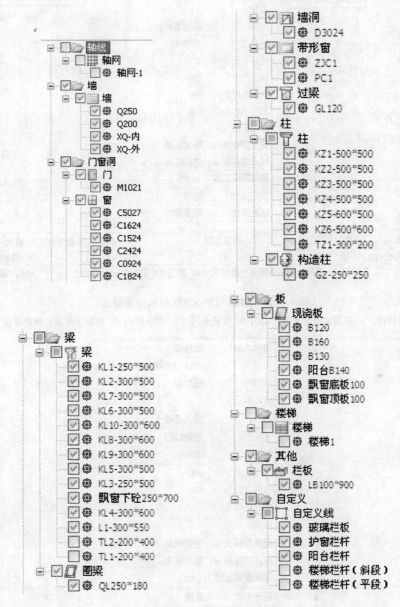

图 4.5.1　勾选二层复制到四层的图元

二、修改梁

从"结施-07"可以看出，四层框架梁全部换成了屋面框架梁，但相应位置不变，我们要把复制上来的框架梁修改成屋面框架梁。

（一）屋面梁的属性和做法

用定义框架梁的方法定义屋面框架梁，如图 4.5.2～图 4.5.11 所示。

属性名称	属性值
名称	WKL1-250*600
类别1	框架梁
类别2	
材质	现浇混凝土
砼类型	(预拌砼)
砼标号	(C30)
截面宽度(mm)	250
截面高度(mm)	600
截面面积(m2)	0.15
截面周长(m)	1.7
起点顶标高(m)	层顶标高
终点顶标高(m)	层顶标高
轴线距梁左边	(125)
图元形状	矩形
模板类型	普通模板

	编码	类别	项目名称	单位	工程量表达式	表达式说明
1	010405001	项	有梁板	m3	TJ	TJ〈体积〉
2	1.1	项	混凝土、钢筋混凝土模板及支架 屋面弧形框架梁	m2	MBMJ	MBMJ〈模板面积〉

图 4.5.2　WKL1-250×600 的属性和做法

项目特征：1. 混凝土强度等级：C30；2. 梁截面尺寸：250×600；3. 混凝土要求：预拌混凝土

属性名称	属性值
名称	WKL2-300*600
类别1	框架梁
类别2	
材质	现浇混凝土
砼类型	(预拌砼)
砼标号	(C30)
截面宽度(mm)	300
截面高度(mm)	600
截面面积(m2)	0.18
截面周长(m)	1.8
起点顶标高(m)	层顶标高
终点顶标高(m)	层顶标高
轴线距梁左边	(150)
图元形状	矩形
模板类型	普通模板

	编码	类别	项目名称	单位	工程量表达式	表达式说明
1	010405001	项	有梁板	m3	TJ	TJ〈体积〉
2	1.1	项	混凝土、钢筋混凝土模板及支架 屋面框架梁	m2	MBMJ	MBMJ〈模板面积〉

图 4.5.3　WKL2-300×600 的属性和做法

项目特征：1. 混凝土强度等级：C30；2. 梁截面尺寸：300×600；3. 混凝土要求：预拌混凝土

属性名称	属性值
名称	WKL3-250*500
类别1	框架梁
类别2	
材质	现浇混凝土
砼类型	(预拌砼)
砼标号	(C30)
截面宽度(mm)	250
截面高度(mm)	500
截面面积(m2)	0.125
截面周长(m)	1.5
起点顶标高(m)	层顶标高
终点顶标高(m)	层顶标高
轴线距梁左边	(125)
图元形状	矩形
模板类型	普通模板

	编码	类别	项目名称	单位	工程量表达式	表达式说明
1	010405001	项	有梁板	m3	TJ	TJ〈体积〉
2	1.1	项	混凝土、钢筋混凝土模板及支架 屋面框架梁	m2	MBMJ	MBMJ〈模板面积〉

图 4.5.4 WKL3-250×500 的属性和做法

项目特征：1. 混凝土强度等级：C30；2. 梁截面尺寸：250×500；3. 混凝土要求：预拌混凝土

属性名称	属性值
名称	WKL4-300*600
类别1	框架梁
类别2	
材质	现浇混凝土
砼类型	(预拌砼)
砼标号	(C30)
截面宽度(mm)	300
截面高度(mm)	600
截面面积(m2)	0.18
截面周长(m)	1.8
起点顶标高(m)	层顶标高
终点顶标高(m)	层顶标高
轴线距梁左边	(150)
图元形状	矩形
模板类型	普通模板

	编码	类别	项目名称	单位	工程量表达式	表达式说明
1	010405001	项	有梁板	m3	TJ	TJ〈体积〉
2	1.1	项	混凝土、钢筋混凝土模板及支架 屋面框架梁	m2	MBMJ	MBMJ〈模板面积〉

图 4.5.5 WKL4-300×600 的属性和做法

项目特征：1. 混凝土强度等级：C30；2. 梁截面尺寸：300×600；3. 混凝土要求：预拌混凝土

属性名称	属性值
名称	WKL5-300*500
类别1	框架梁
类别2	
材质	现浇混凝土
砼类型	(预拌砼)
砼标号	(C30)
截面宽度(mm)	300
截面高度(mm)	500
截面面积(m2)	0.15
截面周长(m)	1.6
起点顶标高(m)	层顶标高
终点顶标高(m)	层顶标高
轴线距梁左边	(150)
图元形状	矩形
模板类型	普通模板

	编码	类别	项目名称	单位	工程量表达式	表达式说明
1	010405001	项	有梁板	m3	TJ	TJ〈体积〉
2	1.1	项	混凝土、钢筋混凝土模板及支架 屋面框架梁	m2	MBMJ	MBMJ〈模板面积〉

图 4.5.6　WKL5-300×500 的属性和做法

项目特征：1. 混凝土强度等级：C30；2. 梁截面尺寸：300×500；3. 混凝土要求：预拌混凝土

属性名称	属性值
名称	WKL6-300*600
类别1	框架梁
类别2	
材质	现浇混凝土
砼类型	(预拌砼)
砼标号	(C30)
截面宽度(mm)	300
截面高度(mm)	600
截面面积(m2)	0.18
截面周长(m)	1.8
起点顶标高(m)	层顶标高
终点顶标高(m)	层顶标高
轴线距梁左边	(150)
图元形状	矩形
模板类型	普通模板

	编码	类别	项目名称	单位	工程量表达式	表达式说明
1	010405001	项	有梁板	m3	TJ	TJ〈体积〉
2	1.1	项	混凝土、钢筋混凝土模板及支架 屋面框架梁	m2	MBMJ	MBMJ〈模板面积〉

图 4.5.7　WKL6-300×600 的属性和做法

项目特征：1. 混凝土强度等级：C30；2. 梁截面尺寸：300×600；3. 混凝土要求：预拌混凝土

属性名称	属性值
名称	WKL7-300*600
类别1	框架梁
类别2	
材质	现浇混凝土
砼类型	(预拌砼)
砼标号	(C30)
截面宽度(mm)	300
截面高度(mm)	600
截面面积(m2)	0.18
截面周长(m)	1.8
起点顶标高(m)	层顶标高
终点顶标高(m)	层顶标高
轴线距梁左边	(150)
图元形状	矩形
模板类型	普通模板

	编码	类别	项目名称	单位	工程量表达式	表达式说明
1	010405001	项	有梁板	m3	TJ	TJ〈体积〉
2	1.1	项	混凝土、钢筋混凝土模板及支架 屋面框架梁	m2	MBMJ	MBMJ〈模板面积〉

图 4.5.8　WKL7-300×600 的属性和做法

项目特征：1. 混凝土强度等级：C30；2. 梁截面尺寸：300×600；3. 混凝土要求：预拌混凝土

属性名称	属性值
名称	WKL8-300*600
类别1	框架梁
类别2	
材质	现浇混凝土
砼类型	(预拌砼)
砼标号	(C30)
截面宽度(mm)	300
截面高度(mm)	600
截面面积(m2)	0.18
截面周长(m)	1.8
起点顶标高(m)	层顶标高
终点顶标高(m)	层顶标高
轴线距梁左边	(150)
图元形状	矩形
模板类型	普通模板

	编码	类别	项目名称	单位	工程量表达式	表达式说明
1	010405001	项	有梁板	m3	TJ	TJ〈体积〉
2	1.1	项	混凝土、钢筋混凝土模板及支架 屋面框架梁	m2	MBMJ	MBMJ〈模板面积〉

图 4.5.9　WKL8-300×600 的属性和做法

项目特征：1. 混凝土强度等级：C30；2. 梁截面尺寸：300×600；3. 混凝土要求：预拌混凝土

属性名称	属性值
名称	WKL9-300*600
类别1	框架梁
类别2	
材质	现浇混凝土
砼类型	(预拌砼)
砼标号	(C30)
截面宽度(mm)	300
截面高度(mm)	600
截面面积(m2)	0.18
截面周长(m)	1.8
起点顶标高(m)	层顶标高
终点顶标高(m)	层顶标高
轴线距梁左边	(150)
图元形状	矩形
模板类型	普通模板

	编码	类别	项目名称	单位	工程量表达式	表达式说明
1	010405001	项	有梁板	m3	TJ	TJ〈体积〉
2	1.1	项	混凝土、钢筋混凝土模板及支架 屋面框架梁	m2	MBMJ	MBMJ〈模板面积〉

图 4.5.10　WKL9-300×600 的属性和做法

项目特征：1. 混凝土强度等级：C30；2. 梁截面尺寸：300×600；3. 混凝土要求：预拌混凝土

属性名称	属性值
名称	WKL10-300*600
类别1	框架梁
类别2	
材质	现浇混凝土
砼类型	(预拌砼)
砼标号	(C30)
截面宽度(mm)	300
截面高度(mm)	600
截面面积(m2)	0.18
截面周长(m)	1.8
起点顶标高(m)	层顶标高
终点顶标高(m)	层顶标高
轴线距梁左边	(150)
图元形状	矩形
模板类型	普通模板

	编码	类别	项目名称	单位	工程量表达式	表达式说明
1	010405001	项	有梁板	m3	TJ	TJ〈体积〉
2	1.1	项	混凝土、钢筋混凝土模板及支架 屋面框架梁	m2	MBMJ	MBMJ〈模板面积〉

图 4.5.11　WKL10-300×600 的属性和做法

项目特征：1. 混凝土强度等级：C30；2. 梁截面尺寸：300×600；3. 混凝土要求：预拌混凝土

飘窗下混凝土构件尺寸由 250×700 变成了 250×400，属性定义、做法及项目特征如图 4.5.12 所示。

属性名称	属性值
名称	飘窗下砼250*400
类别1	非框架梁
类别2	
材质	现浇混凝土
砼类型	(预拌砼)
砼标号	(C30)
截面宽度(mm)	250
截面高度(mm)	400
截面面积(m2)	0.1
截面周长(m)	1.3
起点顶标高(m)	层底标高+0.4
终点顶标高(m)	层底标高+0.4
轴线距梁左边	(125)
图元形状	矩形
模板类型	普通模板

	编码	类别	项目名称	单位	工程量表达式	表达式说明
1	010407001	项	其他构件	m3	TJ	TJ〈体积〉
2	1.1	项	混凝土、钢筋混凝土模板及支架 飘窗下砼250*400	m2	MBMJ	MBMJ〈模板面积〉

图 4.5.12　飘窗下混凝土 250×400 的属性和做法

项目特征：1. 混凝土强度等级：C30；2. 截面尺寸：飘窗下混凝土 250×400；3. 混凝土要求：预拌混凝土

（二）修改楼层框架梁为屋面框架梁

在画梁的状态下单击右键，出现右键菜单→单击"批量选择构件图元"，弹出"批量选择构件图元"对话框→勾选"只显示当前构件类型"→勾选"KL10-300 $\times$ 600"→单击"确定"→单击右键，出现右键菜单→单击"修改构件图元名称"→在"目标构件"下单击"WKL10-300 $\times$ 600"→单击"确定"，这样"KL10-300 $\times$ 600"就修改成了"WKL10-300 $\times$ 600"。

用同样的方法修改其他框架梁为屋面框架梁，同时将"飘窗下混凝土 250×700"修改成"飘窗下混凝土 250×400"，修改后的屋面框架梁如图 4.5.13 所示。

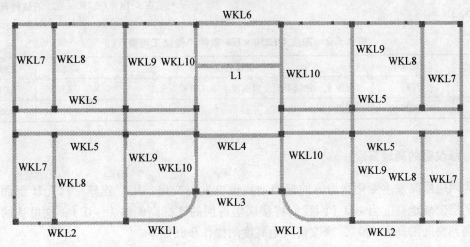

图 4.5.13　屋面框架梁示意图

（三）四层屋面框架梁软件计算结果

汇总计算后查看四层屋面框架梁软件计算结果，见表4.5.1。

表4.5.1　四层屋面框架梁软件"做法工程量"

序号	编码	项目名称	单位	工程量
1	1.1	混凝土、钢筋混凝土模板及支架　框架次梁	m²	8.556
2	1.1	混凝土、钢筋混凝土模板及支架　飘窗下混凝土250×400	m²	5.84
3	1.1	混凝土、钢筋混凝土模板及支架　屋面弧形框架梁	m²	17.951
4	1.1	混凝土、钢筋混凝土模板及支架　屋面框架梁	m²	289.8755
5	010407001	其他构件	m³	0.68
6	010405001	有梁板	m³	30.024
7	010405001	有梁板	m³	8.28
8	010405001	有梁板	m³	2.019
9	010405001	有梁板	m³	1.1385
10	010405001	有梁板	m³	2.2125

四、修改现浇带的标高

由于四层层高发生变化，窗离地高度变为400，相应的现浇带标高也发生变化，我们需要对其标高进行修改，操作步骤如下：

在画圈梁状态下单击右键，出现右键菜单→单击"批量选择构件图元"，弹出"批量选择构件图元"对话框→勾选"QL250×180"→单击"确定"→修改"QL250×180"的属性（图4.5.14）→单击右键，出现右键菜单→单击"取消选择"，这样现浇带的标高就修改好了。

汇总计算后查看四层QL250×180软件计算结果，见表4.5.2。

属性名称	属性值
名称	QL250*180
材质	现浇混凝土
砼类型	(预拌砼)
砼标号	(C25)
截面宽度(m	250
截面高度(m	180
截面面积(m	0.045
截面周长(m	0.86
起点顶标高	层底标高+0.4(11.4)
终点顶标高	层底标高+0.4(11.4)
轴线距梁左	(125)

图4.5.14　QL250×180的属性修改

表4.5.2　四层QL250×180软件"做法工程量"

序号	编码	项目名称	单位	工程量
1	1.1	混凝土、钢筋混凝土模板及支架　圈梁	m²	20.88
2	010403004	圈梁	m³	2.61

五、修改窗的离地高度

因为四层层高发生变化，相应的窗离地高度也发生变化，从"建施-11"H剖面图我们看出四层窗离地高度为400（因我们将楼层里首层的底标高调整为-0.1，这里认的是从结构标高到窗底的高度400），修改窗离地高度的操作步骤如下：

在画窗状态下单击右键，出现右键菜单→单击"批量选择构件图元"，弹出"批量选择构件图元"对话框→勾选图 4.5.15 所示的窗→单击"确定"→修改属性中窗的"离地高度"为"400"→敲回车键→单击右键，出现右键菜单→单击"取消选择"，这样离地高度为 400 的窗就修改好了。

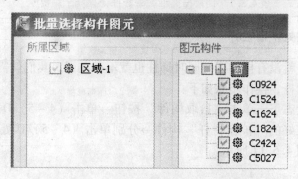

图 4.5.15 勾选修改离地高度为 400 的窗

用同样的方法修改 C5027 的离地高度为 200。

汇总计算后查看四层窗软件计算结果，见表 4.5.3。

表 4.5.3 四层窗软件"做法工程量"

序号	编码	项目名称	单位	工程量
1	020409003	石材窗台板	m	15
2	020406007	塑钢窗	m²	8.64
3	020406007	塑钢窗	m²	7.2
4	020406007	塑钢窗	m²	7.68
5	020406007	塑钢窗	m²	8.64
6	020406007	塑钢窗	m²	11.52
7	020406007	塑钢窗	m²	13.5

六、修改墙洞的离地高度

用修改窗离地高度的方法修改墙洞的离地高度，如图 4.5.16 所示。

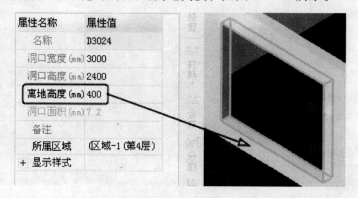

图 4.5.16 修改墙洞的离地高度

汇总计算后查看四层墙洞软件计算结果，见表 4.5.4。

表 4.5.4　四层墙洞软件"做法工程量"

序号	编码	项目名称	单位	工程量
1	020409003	石材窗台板	m	6

七、补齐原梯柱处护窗栏杆

我们知道到四层就没有楼梯了，同时梯柱也就不存在了，我们就需要补齐原（4~5）/D处梯柱位置的护窗栏杆，操作步骤如下：

在画自定义线状态下，单击"拾取构件"按钮→单击（4~5）/D处的护窗栏杆，软件会自动找到已经定义好的"护窗栏杆"构件→分别单击（4~5）/D处原梯柱位置的两点→单击右键结束，如图 4.5.17 所示。

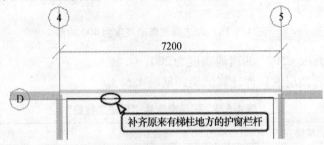

图 4.5.17　补齐原梯柱处的护窗栏杆

汇总计算后查看四层（4~5）/D处的护窗栏杆软件计算结果，见表 4.5.5。

表 4.5.5　四层（4~5）/D 处的护窗栏杆软件"做法工程量"

序号	编码	项目名称	单位	工程量
1	020107001	金属扶手带栏杆、栏板　护窗栏杆	m	6.7

八、画四层板

因为本工程四层就是顶层，楼梯间要有一块板封闭，我们把这块板补上就可以了。从"结施－10"可以看出，这块板为 B120，我们用"智能布置"的方法画这块板，如图 4.5.18 所示。

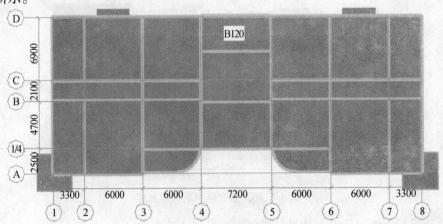

图 4.5.18　四层板示意图

注意：这不能用"点"式画法画这块板，因为此处已经画了自定义线和虚墙，软件会默认板边线为自定义线或虚墙。

汇总计算后用"批量选择"的方法选中 B120、B130、B160，查看四层板软件计算结果，见表4.5.6。

表4.5.6　四层板软件"做法工程量"

序号	编码	项目名称	单位	工程量
1	1.1	混凝土、钢筋混凝土模板及支架　板	m²	531.3945
2	010405001	有梁板	m³	21.1019
3	010405001	有梁板	m³	43.7184
4	010405001	有梁板	m³	10.883

九、修改四层飘窗板标高

因四层层高变化，从二层复制好的飘窗底板和顶板的标高是错误的，我们要将其修正到图纸的要求。

（一）修改四层飘窗底板标高

用"批量选择"的方法选中从二层复制的飘窗底板，修改"飘窗底板100"的属性，如图4.5.19所示。

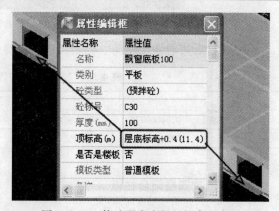

图4.5.19　修改飘窗底板的标高示意图

（二）修改四层飘窗顶板标高

用"批量选择"的方法选中从二层复制上来的飘窗顶板，修改"飘窗顶板100"的属性，如图4.5.20所示。

（三）修改飘窗

同样的道理，飘窗也需要修改，我们知道飘窗实际上是用带形窗画的，回到画带形窗界面修改飘窗，操作步骤如下：

用批量选择的方法选中"带形窗 PC1"，修改"PC1"的属性，如图4.5.21所示。

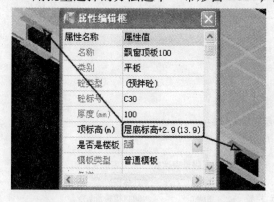

图4.5.20　修改飘窗顶板的标高示意图

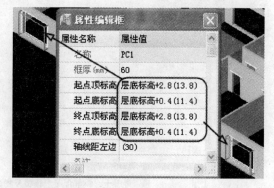

图4.5.21　PC1的属性修改

十、修改四层阳台窗

因四层层高变化，阳台窗的高度也由2700变成了2400，我们要对阳台窗进行修改，用批量选择的方法选中"带形窗 ZJC1"，修改"ZJC1"属性，如图 4.5.22 所示。

图 4.5.22　修改四层阳台窗

汇总计算后查看四层飘窗、阳台窗软件计算结果，见表 4.5.7。

表 4.5.7　四层阳台窗软件"做法工程量"

序号	编码	项目名称	单位	工程量
1	020406007	塑钢窗	m²	19.2
2	020406007	塑钢窗	m²	49.536

十一、修改四层阳台栏板

从"建施－11"2 号大样图我们可以看出，四层的阳台栏板的高度变成了 800，我们先来定义这个栏板的属性和做法。

（一）LB100×800 的属性和做法

定义好的栏板 LB100×800 的属性和做法如图 4.5.23 所示。

属性名称	属性值
名称	LB100*800
材质	现浇混凝土
砼类型	(预拌砼)
砼标号	(C30)
截面宽度(mm)	100
截面高度(mm)	800
截面面积(m2)	0.08
起点底标高(m)	层底标高+2.8
终点底标高(m)	层底标高+2.8
轴线距左边线	(50)

	编码	类别	项目名称	单位	工程量表达式	表达式说明
1	010405006	项	栏板	m3	TJ	TJ<体积>
2	1.1	项	混凝土、钢筋混凝土模板及支架 栏板	m2	MBMJ	MBMJ<模板面积>
3	020201001	项	墙面一般抹灰 外墙5(砼)(栏板顶装修)	m2	ZXXCD*0.1	ZXXCD<中心线长度>*0.1

图 4.5.23　LB100×800 的属性和做法

栏板（编码 010405006）项目特征：1. 板厚度：100；2. 混凝土强度等级：C30；3. 混凝土要求：预拌混凝土
栏板顶装修（编码 020201001）项目特征：1. 6 厚 1：2.5 水泥砂浆罩面；2. 12 厚 1：3 水泥砂浆

（二）修改 LB100×900 为 LB100×800

因为从二层复制上来的栏板为 LB100×900，我们要把复制的 LB100×900 修改成 LB100×800，操作步骤如下：

在画栏板状态下，选中已经复制上来的 LB100×900→单击右键，出现右键菜单→单击"修改构件图元名称"，弹出"修改构件图元名称"对话框→单击"目标构件"下的"LB100×800"→单击"确定"，这样栏板就修改好了，如图 4.5.24 所示。

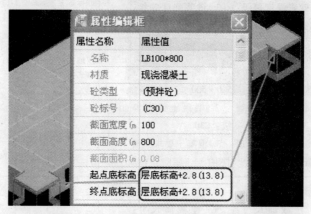

图 4.5.24　修改后的 LB100×800 示意图

（三）栏板 LB100×800 软件计算结果

汇总计算后查看 LB100×800 软件计算结果，见表 4.5.8。

表 4.5.8　四层栏板 LB100×800 软件"做法工程量"

序号	编码	项目名称	单位	工程量
1	1.1	混凝土、钢筋混凝土模板及支架　栏板	m²	29.7888
2	010405006	栏板	m³	1.3622
3	020201001	墙面一般抹灰　外墙5（混凝土）（栏板顶装修）	m²	2.064

十二、四层主体部分软件手工对照表

到这里我们就把四层的主体工程画完了，单击"汇总计算"按钮，弹出"确定执行计算汇总"对话框→单击"当前层"→单击"确定"，等"计算汇总"成功后→单击"报表预览"→勾选"第四层"→单击"确定"→查看"定额汇总表"，我们在这里将"定额汇总表"做了一些调整，将其变成了"软件手工对照表"，见表 4.5.9。

表 4.5.9　四层实体项目工程量软件手工对照

序号	编码	项目名称	项目特征	单位	软件量	手工量	备注
1	010304001001	空心砖墙、砌块墙 1. 墙体厚度：250 2. 砌块品种：陶粒砌块 3. 砂浆强度等级：M5 水泥砂浆	1. 墙体厚度：250 2. 砌块品种：陶粒砌块 3. 砂浆强度等级：M5 水泥砂浆	m³	27.7085	27.7081	表 4.5.9 注解 1 见网站 www.qiaosd.com

序号	编码	项目名称	项目特征	单位	软件量	手工量	备注
2	010304001002	空心砖墙、砌块墙 1. 墙体厚度：200 2. 砌块品种：陶粒砌块 3. 砂浆强度等级：M5 水泥砂浆	1. 墙体厚度：200 2. 砌块品种：陶粒砌块 3. 砂浆强度等级：M5 水泥砂浆	m³	64	64	
3	010402001001	矩形柱 1. 柱截面尺寸：500×500 2. 混凝土强度等级：C30 3. 混凝土要求：预拌混凝土	1. 柱截面尺寸：500×500 2. 混凝土强度等级：C30 3. 混凝土要求：预拌混凝土	m³	23.8	23.8	
4	010402001002	矩形柱 1. 柱截面尺寸：500×600 2. 混凝土强度等级：C30 3. 混凝土要求：预拌混凝土	1. 柱截面尺寸：500×600 2. 混凝土强度等级：C30 3. 混凝土要求：预拌混凝土	m³	2.04	2.04	
5	010402001003	矩形柱 1. 柱截面尺寸：600×500 2. 混凝土强度等级：C30 3. 混凝土要求：预拌混凝土	1. 柱截面尺寸：600×500 2. 混凝土强度等级：C30 3. 混凝土要求：预拌混凝土	m³	2.04	2.04	
6	010402001004	矩形柱 1. 柱截面尺寸：GZ-250×250 2. 混凝土强度等级：C25 3. 混凝土要求：预拌混凝土	1. 柱截面尺寸：GZ-250×250 2. 混凝土强度等级：C25 3. 混凝土要求：预拌混凝土	m³	2.864	2.8644	允许误差
7	010403004001	圈梁 1. 梁截面：250×180 2. 混凝土强度等级：C25 3. 混凝土要求：预拌混凝土	1. 梁截面：250×180 2. 混凝土强度等级：C25 3. 混凝土要求：预拌混凝土	m³	2.61	2.61	

序号	编码	项目名称	项目特征	单位	软件量	手工量	备注
8	010403005001	过梁 1. 梁截面：截面高120 2. 混凝土强度等级：C25 3. 混凝土要求：预拌混凝土	1. 梁截面：截面高120 2. 混凝土强度等级：C25 3. 混凝土要求：预拌混凝土	m³	0.72	0.72	
9	010405001001	有梁板 1. 混凝土强度等级：C30 2. 梁截面尺寸：250×600 3. 混凝土要求：预拌混凝土	1. 混凝土强度等级：C30 2. 梁截面尺寸：250×600 3. 混凝土要求：预拌混凝土	m³	2.019	2.0186	允许误差
10	010405001002	有梁板 1. 混凝土强度等级：C30 2. 梁截面尺寸：300×600 3. 混凝土要求：预拌混凝土	1. 混凝土强度等级：C30 2. 梁截面尺寸：300×600 3. 混凝土要求：预拌混凝土	m³	30.024	30.024	
11	010405001003	有梁板 1. 混凝土强度等级：C30 2. 梁截面尺寸：250×500 3. 混凝土要求：预拌混凝土	1. 混凝土强度等级：C30 2. 梁截面尺寸：250×500 3. 混凝土要求：预拌混凝土	m³	2.2125	2.2125	
12	010405001005	有梁板 1. 混凝土强度等级：C30 2. 梁截面尺寸：300×500 3. 混凝土要求：预拌混凝土	1. 混凝土强度等级：C30 2. 梁截面尺寸：300×500 3. 混凝土要求：预拌混凝土	m³	8.28	8.28	
13	010405001006	有梁板 1. 板厚：120 2. 混凝土强度等级：C30 3. 混凝土要求：预拌混凝土	1. 板厚度：120 2. 混凝土强度等级：C30 3. 混凝土要求：预拌混凝土	m³	21.1019	21.1012	允许误差

续表

序号	编码	项目名称	项目特征	单位	软件量	手工量	备注
14	010405001007	有梁板 1. 板厚度：160 2. 混凝土强度等级：C30 3. 混凝土要求：预拌混凝土	1. 板厚度：160 2. 混凝土强度等级：C30 3. 混凝土要求：预拌混凝土	m³	43.7184	43.7184	
15	010405001008	有梁板 1. 板厚度：130 2. 混凝土强度等级：C30 3. 混凝土要求：预拌混凝土	1. 板厚度：130 2. 混凝土强度等级：C30 3. 混凝土要求：预拌混凝土	m³	10.883	10.833	
16	010405001009	有梁板 1. 混凝土强度等级：C30 2. 梁截面尺寸：300×550 3. 混凝土要求：预拌混凝土	1. 混凝土强度等级：C30 2. 梁截面尺寸：300×550 3. 混凝土要求：预拌混凝土	m³	1.1385	1.1385	
17	010405006001	栏板 1. 板厚度：100 2. 混凝土强度等级：C30 3. 混凝土要求：预拌混凝土	1. 板厚度：100 2. 混凝土强度等级：C30 3. 混凝土要求：预拌混凝土	m³	1.3622	1.3622	
18	010405008001	雨篷、阳台板 1. 混凝土强度等级：C30 2. 板厚：140 3. 混凝土要求：预拌混凝土	1. 混凝土强度等级：C30 2. 板厚：140 3. 混凝土要求：预拌混凝土	m³	2.5833	2.5833	
19	010405009001	其他板　飘窗底板 1. 混凝土强度等级：C30 2. 板厚：100 3. 混凝土要求：预拌混凝土	1. 混凝土强度等级：C30 2. 板厚：100 3. 混凝土要求：预拌混凝土	m³	0.408	0.408	

序号	编码	项目名称	项目特征	单位	软件量	手工量	备注
20	010405009002	其他板　飘窗顶板 1. 混凝土强度等级：C30 2. 板厚：100 3. 混凝土要求：预拌混凝土	1. 混凝土强度等级：C30 2. 板厚：100 3. 混凝土要求：预拌混凝土	m³	0.408	0.408	
21	010407001001	其他构件 1. 混凝土强度等级：C30 2. 截面尺寸：飘窗下混凝土 250×400 3. 混凝土要求：预拌混凝土	1. 混凝土强度等级：C30 2. 截面尺寸：飘窗下混凝土 250×400 3. 混凝土要求：预拌混凝土	m³	0.68	0.68	
22	010702003001	屋面刚性防水　飘窗顶板 1. 防水层厚度：20 2. 防水层做法：防水砂浆	1. 防水层厚度：20 2. 防水层做法：防水砂浆	m²	5.88	5.88	
23	010803003001	保温隔热墙　飘窗底板（底面） 1. 保温隔热部位：飘窗底板（底面） 2. 保温隔热面层材料品种、规格：50 厚聚苯板	1. 保温隔热部位：飘窗底板（底面） 2. 保温隔热面层材料品种、规格：50 厚聚苯板	m²	4.08	4.08	
24	010803003002	保温隔热墙　飘窗底板（侧、顶面） 1. 保温隔热部位：飘窗底板（侧、顶面） 2. 保温隔热面层材料品种、规格：30 厚聚苯板	1. 保温隔热部位：飘窗底板（侧、顶面） 2. 保温隔热面层材料品种、规格：30 厚聚苯板	m²	1.8	1.8	
25	010803003003	保温隔热墙　飘窗顶板（顶面） 1. 保温隔热部位：飘窗顶板（顶面） 2. 保温隔热面层材料品种、规格：50 厚聚苯板	1. 保温隔热部位：飘窗顶板（顶面） 2. 保温隔热面层材料品种、规格：50 厚聚苯板	m²	4.08	4.08	

续表

序号	编码	项目名称	项目特征	单位	软件量	手工量	备注
26	010803003004	保温隔热墙　飘窗顶板（侧、底面） 1. 保温隔热部位：飘窗顶板（侧、底面） 2. 保温隔热面层材料品种、规格：30厚聚苯板	1. 保温隔热部位：飘窗顶板（侧、底面） 2. 保温隔热面层材料品种、规格：30厚聚苯板	m²	1.8	1.8	
27	020107001001	金属扶手带栏杆、栏板　护窗栏杆 1. 扶手材料种类：不锈钢 2. 栏杆材料种类：不锈钢	1. 扶手材料种类：不锈钢 2. 栏杆材料种类：不锈钢	m	20.0032	39.6432	
28	020107001002	金属扶手带栏杆、栏板　阳台栏杆 1. 扶手材料种类：不锈钢 2. 栏杆材料种类：不锈钢	1. 扶手材料种类：不锈钢 2. 栏杆材料种类：不锈钢	m	19.64	39.6432	
29	020107001003	金属扶手带栏杆、栏板　玻璃栏板 1. 扶手材料种类：不锈钢 2. 栏板材料种类：玻璃	1. 扶手材料种类：不锈钢 2. 栏板材料种类：玻璃	m	6.7	6.7	
30	020201001001	墙面一般抹灰　外墙5（混凝土）（栏板顶装修） 1. 6厚1:2.5水泥砂浆罩面 2. 12厚1:3水泥砂浆	1. 6厚1:2.5水泥砂浆罩面 2. 12厚1:3水泥砂浆	m²	2.064	2.064	
31	020201001002	墙面一般抹灰　飘窗底板装修 1. 墙体类型：飘窗底板（外墙装修） 2. 底层厚度、砂浆配合比：20厚1:3水泥砂浆 3. 面层做法：外墙涂料	1. 墙体类型：飘窗底板（外墙装修） 2. 底层厚度、砂浆配合比：20厚1:3水泥砂浆 3. 面层做法：外墙涂料	m²	5.88	5.88	

序号	编码	项目名称	项目特征	单位	软件量	手工量	备注
32	020201001003	墙面一般抹灰 飘窗顶板装修 1. 墙体类型：飘窗顶板（外墙装修） 2. 面层做法：外墙涂料	1. 墙体类型：飘窗顶板（外墙装修） 2. 面层做法：外墙涂料	m²	1.8	1.8	
33	020301001001	天棚抹灰 飘窗顶板天棚1 1. 面层材质：喷水性耐擦洗涂料 2. 抹灰厚度、材料种类：3 厚 1：2.5 水泥砂浆 3. 基层类型：5 厚1：3水泥砂浆	1. 面层材质：喷水性耐擦洗涂料 2. 抹灰厚度、材料种类：3 厚 1：2.5 水泥砂浆 3. 基层类型：5 厚1：3水泥砂浆	m²	2.4	2.4	
34	020401004001	胶合板门 1. 门类型：木质夹板门 M1021 2. 洞口尺寸：1000×2100 3. 油漆品种、刷漆遍数：底油一遍，调和漆两遍 4. 门锁：把 5. 运输：5km 内，不考虑运距 6. 含后塞口	1. 门类型：木质夹板门 M1021 2. 洞口尺寸：1000×2100 3. 油漆品种、刷漆遍数：底油一遍，调和漆两遍 4. 门锁：把 5. 运输：5km 内，不考虑运距 6、含后塞口	m²	42	42	
35	020406007001	塑钢窗 1. 窗类型：塑钢窗C1624 2. 洞口尺寸：1600×2400 3. 运输：5km 内，不考虑运距 4. 含后塞口	1. 窗类型：塑钢窗C1624 2. 洞口尺寸：1600×2400 3. 运输：5km 内，不考虑运距 4. 含后塞口	m²	7.68	7.68	
36	020406007002	塑钢窗 1. 窗类型：塑钢窗C1524 2. 洞口尺寸：1500×2400 3. 运输：5km 内，不考虑运距 4. 含后塞口	1. 窗类型：塑钢窗C1524 2. 洞口尺寸：1500×2400 3. 运输：5km 内，不考虑运距 4. 含后塞口	m²	7.2	7.2	

序号	编码	项目名称	项目特征	单位	软件量	手工量	备注
37	020406007003	塑钢窗 1. 窗类型：塑钢窗C2424 2. 洞口尺寸：2400×2400 3. 运输：5km内，不考虑运距 4. 含后塞口	1. 窗类型：塑钢窗C2424 2. 洞口尺寸：2400×2400 3. 运输：5km内，不考虑运距 4. 含后塞口	m²	11.52	11.52	
38	020406007004	塑钢窗 1. 窗类型：塑钢窗C0924 2. 洞口尺寸：900×2400 3. 运输：5km内，不考虑运距 4. 含后塞口	1. 窗类型：塑钢窗C0924 2. 洞口尺寸：900×2400 3. 运输：5km内，不考虑运距 4. 含后塞口	m²	8.64	8.64	
39	020406007005	塑钢窗 1. 窗类型：塑钢窗C1824 2. 洞口尺寸：1800×2400 3. 运输：5km内，不考虑运距 4. 含后塞口	1. 窗类型：塑钢窗C1824 2. 洞口尺寸：1800×2400 3. 运输：5km内，不考虑运距 4. 含后塞口	m²	8.64	8.64	
40	020406007006	塑钢窗 1. 窗类型：塑钢窗C5027 2. 框材质、外围尺寸：5000×2700 3. 运输：5km内，不考虑运距 4. 含后塞口	1. 窗类型：塑钢窗C5027 2. 框材质、外围尺寸：5000×2700 3. 运输：5km内，不考虑运距 4. 含后塞口	m²	13.5	13.5	
41	020406007007	塑钢窗 1. 窗类型：塑钢窗PC1 2. 洞口尺寸：4000×2400 3. 含后塞口	1. 窗类型：塑钢窗PC1 2. 洞口尺寸：4000×2400 3. 含后塞口	m²	19.2	19.2	
42	020406007008	塑钢窗 1. 窗类型：塑钢窗ZJC1 2. 洞口尺寸：10320×2700 3. 含后塞口	1. 窗类型：塑钢窗ZJC1 2. 洞口尺寸：10320×2700 3. 含后塞口	m²	49.536	49.536	

序号	编码	项目名称	项目特征	单位	软件量	手工量	备注
43	020409003001	石材窗台板 1. 窗台板材质：大理石 2. 窗台板宽度：200	1. 窗台板材质：大理石 2. 窗台板宽度：200	m	15	15	
44	020409003002	石材窗台板 1. 窗台板材质：大理石 2. 窗台板宽度：650	1. 窗台板材质：大理石 2. 窗台板宽度：650	m	6	6	

用首层的方法查看四层措施项目的工程量，软件手工对照表见表4.5.10。

表4.5.10 四层措施项目工程量软件手工对照

序号	编码	项目名称	单位	工程量	软件量	备注
1	1.1	混凝土、钢筋混凝土模板及支架 框架次梁	m²	7.728	7.728	
2	1.1	混凝土、钢筋混凝土模板及支架 飘窗顶板	m²	5	5	
3	1.1	混凝土、钢筋混凝土模板及支架 屋面框架梁	m²	288.3155	258.462	表4.5.10 注解1 见网站 www.qiaosd.com
4	1.1	混凝土、钢筋混凝土模板及支架 过梁	m²	11.2	11.2	
5	1.1	混凝土、钢筋混凝土模板及支架 框架柱	m²	220.32	220.32	
6	1.1	混凝土、钢筋混凝土模板及支架 飘窗下混凝土250×400	m²	4.98	4.98	
7	1.1	混凝土、钢筋混凝土模板及支架 栏板	m²	29.7888	29.3088	表4.5.10 注解2 见网站
8	1.1	混凝土、钢筋混凝土模板及支架 屋面弧形框架梁	m²	17.951	18.0325	
9	1.1	混凝土、钢筋混凝土模板及支架 阳台板	m²	21.4254	21.4254	
10	1.1	混凝土、钢筋混凝土模板及支架 飘窗底板	m²	5	5	
11	1.1	混凝土、钢筋混凝土模板及支架 板	m²	531.3945	531.3881	允许误差
12	1.1	混凝土、钢筋混凝土模板及支架 构造柱	m²	35.714	35.714	
13	1.1	混凝土、钢筋混凝土模板及支架 圈梁	m²	20.88	20.88	

第六节 屋面层主体工程量计算

一、画女儿墙

（一）女儿墙的属性和做法

将楼层切换到"屋面层"，在墙里定义女儿墙的属性和做法，定义好的女儿墙属性、做法及项目特征，如图4.6.1所示。

属性名称	属性值
名称	女儿墙
类别	女儿墙
材质	砖
砂浆类型	混合砂浆
砂浆标号	(M5)
厚度(mm)	240
轴线距左墙皮	(120)
内/外墙标志	外墙
起点顶标高(m)	层顶标高
终点顶标高(m)	层顶标高
起点底标高(m)	层底标高
终点底标高(m)	层底标高

	编码	类别	项目名称	单位	工程量表达式	表达式说明
1	010302001	项	实心砖墙	m3	TJ	TJ〈体积〉

图4.6.1 女儿墙的属性和做法

项目特征：1. 砖品种：实心砖墙；2. 墙体厚度：240；3. 砂浆强度等级：M5混合砂浆

（二）画女儿墙

从"建施-07"可以看出，女儿墙的外墙皮和四层的外墙皮是齐的，也就是说和四层框架柱外墙皮是齐的，我们可以先把框架柱复制到屋面层，然后将框架柱外皮作为女儿墙的外墙皮进行画图。

1. 复制四层框架柱到屋面层

单击"楼层"下拉菜单→单击"从其他楼层复制构件图元"，弹出"从其他楼层复制构件图元"对话框→在"源楼层"下选择"第四层"→在"图元选择"空白位置单击右键→单击"全部取消"→勾选所有的框架柱→单击"确定"→等"图元复制成功"后单击"确定"，这样四层的框架柱就复制到屋面层了，如图4.6.2所示。

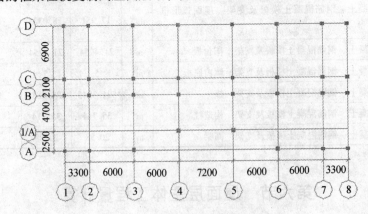

图4.6.2 复制到屋面层的框架柱

2. 画女儿墙

（1）女儿墙之前我们需要先打两条辅助轴线，如图4.6.3所示。

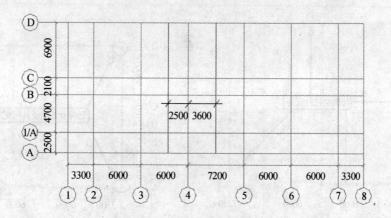

图 4.6.3　画女儿墙用的辅助轴线

（2）画一半女儿墙到轴线位置，如图 4.6.4 所示。

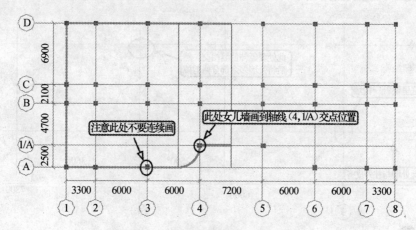

图 4.6.4　画一半女儿墙到轴线位置

（3）圆弧处女儿墙向内偏移 120，如图 4.6.5 所示。

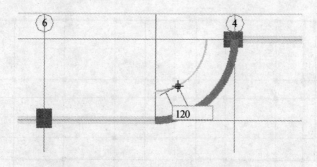

图 4.6.5　圆弧处女儿墙向内偏移 120

（4）非圆弧处女儿墙偏移到与框架柱外皮齐，如图 4.6.6 所示。

（5）延伸女儿墙使其相交到墙中心线，如图 4.6.7 所示。

（6）在（3/A）交点处增加一段女儿墙，修剪（4/A）交点处多余的弧形墙，如图 4.6.8 所示。

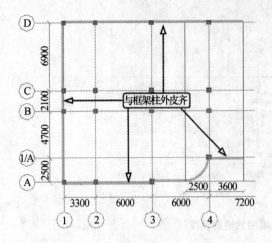

图 4.6.6　非圆弧处女儿墙偏移到与框架柱外皮齐

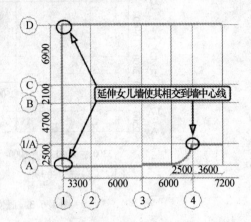

图 4.6.7　延伸女儿墙使其相交到墙中心线

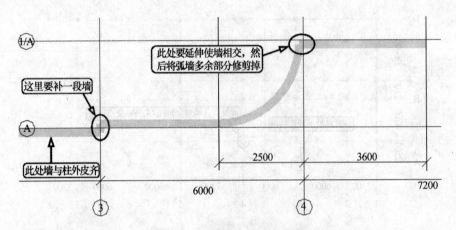

图 4.6.8　增补和修剪女儿墙

（7）将画好的女儿墙镜像到另一半，如图 4.6.9 所示。

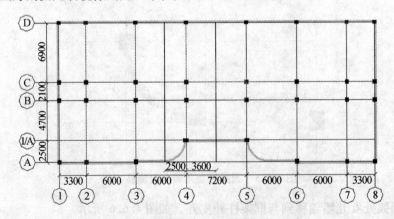

图 4.6.9　将画好的女儿墙镜像到另一半

（8）删除框架柱，因屋面层并没有框架柱，我们使用完后要将其删除掉，画好的女儿墙如图 4.6.10 所示。

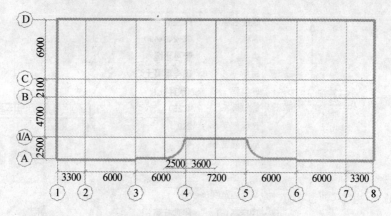

图 4.6.10 屋面层女儿墙

（三）女儿墙软件计算结果

汇总计算后查看女儿墙软件计算结果，见表 4.6.1。

表 4.6.1 屋面层女儿墙软件"做法工程量"

序号	编码	项目名称	单位	工程量
1	010302001	实心砖墙	m³	24.1929

二、画构造柱

（一）构造柱的属性和做法

定义好的屋面层构造柱如图 4.6.11、图 4.6.12 所示。

属性名称	属性值
名称	GZ-240*240
类别	带马牙槎
材质	现浇混凝土
砼类型	(预拌砼)
砼标号	(C25)
截面宽度(mm)	240
截面高度(mm)	240
截面面积(m2)	0.0576
截面周长(m)	0.96
马牙槎宽度(mm)	60
顶标高(m)	层顶标高
底标高(m)	层底标高

	编码	类别	项目名称	单位	工程量表达式	表达式说明
1	010402001	项	矩形柱	m3	TJ	TJ〈体积〉
2	1.1	项	混凝土、钢筋混凝土模板及支架 构造柱	m2	MBMJ	MBMJ〈模板面积〉

图 4.6.11 GZ-240×240 的属性和做法

项目特征：1. 柱截面尺寸：GZ-240×240；2. 混凝土强度等级：C25；3. 混凝土要求：预拌混凝土

属性名称	属性值
名称	GZ-240*490
类别	带马牙槎
材质	现浇混凝土
砼类型	(预拌砼)
砼标号	(C25)
截面宽度(mm)	240
截面高度(mm)	490
截面面积(m2)	0.1176
截面周长(m)	1.46
马牙槎宽度(mm)	60
顶标高(m)	层顶标高
底标高(m)	层底标高

	编码	类别	项目名称	单位	工程量表达式	表达式说明
1	010402001	项	矩形柱	m3	TJ	TJ〈体积〉
2	1.1	项	混凝土、钢筋混凝土模板及支架 构造柱	m2	MBMJ	MBMJ〈模板面积〉

图 4.6.12　GZ-240×490 的属性和做法

项目特征：1. 柱截面尺寸：GZ-240×490；2. 混凝土强度等级：C25；3. 混凝土要求：预拌混凝土

（二）画构造柱

画构造柱以前，我们需要根据"建施－07"打几条辅助轴线，如图 4.6.13 所示。

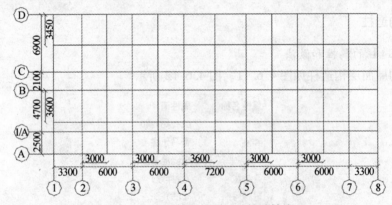

图 4.6.13　画构造柱所用的辅助轴线

先将柱画到轴线相交点，如图 4.6.14 所示。

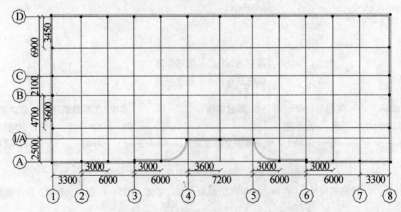

图 4.6.14　画到轴线交点的构造柱

然后用"多对齐"的方法将柱子偏移到外墙皮齐，操作步骤如下：

在构造柱的状态下拉框，选择 D 轴线所有的柱→单击右键，出现右键菜单→单击"多对齐"→单击女儿墙外皮，用同样的方法将其他轴线的构造柱偏移到和女儿墙外皮齐。画好的屋面层构造柱如图 4.6.15 所示。

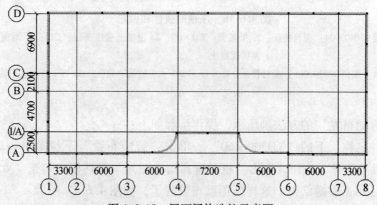

图 4.6.15 屋面层构造柱示意图

（三）构造柱软件计算结果

汇总计算后查看屋面层构造柱软件计算结果，见表 4.6.2。

表 4.6.2 屋面层构造柱软件"做法工程量"

序号	编码	项目名称	单位	工程量
1	1.1	混凝土、钢筋混凝土模板及支架 构造柱	m²	22.6262
2	010402001	矩形柱	m³	2.0731
3	010402001	矩形柱	m³	0.2376

三、画压顶

（一）压顶的属性和做法

单击"其他"前面的"＋"号，使其展开→单击下一级的"压顶"→单击"新建"下拉菜单→单击"新建矩形压顶"→在"属性编辑框"内改压顶名称为"YD300×60"→填写压顶属性、做法及项目特征，如图 4.6.16 所示。

属性名称	属性值
名称	YD300*60
材质	现浇混凝
砼类型	(预拌砼)
砼标号	C25
截面宽度(mm)	300
截面高度(mm)	60
截面面积(m2)	0.018
起点顶标高(m)	层顶标高
终点顶标高(m)	层顶标高
轴线距左边线	(150)

	编码	类别	项目名称	单位	工程量表达式	表达式说明
1	010403004	项	圈梁 压顶	m3	TJ	TJ〈体积〉
2	1.1	项	混凝土、钢筋混凝土模板及支架 压顶	m2	MBMJ	MBMJ〈模板面积〉
3	020201001	项	墙面一般抹灰 外墙5(砼) 压顶顶装修	m2	CD*0.3	CD〈长度〉*0.3

图 4.6.16　压顶的属性和做法

压顶（编码 010403004）项目特征：1. 梁截面：300×60；2. 混凝土强度等级：C25；3. 混凝土要求：预拌混凝土

压顶顶装修（编码 020201001）项目特征：1. 6 厚 1:2.5 水泥砂浆罩面；2. 12 厚 1:3 水泥砂浆

（二）画压顶

我们用"智能布置"的方法画压顶，操作步骤如下：

选中"构件名称"下的"YD300×60"→单击"智能布置"下拉菜单→单击"墙中心线"→单击"批量选择"按钮，弹出"批量选择构件图元"对话框→勾选"女儿墙240"→单击"确定"→单击右键结束。这样压顶就布置好了，如图 4.6.17 所示。

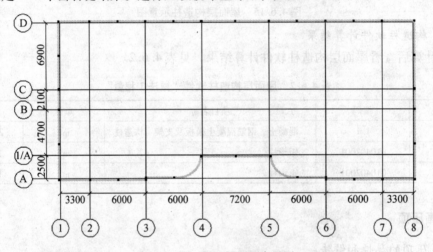

图 4.6.17　屋面层压顶布置图

（三）压顶软件计算结果

汇总计算后查看屋面层压顶软件计算结果，见表 4.6.3。

表 4.6.3　屋面层压顶软件"做法工程量"

序号	编码	项目名称	单位	工程量
1	1.1	混凝土、钢筋混凝土模板及支架　压顶	m^2	20.0761
2	020201001	墙面一般抹灰　外墙5（混凝土）压顶顶装修	m^2	33.6012
3	010403004	圈梁　压顶	m^3	2.0161

四、修剪栏板

因为屋面层女儿墙变成了 240 厚，从四层复制的阳台顶栏板就有一节凸出女儿墙内皮，这就会导致栏板多算，我们要把多出的栏板修剪掉，此处栏板为跨层构件且在四层里画的，若想让栏板显示出来，具体操作步骤如下：

单击"工具"下拉菜单→单击"选项"→单击"其他"页签→勾选"显示跨层图元"和"编辑跨层图元"→单击"确定"，这样跨层构件的显示就设置好了。

栏板显示出来后，在画栏板的状态下修剪凸出女儿墙的栏板（注意：一共是四处，在不显示压顶的情况下修剪），如图4.6.18所示。

在汇总计算的楼层列表中，勾选"屋面层"和"第四层"，汇总计算后查看LB100×800的软件计算结果，见表4.6.4。

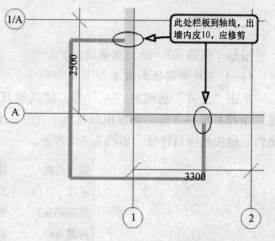

图4.6.18 修剪多余栏板示意图

表4.6.4 栏板 LB100×800 软件"做法工程量"

序号	编码	项目名称	单位	工程量
1	1.1	混凝土、钢筋混凝土模板及支架 栏板	m²	29.3088
2	010405006	栏板	m³	1.3622
3	020201001	墙面一般抹灰 外墙5（混凝土）（栏板顶装修）	m²	2.064

第七节 基础层工程量计算

一、复制首层的框架柱到基础层

将楼层切换到基础层→单击"楼层"下拉菜单→单击"从其他楼层复制构件图元"，弹出"从其他楼层复制构件图元"对话框→在"源楼层"下选择"首层"→在"图元选择"空白位置单击右键→单击"全部取消"→将"柱"展开→勾选所有框架柱（注意：不要选上 TZ 和 GZ）→单击"确定"，这样首层的框架柱就复制到了基础层，如图4.7.1所示。

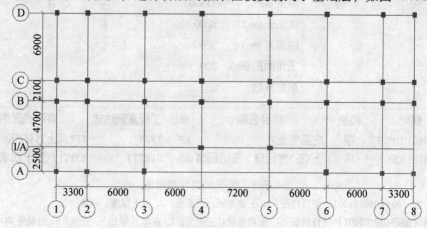

图4.7.1 从首层复制到基础层的框架柱

二、画基坑

根据"结施-02、03"画基坑。

（一）基坑的属性和做法

单击"土方"前面的"＋"号，使其展开→单击下一级的"基坑土方"→单击"新建"下拉菜单→单击"新建矩形基坑土方"→修改基坑名称为"JK-1"→填写"JK-1"的属性、做法及项目特征，如图4.7.2所示。

属性名称	属性值
名称	JK-1
底标高 (m)	层底标高
深度 (mm)	(1450)
坑底长 (mm)	2200
坑底宽 (mm)	2200
工作面宽 (mm)	300
放坡系数	0

	编码	类别	项目名称		单位	工程量表达式	表达式说明
1	010101003	项	挖基坑土方		m3	TFTJ	TFTJ〈土方体积〉
2	010103001	项	土(石)方回填	基坑回填	m3	STHTTJ	STHTTJ〈素土回填体积〉

图 4.7.2　JK-1 的属性和做法

挖基坑土方（编码010101003）项目特征：1. 土壤类别：三类土；2. 挖土深度：1450

土方回填（编码010103001）项目特征：1. 土质要求：三类土；2. 夯填（碾压）：夯填；3. 运输距离：运距

5m 外，不考虑运距

用同样的方法建立其他基坑的属性、做法及项目特征，如图4.7.3～图4.7.8所示。

属性名称	属性值
名称	JK-2
底标高 (m)	层底标高
深度 (mm)	(1450)
坑底长 (mm)	3200
坑底宽 (mm)	3200
工作面宽 (mm)	300
放坡系数	0

	编码	类别	项目名称		单位	工程量表达式	表达式说明
1	010101003	项	挖基坑土方		m3	TFTJ	TFTJ〈土方体积〉
2	010103001	项	土(石)方回填	基坑回填	m3	STHTTJ	STHTTJ〈素土回填体积〉

图 4.7.3　JK-2 的属性和做法

挖基坑土方（编码010101003）项目特征：1. 土壤类别：三类土；2. 挖土深度：1450

土方回填（编码010103001）项目特征：1. 土质要求：三类土；2. 夯填（碾压）：夯填；3. 运输距离：运距

5m 外，不考虑运距

属性名称	属性值
名称	JK-3
底标高 (m)	层底标高
深度 (mm)	(1450)
坑底长 (mm)	3200
坑底宽 (mm)	3200
工作面宽 (mm)	300
放坡系数	0

	编码	类别	项目名称	单位	工程量表达式	表达式说明
1	010101003	项	挖基坑土方	m3	TFTJ	TFTJ〈土方体积〉
2	010103001	项	土(石)方回填　基坑回填	m3	STHTTJ	STHTTJ〈素土回填体积〉

图 4.7.4　JK-3 的属性和做法

挖基坑土方（编码 010101003）项目特征：1. 土壤类别：三类土；2. 挖土深度：1450

土方回填（编码 010103001）项目特征：1. 土质要求：三类土；2. 夯填（碾压）：夯填；3. 运输距离：运距

5m 外，不考虑运距

属性名称	属性值
名称	JK-4
底标高 (m)	层底标高
深度 (mm)	(1450)
坑底长 (mm)	3200
坑底宽 (mm)	5200
工作面宽 (mm)	300
放坡系数	0

	编码	类别	项目名称	单位	工程量表达式	表达式说明
1	010101003	项	挖基坑土方	m3	TFTJ	TFTJ〈土方体积〉
2	010103001	项	土(石)方回填　基坑回填	m3	STHTTJ	STHTTJ〈素土回填体积〉

图 4.7.5　JK-4 的属性和做法

挖基坑土方（编码 010101003）项目特征：1. 土壤类别：三类土；2. 挖土深度：1450

土方回填（编码 010103001）项目特征：1. 土质要求：三类土；2. 夯填（碾压）：夯填；3. 运输距离：运距

5m 外，不考虑运距

属性名称	属性值
名称	JK-5
底标高 (m)	层底标高
深度 (mm)	(1450)
坑底长 (mm)	3300
坑底宽 (mm)	3200
工作面宽 (mm)	300
放坡系数	0

	编码	类别	项目名称	单位	工程量表达式	表达式说明
1	010101003	项	挖基坑土方	m3	TFTJ	TFTJ〈土方体积〉
2	010103001	项	土(石)方回填　基坑回填	m3	STHTTJ	STHTTJ〈素土回填体积〉

图 4.7.6　JK-5 的属性和做法

挖基坑土方（编码 010101003）项目特征：1. 土壤类别：三类土；2. 挖土深度：1450

土方回填（编码 010103001）项目特征：1. 土质要求：三类土；2. 夯填（碾压）：夯填；3. 运输距离：运距

5m 外，不考虑运距

属性名称	属性值
名称	JK-6
底标高(m)	层底标高
深度(mm)	(1450)
坑底长(mm)	3200
坑底宽(mm)	3300
工作面宽(mm)	300
放坡系数	0

	编码	类别	项目名称	单位	工程量表达式	表达式说明
1	010101003	项	挖基坑土方	m3	TFTJ	TFTJ〈土方体积〉
2	010103001	项	土(石)方回填　基坑回填	m3	STHTTJ	STHTTJ〈素土回填体积〉

图 4.7.7　JK-6 的属性和做法

挖基坑土方（编码 010101003）项目特征：1. 土壤类别：三类土；2. 挖土深度：1450

土方回填（编码 010103001）项目特征：1. 土质要求：三类土；2. 夯填（碾压）：夯填；3. 运输距离：运距

5m 外，不考虑运距

属性名称	属性值
名称	JK-2'
底标高(m)	层底标高
深度(mm)	(1450)
坑底长(mm)	2700
坑底宽(mm)	4800
工作面宽(mm)	300
放坡系数	0

	编码	类别	项目名称	单位	工程量表达式	表达式说明
1	010101003	项	挖基坑土方	m3	TFTJ	TFTJ〈土方体积〉
2	010103001	项	土(石)方回填　基坑回填	m3	STHTTJ	STHTTJ〈素土回填体积〉

图 4.7.8　JK-2' 的属性和做法

挖基坑土方（编码 010101003）项目特征：1. 土壤类别：三类土；2. 挖土深度：1450

土方回填（编码 010103001）项目特征：1. 土质要求：三类土；2. 夯填（碾压）：夯填；3. 运输距离：运距

5m 外，不考虑运距

（二）画基坑

我们用"智能布置"的方法画基坑，操作步骤如下：

选中"构件名称"下"JK-1"→单击"智能布置"下拉菜单→单击"柱"→单击"批量选择"按钮，弹出"批量选择构件图元"对话框→勾选"KZ1-500×500"→单击"确定"→单击右键结束，这样"JK-1"就布置好了。用同样的方法布置 JK-3、JK-5、JK-6（注意：这里 JK-2、JK-2′、JK-4 不能用智能布置的方法布置），已经布置好的基坑如图 4.7.9 所示。

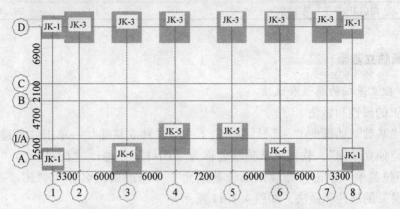

图 4.7.9　用"智能布置"方法画的基坑

其余的基坑（JK-2、JK-2′、JK-4）我们用"点"式画法画，操作步骤如下：

先在 B 轴、C 轴中间打一条距离 B 轴线为 1050 的平行辅轴，再在辅轴与 2~7 轴线的相交点分别点上"JK-4"，接着在 1 轴和 8 轴与辅轴的相交位置点"JK-2′"，在（2/A）、（7/A）交点位置点"JK-2"，画好的基坑如图 4.7.10 所示。

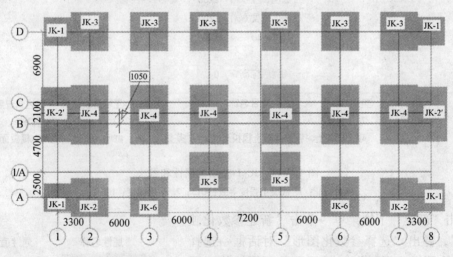

图 4.7.10　基坑布置示意图

注意 1：点取辅助轴线上的基坑时，要下把屏幕下方的"中点"关闭；否则软件会点到垂直轴线的中点上而没有点到与辅助轴的交点上，你却很难发现。

注意 2：因"JK-4"和"JK-2′"有相交关系，此处按先画"JK-4"后画"JK-2′"顺序画的。如果两个顺序颠倒，软件有关扣减顺序的问题，可能软件得出的各自的工程量不一样，但是不会影响总量。

（三）基坑软件计算结果

汇总后查看基坑土方软件的计算结果，见表 4.7.1。

表 4.7.1　基坑土方软件"做法工程量"

序号	编码	项目名称	单位	工程量
1	010103001	土（石）方回填　基坑回填	m³	378.566（如果此时量对不上可能是未修改台阶标高）
2	010101003	挖基坑土方	m³	390.456

三、画独立基础

（一）独立基础的属性和做法

1. JC-1 的属性和做法

单击"基础"前面的"+"号→单击下一级"独立基础"→单击"新建"下拉菜单→单击"新建独立基础"，软件默认独基名称为"DJ-1"→修改"DJ-1"为"JC-1"→单击"新建"下拉菜单→单击"新建矩形独基单元"→修改属性名称为"JC-1-垫层"→填写"JC-1-垫层"的属性和做法，如图 4.7.11 所示。

属性名称	属性值
名称	JC-1-垫层
材质	现浇混凝
砼类型	(预拌砼)
砼标号	(C15)
截面长度 (mm)	2200
截面宽度 (mm)	2200
高度 (mm)	100
截面面积 (m2)	4.84
相对底标高 (m)	0

	编码	类别	项目名称	单位	工程量表达式	表达式说明
1	010401006	项	垫层	m3	TJ	TJ<体积>
2	1.1	项	混凝土、钢筋混凝土模板及支架 独基垫层	m2	MBMJ	MBMJ<模板面积>

图 4.7.11　JC-1-垫层的属性和做法

项目特征：1. 混凝土强度等级：C15；2. 垫层厚度：100

单击"新建"下拉菜单→单击"新建参数化独基单元"，弹出"选择参数化图形"对话框→选择"四棱锥台形独立基础"→填写参数下属性值（图4.7.12）→单击"确定"→修改独基名称为"JC-1-独基"→填写"JC-1-独基"的属性和做法，如图4.7.13 所示。

2. JC-2 的属性和做法

用建立 JC-1 的方法建立 JC-2，如图 4.7.14 所示。

参数		
	属性名称	属性值
1	a (mm)	2000
2	b (mm)	2000
3	a1 (mm)	600
4	b1 (mm)	600
5	h (mm)	300
6	h1 (mm)	200

图 4.7.12　JC-1-独基的参数值

属性名称	属性值
名称	JC-1-独基
材质	现浇混凝
砼类型	(预拌砼)
砼标号	(C30)
截面形状	四棱锥台
截面长度 (mm)	2000
截面宽度 (mm)	2000
高度 (mm)	500
截面面积 (m2)	4
相对底标高 (m)	0.1

	编码	类别	项目名称	单位	工程量表达式	表达式说明
1	010401002	项	独立基础	m3	TJ	TJ〈体积〉
2	1.1	项	混凝土、钢筋混凝土模板及支架 独立基础	m2	MBMJ	MBMJ〈模板面积〉

图 4.7.13 JC-1-独基的属性和做法

项目特征：1. 混凝土强度等级：C30；2. 混凝土要求：预拌混凝土

属性名称	属性值
名称	JC-2-垫层
材质	现浇混凝
砼类型	(预拌砼)
砼标号	(C15)
截面长度 (mm)	3200
截面宽度 (mm)	3200
高度 (mm)	100
截面面积 (m2)	10.24
相对底标高 (m)	0

属性名称	属性值
名称	JC-2-独基
材质	现浇混凝
砼类型	(预拌砼)
砼标号	(C30)
截面形状	四棱锥台
截面长度 (mm)	3000
截面宽度 (mm)	3000
高度 (mm)	600
截面面积 (m2)	9
相对底标高 (m)	0.1

参数

	属性名称	属性值
1	a (mm)	3000
2	b (mm)	3000
3	a1 (mm)	600
4	b1 (mm)	600
5	h (mm)	300
6	h1 (mm)	300

	编码	类别	项目名称	单位	工程量表达式	表达式说明
1	010401006	项	垫层	m3	TJ	TJ〈体积〉
2	1.1	项	混凝土、钢筋混凝土模板及支架 独基垫层	m2	MBMJ	MBMJ〈模板面积〉

	编码	类别	项目名称	单位	工程量表达式	表达式说明
1	010401002	项	独立基础	m3	TJ	TJ〈体积〉
2	1.1	项	混凝土、钢筋混凝土模板及支架 独立基础	m2	MBMJ	MBMJ〈模板面积〉

图 4.7.14 JC-2 的属性和做法

垫层项目特征：1. 混凝土强度等级：C15；2. 垫层厚度：100

独立基础项目特征：1. 混凝土强度等级：C30；2. 混凝土要求：预拌混凝土

3. JC-3 的属性和做法

建立好的 JC-3 的属性和做法如图 4.7.15 所示。

属性名称	属性值
名称	JC-3-垫层
材质	现浇混凝
砼类型	(预拌砼)
砼标号	(C15)
截面长度(mm)	3200
截面宽度(mm)	3200
高度(mm)	100
截面面积(m2)	10.24
相对底标高(m)	0

属性名称	属性值
名称	JC-3-独基
材质	现浇混凝
砼类型	(预拌砼)
砼标号	(C30)
截面形状	四棱锥台
截面长度(mm)	3000
截面宽度(mm)	3000
高度(mm)	600
截面面积(m2)	9
相对底标高(m)	0.1

参数

	属性名称	属性值
1	a (mm)	3000
2	b (mm)	3000
3	a1 (mm)	600
4	b1 (mm)	600
5	h (mm)	300
6	h1 (mm)	300

	编码	类别	项目名称	单位	工程量表达式	表达式说明
1	010401006	项	垫层	m3	TJ	TJ〈体积〉
2	1.1	项	混凝土、钢筋混凝土模板及支架 独基垫层	m2	MBMJ	MBMJ〈模板面积〉

	编码	类别	项目名称	单位	工程量表达式	表达式说明
1	010401002	项	独立基础	m3	TJ	TJ〈体积〉
2	1.1	项	混凝土、钢筋混凝土模板及支架 独立基础	m2	MBMJ	MBMJ〈模板面积〉

图 4.7.15　JC-3 的属性和做法

垫层项目特征：1. 混凝土强度等级：C15；2. 垫层厚度：100

独立基础项目特征：1. 混凝土强度等级：C30；2. 混凝土要求：预拌混凝土

4. JC-4 的属性和做法

建立好的 JC-4 的属性和做法如图 4.7.16 所示。

属性名称	属性值
名称	JC-4-垫层
材质	现浇混凝
砼类型	(预拌砼)
砼标号	(C15)
截面长度(mm)	3200
截面宽度(mm)	5200
高度(mm)	100
截面面积(m2)	16.64
相对底标高(m)	0

属性名称	属性值
名称	JC-4-独基
材质	现浇混凝
砼类型	(预拌砼)
砼标号	(C30)
截面形状	四棱锥台
截面长度(mm)	3000
截面宽度(mm)	5000
高度(mm)	600
截面面积(m2)	15
相对底标高(m)	0.1

参数

	属性名称	属性值
1	a (mm)	3000
2	b (mm)	5000
3	a1 (mm)	600
4	b1 (mm)	2700
5	h (mm)	300
6	h1 (mm)	300

	编码	类别	项目名称	单位	工程量表达式	表达式说明
1	010401006	项	垫层	m3	TJ	TJ〈体积〉
2	1.1	项	混凝土、钢筋混凝土模板及支架 独基垫层	m2	MBMJ	MBMJ〈模板面积〉

	编码	类别	项目名称	单位	工程量表达式	表达式说明
1	010401002	项	独立基础	m3	TJ	TJ〈体积〉
2	1.1	项	混凝土、钢筋混凝土模板及支架 独立基础	m2	MBMJ	MBMJ〈模板面积〉

图 4.7.16　JC-4 的属性和做法

垫层项目特征：1. 混凝土强度等级：C15；2. 垫层厚度：100

独立基础项目特征：1. 混凝土强度等级：C30；2. 混凝土要求：预拌混凝土

5. JC-5 的属性和做法

建立好的 JC-5 的属性和做法如图 4.7.17 所示。

属性名称	属性值	属性名称	属性值
名称	JC-5-垫层	名称	JC-5-独基
材质	现浇混凝	材质	现浇混凝
砼类型	(预拌砼)	砼类型	(预拌砼)
砼标号	(C15)	砼标号	(C30)
截面长度(mm)	3300	截面形状	四棱锥台
截面宽度(mm)	3200	截面长度(mm)	3100
高度(mm)	100	截面宽度(mm)	3000
截面面积(m2)	10.56	高度(mm)	600
相对底标高(m)	0	截面面积(m2)	9.3
		相对底标高(m)	0.1

参数

	属性名称	属性值
1	a (mm)	3100
2	b (mm)	3000
3	a1 (mm)	700
4	b1 (mm)	600
5	h (mm)	300
6	h1 (mm)	300

	编码	类别	项目名称	单位	工程量表达式	表达式说明
1	010401006	项	垫层	m3	TJ	TJ〈体积〉
2	1.1	项	混凝土、钢筋混凝土模板及支架 独基垫层	m2	MBMJ	MBMJ〈模板面积〉

	编码	类别	项目名称	单位	工程量表达式	表达式说明
1	010401002	项	独立基础	m3	TJ	TJ〈体积〉
2	1.1	项	混凝土、钢筋混凝土模板及支架 独立基础	m2	MBMJ	MBMJ〈模板面积〉

图 4.7.17　JC-5 的属性和做法

垫层项目特征：1. 混凝土强度等级：C15；2. 垫层厚度：100

独立基础项目特征：1. 混凝土强度等级：C30；2. 混凝土要求：预拌混凝土

6. JC-6 的属性和做法

建立好的 JC-6 的属性和做法如图 4.7.18 所示。

属性名称	属性值	属性名称	属性值
名称	JC-6-垫层	名称	JC-6-独基
材质	现浇混凝	材质	现浇混凝
砼类型	(预拌砼)	砼类型	(预拌砼)
砼标号	(C15)	砼标号	(C30)
截面长度(mm)	3200	截面形状	四棱锥台
截面宽度(mm)	3300	截面长度(mm)	3000
高度(mm)	100	截面宽度(mm)	3100
截面面积(m2)	10.56	高度(mm)	600
相对底标高(m)	0	截面面积(m2)	9.3
		相对底标高(m)	0.1

参数

	属性名称	属性值
1	a (mm)	3000
2	b (mm)	3100
3	a1 (mm)	600
4	b1 (mm)	700
5	h (mm)	300
6	h1 (mm)	300

	编码	类别	项目名称	单位	工程量表达式	表达式说明
1	010401006	项	垫层	m3	TJ	TJ〈体积〉
2	1.1	项	混凝土、钢筋混凝土模板及支架 独基垫层	m2	MBMJ	MBMJ〈模板面积〉

	编码	类别	项目名称	单位	工程量表达式	表达式说明
1	010401002	项	独立基础	m3	TJ	TJ〈体积〉
2	1.1	项	混凝土、钢筋混凝土模板及支架 独立基础	m2	MBMJ	MBMJ〈模板面积〉

图 4.7.18　JC-6 的属性和做法

垫层项目特征：1. 混凝土强度等级：C15；2. 垫层厚度：100

独立基础项目特征：1. 混凝土强度等级：C30；2. 混凝土要求：预拌混凝土

7. JC-2′的属性和做法

建立好的 JC-2′的属性和做法如图 4.7.19 所示。

属性名称	属性值
名称	JC-2′-垫层
材质	现浇混凝土
砼类型	(预拌砼)
砼标号	(C15)
截面长度(mm)	2700
截面宽度(mm)	4800
高度(mm)	100
截面面积(m2)	12.96
相对底标高(m)	0

属性名称	属性值
名称	JC-2′-独基
材质	现浇混凝土
砼类型	(预拌砼)
砼标号	(C30)
截面形状	四棱锥台形
截面长度(mm)	2500
截面宽度(mm)	4800
高度(mm)	500
截面面积(m2)	11.5
相对底标高(m)	0.1

参数

	属性名称	属性值
1	a (mm)	2500
2	b (mm)	4600
3	a1 (mm)	600
4	b1 (mm)	2700
5	h (mm)	300
6	h1 (mm)	200

	编码	类别	项目名称	单位	工程量表达式	表达式说明
1	010401006	项	垫层	m3	TJ	TJ〈体积〉
2	1.1	项	混凝土、钢筋混凝土模板及支架 独基垫层	m2	MBMJ	MBMJ〈模板面积〉

	编码	类别	项目名称	单位	工程量表达式	表达式说明
1	010401002	项	独立基础	m3	TJ	TJ〈体积〉
2	1.1	项	混凝土、钢筋混凝土模板及支架 独立基础	m2	MBMJ	MBMJ〈模板面积〉

图 4.7.19　JC-2′的属性和做法

垫层项目特征：1. 混凝土强度等级：C15；2. 垫层厚度：100

独立基础项目特征：1. 混凝土强度等级：C30；2. 混凝土要求：预拌混凝土

(二) 画独立基础

我们用智能布置的方法画独立基础，操作步骤如下：

选中"构件名称"下的"JC-1"→单击"智能布置"下拉菜单→单击"基坑土方"→单击"批量选择"按钮，弹出"批量选择构件图元"对话框→勾选"JK-1"→单击"确定"→单击右键结束。

其余独立基础按照同样的方法布置，注意"JC-2"对应"JK-2"，依次类推。画好的独立基础如图 4.7.20 所示。

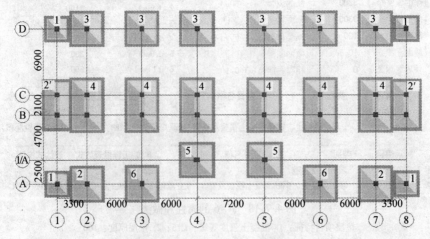

图 4.7.20　独立基础示意图

（三）独立基础软件计算结果

汇总后查看独立基础软件的计算结果，见表 4.7.2。

表 4.7.2 独立基础软件"做法工程量"

序号	编码	项目名称	单位	工程量
1	010401006	垫层	m³	24.816
2	010401006	垫层	m³	2.112
3	010401002	独立基础	m³	46.094
4	010401002	独立基础	m³	56.142
5	1.1	混凝土、钢筋混凝土模板及支架 独基垫层	m²	32.04
6	1.1	混凝土、钢筋混凝土模板及支架 独立基础	m²	90.36

四、画基础梁

此处的基础梁因是以柱子为支座，所以从本质上说它们仍属于框架梁，我们就按框架梁定义，软件也按框架梁的扣减关系计算。

（一）基础梁的属性和做法

在框架梁里定义 DL1，如图 4.7.21 所示。

属性名称	属性值
名称	DL1-300*550
类别1	框架梁
类别2	
材质	现浇混凝土
砼类型	(预拌砼)
砼标号	(C30)
截面宽度(mm)	300
截面高度(mm)	550
截面面积(m2)	0.165
截面周长(m)	1.7
起点顶标高(m)	层顶标高
终点顶标高(m)	层顶标高
轴线距梁左边	(150)
图元形状	矩形
模板类型	普通模板

	编码	类别	项目名称	单位	工程量表达式	表达式说明
1	010403002	项	矩形梁	m3	TJ	TJ〈体积〉
2	1.1	项	混凝土、钢筋混凝土模板及支架 基础框架梁	m2	MBMJ	MBMJ〈模板面积〉

图 4.7.21 DL1-300×550 的属性和做法

项目特征：1.混凝土强度等级：C30；2.梁截面尺寸：300×550；3.混凝土要求：预拌混凝土

（二）画基础梁

按照首层画框架梁的方法画基础梁，对齐后的基础梁将其延伸至相交，画好的基础梁如图4.7.22所示。

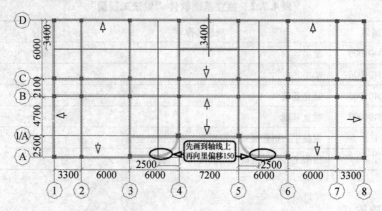

图4.7.22　基础梁示意图

（三）基础梁软件计算结果

汇总后查看基础梁软件的计算结果，见表4.7.3。

表4.7.3　基础梁软件"做法工程量"

序号	编码	项目名称	单位	工程量
1	1.1	混凝土、钢筋混凝土模板及支架　基础框架梁	m²	377.8361
2	010403002	矩形梁	m³	44.5305

五、画基础梁的基槽土方

从"结施-02"DL-1的剖面图可以看出，DL-1的顶标高为 –0.1000m，说明基础梁有200高埋在地下，我们需要在基础梁下挖200深的基槽。

（一）基础梁基槽土方的属性和做法

单击"土方"前面的"＋"号，使其展开→单击下一级的"基槽土方"→单击"新建"下拉菜单→单击"新建基槽土方"→修改基槽名称为"基槽-1"→填写"基槽-1"的属性、做法及项目特征，如图4.7.23所示。

属性名称	属性值
名称	基槽-1
底标高(m)	层顶标高-0.55
槽深(mm)	(1450)
槽底宽(mm)	300
左工作面宽(mm	300
右工作面宽(mm	300
左放坡系数	0
右放坡系数	0
轴线距基槽左	(150)

	编码	类别	项目名称	单位	工程量表达式	表达式说明
1	010101003	项	挖沟槽土方 基槽-1	m3	TFTJ	TFTJ〈土方体积〉
2	010103001	项	土(石)方回填 基槽回填	m3	STHTTJ	STHTTJ〈素土回填体积〉

图 4.7.23 基槽-1 的属性和做法

挖沟槽土方(编码 010101003)项目特征：1. 土壤类别：三类土；2. 挖土深度：200

土方回填(编码 010103001)项目特征：1. 土质要求：三类土；2. 夯填(碾压)：夯填；3. 运输距离：

运距 5m 外，不考虑运距

(二)画基础梁基槽土方

我们用智能布置的方法画基槽土方，操作步骤如下：

选中"构件名称"下的"基槽-1"→单击"智能布置"下拉菜单→单击"梁中心线"→单击"批量选择图元"按钮，弹出"批量选择构件图元"对话框→勾选"DL1-300×550"→单击"确定"→单击右键结束，这样 DL1 下的基槽挖土方就布置好了，如图 4.7.24 所示。

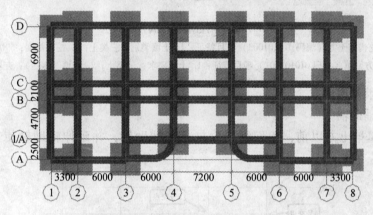

图 4.7.24 基槽-1 布置示意图

(三)基础梁基槽土方软件计算结果

汇总后查看地梁下基槽-1 土方软件的计算结果，见表 4.7.4。

表 4.7.4 基槽-1 土方软件"做法工程量"

序号	编码	项目名称	单位	工程量
1	010103001	土(石)方回填 基槽回填	m³	0
2	010101003	挖沟槽土方 基槽-1	m³	8.5116

六、画阳台墙基础

阳台基础见"结施-02"和"建施-11"2 号大样图。

(一)画阳台墙基础土方

1. 阳台墙基槽土方的属性和做法

在基槽土方里定义阳台墙基槽土方，如图 4.7.25 所示。

属性名称	属性值
名称	阳台墙基槽
底标高(m)	层顶标高-0.94
槽深(mm)	(1450)
槽底宽(mm)	700
左工作面宽(mm)	300
右工作面宽(mm)	300
左放坡系数	0
右放坡系数	0
轴线距基槽左	(350)

	编码	类别	项目名称	单位	工程量表达式	表达式说明
1	010101003	项	挖沟槽土方 阳台墙基槽	m3	TFTJ	TFTJ〈土方体积〉
2	010103001	项	土(石)方回填 阳台墙基槽回填	m3	STHTTJ	STHTTJ〈素土回填体积〉

图 4.7.25　阳台墙基槽属性和做法

挖沟槽土方（编码 010101003）项目特征：1. 土壤类别：三类土；2. 挖土深度：590
土方回填（编码 010103001）项目特征：1. 土质要求：三类土；2. 夯填（碾压）：夯填

2. 画阳台墙基槽土方

（1）先打辅助轴

画阳台墙基槽土方以前，我们需要先打几条辅助轴，并延伸辅助轴使其相交，如图
4.7.26 所示。

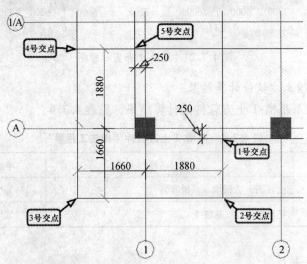

图 4.7.26　画阳台墙基槽所用的辅助轴线

（2）画阳台墙基槽土方

选中"构件名称"下的"阳台墙基槽"→单击"直线"按钮→单击图 4.7.27 所示的 1
号交点→单击 2 号交点→单击 3 号交点→单击 4 号交点→单击 5 号交点→单击右键结束，画
好的阳台墙基槽如图 4.7.27 所示。

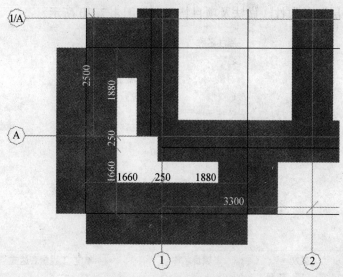

图 4.7.27　阳台墙基槽土方

选中已经画好的 1 轴线处的阳台墙基槽土方，将其镜像到 8 轴线，画好的阳台墙基槽土方如图 4.7.28 所示。

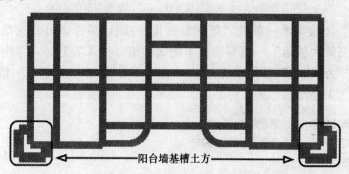

图 4.7.28　阳台墙基槽土方

3. 阳台墙基槽土方软件计算结果

汇总后查看阳台墙基槽土方软件的计算结果，见表 4.7.5。

表 4.7.5　阳台墙基槽土方软件"做法工程量"

序号	编码	项目名称	单位	工程量
1	010103001	土（石）方回填　阳台墙基槽回填	m³	7.3331
2	010101003	挖沟槽土方　阳台墙基槽	m³	7.3331

（二）画阳台墙基础

1. 阳台墙基础的属性和做法

单击"基础"前面的"＋"号，使其展开→单击下一级的"条形基础"→单击"新建"下拉菜单→单击"新建条形基础"→修改"TJ-1"为"条基-阳台墙"→填写"条基-阳台墙"的属性，如图 4.7.29 所示。

单击"新建"下拉菜单→单击"新建矩形条基单元"→修改"条基-阳台墙-1"为"条基-阳台墙-垫层"→填写

属性名称	属性值
名称	条基-阳台墙
宽度 (mm)	
高度 (mm)	
底标高 (m)	层底标高+0.86
轴线距左边线	(350)

图 4.7.29　条基-阳台墙属性

"条基-阳台墙-垫层"的属性、做法及项目特征，如图4.7.30所示。

属性名称	属性值
名称	条基-阳台墙-垫层
材质	现浇混凝土
砼类型	(预拌砼)
砼标号	C15
截面宽度(mm)	700
截面高度(mm)	100
截面面积(m2)	0.07
相对底标高(m)	0
相对偏心距(mm)	0
类别	有梁式

	编码	类别	项目名称	单位	工程量表达式	表达式说明
1	01040100	项	垫层	m3	TJ	TJ〈体积〉
2	1.1	项	混凝土、钢筋混凝土模板及支架 条基垫层	m2	MBMJ	MBMJ〈模板面积〉

图4.7.30　条基-阳台墙-垫层的属性和做法

项目特征：1. 混凝土强度等级：C15；2. 垫层厚度：100

单击"新建"下拉菜单→单击"新建参数化条基单元"，弹出"选择参数化图元对话框"→单击"等高砖大放角"→填写参数下的属性值（图4.7.31）→单击"确定"→修改"条基-阳台墙-2"为"条基-阳台墙-条基"→填写"条基-阳台墙-条基"的属性、做法及项目特征，如图4.7.31所示。

属性名称	属性值
名称	条基-阳台墙-条基
材质	砖
砂浆类型	混合砂浆
砂浆标号	(M5)
截面形状	等高砖大放脚
截面宽度(mm)	490
截面高度(mm)	600
截面面积(m2)	0.19125
相对底标高(m)	0.1
相对偏心距(mm)	0
类别	有梁式

参数

	属性名称	属性值
1	B(mm)	240
2	H(mm)	600
3	N	2

	编码	类别	项目名称	单位	工程量表达式	表达式说明
1	010301001	项	砖基础	m3	TJ	TJ〈体积〉

图4.7.31　条基-阳台墙-条基的属性和做法

项目特征：1. 基础类型：砖条基；2. 砂浆强度等级：M5 水泥砂浆

单击"新建"下拉菜单→单击"新建矩形条基单元"→修改"条基-阳台墙-3"为"条基-阳台墙-地圈梁"→填写"条基-阳台墙-地圈梁"的属性、做法及项目特征，如图4.7.32所示，这样阳台墙的条形基础就建好了。

属性名称	属性值
名称	条基-阳台墙-地圈
材质	现浇混凝土
砼类型	(预拌砼)
砼标号	(C25)
截面宽度(mm)	240
截面高度(mm)	240
截面面积(m2)	0.0576
相对底标高(m)	0.7
相对偏心距(mm)	0
类别	有梁式

	编码	类别	项目名称	单位	工程量表达式	表达式说明
1	010403004	项	圈梁 地圈梁	m3	TJ	TJ〈体积〉
2	1.1	项	混凝土、钢筋混凝土模板及支架 地圈梁	m2	MBMJ	MBMJ〈模板面积〉

图 4.7.32　条基-阳台墙-地圈梁的属性和做法

项目特征：1. 梁截面：240×240；2. 混凝土强度等级：C25；3. 混凝土要求：预拌混凝土

2. 画阳台墙基础

选中"构件名称"下的"条基-阳台墙"→单击"智能布置"下拉菜单→单击"基槽土方中心线"→单击"批量选择"按钮，弹出"批量选择构件图元"对话框→勾选"阳台墙基槽"→单击"确定"→单击右键结束，这样阳台墙基础就布置好了，如图4.7.33所示。

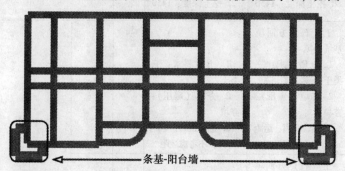

图 4.7.33　条基-阳台墙

3. 阳台墙基础软件计算结果

汇总后查看阳台墙基础软件的计算结果，见表4.7.6。

表 4.7.6　阳台墙基础软件"做法工程量"

序号	编码	项目名称	单位	工程量
1	010401006	垫层	m³	1.386
2	1.1	混凝土、钢筋混凝土模板及支架 地圈梁	m²	9.504
3	1.1	混凝土、钢筋混凝土模板及支架 条基垫层	m²	4.24
4	010403004	圈梁 地圈梁	m³	1.1405
5	010301001	砖基础	m³	4.0622

七、基础层工程量软件手工对照表

从"报表预览"里查看屋面层的"定额汇总表",可以看到基础层软件计算结果,我们在这里将"定额汇总表"做了一点小小的改动,变成了"基础层工程量软件手工对照表",见表4.7.7。

表4.7.7 基础层实体项目工程量软件手工对照

序号	编码	项目名称	项目特征	单位	软件量	手工量	备注
1	040101002001	挖沟槽土方 基槽-1 1. 土壤类别:三类土 2. 挖土深度:200	1. 土壤类别:三类土 2. 挖土深度:200	m³	8.5116	8.5307	允许误差
2	010101003002	挖沟槽土方 阳台墙基槽 1. 土壤类别:三类土 2. 挖土深度:590	1. 土壤类别:三类土 2. 挖土深度:590	m³	7.3331	7.3331	
3	040101003001	挖基坑土方 1. 土壤类别:三类土 2. 挖土深度:1450	1. 土壤类别:三类土 2. 挖土深度:1450	m³	390.456	390.456	
4	010103001001	土(石)方回填 基坑回填 1. 土质要求:三类土 2. 夯填(碾压):夯填 3. 运输距离:运距5m外,不考虑运距	1. 土质要求:三类土 2. 夯填(碾压):夯填 3. 运输距离:运距5m外,不考虑运距	m³	246.6938		
5	010103001002	土(石)方回填 基槽回填 1. 土质要求:三类土 2. 夯填(碾压):夯填 3. 运输距离:运距5m外,不考虑运距	1. 土质要求:三类土 2. 夯填(碾压):夯填 3. 运输距离:运距5m外,不考虑运距	m³	0	249.9438 / 249.972	允许误差
6	010103001003	土(石)方回填 阳台墙基槽回填 1. 土质要求:三类土 2. 夯填(碾压):夯填 3. 运输距离:运距5m外,不考虑运距	1. 土质要求:三类土 2. 夯填(碾压):夯填 3. 运输距离:运距5m外,不考虑运距	m³	3.25		

序号	编码	项目名称	项目特征	单位	软件量	手工量	备注
7	010301001001	砖基础 1. 基础类型：砖条基 2. 砂浆强度等级：M5 水泥砂浆	1. 基础类型：砖条基 2. 砂浆强度等级：M5 水泥砂浆	m³	4.0622	3.7778	表 4.7.7 注解1 见网站www.qiaosd.com
8	010401002001	独立基础 1. 混凝土强度等级：C30 2. 混凝土要求：预拌混凝土	1. 混凝土强度等级：C30 2. 混凝土要求：预拌混凝土	m³	46.094	102.236	
9	010401002002	独立基础 1. 混凝土强度等级：C30 2. 混凝土要求：预拌混凝土	1. 混凝土强度等级：C30 2. 混凝土要求：预拌混凝土	m³	56.142	102.236	
10	010402001001	矩形柱 1. 柱截面尺寸：500×500 2. 混凝土强度等级：C30 3. 混凝土要求：预拌混凝土	1. 柱截面尺寸：500×500 2. 混凝土强度等级：C30 3. 混凝土要求：预拌混凝土	m³	7.9	7.9	
11	010402001002	矩形柱 1. 柱截面尺寸：500×600 2. 混凝土强度等级：C30 3. 混凝土要求：预拌混凝土	1. 柱截面尺寸：500×600 2. 混凝土强度等级：C30 3. 混凝土要求：预拌混凝土	m³	0.66	0.66	
12	010402001003	矩形柱 1. 柱截面尺寸：600×500 2. 混凝土强度等级：C30 3. 混凝土要求：预拌混凝土	1. 柱截面尺寸：600×500 2. 混凝土强度等级：C30 3. 混凝土要求：预拌混凝土	m³	0.66	0.66	
13	010403002001	矩形梁 1. 混凝土强度等级：C30 2. 梁截面尺寸：300×550 3. 混凝土要求：预拌混凝土	1. 混凝土强度等级：C30 2. 梁截面尺寸：300×550 3. 混凝土要求：预拌混凝土	m³	44.5305	44.53	允许误差

续表

序号	编码	项目名称	项目特征	单位	软件量	手工量	备注
14	010403004001	圈梁　地圈梁 1. 梁截面：240 × 240 2. 混凝土强度等级：C25 3. 混凝土要求：预拌混凝土	1. 梁截面：240 × 240 2. 混凝土强度等级：C25 3. 混凝土要求：预拌混凝土	m³	1.1405	1.1404	允许误差
15	010401006001	垫层 1. 混凝土强度等级：C15 2. 垫层厚度：100	1. 混凝土强度等级：C15 2. 垫层厚度：100	m³	26.202	28.314	
16	010401006002	垫层 1. 混凝土强度等级：C15 2. 垫层厚度：100	1. 混凝土强度等级：C15 2. 垫层厚度：100	m³	2.112	28.314	

用同样的的方法查看基础层措施项目的工程量，见表4.7.8。

表 4.7.8　基础层措施项目软件手工对照

序号	编码	项目名称	单位	工程量	手工量	备注
1	1.1	混凝土、钢筋混凝土模板及支架　框架柱	m²	72.88	72.88	
2	1.1	混凝土、钢筋混凝土模板及支架　基础框架梁	m²	377.3081	377.3078	允许误差
3	1.1	混凝土、钢筋混凝土模板及支架　独基垫层	m²	32.04	32.04	
4	1.1	混凝土、钢筋混凝土模板及支架　条基垫层	m²	4.24	4.24	
5	1.1	混凝土、钢筋混凝土模板及支架　独立基础	m²	90.36	90.36	
6	1.1	混凝土、钢筋混凝土模板及支架　地圈梁	m²	9.504	9.504	

第八节　首层装修工程量计算

一、画室内装修

现在我们来做房间装修的工程量，广联达图形 GCL2008 将房间分成了地面、楼面、踢脚、墙面、天棚、吊顶等构件，定义地面、踢脚等构件的方法和前面定义主体的构件类似，根据"建施-01、02、03"我们先来定义房间的各个构件。

（一）房间各构件的属性和做法

1. 首层地面的属性和做法

单击"装修"前面的"＋"号，使其展开→单击下一级的"楼地面"→单击"新建"下拉菜单→单击"新建楼地面"→在"属性编辑框"内修改楼地面名称为"地面1"→填写"地面1"的属性、做法及项目特征，如图4.8.1所示。

属性名称	属性值
名称	地面1
块料厚度（mm）	0
顶标高（m）	层底标高

	编码	类别	项目名称	单位	工程量表达式	表达式说明
1	020102002	项	块料楼地面 地面1	m2	KLDMJ	KLDMJ〈块料地面积〉

图 4.8.1　地面 1 的属性和做法

项目特征：1. 大理石板（尺寸 800×800）；2. 30 厚 1:3 干硬性水泥砂浆；
3. 100 厚 C10 混凝土垫层；4. 150 厚 3:7 灰土垫层

用同样的方法建立"地面 2～4"的属性和做法，如图 4.8.2～图 4.8.4 所示。

属性名称	属性值
名称	地面2
块料厚度（mm）	0
顶标高（m）	层底标高

	编码	类别	项目名称	单位	工程量表达式	表达式说明
1	020102002	项	块料楼地面 地面2	m2	KLDMJ	KLDMJ〈块料地面积〉

图 4.8.2　地面 2 的属性和做法

项目特征：1. 石塑防滑地砖，建筑胶粘剂粘铺；2. 30 厚 C15 细石混凝土；
3. 3 厚高聚物改性沥青涂膜，四周往上卷 150 高；4. 35 厚 C15 细石混凝土；5. 150 厚 3:7 灰土垫层

属性名称	属性值
名称	地面3
块料厚度（mm）	0
顶标高（m）	层底标高

	编码	类别	项目名称	单位	工程量表达式	表达式说明
1	020102002	项	块料楼地面 地面3	m2	KLDMJ	KLDMJ〈块料地面积〉

图 4.8.3　地面 3 的属性和做法

项目特征：1. 高级地砖，建筑胶粘剂粘铺；2. 20 厚 1:2 干硬性水泥砂浆；
3. 50 厚 C10 混凝土；4. 150 厚 5-32 卵石灌 M2.5 混合砂浆

属性名称	属性值
名称	地面4
块料厚度（mm）	0
顶标高（m）	层底标高

	编码	类别	项目名称	单位	工程量表达式	表达式说明
1	020101001	项	水泥砂浆楼地面 地面4	m2	DMJ	DMJ〈地面积〉

图 4.8.4　地面 4 的属性和做法

项目特征：1. 20 厚 1:2.5 水泥砂浆；2. 50 厚 C10 混凝土；3. 150 厚 5-32 卵石灌 M2.5 混合砂浆

2. 首层踢脚属性和做法

单击"踢脚"→单击"新建"下拉菜单→单击"新建踢脚"→在"属性编辑框"内修改踢脚名称为"踢脚1"→填写"踢脚1"的属性和做法（提醒：起点、终点底标高修改成"层底标高"），如图 4.8.5～图 4.8.7 所示。

属性名称	属性值
名称	踢脚1
块料厚度 (mm)	0
高度 (mm)	100
起点底标高 (m)	层底标高
终点底标高 (m)	层底标高

	编码	类别	项目名称	单位	工程量表达式	表达式说明
1	020105003	项	块料踢脚线 踢脚1	m2	TJKLMJ	TJKLMJ〈踢脚块料面积〉

图 4.8.5　踢脚 1 的属性和做法

项目特征：1. 防滑地砖（用 400×100 深色地砖，高度为 100）；

2. 8 厚 1:2 水泥砂浆（内掺建筑胶）；3. 5 厚 1:3 水泥砂浆

属性名称	属性值
名称	踢脚2
块料厚度 (mm)	0
高度 (mm)	100
起点底标高 (m)	层底标高
终点底标高 (m)	层底标高

	编码	类别	项目名称	单位	工程量表达式	表达式说明
1	020105002	项	石材踢脚线 踢脚2	m2	TJKLMJ	TJKLMJ〈踢脚块料面积〉

图 4.8.6　踢脚 2 的属性和做法

项目特征：1. 大理石（用 800×100 深色地砖，高度为 100）；2. 10 厚 1:2 水泥砂浆（内掺建筑胶）

属性名称	属性值
名称	踢脚3
块料厚度 (mm)	0
高度 (mm)	100
起点底标高 (m)	层底标高
终点底标高 (m)	层底标高

	编码	类别	项目名称	单位	工程量表达式	表达式说明
1	020105001	项	水泥砂浆踢脚线 踢脚3	m2	TJMHMJ	TJMHMJ〈踢脚抹灰面积〉

图 4.8.7　踢脚 3 的属性和做法

项目特征：1. 6 厚 1:2.5 水泥砂浆（高度为 100）；2. 6 厚 1:3 水泥砂浆

3. 首层墙裙属性和做法

单击"墙裙"→单击"新建"下拉菜单→单击"新建墙裙"→在"属性编辑框"内修改墙裙名称为"墙裙1"→填写墙裙 1 的属性和做法，如图 4.8.8 所示。

属性名称	属性值
名称	墙裙1
所附墙材质	砌块
高度 (mm)	1200
内/外墙裙标志	内墙裙
块料厚度 (mm)	0
起点底标高 (m)	墙底标高
终点底标高 (m)	墙底标高

	编码	类别	项目名称	单位	工程量表达式	表达式说明
1	020204001	项	石材墙面 墙裙1	m2	QQKLMJ	QQKLMJ〈墙裙块料面积〉

图 4.8.8　墙裙 1 的属性和做法

项目特征：1. 大理石板，正、背面及四周边满刷防污剂；2. 6 厚 1:0.5:2.5 水泥石灰砂浆；3. 8 厚 1:3 水泥石灰砂浆

4. 首层墙面属性和做法

单击"墙面"→单击"新建"下拉菜单→单击"新建墙面"→在"属性编辑框"内修改墙面名称为"内墙面1"→填写"内墙面1"的属性和做法，如图4.8.9所示。

属性名称	属性值
名称	内墙面1
所附墙材质	
块料厚度(mm)	0
内/外墙面标志	内墙面
起点顶标高(m)	墙顶标高
终点顶标高(m)	墙顶标高
起点底标高(m)	墙底标高
终点底标高(m)	墙底标高

	编码	类别	项目名称	单位	工程量表达式	表达式说明
1	020201001	项	墙面一般抹灰 内墙面1(砼)	m2	TQMMHMJ	TQMMHMJ<砼墙面抹灰面积>
2	020201001	项	墙面一般抹灰 内墙面1(砌块)	m2	QKQMMHMJ	QKQMMHMJ<砌块墙面抹灰面积>

图4.8.9　内墙面1（砌块）的属性和做法

项目特征：1. 喷水性耐擦洗涂料；2. 5 厚1:2.5 水泥砂浆；3. 9 厚1:3 建筑水泥砂浆

用同样的方法建立"内墙面2"、"内墙面1（混凝土）"的属性和做法，如图4.8.10所示。

属性名称	属性值
名称	内墙面2
所附墙材质	
块料厚度(mm)	0
内/外墙面标志	内墙面
起点顶标高(m)	墙顶标高
终点顶标高(m)	墙顶标高
起点底标高(m)	墙底标高
终点底标高(m)	墙底标高

	编码	类别	项目名称	单位	工程量表达式	表达式说明
1	020204003	项	块料墙面 内墙面2	m2	QKQMKLMJ	QKQMKLMJ<砌块墙面块料面积>

图4.8.10　内墙面2的属性和做法

项目特征：1. 釉面砖面层（200×300 高级面砖）；2. 5 厚1:2 建筑水泥砂浆；3. 9 厚1:3 建筑水泥砂浆

5. 首层天棚属性和做法

单击"天棚"→单击"新建"下拉菜单→单击"新建天棚"→在"属性编辑框"内修改天棚名称为"天棚1"→填写"天棚1"的属性和做法，如图4.8.11所示。

属性名称	属性值
名称	天棚1
备注	

	编码	类别	项目名称	单位	工程量表达式	表达式说明
1	020301001	项	天棚抹灰 天棚1	m2	TPMHMJ	TPMHMJ<天棚抹灰面积>

图4.8.11　天棚1的属性和做法

项目特征：1. 喷水性耐擦洗涂料；2. 3 厚1:2.5 水泥砂浆；3. 5 厚1:3 水泥砂浆

6. 首层吊顶属性和做法

单击"吊顶"→单击"新建"下拉菜单→单击"新建吊顶"→在"属性编辑框"内修改吊顶名称为"吊顶1"→填写"吊顶1"的属性和做法，如图4.8.12所示。

属性名称	属性值
名称	吊顶1
离地高度(mm)	2700

	编码	类别	项目名称	单位	工程量表达式	表达式说明
1	020302001	项	天棚吊顶 吊顶1	m2	DDMJ	DDMJ〈吊顶面积〉

图 4.8.12 吊顶 1 的属性和做法

项目特征：1. 1.0 厚铝合金条板；2. U 型轻钢次龙骨 LB45×48，中距≤1500；

3. U 型轻钢次龙骨 LB38×12，中距≤1500 与钢筋吊杆固定；

4. 一级 6 钢筋吊杆，中距横向≤1500；纵向≤1200

用同样的方法建立"吊顶 2"的属性和做法，如图 4.8.13 所示。

属性名称	属性值
名称	吊顶2
离地高度(mm)	2700

	编码	类别	项目名称	单位	工程量表达式	表达式说明
1	020302001	项	天棚吊顶 吊顶2	m2	DDMJ	DDMJ〈吊顶面积〉

图 4.8.13 吊顶 2 的属性和做法

项目特征：1. 12 厚岩棉吸声板面层，规格 592×592；2. T 型轻钢次龙骨 TB24×28，中距 600；

3. T 型轻钢次龙骨 TB24×38，中距 600，找平后与钢筋吊杆固定；

4. 一级 8 钢筋吊杆，双向中距≤1200

7. 独立柱装修属性和做法

单击"独立柱装修"→单击"新建"下拉菜单→单击"新建独立柱装修"→在"属性编辑框"内修改独立柱装修名称为"独立柱"→填写"独立柱"的属性和做法，如图 4.8.14所示。

属性名称	属性值
名称	独立柱
块料厚度(mm)	0
顶标高(m)	层顶标高
底标高(m)	层底标高

	编码	类别	项目名称	单位	工程量表达式	表达式说明
1	020201001	项	墙面一般抹灰 内墙面1(砼)	m2	DLZMHMJ	DLZMHMJ〈独立柱抹灰面积〉
2	020105001	项	水泥砂浆踢脚线 踢脚3	m2	DLZZC*0.1	DLZZC〈独立柱周长〉*0.1

图 4.8.14 独立柱装修的属性和做法

独立柱墙面（编码 020201001）项目特征：1. 喷水性耐擦洗涂料；2. 5 厚 1:2.5 水泥砂浆；3. 9 厚 1:3 水泥砂浆；

独立柱踢脚（编码 020105001）项目特征：1. 6 厚 1:2.5 水泥砂浆（高度为 100）；2. 6 厚 1:3 水泥砂浆

8. 首层房心回填土属性和做法

单击"土方"前面的"＋"号，使其展开→单击下一级"房心回填"→单击"新建"下拉菜单→单击"新建房心回填"→在"属性编辑框"内修改房心回填名称为"地面 1 房心回填"→填写"地面 1 房心回填"的属性和做法，如图 4.8.15 所示。

属性名称	属性值
名称	地面1房心回填
厚度(mm)	150
顶标高(m)	层底标高-0.2
回填方式	夯填

	编码	类别	项目名称	单位	工程量表达式	表达式说明
1	010103001	项	土(石)方回填 房心回填	m3	FXHTTJ	FXHTTJ〈房心回填体积〉

图 4.8.15 地面 1 房心回填的属性和做法

项目特征：土质要求：三类土

解释：

此处地面 1 房心回填土的厚度是根据"建施 – 02"地面 1 的做法计算的，其公式为：

房心回填土厚度 = 450（室内外高差）– 20（大理石板厚度）– 30（粘结层）– 100（混凝土垫层）– 150（灰土垫层）= 150

用同样的方法建立"地面 2～4 房心回填"的属性和做法，如图 4.8.16～图 4.8.18 所示。

属性名称	属性值
名称	地面2房心回填
厚度(mm)	230
顶标高(m)	层底标高-0.12
回填方式	夯填

	编码	类别	项目名称	单位	工程量表达式	表达式说明
1	010103001	项	土(石)方回填 房心回填	m3	FXHTTJ	FXHTTJ〈房心回填体积〉

图 4.8.16　地面 2 房心回填的属性和做法

项目特征：土质要求：三类土

属性名称	属性值
名称	地面3房心回填
厚度(mm)	220
顶标高(m)	层底标高-0.13
回填方式	夯填

	编码	类别	项目名称	单位	工程量表达式	表达式说明
1	010103001	项	土(石)方回填 房心回填	m3	FXHTTJ	FXHTTJ〈房心回填体积〉

图 4.8.17　地面 3 房心回填的属性和做法

项目特征：土质要求：三类土

属性名称	属性值
名称	地面4房心回填
厚度(mm)	230
顶标高(m)	层底标高-0.12
回填方式	夯填

	编码	类别	项目名称	单位	工程量表达式	表达式说明
1	010103001	项	土(石)方回填 房心回填	m3	FXHTTJ	FXHTTJ〈房心回填体积〉

图 4.8.18　地面 4 房心回填的属性和做法

项目特征：土质要求：三类土

（二）房间组合

前面我们已经建立好房间各构件的属性和做法，在这里需要把各个构件组合成各个房间。首层房间组合见"建施 – 01"的"室内装修做法表"。

1. 首层大堂（有吊顶）的房间组合

因为本工程大堂顶有一部分是空的，所以大堂就分成了一部分有吊顶，一部分没有吊顶，为了画图方便，我们在此组合成两个房间，操作步骤如下：

单击"房间"→单击"新建"下拉菜单→单击"新建房间"→修改房间名称为"首层大堂（有吊顶）"→双击"构件名称"下的"首层大堂（有吊顶）"→软件默认房间组合的各个构件（图 4.8.19），其中软件默认的地面 1、墙裙 1、内墙面 1、地面 1 房心回填是正确的，其余是不正确的，我们需要对这部分进行修改，步骤如下：

单击"踢脚1"→单击"删除"，弹出"删除"对话框→单击"确定"→单击"天棚1"→单击"删除"，弹出"删除"对话框→单击"确定"→单击"吊顶1"→修改吊顶"离地高度"为"3200"→单击"独立柱"→单击"删除"，弹出"删除"对话框→单击"确定"。

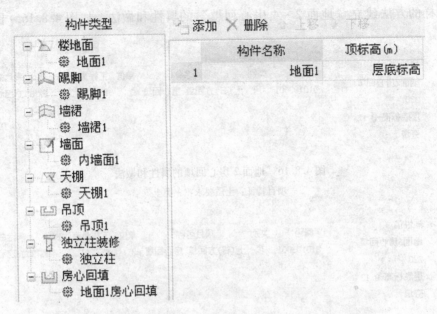

图 4.8.19　软件默认的首层大堂（有吊顶）房间组合构件

首层大堂（有吊顶）房间就组合好了，如图 4.8.20 所示。

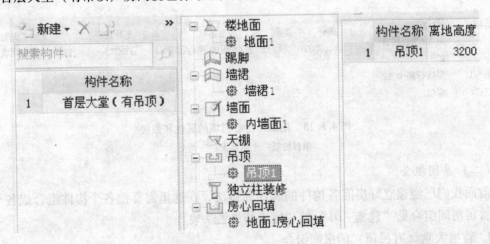

图 4.8.20　有吊顶大堂的房间组合

2. 首层大堂（无吊顶）的房间组合

用同样的方法组合"首层大堂（无吊顶）"房间，如图 4.8.21 所示。

3. 楼梯间的房间组合

首层楼梯间的房间组合，如图 4.8.22 所示。

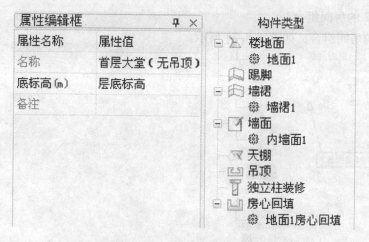

图 4.8.21 首层大堂（无吊顶）的房间组合

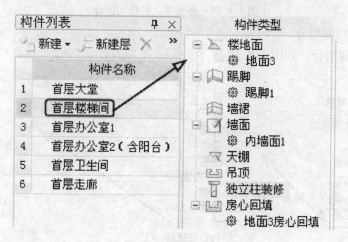

图 4.8.22 首层楼梯间的房间组合

4. 办公室 1 的房间组合

办公室 1 的房间组合，如图 4.8.23 所示。

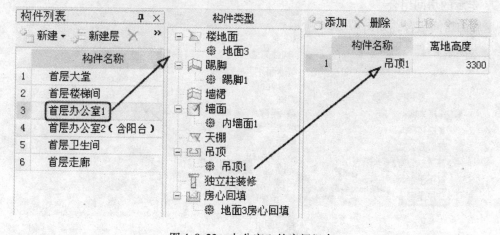

图 4.8.23 办公室 1 的房间组合

5. 办公室 2 的房间组合

办公室 2 的房间组合，如图 4.8.24 所示。

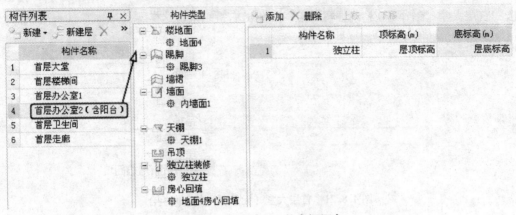

图 4.8.24　办公室 2 的房间组合

6. 卫生间的房间组合

卫生间的房间组合，如图 4.8.25 所示。

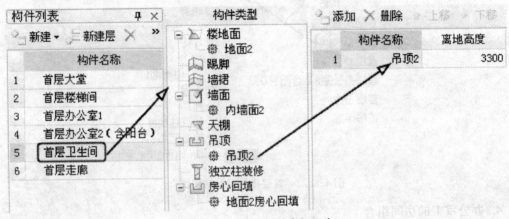

图 4.8.25　卫生间的房间组合

7. 走廊的房间组合

走廊的房间组合，如图 4.8.26 所示。

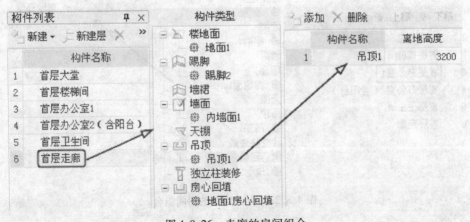

图 4.8.26　走廊的房间组合

（三）画首层各房间并查看软件计算结果

1. 画首层各个房间

在画房间状态下，选中"构件名称"下的"首层大堂（有吊顶）"→单击"点"按钮→单击"首层大堂（有吊顶）"内任意一点　→单击右键结束，这样"首层大堂（有吊顶）"房间就装修好了，如图 4.8.27 所示。

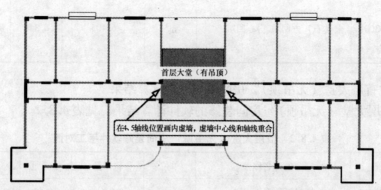

图 4.8.27　首层大堂（有吊顶）房间装修

其他房间用相同的方法绘制，如图 4.8.28 所示。

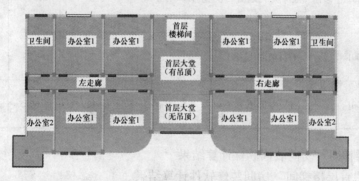

图 4.8.28　首层房间装修示意图

2. 查看"首层大堂（有吊顶）"房间装修软件计算结果

单击"汇总计算"按钮，弹出"确定执行计算汇总"对话框→单击"当前层"→单击"确定"→软件进入汇总状态。

等计算汇总成功后查看"首层大堂（有吊顶）"房间装修的软件计算结果，见表 4.8.1。

表 4.8.1　首层大堂（有吊顶）房间装修软件手工对照

序号	编码	项目名称	单位	软件量	手工量	备注
1	20102002	块料楼地面 地面1	m²	42.32	42.32	表4.8.1 注解1 见网站 www.qiaosd.com
2	020302001	天棚吊顶 吊顶1	m²	42.32	42.32	
3	020201001	墙面一般抹灰 内墙面1（砌块）	m²	20.87	20.12	表4.8.1 注解2 见网站

续表

序号	编码	项目名称	单位	软件量	手工量	备注
4	020204001	石材墙面 墙裙1	m²	12.48	12.12	表4.8.1 注解3 见网站
5	010103001	土（石）方回填 房心回填	m³	6.405	6.348	表4.8.1 注解4 见网站 www.qiaosd.com

3. 查看"首层大堂（无吊顶）"房间装修软件计算结果

查看"首层大堂（无吊顶）"房间装修的软件计算结果，见表4.8.2。

表4.8.2　首层大堂（无吊顶）房间装修软件手工对照

序号	编码	项目名称	单位	软件量	手工量	备注
1	020102002	块料楼地面 地面1	m²	31.15	31.15	
2	020201001	墙面一般抹灰 内墙面1（砌块）	m²	38.37	39.12	表4.8.2 注解1 见网站 www.qiaosd.com
3	020204001	石材墙面 墙裙1	m²	13.38	13.74	表4.8.2 注解2 见网站
4	010103001	土（石）方回填 房心回填	m³	4.9129	4.6725	表4.8.2 注解3 见网站

4. "首层楼梯间"房间装修软件计算结果

（1）查看"首层楼梯间"房间装修软件计算结果

查看"首层楼梯间"房间装修的软件计算结果，见表4.8.3。

表4.8.3　首层楼梯间房间装修软件手工对照

序号	编码	项目名称	单位	软件量	手工量	备注
1	020102002	块料楼地面 地面3	m²	24.5	24.5	
2	020201001	墙面一般抹灰 内墙面1（砌块）	m²	28.03	28.03	表4.8.3 注解1 见网站 www.qiaosd.com
3	020105003	块料踢脚线 踢脚1	m²	0.73	0.73	
4	010103001	土（石）方回填 房心回填	m³	5.489	5.39	表4.8.3 注解2 见网站

（2）楼梯间独立柱、梯梁装修

因为楼梯间两个独立柱（TZ1）和两根梯梁（TL-2）在楼梯投影面积范围之外，需要

442

单独装修，我们利用软件里"独立柱装修"来装修梯柱，在表格输入法里装修梯梁。

1）定义梯柱装修的属性和做法（图4.8.29）

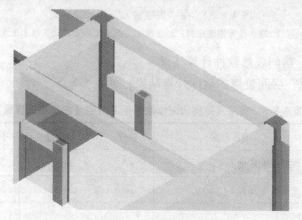

属性名称	属性值
名称	梯柱装修
块料厚度(mm)	0
顶标高(m)	柱顶标高
底标高(m)	柱底标高

	编码	类别	项目名称	单位	工程量表达式	表达式说明
1	020201001	项	墙面一般抹灰 内墙面1(砼)	m2	DLZMHMJ	DLZMHMJ〈独立柱抹灰面积〉

图4.8.29　梯柱装修的属性和做法

项目特征：1. 喷水性耐擦洗涂料；2. 5厚1:2.5水泥砂浆；3. 9厚1:3水泥砂浆

2）画梯柱装修

在画梯柱装修前需要取消"吊顶"的显示，操作步骤如下：

单击"视图"下拉菜单→单击"构件图元显示设置"→在弹出的对话框中取消"吊顶"的对勾→单击"确定"，然后用"点"式画法画梯柱装修，如图4.8.30所示。

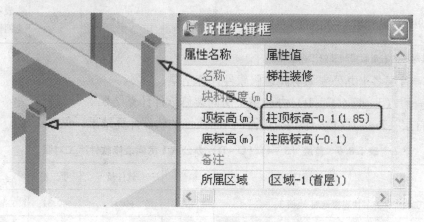

图4.8.30　画好的梯柱装修

3）修改梯柱装修顶标高

处梯柱只装修到楼梯休息平台底，我们并没有画出楼梯的休息平台，因此软件不会自动扣除，需要我们把梯柱的顶标高修改到休息平台板底，如图4.8.31所示。

图4.8.31　梯柱装修顶标高修改图

4）查看梯柱装修工程量

汇总后查看梯柱装修工程量，见表 4.8.4。

表 4.8.4 首层梯柱装修工程量软件手工对照

序号	编码	项目名称	单位	软件量	手工量	备注
1	020201001	墙面一般抹灰 内墙面 1（混凝土）	m²	3.78	3.78	

5）在"表格输入"里计算梯梁的装修

梯梁装修我们将其归类为天棚，在"表格输入"里"其他"下的"其他"建立梯梁的装修，因为二三层梯梁装修一样，我们在此一并处理，如图 4.8.32 所示。

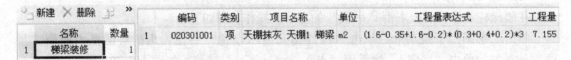

	编码	类别	项目名称	单位	工程量表达式	工程量
1	020301001	项	天棚抹灰 天棚1 梯梁	m2	(1.6-0.35+1.6-0.2)*(0.3+0.4+0.2)*3	7.155

新建 × 删除

	名称	数量
1	梯梁装修	1

图 4.8.32 在"表格输入"里计算梯梁

项目特征：1. 喷水性耐擦洗涂料；2. 3 厚 1∶2.5 水泥砂浆；3. 5 厚 1∶3 水泥砂浆

5. 查看"走廊"房间装修软件计算结果

查看首层"走廊"房间装修的软件计算结果，见表 4.8.5。

表 4.8.5 首层走廊房间装修软件手工对照（左走廊工程量）

序号	编码	项目名称	单位	软件量	手工量	备注
1	020102002	块料楼地面 地面 1	m²	24.48	24.48	
2	020302001	天棚吊顶 吊顶 1	m²	24.48	24.48	
3	020201001	墙面一般抹灰 内墙面 1（砌块）	m²	78.84	78.2	表 4.8.5 注解 1 见网站 www.qiaosd.com
4	020105002	石材踢脚线 踢脚 2	m²	2.42	2.42	
5	010103001	土（石）方回填 房心回填	m³	4.116	3.672	表 4.8.5 注解 2 见网站

注：与其对称的右走廊房间装修工程量相同。

6. 查看首层各个办公室 1 房间装修软件计算结果

（1）查看（3~4)/(C~D）办公室 1 房间装修软件计算结果

查看首层（3~4)/(C~D）办公室 1 房间装修的软件计算结果，见表 4.8.6。

表 4.8.6 首层（3~4)/(C~D）办公室 1 房间装修软件手工对照

序号	编码	项目名称	单位	软件量	手工量	备注
1	020102002	块料楼地面 地面 3	m²	40.31	40.31	
2	020302001	天棚吊顶 吊顶 1	m²	40.31	40.31	

序号	编码	项目名称	单位	软件量	手工量	备注
3	020201001	墙面一般抹灰 内墙面1（砌块）	m²	74.19	74.19	
4	020105003	块料踢脚线 踢脚1	m²	2.39	2.39	
5	010103001	土（石）方回填 房心回填	m³	9.3858	8.8682	表4.8.6 注解1 见网站 www.qiaosd.com

注：与其对称的（5~6）/（C~D）办公室1房间装修工程量相同。

（2）查看（2~3）/（C~D）办公室1房间装修软件计算结果

查看首层（2~3）/（C~D）办公室1房间装修的软件计算结果，见表4.8.7。

表4.8.7　首层（2~3）/（C~D）办公室1房间装修软件手工对照

序号	编码	项目名称	单位	软件量	手工量	备注
1	020102002	块料楼地面 地面3	m²	40.31	40.31	表4.8.7 注解1 见网站 www.qiaosd.com
2	020302001	天棚吊顶 吊顶1	m²	40.31	40.31	
3	020201001	墙面一般抹灰 内墙面1（砌块）	m²	72.75	72.75	
4	020105003	块料踢脚线 踢脚1	m²	2.39	2.39	
5	010103001	土（石）方回填 房心回填	m³	9.3858	8.8682	表4.8.7 注解2 见网站

注：与其对称的（6~7）/（C~D）办公室1房间装修工程量相同。

（3）查看（2~3）/（A~B）办公室1房间装修软件计算结果

查看首层（2~3）/（A~B）办公室1房间装修的软件计算结果，见表4.8.8。

表4.8.8　首层（2~3）/（A~B）办公室1房间装修软件手工对照

序号	编码	项目名称	单位	软件量	手工量	备注
1	020102002	块料楼地面 地面3	m²	42.05	42.05	
2	020302001	天棚吊顶 吊顶1	m²	42.05	42.05	
3	020201001	墙面一般抹灰 内墙面1（砌块）	m²	73.29	73.288	允许误差
4	020105003	块料踢脚线 踢脚1	m²	2.45	2.45	
5	010103001	土（石）方回填 房心回填	m³	9.7763	9.251	表4.8.8 注解1 见网站 www.qiaosd.com

注：与其对称的（6~7）/（A~B）办公室1房间装修工程量相同。

（4）查看（3~4）/（A~B）办公室 1 房间装修软件计算结果

查看首层（3~4）/（A~B）办公室 1 房间装修的软件计算结果，见表 4.8.9。

表 4.8.9　首层（3~4）/（A~B）办公室 1 房间装修软件手工对照

序号	编码	项目名称	单位	软件量	手工量	备注
1	020102002	块料楼地面 地面 3	m²	40.9348	40.9563	圆弧处允许误差
2	020302001	天棚吊顶 吊顶 1	m²	40.9348	40.9563	圆弧处允许误差
3	020201001	墙面一般抹灰 内墙面 1（砌块）	m²	57.799	57.51	圆弧处允许误差
4	020105003	块料踢脚线 踢脚 1	m²	1.7187	1.72	圆弧处允许误差
5	010103001	土（石）方回填 房心回填	m³	9.3054	9.014	表 4.8.9 注解 1 见网站 www.qiaosd.com

注：与其对称的（5~6）/（A~B）办公室 1 房间装修工程量相同。

7. 查看办公室 2 房间装修软件计算结果

（1）删除软件多布置的栏板装修

点完办公室 2 后，我们发现软件多布置了栏板墙面，如图 4.8.33 所示（共 4 小块，需仔细检查）。

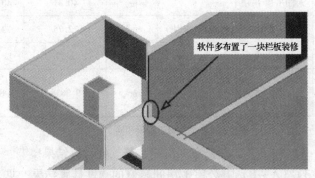

软件多布置了一块栏板装修

图 4.8.33　软件多布置了栏板装修

我们要在墙面状态下把软件多布置的栏板装修（共四处）删除掉（注意：这里用的是 GCL2008 的 1242 版本，以后版本可能不会出现这中情况，总之，你要注意要检查软件布置是否正确）。

（2）修改栏板装修顶标高

我们在三维状态下可以看出，软件在布置栏板内装修的时候标高到了栏板顶，超过了首层的内装修范围，我们要把栏板内装修修改到顶板顶标高位置，操作步骤如下：

在墙面状态下分别选中窗上栏板的四条墙面，修改属性起点、终点顶标高为"顶板顶标高"，如图 4.8.34 所示。

（3）办公室 2 工程量软件手工对照

由于办公室 2 比较复杂，我们分别按照地面、踢脚、墙面、天棚查询它们的工程量。

汇总计算后查看首层办公室 2 地面的软件计算结果，见表 4.8.10。

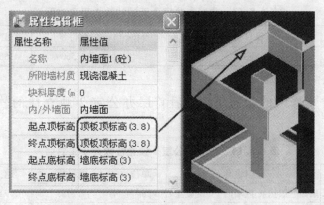

图 4.8.34　修改栏板内装修的顶标高

表 4.8.10　首层办公室 2 地面软件手工对照

序号	编码	项目名称	单位	软件量	手工量	备注
1	020101001	水泥砂浆楼地面 地面 4	m²	32.4064	32.4064	

注：与其对称办公室 2 地面工程量相同。

在画"踢脚"的状态下分别选中办公室 2 的 8 条踢脚，查看首层办公室 2 踢脚的软件计算结果，见表 4.8.11。

表 4.8.11　首层办公室 2 踢脚软件手工对照

序号	编码	项目名称	单位	软件量	手工量	备注
1	020105001	水泥砂浆踢脚线 踢脚 3	m²	2.712	2.762	表 4.8.11 注解 1 见网站 www.qiaosd.com

在"俯视"的状态下选中办公室 2 的 8 条墙面，在"三维"的状态下选中栏板墙的 4 条墙面，查看首层办公室 2 墙面的软件计算结果，见表 4.8.12（注意：要到三维状态下选中所有的墙面）。

表 4.8.12　首层办公室 2 墙面软件手工对照

序号	编码	项目名称	单位	软件量	手工量	备注
1	020201001	墙面一般抹灰 内墙面 1（砌块）	m²	67.259	68.084	外墙装修未画的量
				67.234		外墙装修已画的量 表 4.8.12 注解 1 见网站 www.qiaosd.com
2	020201001	墙面一般抹灰 内墙面 1（混凝土）	m²	6.7632	6.6132	外墙装修未画的量
				6.6132		外墙装修已画的量

在画"天棚"的状态下，查看首层办公室 2 天棚的软件计算结果，见表 4.8.13。

表4.8.13 首层办公室2天棚的软件手工对照

序号	编码	项目名称	单位	软件量	手工量	备注
1	020301001	天棚抹灰 天棚1	m²	34.5609	34.5609	

注：与其对称的办公室2天棚工程量相同。

在画"独立柱装修"的状态下，查看首层办公室2独立柱的软件计算结果，见表4.8.14。

表4.8.14 首层办公室2独立柱软件手工对照

序号	编码	项目名称	单位	工程量	手工量	备注
1	020201001	墙面一般抹灰 内墙面1（混凝土）	m²	7.312	7.312	
2	020105001	水泥砂浆踢脚线 踢脚3	m²	0.2	0.2	

注：与其对称的办公室2独立柱工程量相同。

在画"房心回填"的状态下，查看首层办公室2回填土的软件计算结果，见表4.8.15。

表4.8.15 首层办公室2回填土软件手工对照

序号	编码	项目名称	单位	工程量	手工量	备注
1	010103001	土（石）方回填 房心回填	m³	7.4503	7.4535	表4.8.15 注解 1 见网站 www.qiaosd.com

注：与其对称的办公室2回填土工程量相同。

（4）查看首层卫生间房间装修软件计算结果

在画"房间"的状态下，查看"首层卫生间"房间装修的软件计算结果，见表4.8.16。

表4.8.16 首层卫生间房间装修的软件手工对照

序号	编码	项目名称	单位	工程量	手工量	备注
1	020102002	块料楼地面 地面2	m²	22.24	22.24	
2	020302001	天棚吊顶 吊顶2	m²	22.24	22.24	
3	020204003	块料墙面 内墙面2	m²	62.785	62.5975	表4.8.16 注解 1 见网站 www.qiaosd.com
4	010103001	土（石）方回填 房心回填	m³	5.5407	5.1152	表4.8.16 注解 2 见网站

注：与其对称的卫生间房间装修工程量相同。

二、画室外装修

（一）画首层外墙裙

从"建施-08～10"我们看出，本工程的外墙裙为"外墙2"。

1. 首层外墙裙的属性和做法

单击"墙裙"→单击"新建"下拉菜单→单击"新建外墙裙"→在"属性编辑框"内修改墙裙名称为"外墙2"→填写"外墙2"的属性和做法，如图4.8.35所示。

属性名称	属性值
名称	外墙2
所附墙材质	砌块
高度(mm)	1500
内/外墙裙标志	外墙裙
块料厚度(mm)	0
起点底标高(m)	墙底标高-0.35
终点底标高(m)	墙底标高-0.35

	编码	类别	项目名称	单位	工程量表达式	表达式说明
1	020204003	项	块料墙面 外墙2	m2	QQKLMJ	QQKLMJ〈墙裙块料面积〉
2	010803003	项	保温隔热墙 外墙2	m2	QQMHMJ	QQMHMJ〈墙裙抹灰面积〉

图4.8.35 外墙2的属性和做法

外墙2（编码020204003）项目特征：1. 轻钢龙骨；2. 竖向龙骨间整个墙面用聚合物砂浆粘贴35厚聚苯保温板

外墙2保温（编码010803003）项目特征：保温隔热材料品种、规格：35厚聚苯板

2. 画首层外墙裙

在构件名称下选中"外墙2"→单击"点"按钮→分别单击图4.8.36所示椭圆位置的外墙皮。

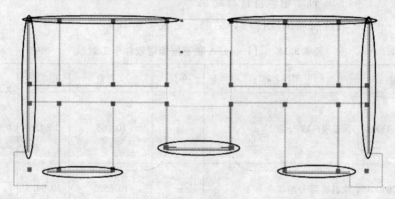

图4.8.36 首层外墙裙布置图

此时外墙裙底标高为室外地坪标高，也就是－0.45，但是1/A轴外墙裙底标高我们需要修改到正负零，因此处墙裙的底标高为正负零，墙裙高度为3400mm。修改方法如下：

选中已画好的1/A轴线处"外墙2"，修改属性，如图4.8.37所示。

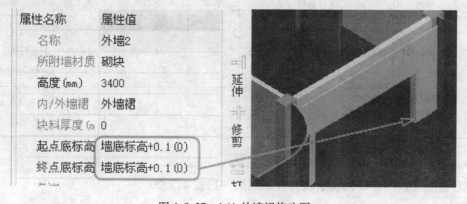

图4.8.37 1/A外墙裙修改图

449

3. 首层外墙裙软件计算结果

本工程外墙装修比较复杂，我们分段进行对照。

(1) 首层 1/A 轴墙裙软件计算结果

汇总计算后查看首层 1/A 轴墙裙软件计算结果，见表 4.8.17。

表 4.8.17　1/A 轴首层墙裙软件手工对照

序号	编码	项目名称	单位	工程量	手工量	备注
1	010803003	保温隔热墙 外墙2	m²	15.16	14.48	表 4.8.17 注解 1 见网站 www.qiaosd.com
2	020204003	块料墙面 外墙2	m²	16.285	15.605	表 4.8.17 注解 2 见网站

(2) 首层 (1~4)/A 轴墙裙软件计算结果

查看 (1~4)/A 轴首层墙裙软件计算结果，见表 4.8.18。

表 4.8.18　(1~4)/A 轴首层墙裙软件手工对照

序号	编码	项目名称	单位	工程量	手工量	备注
1	010803003	保温隔热墙 外墙2	m²	10.065	10.155	表 4.8.18 注解 1 见网站 www.qiaosd.com
2	020204003	块料墙面 外墙2	m²	10.8525	10.9425	表 4.8.18 注解 2 见网站

(3) 首层 1/(A~D) 轴墙裙软件计算结果

查看 1/(A~D) 轴首层墙裙软件计算结果，见表 4.8.19。

表 4.8.19　首层 1/(A~D) 轴墙裙软件手工对照

序号	编码	项目名称	单位	软件量	手工量	备注
1	010803003	保温隔热墙 外墙2	m²	21.2088	21.03	表 4.8.19 注解 1 见网站 www.qiaosd.com
2	020204003	块料墙面 外墙2	m²	21.5213	21.3425	表 4.8.19 注解 2 见网站

(4) 首层 (1~4)/D 轴墙裙软件计算结果

查看首层 (1~4)/D 轴墙裙软件计算结果，见表 4.8.20。

表4.8.20 首层 (1~4)/D轴墙裙软件手工对照

序号	编码	项目名称	单位	软件量	手工量	备注
1	010803003	保温隔热墙 外墙2	m²	20.03	20.255	表4.8.20注解1见网站www.qiaosd.com
2	020204003	块料墙面 外墙2	m²	21.23	20.9675	表4.8.20注解2见网站

（5）首层墙裙软件计算结果

用"批量选择"的方法选中"外墙2"，查看首层墙裙软件计算结果，见表4.8.21。

表4.8.21 首层墙裙软件手工对照

序号	编码	项目名称	单位	软件量	手工量	备注
1	010803003	保温隔热墙 外墙2	m²	117.7675	117.36	见表4.8.17～表4.8.20注解
2	020204003	块料墙面 外墙2	m²	123.4925	122.11	见表4.8.17～表4.8.20注解

（二）画首层外墙面1

1. 首层外墙面属性和做法

单击"墙面"→单击"新建"下拉菜单→单击"新建外墙面"→在"属性编辑框"内修改墙面名称为"外墙1"→填写"外墙1"的属性和做法，如图4.8.38所示。

属性名称	属性值
名称	外墙1
所附墙材质	砌块
块料厚度(mm)	0
内/外墙面标志	外墙面
起点顶标高(m)	墙顶标高
终点顶标高(m)	墙顶标高
起点底标高(m)	墙底标高
终点底标高(m)	墙底标高

	编码	类别	项目名称	单位	工程量表达式	表达式说明
1	020204003	项	块料墙面 外墙1	m2	QMKLMJ	QMKLMJ<墙面块料面积>
2	010803003	项	保温隔热墙 外墙1	m2	QMMHMJ	QMMHMJ<墙面抹灰面积>

图4.8.38 外墙1的属性和做法

外墙1（编码020204003）项目特征：1. 面砖；2. 6厚1：0.2：2.5 水泥石灰膏砂浆

外墙1保温（编码010803003）项目特征：1. 保温隔热部位：外墙；2. 保温隔热材料品种、规格：50厚聚苯板

2. 画外墙面1

（1）画外墙面1

画外墙面1的时候，因为我们已经画好了房间装修、外墙裙等构件，界面很乱，为了画图方便，我们需要让一些构件不显示，有些构件有快捷键，有些构件没有快捷键，我们需要在"视图"内控制构件的显示还是不显示，操作步骤如下：

在墙面状态下，单击"视图"下拉菜单→单击"构件图元显示设置"，弹出"构件图元显示设置墙面"对话框→单击"装修"前面的小方框，使其"对勾"取消→再单击"墙

面"→单击"确定",这样界面就比较干净,接下来我们画外墙面1。

在构件名称下选中"外墙1"→单击"点"按钮→分别单击图4.8.39所示椭圆处的外墙面。

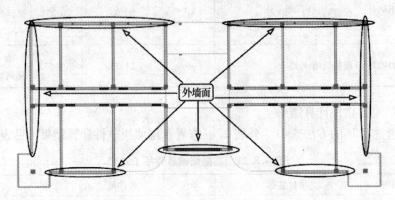

图4.8.39 外墙面1布置示意图

(2) 修改1/A轴外墙面1的底标高

软件默认的1/A轴外墙面底标高为"-0.1",但1/A轴外墙面底标高为正负零,用修改1/A轴墙裙的方法修改墙面标高。

3. 外墙1软件计算结果

(1) 1/A轴首层外墙1软件计算结果

汇总计算后查看1/A轴首层外墙1软件计算结果,见表4.8.22。

表4.8.22 1/A轴首层外墙1软件手工对照

序号	编码	项目名称	单位	软件量	手工量	备注
1	010803003	保温隔热墙 外墙1	m²	2.96	2.88	表4.8.22注解1见网站www.qiaosd.com
2	020204003	块料墙面 外墙1	m²	2.96	2.88	表4.8.22注解2见网站

(2) (1~4)/A轴首层外墙1软件计算结果

查看(1~4)/A轴首层外墙1软件计算结果,见表4.8.23。

表4.8.23 (1~4)/A轴首层外墙1软件手工对照

序号	编码	项目名称	单位	软件量	手工量	备注
1	010803003	保温隔热墙 外墙1	m²	14.4938	14.625	表4.8.23注解1见网站www.qiaosd.com
2	020204003	块料墙面 外墙1	m²	16.4063	16.5375	表4.8.23注解2见网站

(3) 1/(A~D)轴首层外墙1软件计算结果

查看1/(A~D)轴首层外墙1软件计算结果,见表4.8.24。

表 4.8.24　1/（A～D）轴首层外墙 1 软件手工对照

序号	编码	项目名称	单位	软件量	手工量	备注
1	010803003	保温隔热墙 外墙 1	m²	37.0938	36.8125	表 4.8.24 注解 1 见网站 www.qiaosd.com
2	020204003	块料墙面 外墙 1	m²	37.7813	37.5	表 4.8.24 注解 2 见网站

（4）（1～4）/D 轴首层外墙 1 软件计算结果

查看（1～4）/D 轴首层外墙 1 软件计算结果，见表 4.8.25。

表 4.8.25　（1～4）/D 首层外墙 1 软件手工对照

序号	编码	项目名称	单位	软件量	手工量	备注
1	010803003	保温隔热墙 外墙 1	m²	29.2425	29.655	表 4.8.25 注解 1 见网站 www.qiaosd.com
2	020204003	块料墙面 外墙 1	m²	31.5675	31.118	表 4.8.25 注解 2 见网站

（5）首层外墙 1 软件计算结果

用"批量选择"的方法查看首层外墙 1 软件计算结果，见表 4.8.26。

表 4.8.26　首层外墙 1 软件手工对照

序号	编码	项目名称	单位	软件量	手工量	备注
1	010803003	保温隔热墙 外墙 1	m²	164.62	165.065	见表 4.8.22～表 4.8.25 注解
2	020204003	块料墙面 外墙 1	m²	174.47	173.19	见表 4.8.22～表 4.8.25 注解

（三）画首层外墙面 3

1. 首层外墙面 3 的属性和做法

外墙面 3 又分为混凝土和砌块两种情况，需要分别定义，如图 4.8.40、图 4.8.41 所示。

属性名称	属性值
名称	外墙3（砼）
所附墙材质	现浇混凝土
块料厚度(mm)	0
内/外墙面标志	外墙面
起点顶标高(m)	墙顶标高
终点顶标高(m)	墙顶标高
起点底标高(m)	墙底标高
终点底标高(m)	墙底标高

	编码	类别	项目名称	单位	工程量表达式	表达式说明
1	020201002	项	墙面装饰抹灰 外墙3(砼)	m2	QMMHMJ	QMMHMJ<墙面抹灰面积>
2	010803003	项	保温隔热墙 外墙3(砼)	m2	QMMHMJ	QMMHMJ<墙面抹灰面积>

图 4.8.40　外墙 3（混凝土）的属性和做法

外墙 3（编码 020201002）项目特征：1. 喷 HJ80-1 型无机建筑涂料；2. 6 厚 1:2.5 水泥砂浆；

3. 12 厚 1:3 水泥砂浆；

外墙 3 保温（编码 010803003）项目特征：1. 保温隔热部位：外墙；2. 保温隔热材料品种、规格：50 厚聚苯板

属性名称	属性值
名称	外墙3（砌）
所附墙材质	砌块
块料厚度(mm)	0
内/外墙面标志	外墙面
起点顶标高(m)	墙顶标高
终点顶标高(m)	墙顶标高
起点底标高(m)	墙底标高
终点底标高(m)	墙底标高

	编码	类别	项目名称	单位	工程量表达式	表达式说明
1	020201002	项	墙面装饰抹灰 外墙3（砌）	m2	QMMHMJ	QMMHMJ〈墙面抹灰面积〉
2	010803003	项	保温隔热墙 外墙3（砌）	m2	QMMHMJ	QMMHMJ〈墙面抹灰面积〉

图 4.8.41　外墙3（砌块）的属性和做法

外墙3（编码 020201002）项目特征：1. 喷 HJ80-1 型无机建筑涂料；2. 6 厚 1:2.5 水泥砂浆；
3. 12 厚 1:3 水泥砂浆

外墙3 保温（编码 010803003）项目特征：1. 保温隔热部位：外墙；2. 保温隔热材料品种、规格：50 厚聚苯板

2. 画外墙面 3

在混凝土栏板外画"外墙3（混凝土）"，在砌块墙栏板外画"外墙3（砌块）"，这里注意画砌块墙栏板时需要在三维状态下画，如图 4.8.42 所示。

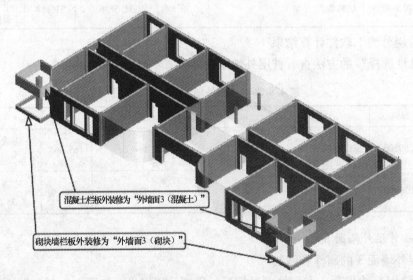

图 4.8.42　首层外墙面 3 示意图

3. 外墙面 3 软件计算结果

汇总计算后，用批量选择的方法查看首层外墙面 3 的软件计算结果，见表 4.8.27。

表 4.8.27　首层外墙面 3 软件"做法工程量"

序号	编码	项目名称	单位	软件量	手工量	备注
1	010803003	保温隔热墙　外墙3（砌）	m²	15.93	15.93	
2	010803003	保温隔热墙　外墙3（混凝土）	m²	25.728	25.488	二层外装修未画的量
				25.488		二层外装修已画的量
3	020201002	墙面装饰抹灰　外墙3（砌）	m²	15.93	15.93	
4	020201002	墙面装饰抹灰　外墙3（混凝土）	m²	25.728	25.488	二层外装修未画的量
				25.488		二层外装修已画的量

（四）首层玻璃幕墙

"建施－01"门窗表中已经给出了玻璃幕墙的具体尺寸，所以本工程玻璃幕墙不用画图的方法计算，用表格输入法计算更简单，具体操作步骤如下：

单击"模块导航栏"下的"表格输入"→单击"其他"前面的"＋"号，使其展开→单击下一级"其他"→单击"新建"软件会自动建一个构件名称"QT－1"→修改"QT－1"为"围护性幕墙"→填写"围护性幕墙"的属性和做法，如图4.8.43所示。

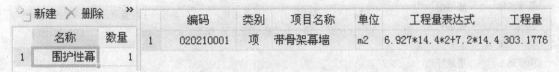

		新建　× 删除　»		编码	类别	项目名称	单位	工程量表达式	工程量
	名称	数量	1	020210001	项	带骨架幕墙	m2	6.927*14.4*2+7.2*14.4	303.1776
1	围护性幕	1							

图4.8.43　首层玻璃幕墙的表格输入

项目特征：面层材料品种：玻璃幕墙

第九节　二层装修工程量计算

一、二层室内装修

和首层一样，二层室内装修需要先定义属性，再组合房间，最后点房间装修。其实二层室内装修所用的构件我们在首层已经定义过了，只需把首层定义好的有关"房间装修"的构件复制到二层。操作步骤如下：

将楼层切换到"第2层"，在"装修"状态下→单击"定义"按钮，软件进入定义界面→单击"从其他楼层复制构件"，选择"源楼层"为"首层"→单击"＋"号展开"装修"下拉菜单→勾选"踢脚"、"墙面"、"天棚"、"吊顶"、"独立柱装修"→单击"确定"，这样就把首层定义好的构件复制到了二层，我们在二层里只定义楼面的属性和做法。

（一）楼面属性和做法

单击"装修"前面的"＋"号，使其展开→单击下一级的"楼地面"→单击"新建"下拉菜单→单击"新建楼地面"→在"属性编辑框"内修改楼地面名称为"楼面1"→填写楼面1的属性、做法及项目特征，如图4.9.1所示。

属性名称	属性值		编码	类别	项目名称	单位	工程量表达式	表达式说明
名称	楼面1	1	020102002	项	块料楼地面 楼面1	m2	KLDMJ	KLDMJ〈块料地面积〉
块料厚度(mm)	0							
顶标高(m)	层底标高							

图4.9.1　楼面1的属性和做法

项目特征：1. 高级地砖；2. 6厚建筑胶浆水泥砂浆；3. 20厚1:3水泥砂浆

用同样的方法定义楼面2、楼面3、楼面4的属性和做法，如图4.9.2～图4.9.4所示。

属性名称	属性值		编码	类别	项目名称	单位	工程量表达式	表达式说明
名称	楼面2	1	020102002	项	块料楼地面 楼面2	m2	KLDMJ	KLDMJ〈块料地面积〉
块料厚度(mm)	0							
顶标高(m)	层底标高							

图4.9.2　楼面2的属性和做法

项目特征：1. 防滑地砖（尺寸400×400）；2. 20厚1:2干硬性水泥砂浆；3. 1.5厚聚氨酯涂膜防水层靠墙处卷边150；4. 20厚1:3水泥砂浆找平层；5. 平均35厚C15细石混凝土从门口向地漏找1%坡

属性名称	属性值
名称	楼面3
块料厚度（mm）	0
顶标高（m）	层底标高

	编码	类别	项目名称	单位	工程量表达式	表达式说明
1	020102001	项	石材楼地面 楼面3	m2	KLDMJ	KLDMJ〈块料地面积〉

图 4.9.3　楼面 3 的属性和做法

项目特征：1. 大理石板（尺寸 800×800）；2. 30 厚 1:3 干硬性水泥砂浆；3. 40 厚 1:1.6 水泥粗砂焦渣垫层

属性名称	属性值
名称	楼面4
块料厚度（mm）	0
顶标高（m）	层底标高

	编码	类别	项目名称	单位	工程量表达式	表达式说明
1	020101001	项	水泥砂浆楼地面 楼面4	m2	DMJ	DMJ〈地面积〉

图 4.9.4　楼面 4 的属性和做法

项目特征：1. 20 厚 1:2.5 水泥砂浆压实赶光；2. 40 厚 CL7.5 轻集料混凝土

（二）二层房间组合

二层房间组合见“建施-01”的“室内装修做法表”。

1. 二层楼梯间的房间组合

二层楼梯间房间组合，如图 4.9.5 所示。

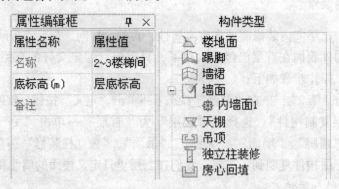

图 4.9.5　二层楼梯间房间组合

2. 二层公共休息大厅（有地面）的房间组合

二层公共休息大厅（有地面）的房间组合，如图 4.9.6 所示。

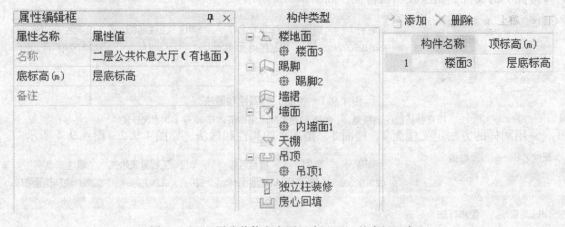

图 4.9.6　二层公共休息大厅（有地面）的房间组合

3. 二层公共休息大厅（无地面）的房间组合

二层公共休息大厅（无地面）的房间组合，如图4.9.7所示。

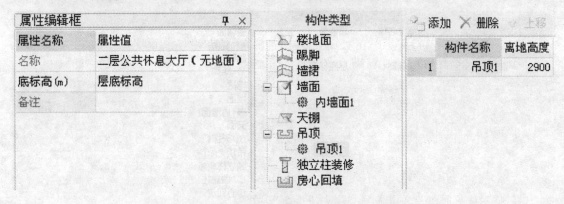

图4.9.7　二层公共休息大厅（无地面）的房间组合

4. 二层走廊的房间组合

二层走廊的房间组合，如图4.9.8所示。

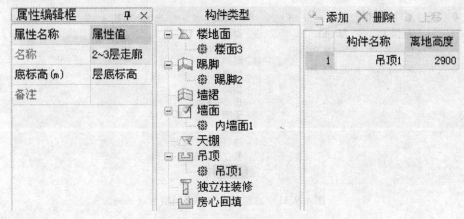

图4.9.8　二层走廊的房间组合

5. 二层办公室1的房间组合

二层办公室1的房间组合，如图4.9.9所示。

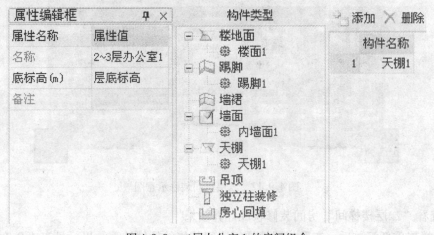

图4.9.9　二层办公室1的房间组合

6. 二层办公室 2 的房间组合

二层办公室 2 的房间组合，如图 4.9.10 所示。

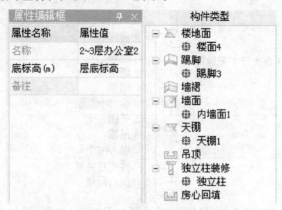

图 4.9.10　二层办公室 2 的房间组合

7. 二层卫生间的房间组合

二层卫生间的房间组合，如图 4.9.11 所示。

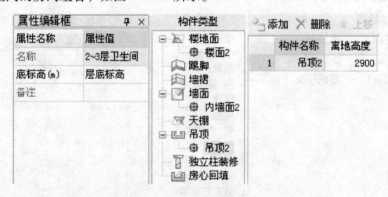

图 4.9.11　二层卫生间的房间组合

（三）画二层各房间的室内装修

用"点"式画法画房装修就可以了，如图 4.9.12 所示。

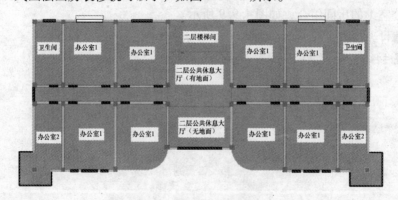

图 4.9.12　二层房间装修示意图

1. 查看"二层楼梯间"房间装修软件计算结果

全部楼层重新汇总后，查看二层楼梯间房间装修的软件计算结果，见表 4.9.1。

表4.9.1　二层楼梯间房间装修软件手工对照表

序号	编码	项目名称	单位	软件量	手工量	备注
1	020201001	墙面一般抹灰 内墙面1（砌块）	m²	25.84	25.84	

　　和首层一样，我们也需要对二层梯柱进行装修，并修改属性中"顶标高"为"柱顶标高 −0.1"，二层梯柱装修软件计算结果见表4.9.2。

表4.9.2　二层梯柱装修软件手工对照表

序号	编码	项目名称	单位	软件量	手工量	备注
1	020201001	墙面一般抹灰 内墙面1（混凝土）梯柱	m²	3.28	3.28	

　　2. 查看"二层公共休息大厅（有地面）"房间装修软件计算结果

　　查看二层公共休息大厅（有地面）房间装修的软件计算结果，见表4.9.3。

表4.9.3　二层公共休息大厅（有地面）房间装修软件手工对照表

序号	编码	项目名称	单位	软件量	手工量	备注
1	020102001	石材楼地面 楼面3	m²	42.32	42.32	
2	020302001	天棚吊顶 吊顶1	m²	42.32	42.32	
3	020201001	墙面一般抹灰 内墙面1（砌块）	m²	30.08	29.21	表4.9.3注解1见网站 www.qiaosd.com
4	020105002	石材踢脚线 踢脚2	m²	1.04	1.01	表4.9.3注解2见网站

　　3. 查看"二层公共休息大厅（无地面）"房间装修软件计算结果

　　查看二层公共休息大厅（无地面）房间装修的软件计算结果，见表4.9.4。

表4.9.4　二层公共休息大厅（无地面）房间装修软件手工对照表

序号	编码	项目名称	单位	软件量	手工量	备注
1	020302001	天棚吊顶 吊顶1	m²	31.15	31.15	
2	020201001	墙面一般抹灰 内墙面1（砌块）	m²	33.61	34.48	表4.9.4注解1见网站 www.qiaosd.com

　　4. 查看"二层走廊"房间装修软件计算结果

　　查看二层走廊房间装修的软件计算结果，见表4.9.5。

表4.9.5　二层走廊房间装修软件手工对照表（左走廊工程量）

序号	编码	项目名称	单位	软件量	手工量	备注
1	020102001	石材楼地面 楼面3	m²	24.48	24.48	
2	020302001	天棚吊顶 吊顶1	m²	24.48	24.48	
3	020201001	墙面一般抹灰 内墙面1（砌块）	m²	69.44	68.86	表4.9.5注解1见网站 www.qiaosd.com
4	020105002	石材踢脚线 踢脚2	m²	2.42	2.42	

5. 查看"二层办公室1"房间装修软件计算结果

（1）查看"二层（3~4）/（C~D）办公室1"及其对称房间装修软件计算结果

查看二层（3~4）/（C~D）办公室1房间装修的软件计算结果，见表4.9.6。

表4.9.6　二层（3~4）/（C~D）办公室1房间装修软件手工对照表

序号	编码	项目名称	单位	软件量	手工量	备注
1	020102002	块料楼地面 楼面1	m²	40.31	40.31	
2	020301001	天棚抹灰 面积 天棚1	m²	40.225	40.225	
3	020201001	墙面一般抹灰 内墙面1（砌块）	m²	77.57	77.57	
4	020105003	块料踢脚线 踢脚1	m²	2.39	2.39	

注：与其对称的（5~6）/（C~D）办公室1房间装修工程量相同。

（2）查看"二层（2~3）/（C~D）办公室1"及其对称房间装修软件计算结果

查看二层（2~3）/（C~D）办公室1房间装修的软件计算结果，见表4.9.7。

表4.9.7　二层（2~3）/（C~D）办公室1房间装修软件手工对照表

序号	编码	项目名称	单位	软件量	手工量	备注
1	020102002	块料楼地面 楼面1	m²	40.31	40.31	
2	020301001	天棚抹灰 面积 天棚1	m²	40.225	40.225	
3	020201001	墙面一般抹灰 内墙面1（砌块）	m²	76.13	76.13	
4	020105003	块料踢脚线 踢脚1	m²	2.39	2.39	

注：与其对称的（6~7）/（C~D）办公室1房间装修工程量相同。

（3）查看"二层（2~3）/（A~B）办公室1"及其对称房间装修软件计算结果

汇总计算后，查看二层（2~3）/（A~B）办公室1房间装修的软件计算结果，见表4.9.8。

表4.9.8　二层（2~3）/（A~B）办公室1房间装修软件手工对照表

序号	编码	项目名称	单位	软件量	手工量	备注
1	020102002	块料楼地面 楼面1	m²	42.05	42.05	
2	020301001	天棚抹灰 面积 天棚1	m²	41.96	41.96	
3	020201001	墙面一般抹灰 内墙面1（砌块）	m²	76.754	76.754	
4	020105003	块料踢脚线 踢脚1	m²	2.45	2.45	

注：与其对称的（6~7）/（A~B）办公室1房间装修工程量相同。

（4）查看"二层（3~4）/（A~B）办公室1"及其对称房间装修软件计算结果

查看二层（3~4）/（A~B）办公室1房间装修的软件计算结果，见表4.9.9。

表4.9.9　二层（3~4）/（A~B）办公室1房间装修软件手工对照表（左侧）

序号	编码	项目名称	单位	软件量	手工量	备注
1	020102002	块料楼地面 楼面1	m²	40.9348	40.9563	圆弧处允许误差
2	020301001	天棚抹灰 面积 天棚1	m²	50.017	50.8101	圆弧处允许误差
3	020201001	墙面一般抹灰 内墙面1（砌块）	m²	60.4761	60.52	圆弧处允许误差
4	020105003	块料踢脚线 踢脚1	m²	1.7187	1.72	圆弧处允许误差

注：与其对称（5~6）/（A~B）天棚工程量为50.0243。

6. 查看"二层办公室 2"房间装修软件计算结果

汇总计算后，查看二层办公室 2 的房间装修软件计算结果，见表 4.9.10。

表 4.9.10　二层办公室 2 房间装修软件手工对照表

序号	编码	项目名称	单位	软件量	手工量	备注
1	020101001	水泥砂浆楼地面 楼面 4	m²	32.4064	32.4064	
2	020301001	天棚抹灰 面积 天棚 1	m²	34.4784	34.5609	表 4.9.10 注解 1 见网站 www.qiaosd.com
3	020201001	墙面一般抹灰 内墙面 1（砌块）	m²	57.921 / 58.021	58.796	外墙装修未画的量 / 外墙装修已画的量 表 4.9.10 注解 2 见网站
4	020201001	墙面一般抹灰 内墙面 1（混凝土）	m²	7.8152 / 7.6152	7.6152	外墙装修未画的量 / 外墙装修已画的量
5	020105001	水泥砂浆踢脚线 踢脚 3	m²	2.712	2.762	表 4.9.10 注解 3 见网站
6	020201001	墙面一般抹灰 内墙面 1（混凝土）	m²	6.712	6.712	
7	020105001	水泥砂浆踢脚线 踢脚 3	m²	0.2	0.2	

注：与其对称办公室 2 天棚工程量为 34.5609。

7. 查看"二层卫生间"房间装修软件计算结果

查看二层卫生间的房间装修软件计算结果，见表 4.9.11。

表 4.9.11　二层卫生间房间装修软件手工对照表

序号	编码	项目名称	单位	软件量	手工量	备注
1	020102002	块料楼地面 楼面 2	m²	22.24	22.24	
2	020302001	天棚吊顶 吊顶 2	m²	22.24	22.24	
3	020204003	块料墙面 内墙面 2	m²	54.7275	54.54	软件多算窗台板侧壁面积 =1.5×0.125=0.1875

注：与其对称的右侧卫生间房间装修工程量相同。

二、二层外装修工程量对照表

根据"建施-08～10"在砌块墙位置点画外墙装修"外墙 1"，在栏板位置点画"外墙 3（混凝土）"就可以了，我们还是分段对照二层的外墙装修的工程量。

（一）二层外装修"外墙 1"软件手工对照

1. 1/A 轴二层外墙 1 软件计算结果

汇总计算后查看 1/A 轴二层外墙 1 软件计算结果，见表 4.9.12。

表 4.9.12　1/A 轴二层外墙 1 软件手工对照表

序号	编码	项目名称	单位	软件量	手工量	备注
1	010803003	保温隔热墙 外墙 1	m²	13.14	12.42	表 4.9.12 注解 1 见网站 www.qiaosd.com
2	020204003	块料墙面 外墙 1	m²	15.065	14.345	表 4.9.12 注解 2 见网站

2. （1～4）/A 轴二层外墙 1 软件计算结果

查看（1～4）/A 轴二层外墙 1 软件计算结果，见表 4.9.13。

表 4.9.13 （1～4）/A 轴二层外墙 1 软件手工对照表

序号	编码	项目名称	单位	软件量	手工量	备注
1	010803003	保温隔热墙 外墙 1	m²	19.5575	19.71	表 4.9.13 注解 1 见网站 www.qiaosd.com
2	020204003	块料墙面 外墙 1	m²	22.2575	22.41	表 4.9.13 注解 2 见网站

3. 1/（A～D）轴二层外墙 1 软件计算结果

查看 1/（A～D）轴二层外墙 1 软件计算结果，见表 4.9.14。

表 4.9.14 1/（A～D）轴二层外墙 1 软件手工对照表

序号	编码	项目名称	单位	软件量	手工量	备注
1	010803003	保温隔热墙 外墙 1	m²	48.8375	48.45	表 4.9.14 注解 1 见网站 www.qiaosd.com
2	020204003	块料墙面 外墙 1	m²	49.8375	49.45	表 4.9.14 注解 2 见网站

4. （1～4）/D 轴二层外墙 1 软件计算结果

查看（1～4）/D 轴二层外墙 1 软件计算结果，见表 4.9.15。

表 4.9.15 （1～4）/D 二层外墙 1 软件手工对照表

序号	编码	项目名称	单位	软件量	手工量	备注
1	010803003	保温隔热墙 外墙 1	m²	39.1	39.64	表 4.9.15 注解 1 见网站 www.qiaosd.com
2	020204003	块料墙面 外墙 1	m²	42.625	41.815	表 4.9.15 注解 2 见网站

5. 二层外墙 1 软件计算结果

用"批量选择"的方法选中二层所有的"外墙 1"，查看二层外墙 1 软件计算结果，见表 4.9.16。

表 4.9.16 二层外墙 1 软件手工对照表

序号	编码	项目名称	单位	软件量	手工量	备注
1	010803003	保温隔热墙 外墙 1	m²	228.13	228.02	见表 4.9.12～表 4.9.15 注解
2	020204003	块料墙面 外墙 1	m²	244.505	241.695	见表 4.9.12～表 4.9.15 注解

（二）二层外装修"外墙 3"软件手工对照

1. 画外墙面 3

在混凝土栏板外画"外墙 3（混凝土）"，如图 4.9.13 所示。

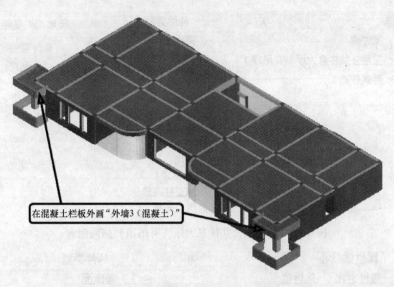

图 4.9.13　二层外墙面 3 示意图

2. 外墙面 3 软件计算结果

汇总计算后用批量选择的方法查看二层外墙面 3 的软件计算结果，见表 4.9.17。

表 4.9.17　二层外墙面 3 软件"做法工程量"

序号	编码	项目名称	单位	软件量	手工量	备注
1	010803003	保温隔热墙 外墙 3（混凝土）	m²	19.356	19.116	三层外装修未画的量
				19.116		三层外装修已画的量
2	020201002	墙面装饰抹灰 外墙 3（混凝土）	m²	19.356	19.116	三层外装修未画的量
				19.116		三层外装修已画的量

第十节　三层装修工程量计算

画三层房间装修：将楼层切换到"第 3 层"→在"定义"状态下，单击"从其他楼层复制构件图元"→在"房间"下拉菜单中勾选"2~3 办公室 1"、"2~3 办公室 2"、"2~3 楼梯间"、"2~3 走廊"、"2~3 卫生间"→单击"确定"。

由于三层公共休息大厅处有部分无顶板，导致公共休息大厅与二层相同位置装修不同，这两个房间需要重新组合。

（一）三层公共休息大厅房间组合

1. 三层公共休息大厅（有吊顶）的房间组合

三层公共休息大厅（有吊顶）的房间组合如图 4.10.1 所示。

2. 三层公共休息大厅（无吊顶）的房间组合

三层公共休息大厅（无吊顶）的房间组合如图 4.10.2 所示。

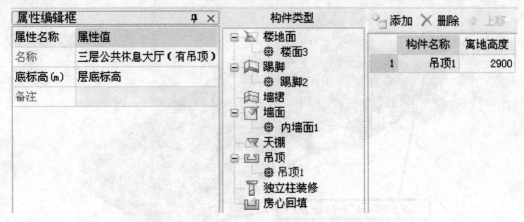

图 4.10.1　三层公共休息大厅（有吊顶）房间组合

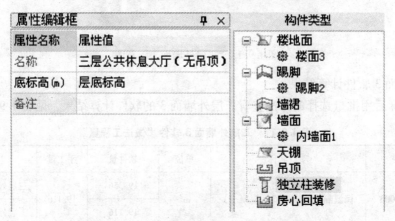

图 4.10.2　三层公共休息大厅（无吊顶）房间组合

（二）画三层房间装修并查看软件计算结果

1. 画三层房间装修

按照二层画栏板装修的方法画三层栏板装修，并且"点"画三层梯柱装修（注意：修改柱顶标高），然后点取三层房间装修，画好的三层装修如图 4.10.3 所示。

图 4.10.3　三层房间装修示意图

2. 查看"三层公共休息大厅（有吊顶）"房间装修软件计算结果

全部汇总计算后，查看三层公共休息大厅（有吊顶）房间装修软件计算结果，见表 4.10.1。

表4.10.1 三层公共休息大厅（有吊顶）房间装修软件手工对照表

序号	编码	项目名称	单位	软件量	手工量	备注
1	020102001	石材楼地面 楼面3	m²	42.32	42.32	
2	020302001	天棚吊顶 吊顶1	m²	42.32	42.32	
3	020201001	墙面一般抹灰 内墙面1（砌块）	m²	30.23	29.21	表4.10.1注解1见网站 www.qiaosd.com
4	020105002	石材踢脚线 踢脚2	m²	1.04	1.01	表4.10.1注解2见网站

3. 画三层公共休息大厅（无吊顶）房间装修并查看软件计算结果

查看三层公共休息大厅（无吊顶）房间装修软件计算结果，见表4.10.2。

表4.10.2 三层公共休息大厅（无吊顶）房间装修软件手工对照表

序号	编码	项目名称	单位	软件量	手工量	备注
1	020102001	石材楼地面 楼面3	m²	31.15	31.15	
2	020201001	墙面一般抹灰 内墙面1（砌块）	m²	43.68	44.7	表4.10.2注解1见网站 www.qiaosd.com
3	020105002	石材踢脚线 踢脚2	m²	1.59	1.62	表4.10.2注解2见网站

（三）画三层外装修

按照二层画外装修的方法画三层外装修。

第十一节 四层装修工程量计算

一、四层室内装修

接下来我们来做四层的室内装修，和其他层一样，需要先把三层的"楼地面"、"踢脚"、"墙面"、"天棚"、"独立柱装修"复制到四层，然后先进行房间组合。

（一）四层房间组合

根据"建施-01"的"室内装修做法表"组合四层的房间。

1. 四层楼梯间的房间组合

四层楼梯间的房间组合，如图4.11.1所示。

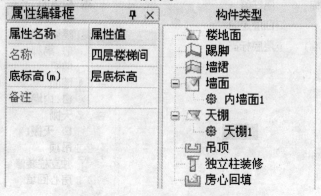

图4.11.1 四层楼梯间的房间组合

465

2. 四层公共休息大厅（有地面）房间组合

四层公共休息大厅（有地面）的房间组合，如图 4.11.2 所示。

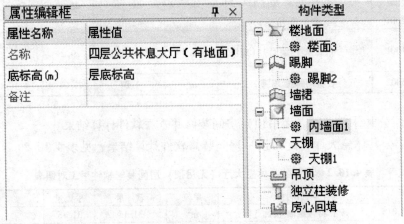

图 4.11.2　四层公共休息大厅（有地面）的房间组合

3. 四层公共休息大厅（无地面）房间组合

四层公共休息大厅（无地面）的房间组合，如图 4.11.3 所示。

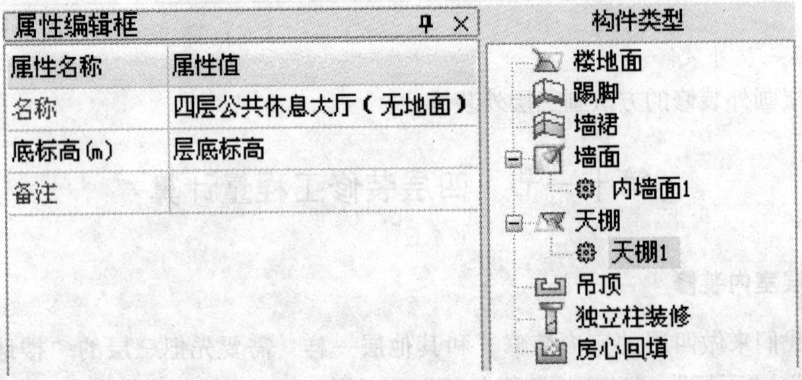

图 4.11.3　四层公共休息大厅（无地面）的房间组合

4. 四层走廊房间组合

四层走廊的房间组合，如图 4.11.4 所示。

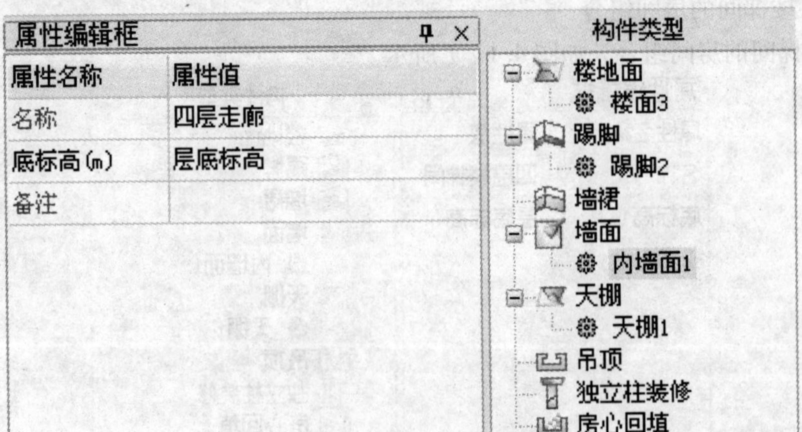

图 4.11.4　四层走廊的房间组合

5. 四层办公室 1 房间组合

四层办公室 1 的房间组合，如图 4.11.5 所示。

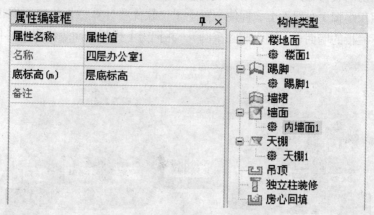

图 4.11.5　四层办公室 1 的房间组合

6. 四层办公室 2 房间组合

四层办公室 2 的房间组合，如图 4.11.6 所示。

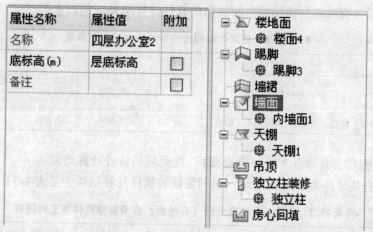

图 4.11.6　四层办公室 2 的房间组合

7. 四层卫生间房间组合

四层卫生间的房间组合，如图 4.11.7 所示。

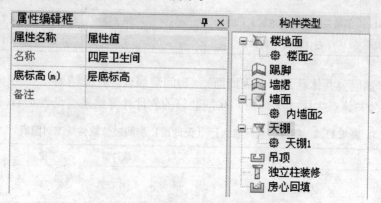

图 4.11.7　四层卫生间的房间组合

（二）画四层房间装修并查看软件计算结果

画好的四层房间装修如图 4.11.8 所示（特别提醒：我们在画四层办公室 2 的时候，有些窗下栏板的墙面积踢脚 3 布置不上，即使布置上了，软件在计算栏板块料面积也会发生错误，我们需要把窗下栏板的墙面积踢脚 3 删除重画），并把窗上栏板墙面装修调为"顶板顶标高"。

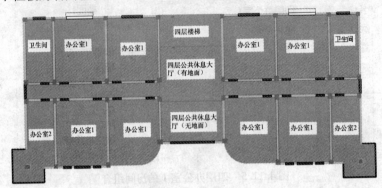

图 4.11.8　四层房间装修示意图

1. 查看"四层楼梯间"房间装修软件计算结果

全部汇总后，查看四层楼梯间房间装修的软件计算结果，见表 4.11.1。

表 4.11.1　四层楼梯间房间装修软件手工对照表

序号	编码	项目名称	单位	软件量	手工量	备注
1	020301001	天棚抹灰 天棚 1	m²	30.822	34.593	表 4.11.1 注解见网站 www.qiaosd.com
2	020201001	墙面一般抹灰 内墙面 1（砌块）	m²	23.608	23.608	

2. 查看"四层公共休息大厅（有地面）"房间装修软件计算结果

查看四层公共休息大厅（有地面）房间装修的软件计算结果，见表 4.11.2。

表 4.11.2　四层公共休息大厅（有地面）房间装修软件手工对照表

序号	编码	项目名称	单位	软件量	手工量	备注
1	020102001	石材楼地面 楼面 3	m²	42.32	42.32	
2	020301001	天棚抹灰 天棚 1	m²	62.953	49.207	表 4.11.2 注解 1 见网站 www.qiaosd.com
3	020201001	墙面一般抹灰 内墙面 1（砌块）	m²	38.852	31.918	表 4.11.2 注解 2 见网站
4	020105002	石材踢脚线 踢脚 2	m²	1.04	1.01	表 4.11.2 注解 3 见网站

3. 查看"四层公共休息大厅（无地面）"房间装修软件计算结果

查看四层公共休息大厅（无地面）房间装修的软件计算结果，见表 4.11.3。

表 4.11.3　四层公共休息大厅（无地面）房间装修软件手工对照表

序号	编码	项目名称	单位	软件量	手工量	备注
1	020301001	天棚抹灰 天棚 1	m²	31.125	34.274	表 4.11.3 注解 1 见网站 www.qiaosd.com
2	020201001	墙面一般抹灰 内墙面 1（砌块）	m²	38.446	39.38	表 4.11.3 注解 2 见网站

4. 查看"四层走廊"房间装修软件计算结果

查看四层走廊房间装修的软件计算结果，见表4.11.4。

表4.11.4 四层走廊房间装修软件手工对照表（左走廊）

序号	编码	项目名称	单位	软件量	手工量	备注
1	020102001	石材楼地面 楼面3	m²	24.48	24.48	
2	020301001	天棚抹灰 天棚1	m²	26.784	26.784	
3	020201001	墙面一般抹灰 内墙面1（砌块）	m²	80.856	80.296	表4.11.4注解1见网站 www.qiaosd.com
4	020105002	石材踢脚线 踢脚2	m²	2.42	2.42	

注：与其对称的右走廊房间装修工程量相同。

5. 查看"四层办公室1"房间装修软件计算结果

（1）查看（3~4）/（C~D）办公室1及其对称房间装修软件计算结果

查看四层（3~4）/（C~D）办公室1房间装修的软件计算结果，见表4.11.5。

表4.11.5 四层（3~4）/（C~D）办公室1房间装修软件手工对照表

序号	编码	项目名称	单位	软件量	手工量	备注
1	020102002	块料楼地面 楼面1	m²	40.31	40.31	
2	020301001	天棚抹灰 天棚1	m²	40.225	40.225	
3	020201001	墙面一般抹灰 内墙面1（砌块）	m²	72.46	72.46	
4	020105003	块料踢脚线 踢脚1	m²	2.39	2.39	

注：与其对称的（5~6）/（C~D）办公室1房间装修工程量相同。

（2）查看（2~3）/（C~D）办公室1及其对称房间装修软件计算结果

查看四层（2~3）/（C~D）办公室1房间装修的软件计算结果，见表4.11.6。

表4.11.6 四层（2~3）/（C~D）办公室1房间装修软件手工对照表

序号	编码	项目名称	单位	软件量	手工量	备注
1	020102002	块料楼地面 楼面1	m²	40.31	40.31	
2	020301001	天棚抹灰 天棚1	m²	40.225	40.225	
3	020201001	墙面一般抹灰 内墙面1（砌块）	m²	71.02	71.02	
4	020105003	块料踢脚线 踢脚1	m²	2.39	2.39	

注：与其对称的（6~7）/（C~D）办公室1房间装修工程量相同。

（3）查看"（2~3）/（A~B）办公室1"及其对称房间装修软件计算结果

查看四层（2~3）/（A~B）办公室1房间装修的软件计算结果，见表4.11.7。

表4.11.7 四层（2~3）/（A~B）办公室1房间装修软件手工对照表

序号	编码	项目名称	单位	软件量	手工量	备注
1	020102002	块料楼地面 楼面1	m²	42.05	42.05	
2	020301001	天棚抹灰 天棚1	m²	41.96	41.96	
3	020201001	墙面一般抹灰 内墙面1（砌块）	m²	71.524	71.524	
4	020105003	块料踢脚线 踢脚1	m²	2.45	2.45	

注：与其对称的（6~7）/（A~B）办公室1房间装修工程量相同。

（4）查看"（3~4）/（A~B）办公室1"及其对称房间装修软件计算结果

查看四层（3~4）/（A~B）办公室1房间装修的软件计算结果，见表4.11.8。

表4.11.8　四层（3~4）/（A~B）办公室1房间装修软件手工对照表

序号	编码	项目名称	单位	软件量	手工量	备注
1	020102002	块料楼地面 楼面1	m²	40.9348	40.9563	圆弧处允许误差
2	020301001	天棚抹灰 天棚1	m²	51.3534	52.1559	表4.11.8注解1 见网站 www.qiaosd.com
3	020201001	墙面一般抹灰 内墙面1（砌块）	m²	56.6696	56.71	表4.11.8注解2 见网站
4	020105003	块料踢脚线 踢脚1	m²	1.7187	1.72	圆弧处允许误差

注：与其对称的（5~6）/（A~B）办公室1房间装修工程量相同。

6．查看"四层办公室2"房间装修软件计算结果

查看四层办公室2的房间装修软件计算结果，见表4.11.9。

表4.11.9　四层办公室2房间装修软件手工对照表（左侧）

序号	编码	项目名称	单位	软件量	手工量	备注
1	020101001	水泥砂浆楼地面 楼面4	m²	32.4064	32.4064	
2	020301001	天棚抹灰 天棚1	m²	35.2209	35.2209	表4.11.9注解1 见网站 www.qiaosd.com
3	020201001	墙面一般抹灰 内墙面1（砌块）	m²	54.416 / 54.516	55.216	外墙装修未画的量 / 外墙装修已画的量 表4.11.9注解2 见网站 www.qiaosd.com
4	020201001	墙面一般抹灰 内墙面1（混凝土）	m²	8.8172 / 8.6172	8.6172	外墙装修未画的量 / 外墙装修已画的量
5	020105001	水泥砂浆踢脚线 踢脚3	m²	2.712	2.762	表4.11.9注解3 见网站
6	020201001	墙面一般抹灰 内墙面1（混凝土）	m²	6.252	6.252	
7	020105001	水泥砂浆踢脚线 踢脚3	m²	0.2	0.2	

注：如果内墙面的工程量手工和软件对不上，是由于我们在"点"房间时软件并没有布置上窗下栏板的一处墙面和踢脚，我们需要将其删除重画，在"踢脚"或墙面状态下分别选中构件，就没有问题了。

7．查看"四层卫生间"房间装修软件计算结果

查看四层卫生间的房间装修软件计算结果，见表4.11.10。

表4.11.10　四层卫生间房间装修软件手工对照表（左侧）

序号	编码	项目名称	单位	软件量	手工量	备注
1	020102002	块料楼地面 楼面2	m²	22.24	22.24	
2	020301001	天棚抹灰 天棚1	m²	22.14	22.14	
3	020204003	块料墙面 内墙面2	m²	62.159	61.9715	软件多算窗台板侧壁面积 1.5×0.125=0.1875

注：与其对称的卫生间房间装修工程量相同。

二、四层外装修工程量计算

根据"建施-08~10"在砌块墙位置点画外墙装修"外墙1"，在栏板位置点画"外墙3（混凝土）"就可以了，我们还是分段对照四层的外墙装修的工程量。

（一）四层外装修"外墙1"软件手工对照

1. 1/A 轴四层外墙 1 软件计算结果

汇总计算后查看 1/A 轴四层外墙 1 软件计算结果，见表 4.11.11。

表 4.11.11　1/A 轴四层外墙 1 软件手工对照表

序号	编码	项目名称	单位	软件量	手工量	备注
1	010803003	保温隔热墙 外墙1	m²	11.66	10.98	表4.11.1 注解1 见网站 www.qiaosd.com
2	020204003	块料墙面 外墙1	m²	13.585	12.905	表4.11.1 注解2 见网站

2. （1~4）/A 轴四层外墙 1 软件计算结果

查看（1~4）/A 轴四层外墙 1 软件计算结果，见表 4.11.12。

表 4.11.12　（1~4）/A 轴四层外墙 1 软件手工对照表

序号	编码	项目名称	单位	软件量	手工量	备注
1	010803003	保温隔热墙 外墙1	m²	17.96	18.12	表4.11.2 注解1 见网站 www.qiaosd.com
2	020204003	块料墙面 外墙1	m²	20.66	20.82	表4.11.2 注解2 见网站

3. 1/（A~D）轴四层外墙 1 软件计算结果

查看 1/（A~D）轴四层外墙 1 软件计算结果，见表 4.11.13。

表 4.11.13　1/（A~D）轴四层外墙 1 软件手工对照表

序号	编码	项目名称	单位	软件量	手工量	备注
1	010803003	保温隔热墙 外墙1	m²	45.88	45.53	表4.11.3 注解1 见网站 www.qiaosd.com
2	020204003	块料墙面 外墙1	m²	46.88	46.53	表4.11.3 注解2 见网站

4. （1~4）/D 轴四层外墙 1 软件计算结果

查看（1~4）/D 轴四层外墙 1 软件计算结果见表 4.11.14。

表 4.11.14　（1~4）/D 四层外墙 1 软件手工对照表

序号	编码	项目名称	单位	软件量	手工量	备注
1	010803003	保温隔热墙 外墙1	m²	35.97	36.48	表4.11.4 注解1 见网站 www.qiaosd.com
2	020204003	块料墙面 外墙1	m²	39.495	38.655	表4.11.4 注解2 见网站

5. 四层外墙 1 软件计算结果

用"批量选择"的方法选中四层所有的"外墙1"，查看四层外墙 1 软件计算结果，见表 4.11.15。

表 4.11.15　四层外墙 1 软件手工对照表

序号	编码	项目名称	单位	软件量	手工量	备注
1	010803003	保温隔热墙 外墙1	m²	211.28	211.24	见表4.11.11~4.11.14 注解
2	020204003	块料墙面 外墙1	m²	227.655	224.915	见表4.11.11~4.11.14 注解

（二）四层外装修"外墙3"软件手工对照

1. 画外墙面3

在混凝土栏板外画"外墙3（混凝土）"，如图4.11.9所示。

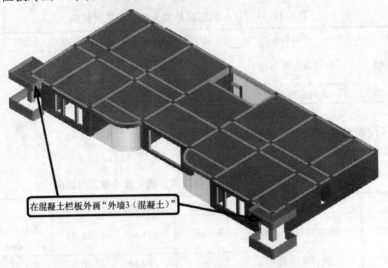

在混凝土栏板外画"外墙3（混凝土）"

图4.11.9 二层外墙面3示意图

2. 外墙面3软件计算结果

汇总计算后用批量选择的方法查看四层外墙面3的软件计算结果，见表4.11.16。

表4.11.16 四层外墙面3软件"做法工程量"

序号	编码	项目名称	单位	软件量	手工量	备注
1	010803003	保温隔热墙 外墙3（混凝土）	m²	16.992	16.992	
2	020201002	墙面装饰抹灰 外墙3（混凝土）	m²	16.992	16.992	

第十二节 屋面层装修工程量计算

一、画屋面1

（一）屋面1的属性和做法

将楼层切换到"屋面层"→单击"其他"前面的"＋"号，使其展开→单击下一级的"屋面"→单击"新建"下拉菜单→单击"新建屋面"→在"属性编辑框"内修改屋面名称为"屋面1（大屋面）"→填写屋面1的属性、做法及项目特征，如图4.12.1所示。

属性名称	属性值		编码	类别	项目名称	单位	工程量表达式	表达式说明
名称	屋面1（大屋面）	1	010702001	项	屋面卷材防水 屋面1（大屋面）	m2	FSMJ	FSMJ〈防水面积〉
顶标高(m)	层底标高							

图4.12.1 屋面1（大屋面）的属性和做法

项目特征：1. 满铺银粉保护剂；2. 防水层（SBS），四周卷边250；3. 20厚1:3水泥砂浆找平层；
   4. 平均40厚1:0.2:3.5水泥粉煤灰页岩陶粒，找2%坡；5. 保温层（采用80厚现喷硬质发泡聚氨酯）

用同样的方法建立"屋面1（阳台雨篷）"的属性和做法，如图4.12.2所示。

属性名称	属性值
名称	屋面1(阳台雨篷)
顶标高(m)	层底标高

	编码	类别	项目名称	单位	工程量表达式	表达式说明
1	010702001	项	屋面卷材防水 屋面1(阳台雨篷)	m2	FSMJ	FSMJ〈防水面积〉

图 4.12.2　屋面 1（阳台雨篷）的属性和做法

项目特征：1. 满铺银粉保护剂；2. 防水层（SBS），四周卷边 250；3. 20 厚 1:3 水泥砂浆找平层；

4. 平均 40 厚 1:0.2:3.5 水泥粉煤灰页岩陶粒，找 2%坡；5. 保温层（采用 80 厚现喷硬质发泡聚氨酯）

（二）画屋面 1

我们用"智能布置"的方法画"屋面 1"，操作步骤如下：

1. 先画女儿墙内的屋面 1

选中"构件名称"下的"屋面 1（大屋面）"→单击"智能布置"下拉菜单→单击"外墙内边线"→单击"批量选择"按钮，弹出"批量选择构件图元"对话框→勾选"女儿墙 240"→单击"确定"→单击右键结束，这样女儿墙内的屋面就布置好了，如图 4.12.3 所示。

图 4.12.3　女儿墙内屋面布置图

2. 画阳台雨篷上屋面 1

选中"构件名称"下的"屋面 1（阳台雨篷）"→单击"智能布置"下拉菜单→单击"外墙内边线，栏板内边线"→分别单击图 4.12.4 所示栏板和女儿墙围成的封闭图形→单击右键结束，用同样的方法布置对称位置的屋面 1（阳台雨篷）。

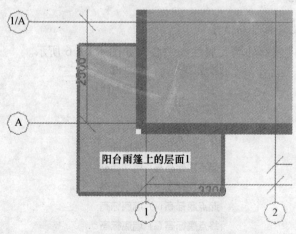

图 4.12.4　布置阳台雨篷上的屋面 1 示意图

3. 定义屋面卷边

选中已经画好的女儿墙内"屋面 1（大屋面）"→单击"定义屋面卷边"下拉菜单→单击"设置所有边"，弹出"请输入屋面卷边高度"对话框→填写屋面卷边高度 250→单击

"确定"，这样女儿墙内屋面卷边就修改好了。

选中已经画好的阳台雨篷上"屋面1（阳台雨篷）"→单击"定义屋面卷边"下拉菜单→单击"设置多边"→分别单击阳台栏板内边线→单击右键出现"请输入屋面卷边高度"对话框→填写屋面卷边高度200→单击"确定"→单击女儿墙外皮的两个边→单击右键出现"请输入屋面卷边高度"对话框→填写屋面卷边高度250→单击"确定"。这样一个阳台雨篷上的屋面1就布置好了，用同样的方法定义对称位置屋面1的卷边。

定义好的屋面卷边如图4.12.5所示。

图4.12.5　屋面及卷边高度示意图

（三）屋面1软件计算结果

汇总计算后用批量选择的方法查看所有屋面1的软件计算结果，见表4.12.1。

表4.12.1　屋面1软件"做法工程量"

序号	编码	项目名称	单位	工程量
1	010702001	屋面卷材防水 屋面1（大屋面）	m²	616.8932
2	010702001	屋面卷材防水 屋面1（阳台雨篷）	m²	22.5458

二、女儿墙内装修

（一）女儿墙内装修属性和做法

定义好的女儿墙内装修外墙5属性和做法，如图4.12.6所示。

属性名称	属性值
名称	外墙5（砖）
所附墙材质	砖
块料厚度(mm)	0
内/外墙面标志	外墙面
起点顶标高(m)	墙顶标高
终点顶标高(m)	墙顶标高
起点底标高(m)	墙底标高
终点底标高(m)	墙底标高

	编码	类别	项目名称	单位	工程量表达式	表达式说明
1	020201001	项	墙面一般抹灰 外墙5（砖）（女儿墙内装修）	m2	QMMHMJ	QMMHMJ〈墙面抹灰面积〉

图4.12.6　女儿墙内装修外墙5的属性和做法

项目特征：1. 6厚1:2.5水泥砂浆罩面；2. 12厚1:3水泥砂浆

（二）画女儿墙内装修

1. 画女儿墙内装修并修改标高

选中"构件名称"下的"外墙5（砖）"→单击"点"按钮→在不显示构造柱和压顶状态下，分别单击女儿墙的内边线→单击右键结束，这样女儿墙内装修就画好了。此时女儿墙内装修虽然画好了，但是标高不对，软件默认女儿墙内装修的顶标高在压顶顶，我们要把它修改到压顶底，用"批量选择"的方法选中"外墙5（砖）"，然后修改"外墙5（砖）"的起点、终点顶标高，如图4.12.7所示。

属性名称	属性值
名称	外墙5（砖）
所附墙材质	砖
块料厚度（m）	0
内/外墙面	外墙面
起点顶标高	墙顶标高-0.06（15.24）
终点顶标高	墙顶标高-0.06（15.24）
起点底标高	墙底标高（14.4）
终点底标高	墙底标高（14.4）

图4.12.7 修改女儿墙内装修的顶标高

2. 画屋面层的栏板内装修

从"建施-11"2号大样图我们看出，屋面层的栏板内装修为"外墙5（混凝土）"，我们需要定义栏板内装修的"外墙5（混凝土）"，如图4.12.8所示。

属性名称	属性值
名称	外墙5（砼）
所附墙材质	现浇混凝土
块料厚度（mm）	0
内/外墙面标志	外墙面
起点顶标高（m）	墙顶标高
终点顶标高（m）	墙顶标高
起点底标高（m）	墙底标高+0.6
终点底标高（m）	墙底标高+0.6

	编码	类别	项目名称	单位	工程量表达式	表达式说明
1	020201001	项	墙面一般抹灰 外墙5（砼）（栏板内装修）	m2	QMMHMJ	QMMHMJ<墙面抹灰面积>

图4.12.8 外墙5（混凝土）的属性和做法

项目特征：1.6厚1:2.5水泥砂浆罩面；2.12厚1:3水泥砂浆

在俯视状态下或在三维状态下画栏板内装修，如图4.12.9所示。

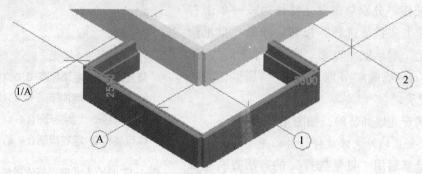

图4.12.9 屋面层栏板内装修示意图

（三）女儿墙内装修软件计算结果

汇总计算后查看屋面层女儿墙和栏板内装修软件计算结果，见表4.12.2。

表4.12.2 屋面层女儿墙和栏板内装修软件"做法工程量"

序号	编码	项目名称	单位	工程量
1	020201001	墙面一般抹灰 外墙5（混凝土）（栏板内装修）	m²	4.008
2	020201001	墙面一般抹灰 外墙5（砖）（女儿墙内装修）	m²	119.0722

三、女儿墙外装修

（一）女儿墙外装修属性和做法

建立好的女儿墙外装修"外墙1（砖）"如图4.12.10所示。

属性名称	属性值
名称	外墙1（砖）
所附墙材质	砖
块料厚度(mm)	0
内/外墙面标志	外墙面
起点顶标高(m)	墙顶标高
终点顶标高(m)	墙顶标高
起点底标高(m)	墙底标高
终点底标高(m)	墙底标高

	编码	类别	项目名称	单位	工程量表达式	表达式说明
1	020204003	项	块料墙面 外墙1（砖）	m2	QMKLMJ	QMKLMJ〈墙面块料面积〉
2	010803003	项	保温隔热墙 外墙1（砖）	m2	QMMHMJ	QMMHMJ〈墙面抹灰面积〉

图4.12.10 女儿墙外装修外墙1（砖）的属性和做法

外墙1（砖）（编码020204003）项目特征：1. 面砖；2. 6厚1:0.2:2.5水泥石灰膏砂浆

外墙1（砖）保温（编码010803003）特征：1. 保温隔热部位：外墙；2. 保温隔热材料品种、规格：50厚聚苯板

（二）画女儿墙外装修

选中"构件名称"下的"外墙1（砖）"→单击"点"按钮→分别单击女儿墙外边线→单击右键结束→单击"批量选择"按钮，弹出"批量选择构件图元"对话框→勾选"外墙1（砖）"→单击"确定"→修改"外墙1（砖）"属性，如图4.12.11所示。

画好的女儿墙外装修，如图4.12.12所示。

（三）女儿墙外装修软件计算结果

汇总计算后用"批量选择"的方法查看屋面层外装修软件计算结果，见表4.12.3。

属性名称	属性值
名称	外墙1（砖）
所附墙材质	砖
块料厚度(m	0
内/外墙面	外墙面
起点顶标高	墙顶标高-0.06(15.24)
终点顶标高	墙顶标高-0.06(15.24)
起点底标高	墙底标高(14.4)
终点底标高	墙底标高(14.4)

图4.12.11 女儿墙外装修属性修改图

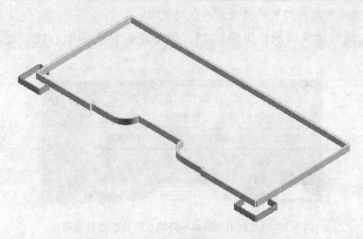

图4.12.12　女儿墙外装修示意图

表4.12.3　屋面层外装修软件"做法工程量"

序号	编码	项目名称	单位	工程量
1	010803003	保温隔热墙　外墙1（砖）	m^2	120.669
2	020204003	块料墙面　外墙1（砖）	m^2	120.669

四、压顶装修工程量计算

我们在计算屋面层主体的时候已经计算出压顶顶面面积，还有压顶内外侧装修和压顶内外底装修没有计算，压顶本身里面没有这个代码，我们用建筑面积来计算压顶的装修面积。

（一）利用建筑面积的外周长计算压顶外侧周长

屋面利用建筑面积的外周长来计算压顶的外侧面积，随意建立一个建筑面积，在屋面层"点"画建筑面积，然后将建筑面积外偏30（这时候建筑面积的外周长就是压顶的外侧周长），具体操作步骤如下：

选择已经画好的建筑面积→单击右键，出现右键菜单→单击"偏移"，弹出"请选择偏移方式"对话框→单击"整体偏移"→单击"确定"→向外挪动鼠标→填写偏移值30（图4.12.13）→敲回车，这样就建筑面积就偏移好了。

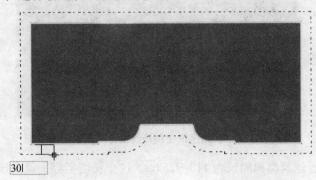

图4.12.13　利用建筑面积外周长计算压顶外侧周长

汇总计算后查看建筑面积周长为113.0982m，这个长度实际上就是压顶的外侧周长。

（二）用建筑面积的外周长计算压顶外底周长

我们把刚才画的建筑面积往里偏移 15，就是压顶外底的中心线长度，如图 4.12.14 所示。

图 4.12.14　利用建筑面积外周长计算压顶外底周长

汇总计算后查看建筑面积周长为 112.9881m，这个长度实际上就是压顶的外底周长。

（三）用建筑面积的外周长计算压顶内底周长

我们把刚才画的建筑面积往里偏移 270，就是压顶内底的中心线长度，如图 4.12.15 所示。

图 4.12.15　利用建筑面积外周长计算压顶内底周长

汇总计算后查看建筑面积周长为 111.0329m，这个长度实际上就是压顶的内底周长。

（四）用建筑面积的外周长计算压顶内侧周长

我们把刚才画的建筑面积往里偏移 15，就是压顶内侧长度，如图 4.12.16 所示。

图 4.12.16　利用建筑面积外周长计算压顶内侧周长

汇总计算后查看建筑面积周长为 110.9259m，这个长度实际上就是压顶的内侧周长。

（五）删除画过的建筑面积

我们用建筑面积算出压顶各个周长以后，要及时将建筑面积删除。

（六）在"表格输入"里计算压顶的装修面积

利用前面算过的各种长度，我们在"表格输入"压顶里建立压顶的各个装修面积，如图 4.12.17 所示。

	新建 × 删除	»		编码	类别	项目名称	单位	工程量表达式	工程量
	名称	数量	1	020204003	项	块料墙面 外墙1(压顶外侧、外底装修)	m2	113.0982*0.06+112.9881*0.03	10.1755
1	YD300*60	1	2	010803003	项	保温隔热墙 外墙1(压顶外侧、外底装修)	m2	113.0982*0.06+112.9881*0.03	10.1755
			3	020201001	项	墙面一般抹灰 面积 外墙5(砼)(压顶内底、内侧装修)	m2	111.0329*0.03+110.9259*0.06	9.9865

图 4.12.17 在表格输入里计算压顶装修面积

外墙 1（编码 020201001002）项目特征：1. 6 厚 1：2.5 水泥砂浆罩面；

　　　　　　　　　　　　　　　　2. 12 厚 1：3 水泥砂浆

外墙 1 保温（编码 010803003001）项目特征：1. 保温隔热部位：外墙；

　　　　　　　　　　　　　　　　　　2. 保温隔热材料品种、规格：50 厚聚苯板

外墙 5（编码 020204003001）项目特征：1. 面砖；

　　　　　　　　　　　　　　　　2. 6 厚 1：0.2：2.5 水泥石灰膏砂浆

五、屋面层工程量软件手工对照表

从"报表预览"里查看屋面层的"定额汇总表"，可以看到屋面层软件计算结果，我们在这里将"定额汇总表"做了一点小小改动，变成了"屋面层实体项目手工软件对照表"，见表 4.12.4。

表 4.12.4 屋面层实体项目软件手工对照表

序号	编码	项目名称	项目特征	单位	软件量	手工量	备注
1	010302001001	实心砖墙 1. 砖品种：实心砖墙 2. 墙体厚度：240 厚 3. 砂浆强度等级、配合比：M5 混合砂浆	1. 砖品种：实心砖墙 2. 墙体厚度：240 厚 3. 砂浆强度等级、配合比：M5 混合砂浆	m³	20.4239	20.3806	允许误差
2	010402001001	矩形柱 1. 柱截面尺寸：GZ-240*240 2. 混凝土强度等级：C25 3. 混凝土要求：预拌混凝土	1. 柱截面尺寸：GZ-240×240 2. 混凝土强度等级：C25 3. 混凝土要求：预拌混凝土	m³	2.0455	2.046	表 4.12.4 注解1 见网站 www.qiaosd.com
3	010402001002	矩形柱 1. 柱截面尺寸：GZ-240×490 2. 混凝土强度等级：C25 3. 混凝土要求：预拌混凝土	1. 柱截面尺寸：GZ-240×490 2. 混凝土强度等级：C25 3. 混凝土要求：预拌混凝土	m³	0.2359	0.2359	表 4.12.4 注解2 见网站

序号	编码	项目名称	项目特征	单位	软件量	手工量	备注
4	010403004001	圈梁　压顶 1. 梁截面：300×60 2. 混凝土强度等级：C25 3. 混凝土要求：预拌混凝土	1. 梁截面：300×60 2. 混凝土强度等级：C25 3. 混凝土要求：预拌混凝土	m³	1.8905	1.8914	表 4.12.4 注解 3 见网站
5	010702001001	屋面卷材防水　屋面 1 （阳台雨篷） 1. 满铺银粉保护剂 2. 防水层（SBS），四周卷边 250 3. 20 厚 1:3 水泥砂浆找平层 4. 平均 40 厚 1:0.2:3.5 水泥粉煤灰页岩陶粒，找 2%坡 5. 保温层（采用 80 厚现喷硬质发泡聚氨酯）	1. 满铺银粉保护剂 2. 防水层（SBS），四周卷边 250 3. 20 厚 1:3 水泥砂浆找平层 4. 平均 40 厚 1:0.2:3.5 水泥粉煤灰页岩陶粒，找 2%坡 5. 保温层（采用 80 厚现喷硬质发泡聚氨酯）	m²	22.5458	22.5458	
6	010702001002	屋面卷材防水　屋面 1 （大屋面） 1. 满铺银粉保护剂 2. 防水层（SBS），四周卷边 250 3. 20 厚 1:3 水泥砂浆找平层 4. 平均 40 厚 1:0.2:3.5 水泥粉煤灰页岩陶粒，找 2%坡 5. 保温层（采用 80 厚现喷硬质发泡聚氨酯）	1. 满铺银粉保护剂 2. 防水层（SBS），四周卷边 250 3. 20 厚 1:3 水泥砂浆找平层 4. 平均 40 厚 1:0.2:3.5 水泥粉煤灰页岩陶粒，找 2%坡 5. 保温层（采用 80 厚现喷硬质发泡聚氨酯）	m²	616.8932	616.8891	允许误差
7	010803003001	保温隔热墙　外墙 1 （压顶外侧、外底装修） 1. 保温隔热部位：外墙 2. 保温隔热材料品种、规格：50 厚聚苯板	1. 保温隔热部位：外墙 2. 保温隔热材料品种、规格：50 厚聚苯板	m²	10.1755	10.1755	
8	010803003002	保温隔热墙　外墙 1 （砖） 1. 保温隔热部位：外墙 2. 保温隔热材料品种、规格：50 厚聚苯板	1. 保温隔热部位：外墙 2. 保温隔热材料品种、规格：50 厚聚苯板	m²	94.7376	94.7375	表 4.12.4 注解 4 见网站

序号	编码	项目名称	项目特征	单位	软件量	手工量	备注
9	020201001001	墙面一般抹灰　外墙5（混凝土）压顶顶装修 1. 6厚1:2.5水泥砂浆罩面 2. 12厚1:3水泥砂浆	1. 6厚1:2.5水泥砂浆罩面 2. 12厚1:3水泥砂浆	m²	33.6012	33.6012	
10	020201001002	墙面一般抹灰面积　外墙5（混凝土）（压顶内底、内侧装修） 1. 6厚1:2.5水泥砂浆罩面 2. 12厚1:3水泥砂浆	1. 6厚1:2.5水泥砂浆罩面 2. 12厚1:3水泥砂浆	m²	9.9865	9.9865	
11	020201001003	墙面一般抹灰　外墙5（砖）（女儿墙内装修） 1. 6厚1:2.5水泥砂浆罩面 2. 12厚1:3水泥砂浆	1. 6厚1:2.5水泥砂浆罩面 2. 12厚1:3水泥砂浆	m²	93.4533	93.3576	表4.12.4注解5见网站
12	020201001004	墙面一般抹灰　外墙5（混凝土）（栏板内装修） 1. 6厚1:2.5水泥砂浆罩面 2. 12厚1:3水泥砂浆	1. 6厚1:2.5水泥砂浆罩面 2. 12厚1:3水泥砂浆	m²	4.008	4.008	
13	020204003001	块料墙面　外墙1（压顶外侧、外底装修） 1. 面砖 2. 6厚1:0.2:2.5水泥石灰膏砂浆	1. 面砖 2. 6厚1:0.2:2.5水泥石灰膏砂浆	m²	10.1755	10.1755	
14	020204003002	块料墙面　外墙1（砖） 1. 面砖 2. 6厚1:0.2:2.5水泥石灰膏砂浆	1. 面砖 2. 6厚1:0.2:2.5水泥石灰膏砂浆	m²	94.7376	94.7375	表4.12.4注解6见网站

用同样的方法查看屋面层措施项目的工程量，见表4.12.5。

表4.12.5　屋面层措施项目软件手工对照表

序号	编码	项目名称	单位	软件量	手工量	备注
1	1.1	混凝土、钢筋混凝土模板及支架　压顶	m²	20.0761	20.162	允许误差
2	1.1	混凝土、钢筋混凝土模板及支架　构造柱	m²	22.1438	22.4424	表4.12.5注解1见网站 www.qiaosd.com

第十三节　其他项目工程量计算

一、画建筑面积

前面我们把每层的六大块已经做完，还有一些建筑面积、脚手架、垂直运输、水电费、平整场地等项目，我们将其归纳为其他项目。

（一）建筑面积等的属性和做法

单击"其他"前面的"＋"号，使其展开→单击下一级"建筑面积"→单击"新建"下拉菜单→单击"新建建筑面积"→修改名称为"建筑面积等"→填写"建筑面积"的属性和做法，如图4.13.1所示。

属性名称	属性值
名称	建筑面积
底标高(m)	层底标高
建筑面积计算	计算全部
备注	

	编码	类别	项目名称	单位	工程量表达式	表达式说明
1	1.2	项	脚手架	m2	MJ	MJ〈面积〉
2	1.3	项	垂直运输机械	m2	MJ	MJ〈面积〉
3	010803006	项	工程水电费	m2	MJ	MJ〈面积〉

根据各省市地区的计算规则不同而发生变化

图4.13.1　建筑面积等项目的属性和做法

（二）画建筑面积

1. 画首层建筑面积

将楼层切换到首层→选中"构件名称"下的"建筑面积等"→单击"点"按钮→单击首层外墙范围内的任意一点，软件会自动找首层的墙外边线布置建筑面积，如图4.13.2所示。

图4.13.2　首层建筑面积布置图

2. 复制首层建筑面积到其他楼层

由于本工程每层建筑面积都是一样的，我们采用复制首层建筑面积到其他层的方法画其他层的建筑面积等项目，操作步骤如下：

选中首层已经画好的"建筑面积等"→单击"楼层"下拉菜单→单击"复制选定图元到其他楼层"，弹出"复制选定图元到其他楼层"对话框→勾选"所有楼层"→取消"屋面层"和"基础层"前面的"√"→单击"确定"→等图元复制成功后单击"确定"，这样首层的建筑面积就复制到了其他层。

（三）建筑面积等软件计算结果

单击"汇总计算"按钮，弹出"确定执行计算汇总"对话框→单击"全选"按钮→取消"屋面层"和"基础层"前面的"√"→单击"确定"→等计算汇总成功后单击"确定"→单击"报表预览"，弹出"设置报表范围"对话框→在"设置构件范围内"分别勾选首层、二层、三层、四层的"建筑面积"→单击"表格输入"页签→取消构件前的"√"→单击"确定"，如图4.13.3所示。

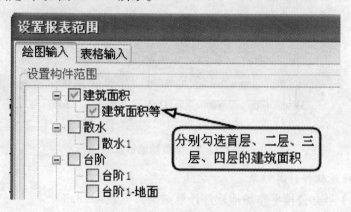

图4.13.3 勾选建筑面积示意图

1号办公楼的建筑面积等软件计算的工程量见表4.13.1、表4.13.2。

表4.13.1 1号办公楼建筑面积实体项目"清单汇总表"

序号	编码	项目名称	单位	工程量	工程量明细	
1	010803006001	工程水电费	m²	2537.7256	2537.7256	0

表4.13.2 1号办公楼建筑面积措施项目"清单汇总表"

序号	编码	项目名称	单位	工程量	工程量明细	
1	1.2	脚手架	m²	2537.7256	2537.7256	0
2	1.3	垂直运输机械	m²	2537.7256	2537.7256	0

二、画平整场地

（一）平整场地的属性和做法

单击"其他"前面的"＋"号，使其展开→单击下一级"平整场地"→单击"新建"下拉菜单→单击"新建平整场地"→修改名称为"平整场地"→填写"平整场地"的属性和做法，如图4.13.4所示。

属性名称	属性值
名称	平整场地
场平方式	机械

	编码	类别	项目名称	单位	工程量表达式	表达式说明
1	010101001	项	平整场地	m2	MJ	MJ〈面积〉

图4.13.4 平整场地的属性和做法

项目特征：土壤类别：三类土

（二）画平整场地

将楼层切换到首层→选中"构件名称"下的"平整场地"→单击"点"按钮→单击首层外墙范围内的任意一点，软件会自动找首层的墙外边线布置平整场地，如图 4.13.5 所示。

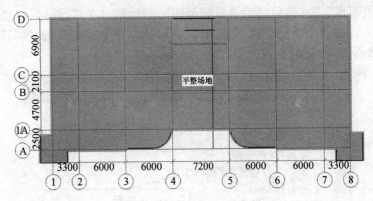

图 4.13.5　平整场地示意图

（三）平整场地软件计算结果

汇总后查看 1 号办公楼平整场地软件计算结果，见表 4.13.3。

表 4.13.3　1 号办公楼平整场地的软件"做法工程量"

序号	编码	项目名称	单位	工程量
1	010101001	平整场地	m²	888.2039

三、水落管

水落管我们在"表格输入"下的"其他"里做，如图 4.13.6 所示。

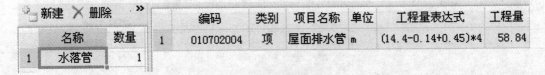

图 4.13.6　水落管表格输入示意图

项目特征：排水管品种、规格：直径 100PVC 管

四、其他项目软件手工对照表

单击"汇总计算"按钮，弹出"确定执行计算汇总"对话框→单击"全选"按钮→取消"屋面层"和"基础层"前面的"√"→单击"确定"→等计算汇总成功后单击"确定"→单击"报表预览"，弹出"设置报表范围"对话框→在"设置构件范围"内分别勾选首层~四层的"建筑面积等"和首层的"平整场地"（图 4.13.7）→单击"表格输入"页签→勾选"水落管"→单击"确定"。

1 号办公楼的其他项目软件计算的工程量见表 4.13.4、表 4.13.5。

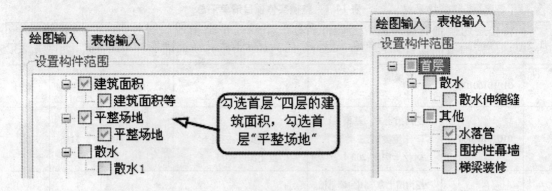

图 4.13.7　表格输入显示勾选示意图

表 4.13.4　1 号办公楼其他项目软件实体项目手工对照表

序号	编码	项目名称	项目特征	单位	软件量	手工量	备注
1	010101001001	平整场地 1. 土壤类别： 三类土	1. 土壤类别： 三类土	m²	634.4314	634.4314	表 4.13.4 注解 1 见网站 www.qiaosd.com
2	010702004001	屋面排水管 1. 排水管品种、规格：直径 100PVC 管	1. 排水管品种、规格：直径 100PVC 管	m	58.84	58.84	
3	010803006001	工程水电费		m²	2537.7256	2537.7256	

表 4.13.5　1 号办公楼其他项目软件措施项目手工对照

序号	编码	项目名称	单位	软件量	手工量	备注
1	1.2	脚手架	m²	2537.7256	2537.7256	
2	1.3	垂直运输机械	m²	2537.7256	2537.7256	

第十四节　整楼软件计算结果汇总表

到此,我们把 1 号办公楼所有的工程量都做完了,我们需要查看整楼清单汇总表,操作步骤如下:

单击"汇总计算"按钮,弹出"确定执行计算汇总"对话框→单击"全选"→单击"确定"等计算汇总结束后单击"确定"→单击"报表预览",弹出"设置报表范围对话框"→在设置构件范围内单击右键→单击"全选"→单击"表格输入"页签→单击右键→单击"全选"→单击"确定"→将"清单汇总表"导入 EXCEL 对量,见表 4.14.1、表 4.14.2。

表 14.1　整楼实体项目清单汇总

序号	编码	项目名称	项目特征	单位	工程量	工程量明细	
						绘图输入	表格输入
1	010101001001	平整场地 1. 土壤类别:三类土	1. 土壤类别:三类土	m²	634.4314	634.4314	0
2	010101003001	挖沟槽土方　基槽－1 1. 土壤类别:三类土 2. 挖土深度:200	1. 土壤类别:三类土 2. 挖土深度:200	m³	8.5116	8.5116	0
3	010101003002	挖沟槽土方　阳台墙基槽 1. 土壤类别:三类土 2. 挖土深度:590	1. 土壤类别:三类土 2. 挖土深度:590	m³	7.3331	7.3331	0
4	010101003003	挖基坑土方 1. 土壤类别:三类土 2. 挖土深度:1450	1. 土壤类别:三类土 2. 挖土深度:1450	m³	390.456	390.456	0
5	010103001001	土(石)方回填　房心回填 1. 土质要求:三类土	1. 土质要求:三类土	m³	126.7271	126.7271	0
6	010103001002	土(石)方回填　基坑回填 1. 土质要求:三类土 2. 夯填(碾压):夯填 3. 运输距离:运距5m外,不考虑运距	1. 土质要求:三类土 2. 夯填(碾压):夯填 3. 运输距离:运距5m外,不考虑运距	m³	246.6938	246.6938	0
7	010103001003	土(石)方回填　基槽回填 1. 土质要求:三类土 2. 夯填(碾压):夯填 3. 运输距离:运距5m外,不考虑运距	1. 土质要求:三类上 2. 夯填(碾压):夯填 3. 运输距离:运距5m外,不考虑运距	m³	0	0	0
8	010103001004	土(石)方回填　阳台墙基槽回填 1. 土质要求:三类土 2. 夯填(碾压):夯填 3. 运输距离:运距5m外,不考虑运距	1. 土质要求:三类土 2. 夯填(碾压):夯填 3. 运输距离:运距5m外,不考虑运距	m³	3.25	3.25	0
9	010301001001	砖基础 1. 基础类型:砖条基 2. 砂浆强度等级:M5水泥砂浆	1. 基础类型:砖条基 2. 砂浆强度等级:M5水泥砂浆	m³	4.0622	4.0622	0

序号	编码	项目名称	项目特征	单位	工程量	工程量明细	
						绘图输入	表格输入
10	010302001001	实心砖墙 1. 砖品种:实心砖墙 2. 墙体厚度:240 3. 砂浆强度等级:M5 混合砂浆	1. 砖品种:实心砖墙 2. 墙体厚度:240 3. 砂浆强度等级:M5 混合砂浆	m^3	20.4239	20.4239	0
11	010304001001	空心砖墙、砌块墙 1. 墙体厚度:250 2. 砌块品种:陶粒砌块 3. 砂浆强度等级:M5 水泥砂浆	1. 墙体厚度:250 2. 砌块品种:陶粒砌块 3. 砂浆强度等级:M5 水泥砂浆	m^3	128.7055	128.7055	0
12	010304001002	空心砖墙、砌块墙 1. 墙体厚度:200 2. 砌块品种:陶粒砌块 3. 砂浆强度等级:M5 水泥砂浆	1. 墙体厚度:200 2. 砌块品种:陶粒砌块 3. 砂浆强度等级:M5 水泥砂浆	m^3	278.089	278.089	0
13	010304001003	空心砖墙、砌块墙 1. 墙体厚度:100 2. 砌块品种:陶粒砌块墙 3. 砂浆强度等级、配合比:M5 水泥砂浆	1. 墙体厚度:100 2. 砌块品种:陶粒砌块墙 3. 砂浆强度等级、配合比:M5 水泥砂浆	m^3	0.8176	0.8176	0
14	010401002001	独立基础 1. 混凝土强度等级:C30 2. 混凝土要求:预拌混凝土	1. 混凝土强度等级:C30 2. 混凝土要求:预拌混凝土	m^3	46.094	46.094	0
15	010401002002	独立基础 1. 混凝土强度等级:C30 2. 混凝土要求:预拌混凝土	1. 混凝土强度等级:C30 2. 混凝土要求:预拌混凝土	m^3	56.142	56.142	0
16	010402001001	矩形柱 1. 柱截面尺寸:500×500 2. 混凝土强度等级:C30 3. 混凝土要求:预拌混凝土	1. 柱截面尺寸:500×500 2. 混凝土强度等级:C30 3. 混凝土要求:预拌混凝土	m^3	109.4	109.4	0
17	010402001002	矩形柱 1. 柱截面尺寸:600×500 2. 混凝土强度等级:C30 3. 混凝土要求:预拌混凝土	1. 柱截面尺寸:600×500 2. 混凝土强度等级:C30 3. 混凝土要求:预拌混凝土	m^3	9.36	9.36	0

续表

序号	编码	项目名称	项目特征	单位	工程量	工程量明细	
						绘图输入	表格输入
18	010402001003	矩形柱 1. 柱截面尺寸:500×600 2. 混凝土强度等级:C30 3. 混凝土要求:预拌混凝土	1. 柱截面尺寸:500×600 2. 混凝土强度等级:C30 3. 混凝土要求:预拌混凝土	m³	9.36	9.36	0
19	010402001004	矩形柱 1. 柱截面尺寸:300×200 2. 混凝土强度等级:C30 3. 混凝土要求:预拌混凝土	1. 柱截面尺寸:300×200 2. 混凝土强度等级:C30 3. 混凝土要求:预拌混凝土	m³	1.017	1.017	0
20	010402001005	矩形柱 1. 柱截面尺寸:GZ-250×250 2. 混凝土强度等级:C25 3. 混凝土要求:预拌混凝土	1. 柱截面尺寸:GZ-250×250 2. 混凝土强度等级:C25 3. 混凝土要求:预拌混凝土	m³	12.5365	12.5365	0
21	010402001006	矩形柱 1. 柱截面尺寸:GZ-240×240 2. 混凝土强度等级:C25 3. 混凝土要求:预拌混凝土	1. 柱截面尺寸:GZ-240×240 2. 混凝土强度等级:C25 3. 混凝土要求:预拌混凝土	m³	2.0455	2.0455	0
22	010402001007	矩形柱 1. 柱截面尺寸:GZ-240×490 2. 混凝土强度等级:C25 3. 混凝土要求:预拌混凝土	1. 柱截面尺寸:GZ-240×490 2. 混凝土强度等级:C25 3. 混凝土要求:预拌混凝土	m³	0.2359	0.2359	0
23	010403002001	矩形梁 1. 梁截面:200×400 2. 混凝土强度等级:C30 3. 混凝土拌合料要求:预拌混凝土	1. 梁截面:200×400 2. 混凝土强度等级:C30 3. 混凝土拌合料要求:预拌混凝土	m³	1.356	1.356	0
24	010403002002	矩形梁 1. 混凝土强度等级:C30 2. 梁截面尺寸:300×550 3. 混凝土要求:预拌混凝土	1. 混凝土强度等级:C30 2. 梁截面尺寸:300×550 3. 混凝土要求:预拌混凝土	m³	44.5305	44.5305	0

序号	编码	项目名称	项目特征	单位	工程量	工程量明细	
						绘图输入	表格输入
25	010403004001	圈梁 1. 梁截面:250×180 2. 混凝土强度等级:C25 3. 混凝土要求:预拌混凝土	1. 梁截面:250×180 2. 混凝土强度等级:C25 3. 混凝土要求:预拌混凝土	m³	10.44	10.44	0
26	010403004002	圈梁　压顶 1. 梁截面:300×60 2. 混凝土强度等级:C25 3. 混凝土要求:预拌混凝土	1. 梁截面:300×60 2. 混凝土强度等级:C25 3. 混凝土要求:预拌混凝土	m³	1.8905	1.8905	0
27	010403004003	圈梁　地圈梁 1. 梁截面:240×240 2. 混凝土强度等级:C25 3. 混凝土要求:预拌混凝土	1. 梁截面:240×240 2. 混凝土强度等级:C25 3. 混凝土要求:预拌混凝土	m³	1.1405	1.1405	0
28	010403005001	过梁 1. 梁截面:截面高400 2. 混凝土强度等级:C25 3. 混凝土要求:预拌混凝土	1. 梁截面:截面高400 2. 混凝土强度等级:C25 3. 混凝土要求:预拌混凝土	m³	0.5	0.5	0
29	010403005002	过梁 1. 梁截面:截面高120 2. 混凝土强度等级:C25 3. 混凝土要求:预拌混凝土	1. 梁截面:截面高120 2. 混凝土强度等级:C25 3. 混凝土要求:预拌混凝土	m³	3.039	3.039	0
30	010403005003	过梁 1. 梁截面:截面高180 2. 混凝土强度等级:C25 3. 混凝土要求:预拌混凝土	1. 梁截面:截面高180 2. 混凝土强度等级:C25 3. 混凝土要求:预拌混凝土	m³	0.7335	0.7335	0
31	010405001001	有梁板 1. 混凝土强度等级:C30 2. 梁截面尺寸:250×500 3. 混凝土要求:预拌混凝土	1. 混凝土强度等级:C30 2. 梁截面尺寸:250×500 3. 混凝土要求:预拌混凝土	m³	11.685	11.685	0
32	010405001002	有梁板 1. 混凝土强度等级:C30 2. 梁截面尺寸:300×500 3. 混凝土要求:预拌混凝土	1. 混凝土强度等级:C30 2. 梁截面尺寸:300×500 3. 混凝土要求:预拌混凝土	m³	69.255	69.255	0

续表

序号	编码	项目名称	项目特征	单位	工程量	工程量明细	
						绘图输入	表格输入
33	010405001003	有梁板 1. 混凝土强度等级:C30 2. 梁截面尺寸:300×600 3. 混凝土要求:预拌混凝土	1. 混凝土强度等级:C30 2. 梁截面尺寸:300×600 3. 混凝土要求:预拌混凝土	m³	76.734	76.734	0
34	010405001004	有梁板 1. 混凝土强度等级:C30 2. 梁截面尺寸:300×550 3. 混凝土要求:预拌混凝土	1. 混凝土强度等级:C30 2. 梁截面尺寸:300×550 3. 混凝土要求:预拌混凝土	m³	4.554	4.554	0
35	010405001005	有梁板 1. 混凝土强度等级:C30 2. 梁截面尺寸:250×600 3. 混凝土要求:预拌混凝土	1. 混凝土强度等级:C30 2. 梁截面尺寸:250×600 3. 混凝土要求:预拌混凝土	m³	2.019	2.019	0
36	010405001006	有梁板 1. 混凝土强度等级:C30 2. 梁截面尺寸:250×500 3. 混凝土要求:预拌混凝土	1. 混凝土强度等级:C30 2. 梁截面尺寸:250×500 3. 混凝土要求:预拌混凝土	m³	2.2125	2.2125	0
37	010405001007	有梁板 1. 板厚度:120 2. 混凝土强度等级:C30 3. 混凝土要求:预拌混凝土	1. 板厚度:120 2. 混凝土强度等级:C30 3. 混凝土要求:预拌混凝土	m³	76.4588	76.4588	0
38	010405001008	有梁板 1. 板厚度:130 2. 混凝土强度等级:C30 3. 混凝土要求:预拌混凝土	1. 板厚度:130 2. 混凝土强度等级:C30 3. 混凝土要求:预拌混凝土	m³	35.5486	35.5486	0
39	01040500109	有梁板 1. 板厚度:160 2. 混凝土强度等级:C30 3. 混凝土要求:预拌混凝土	1. 板厚度:160 2. 混凝土强度等级:C30 3. 混凝土要求:预拌混凝土	m³	174.8736	174.8736	0

序号	编码	项目名称	项目特征	单位	工程量	工程量明细	
						绘图输入	表格输入
40	010405006001	栏板 1. 板厚度:100 2. 混凝土强度等级:C30 3. 混凝土要求:预拌混凝土	1. 板厚度:100 2. 混凝土强度等级:C30 3. 混凝土要求:预拌混凝土	m³	6.6872	6.6872	0
41	010405008001	雨篷、阳台板 1. 混凝土强度等级:C30 2. 板厚:140 3. 混凝土要求:预拌混凝土	1. 混凝土强度等级:C30 2. 板厚:140 3. 混凝土要求:预拌混凝土	m³	10.3332	10.3332	0
42	010405009001	其他板　飘窗底板 1. 混凝土强度等级:C30 2. 板厚:100 3. 混凝土要求:预拌混凝土	1. 混凝土强度等级:C30 2. 板厚:100 3. 混凝土要求:预拌混凝土	m³	1.632	1.632	0
43	010405009002	其他板　飘窗顶板 1. 混凝土强度等级:C30 2. 板厚:100 3. 混凝土要求:预拌混凝土	1. 混凝土强度等级:C30 2. 板厚:100 3. 混凝土要求:预拌混凝土	m³	1.632	1.632	0
44	010406001001	直形楼梯 1. 混凝土强度等级:C30 2. 混凝土要求:预拌混凝土	1. 混凝土强度等级:C30 2. 混凝土要求:预拌混凝土	m²	67.2	67.2	0
45	010407001001	其他构件 1. 混凝土强度等级:C30 2. 截面尺寸:飘窗下混凝土 250×700 3. 混凝土要求:预拌混凝土	1. 混凝土强度等级:C30 2. 截面尺寸:飘窗下混凝土 250×700 3. 混凝土要求:预拌混凝土	m³	3.57	3.57	0
46	010407001002	其他构件 1. 混凝土强度等级:C30 2. 截面尺寸:飘窗上混凝土 250×300 3. 混凝土要求:预拌混凝土	1. 混凝土强度等级:C30 2. 截面尺寸:飘窗上混凝土 250×300 3. 混凝土要求:预拌混凝土	m³	0.51	0.51	0

续表

序号	编码	项目名称	项目特征	单位	工程量	工程量明细	
						绘图输入	表格输入
47	010407001003	其他构件 1. 混凝土强度等级:C30 2. 截面尺寸:飘窗下混凝土 250×400 3. 混凝土要求:预拌混凝土	1. 混凝土强度等级:C30 2. 截面尺寸:飘窗下混凝土 250×400 3. 混凝土要求:预拌混凝土	m³	0.68	0.68	0
48	010407002001	散水、坡道 1. 面层材料:60 厚 C15 混凝土垫层,撒 1:1 水泥砂子压实赶光 2. 垫层材料种类、厚度:150 厚 3:7 灰土宽出面层 300 3. 填塞材料种类:沥青砂浆	1. 面层材料:60 厚 C15 混凝土垫层,撒 1:1 水泥砂子压实赶光 2. 垫层材料种类、厚度:150 厚 3:7 灰土宽出面层 300 3. 填塞材料种类:沥青砂浆	m²	113.49	113.49	0
49	010702001001	屋面卷材防水　屋面 1（阳台雨篷） 1. 满铺银粉保护剂 2. 防水层(SBS),四周卷边 250 3. 20 厚 1:3 水泥砂浆找平层 4. 平均 40 厚 1:0.2:3.5 水泥粉煤灰页岩陶粒,找 2%坡 5. 保温层(采用 80 厚现喷硬质发泡聚氨酯)	1. 满铺银粉保护剂 2. 防水层(SBS),四周卷边 250 3. 20 厚 1:3 水泥砂浆找平层 4. 平均 40 厚 1:0.2:3.5 水泥粉煤灰页岩陶粒,找 2%坡 5. 保温层(采用 80 厚现喷硬质发泡聚氨酯)	m²	22.5458	22.5458	0
50	010702001002	屋面卷材防水　屋面 1（大屋面） 1. 满铺银粉保护剂 2. 防水层(SBS),四周卷边 250 3. 20 厚 1:3 水泥砂浆找平层 4. 平均 40 厚 1:0.2:3.5 水泥粉煤灰页岩陶粒,找 2%坡 5. 保温层(采用 80 厚现喷硬质发泡聚氨酯)	1. 满铺银粉保护剂 2. 防水层(SBS),四周卷边 250 3. 20 厚 1:3 水泥砂浆找平层 4. 平均 40 厚 1:0.2:3.5 水泥粉煤灰页岩陶粒,找 2%坡 5. 保温层(采用 80 厚现喷硬质发泡聚氨酯)	m²	616.8932	616.8932	0

序号	编码	项目名称	项目特征	单位	工程量	工程量明细	
						绘图输入	表格输入
51	010702003001	屋面刚性防水 飘窗顶板 1. 防水层厚度:20 2. 防水层做法:防水砂浆	1. 防水层厚度:20 2. 防水层做法:防水砂浆	m²	23.52	23.52	0
52	010702004001	屋面 排水管 1. 排水管品种、规格:直径100PVC管	1. 排水管品种、规格:直径100PVC管	m	58.84	0	58.84
53	010803003001	保温隔热墙 飘窗底板（底面） 1. 保温隔热部位:飘窗底板(底面) 2. 保温隔热面层材料品种、规格:50厚聚苯板	1. 保温隔热部位:飘窗底板(底面) 2. 保温隔热面层材料品种、规格:50厚聚苯板	m²	16.32	16.32	0
54	010803003002	保温隔热墙 飘窗底板（侧、顶面） 1. 保温隔热部位:飘窗底板(侧、顶面) 2. 保温隔热面层材料品种、规格:30厚聚苯板	1. 保温隔热部位:飘窗底板(侧、顶面) 2. 保温隔热面层材料品种、规格:30厚聚苯板	m²	7.2	7.2	0
55	010803003003	保温隔热墙 外墙2 1. 保温隔热材料品种、规格:35厚聚苯板	1. 保温隔热材料品种、规格:35厚聚苯板	m²	117.7675	117.7675	0
56	010803003004	保温隔热墙 外墙1 1. 保温隔热部位:外墙 2. 保温隔热材料品种、规格:50厚聚苯板	1. 保温隔热部位:外墙 2. 保温隔热材料品种、规格:50厚聚苯板	m²	832.16	832.16	0
57	010803003005	保温隔热墙 外墙3(砌) 1. 保温隔热部位:外墙 2. 保温隔热材料品种、规格:50厚聚苯板	1. 保温隔热部位:外墙 2. 保温隔热材料品种、规格:50厚聚苯板	m²	15.93	15.93	0
58	010803003006	保温隔热墙 飘窗顶板（顶面） 1. 保温隔热部位:飘窗顶板(顶面) 2. 保温隔热面层材料品种、规格:50厚聚苯板	1. 保温隔热部位:飘窗顶板(顶面) 2. 保温隔热面层材料品种、规格:50厚聚苯板	m²	16.32	16.32	0

续表

序号	编码	项目名称	项目特征	单位	工程量	工程量明细	
						绘图输入	表格输入
59	010803003007	保温隔热墙　飘窗顶板（侧、底面） 1. 保温隔热部位:飘窗顶板(侧、底面) 2. 保温隔热面层材料品种、规格:30 厚聚苯板	1. 保温隔热部位:飘窗顶板(侧、底面) 2. 保温隔热面层材料品种、规格:30 厚聚苯板	m²	7.2	7.2	0
60	010803003008	保温隔热墙　外墙 3（混凝土） 1. 保温隔热部位:外墙 2. 保温隔热材料品种、规格:50 厚聚苯板	1. 保温隔热部位:外墙 2. 保温隔热材料品种、规格:50 厚聚苯板	m²	80.714	80.714	0
61	010803003009	保温隔热墙　外墙 1(砖) 1. 保温隔热部位:外墙 2. 保温隔热材料品种、规格:50 厚聚苯板	1. 保温隔热部位:外墙 2. 保温隔热材料品种、规格:50 厚聚苯板	m²	94.7376	94.7376	0
62	010803003010	保温隔热墙　外墙 1（压顶外侧、外底装修） 1. 保温隔热部位:外墙 2. 保温隔热材料品种、规格:50 厚聚苯板	1. 保温隔热部位:外墙 2. 保温隔热材料品种、规格:50 厚聚苯板	m²	10.1755	0	10.1755
63	020101001001	水泥砂浆楼地面　地面4 1.20 厚 1:2.5 水泥砂浆 2.50 厚 C10 混凝土 3.150 厚 5-32 卵石灌 M2.5 混合砂浆	1.20 厚 1:2.5 水泥砂浆 2.50 厚 C10 混凝土 3.150 厚 5-32 卵石灌 M2.5 混合砂浆	m²	64.8128	64.8128	0
64	020101001002	水泥砂浆楼地面　楼面4 1.20 厚 1:2.5 水泥砂浆压实赶光 2.40 厚 CL7.5 轻集料混凝土	1.20 厚 1:2.5 水泥砂浆压实赶光 2.40 厚 CL7.5 轻集料混凝土	m²	194.4384	194.4384	0
65	020102001001	石材楼地面　楼面3 1. 大理石板(尺寸 800×800) 2.30 厚 1:3 干硬性水泥砂浆 3.40 厚 1:1.6 水泥粗砂焦渣垫层	1. 大理石板(尺寸 800×800) 2.30 厚 1:3 干硬性水泥砂浆 3.40 厚 1:1.6 水泥粗砂焦渣垫层	m²	304.99	304.99	0

序号	编码	项目名称	项目特征	单位	工程量	工程量明细	
						绘图输入	表格输入
66	020102002001	块料楼地面　楼面2 1. 防滑地砖(尺寸400×400) 2.20厚1:2干硬性水泥砂浆 3.1.5厚聚氨酯涂膜防水层靠墙处卷边150 4.20厚1:3水泥砂浆找平层 5. 平均35厚C15细石混凝土从门口向地漏,找1%坡	1. 防滑地砖(尺寸400×400) 2.20厚1:2干硬性水泥砂浆 3.1.5厚聚氨酯涂膜防水层靠墙处卷边150 4.20厚1:3水泥砂浆找平层 5. 平均35厚C15细石混凝土从门口向地漏,找1%坡	m²	133.44	133.44	0
67	020102002002	块料楼地面　台阶1-地面 1. 面层材料品种:花岗岩板铺面,正、背面及四周边满涂防污剂 2. 结合层厚度、砂浆配合比:30厚1:4硬水泥砂浆 3. 垫层材料种类、厚度:C15混凝土垫层、100厚 4. 垫层材料种类、厚度:3:7灰土垫层、300厚	1. 面层材料品种:花岗岩板铺面,正、背面及四周边满涂防污剂 2. 结合层厚度、砂浆配合比:30厚1:4硬水泥砂浆 3. 垫层材料种类、厚度:C15混凝土垫层、100厚 4. 垫层材料种类、厚度:3:7灰土垫层、300厚	m²	27.4223	27.4223	0
68	020102002003	块料楼地面　地面1 1. 大理石板(尺寸800×800) 2.30厚1:3干硬性水泥砂浆 3. 100厚C10混凝土垫层 4.150厚3:7灰土垫层	1. 大理石板(尺寸800×800) 2.30厚1:3干硬性水泥砂浆 3. 100厚C10混凝土垫层 4.150厚3:7灰土垫层	m²	122.43	122.43	0
69	020102002004	块料楼地面　地面2 1. 石塑防滑地砖,建筑胶粘剂粘铺 2.30厚C15细石混凝土 3.3厚高聚物改性沥青涂膜,四周往上卷150高 4.35厚C15细石混凝土 5.150厚3:7灰土垫层	1. 石塑防滑地砖,建筑胶粘剂粘铺 2.30厚C15细石混凝土 3.3厚高聚物改性沥青涂膜,四周往上卷150高 4.35厚C15细石混凝土 5.150厚3:7灰土垫层	m²	44.48	44.48	0

续表

序号	编码	项目名称	项目特征	单位	工程量	工程量明细	
						绘图输入	表格输入
70	020102002005	块料楼地面　地面3 1. 高级地砖,建筑胶粘剂粘铺 2. 20厚1:2干硬性水泥砂浆 3. 50厚C10混凝土 4. 150厚5-32卵石灌M2.5混合砂浆	1. 高级地砖,建筑胶粘剂粘铺 2. 20厚1:2干硬性水泥砂浆 3. 50厚C10混凝土 4. 150厚5-32卵石灌M2.5混合砂浆	m²	351.7096	351.7096	0
71	020102002006	块料楼地面　楼面1 1. 高级地砖 2. 6厚建筑胶水泥砂浆 3. 20厚1:3水泥砂浆	1. 高级地砖 2. 6厚建筑胶水泥砂浆 3. 20厚1:3水泥砂浆	m²	981.6288	981.6288	0
72	020105001001	水泥砂浆踢脚线　踢脚3 1. 6厚1:2.5水泥砂浆(高度为100) 2. 6厚1:3水泥砂浆	1. 6厚1:2.5水泥砂浆(高度为100) 2. 6厚1:3水泥砂浆	m²	21.696	21.696	0
73	020105001002	水泥砂浆踢脚线　踢脚3 1. 6厚1:2.5水泥砂浆(高度为100) 2. 6厚1:3水泥砂浆	1. 6厚1:2.5水泥砂浆(高度为100) 2. 6厚1:3水泥砂浆	m²	1.6	1.6	0
74	020105002001	石材踢脚线　踢脚2 1. 大理石(用800×100深色地砖,高度为100) 2. 10厚1:2水泥砂浆(内掺建筑胶)	1. 大理石(用800×100深色地砖,高度为100) 2. 10厚1:2水泥砂浆(内掺建筑胶)	m²	24.07	24.07	0
75	020105003001	块料踢脚线　踢脚1 1. 防滑地砖(用400×100深色地砖,高度为100) 2. 8厚1:2水泥砂浆(内掺建筑胶) 3. 5厚1:3水泥砂浆	1. 防滑地砖(用400×100深色地砖,高度为100) 2. 8厚1:2水泥砂浆(内掺建筑胶) 3. 5厚1:3水泥砂浆	m²	72.32	72.32	0
76	020106002001	块料楼梯面层 1. 面层材料品种:地砖	1. 面层材料品种:地砖	m²	67.2	67.2	0
77	020107001001	金属扶手带栏杆、栏板护窗栏杆 1. 扶手材料种类:不锈钢 2. 栏杆材料种类:不锈钢	1. 扶手材料种类:不锈钢 2. 栏杆材料种类:不锈钢	m	85.8128	85.8128	0

序号	编码	项目名称	项目特征	单位	工程量	工程量明细	
						绘图输入	表格输入
78	020107001002	金属扶手带栏杆、栏板阳台栏杆 1. 扶手材料种类:不锈钢 2. 栏杆材料种类:不锈钢	1. 扶手材料种类:不锈钢 2. 栏杆材料种类:不锈钢	m	78.56	78.56	0
79	020107001003	金属扶手带栏杆、栏板玻璃栏板 1. 扶手材料种类:不锈钢 2. 栏板材料种类:玻璃	1. 扶手材料种类:不锈钢 2. 栏板材料种类:玻璃	m	13.4	13.4	0
80	020107002001	硬木扶手带栏杆、栏板楼梯栏杆(平段) 1. 栏杆材料种类:铁栏杆 2. 油漆品种、刷漆遍数(栏杆):防锈漆一遍,耐酸漆两遍 3. 油漆品种、刷漆遍数(扶手):底油一遍,调和漆两遍	1. 栏杆材料种类:铁栏杆 2. 油漆品种、刷漆遍数(栏杆):防锈漆一遍,耐酸漆两遍 3. 油漆品种、刷漆遍数(扶手):底油一遍,调和漆两遍	m	12.175	12.175	0
81	020107002002	硬木扶手带栏杆、栏板楼梯栏杆(斜段) 1. 栏杆材料种类:铁栏杆 2. 油漆品种、刷漆遍数(栏杆):防锈漆一遍,耐酸漆两遍 3. 油漆品种、刷漆遍数(扶手):底油一遍,调和漆两遍	1. 栏杆材料种类:铁栏杆 2. 油漆品种、刷漆遍数(栏杆):防锈漆一遍,耐酸漆两遍 3. 油漆品种、刷漆遍数(扶手):底油一遍,调和漆两遍	m	49.68	49.68	0
82	020108002001	块料台阶面　台阶1 1. 面层材料品种:花岗岩板铺面,正、背面及四周边满涂防污剂 2. 粘结层材料种类:30厚1:4硬水泥砂浆 3. 垫层材料种类、厚度:C15混凝土垫层、100厚 4. 垫层材料种类、厚度:3:7灰土垫层、300厚	1. 面层材料品种:花岗岩板铺面,正、背面及四周边满涂防污剂 2. 粘结层材料种类:30厚1:4硬水泥砂浆 3. 垫层材料种类、厚度:C15混凝土垫层、100厚 4. 垫层材料种类、厚度:3:7灰土垫层、300厚	m²	13.86	13.86	0

续表

序号	编码	项目名称	项目特征	单位	工程量	工程量明细	
						绘图输入	表格输入
83	020201001001	墙面一般抹灰 飘窗底板装修 1. 墙体类型:飘窗底板(外墙装修) 2. 底层做法:20厚1:3水泥砂浆 3. 面层做法:外墙涂料	1. 墙体类型:飘窗底板(外墙装修) 2. 底层做法:20厚1:3水泥砂浆 3. 面层做法:外墙涂料	m²	23.52	23.52	0
84	020201001002	墙面一般抹灰 内墙面1(砌块) 1. 喷水性耐擦洗涂料 2. 5厚1:2.5水泥砂浆 3. 9厚1:3水泥砂浆	1. 喷水性耐擦洗涂料 2. 5厚1:2.5水泥砂浆 3. 9厚1:3水泥砂浆	m²	3707.3178	3707.3178	0
85	020201001003	墙面一般抹灰 外墙5(混凝土)(女儿墙内装修) 1. 6厚1:2.5水泥砂浆罩面 2. 12厚1:3水泥砂浆	1. 6厚1:2.5水泥砂浆罩面 2. 12厚1:3水泥砂浆	m²	93.4537	93.4537	0
86	020201001004	墙面一般抹灰 外墙5(混凝土)(栏板顶装修) 1. 6厚1:2.5水泥砂浆罩面 2. 12厚1:3水泥砂浆	1. 6厚1:2.5水泥砂浆罩面 2. 12厚1:3水泥砂浆	m²	2.064	2.064	0
87	020201001005	墙面一般抹灰 外墙5(混凝土)压顶顶装修 1. 6厚1:2.5水泥砂浆罩面 2. 12厚1:3水泥砂浆	1. 6厚1:2.5水泥砂浆罩面 2. 12厚1:3水泥砂浆	m²	33.6012	33.6012	0
88	020201001006	墙面一般抹灰 内墙面1(混凝土)梯柱 1. 喷水性耐擦洗涂料 2. 5厚1:2.5水泥砂浆 3. 9厚1:3水泥砂浆	1. 喷水性耐擦洗涂料 2. 5厚1:2.5水泥砂浆 3. 9厚1:3水泥砂浆	m²	10.34	10.34	0
89	020201001007	墙面一般抹灰 内墙面1(混凝土) 1. 喷水性耐擦洗涂料 2.5厚1:2.5水泥砂浆 3.9厚1:3水泥砂浆	1. 喷水性耐擦洗涂料 2.5厚1:2.5水泥砂浆 3.9厚1:3水泥砂浆	m²	53.976	53.976	0

序号	编码	项目名称	项目特征	单位	工程量	工程量明细	
						绘图输入	表格输入
90	020201001008	墙面一般抹灰　内墙面1（混凝土） 1. 喷水性耐擦洗涂料 2. 5厚1:2.5水泥砂浆 3. 9厚1:3水泥砂浆	1. 喷水性耐擦洗涂料 2. 5厚1:2.5水泥砂浆 3. 9厚1:3水泥砂浆	m²	60.9216	60.9216	0
91	020201001009	墙面一般抹灰　飘窗顶板装修 1. 墙体类型:飘窗顶板（外墙装修） 2. 面层做法:外墙涂料	1. 墙体类型:飘窗顶板（外墙装修） 2. 面层做法:外墙涂料	m²	7.2	7.2	0
92	020201001010	墙面一般抹灰　外墙5（混凝土）（栏板内装修） 1. 6厚1:2.5水泥砂浆罩面 2. 12厚1:3水泥砂浆	1. 6厚1:2.5水泥砂浆罩面 2. 12厚1:3水泥砂浆	m²	4.008	4.008	0
93	020201001011	墙面一般抹灰　面积外墙5（混凝土）（压顶内底、内侧装修） 1. 6厚1:2.5水泥砂浆罩面 2. 12厚1:3水泥砂浆	1. 6厚1:2.5水泥砂浆罩面 2. 12厚1:3水泥砂浆	m²	9.9865	0	9.9865
94	020201002001	墙面装饰抹灰　外墙3（砌） 1. 喷HJ80-1型无机建筑涂料 2. 6厚1:2.5水泥砂浆 3. 12厚1:3水泥砂浆	1. 喷HJ80-1型无机建筑涂料 2. 6厚1:2.5水泥砂浆 3. 12厚1:3水泥砂浆	m²	15.93	15.93	0
95	020201002002	墙面装饰抹灰　外墙3（混凝土） 1. 喷HJ80-1型无机建筑涂料 2. 6厚1:2.5水泥砂浆 3. 12厚1:3水泥砂浆	1. 喷HJ80-1型无机建筑涂料 2. 6厚1:2.5水泥砂浆 3. 12厚1:3水泥砂浆	m²	80.714	80.714	0
96	020204001001	石材墙面　墙裙1 1. 大理石板,正、背面及四周边满刷防污剂 2. 6厚1:0.5:2.5水泥石灰砂浆 3. 8厚1:3水泥石灰砂浆	1. 大理石板,正、背面及四周边满刷防污剂 2. 6厚1:0.5:2.5水泥石灰砂浆 3. 8厚1:3水泥石灰砂浆	m²	25.86	25.86	0

续表

序号	编码	项目名称	项目特征	单位	工程量	工程量明细	
						绘图输入	表格输入
97	020204003001	块料墙面　内墙面2 1. 釉面砖面层（200×300 高级面砖） 2. 5 厚 1:2 建筑水泥砂浆 3. 9 厚 1:3 建筑水泥砂浆	1. 釉面砖面层（200×300 高级面砖） 2. 5 厚 1:2 建筑水泥砂浆 3. 9 厚 1:3 建筑水泥砂浆	m²	468.798	468.798	0
98	020204003002	块料墙面　外墙2 1. 轻钢龙骨 2. 竖向龙骨间整个墙面用聚合物砂浆粘贴35厚聚苯保温板	1. 轻钢龙骨 2. 竖向龙骨间整个墙面用聚合物砂浆粘贴35厚聚苯保温板	m²	123.4925	123.4925	0
99	020204003003	块料墙面　外墙1 1. 面砖 2. 6 厚 1:0.2:2.5 水泥石灰膏砂浆	1. 面砖 2. 6 厚 1:0.2:2.5 水泥石灰膏砂浆	m²	891.135	891.135	0
100	020204003004	块料墙面　外墙1(砖) 1. 面砖 2. 6 厚 1:0.2:2.5 水泥石灰膏砂浆	1. 面砖 2. 6 厚 1:0.2:2.5 水泥石灰膏砂浆	m²	94.7376	94.7376	0
101	020204003005	块料墙面　外墙1(压顶外侧、外底装修) 1. 面砖 2. 6 厚 1:0.2:2.5 水泥石灰膏砂浆	1. 面砖 2. 6 厚 1:0.2:2.5 水泥石灰膏砂浆	m²	10.1755	0	10.1755
102	020210001001	带骨架幕墙 1. 面层材料品种、规格：玻璃幕墙	1. 面层材料品种、规格：玻璃幕墙	m²	303.1776	0	303.1776
103	020301001001	天棚抹灰　楼梯底部装修 1. 面层材质:喷水性耐擦洗涂料 2. 基层类型:3 厚 1:2.5 水泥砂浆 3. 基层类型:5 厚 1:3 水泥砂浆	1. 面层材质:喷水性耐擦洗涂料 2. 基层类型:3 厚 1:2.5 水泥砂浆 3. 基层类型:5 厚 1:3 水泥砂浆	m²	77.28	77.28	0

序号	编码	项目名称	项目特征	单位	工程量	工程量明细	
						绘图输入	表格输入
104	020301001002	天棚抹灰　天棚1 1. 喷水性耐擦洗涂料 2. 3 厚 1:2.5 水泥砂浆 3. 5 厚 1:3 水泥砂浆	1. 喷水性耐擦洗涂料 2. 3 厚 1:2.5 水泥砂浆 3. 5 厚 1:3 水泥砂浆	m²	1537.8046	1537.8046	0
105	020301001003	天棚抹灰　天棚1 1. 面层材质:喷水性耐擦洗涂料 2. 抹灰厚度、材料种类:3 厚 1:2.5 水泥砂浆 3. 基层类型:5 厚 1:3 水泥砂浆	1. 面层材质:喷水性耐擦洗涂料 2. 抹灰厚度、材料种类:3 厚 1:2.5 水泥砂浆 3. 基层类型:5 厚 1:3 水泥砂浆	m²	9.6	9.6	0
106	020301001004	天棚抹灰　天棚1　梯梁 1. 面层材质:喷水性耐擦洗涂料 2. 基层类型:3 厚 1:2.5 水泥砂浆 3. 基层类型:5 厚 1:3 水泥砂浆	1. 面层材质:喷水性耐擦洗涂料 2. 基层类型:3 厚 1:2.5 水泥砂浆 3. 基层类型:5 厚 1:3 水泥砂浆	m²	7.155	0	7.155
107	020302001001	天棚吊顶　吊顶1 1. 1.0 厚铝合金条板 2. U 型轻钢次龙骨 LB45×48,中距≤1500 3. U 型轻钢次龙骨 LB38×12,中距≤1500 与钢筋吊杆固定 4. 一级 6 钢筋吊杆,中距横向≤1500 纵向≤1200	1. 1.0 厚铝合金条板 2. U 型轻钢次龙骨 LB45×48,中距≤1500 3. U 型轻钢次龙骨 LB38×12,中距≤1500 与钢筋吊杆固定 4. 一级 6 钢筋吊杆,中距横向≤1500 纵向≤1200	m²	632.1996	632.1996	0
108	020302001002	天棚吊顶　吊顶2 1. 12 厚岩棉吸声板面层,规格 592×592 2. T 型轻钢次龙骨 TB24×28,中距 600 3. T 型轻钢次龙骨 TB24×38,中距 600,找平后与钢筋吊杆固定 4. 一级 8 钢筋吊杆,双向中距≤1200	1. 12 厚岩棉吸声板面层,规格 592×592 2. T 型轻钢次龙骨 TB24×28,中距 600 3. T 型轻钢次龙骨 TB24×38,中距 600,找平后与钢筋吊杆固定 4. 一级 8 钢筋吊杆,双向中距≤1200	m²	133.44	133.44	0

续表

序号	编码	项目名称	项目特征	单位	工程量	工程量明细	
						绘图输入	表格输入
109	020401004001	胶合板门 1. 门类型:木质夹板门 M1021 2. 洞口尺寸:1000×2100 3. 油漆品种、刷漆遍数:底油一遍,调和漆两遍 4. 门锁:把 5. 运输:5km 内,不考虑运距 6. 含后塞口	1. 门类型:木质夹板门 M1021 2. 洞口尺寸:1000×2100 3. 油漆品种、刷漆遍数:底油一遍,调和漆两遍 4. 门锁:把 5. 运输:5km 内,不考虑运距 6. 含后塞口	m²	168	168	0
110	020404002001	旋转玻璃门 1. 材质:旋转玻璃门 M5021 2. 运输:5km 内,不考虑运距 3. 含后塞口	1. 材质:旋转玻璃门 M5021 2. 运输:5km 内,不考虑运距 3. 含后塞口	m²	10.5	10.5	0
111	020406007001	塑钢窗 1. 窗类型:塑钢窗 C0924 2. 洞口尺寸:900×2400 3. 运输:5km 内,不考虑运距 4. 含后塞口	1. 窗类型:塑钢窗 C0924 2. 洞口尺寸:900×2400 3. 运输:5km 内不考虑运距 4. 含后塞口	m²	34.56	34.56	0
112	020406007002	塑钢窗 1. 窗类型:塑钢窗 C1524 2. 洞口尺寸:1500×2400 3. 运输:5km 内,不考虑运距 4. 含后塞口	1. 窗类型:塑钢窗 C1524 2. 洞口尺寸:1500×2400 3. 运输:5km 内,不考虑运距 4. 含后塞口	m²	28.8	28.8	0
113	020406007003	塑钢窗 1. 窗类型:塑钢窗 C1624 2. 洞口尺寸:1600×2400 3. 运输:5km,不考虑运距 4. 含后塞口	1. 窗类型:塑钢窗 C1624 2. 洞口尺寸:1600×2400 3. 运输:5km,不考虑运距 4. 含后塞口	m²	30.72	30.72	0
114	020406007004	塑钢窗 1. 窗类型:塑钢窗 C1824 2. 洞口尺寸:1800×2400 3. 运输:5km 内,不考虑运距 4. 含后塞口	1. 窗类型:塑钢窗 C1824 2. 洞口尺寸:1800×2400 3. 运输:5km 内,不考虑运距 4. 含后塞口	m²	34.56	34.56	0

序号	编码	项目名称	项目特征	单位	工程量	工程量明细	
						绘图输入	表格输入
115	020406007005	塑钢窗 1. 窗类型:塑钢窗 C2424 2. 洞口尺寸:2400×2400 3. 运输:5km 内,不考虑运距 4. 含后塞口	1. 窗类型:塑钢窗 C2424 2. 洞口尺寸:2400×2400 3. 运输:5km 内,不考虑运距 4. 含后塞口	m²	46.08	46.08	0
116	020406007006	塑钢窗 1. 窗类型:塑钢窗 C5027 2. 框材质、外围尺寸:5000×2700 3. 运输:5km 内,不考虑运距 4. 含后塞口	1. 窗类型:塑钢窗 C5027 2. 框材质、外围尺寸:5000×2700 3. 运输:5km 内,不考虑运距 4. 含后塞口	m²	40.5	40.5	0
117	020406007007	塑钢窗 1. 窗类型:塑钢窗 PC1 2. 洞口尺寸:4000×2400 3. 含后塞口	1. 窗类型:塑钢窗 PC1 2. 洞口尺寸:4000×2400 3. 含后塞口	m²	76.8	76.8	0
118	020406007008	塑钢窗 1. 窗类型:塑钢窗 ZJC1 2. 洞口尺寸:10320×2700 3. 含后塞口	1. 窗类型:塑钢窗 ZJC1 2. 洞口尺寸:10320×2700 3. 含后塞口	m²	216.72	216.72	0
119	020409003001	石材窗台板 1. 窗台板材质:大理石 2. 窗台板宽度:200	1. 窗台板材质:大理石 2. 窗台板宽度:200	m	60	60	0
120	020409003002	石材窗台板 1. 窗台板材质:大理石 2. 窗台板宽度:650	1. 窗台板材质:大理石 2. 窗台板宽度:650	m	24	24	0
121	010803006001	工程水电费		m²	2537.7256	2537.7256	0
122	010401006001	垫层 1. 混凝土强度等级:C15 2. 垫层厚度:100	1. 混凝土强度等级:C15 2. 垫层厚度:100	m³	26.202	26.202	0
123	玻璃钢雨篷	玻璃钢雨篷面积		m²	27.72	27.72	0
124	010401006001	垫层 1. 混凝土强度等级:C15 2. 垫层厚度:100	1. 混凝土强度等级:C15 2. 垫层厚度:100	m³	2.112	2.112	0

表4.14.2　整楼清单措施项目汇总

序号	编码	项目名称		单位	工程量	工程量明细	
						绘图输入	表格输入
1	1.1	混凝土、钢筋混凝土模板及支架	屋面弧形框架梁	m²	17.951	17.951	0
2	1.1	混凝土、钢筋混凝土模板及支架	梯梁	m²	16.95	16.95	0
3	1.1	混凝土、钢筋混凝土模板及支架	屋面框架梁	m²	288.3155	288.3155	0
4	1.1	混凝土、钢筋混凝土模板及支架	圈梁	m²	83.52	83.52	0
5	1.1	混凝土、钢筋混凝土模板及支架	板	m²	1998.148	1998.148	0
6	1.1	混凝土、钢筋混凝土模板及支架	飘窗下混凝土250×400	m²	4.98	4.98	0
7	1.1	混凝土、钢筋混凝土模板及支架	基础框架梁	m²	377.3081	377.3081	0
8	1.1	混凝土、钢筋混凝土模板及支架	构造柱	m²	177.0398	177.0398	0
9	1.1	混凝土、钢筋混凝土模板及支架	弧形框架梁	m²	45.7758	45.7758	0
10	1.1	混凝土、钢筋混凝土模板及支架	框架柱	m²	1012.48	1012.48	0
11	1.1	混凝土、钢筋混凝土模板及支架	梯柱	m²	16.95	16.95	0
12	1.1	混凝土、钢筋混凝土模板及支架	飘窗下混凝土250×700	m²	28.08	28.08	0
13	1.1	混凝土、钢筋混凝土模板及支架	飘窗上混凝土250×300	m²	5.4	5.4	0
14	1.1	混凝土、钢筋混凝土模板及支架	框架梁	m²	827.7945	827.7945	0
15	1.1	混凝土、钢筋混凝土模板及支架	框架次梁	m²	33.396	33.396	0
16	1.1	混凝土、钢筋混凝土模板及支架	压顶	m²	20.0761	20.0761	0
17	1.1	混凝土、钢筋混凝土模板及支架	独立基础	m²	90.36	90.36	0
18	1.1	混凝土、钢筋混凝土模板及支架	过梁	m²	61.74	61.74	0
19	1.1	混凝土、钢筋混凝土模板及支架	地圈梁	m²	9.504	9.504	0
20	1.1	混凝土、钢筋混凝土模板及支架	条基垫层	m²	4.24	4.24	0
21	1.1	混凝土、钢筋混凝土模板及支架	独基垫层	m²	32.04	32.04	0
22	1.1	混凝土、钢筋混凝土模板及支架	栏板	m²	142.0032	142.0032	0
23	1.1	混凝土、钢筋混凝土模板及支架	楼梯	m²	67.2	67.2	0
24	1.1	混凝土、钢筋混凝土模板及支架	飘窗底板	m²	20	20	0
25	1.1	混凝土、钢筋混凝土模板及支架	阳台板	m²	85.7016	85.7016	0
26	1.1	混凝土、钢筋混凝土模板及支架	台阶1	m²	13.86	13.86	0
27	1.1	混凝土、钢筋混凝土模板及支架	飘窗顶板	m²	20	20	0
28	1.1	混凝土、钢筋混凝土模板及支架	散水垫层	m²	6.9744	6.9744	0
29	1.2	脚手架		m²	2537.7256	2537.7256	0
30	1.3	垂直运输机械		m²	2537.7256	2537.7256	0

第五章 框架实例定额模式软件算量

第一节 打开软件 建立楼层 建立轴网

用软件计算工程量有以下三种模式可以选择：

（1）清单模式：从2003年7月国家实行清单以来，甲方算量一般采用清单模式，采用的规则也是清单规则，乙方根据甲方提供的清单量进行组价。

（2）定额模式：这种模式主要沿用传统的算量方式，采用的计算规则也是某地区的定额计算规则。

（3）清单定额模式：就是前两种方式的结合，既要根据清单规则算出清单的工程量，又要根据定额规则算出定额工程量，一般乙方会采取这种算量方式。如果甲方要做出标的，也会采取这种算量方式。

本章主要介绍定额模式。

一、打开软件

左键单击（以下简称单击）"开始"菜单→单击"所有程序"→单击"广联达建设工程造价管理整体解决方案"→单击"广联达图形算量软件GCL2008"→进入到"欢迎使用GCL2008"界面→单击"新建向导"→进入"新建工程：第一步，工程名称"界面→修改"工程名称"为"1号办公楼（定额模式）"→选择相应地区的"定额规则"和"定额库"→"做法模式"选择"纯做法模式"，如图5.1.1所示。

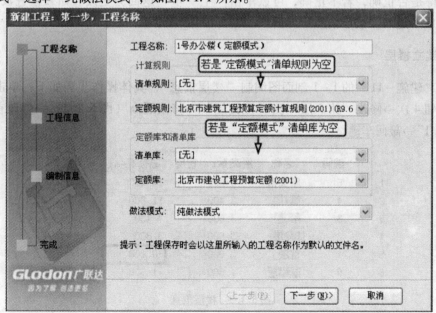

图5.1.1 新建工程第一步操作步骤

单击"下一步"→出现"新建工程：第二步，工程信息"界面→填写楼层信息和"室外地坪相对 ±0.000 标高"为 "−0.45" 如图5.1.2 所示。

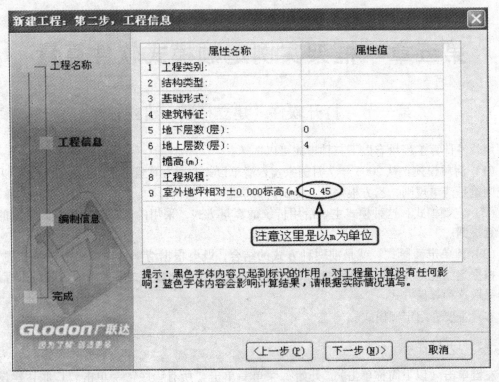

图5.1.2　新建工程第二步操作步骤

单击"下一步"→出现"新建工程：第三步，编制信息"界面（这一步与算量关系不大，不用填写）→单击"下一步"出现"新建工程：第四步，完成"界面，检查一下前面几步填写得是否正确，若不正确，可以单击"上一步"返回去更改。如果检查没有问题，单击"完成"进入"楼层信息"界面。

二、建立楼层

根据"建施−11"的1−1剖面图编制"楼层信息"，具体操作步骤如下：单击"插入楼层"按钮4次→修改"第5层"为"屋面层"→修改层高（图5.1.3）→修改首层底标高为"−0.1"→敲回车键。

	编码	名称	层高(m)	首层	底标高(m)	相同层数
1	5	屋面层	0.900	☐	14.400	1
2	4	第4层	3.400	☐	11.000	1
3	3	第3层	3.600	☐	7.400	1
4	2	第2层	3.600	☐	3.800	1
5	1	首层	3.900	☑	−0.100	1
6	0	基础层	1.800	☐	−1.900	1

图5.1.3　楼层信息

楼层建好后，单击"绘图输入"软件会自动进入轴线编辑界面。

三、建立轴线

双击"绘图输入"下的"轴网"→单击构件列表下的"新建"下拉菜单→单击"新建正交轴网"→软件默认轴网名称为"轴网 –1"且默认在"下开间"状态→单击"添加"→根据"建施 –03 首层平面图"修改 1~2 轴线下开间轴距为3300→敲回车键一次→填写2~3 轴距为 6000→敲回车键→填写 3~4 轴距为6000→用同样的方法填写其余的"下开间"尺寸，如图 5.1.4 所示。

单击"左进深"→单击"添加"→修改 A~B 轴距为 2500→敲回车键一下→改轴号 B 为 1/A→敲回车键→填写 1/A~B 轴距为4700→敲回车键→修改轴号2/A 为 B→敲回车键→填写B~C轴距为2100→敲回车键→填写 C~D 轴距为6900→敲回车键，填写好的左进深尺寸如图 5.1.5 所示。

由于"上开间"和"下开间"相同、"左进深"和"右进深"相同，我们在这里就不再重复建立了。

左键双击"轴网 –1"出现"请输入角度"对话框，如图 5.1.6 所示。

下开间	左进深	上开间	右
轴号	轴距	级别	
1	3300	1	
2	6000	1	
3	6000	1	
4	7200	1	
5	6000	1	
6	6000	1	
7	3300	1	
8		1	

图5.1.4　下开间尺寸信息

下开间	左进深	上开间	右
轴号	轴距	级别	
A	2500	1	
1/A	4700	1	
B	2100	1	
C	6900	1	
D		1	

图 5.1.5　左进深尺寸信息

图 5.1.6　请输入角度对话框

由于 1 号办公楼轴网与 x 方向角度为 0，软件默认就是正确的，单击"确定"轴网就建好了，建好的轴网如图 5.1.7 所示。

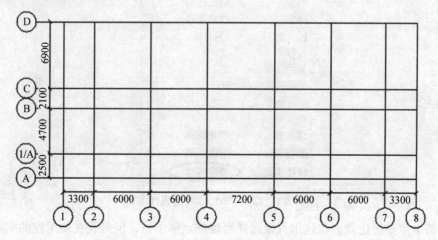

图 5.1.7　1 号办公楼轴网

第二节　首层主体工程量计算

从图纸中我们可以看出，1号办公楼1~4轴线和5~8轴线完全是对称关系，在软件计算时我们可以先画出1~4轴线的所有构件，然后将其镜像到5~8轴线即可。我们按照列项中讲过的六大块的流程来画图，但是在实际操作过程中往往先画主体结构，再画室内外装修。

我们这里采取的画图顺序是：

先画每层的主体：围护结构→顶部结构→室内结构→室外结构。

再画每层的装修：室内装修→室外装修。

至于围护结构先画哪个构件后画哪个构件，应根据具体的工程具体对待，软件没有严格的规定。作者的经验是：框架结构先从柱子开始画起，剪力墙结构先从剪力墙开始画起，本工程属于框架结构，我们就先画框架柱。

特别提醒：在实际操作中应根据具体图纸确定画图顺序，不要死搬硬套六大块的顺序，讲六大块的思路是想帮助大家不漏算，不重算，死搬硬套有时会适得其反，从这方面讲六大块作为自查的顺序或者查别人工程的顺序更为合理。

一、画框架柱

1. 建立属性和做法

单击柱前面的"＋"号使其展开→单击下一级的"柱"→单击黑屏上方"构件列表"→单击"属性"（注意：每次重新打开软件，"构件列表"、"属性"若不在屏幕左侧，都可以采用这种方法调出）→单击"新建"下拉菜单→单击"新建矩形柱"→在"属性编辑框"内改柱子名称为"KZ1－500×500"→填写柱子属性值并修改模板类型为"普通模板"，如图5.2.1所示。

属性名称	属性值	附加
名称	KZ1-500*500	
类别	框架柱	☐
材质	现浇混凝土	☐
砼类型	(预拌砼)	☐
砼标号	(C30)	☐
截面宽度(mm)	500	☐
截面高度(mm)	500	☐
截面面积(m2)	0.25	☐
截面周长(m)	2	☐
顶标高(m)	层顶标高	☐
底标高(m)	层底标高	☐
模板类型	普通模板	☐

图5.2.1　KZ1－500×500的属性编辑

软件的本意是想让我们在这里直接选择当地的定额子目，但是我在做工程的实际操作中发现，对于定额不太熟悉的用户直接套用子目并没有多大优势，反而会使使用软件的效率大大降低，下面我们把"定额子目"和"补充子目"的利弊作一比较。

（1）定额子目和补充子目的利弊比较

双击构件名称下建立好的"KZ1 – 500×500"进入的"做法"编辑框→单击"添加定额"进行 KZ1 – 500×500 的做法编辑，KZ1 – 500×500 采用补充子目做法，如图5.2.2所示。

	编码	类别	项目名称	单位	工程量表达式	表达式说明
1	柱	补	体积 C30 KZ1-500*500	m3	TJ	TJ〈体积〉
2	柱	补	模板面积 普通模板 KZ1-500*500	m2	MBMJ	MBMJ〈模板面积〉
3	柱	补	超模面积 普通模板 KZ1-500*500	m2	CGMBMJ	CGMBMJ〈超高模板面积〉

图5.2.2　KZ1 – 500×500采用补充子目做法

KZ1 – 500×500采用定额子目做法，如图5.2.3所示。

	编码	类别	项目名称	单位	工程量表达式	表达式说明
1	6-17	定	现浇砼构件 柱 C30	m3	TJ	TJ〈体积〉
2	7-11	定	现浇砼模板 矩形柱 普通模板	m2	MBMJ	MBMJ〈模板面积〉
3	7-18	定	现浇砼模板 柱支撑高度3.6m以上每增1m	m2	CGMBMJ	CGMBMJ〈超高模板面积〉

图5.2.3　KZ1 – 500×500采用定额子目做法

两种方法各有利弊，采用补充子目和定额子目的优缺点见表5.2.1。

表5.2.1　采用补充子目和定额子目的优缺点

问题描述	采取方法	优点	缺点	克服缺点方法
对于很快能找到子目的构件，比如框架柱	套用定额子目	1. 直接选择子目号，不用打字 2. 导入定额软件非常方便	1. 软件会自动将相同子目合并，使你对量时分不清此量来自哪个构件 2. 套用定额子目后，没有图纸的任何信息，如图5.2.4所示	在子目号后面加注构件名称，如图5.2.5所示
	套用补充子目	1. 符合手工习惯，先算量，后套子目，在此只算量，不考虑套价的问题，对量价分不同人做的单位比较方便 2. 可以人为控制不同构件的子目合并	1. 需要打字 2. 在定额软件里需要重新套子目	熟练打字
对于一时找不到子目的构件，比如1号办公楼的"地面1"和"楼面3"	套用定额子目	没有优点	1. 此刻会导致停滞不前，影响速度 2. 即使花费时间找到了子目，如图5.2.6所示，也会存在相同子目合并问题，比如1号办公楼的"地面1"和"楼面3"面层都套1~48子目，最后会分不出"地面1"和"楼面3"各自的量是多少	1. 采用补充子目 2. 一旦套用子目就要加构件信息，如图5.2.7所示
	套用补充子目	1. 用户可以按照自己的理解套用补充子目，如图5.2.8所示，不影响算量速度，等量算完后再去找子目 2. 可以人为控制是否让相同子目的不同构件合并	1. 需要打字 2. 在定额软件里需要重新套子目	熟练打字

续表

问题描述	采取方法	优点	缺点	克服缺点方法
对于图纸一时搞不清的构件，比如图纸上有两条线，一时判断不清楚是栏杆还是栏板	套用定额子目	没有优势	用户根据自己的理解套用自己认为正确的子目，后面发现错了，但是量已经分不出来了	套用自己能够找到量的补充子目
	套用补充子目	1. 用户可以根据自己的理解套用补充子目，即使后面发现错了，也好修正 2. 不影响算量速度	1. 需要打字 2. 在定额软件里需要重新套子目	熟练打字

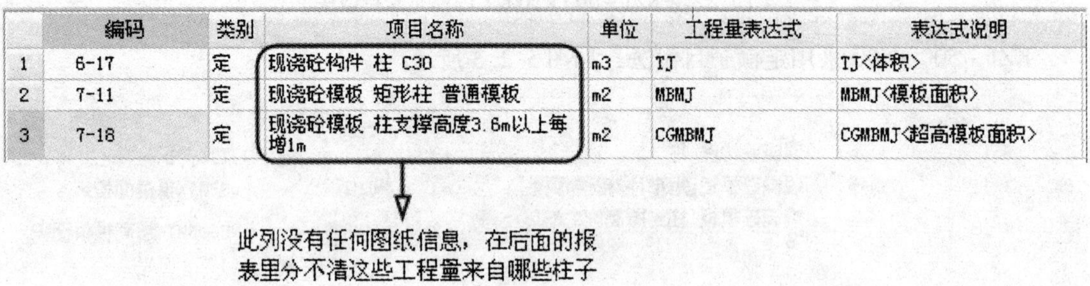

	编码	类别	项目名称	单位	工程量表达式	表达式说明
1	6-17	定	现浇砼构件 柱 C30	m3	TJ	TJ〈体积〉
2	7-11	定	现浇砼模板 矩形柱 普通模板	m2	MBMJ	MBMJ〈模板面积〉
3	7-18	定	现浇砼模板 柱支撑高度3.6m以上每增1m	m2	CGMBMJ	CGMBMJ〈超高模板面积〉

此列没有任何图纸信息，在后面的报表里分不清这些工程量来自哪些柱子

图 5.2.4　套用定额子目不能显示构件信息

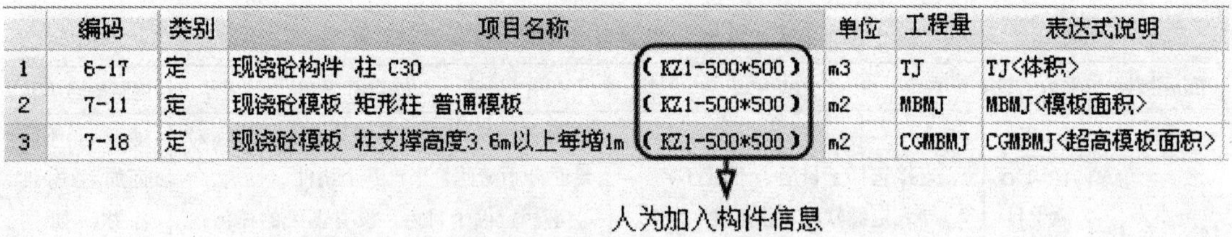

	编码	类别	项目名称		单位	工程量	表达式说明
1	6-17	定	现浇砼构件 柱 C30	（KZ1-500*500）	m3	TJ	TJ〈体积〉
2	7-11	定	现浇砼模板 矩形柱 普通模板	（KZ1-500*500）	m2	MBMJ	MBMJ〈模板面积〉
3	7-18	定	现浇砼模板 柱支撑高度3.6m以上每增1m	（KZ1-500*500）	m2	CGMBMJ	CGMBMJ〈超高模板面积〉

人为加入构件信息

图 5.2.5　套用子目人为加进构件信息

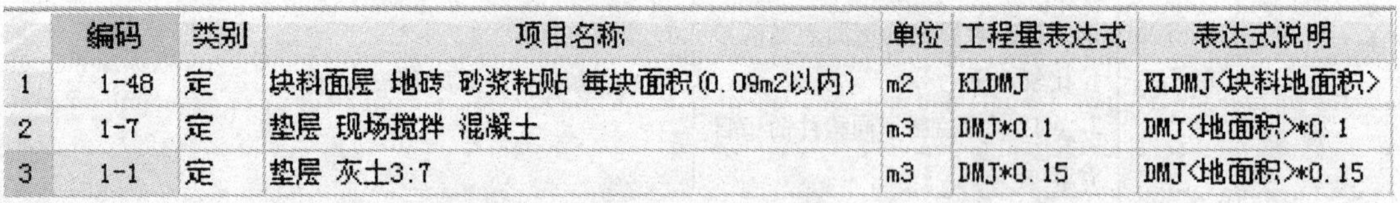

	编码	类别	项目名称	单位	工程量表达式	表达式说明
1	1-48	定	块料面层 地砖 砂浆粘贴 每块面积(0.09m2以内)	m2	KLDMJ	KLDMJ〈块料地面积〉
2	1-7	定	垫层 现场搅拌 混凝土	m3	DMJ*0.1	DMJ〈地面积〉*0.1
3	1-1	定	垫层 灰土3:7	m3	DMJ*0.15	DMJ〈地面积〉*0.15

图 5.2.6　地面1套用的定额子目

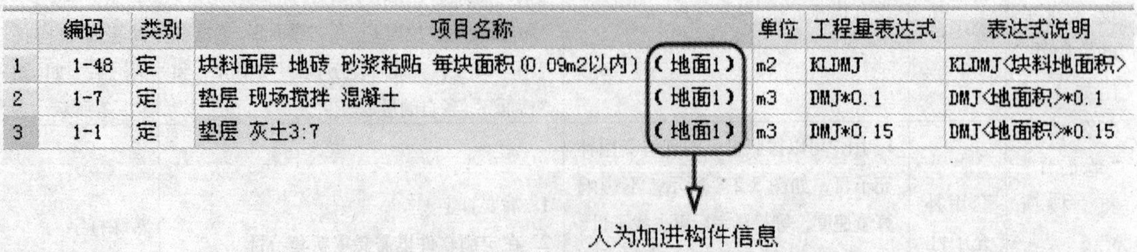

	编码	类别	项目名称		单位	工程量表达式	表达式说明
1	1-48	定	块料面层 地砖 砂浆粘贴 每块面积(0.09m2以内)	（地面1）	m2	KLDMJ	KLDMJ〈块料地面积〉
2	1-7	定	垫层 现场搅拌 混凝土	（地面1）	m3	DMJ*0.1	DMJ〈地面积〉*0.1
3	1-1	定	垫层 灰土3:7	（地面1）	m3	DMJ*0.15	DMJ〈地面积〉*0.15

人为加进构件信息

图 5.2.7　地面1套用定额子目人为加进构件信息

	编码	类别	项目名称	单位	工程量表达式	表达式说明
1	地面	补	块料地面积 大理石地面 地面1	m2	KLDMJ	KLDMJ<块料地面积>
2	地面	补	混凝土垫层体积 C10 地面1	m3	DMJ*0.1	DMJ<地面积>*0.1
3	地面	补	灰土垫层体积 3:7灰土 地面1	m2	DMJ*0.15	DMJ<地面积>*0.15

图 5.2.8　地面 1 套用补充子目

　　从以上图表可知，两种方法各有优缺点，用户要根据自己的情况采用不同的方法。如果你对某个构件的定额很熟悉，就采用直接套子目的方法，并在后面加注构件名称；如果你对某构件定额不熟悉，就采用补充子目的方法。

　　这样可以加快使用软件的速度。本书因针对不同省市用户，讲解某一地区的定额不合适，主要采取补充子目。下面讲解采用补充子目的应用原则。

　　（2）采用补充子目的应用原则

　　采用补充子目应该遵循下列原则，如图 5.2.9 所示。

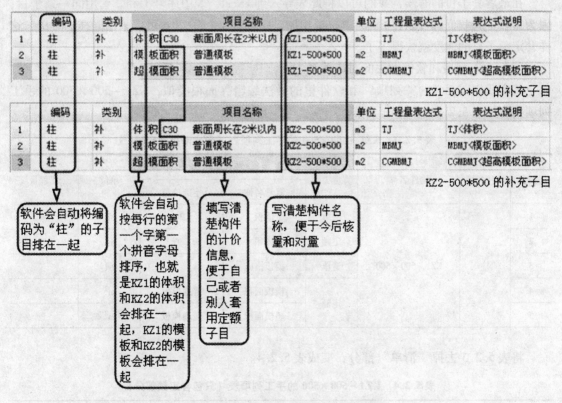

图 5.2.9　符合补充子目原则的示意图

　　①描述清楚定额信息，便于自己或者别人在后面套子目时候不用再翻图纸，如柱的混凝土强度等级、截面周长等。

　　②如果不同构件套用相同子目要排列在一起，便于后面套子目时候相加，如 KZ1 的体积工程量和 KZ2 的体积工程量排在一起，KZ1 和 KZ2 的模板排在一起。

　　③如果你不想让套用相同子目的不同构件合并，你要在项目名称后面加上构件名称，这样软件就会把这些构件排列在一起，但是不合并。

按照图 5.2.9 的补充子目编辑原则定义的框架柱汇总表见表 5.2.2。

表 5.2.2　定额汇总表

序号	编码	项目名称			单位	工程量	工程量明细	
							绘图输入	表格输入
1	柱	超模面积	普通模板	KZ1 – 500×500	m²	1.3	1.3	0
2	柱	超模面积	普通模板	KZ2 – 500×500	m²	1.3	1.3	0
3	柱	模板面积	普通模板	KZ1 – 500×500	m²	7.8	7.8	0
4	柱	模板面积	普通模板	KZ2 – 500×500	m²	7.8	7.8	0
5	柱	体积 C30	截面周长在 2m 以内	KZ1 – 500×500	m³	0.975	0.975	0
6	柱	体积 C30	截面周长在 2m 以内	KZ2 – 500×500	m³	0.975	0.975	0

在最后套子目的时候，我们可以将此表导入到 Excel，表中序号 1 和 2 套用同一条子目，因为排在一起我们就可以在 Excel 里拉框相加，序号 3 和 4、5 和 6 可以采用同样的方法，这样套定额子目的速度就快得多了。

（3）手工列项和软件做法的对应关系

其实我们前面学的"列项"和软件里的做法编辑界面很类似，KZ1 – 500×500 的手工列项内容见表 5.2.3。

表 5.2.3　KZ1 – 500×500 的手工列项表（包含清单和定额）

序号	构件类别	构件名称	算量类别	项目名称		单位	工程量
				算量名称	定额信息		
1	柱	KZ1 – 500×500	清单	体积	C30	m³	
2			定额	体积	C30	m³	
3			清单	模板措施		项	
4			定额	模板面积	普通模板	m²	
5				超模面积	普通模板	m²	

将表 5.2.3 去掉"清单"部分，变成表 5.2.4。

表 5.2.4　KZ1 – 500×500 的手工列项表（只包含定额部分）

序号	构件类别	构件名称	项目名称		单位	工程量
			算量名称	定额信息		
2	柱	KZ1 – 500×500	体积	C30	m³	
4			模板面积	普通模板	m²	
5			超模面积	普通模板	m²	

将表 5.2.4 的"构件名称"移动到"定额信息"后面，变成表 5.2.5。

表 5.2.5　KZ1 – 500 × 500 的手工列项表（只包含定额部分）

序号	构件类别	项目名称		构件名称	单位	工程量
		算量名称	定额信息			
2	柱	体积	C30	KZ1 – 500 × 500	m³	
4	柱	模板面积	普通模板	KZ1 – 500 × 500	m²	
5	柱	超模面积	普通模板	KZ1 – 500 × 500	m²	

我们将表 5.2.5 的内容和软件里的做法编辑进行对比，如图 5.2.10 所示。

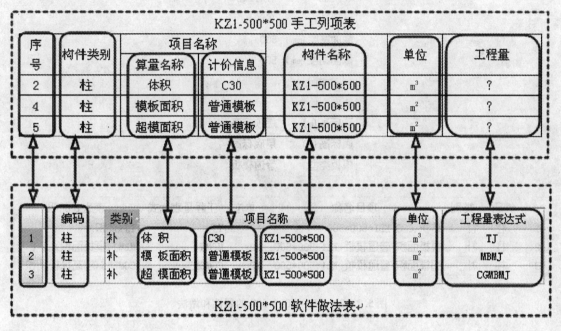

图 5.2.10　手工列项表和软件做法编辑的对应关系

从图 5.2.10 可以看出，手工列项和软件的做法编辑有很明确的对应关系，我们只要把前面的手工列项内容输入软件的做法编辑里就可以了。

（4）框架柱的构件做法

根据前面讲过的做法定义原则，首层 KZ1 – 500 × 500 的做法，如图 5.2.11 所示。

	编码	类别	项目名称	单位	工程量表达式	表达式说明
1	柱	补	体积 C30 KZ1-500*500	m3	TJ	TJ〈体积〉
2	柱	补	模板面积 普通模板 KZ1-500*500	m2	MBMJ	MBMJ〈模板面积〉
3	柱	补	超模面积 普通模板 KZ1-500*500	m2	CGMBMJ	CGMBMJ〈超高模板面积〉

图 5.2.11　KZ1 – 500 × 500 的做法

将 KZ1 – 500 × 500 的属性和做法定义好后，我们可以采取复制的方法定义其他框架柱，方法如下：

选中已经定义好的 KZ1 – 500 × 500→单击右键→单击"复制"，软件会自动在"属性编辑框"里建立一个构件"KZ1 – 500 × 500 – 1"→我们将"KZ1 – 500 × 500 – 1"修改成"KZ2 – 500 × 500",这时做法的"项目名称"下的构件名称仍然是 KZ1 – 500 × 500 的做法,我们要把它修改成 KZ2 – 500 × 500 的做法,其他柱的属性和做法依次类推。

建立好的首层柱的属性和做法如图 5.2.12 ~ 图 5.2.17 所示。

属性名称	属性值
名称	KZ1-500*500
类别	框架柱
材质	现浇混凝土
砼类型	(预拌砼)
砼标号	(C30)
截面宽度(mm)	500
截面高度(mm)	500
截面面积(m2)	0.25
截面周长(m)	2
顶标高(m)	层顶标高
底标高(m)	层底标高
模板类型	普通模板

	编码	类别	项目名称	单位	工程量表达式	表达式说明
1	柱	补	体积 C30 KZ1-500*500	m3	TJ	TJ〈体积〉
2	柱	补	模板面积 普通模板 KZ1-500*500	m2	MBMJ	MBMJ〈模板面积〉
3	柱	补	超模面积 普通模板 KZ1-500*500	m2	CGMBMJ	CGMBMJ〈超高模板面积〉

图 5.2.12　KZ1 – 500 × 500 的属性和做法

属性名称	属性值
名称	KZ2-500*500
类别	框架柱
材质	现浇混凝土
砼类型	(预拌砼)
砼标号	(C30)
截面宽度(mm)	500
截面高度(mm)	500
截面面积(m2)	0.25
截面周长(m)	2
顶标高(m)	层顶标高
底标高(m)	层底标高
模板类型	普通模板

	编码	类别	项目名称	单位	工程量表达式	表达式说明
1	柱	补	体积 C30 KZ2-500*500	m3	TJ	TJ<体积>
2	柱	补	模板面积 普通模板 KZ2-500*500	m2	MBMJ	MBMJ<模板面积>
3	柱	补	超模面积 普通模板 KZ2-500*500	m2	CGMBMJ	CGMBMJ<超高模板面积>

图 5.2.13　KZ2 - 500 × 500 的属性和做法

属性名称	属性值
名称	KZ3-500*500
类别	框架柱
材质	现浇混凝土
砼类型	(预拌砼)
砼标号	(C30)
截面宽度 (mm)	500
截面高度 (mm)	500
截面面积 (m2)	0.25
截面周长 (m)	2
顶标高 (m)	层顶标高
底标高 (m)	层底标高
模板类型	普通模板

	编码	类别	项目名称	单位	工程量表达式	表达式说明
1	柱	补	体积 C30 KZ3-500*500	m3	TJ	TJ<体积>
2	柱	补	模板面积 普通模板 KZ3-500*500	m2	MBMJ	MBMJ<模板面积>
3	柱	补	超模面积 普通模板 KZ3-500*500	m2	CGMBMJ	CGMBMJ<超高模板面积>

图 5.2.14　KZ3 - 500 × 500 的属性和做法

属性名称	属性值
名称	KZ4-500*500
类别	框架柱
材质	现浇混凝土
砼类型	(预拌砼)
砼标号	(C30)
截面宽度 (mm)	500
截面高度 (mm)	500
截面面积 (m2)	0.25
截面周长 (m)	2
顶标高 (m)	层顶标高
底标高 (m)	层底标高
模板类型	普通模板

515

	编码	类别	项目名称	单位	工程量表达式	表达式说明
1	柱	补	体积 C30 KZ4-500*500	m3	TJ	TJ〈体积〉
2	柱	补	模板面积 普通模板 KZ4-500*500	m2	MBMJ	MBMJ〈模板面积〉
3	柱	补	超模面积 普通模板 KZ4-500*500	m2	CGMBMJ	CGMBMJ〈超高模板面积〉

图 5.2.15　KZ4 − 500 × 500 的属性和做法

属性名称	属性值
名称	KZ5-600*500
类别	框架柱
材质	现浇混凝土
砼类型	(预拌砼)
砼标号	(C30)
截面宽度(mm)	600
截面高度(mm)	500
截面面积(m2)	0.3
截面周长(m)	2.2
顶标高(m)	层顶标高
底标高(m)	层底标高
模板类型	普通模板

	编码	类别	项目名称	单位	工程量表达式	表达式说明
1	柱	补	体积 C30 KZ5-600*500	m3	TJ	TJ〈体积〉
2	柱	补	模板面积 普通模板 KZ5-600*500	m2	MBMJ	MBMJ〈模板面积〉
3	柱	补	超模面积 普通模板 KZ5-600*500	m2	CGMBMJ	CGMBMJ〈超高模板面积〉

图 5.2.16　KZ5 − 600 × 500 的属性和做法

属性名称	属性值
名称	KZ6-500*600
类别	框架柱
材质	现浇混凝土
砼类型	(预拌砼)
砼标号	(C30)
截面宽度(mm)	500
截面高度(mm)	600
截面面积(m2)	0.3
截面周长(m)	2.2
顶标高(m)	层顶标高
底标高(m)	层底标高
模板类型	普通模板

	编码	类别	项目名称	单位	工程量表达式	表达式说明
1	柱	补	体积 C30 KZ6-500*600	m3	TJ	TJ〈体积〉
2	柱	补	模板面积 普通模板 KZ6-500*600	m2	MBMJ	MBMJ〈模板面积〉
3	柱	补	超模面积 普通模板 KZ6-500*600	m2	CGMBMJ	CGMBMJ〈超高模板面积〉

图 5.2.17　KZ6 – 500 × 600 的属性和做法

2. 画首层 1 ~ 4 轴框架柱

根据"结施 – 04 柱子结构平面图",用"点"式画法直接绘制 1 ~ 4 轴线的 KZ1 ~ KZ4,用偏移画法画 KZ5 和 KZ6。

单击"绘图"按钮进入绘图界面→选中构件名称下"KZ1 – 500 × 500"→单击"点"按钮 →单击(1/A)交点→单击(1/D)交点,这样 KZ1 就画好了,KZ2、KZ3、KZ4 采用同样的方法绘制。

KZ5 和 KZ6 因是偏移柱,我们需要采用偏移的方法绘制,操作步骤如下:

选中构件名称下的"KZ5 – 600 × 500"→单击"点"按钮→按住"ctrl"键,单击 (4,1/A)交点出现"设置偏心柱"的对话框,如图 5.2.18 所示。修改柱截面 x 方向的偏移值为 350 和 250,y 方向不用修改→单击"关闭",KZ5 就画好了,KZ6 采用同样的方法绘制。

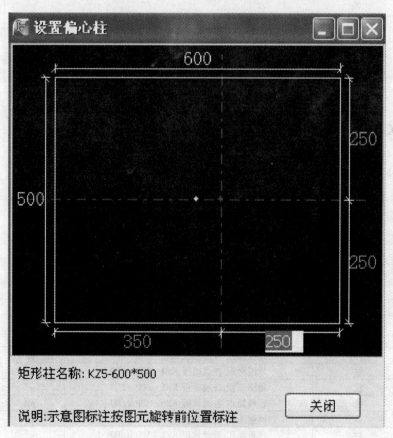

图 5.2.18　ctrl 偏移法绘制图

绘制好的首层 1～4 轴线的框架柱，如图 5.2.19 所示。

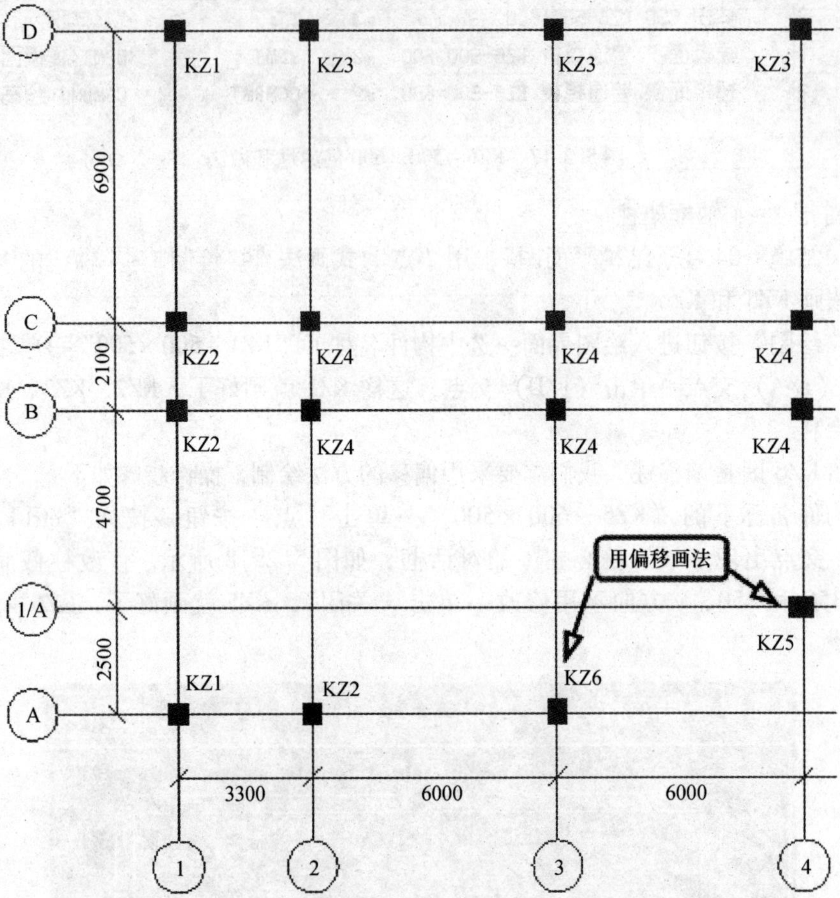

图 5.2.19　首层 1～4 轴线框架柱

3. 首层 1～4 轴框架柱软件计算结果

单击"汇总计算"软件出现"确定执行计算汇总"对话框 →单击"当前层"按钮→单击"确定"软件进入计算状态，等软件计算汇总成功后单击"确定"。

单击"查看工程量"按钮→在黑屏上拉框选择已经画好的所有柱→单击"做法工程量"页签，软件的工程量计算结果见表 5.2.6。

表 5.2.6　首层 1～4 轴线框架柱软件"做法工程量"

序号	编码	项目名称	单位	工程量
1	柱	超模面积 普通模板 KZ1－500×500	m²	2.6
2	柱	超模面积 普通模板 KZ2－500×500	m²	3.9
3	柱	超模面积 普通模板 KZ3－500×500	m²	3.9
4	柱	超模面积 普通模板 KZ4－500×500	m²	7.8
5	柱	超模面积 普通模板 KZ5－600×500	m²	1.43
6	柱	超模面积 普通模板 KZ6－500×600	m²	1.43
7	柱	模板面积 普通模板 KZ1－500×500	m²	15.6
8	柱	模板面积 普通模板 KZ2－500×500	m²	23.4
9	柱	模板面积 普通模板 KZ3－500×500	m²	23.4

序号	编码	项目名称	单位	工程量
10	柱	模板面积 普通模板 KZ4 – 500×500	m²	46.8
11	柱	模板面积 普通模板 KZ5 – 600×500	m²	8.58
12	柱	模板面积 普通模板 KZ6 – 500×600	m²	8.58
13	柱	体积 C30 KZ1 – 500×500	m³	1.95
14	柱	体积 C30 KZ2 – 500×500	m³	2.925
15	柱	体积 C30 KZ3 – 500×500	m³	2.925
16	柱	体积 C30 KZ4 – 500×500	m³	5.85
17	柱	体积 C30 KZ5 – 600×500	m³	1.17
18	柱	体积 C30 KZ6 – 500×600	m³	1.17

查看后单击"退出"按钮。

二、画框架梁

根据"结施 – 05 一、三层顶梁配筋图"画首层 1~4 轴线的框架梁。

1. 首层框架梁的属性和做法

单击梁前面的"＋"号使其展开→单击下一级的"梁"→单击"新建"下拉菜单→单击"新建矩形梁"→在"属性编辑框"内改梁名称为"KL1 – 250×500"→填写梁的属性值并修改模板类型为"普通模板"。

根据柱的属性和做法定义原理建立梁的属性和做法，如图 5.2.20~图 5.2.30 所示。

属性名称	属性值
名称	KL1-250*500
类别1	框架梁
类别2	
材质	现浇混凝土
砼类型	(预拌砼)
砼标号	(C30)
截面宽度(mm)	250
截面高度(mm)	500
截面面积(m2)	0.125
截面周长(m)	1.5
起点顶标高(m)	层顶标高
终点顶标高(m)	层顶标高
轴线距梁左边	(125)
图元形状	矩形
模板类型	普通模板

	编码	类别	项目名称	单位	工程量表	表达式说明
1	梁	补	体积 C30 KL1-250*500 弧形梁	m3	TJ	TJ<体积>
2	梁	补	模板面积 普通模板 KL1-250*500 弧形梁	m2	MBMJ	MBMJ<模板面积>
3	梁	补	超模面积 普通模板 KL1-250*500 弧形梁	m2	CGMBMJ	CGMBMJ<超高模板面积>

图 5.2.20　KL1 – 250×500 的属性和做法

属性名称	属性值
名称	KL2-300*500
类别1	框架梁
类别2	
材质	现浇混凝土
砼类型	(预拌砼)
砼标号	(C30)
截面宽度(mm)	300
截面高度(mm)	500
截面面积(m2)	0.15
截面周长(m)	1.6
起点顶标高(m)	层顶标高
终点顶标高(m)	层顶标高
轴线距梁左边	(150)
图元形状	矩形
模板类型	普通模板

	编码	类别	项目名称	单位	工程量表达式	表达式说明
1	梁	补	体积 C30 KL2-300*500	m3	TJ	TJ〈体积〉
2	梁	补	模板面积 普通模板 KL2-300*500	m2	MBMJ	MBMJ〈模板面积〉
3	梁	补	超模面积 普通模板 KL2-300*500	m2	CGMBMJ	CGMBMJ〈超高模板面积〉

图 5.2.21 KL2 – 300 × 500 的属性和做法

属性名称	属性值
名称	KL3-250*500
类别1	框架梁
类别2	
材质	现浇混凝土
砼类型	(预拌砼)
砼标号	(C30)
截面宽度(mm)	250
截面高度(mm)	500
截面面积(m2)	0.125
截面周长(m)	1.5
起点顶标高(m)	层顶标高
终点顶标高(m)	层顶标高
轴线距梁左边	(125)
图元形状	矩形
模板类型	普通模板

	编码	类别	项目名称	单位	工程量表达式	表达式说明
1	梁	补	体积 C30 KL3-250*500	m3	TJ	TJ〈体积〉
2	梁	补	模板面积 普通模板 KL3-250*500	m2	MBMJ	MBMJ〈模板面积〉
3	梁	补	超模面积 普通模板 KL3-250*500	m2	CGMBMJ	CGMBMJ〈超高模板面积〉

图 5.2.22　KL3-250×500 的属性和做法

属性名称	属性值
名称	KL4-300*600
类别1	框架梁
类别2	
材质	现浇混凝土
砼类型	(预拌砼)
砼标号	(C30)
截面宽度(mm)	300
截面高度(mm)	600
截面面积(m2)	0.18
截面周长(m)	1.8
起点顶标高(m)	层顶标高
终点顶标高(m)	层顶标高
轴线距梁左边	(150)
图元形状	矩形
模板类型	普通模板

	编码	类别	项目名称	单位	工程量表达式	表达式说明
1	梁	补	体积 C30 KL4-300*600	m3	TJ	TJ〈体积〉
2	梁	补	模板面积 普通模板 KL4-300*600	m2	MBMJ	MBMJ〈模板面积〉
3	梁	补	超模面积 普通模板 KL4-300*600	m2	CGMBMJ	CGMBMJ〈超高模板面积〉

图 5.2.23　KL4-300×600 的属性和做法

属性名称	属性值
名称	KL5-300*500
类别1	框架梁
类别2	
材质	现浇混凝土
砼类型	(预拌砼)
砼标号	(C30)
截面宽度(mm)	300
截面高度(mm)	500
截面面积(m2)	0.15
截面周长(m)	1.6
起点顶标高(m)	层顶标高
终点顶标高(m)	层顶标高
轴线距梁左边	(150)
图元形状	矩形
模板类型	普通模板

	编码	类别	项目名称	单位	工程量表达式	表达式说明
1	梁	补	体积 C30 KL5-300*500	m3	TJ	TJ〈体积〉
2	梁	补	模板面积 普通模板 KL5-300*500	m2	MBMJ	MBMJ〈模板面积〉
3	梁	补	超模面积 普通模板 KL5-300*500	m2	CGMBMJ	CGMBMJ〈超高模板面积〉

图 5.2.24　KL5-300×500 的属性和做法

属性名称	属性值
名称	KL6-300*500
类别1	框架梁
类别2	
材质	现浇混凝土
砼类型	(预拌砼)
砼标号	(C30)
截面宽度(mm)	300
截面高度(mm)	500
截面面积(m2)	0.15
截面周长(m)	1.6
起点顶标高(m)	层顶标高
终点顶标高(m)	层顶标高
轴线距梁左边	(150)
图元形状	矩形
模板类型	普通模板

	编码	类别	项目名称	单位	工程量表达式	表达式说明
1	梁	补	体积 C30 KL6-300*500	m3	TJ	TJ〈体积〉
2	梁	补	模板面积 普通模板 KL6-300*500	m2	MBMJ	MBMJ〈模板面积〉
3	梁	补	超模面积 普通模板 KL6-300*500	m2	CGMBMJ	CGMBMJ〈超高模板面积〉

图 5.2.25　KL6-300×500 的属性和做法

属性名称	属性值
名称	KL7-300*500
类别1	框架梁
类别2	
材质	现浇混凝土
砼类型	(预拌砼)
砼标号	(C30)
截面宽度(mm)	300
截面高度(mm)	500
截面面积(m2)	0.15
截面周长(m)	1.6
起点顶标高(m)	层顶标高
终点顶标高(m)	层顶标高
轴线距梁左边	(150)
图元形状	矩形
模板类型	普通模板

	编码	类别	项目名称	单位	工程量表达式	表达式说明
1	梁	补	体积 C30 KL7-300*500	m3	TJ	TJ〈体积〉
2	梁	补	模板面积 普通模板 KL7-300*500	m2	MBMJ	MBMJ〈模板面积〉
3	梁	补	超模面积 普通模板 KL7-300*500	m2	CGMBMJ	CGMBMJ〈超高模板面积〉

图 5.2.26　KL7-300×500 的属性和做法

属性名称	属性值
名称	KL8-300*600
类别1	框架梁
类别2	
材质	现浇混凝土
砼类型	(预拌砼)
砼标号	(C30)
截面宽度(mm)	300
截面高度(mm)	600
截面面积(m2)	0.18
截面周长(m)	1.8
起点顶标高(m)	层顶标高
终点顶标高(m)	层顶标高
轴线距梁左边	(150)
图元形状	矩形
模板类型	普通模板

	编码	类别	项目名称	单位	工程量表达式	表达式说明
1	梁	补	体积 C30 KL8-300*600	m3	TJ	TJ〈体积〉
2	梁	补	模板面积 普通模板 KL8-300*600	m2	MBMJ	MBMJ〈模板面积〉
3	梁	补	超模面积 普通模板 KL8-300*600	m2	CGMBMJ	CGMBMJ〈超高模板面积〉

图 5.2.27　KL8-300×600 的属性和做法

属性名称	属性值
名称	KL9-300*600
类别1	框架梁
类别2	
材质	现浇混凝土
砼类型	(预拌砼)
砼标号	(C30)
截面宽度(mm)	300
截面高度(mm)	600
截面面积(m2)	0.18
截面周长(m)	1.8
起点顶标高(m)	层顶标高
终点顶标高(m)	层顶标高
轴线距梁左边	(150)
图元形状	矩形
模板类型	普通模板

编码	类别	项目名称	单位	工程量表达式	表达式说明
1	梁	补	体积 C30 KL9-300*600	m3	TJ	TJ<体积>
2	梁	补	模板面积 普通模板 KL9-300*600	m2	MBMJ	MBMJ<模板面积>
3	梁	补	超模面积 普通模板 KL9-300*600	m2	CGMBMJ	CGMBMJ<超高模板面积>

图 5.2.28　KL9-300×600 的属性和做法

属性名称	属性值
名称	KL10-300*600
类别1	框架梁
类别2	
材质	现浇混凝土
砼类型	(预拌砼)
砼标号	(C30)
截面宽度(mm)	300
截面高度(mm)	600
截面面积(m2)	0.18
截面周长(m)	1.8
起点顶标高(m)	层顶标高
终点顶标高(m)	层顶标高
轴线距梁左边	(150)
图元形状	矩形
模板类型	普通模板

编码	类别	项目名称	单位	工程量表达式	表达式说明
1	梁	补	体积 C30 KL10-300*600	m3	TJ	TJ<体积>
2	梁	补	模板面积 普通模板 KL10-300*600	m2	MBMJ	MBMJ<模板面积>
3	梁	补	超模面积 普通模板 KL10-300*600	m2	CGMBMJ	CGMBMJ<超高模板面积>

图 5.2.29　KL10-300×600 的属性和做法

属性名称	属性值
名称	L1-300*550
类别1	非框架梁
类别2	
材质	现浇混凝土
砼类型	(预拌砼)
砼标号	(C30)
截面宽度(mm)	300
截面高度(mm)	550
截面面积(m2)	0.165
截面周长(m)	1.7
起点顶标高(m)	层顶标高
终点顶标高(m)	层顶标高
轴线距梁左边	(150)
图元形状	矩形
模板类型	普通模板

	编码	类别	项目名称	单位	工程量表达式	表达式说明
1	梁	补	体积 C30 L1-300*550	m3	TJ	TJ<体积>
2	梁	补	模板面积 普通模板 L1-300*550	m2	MBMJ	MBMJ<模板面积>
3	梁	补	超模面积 普通模板 L1-300*550	m2	CGMBMJ	CGMBMJ<超高模板面积>

图 5.2.30　L1-300×550 的属性和做法

2. 画首层 1~4 轴框架梁

（1）画 KL1-250×500

KL1-250×500 有一段属于圆弧梁，需要以下几个步骤完成：

①找圆心

我们需要先打个辅助轴线，找到弧梁的圆心，操作步骤如下：

单击"平行"按钮→单击 4 轴线→输入偏移值"−2500"→单击"确定"→单击"右键"辅轴就建好了，如图 5.2.31 所示。

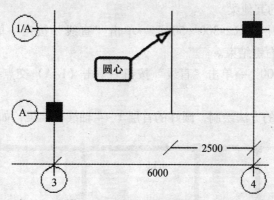

图 5.2.31　弧梁的圆心

②画 KL1 圆弧段

先将 KL1 画到轴线位置。

选中定义好的"KL1-250×500"→将"三点画弧"按钮后面的"小三角"点开→单击"顺小弧"→填写半径"2500"→敲回车键→单击（4，1/A）交点（注意：这里很容易误选为 KZ5 的中心点）→单击辅轴与 A 轴的交点→单击"直线"→单击（3/A）交点（注意：这里很容易误选为 KZ6 的中心点）→单击右键结束，如图 5.2.32 所示。

③再将 KL1 偏移到图纸位置

选中画好的 KL1-250×500 弧段→单击右键出现右键菜单→单击"偏移"→移动鼠标到图纸要求的方向→填写偏移值"125"→敲回车键，出现"确认"对话框→单击"是"，KL1 就偏移到图纸要求的位置。

用同样的方法偏移 KL1 直线部分，偏移好的 KL1-250×500 如图 5.2.33 所示。

④删除辅助轴线

一般情况下，我们用过的辅助轴线要随时删除，再用的时候再建立，这样可保证界面清晰，画图准确，删除辅助轴线的操作步骤如下：

单击"轴线"前面的"＋"号→单击"辅助轴线"→在黑屏位置从右下角往左上角拉框选中所有的辅助轴线→单击右键出现右键菜单→单击"删除"→弹出"确认"对话框→单击"是"，辅助轴线就删除了。

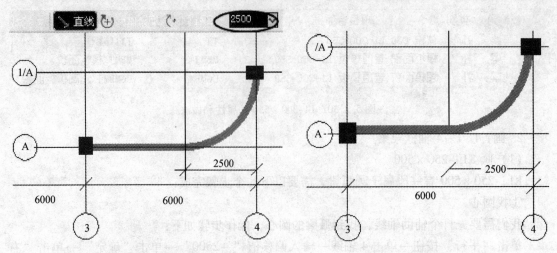

图 5.2.32　KL1-250×500 画法示意图　　　　图 5.2.33　偏移好的 KL1

（2）画 1～4 轴线的其他梁

回到画梁状态，选中"KL2-300×500"→单击"直线"按钮→单击（3/A）交点→单击（1/A）交点→单击右键结束。

选中"KL7-300×500"→单击"直线"按钮→单击（1/A）交点→单击（1/D）交点→单击右键结束。

其余框架梁按同样的方法绘制，画好的首层 1～4 轴线框架梁，如图 5.2.34 所示。

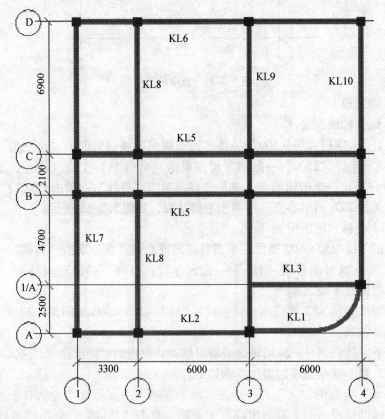

图 5.2.34　画好的首层 1～4 轴线的框架梁

①偏移梁

1~4 轴线的框架梁虽然画好了，但并不在图纸所要求的位置上，我们需要用偏移的方法将其偏移到图纸所要求的位置，操作步骤如下：

选中已经画好的"KL2-300×500"（注意：如果选不中，单击一下"选择"按钮）→单击右键出现右键菜单→单击"单对齐"→单击 A 轴线任意一根框架柱的外皮→单击"KL2-300×500"的外皮，"KL2-300×500"就自动和柱外皮对齐了。1 轴线的"KL7-300×500"、D 轴线的"KL6-300×500"、C 轴线的"KL5-300×500"、B 轴线的"KL5-300×500"、1/A 轴线的"KL3-250×500"采取同样的方法偏移→单击右键结束。偏移好的 1~4 轴线的梁，如图 5.2.35 所示。

这时候梁虽然偏移到图纸的位置，但是各个梁头之间并没有相交到梁的中心线，在输入法为英文的状态下按"Z"键取消柱子的显示，如图 5.2.36 所示。

②延伸梁

如果梁不相交到各自的中心线上，这很可能影响到以后板的布置，我们需要用延伸的方法将梁延伸相交到各自的中心线上，操作步骤如下：

单击"延伸"按钮→单击 1/A 轴线上的 KL3-250×500→单击与其垂直的 KL10-300×600→单击右键→单击 A 轴线的 KL2-300×500→单击与其垂直的 KL7-300×500、KL8-300×600、KL9-300×600。

用同样的方法延伸其他的梁，使图 5.2.37 椭圆位置的梁都相交到中心线上。

偏移和延伸后的 1~4 轴线的梁，如图 5.2.38 所示。

3. 首层 1~4 轴框架梁软件计算结果

汇总后单击"查看图元工程量"按钮→拉框选择已经画好的柱→单击"做法工程量"页签，软件计算的工程量计算结果见表 5.2.7。

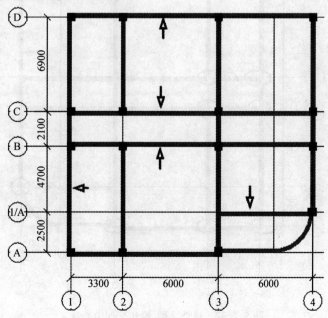

图 5.2.35　偏移好的 1~4 轴线的梁

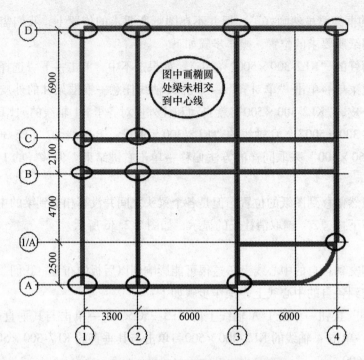

图 5.2.36　偏移后的梁未相交到中心线上

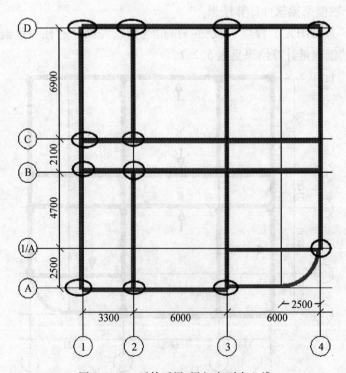

图 5.2.37　延伸后梁-梁相交到中心线

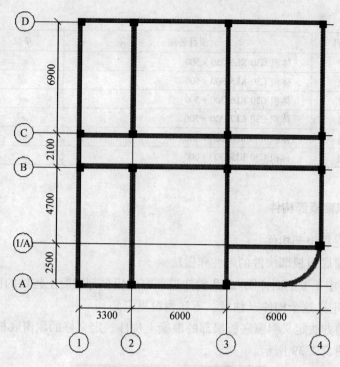

图 5.2.38　画好的 1~4 轴线的梁

表 5.2.7　首层 1~4 轴线框架梁软件"做法工程量"（未画板以前）

序号	编码	项目名称	单位	工程量
1	梁	超模面积 普通模板 KL10-300×600	m²	18.3
2	梁	超模面积 普通模板 KL1-250×500 弧形梁	m²	8.4135
3	梁	超模面积 普通模板 KL2-300×500	m²	10.79
4	梁	超模面积 普通模板 KL3-250×500	m²	6.875
5	梁	超模面积 普通模板 KL5-300×500	m²	35.88
6	梁	超模面积 普通模板 KL6-300×500	m²	17.94
7	梁	超模面积 普通模板 KL7-300×600	m²	19.11
8	梁	超模面积 普通模板 KL8-300×600	m²	19.65
9	梁	超模面积 普通模板 KL9-300×600	m²	21.9
10	梁	模板面积 普通模板 KL10-300×600	m²	18.3
11	梁	模板面积 普通模板 KL1-250×500 弧形梁	m²	8.4135
12	梁	模板面积 普通模板 KL2-300×500	m²	10.79
13	梁	模板面积 普通模板 KL3-250×500	m²	6.875
14	梁	模板面积 普通模板 KL5-300×500	m²	35.88
15	梁	模板面积 普通模板 KL6-300×500	m²	17.94
16	梁	模板面积 普通模板 KL7-300×500	m²	19.11
17	梁	模板面积 普通模板 KL8-300×600	m²	19.65
18	梁	模板面积 普通模板 KL9-300×600	m²	21.9
19	梁	体积 C30 KL10-300×600	m³	2.196
20	梁	体积 C30 KL1-250×500 弧形梁	m³	0.8413
21	梁	体积 C30 KL2-300×500	m³	1.245

续表

序号	编码	项目名称	单位	工程量
22	梁	体积 C30 KL3-250×500	m³	0.6875
23	梁	体积 C30 KL5-300×500	m³	4.14
24	梁	体积 C30 KL6-300×500	m³	2.07
25	梁	体积 C30 KL7-300×500	m³	2.205
26	梁	体积 C30 KL8-300×600	m³	2.358
27	梁	体积 C30 KL9-300×600	m³	2.628

三、画首层飘窗根部构件

1. 首层飘窗底板根部构件

（1）首层飘窗底板根部构件的属性和做法

从"结施-08 中 1-1 剖面详图"，我们知道飘窗底板根部混凝土构件的截面尺寸为 250×700，我们在梁里定义这个构件（注意：不在飘窗里定义）。

按照定义梁的方法定义飘窗底板根部的混凝土构件，定义好的飘窗底板根部混凝土构件的属性和做法如图 5.2.39 所示。

属性名称	属性值
名称	飘窗下砼250*700
类别1	非框架梁
类别2	
材质	现浇混凝土
砼类型	(预拌砼)
砼标号	(C30)
截面宽度(mm)	250
截面高度(mm)	700
截面面积(m2)	0.175
截面周长(m)	1.9
起点顶标高(m)	层底标高+0.7
终点顶标高(m)	层底标高+0.7
轴线距梁左边	(125)
图元形状	矩形
模板类型	普通模板

	编码	类别	项目名称	单位	工程量表	表达式说明
1	小型构件	补	体积 C30 飘窗下砼250*700	m3	TJ	TJ<体积>
2	小型构件	补	模板面积 普通模板 飘窗下砼250*700	m2	MBMJ	MBMJ<模板面积>
3	小型构件	补	超模面积 普通模板 飘窗下砼250*700	m2	CGMBMJ	CGMBMJ<超高模板面积>

图 5.2.39 飘窗底板根部混凝土构件的属性和做法

530

（2）画首层飘窗底板根部构件

①先打辅助轴线

从"结施-08 中 1-1 剖面详图"中我们知道，飘窗底板根部混凝土构件的长度和飘窗板一样长，画此构件需要打辅助轴线，如图 5.2.40 所示。

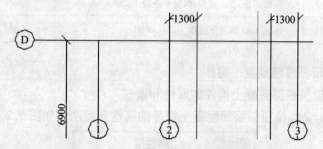

图 5.2.40　画飘窗根部构件的辅助轴线

②画飘窗底板根部混凝土构件

选中构件名称下的"飘窗下混凝土 250×700"→单击"直线"按钮→分别单击 D 轴线与两个辅助轴线的交点→单击右键结束→选中已经画好的构件→单击右键出现右键菜单→单击"单对齐"→单击 D 轴线柱外皮→单击"飘窗下混凝土 250×700"外皮→单击右键结束，画好的飘窗底板根部构件三维图，如图 5.2.41 所示。

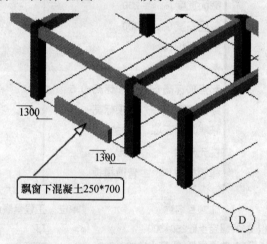

图 5.2.41　画好的飘窗底板根部混凝土构件

（3）首层飘窗底板根部构件软件计算结果

因为我们在梁里画的飘窗底板根部混凝土构件，这时就不能用拉框选择的方法选择要查的构件工程量，我们需要用"批量选择构件图元"功能查看飘窗底板根部构件的工程量，操作步骤如下：

在画梁状态下，单击右键出现右键菜单→单击"批量选择构件图元"弹出"批量选择构件图元"对话框→勾选"只显示当前构件类型"→单击"飘窗下混凝土 250×700"→单击"确定"→单击"查看图元工程量"按钮，弹出"查看构件图元工程量"对话框→单击"做法工程量"，见表 5.2.8。

表5.2.8　首层1~4轴线飘窗底板根部混凝土构件软件"做法工程量"

序号	编码	项目名称	单位	工程量
1	小型构件	超模面积 普通模板 飘窗下混凝土 250×700	m^2	0
2	小型构件	模板面积 普通模板 飘窗下混凝土 250×700	m^2	5.96
3	小型构件	体积 C30 飘窗下混凝土 250×700	m^3	0.595

2. 画首层飘窗顶板根部混凝土构件

（1）首层飘窗顶板根部混凝土构件的属性和做法

用同样的方法定义飘窗顶板根部混凝土构件的属性和做法，如图5.2.42所示。

属性名称	属性值
名称	飘窗上砼250*300
类别1	非框架梁
类别2	
材质	现浇混凝土
砼类型	(预拌砼)
砼标号	(C30)
截面宽度(mm)	250
截面高度(mm)	300
截面面积(m2)	0.075
截面周长(m)	1.1
起点顶标高(m)	层顶标高-0.5
终点顶标高(m)	层顶标高-0.5
轴线距梁左边	(125)
图元形状	矩形
模板类型	普通模板

	编码	类别	项目名称	单位	工程量表达式	表达式说明
1	小型构件	补	体积 C30 飘窗上砼250*300	m3	TJ	TJ〈体积〉
2	小型构件	补	模板面积 普通模板 飘窗上砼250*300	m2	MBMJ	MBMJ〈模板面积〉
3	小型构件	补	超模面积 普通模板 飘窗上砼250*300	m2	CGMBMJ	CGMBMJ〈超高模板面积〉

图5.2.42　飘窗顶板根部混凝土构件的属性和做法

（2）画首层飘窗上混凝土构件

用画底板根部混凝土构件的方法画飘窗顶板根部的混凝土构件，画好的飘窗顶板根部混凝土构件的三维图，如图5.2.43所示。

（3）删除辅助轴线

（4）首层飘窗上混凝土构件软件计算结果汇总计算后，用"批量选择构件图元"的方法，查看飘窗顶板根部混凝土构件软件计算结果，见表5.2.9。

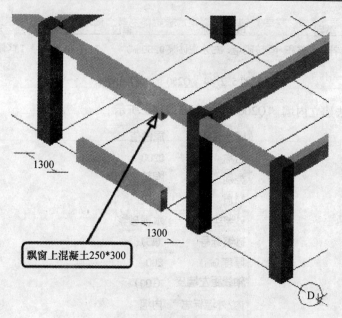

图 5.2.43　飘窗顶板根部混凝土构件的三维图

表 5.2.9　首层 1～4 轴线飘窗顶板根部混凝土构件软件"做法工程量"

序号	编码	项目名称	单位	工程量
1	小型构件	超模面积 普通模板 飘窗上混凝土 250×300	m²	1.095
2	小型构件	模板面积 普通模板 飘窗上混凝土 250×300	m²	3.04
3	小型构件	体积 C30 飘窗上混凝土 250×300	m³	0.255

四、画 1～4 轴线砌块墙

根据"建施-03 首层平面图"绘制首层 1～4 轴线的砌块墙。

1. 墙的属性和做法

单击墙前面的"＋"号使其展开→单击下一级的"墙"→单击"新建"下拉菜单→单击"新建外墙"→在"属性编辑框"内改墙名称为"Q250"→填写墙的属性和做法，如图 5.2.44 所示。

属性名称	属性值
名称	Q250
类别	陶粒空心
材质	砌块
砂浆类型	水泥砂浆
砂浆标号	(M5)
厚度(mm)	250
轴线距左墙皮	(125)
内/外墙标志	外墙
起点顶标高(m)	层顶标高
终点顶标高(m)	层顶标高
起点底标高(m)	层底标高
终点底标高(m)	层底标高

编码	类别	项目名称	单位	工程量表达式	表达式说明
1	墙	补	体积 陶粒砌墙、M5水泥砂浆 Q250 m3	TJ	TJ〈体积〉

图 5.2.44　Q250 的属性和做法

用同样的方法建立内墙"Q200"，如图 5.2.45 所示。

属性名称	属性值
名称	Q200
类别	陶粒空心砌
材质	砌块
砂浆类型	水泥砂浆
砂浆标号	(M5)
厚度(mm)	200
轴线距左墙皮	(100)
内/外墙标志	内墙
起点顶标高(m)	层顶标高
终点顶标高(m)	层顶标高
起点底标高(m)	层底标高
终点底标高(m)	层底标高

编码	类别	项目名称	单位	工程量表达式	表达式说明
1	墙	补	体积 陶粒砌墙、M5水泥砂浆 Q200 m3	TJ	TJ〈体积〉

图 5.2.45　Q200 的属性和做法

2. 画首层 1～4 轴线的墙

（1）画首层 1～4 轴线的墙

①先将墙画到轴线上

先将内外墙画到相应的轴线上，因为 1 轴线和 A 轴线的墙并没有相交到（1/A）交点位置，我们需要先打两根辅轴找到它们各自的端点，打辅轴的操作步骤如下：

单击"平行"按钮→单击 2 轴线，出现"请输入"对话框→填写偏移值"－1400"→单击 1/A 轴线→填写偏移值"－600"，这样两根辅轴就画好了。

选中构件名称下的"Q250"→单击"直线"按钮→单击（3/A）交点→单击辅轴与 A 轴的交点→单击右键结束。

单击 1 轴与辅轴的交点→单击（1/D）交点→单击（4/D）交点→单击右键结束。

选中"Q200"的墙→单击"直线"按钮→单击（4/D）交点→单击（4/C）交点→单击右键结束。

用同样的方法画其余 Q200 的墙，画好的 1～4 轴线的墙如图 5.2.46 所示。

②将墙偏移到图纸要求的位置

我们用梁对齐的方法将墙也偏移到图纸所要求的位置，如图 5.2.47 所示。

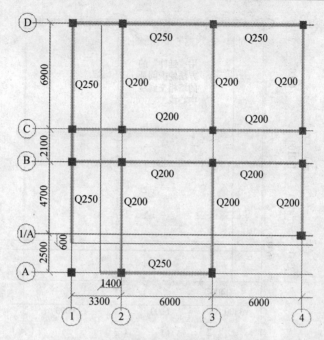

图 5.2.46 首层 1～4 轴线画到轴线上的墙

但是这时候墙并没有相交到中心线，按 "Z" 去掉柱子的显示可看出，如图 5.2.48 所示。

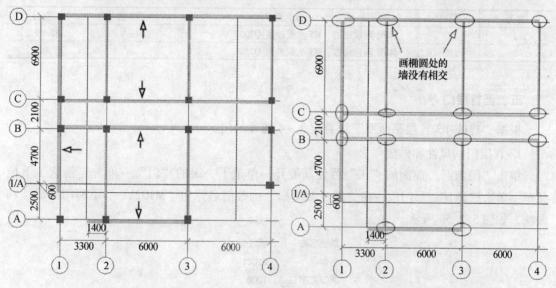

图 5.2.47 墙移动到与柱外皮齐　　　　　图 5.2.48 画椭圆处的墙没有相交

（2）将墙延伸使其相交到中心线位置

用 "延伸" 的方法使图椭圆处的墙 – 墙相交到中心线（延伸方法参考梁的操作步骤），如图 5.2.49 所示。

（3）删除辅助轴线

3. 首层 1～4 轴墙软件计算结果

汇总后查看墙的软件计算结果，这时候墙的计算结果不是最终计算结果，因为还没有画门窗、过梁等构件，软件计算结构见表 5.2.10。

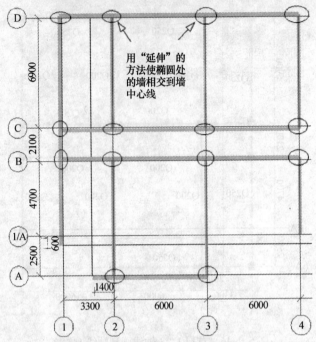

图 5.2.49　用"延伸"的方法使墙相交到墙中心线

表 5.2.10　首层 1～4 轴线墙软件"做法工程量"（未画门窗、过梁等构件）

序号	编码	项目名称	单位	工程量
1	墙	体积 陶粒砌墙、M5 水泥砂浆 Q200	m³	42.99
2	墙	体积 陶粒砌墙、M5 水泥砂浆 Q250	m³	27.625

五、画首层门

根据"建施-03 首层平面图"画首层 1～4 轴线的门。

1. 首层门的属性和做法

单击"门窗洞"前面的"＋"号使其展开→单击下一级的"门"→单击"新建"下拉菜单→单击"新建矩形门"→在"属性编辑框"内改门名称为"M1021"→填写门的属性和做法，如图 5.2.50 所示。

属性名称	属性值
名称	M1021
洞口宽度(mm)	1000
洞口高度(mm)	2100
框厚(mm)	0
立樘距离(mm)	0
离地高度(mm)	0
框左右扣尺寸(mm)	0
框上下扣尺寸(mm)	0
框外围面积(m2)	2.1
洞口面积(m2)	2.1
备注	

改框厚为"0"

536

	编码	类别	项目名称	单位	工程量表达式	表达式说明
1	门	补	框外围面积 木质夹板门 M1021	m2	KWWMJ	KWWMJ〈框外围面积〉
2	门	补	框外围面积 运距5公里内 M1021	m2	KWWMJ	KWWMJ〈框外围面积〉
3	门	补	框外围面积 底油一遍，调和漆两遍 M1021	m2	KWWMJ	KWWMJ〈框外围面积〉
4	门	补	把 门锁 M1021	套	SL	SL〈数量〉

图 5.2.50 M1021 的属性和做法

用同样的方法建立 M5021 的属性和做法，如图 5.2.51 所示。

属性名称	属性值
名称	M5021
洞口宽度(mm)	5000
洞口高度(mm)	2100
框厚(mm)	0
立樘距离(mm)	0
离地高度(mm)	0
框左右扣尺寸(mm)	0
框上下扣尺寸(mm)	0
框外围面积(m2)	10.5
洞口面积(m2)	10.5
备注	

	编码	类别	项目名称	单位	工程量表达式	表达式说明
1	门	补	框外围面积 旋转玻璃门 M5021	m2	KWWMJ	KWWMJ〈框外围面积〉
2	门	补	框外围面积 运距5公里内 M5021	m2	KWWMJ	KWWMJ〈框外围面积〉
3	门	补	樘 旋转电动装置 M5021	套	SL	SL〈数量〉

图 5.2.51 M5021 的属性和做法

2. 画首层 1~4 轴线的门

单击定义好的 M1021→单击"点"按钮→放到图 5.2.52 所示门的大致位置，软件自动会出现两个数据→按"Tab"键两次，软件会自动将数据"453.105"涂黑（图 5.2.53）（你可能出现的是其他数据）→按照首层平面图将 453.105 改为 600，（图 5.2.54）→敲回车键，M1021 就画到图上准确的位置，用同样的方法画其他位置的 M1021。

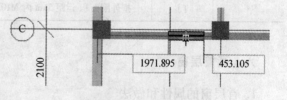

图 5.2.52 画门的第一步

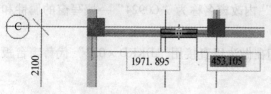

图 5.2.53 画门的第二步

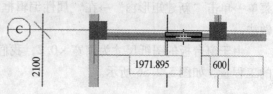

图 5.2.54 画好的一个 M1021

537

注意：这里为什么不将数据"1971.895"改为图纸数据"1700"，因为软件要的是1轴线墙的中心线到门边的距离，而图纸给的是1轴线到门边的距离。

用"点"式画法画其余的门M1021，这样，首层1～4轴线门就画好了，如图5.2.55所示。

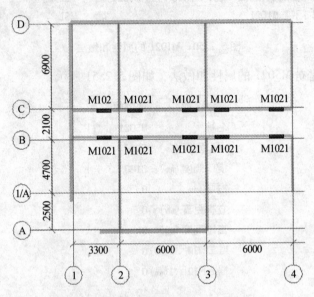

图5.2.55　画好的首层1～4轴线门

3. 首层1～4轴线的门软件计算结果

汇总后查看首层1～4轴线的门软件计算结果，见表5.2.11。

表5.2.11　首层1～4轴线门软件"做法工程量"

序号	编码	项目名称	单位	工程量
1	门	把 门锁 M1021	套	10
2	门	框外围面积 底油一遍，调和漆两遍 M1021	m²	21
3	门	框外围面积 木质夹板门 M1021	m²	21
4	门	框外围面积 运距5km 内 M1021	m²	21

六、画首层窗

1. 首层窗的属性和做法

单击"门窗洞"前面的"＋"号使其展开→单击下一级的"窗"→单击"新建"下拉菜单→单击"新建矩形窗"→在"属性编辑框"内改窗名称为"C0924"→填写窗的属性和做法。

由于窗台板的图纸尺寸为窗宽×0.2，我们在做法里直接用"DKKD×0.2"代替窗台板的工程量，如图5.2.56所示。

属性名称	属性值
名称	C0924
洞口宽度 (mm)	900
洞口高度 (mm)	2400
框厚 (mm)	0
立樘距离 (mm)	0
离地高度 (mm)	700
框左右扣尺寸 (mm)	0
框上下扣尺寸 (mm)	0
框外围面积 (m2)	2.16
洞口面积 (m2)	2.16

	编码	类别	项目名称	单位	工程量表达式	表达式说明
1	窗	补	框外围面积 平开塑钢窗 C0924	m2	KWWMJ	KWWMJ〈框外围面积〉
2	窗	补	框外围面积 运距5公里内 C0924	m2	KWWMJ	KWWMJ〈框外围面积〉
3	窗台板	补	窗台板面积 大理石 C0924	m2	DKKD*0.2	DKKD〈洞口宽度〉*0.2

图 5.2.56　C0924 的属性和做法

注意：因我们在楼层定义时将首层底标高修改为"－0.1"，所以软件认的窗离地高度从 600 修改为 700。

用同样的方法建立其他窗的属性和做法，如图 5.2.57～图 5.2.60 所示。

属性名称	属性值
名称	C1524
洞口宽度 (mm)	1500
洞口高度 (mm)	2400
框厚 (mm)	0
立樘距离 (mm)	0
离地高度 (mm)	700
框左右扣尺寸 (mm)	0
框上下扣尺寸 (mm)	0
框外围面积 (m2)	3.6
洞口面积 (m2)	3.6

	编码	类别	项目名称	单位	工程量表达式	表达式说明
1	窗	补	框外围面积 平开塑钢窗 C1524	m2	KWWMJ	KWWMJ〈框外围面积〉
2	窗	补	框外围面积 运距5公里内 C1524	m2	KWWMJ	KWWMJ〈框外围面积〉
3	窗台板	补	窗台板面积 大理石 C1524	m2	DKKD*0.2	DKKD〈洞口宽度〉*0.2

图 5.2.57　C1524 的属性和做法

属性名称	属性值
名称	C1624
洞口宽度 (mm)	1600
洞口高度 (mm)	2400
框厚 (mm)	0
立樘距离 (mm)	0
离地高度 (mm)	700
框左右扣尺寸 (mm)	0
框上下扣尺寸 (mm)	0
框外围面积 (m2)	3.84
洞口面积 (m2)	3.84

	编码	类别	项目名称	单位	工程量表达式	表达式说明
1	窗	补	框外围面积 平开塑钢窗 C1624	m2	KWWMJ	KWWMJ〈框外围面积〉
2	窗	补	框外围面积 运距5公里内 C1624	m2	KWWMJ	KWWMJ〈框外围面积〉

图 5.2.58　C1624 的属性和做法

属性名称	属性值
名称	C1824
洞口宽度 (mm)	1800
洞口高度 (mm)	2400
框厚 (mm)	0
立樘距离 (mm)	0
离地高度 (mm)	700
框左右扣尺寸 (mm)	0
框上下扣尺寸 (mm)	0
框外围面积 (m2)	4.32
洞口面积 (m2)	4.32

	编码	类别	项目名称	单位	工程量表达式	表达式说明
1	窗	补	框外围面积 平开塑钢窗 C1824	m2	KWWMJ	KWWMJ〈框外围面积〉
2	窗	补	框外围面积 运距5公里内 C1824	m2	KWWMJ	KWWMJ〈框外围面积〉
3	窗台板	补	窗台板面积 大理石 C1824	m2	DKKD*0.2	DKKD〈洞口宽度〉*0.2

图 5.2.59　C1824 的属性和做法

属性名称	属性值
名称	C2424
洞口宽度(mm)	2400
洞口高度(mm)	2400
框厚(mm)	0
立樘距离(mm)	0
离地高度(mm)	700
框左右扣尺寸(mm)	0
框上下扣尺寸(mm)	0
框外围面积(m2)	5.76
洞口面积(m2)	5.76

	编码	类别	项目名称	单位	工程量表达式	表达式说明
1	窗	补	框外围面积 平开塑钢窗 C2424	m2	KWWMJ	KWWMJ<框外围面积>
2	窗	补	框外围面积 运距5公里内 C2424	m2	KWWMJ	KWWMJ<框外围面积>
3	窗台板	补	窗台板面积 大理石 C2424	m2	DKKD*0.2	DKKD<洞口宽度>*0.2

图 5.2.60　C2424 的属性和做法

2. 画首层 1~4 轴线的窗

选中构件名称下的 "C0924" →单击 "点" 按钮→按照画门的方法画窗，画好的 1~4 轴线的窗，如图 5.2.61 所示。

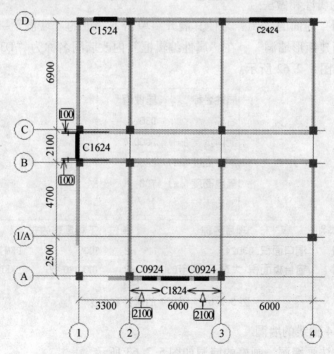

图 5.2.61　画好的首层 1~4 轴线的窗

3. 首层 1～4 轴线的窗软件计算结果

汇总后查看首层 1～4 轴线的窗软件计算结果，见表 5.2.12。

表 5.2.12　首层 1～4 轴线窗软件"做法工程量"

序号	编码	项目名称	单位	工程量
1	窗台板	窗台板面积 大理石 C0924	m²	0.36
2	窗台板	窗台板面积 大理石 C1524	m²	0.3
3	窗台板	窗台板面积 大理石 C1824	m²	0.36
4	窗台板	窗台板面积 大理石 C2424	m²	0.48
5	窗	框外围面积 平开塑钢窗 C0924	m²	4.32
6	窗	框外围面积 平开塑钢窗 C1524	m²	3.6
7	窗	框外围面积 平开塑钢窗 C1624	m²	3.84
8	窗	框外围面积 平开塑钢窗 C1824	m²	4.32
9	窗	框外围面积 平开塑钢窗 C2424	m²	5.76
10	窗	框外围面积 运距 5km 内 C0924	m²	4.32
11	窗	框外围面积 运距 5km 内 C1524	m²	3.6
12	窗	框外围面积 运距 5km 内 C1624	m²	3.84
13	窗	框外围面积 运距 5km 内 C1824	m²	4.32
14	窗	框外围面积 运距 5km 内 C2424	m²	5.76

七、画首层墙洞

1. 首层墙洞的属性和做法

单击"门窗洞"前面的"＋"号使其展开→单击下一级的"墙洞"→单击"新建"下拉菜单→单击"新建矩形墙洞"→在"属性编辑框"内改墙洞名称为"D3024"→填写墙洞的属性和做法，如图 5.2.62 所示。

属性名称	属性值
名称	D3024
洞口宽度 (mm)	3000
洞口高度 (mm)	2400
离地高度 (mm)	700
洞口面积 (m2)	7.2

	编码	类别	项目名称	单位	工程量表达式	表达式说明
1	墙洞	补	洞口面积 D3024	m2	DKMJ	DKMJ〈洞口面积〉
2	窗台板	补	窗台板面积 大理石 飘窗 D3024	m2	DKKD*0.65	DKKD〈洞口宽度〉*0.65

图 5.2.62　D3024 的属性和做法

2. 画首层 1～4 轴线的墙洞

按照画门的方法画墙洞，画好的墙洞如图 5.2.63 所示。

3. 首层 1～4 轴线的墙洞软件计算结果

汇总后查看墙洞的计算结果，见表 5.2.13。

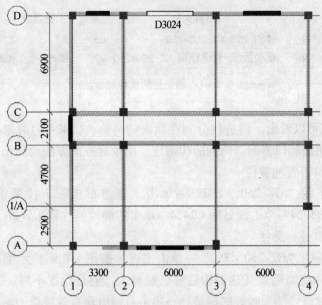

图 5.2.63　首层 1~4 轴线墙洞

表 5.2.13　首层 1~4 轴线墙洞软件"做法工程量"

序号	编码	项目名称	单位	工程量
1	窗台板	窗台板面积 大理石 飘窗 D3024	m²	1.95
2	墙洞	洞口面积 D3024	m²	7.2

八、画首层构造柱

构造柱的设置见图"结施-01"。

1. 构造柱属性和做法

单击"柱"前面的"+"号使其展开→单击下一级"构造柱"→单击"新建"下拉菜单→单击"新建矩形构造柱"→修改构造柱名称为"GZ-250×250",因此工程属于砌块墙,构造柱的马牙槎宽度填写为 100,构造柱的属性和做法,如图 5.2.64 所示。

属性名称	属性值
名称	GZ-250*250
类别	带马牙槎
材质	现浇混凝土
砼类型	(预拌砼)
砼标号	(C25)
截面宽度(mm)	250
截面高度(mm)	250
截面面积(m2)	0.0625
截面周长(m)	1
马牙槎宽度(mm)	100
顶标高(m)	层顶标高
底标高(m)	层底标高

	编码	类别	项目名称	单位	工程量表	表达式说明
1	构造柱	补	体积 C25 GZ-250*250	m3	TJ	TJ〈体积〉
2	构造柱	补	模板面积 普通模板 GZ-250*250	m2	MBMJ	MBMJ〈模板面积〉

图 5.2.64　构造柱的属性和做法

2. 画构造柱

从"结施-01"可以看出，构造柱分别在飘窗的两侧、C2424 的两侧、阳台洞口处。我们可以用布置的方法绘制门窗洞口两侧的构造柱，用单对齐的方法绘制阳台洞口处。

（1）在门窗洞口布置构造柱

选中构件名称下的"GZ-250×250"→单击"智能布置"下拉菜单→单击"门窗洞口"→单击画好的 D3024→单击画好的 C2424→单击右键构造柱就布置好了。

（2）画阳台洞口处构造柱

选中构件名称下的"GZ-250×250"→单击"点"按钮→在不显示梁的状态下单击 1 轴线墙端点→单击 A 轴线墙端点（这时构造柱已经画上，但是位置不对，需要偏移）→单击右键结束→单击 1 轴线墙端头画好的构造柱→单击右键出现右键菜单→单击"单对齐"→单击 1 轴墙端头→单击构造柱下边线→单击 A 轴线墙头→单击构造柱左边线→单击右键结束，阳台洞口处构造柱就画好了。

画好的 1~4 轴线的构造柱，如图 5.2.65 所示。

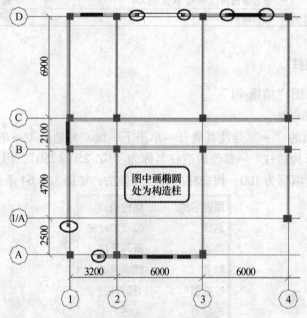

图 5.2.65　首层 1~4 轴线构造柱

3. 构造柱软件计算结果

汇总后用"批量选择构件图元"选中查看构造柱的计算结果，见表 5.2.14。

表 5.2.14　首层 1~4 轴线构造柱软件"做法工程量"

序号	编码	项目名称	单位	工程量
1	构造柱	模板面积 普通模板 GZ-250×250	m²	17.98
2	构造柱	体积 C25 GZ-250×250	m³	1.455

九、画首层过梁

根据"结施-01 结构设计总说明"右下角过梁尺寸及配筋表，再结合图纸的具体情况，建立 GL120、GL180 和 GL400。

1. 首层过梁的属性和做法

单击"门窗洞"前面的"＋"号使其展开→单击下一级的"过梁"→单击"新建"下拉菜单→单击"新建矩形过梁"→在"属性编辑框"内改过梁名称为"GL120"→填写 GL120 的属性和做法，如图 5.2.66 ~ 图 5.2.68 所示。

属性名称	属性值
名称	GL120
材质	现浇混凝
砼类型	(预拌砼)
砼标号	(C25)
长度 (mm)	(500)
截面宽度 (mm)	
截面高度 (mm)	120
起点伸入墙内	250
终点伸入墙内	250
截面周长 (m)	0.24
截面面积 (m2)	0
位置	洞口上方

	编码	类别	项目名称	单位	工程量表达	表达式说明
1	过梁	补	体积 C25 GL120	m3	TJ	TJ<体积>
2	过梁	补	模板面积 GL120	m2	MBMJ	MBMJ<模板面积>

图 5.2.66　GL120 的属性和做法

属性名称	属性值
名称	GL180
材质	现浇混凝
砼类型	(预拌砼)
砼标号	(C25)
长度 (mm)	(500)
截面宽度 (mm)	
截面高度 (mm)	180
起点伸入墙内	250
终点伸入墙内	250
截面周长 (m)	0.36
截面面积 (m2)	0
位置	洞口上方

	编码	类别	项目名称	单位	工程量表达	表达式说明
1	过梁	补	体积 C25 GL180	m3	TJ	TJ〈体积〉
2	过梁	补	模板面积 GL180	m2	MBMJ	MBMJ〈模板面积〉

图 5.2.67　GL180 的属性和做法

属性名称	属性值
名称	GL400
材质	现浇混凝
砼类型	(预拌砼)
砼标号	(C25)
长度 (mm)	(500)
截面宽度 (mm)	
截面高度 (mm)	400
起点伸入墙内	250
终点伸入墙内	250
截面周长 (m)	0.8
截面面积 (m2)	0
位置	洞口上方

	编码	类别	项目名称	单位	工程量表达	表达式说明
1	过梁	补	体积 C25 GL400	m3	TJ	TJ〈体积〉
2	过梁	补	模板面积 GL400	m2	MBMJ	MBMJ〈模板面积〉

图 5.2.68　GL400 的属性和做法

2. 画首层 1~4 轴线的过梁

（1）智能布置 GL120

选中构件名称下 GL120→单击"智能布置"下拉菜单→单击"按门窗洞口宽度布置"，弹出"按洞口宽度布置过梁"对话框→按照图纸填写 GL120 的布置条件（图 5.2.69）→单击"确定"，M1021 和 C0924 的过梁就布置好了。

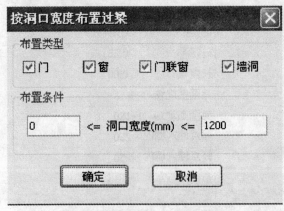

图 5.2.69　GL120 的布置条件

（2）修改 A 轴线过梁的长度尺寸

虽然 A 轴线的 GL120 已经布置上了，但是软件默认的过梁长度尺寸并不对，如图 5.2.70 所示。

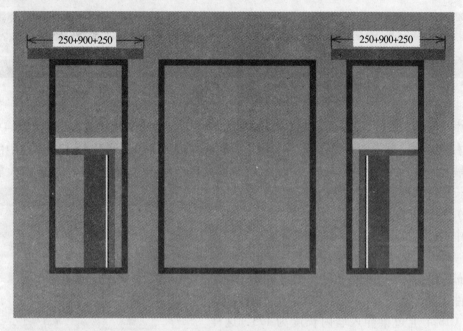

图 5.2.70　软件默认 A 轴线过梁的尺寸

我们要将其修改为图 5.2.71 所示的情况（按照图纸窗与窗之间的距离为 350，两窗过梁各伸进 175）。

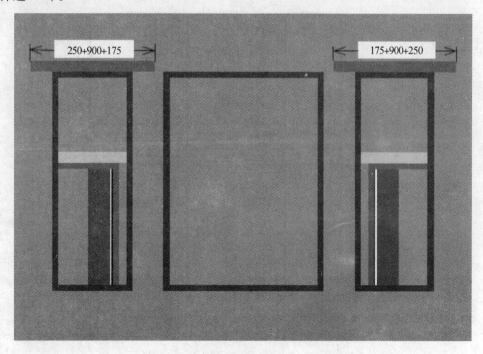

图 5.2.71　修改后的过梁尺寸

修改步骤如下：

单击"工具"下拉菜单→单击"显示线性图元方向"，图形中就显示过梁的起点和终点方向，如图5.2.72所示。

图 5.2.72　过梁的起点和终点线性方向

选中 A 轴线右侧的 GL120→修改 GL120 的属性中"终点伸入墙内长度"为175→单击右键出现右键菜单→单击"取消选择"→单击 A 轴线左侧 GL120→修改 GL120 属性中的"起点伸入墙内长度"为175→单击右键，出现右键菜单→单击"取消选择"，这样 A 轴线的 GL120 长度就修改好了。

（3）智能布置 GL180

选中构件名称下 GL180→单击"智能布置"下拉菜单→单击"按门窗洞口宽度布置"弹出"按洞口宽度布置过梁"对话框→按照图纸填写 GL180 的布置条件（图 5.2.73）→单击"确定"，软件会自动调整 C1824 上过梁伸入墙内长度为175，这样 C1524、C1624、C2424 上的过梁就布置好了。

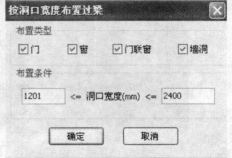

图 5.2.73　按洞口宽度布置过梁

3. 首层 1～4 轴线的过梁软件计算结果

画好的首层 1～4 轴线的过梁如图5.2.74所示。

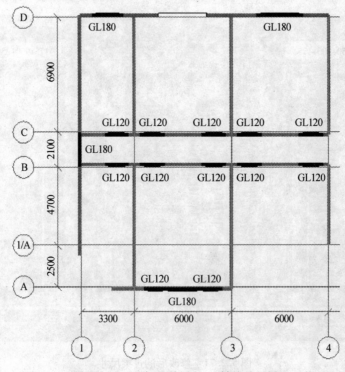

图 5.2.74　画好的首层 1～4 轴线的过梁

汇总后查看过梁的软件计算结果见表5.2.15。

表5.2.15　首层1~4轴线过梁软件"做法工程量"

序号	编码	项目名称	单位	工程量
1	过梁	模板面积 GL120	m²	6.686
2	过梁	模板面积 GL180	m²	4.759
3	过梁	体积 C25 GL120	m³	0.4395
4	过梁	体积 C25 GL180	m³	0.3668

十、画首层现浇带

根据"结施-01"结构设计总说明绘制。

1. 首层现浇带属性和做法

现浇带实际就是圈梁，这里按圈梁定义。

单击梁前面的"＋"号使其展开→单击下一级的"圈梁"→单击"新建"下拉菜单→单击"新建矩形圈梁"→在"属性编辑框"内改圈梁名称为"QL250×180"→填写圈梁的属性和做法，如图5.2.75所示。

属性名称	属性值
名称	QL250*180
材质	现浇混凝土
砼类型	(预拌砼)
砼标号	(C25)
截面宽度(mm)	250
截面高度(mm)	180
截面面积(m2)	0.045
截面周长(m)	0.86
起点顶标高(m)	层底标高+0.7
终点顶标高(m)	层底标高+0.7
轴线距梁左边	(125)
图元形状	直形

	编码	类别	项目名称	单位	工程量表达式	表达式说明
1	圈梁	补	体积 C25 QL250*180	m3	TJ	TJ<体积>
2	圈梁	补	模板面积 普通模板 QL250*180	m2	MBMJ	MBMJ<模板面积>

图5.2.75　现浇带的属性和做法

2. 画首层现浇带

我们用布置的方法画现浇带。

549

选中构件名称下 QL250×180→单击"智能布置"下拉菜单→单击"墙中心线"→单击"批量选择"按钮,弹出"批量选择构件图元"对话框→单击"Q250"→单击"确定"→单击右键结束,外墙窗下现浇带就画好了。

画好的首层 1~4 轴线现浇带,如图 5.2.76 所示。

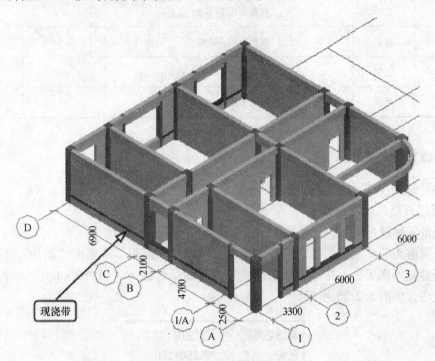

图 5.2.76　现浇带示意图

3. 首层现浇带软件计算结果

汇总后用"批量选择构件图元"的方法查看圈梁的软件计算结果,见表 5.2.16。

表 5.2.16　首层 1~4 轴线圈梁软件"做法工程量"

序号	编码	项目名称	单位	工程量
1	圈梁	模板面积 普通模板 QL250×180	m^2	10.44
2	圈梁	体积 C25 QL250×180	m^3	1.305

十一、画首层 3~4 轴线处护窗栏杆

1. 首层护窗栏杆的属性和做法

在软件里我们用"自定义线"来画护窗栏杆,操作步骤如下:

单击"自定义"前面的"+"号使其展开→单击下一级的"自定义线"→单击"新建"下拉菜单→单击"新建矩形自定义线"→在"属性编辑框"内改自定义线名称为"护窗栏杆"→填写护窗栏杆属性值和做法,如图 5.2.77 所示。

属性名称	属性值
名称	护窗栏杆
截面宽度(mm)	50
截面高度(mm)	900
起点顶标高(m)	层底标高+1
终点顶标高(m)	层底标高+1
轴线距左边线	(25)
扣减优先级	要扣减点，不扣

	编码	类别	项目名称	单位	工程量表达式	表达式说明
1	栏杆	补	扶手中心线水平投影长度*高度 不锈钢栏杆（护窗栏杆）	m2	CD*0.9	CD〈长度〉*0.9
2	栏杆	补	扶手中心线水平投影长度 不锈钢栏杆（护窗栏杆）	m	CD	CD〈长度〉

图 5.2.77　护窗栏杆的属性和做法

2. 画玻璃幕墙处护窗栏杆

（1）先打一条与 4 轴线平行的辅轴，如图 5.2.78 所示

（2）先将护窗栏杆画到轴线位置

选中构件名称下的护窗栏杆→单击"三点画弧"后面的"小三角形"→单击"顺小弧"→填写半径为 2500→单击（4，1/A）交点→单击 A 轴线和辅轴的交点→单击"直线"按钮→单击（3/A）交点→单击右键结束。画到轴线上的护窗栏杆，如图 5.2.78 所示。

（3）将护窗栏杆偏移到图纸要求位置

选中画好的弧形段护窗栏杆→单击右键，出现右键菜单→单击"偏移"→挪动鼠标到图 5.2.79 所示位置→填写偏移值为 175 →敲回车键→弹出"确认"对话框→单击"是"，弧线段的护窗栏杆就偏移好了。

用同样的方法偏移直线段的护窗栏杆，如图 5.2.80 所示。

画好的玻璃幕墙处的护窗栏杆，如图 5.2.81 所示。

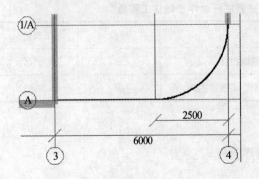

图 5.2.78　画到轴线上的护窗栏杆

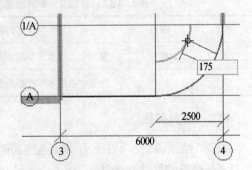

图 5.2.79　弧形段栏杆挪动示意图

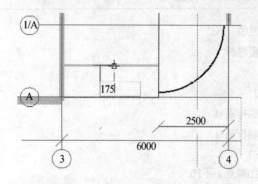

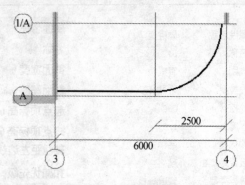

图 5.2.80　直线段的护窗栏杆偏移示意图　　　图 5.2.81　画好的玻璃幕墙处的护窗栏杆

（4）修剪多余的护窗栏杆

这时候护窗栏杆虽然已经画好了，但是有一部分长度伸进到框架柱内，软件并不会自动扣减，我们要将伸入柱内部分剪掉，操作步骤如下：

单击"平行"按钮→单击1/A轴线弹出"请输入"对话框→填写偏移距离为"−250"→单击"确定"→单击"平行"按钮→单击3轴线弹出"请输入"对话框→填写偏移距离为"250"→单击"确定"，这样辅轴就画好了。

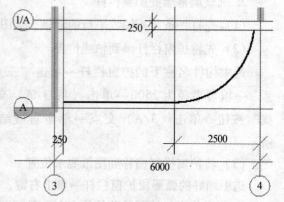

在英文状态下按"Z"键，取消柱子的显示→单击"修剪"按钮→选中与1/A平行的辅助轴线→单击辅助轴线上面多余的护窗栏杆→单击右键→单击与3轴平行的辅助轴线→单击辅助轴线左侧多余的护窗栏杆→单击右键结束。修剪好的护窗栏杆，如图 5.2.82 所示。

（5）删除用过的辅助轴线

3. 护窗栏杆软件计算结果

图 5.2.82　修剪后的护窗栏杆

汇总后查看护窗栏杆软件计算结果，见表 5.2.17。

表 5.2.17　首层 1～4 轴线幕墙处护窗栏杆软件"做法工程量"

序号	编码	项目名称	单位	工程量
1	栏杆	扶手中心线水平投影长度 不锈钢栏杆	m	6.6516
2	栏杆	扶手中心线水平投影长度×高度 不锈钢栏杆	m²	5.9865

十二、画首层板

根据"结施-08 —（三）层顶板配筋图"画首层板。

1. 首层板的属性和做法

单击板前面的"＋"号使其展开→单击下一级的"现浇板"→单击"新建"下拉菜单→单击"新建现浇板"→在"属性编辑框"内改板名称为"B120"→填写板属性值并修改模板类型为"普通模板"，同时建立 B120 的做法，如图 5.2.83 所示。

属性名称	属性值
名称	B120
类别	有梁板
砼类型	(预拌砼)
砼标号	C30
厚度(mm)	120
顶标高(m)	层顶标高
是否是楼板	是
模板类型	普通模板

	编码	类别	项目名称	单位	工程量表达式	表达式说明
1	板	补	体积 C30 B120	m3	TJ	TJ〈体积〉
2	板	补	模板面积 普通模板 B120	m2	MBMJ	MBMJ〈模板面积〉
3	板	补	超模面积 普通模板 B120	m2	CGMBMJ	CGMBMJ〈超高模板面积〉

图 5.2.83 B120 的属性和做法

用同样的方法建立 B130 和 B160 的属性和做法，如图 5.2.84 ~ 图 5.2.85 所示。

属性名称	属性值
名称	B130
类别	有梁板
砼类型	(预拌砼)
砼标号	C30
厚度(mm)	130
顶标高(m)	层顶标高
是否是楼板	是
模板类型	普通模板

	编码	类别	项目名称	单位	工程量表达式	表达式说明
1	板	补	体积 C30 B130	m3	TJ	TJ〈体积〉
2	板	补	模板面积 普通模板 B130	m2	MBMJ	MBMJ〈模板面积〉
3	板	补	超模面积 普通模板 B130	m2	CGMBMJ	CGMBMJ〈超高模板面积〉

图 5.2.84 B130 属性和做法

属性名称	属性值
名称	B160
类别	有梁板
砼类型	(预拌砼)
砼标号	C30
厚度(mm)	160
顶标高(m)	层顶标高
是否是楼板	是
模板类型	普通模板

	编码	类别	项目名称	单位	工程量表达式	表达式说明
1	板	补	体积 C30 B160	m3	TJ	TJ〈体积〉
2	板	补	模板面积 普通模板 B160	m2	MBMJ	MBMJ〈模板面积〉
3	板	补	超模面积 普通模板 B160	m2	CGMBMJ	CGMBMJ〈超高模板面积〉

图 5.2.85 B160 的属性和做法

2. 画首层板

（1）为什么用"智能布置"的方法画板

画板有"点"式画法、智能布置画法、画线封闭画法等几种，一般我们都用"点"式画法，但是用这个方法需要大家注意，如果一个封闭的房间里同时有墙和梁，并且墙和梁的宽度不同，我们用"点"式画法画板的时候，就不知道板认的是墙的中心线还是梁的中心线，在实际操作中发现，如果把墙和梁的显示去掉，板中间留有空隙，为了让板与板之间没有缝隙，这里教大家用"智能布置"的方法画板。

其实这里教大家用"智能布置"的方法画板，还有一个原因，是我们在圆弧处用自定义线画了护窗栏杆，如果我们用"点"式画法画板，软件会默认板边线为自定义线而非梁中心线，而这一点我们很难发现。

所以，对画板来说"智能布置"是最笨的方法，但同时它又是最安全、最有效的方法。

（2）画板的操作步骤

选中构件名称下的 B120→单击"智能布置"下拉菜单→单击"梁中心线"→单击封闭区域（1～2）/（C～D）四周的梁（图5.2.86）→单击右键板（1～2）/（C～D）就布置好了，如图5.2.87 所示。

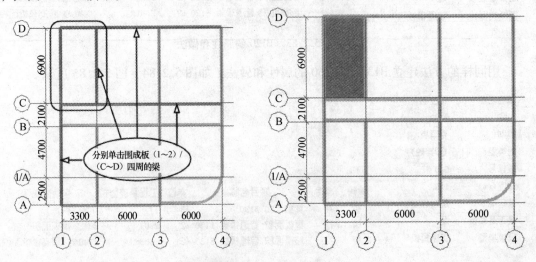

图 5.2.86　分别单击板（1～2）/（C～D）四周的梁　图 5.2.87　布置好的板（1～2）/（C～D）示意图

用同样的方法布置其他板，布置好的首层 1～4 轴线的板，如图 5.2.88 所示。

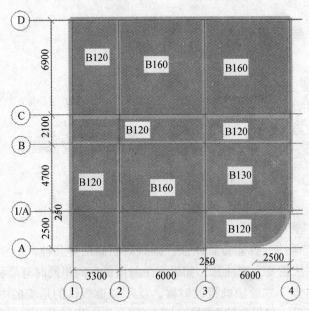

图 5.2.88　首层 1～4 轴线板图

3. 首层 1～4 轴线板软件计算结果

汇总后查看首层 1～4 轴线板的软件计算结果，见表5.2.18。

表 5.2.18　首层 1～4 轴线板软件"做法工程量"

序号	编码	项目名称	单位	工程量
1	板	超模面积 普通模板 B120	m²	76.6348
2	板	超模面积 普通模板 B130	m²	26.415
3	板	超模面积 普通模板 B160	m²	117.74
4	板	模板面积 普通模板 B120	m²	76.6348
5	板	模板面积 普通模板 B130	m²	26.415
6	板	模板面积 普通模板 B160	m²	117.74
7	板	体积 C30 B120	m³	9.2262
8	板	体积 C30 B130	m³	3.4457
9	板	体积 C30 B160	m³	18.8784

十三、画首层阳台

首层阳台里包含了阳台栏板墙、阳台栏板、阳台板、阳台窗、阳台栏杆等构件，下面分别讲解。

1. 画阳台栏板墙

（1）首层阳台栏板墙属性和做法

根据"建施-11 的 2 号大样图"我们知道，首层阳台栏板窗下部分实际上是砌块墙，我们在墙里定义阳台窗下的栏板，如图 5.2.89 所示。

属性名称	属性值
名称	LB100*400
类别	陶粒空心砌块
材质	砌块
砂浆类型	水泥砂浆
砂浆标号	(M5)
厚度(mm)	100
轴线距左墙皮	(50)
内/外墙标志	内墙
起点顶标高(m)	层底标高+0.4
终点顶标高(m)	层底标高+0.4
起点底标高(m)	层底标高
终点底标高(m)	层底标高

	编码	类别	项目名称	单位	工程量表达式	表达式说明
1	阳台栏板墙	补	体积 M5水泥砂浆砌块墙 LB100*400	m3	TJ	TJ〈体积〉

图 5.2.89　首层阳台栏板墙属性和做法

（2）画首层阳台栏板墙

①先画辅助轴线

单击"平行"按钮→单击 2 轴线弹出"请输入"对话框→填写偏移值"-1350"→单击"确定"→单击 1/A 轴线弹出"请输入"对话框→填写偏移值"-550"→单击"确

定"→单击 1 号轴线弹出"请输入"对话框→填写偏移值"－1730"→单击"确定"→单击 A 轴线弹出"请输入"对话框→填写偏移值"－1730"→单击"确定",这样辅助轴线就画好了,如图 5.2.90 所示。

②延伸辅助轴线使其相交

这时候我们虽然画好了辅助轴线,但是辅助轴线之间并没有相交,我们要用轴线延伸的方法使其相交,操作步骤如下:

单击轴线前面的"＋"号使其展开→单击下一级"辅助轴线"→单击"延伸"按钮→单击与 1 轴平行的辅助轴线作为延伸的终点→单击与其垂直的两条辅助轴线→单击右键→单击与 A 轴平行的辅助轴线作为延伸的终点→单击与其垂直的两条辅助轴线→单击右键结束,延伸后的辅助轴线,如图 5.2.91 所示。

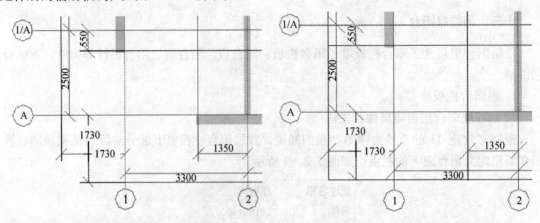

图 5.2.90　画阳台栏板墙的辅助轴线　　　　图 5.2.91　画阳台栏板墙延伸后的辅助轴线

（3）画首层阳台栏板墙

回到画墙状态,选中构件名称下的 LB100×400→单击"直线"按钮→按照图 5.2.92 所示顺时针方向的顺序分别单击 1 号交点→2 号交点→3 号交点→4 号交点→5 号交点→单击右键结束。

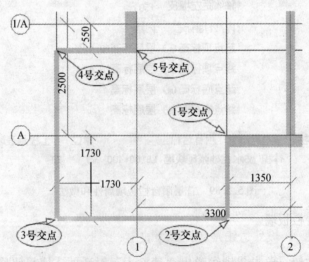

图 5.2.92　画好的首层 1～4 轴线阳台栏板墙

（4）首层阳台栏板软件计算结果

汇总后查看首层 1～4 轴线阳台栏板墙软件计算结果，见表 5.2.19。

表 5.2.19　首层 1～4 轴线阳台栏板墙软件"做法工程量"

序号	编码	项目名称	单位	工程量
1	阳台栏板墙	体积 M5 水泥砂浆砌块墙 LB100×400	m³	0.4088

2. 画阳台板（首层顶）

从"建施-11"我们知道，首层阳台并没有底板，这里画的是首层阳台的顶板（实际上是二层阳台底板）。

（1）阳台板的属性和做法

根据"结施-08"我们知道阳台板的厚度为 140，在板里定义阳台板的属性和做法，如图 5.2.93 所示。

属性名称	属性值
名称	阳台 B140
类别	有梁板
砼类型	(预拌砼)
砼标号	C30
厚度(mm)	140
顶标高(m)	层顶标高
是否是楼板	是
模板类型	普通模板

	编码	类别	项目名称	单位	工程量表达式	表达式说明
1	阳台板	补	体积 C30 阳台 B140	m3	TJ	TJ〈体积〉
2	阳台板	补	模板面积（底模）普通模板 阳台 B140	m2	MBMJ	MBMJ〈模板面积〉
3	阳台板	补	超模面积（底模）普通模板 阳台 B140	m2	CGMBMJ	CGMBMJ〈超高模板面积〉
4	阳台板	补	模板面积（侧模）普通模板 阳台 B140	m2	CMBMJ	CMBMJ〈侧面模板面积〉
5	阳台板	补	超模面积（侧模）普通模板 阳台 B140	m2	CGCMMBMJ	CGCMMBMJ〈超高侧面模板面积〉

图 5.2.93　阳台板 B140 的属性和做法

（2）画阳台板（首层顶）

①先将阳台板画到轴线上

这里我们用画封闭图形的方法画板，仍然可以利用画阳台栏板墙的辅助轴线，操作步骤如下：

选中构件名称下的阳台 B140→单击"直线"按钮→按照顺时针方向单击图 5.2.94 所示的 1 号交点→单击 2 号交点→单击 3 号交点→单击 4 号交点→单击 5 号交点→单击 6 号交点→单击右键结束。

②将阳台顶板偏移到栏板外皮

前面我们画的阳台板外边线是在栏板墙的中心线上，但是实际图纸阳台板的外边线应该在栏板的外边线上，我们要用偏移的方法将其偏移到阳台栏板的外边线上，操作步骤如下：

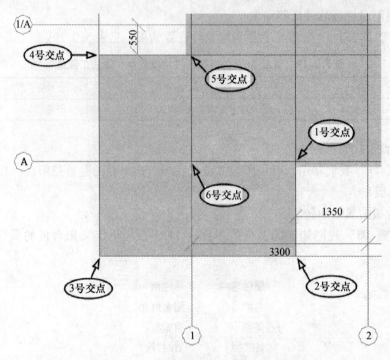

图 5.2.94　画在轴线上的首层阳台顶板

　　单击已经画好的阳台 B140→单击右键出现右键菜单→单击"偏移"弹出"请选择偏移方式"对话框→单击"多边偏移"→单击"确定"→按照顺时针的方向分别单击阳台板的四条外边线（图 5.2.95）→单击右键向外挪动鼠标→填写偏移值"50"→敲回车键，阳台顶板就偏移好了。

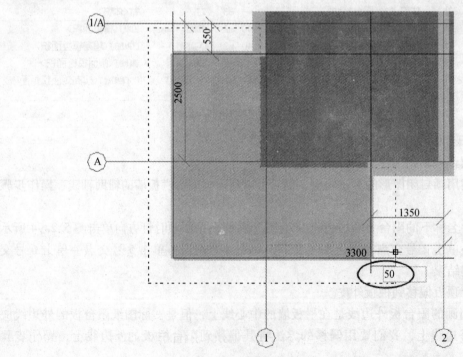

图 5.2.95　阳台板偏移示意图

画好的阳台板如图 5.2.96 所示。

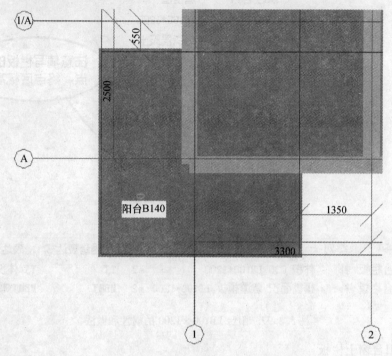

图 5.2.96 画好的阳台板（首层顶）

（3）阳台板（首层顶）软件计算结果

汇总后查看首层 1~4 轴线阳台顶板软件计算结果，见表 5.2.20。

表 5.2.20 首层 1~4 轴线阳台顶板软件"做法工程量"

序号	编码	项目名称	单位	工程量
1	阳台板	超模面积（侧模）普通模板 阳台 B140	m²	1.4868
2	阳台板	超模面积（底模）普通模板 阳台 B140	m²	9.2259
3	阳台板	模板面积（侧模）普通模板 阳台 B140	m²	1.4868
4	阳台板	模板面积（底模）普通模板 阳台 B140	m²	9.2259
5	阳台板	体积 C30 阳台 B140	m³	1.2916

3. 画阳台窗上栏板

从"建施-11 节点 2 详图"我们可以看出，首层阳台窗上部分栏板和二层的阳台栏板实际上是一个栏板，广联达图形 GCL2008 又具备跨层画构件的功能，我们在这里就直接画跨层栏板。

（1）阳台窗上栏板的属性和做法

单击"其他"前面的" + "号将其展开→单击下一级的"栏板"→单击"新建"下拉菜单→单击"新建矩形栏板"→修改栏板名称为"LB100 × 1200"→填写 LB100 × 1200 的属性和做法，如图 5.2.97 所示。

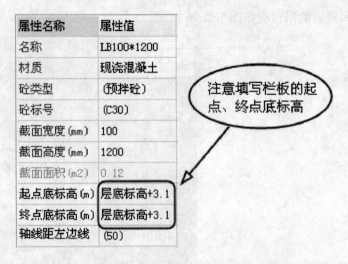

属性名称	属性值
名称	LB100*1200
材质	现浇混凝土
砼类型	(预拌砼)
砼标号	(C30)
截面宽度 (mm)	100
截面高度 (mm)	1200
截面面积 (m2)	0.12
起点底标高 (m)	层底标高+3.1
终点底标高 (m)	层底标高+3.1
轴线距左边线	(50)

注意填写栏板的起点、终点底标高

	编码	类别	项目名称	单位	工程量表达式	表达式说明
1	阳台栏板	补	体积 C30 LB100*1200	m3	TJ	TJ〈体积〉
2	阳台栏板	补	模板面积 普通模板 LB100*1200	m2	MBMJ	MBMJ〈模板面积〉

图 5.2.97　阳台 LB100×1200 的属性和做法

（2）画阳台窗上栏板

阳台窗上栏板的画法和阳台窗下栏板画法相同，画好的阳台窗上栏板，如图 5.2.98 所示。

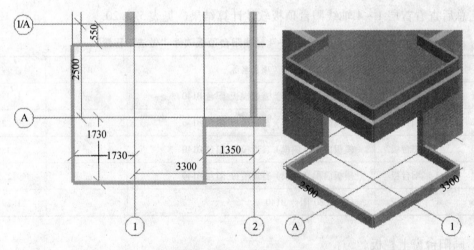

图 5.2.98　画好的阳台窗上栏板

（3）阳台窗上栏板软件计算结果

汇总后查看阳台窗上栏板的软件计算结果，见表 5.2.21。

表 5.2.21　首层 1~4 轴线阳台窗上栏板软件"做法工程量"

序号	编码	项目名称	单位	工程量
1	阳台栏板	模板面积 普通模板 LB100×1200	m²	23.3904
2	阳台栏板	体积 C30 LB100×1200	m³	1.0939

4. 画阳台窗

根据"建施-03"画阳台窗。

（1）阳台窗的属性和做法

我们用软件里的"带形窗"画阳台窗，操作步骤如下：

单击"门窗洞"前面的"＋"号使其展开→单击下一级"带形窗"→单击"新建"下拉菜单→单击"新建带形窗"→修改"带形窗"名称为"ZJC1"→填写"ZJC1"的属性和做法，如图5.2.99所示。

属性名称	属性值
名称	ZJC1
框厚（mm）	60
起点顶标高（m）	层底标高+3.1
起点底标高（m）	层底标高+0.4
终点顶标高（m）	层底标高+3.1
终点底标高（m）	层底标高+0.4
轴线距左边线	(30)

	编码	类别	项目名称	单位	工程量表达式	表达式说明
1	阳台窗	补	框外围面积 平开塑钢窗 ZJC1	m2	DKMJ	DKMJ〈洞口面积〉
2	阳台窗	补	框外围面积 运距5公里内 ZJC1	m2	DKMJ	DKMJ〈洞口面积〉

图5.2.99　带形窗 ZJC1 的属性和做法

（2）画阳台窗

用画栏板的方法画带形窗"ZJC1"，画好的首层 1～4 轴线阳台的带形窗，如图5.2.100所示。

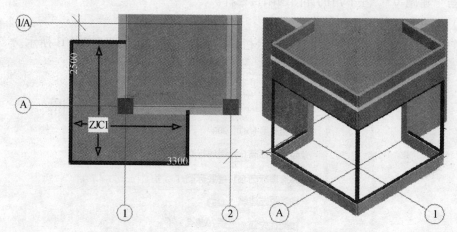

图5.2.100　首层 1～4 轴线阳台的带形窗 ZJC1

（3）修剪带形窗伸入墙内尺寸

因为圈梁在带形窗高度范围内，如图5.2.101所示，如果圈梁和带形窗相交，软件在计算带形窗靠墙一侧高度时会自动扣除圈梁的高度，这时候带形窗的工程量就会算错，我们需要修剪带形窗伸入墙内部分。操作步骤如下：

先在 1 轴线和 A 轴线分别打两条墙外皮的辅助轴线→单击"修剪"按钮→单击 1 轴线的辅轴→单击伸入墙内的带形窗→单击右键结束→单击 A 轴线的平行辅轴→单击伸入墙内的带形窗→单击右键结束。修剪后的带形窗，如图 5.2.102 所示。

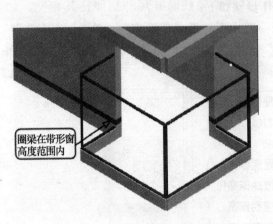

图 5.2.101　带形窗和圈梁相交示意图　　　　图 5.2.102　修剪后的带形窗

（4）阳台窗软件计算结果

汇总计算后查看阳台窗软件计算结果，见表 5.2.22。

表 5.2.22　首层 1~4 轴线阳台窗软件"做法工程量"

序号	编码	项目名称	单位	工程量
1	阳台窗	框外围面积 平开塑钢窗 ZJC1	m²	27.864
2	阳台窗	框外围面积 运距 5km 内 ZJC1	m²	27.864

5. 画阳台栏杆

根据"建施-03"左下角的详图画阳台栏杆。

（1）阳台栏杆的属性和做法

我们仍然在"自定义线"里定义阳台栏杆的属性和做法，如图 5.2.103 所示。

属性名称	属性值
名称	阳台栏杆
截面宽度(mm)	50
截面高度(mm)	900
起点顶标高(m)	层底标高+1
终点顶标高(m)	层底标高+1
轴线距左边线	(25)
扣减优先级	要扣减点，不

编码	类别	项目名称	单位	工程量表达式	表达式说明
1	栏杆	补	扶手中心线水平投影长度*高度 不锈钢栏杆（阳台栏杆）	m2	CD*0.9	CD〈长度〉*0.9
2	栏杆	补	扶手中心线水平投影长度 不锈钢栏杆（阳台栏杆）	m	CD	CD〈长度〉

图 5.2.103　阳台栏杆的属性和做法

（2）画阳台栏杆

从图纸中我们可以算出，阳台栏杆中心线到阳台栏板的中心线距离为150，我们沿着栏板中心线的辅助轴线分别向内打与其平行距离为"150"的6条辅助轴线，在栏板墙头位置打两条距离辅助轴线为"50"的两条辅助轴线，辅助轴线画好后并延伸使其相交，如图5.2.104所示。

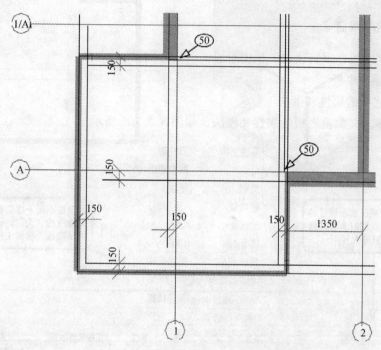

图5.2.104　打好的画阳台栏杆的辅助轴线

根据图打好的辅助轴线，按照顺时针方向画阳台栏杆，如图5.2.105所示。

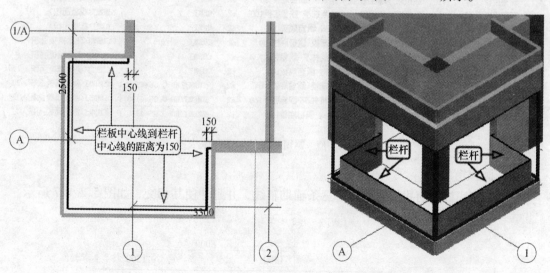

图5.2.105　首层阳台栏杆图

（3）阳台栏杆软件计算结果

汇总计算后查看阳台栏杆软件计算结果，见表5.2.23。

表 5.2.23　首层 1~4 轴线阳台栏杆软件"做法工程量"

序号	编码	项目名称	单位	工程量
1	栏杆	扶手中心线水平投影长度　不锈钢栏杆（阳台栏杆）	m	9.82
2	栏杆	扶手中心线水平投影长度×高度　不锈钢栏杆（阳台栏杆）	m²	8.838

十四、画首层飘窗

飘窗由飘窗底板、飘窗顶板、飘窗组成，下面分别讲解。

1. 画首层飘窗底板

（1）飘窗底板的属性和做法

我们在板里定义飘窗底板的属性和做法，如图 5.2.106 所示。

构件做法来此前面讲过的飘窗列项，同时参考"建施-11"的1号大样图

因飘窗不属于楼层板，这里要修改成"否"，否则会影响吊顶或天棚的工程量

属性名称	属性值
名称	飘窗底板100
类别	平板
砼类型	（预拌砼）
砼标号	C30
厚度（mm）	100
顶标高（m）	层顶标高
是否是楼板	否
模板类型	普通模板

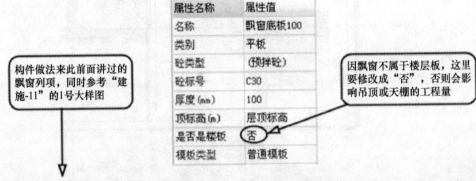

	编码	类别	项目名称	单位	工程量表达式	表达式说明
1	飘窗底板	补	体积　C30　飘窗底板100	m3	TJ	TJ〈体积〉
2	飘窗底板	补	模板面积（底模）普通模板　飘窗底板100	m2	MBMJ	MBMJ〈模板面积〉
3	飘窗底板	补	模板面积（侧模）普通模板　飘窗底板100	m2	CMBMJ	CMBMJ〈侧面模板面积〉
4	飘窗底板保温	补	底板底外墙保温面积　聚苯板　飘窗底板100	m2	MBMJ	MBMJ〈模板面积〉
5	飘窗底板天棚	补	底板底装修面积　水泥砂浆抹灰　飘窗底板100	m2	MBMJ	MBMJ〈模板面积〉
6	飘窗底板天棚	补	底板底装修面积　外墙涂料　飘窗底板100	m2	MBMJ	MBMJ〈模板面积〉
7	飘窗底板侧保温	补	底板侧外墙保温面积　聚苯板　飘窗底板100	m2	CMBMJ	CMBMJ〈侧面模板面积〉
8	飘窗底板侧装修	补	底板侧装修面积　水泥砂浆抹灰　飘窗底板100	m2	CMBMJ	CMBMJ〈侧面模板面积〉
9	飘窗底板侧装修	补	底板侧装修面积　外墙涂料　飘窗底板100	m2	CMBMJ	CMBMJ〈侧面模板面积〉
10	飘窗底板顶保温	补	底板顶外墙保温面积　聚苯板　飘窗底板100	m2	(CMBMJ/HD-0.05*4)*0.1	(CMBMJ〈侧面模板面积〉/HI
11	飘窗底板顶装修	补	底板顶装修面积　水泥砂浆抹灰　飘窗底板100	m2	(CMBMJ/HD-0.05*4)*0.1	(CMBMJ〈侧面模板面积〉/HI
12	飘窗底板顶装修	补	底板顶装修面积　外墙涂料　飘窗底板100	m2	(CMBMJ/HD-0.05*4)*0.1	(CMBMJ〈侧面模板面积〉/HI

图 5.2.106　飘窗底板的属性和做法

（2）画飘窗底板

在画飘窗底板以前我们需要先打三条辅助轴线，并延伸使其相交，如图 5.2.107 所示。

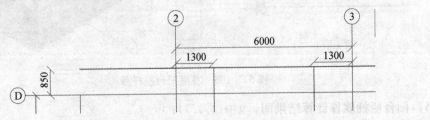

图 5.2.107　画飘窗板用的辅助轴线

我们用"矩形"画法画飘窗的底板。

在构件名称下选中"飘窗底板100"→单击"矩形"按钮→单击"1号交点"→单击"2号交点"→单击右键结束，这样飘窗底板就画好了，如图5.2.108所示。

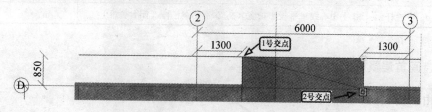

图5.2.108　用矩形画法画的飘窗底板平面

这时飘窗底板虽然画好了，但是标高并不正确，如图5.2.109所示。我们需要修改其标高到图纸要求的标高，操作步骤如下：

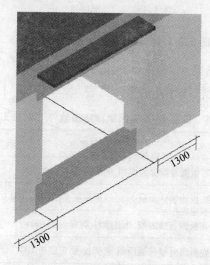

图5.2.109　修改标高以前的飘窗底板

选中已经画好的飘窗底板100→修改属性顶标高为"层底标高+0.7"（图5.2.110）→敲回车键→单击右键出现右键菜单→单击"取消选择"。

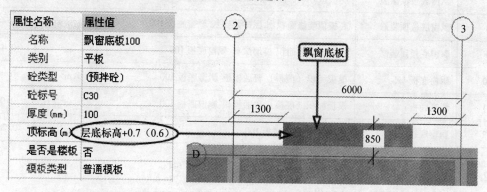

图5.2.110　飘窗底板修改属性示意图

修改标高后的飘窗底板三维图，如图5.2.111所示。

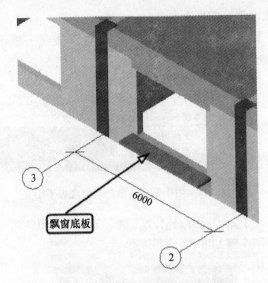

图 5.2.111　修改后的飘窗底板三维图

（3）飘窗底板软件计算结果

汇总计算后查看飘窗底板软件计算结果，见表 5.2.24。

表 5.2.24　首层 1~4 轴线飘窗底板软件"做法工程量"

序号	编码	项目名称	单位	工程量
1	飘窗底板侧保温	底板侧外墙保温面积 聚苯板 飘窗底板100	m²	0.46
2	飘窗底板侧装修	底板侧装修面积 水泥砂浆抹灰 飘窗底板100	m²	0.46
3	飘窗底板侧装修	底板侧装修面积 外墙涂料 飘窗底板100	m²	0.46
4	飘窗底板保温	底板底外墙保温面积 聚苯板 飘窗底板100	m²	2.04
5	飘窗底板天棚	底板底装修面积 水泥砂浆抹灰 飘窗底板100	m²	2.04
6	飘窗底板天棚	底板底装修面积 外墙涂料 飘窗底板100	m²	2.04
7	飘窗底板顶保温	底板顶外墙保温面积 聚苯板 飘窗底板100	m²	0.44
8	飘窗底板顶装修	底板顶装修面积 水泥砂浆抹灰 飘窗底板100	m²	0.44
9	飘窗底板顶装修	底板顶装修面积 外墙涂料 飘窗底板100	m²	0.44
10	飘窗底板	模板面积（侧模）普通模板 飘窗底板100	m²	0.46
11	飘窗底板	模板面积（底模）普通模板 飘窗底板100	m²	2.04
12	飘窗底板	体积 C30 飘窗底板100	m³	0.204

2. 画首层飘窗顶板

（1）飘窗顶板的属性定义和做法

用定义飘窗底板的方法定义飘窗顶板的属性和做法，定义好的飘窗顶板的属性和做法，如图 5.2.112 所示。

属性名称	属性值
名称	飘窗顶板100
类别	平板
砼类型	(预拌砼)
砼标号	C30
厚度 (mm)	100
顶标高 (m)	层顶标高
是否是楼板	否
模板类型	普通模板

编码	类别	项目名称	单位	工程量表达式	表达式说明
1	飘窗顶板	补	体积 C30 飘窗顶板100	m3	TJ	TJ<体积>
2	飘窗顶板	补	模板面积（底模）普通模板 飘窗顶板100	m2	MBMJ	MBMJ<模板面积>
3	飘窗顶板	补	模板面积（侧模）普通模板 飘窗顶板100	m2	CMBMJ	CMBMJ<侧面模板面积>
4	飘窗顶板保温	补	顶板顶外墙保温面积 聚苯板 飘窗顶板100	m2	MBMJ	MBMJ<模板面积>
5	飘窗顶板防水	补	顶板顶防水面积 防水砂浆 飘窗顶板100	m2	MBMJ	MBMJ<模板面积>
6	飘窗顶板保温	补	顶板侧外墙保温面积 聚苯板 飘窗顶板100	m2	CMBMJ	CMBMJ<侧面模板面积>
7	飘窗顶板防水	补	顶板侧防水面积 防水砂浆 飘窗顶板100	m2	CMBMJ	CMBMJ<侧面模板面积>
8	飘窗顶板侧装修	补	顶板侧装修面积 外墙涂料 飘窗顶板100	m2	CMBMJ	CMBMJ<侧面模板面积>
9	飘窗顶板天棚	补	顶板底装修面积 水泥砂浆 飘窗顶板100(天棚1)	m2	MBMJ-(CMBMJ/HD-0.1*4)*0.2	MBMJ<模板面积>-(CMBMJ<
10	飘窗顶板天棚	补	顶板底装修面积 耐擦洗涂料 飘窗顶板100(天棚1)	m2	MBMJ-(CMBMJ/HD-0.1*4)*0.2	MBMJ<模板面积>-(CMBMJ<
11	飘窗顶板保温	补	顶板底外墙保温面积 聚苯板 飘窗顶板100	m2	(CMBMJ/HD-0.05*4)*0.1	(CMBMJ<侧面模板面积>/H
12	飘窗顶板外底防水	补	顶板底防水面积 防水砂浆 飘窗顶板100	m2	(CMBMJ/HD-0.05*4)*0.1	(CMBMJ<侧面模板面积>/H
13	飘窗顶板外底装修	补	顶板底装修面积 外墙涂料 飘窗顶板100	m2	(CMBMJ/HD-0.05*4)*0.1	(CMBMJ<侧面模板面积>/H

图 5.2.112 飘窗顶板的属性和做法

（2）画飘窗顶板

用画飘窗底板的方法画飘窗顶板，画好并修改好标高的飘窗顶板，如图 5.2.113 所示。

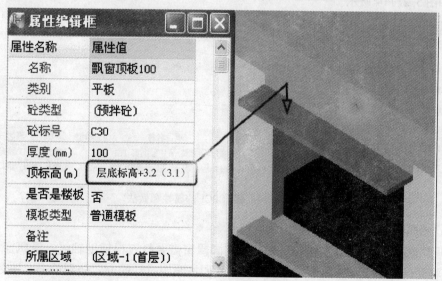

图 5.2.113 画好的飘窗顶板图

（3）删除画飘窗板所用的辅轴

（4）飘窗顶板软件计算结果

汇总计算后查看飘窗顶板软件计算结果，见表 5.2.25。

表 5.2.25 首层 1~4 轴线飘窗顶板软件“做法工程量”

序号	编码	项目名称	单位	工程量
1	飘窗顶板防水	顶板侧防水面积 防水砂浆 飘窗顶板 100	m^2	0.46
2	飘窗顶板保温	顶板侧外墙保温面积 聚苯板 飘窗顶板 100	m^2	0.46
3	飘窗顶板侧装修	顶板侧装修面积 外墙涂料 飘窗顶板 100	m^2	0.46
4	飘窗顶板外底防水	顶板底防水面积 防水砂浆 飘窗顶板 100	m^2	0.44
5	飘窗顶板保温	顶板底外墙保温面积 聚苯板 飘窗顶板 100	m^2	0.44
6	飘窗顶板天棚	顶板底装修面积 耐擦洗涂料 飘窗顶板 100（天棚 1）	m^2	1.2
7	飘窗顶板天棚	顶板底装修面积 水泥砂浆 飘窗顶板 100（天棚 1）	m^2	1.2
8	飘窗顶板外底装修	顶板底装修面积 外墙涂料 飘窗顶板 100	m^2	0.44
9	飘窗顶板防水	顶板顶防水面积 防水砂浆 飘窗顶板 100	m^2	2.04
10	飘窗顶板保温	顶板顶外墙保温面积 聚苯板 飘窗顶板 100	m^2	2.04
11	飘窗顶板	模板面积（侧模）普通模板 飘窗顶板 100	m^2	0.46
12	飘窗顶板	模板面积（底模）普通模板 飘窗顶板 100	m^2	2.04
13	飘窗顶板	体积 C30 飘窗顶板 100	m^3	0.204

3. 画首层飘窗

（1）飘窗的属性和做法

我们在“带形窗”里定义飘窗，按照定义阳台窗的方法定义飘窗，定义好的飘窗属性和做法如图 5.2.114 所示。

属性名称	属性值
名称	PC1
框厚(mm)	60
起点顶标高(m)	层底标高+3.1
起点底标高(m)	层底标高+0.7
终点顶标高(m)	层底标高+3.1
终点底标高(m)	层底标高+0.7
轴线距左边线	(30)

	编码	类别	项目名称	单位	工程	表达式说明
1	飘窗	补	框外围面积 平开塑钢窗 PC1	m2	DKMJ	DKMJ<洞口面积>
2	飘窗	补	框外围面积 运距5公里内 PC1	m2	DKMJ	DKMJ<洞口面积>

图 5.2.114 飘窗 PC1 的属性和做法

（2）画飘窗

根据“建施-03”的飘窗详图可知，我们画飘窗需要打三根辅助轴线，沿飘窗板边往里 150，并将其延伸相交，如图 5.2.115 所示。我们按照顺时针的方向分别单击 1 号交点→2 号交点→3 号交点→4 号交点→单击右键结束。

画好的飘窗三维图如图 5.2.116 所示。

（3）删除画飘窗所用的辅轴

（4）首层飘窗软件计算结果

汇总计算后查看飘窗软件计算结果，见表 5.2.26。

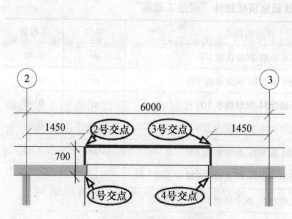

图 5.2.115　画飘窗步骤示意图　　　　　　图 5.2.116　画好的飘窗三维图

表 5.2.26　首层 1～4 轴线飘窗软件"做法工程量"

序号	编码	项目名称	单位	工程量
1	飘窗	框外围面积 平开塑钢窗 PC1	m^2	9.6
2	飘窗	框外围面积 运距 5km 内 PC1	m^2	9.6

十五、镜像

前面我们已经把 1～4 轴线的主体构件画完了，接下来我们需要将其镜像到 5～8 轴线，操作步骤如下：

先在 4～5 中间打一条距离 4 轴线为 3600 的辅助轴线，作为对称轴。

单击"视图"下拉菜单→单击"构件图元显示设置"→勾选"构件图元显示"栏下"所有构件"→单击"确定"，这样所有已画过的构件都显示在绘图区。

单击"楼层"下拉菜单→单击"块镜像"→在绘图区拉框选择 1～4 轴线所有画好的构件→单击对称轴上的任意两个交点，弹出"确认"对话框→单击"否"，这样 1～4 轴线的所有构件就镜像到 5～8 轴线了，如图 5.2.117 所示。

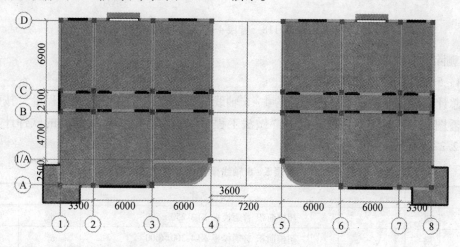

图 5.2.117　1～4 轴线的构件镜像到 5～8 轴线

十六、修改5~8过梁伸入墙内长度

因为我们修改了1~4轴线过梁的起点和终点伸入墙内的长度，镜像以后过梁的起点和终点方向发生了变化，软件并没有做及时修正，需要我们人为做一些修正，否则软件汇总不过去，操作步骤如下：

单击"工具"下拉菜单→单击"显示线性图元方向"→在过梁状态下单击靠近7轴线的GL120→修改"起点伸入墙内长度"为"250"→敲回车键→修改"终点伸入墙内长度"为"175"→单击右键出现右键菜单→单击"取消选择"→单击靠近6轴线的GL120→修改"起点伸入墙内长度"为"175"→敲回车键→修改"终点伸入墙内长度"为"250"→单击右键出现右键菜单→单击"取消选择"（注意：这里起点、终点数据根据你画图的方向观察填写）。

十七、画4~5轴线梁

1. 画4~5轴线梁

先打一条距离C轴线为3500的平行辅轴，分别按图5.2.118所示位置先将梁画到轴线位置，再用对齐的方法将各个梁偏移到图示位置。

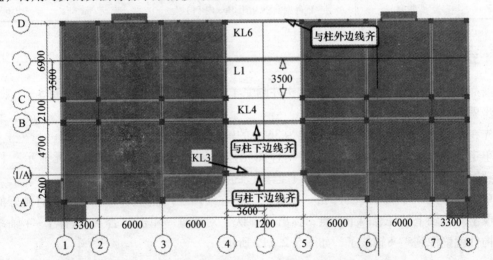

图5.2.118　首层4~5梁示意图

2. 删除所有辅助轴线

3. 4~5轴线梁软件计算结果

汇总计算后，分别选中已经画好的4~5轴线的梁→单击"查看图元工程量"按钮，弹出"查看图元工程量"对话框→单击"做法工程量"，首层4~5轴线的梁的软件计算结果见表5.2.27。

表5.2.27　首层5~8轴线梁软件"做法工程量"

序号	编码	项目名称	单位	工程量
1	梁	超模面积 普通模板 KL3-250×500	m²	8.375
2	梁	超模面积 普通模板 KL4-300×600	m²	10.05
3	梁	超模面积 普通模板 KL6-300×500	m²	8.71

续表

序号	编码	项目名称	单位	工程量
4	梁	超模面积 普通模板 L1-300×550	m²	9.66
5	梁	模板面积 普通模板 KL3-250×500	m²	8.375
6	梁	模板面积 普通模板 KL4-300×600	m²	10.05
7	梁	模板面积 普通模板 KL6-300×500	m²	8.71
8	梁	模板面积 普通模板 L1-300×550	m²	9.66
9	梁	体积 C30 KL3-250×500	m³	0.8375
10	梁	体积 C30 KL4-300×600	m³	1.206
11	梁	体积 C30 KL6-300×500	m³	1.005
12	梁	体积 C30 L1-300×550	m³	1.1385

十八、画 4~5 轴线墙

1. 画 4~5 轴线墙

4~5 轴线实际上只有 1/A 轴线一道 250 的墙，我们先将墙画到 1/A 轴线上，再用"对齐"的方法将其偏移到柱子外皮，再用"延伸"的方法延伸与其垂直的 4、5 轴线墙，使 4、5 轴线的墙与 1/A 轴线的墙相交到墙中心线，如图 5.2.119 所示。

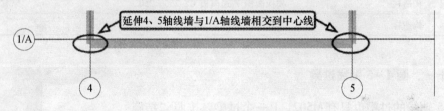

图 5.2.119　4~5 轴线的墙

2. 4~5 轴线墙软件计算结果

汇总后选中 4~5 轴线的墙，查看软件计算 4~5 轴线墙的工程量见表 5.2.28。

表 5.2.28　首层 4~5 轴线墙软件"做法工程量"

编码	项目名称	单位	工程量
墙	体积 陶粒砌墙、M5 水浆 Q250	m³	5.695

十九、画 4~5 轴线门

4~5 轴线门只有 M5021。

1. 画 4~5 轴线门

用前面教过的画门的方法画 M5021，如图 5.2.120 所示。

2. 4~5 轴线门软件计算结果

汇总后选中 4~5 轴线的门，查看软件计算 4~5 轴线门的工程量见表 5.2.29。

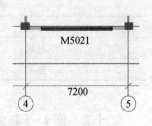

图 5.2.120　4~5 轴线的门

表 5.2.29 首层 4~5 轴线门软件"做法工程量"

序号	编码	项目名称	单位	工程量
1	门	框外围面积 旋转玻璃门 M5021	m²	10.5
2	门	框外围面积 运距 5km 内 M5021	m²	10.5
3	门	橙 旋转电动装置 M5021	套	1

二十、画 4~5 轴线构造柱

从"结施-01"图九中我们知道，M5021 两边有 GZ-250 × 250 的构造柱。

1. 画 4~5 轴线构造柱

我们用"智能布置"的方法画构造柱，如图 5.2.121 所示。

2. 4~5 轴线构造柱软件计算结果

汇总后选中 4~5 轴线的门，查看软件计算 4~5 轴线构造柱的工程量见表 5.2.30。

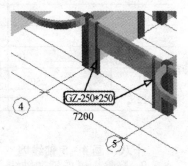

图 5.2.121 4~5 轴线构造柱

表 5.2.30 首层 4~5 轴线构造柱软件"做法工程量"

序号	编码	项目名称	单位	工程量
1	构造柱	模板面积 普通模板 GZ-250 ×250	m²	6.33
2	构造柱	体积 C25 GZ-250 ×250	m³	0.5425

二十一、画 4~5 轴线过梁

4~5 轴线的过梁也只有 M5021 上一个过梁，按照"结施-01"的要求，这个过梁的高度为 400，我们在前面已经定义过。

1. 画 4~5 轴线过梁

选中构件名称下"GL400"→单击"点"按钮→单击 4~5 轴线 M5021→单击右键结束，画好的 4~5 轴线过梁如图 5.2.122 所示。

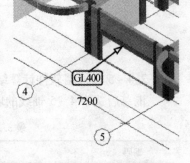

图 5.2.122 4~5 轴线过梁

2. 4~5 轴线过梁软件计算结果

汇总后选中 4~5 轴线的过梁，查看软件计算 4~5 轴线过梁的工程量见表 5.2.31。

表 5.2.31 首层 4~5 轴线过梁软件"做法工程量"

序号	编码	项目名称	单位	工程量
1	过梁	模板面积 GL400	m²	5.25
2	过梁	体积 C25 GL400	m³	0.5

二十二、画 4~5 轴线护窗栏杆

从"建施-03"我们知道，4~5 轴线的护窗栏杆在 D 轴线上。

1. 画 4～5 轴线护窗栏杆

我们仍然用自定义线来画，由于自定义线和柱子没有扣减关系，我们只能将栏杆画到柱子的外皮，尤其注意那儿有一根 TZ，画护窗栏杆之前需要先打几条辅助轴线，画好的 4～5 轴线的护窗栏杆如图 5.2.123 所示。

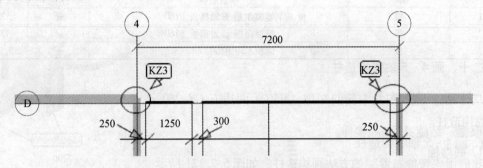

图 5.2.123　4～5 轴线护窗栏杆

2. 删除用过的辅助轴线

3. 4～5 轴线护窗栏杆软件计算结果

汇总后选中 4～5 轴线的护窗栏杆，查看软件计算 4～5 轴线护窗栏杆的工程量见表 5.2.32。

表 5.2.32　首层 4～5 轴线护窗栏杆软件"做法工程量"

序号	编码	项目名称	单位	工程量
1	栏杆	扶手中心线水平投影长度 不锈钢栏杆（护窗栏杆）	m	6.4
2	栏杆	扶手中心线水平投影长度×高度 不锈钢栏杆（护窗栏杆）	m²	5.76

二十三、画 4～5 轴线板

从"结施-08"可以看出，4～5 轴线只有一块板 B160。

1. 画 4～5 轴线板

我们仍然用"智能布置"到"梁中心线"的方法画 4～5 轴线的板，画好的 4～5 轴线的板如图 5.2.124 所示。

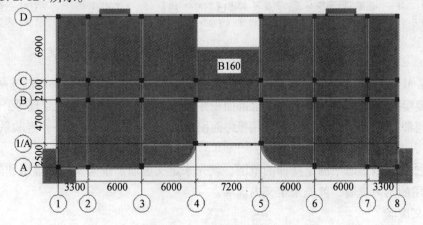

图 5.2.124　4～5 轴线的板

2. 4~5 轴线板软件计算结果

汇总后选中 4~5 轴线的板，查看软件计算 4~5 轴线板的工程量见表 5. 2. 33。

表 5. 2. 33　首层 4~5 轴线板软件"做法工程量"

序号	编码	项目名称	单位	工程量
1	板	超模面积 普通模板 B160	m²	37.12
2	板	模板面积 普通模板 B160	m²	37.12
3	板	体积 C30 B160	m³	5.9616

二十四、画楼梯

根据"结施-11"画楼梯。

1. 画楼梯

软件里面画楼梯提供了两种画法：三维画法（也就是直形梯段）和平面画法（也就是楼梯）。因为要计算的楼梯工程量是投影面积，用平面画法就能满足要求，我们先来学习平面画法。

（1）楼梯属性和做法

单击楼梯前面的"＋"号使其展开→单击下一级的"楼梯"→单击"新建"下拉菜单→单击"新建楼梯"→在"属性编辑框"内改楼梯名称为"楼梯 1"→填写楼梯的属性和做法如图 5. 2. 125 所示。

属性名称	属性值
名称	楼梯1
材质	现浇混凝
砼类型	(预拌砼)
砼标号	C30
建筑面积计算	不计算

	编码	类别	项目名称	单位	工程量表达式	表达式说明
1	楼梯	补	水平投影面积(砼) C30 楼梯1	m2	TYMJ	TYMJ<投影面积>
2	楼梯	补	水平投影面积(模板) 楼梯1	m2	TYMJ	TYMJ<投影面积>
3	楼梯	补	水平投影面积 面层地砖装修 楼梯1	m2	TYMJ	TYMJ<投影面积>
4	楼梯	补	底部实际面积 水泥砂浆抹灰 楼梯1（TYMJ*1.15）	m2	TYMJ*1.15	TYMJ<投影面积>*1.15
5	楼梯	补	底部实际面积 耐擦洗涂料 楼梯1（TYMJ*1.15）	m2	TYMJ*1.15	TYMJ<投影面积>*1.15

图 5. 2. 125　楼梯 1 的属性和做法

注意：软件提供了楼梯的投影面积代码"TYMJ"，但是我们在计算楼梯底部抹灰和涂料时，定额要求要楼梯的底部面积，因楼梯的底部面积并不好计算，需要用到勾股定理等公式，为了简化计算，通常人们计算底部面积时候就用投影面积乘以 1. 15，其中 1. 15 是一个经验系数。

（2）内虚墙

画楼梯之前用虚墙来圈定楼梯的范围，就先来定义虚墙。虚墙又分内虚墙和外虚墙，这里我们应用的是内虚墙，就先来定义内虚墙。

①定义虚墙

单击墙前面的"＋"号使其展开→单击下一级的"墙"→单击"新建"下拉菜单→单

击"新建虚墙"→在"属性编辑框"内修改墙名称为"XQ-内"→填写内虚墙的属性，如图5.2.126所示。

属性名称	属性值
名称	XQ-内
类别	虚墙
厚度(mm)	0
轴线距左墙皮	(0)
内/外墙标志	内墙
起点顶标高(m)	层顶标高
终点顶标高(m)	层顶标高
起点底标高(m)	层底标高
终点底标高(m)	层底标高

②画虚墙

从"建施-03"我们知道此工程楼梯间和大堂是一个房间，因此需要先给楼梯圈定一个范围，图纸上已给出楼梯间与大堂的分界线。从"结施-11"上我们看出楼梯的另一边线距离D轴线为50，需要在这两条线上画两道虚墙，如图5.2.127所示。

③画楼梯

选中构件名称下"楼梯1"→单击"点"按钮→单击虚墙圈定的楼梯范围内任意一点→单击右键结束，画好的楼梯1，如图5.2.128所示。

图5.2.126 内虚墙的属性

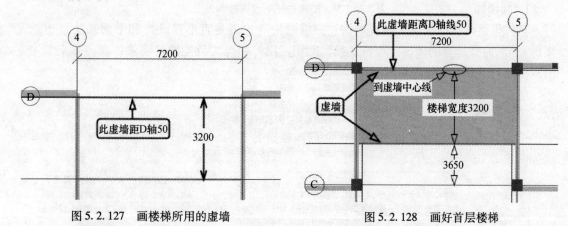

图5.2.127 画楼梯所用的虚墙

图5.2.128 画好首层楼梯

（3）删除所用的辅助轴线

（4）楼梯软件计算结果

汇总后选中4～5轴线的楼梯，查看软件计算4～5轴线楼梯的工程量见表5.2.34。

表5.2.34 首层4～5轴线楼梯软件"做法工程量"

序号	编码	项目名称	单位	工程量
1	楼梯	底部实际面积 耐擦洗涂料 楼梯1（TYMJ×1.15）	m²	25.76
2	楼梯	底部实际面积 水泥砂浆抹灰 楼梯1（TYMJ×1.15）	m²	25.76
3	楼梯	水平投影面积 面层地砖装修 楼梯1	m²	22.4
4	楼梯	水平投影面积（模板）楼梯1	m²	22.4
5	楼梯	水平投影面积（混凝土）C30 楼梯1	m²	22.4

2. 画楼梯栏杆扶手

画楼梯栏杆如图"建施-12"所示。

（1）楼梯栏杆属性和做法

我们仍然用自定义线来绘制楼梯栏杆，只是楼梯栏杆有平台栏杆和斜跑栏杆，定额计算楼梯栏杆油漆时候又需要楼梯的实际长度，而我们可以近似地认为楼梯斜跑的实际长度是投影长度乘以1.15。所有这里定义楼梯的属性和做法时需要分成平段和斜段分别定义，如图5.2.129、图5.2.130所示。

属性名称	属性值
名称	楼梯栏杆（平段）
截面宽度(mm)	50
截面高度(mm)	1050
起点顶标高(m)	层底标高+1.150
终点顶标高(m)	层底标高+1.150
轴线距左边线	(25)
扣减优先级	要扣减点，不扣减面

	编码	类别	项目名称	单位	工程量表达式	表达式说明
1	栏杆	补	扶手中心线水平投影长度*高度 楼梯栏杆（平段）	m2	CD*1.05	CD<长度>*1.05
2	栏杆	补	栏杆质量 防锈漆一遍耐酸漆两遍 楼梯栏杆（平段）(CD*1.66)	kg	CD*1.66	CD<长度>*1.66
3	扶手	补	扶手中心线水平投影长度 硬木扶手制作 楼梯栏杆（平段）	m	CD	CD<长度>
4	扶手	补	扶手实际长度 底油一遍调和漆两遍 楼梯栏杆（平段）	m	CD	CD<长度>

图 5.2.129　楼梯栏杆平段属性和做法

属性名称	属性值
名称	楼梯栏杆（斜段）
截面宽度(mm)	50
截面高度(mm)	1050
起点顶标高(m)	层底标高+1.150
终点顶标高(m)	层底标高+1.150
轴线距左边线	(25)
扣减优先级	要扣减点，不扣减面

	编码	类别	项目名称	单位	工程量表达式	表达式说明
1	栏杆	补	扶手中心线水平投影长度*高度 楼梯栏杆（斜段）	m2	CD*1.05	CD<长度>*1.05
2	栏杆	补	栏杆质量 防锈漆一遍耐酸漆两遍 楼梯栏杆（斜段）(CD*1.15*1.66)	kg	CD*1.15*1.66	CD<长度>*1.15*1.66
3	扶手	补	扶手中心线水平投影长度 硬木扶手制作 楼梯栏杆（斜段）	m	CD	CD<长度>
4	扶手	补	扶手实际长度 底油一遍调和漆两遍 楼梯栏杆（斜段）（CD*1.15）	m	CD*1.15	CD<长度>*1.15

图 5.2.130　楼梯栏杆斜段属性和做法

（2）画首层楼梯栏杆

画楼梯栏杆之前我们需要先根据"建施-12"打几条辅助轴线，然后根据画好的辅助轴线分别画平段和斜段的楼梯栏杆，如图 5.2.131 所示。

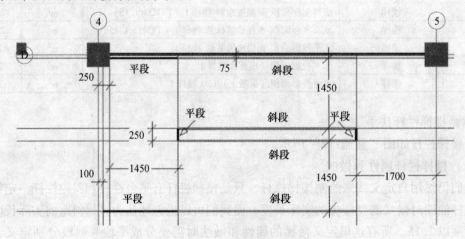

图 5.2.131　楼梯栏杆示意图

576

（3）删除所有的辅助轴线

（4）首层楼梯栏杆软件计算结果

汇总后选中4～5轴线的楼梯栏杆，查看软件计算4～5轴线楼梯栏杆的工程量，见表5.2.35。

表5.2.35　首层4～5轴线楼梯栏杆软件"做法工程量"

序号	编码	项目名称	单位	工程量
1	扶手	扶手实际长度 底油一遍调和漆两遍 楼梯栏杆（平段）	m	3.55
2	扶手	扶手实际长度 底油一遍调和漆两遍 楼梯栏杆（斜段）（CD×1.15）	m	17.48
3	扶手	扶手中心线水平投影长度 硬木扶手制作 楼梯栏杆（平段）	m	3.55
4	扶手	扶手中心线水平投影长度 硬木扶手制作 楼梯栏杆（斜段）	m	15.2
5	栏杆	扶手中心线水平投影长度×高度 楼梯栏杆（平段）	m²	3.7275
6	栏杆	扶手中心线水平投影长度×高度 楼梯栏杆（斜段）	m²	15.96
7	栏杆	栏杆质量 防锈漆一遍耐酸漆两遍 楼梯栏杆（平段）（CD×1.66）	kg	5.893
8	栏杆	栏杆质量 防锈漆一遍耐酸漆两遍 楼梯栏杆（斜段）（CD×1.15×1.66）	kg	29.0168

3. 画梯柱

从"结施-11"我们看出，TZ和TL均不在楼梯投影面积范围之内，梯柱和梯梁的工程量都需要重新计算，因此先来画TZ。

（1）梯柱属性和做法

我们用定义框架柱的方法定义楼梯柱，如图5.2.132所示。

属性名称	属性值
名称	TZ1-300*200
类别	框架柱
材质	现浇混凝土
砼类型	（预拌砼）
砼标号	（C30）
截面宽度(mm)	300
截面高度(mm)	200
截面面积(m2)	0.06
截面周长(m)	1
顶标高(m)	层顶标高
底标高(m)	层底标高
模板类型	普通模板

	编码	类别	项目名称	单位	工程量表达式	表达式说明
1	柱	补	体积 C30 TZ1-300*200	m3	TJ	TJ〈体积〉
2	柱	补	模板面积 普通模板 TZ1-300*200	m2	MBMJ	MBMJ〈模板面积〉
3	柱	补	超模面积 普通模板 TZ1-300*200	m2	CGMBMJ	CGMBMJ〈超高模板面积〉

图5.2.132　TZ 的属性和做法

（2）画梯柱

①先画辅助轴线

画 TZ 之前我们需要根据"结施-04"先打两条辅助轴线，如图 5.2.133 所示。

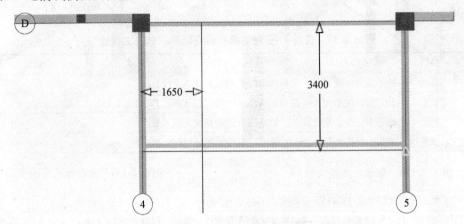

图 5.2.133　打好两条辅助轴线

②将 TZ 画到轴线相交位置

将 TZ 分别画到图示交点位置，并调整 4 轴线墙上 TZ 的端头，调整柱端头操作步骤为：等 4 轴线 TZ 柱点上后（但是方向不对），单击"调整柱端头"按钮→单击 4 轴线 TZ，TZ 会自动旋转 90°→单击右键结束，画好的轴线交点的 TZ 如图 5.2.134 所示。

③将 TZ 偏移到图纸位置

用"单对齐"的方法将 TZ 偏移到与梁内边线齐，如图 5.2.135 所示。

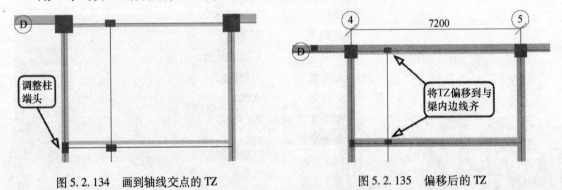

图 5.2.134　画到轴线交点的 TZ　　　　图 5.2.135　偏移后的 TZ

④修改 TZ 的标高

TZ 虽然画好了，但是 TZ 的标高并不符合图纸的要求，如图 5.2.136 所示。

根据"结施-11"首层 TZ 的顶标高为 1.95，我们要把 TZ 修改到图纸所要求的标高，操作步骤如下：

单击右键，出现右键菜单→单击"批量选择构件图元"，弹出"批量选择构件图元"对话框→单击"TZ1-300×200"→单击"确定"→修改属性中顶标高为"层底标高 +2.05"（当你选择"层底标高"时，软件会自动弹出"提示"对话框，提示"柱体高度不能为 0"，我们单击"确定"就可以了）→敲回车键→单击右键，出现右键菜单→单击"取消选择"，这样 TZ 的标高就修改好了，如图 5.2.137 所示。

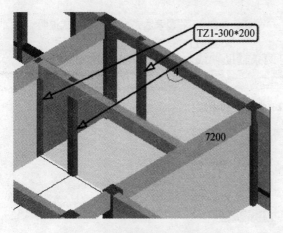

图 5.2.136　修改标高以前的 TZ

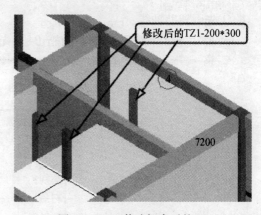

图 5.2.137　修改标高后的 TZ

（3）首层梯柱软件计算结果

汇总后选中 4~5 轴线的梯柱，用"批量选择"的方法查看软件计算 4~5 轴线梯柱的工程量，见表 5.2.36。

表 5.2.36　首层 4~5 轴线梯柱软件"做法工程量"

序号	编码	项目名称	单位	工程量
1	柱	超模面积 普通模板 TZ1-300×200	m²	0
2	柱	模板面积 普通模板 TZ1-300×200	m²	6.15
3	柱	体积 C30 TZ1-300×200	m³	0.369

4. 画梯梁

梯梁和梯柱一样也在楼梯投影面积之外，我们也需要重新计算其工程量。

（1）梯梁属性和做法

用建立框架梁的方法建立梯梁的属性和做法，如图 5.2.138、图 5.2.139 所示。

属性名称	属性值
名称	TL1-200*400
类别1	框架梁
类别2	
材质	现浇混凝土
砼类型	(预拌砼)
砼标号	(C30)
截面宽度(mm)	200
截面高度(mm)	400
截面面积(m2)	0.08
截面周长(m)	1.2
起点顶标高(m)	层底标高+2.05
终点顶标高(m)	层底标高+2.05
轴线距梁左边	(100)
图元形状	矩形
模板类型	普通模板

编码	类别	项目名称	单位	工程量表达式	表达式说明
1	梁	补	体积 C30 TL1-200*400	m3	TJ	TJ<体积>
2	梁	补	模板面积 普通模板 TL1-200*400	m2	MBMJ	MBMJ<模板面积>
3	梁	补	超模面积 普通模板 TL1-200*400	m2	CGMBMJ	CGMBMJ<超高模板面积>

图 5.2.138 TL1 的属性和做法

属性名称	属性值
名称	TL2-200*400
类别1	框架梁
类别2	
材质	现浇混凝土
砼类型	(预拌砼)
砼标号	(C30)
截面宽度(mm)	200
截面高度(mm)	400
截面面积(m2)	0.08
截面周长(m)	1.2
起点顶标高(m)	层底标高+2.05
终点顶标高(m)	层底标高+2.05
轴线距梁左边	(100)
图元形状	矩形
模板类型	普通模板

编码	类别	项目名称	单位	工程量表达式	表达式说明
1	梁	补	体积 C30 TL2-200*400	m3	TJ	TJ<体积>
2	梁	补	模板面积 普通模板 TL2-200*400	m2	MBMJ	MBMJ<模板面积>
3	梁	补	超模面积 普通模板 TL2-200*400	m2	CGMBMJ	CGMBMJ<超高模板面积>

图 5.2.139 TL2 的属性和做法

（2）画楼梯梁

在不显示墙、梁的状态下，先将 TL 画到画 TZ 时打好的辅助轴线上，如图 5.2.140 所示。再用"对齐"的方法将 TL 偏移到图 5.2.141 位置。

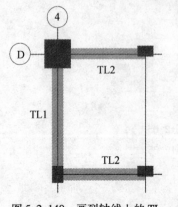

图 5.2.140 画到轴线上的 TL

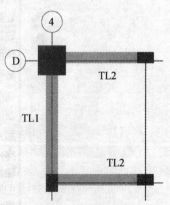

图 5.2.141 偏移后的 TL

画好的 TL 三维图如图 5.2.142 所示。

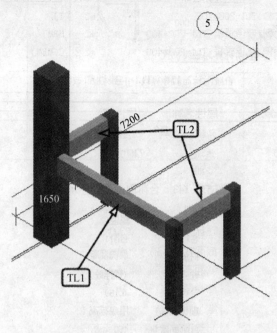

图 5.2.142 TL 的三维图

（3）删除所有的辅助轴线

（4）首层楼梯梁软件计算结果

汇总后选中 4～5 轴线的梯梁，查看软件计算 4～5 轴线梯梁的工程量，见表 5.2.37。

表 5.2.37 首层 4～5 轴线梯梁软件"做法工程量"

序号	编码	项目名称	单位	工程量
1	梁	超模面积 普通模板 TL1-200×400	m²	0
2	梁	超模面积 普通模板 TL2-200×400	m²	0
3	梁	模板面积 普通模板 TL1-200×400	m²	3
4	梁	模板面积 普通模板 TL2-200×400	m²	2.65
5	梁	体积 C30 TL1-200×400	m³	0.24
6	梁	体积 C30 TL2-200×400	m³	0.212

二十五、画台阶

因为本图台阶宽度超过 2500，所以本图台阶分两部分计算：一部分按台阶计算，一部分按地面计算，如图 5.2.143 所示。

1. 台阶的属性和做法

台阶分为台阶 1 和台阶 1-地面，下面分别定义。

（1）台阶 1 属性和做法

单击"其他"前面的"+"号，使其展开→单击下一级的"台阶"→单击"新建"下拉菜单→单击"新建台阶"→在"属性编辑框"内改台阶名称为"台阶 1"→填写"台阶 1"属性和做法，如图 5.2.144 所示。

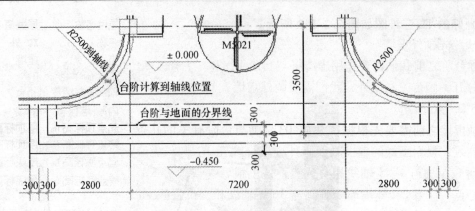

图 5.2.143　台阶与地面分界示意图

属性名称	属性值
名称	台阶1
材质	现浇混凝
砼类型	(预拌砼)
砼标号	(C15)
顶标高(m)	层底标高
台阶高度(mm)	450
踏步个数	3
踏步高度(mm)	150

	编码	类别	项目名称	单位	工程量表达式	表达式说明
1	台阶	补	台阶水平投影面积 花岗岩面层 台阶1	m2	MJ	MJ〈面积〉
2	台阶	补	台阶混凝土体积 C15 台阶1 (MJ*0.1*1.15)	m3	MJ*0.1*1.15	MJ〈面积〉*0.1*1.
3	台阶	补	台阶垫层体积 3:7灰土 台阶1 (MJ*0.3*0.85)	m3	MJ*0.3*0.85	MJ〈面积〉*0.3*0.
4	台阶	补	台阶水平投影面积 普通模板 台阶1	m3	MJ	MJ〈面积〉

图 5.2.144　台阶 1 的属性和做法

（2）台阶 1-地面属性和做法

台阶 1-地面虽然按地面计算，我们仍然在台阶里定义，如图 5.2.145 所示。

属性名称	属性值
名称	台阶1-地面
材质	现浇混凝土
砼类型	(预拌砼)
砼标号	(C15)
顶标高(m)	层底标高
台阶高度(mm)	450
踏步个数	3
踏步高度(mm)	150

	编码	类别	项目名称	单位	工程量	表达式说明
1	台阶	补	台阶水平投影面积 花岗岩面层 台阶1-地面	m2	MJ	MJ〈面积〉
2	台阶	补	台阶混凝土体积 C15 台阶1-地面(MJ*0.1)	m3	MJ*0.1	MJ〈面积〉*0.1
3	台阶	补	台阶垫层体积 3:7灰土 台阶1-地面 (MJ*0.3)	m3	MJ*0.3	MJ〈面积〉*0.3

图 5.2.145　台阶 1-地面的属性和做法

2. 画台阶

（1）先画外虚墙

画台阶之前我们需要先用虚墙将"台阶1"和"台阶1-地面"分开，因台阶在室外，我们需要画外虚墙，外虚墙的属性如图5.2.146所示。

画虚墙之前需要先根据"建施-03"画与台阶有关的几条辅助轴线，根据画好的辅助轴线画外虚墙（注意1：圆弧虚墙要画到1/A轴与4、5轴线相交位置，这里很容易误画为KZ5的中心点；注意2：外虚墙要画到与3、6轴线相交位置），如图5.2.147所示。

属性名称	属性值
名称	XQ-外
类别	虚墙
厚度（mm）	0
轴线距左墙皮	(0)
内/外墙标志	外墙
起点顶标高（m）	层顶标高
终点顶标高（m）	层顶标高
起点底标高（m）	层底标高
终点底标高（m）	层底标高

图5.2.146 外虚墙的属性

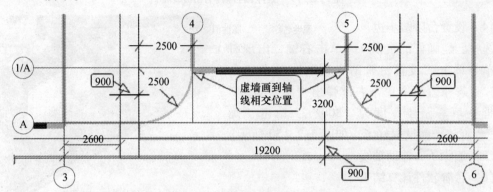

图5.2.147 画台阶的辅轴和虚墙图

（2）画台阶并修改标高

选中构件名称下"台阶1-地面"→单击"点"按钮→单击台阶地面范围内任意一点→选中构件名称下"台阶1"→单击"点"按钮→单击台阶1范围内任意一点→单击右键结束→选中画好的"台阶1"和"台阶1-地面"→修改属性中的"顶标高"为"层底标高+0.1"→单击右键出现右键菜单→单击"取消选择"这样台阶就画好了，如图5.2.148所示。

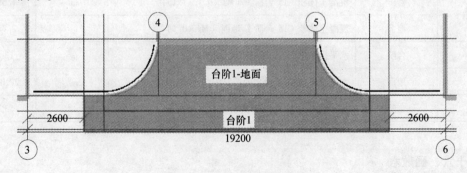

图5.2.148 画好的台阶平面

（3）删除画台阶所用的虚墙

因为我们紧接着要画散水，散水认的是外墙外边线，我们需要把画台阶所用的虚墙删掉，否则会影响散水的布置。

在墙的状态下选中图 5.2.149 所示有椭圆的虚墙→单击右键，出现右键菜单→单击"删除"弹出"确认"对话框→单击"是"，这样画台阶所用的虚墙就删除了。

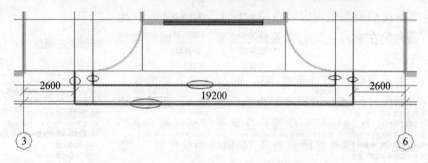

图 5.2.149　删除画台阶所用的虚墙

（4）设置台阶踏步边

选中已经画好的台阶 1→单击右键，出现右键菜单→单击"设置台阶踏步边"→单击"台阶 1"三条外边线→单击右键弹出"踏步宽度"对话框→填写踏步宽度为"300"→单击"确定"，台阶踏步就设置好了，如图 5.2.150 所示。

（5）删除所有辅助轴线

（6）台阶软件计算结果

汇总后选中画好的台阶及其台阶地面，查看软件计算台阶的工程量，见表 5.2.38。

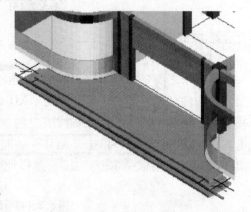

图 5.2.150　画好的台阶图

表 5.2.38　首层台阶软件"做法工程量"

序号	编码	项目名称	单位	工程量
1	台阶	垫层体积 3:7 灰土 台阶 1（MJ×0.3×0.85）	m³	3.5343
2	地面	垫层体积 3:7 灰土 台阶 1-地面（MJ×0.3）	m³	8.2267
3	台阶	混凝土体积 C15 台阶 1（MJ×0.1×1.15）	m³	1.5939
4	地面	混凝土体积 C15 台阶 1-地面（MJ×0.1）	m³	2.7422
5	台阶	水平投影面积 花岗岩面层 台阶 1	m²	13.86
6	地面	水平投影面积 花岗岩面层 台阶 1-地面	m²	27.4223
7	台阶	水平投影面积 普通模板 台阶 1	m²	13.86

二十六、画散水

1. 散水属性定义和做法

单击"其他"前面的"＋"号，使其展开→单击下一级的"散水"→单击"新建"下拉菜单→单击"新建散水"→在"属性编辑框"内改散水名称为"散水 1"→填写"散水 1"属性和做法，如图 5.2.151 所示。

属性名称	属性值
名称	散水1
材质	现浇混凝土
厚度(mm)	100
砼类型	(预拌砼)
砼标号	(C15)

	编码	类别	项目名称	单位	工程量表达式	表达式说明
1	散水	补	散水面层面积 1:1水泥砂浆赶光 散水1	m2	MJ	MJ〈面积〉
2	散水	补	混凝土垫层体积 C15 散水1	m3	MJ*0.06	MJ〈面积〉*0.06
3	散水	补	灰土垫层体积 3:7灰土 散水1(MJ*0.15+(WWCD+0.15*8)*0.3*0.15)	m3	MJ*0.15+(WWCD+0.15*8)*0.3*0.15	MJ〈面积〉*0.15+(WWCD〈外围长度〉+0.15*8)*0.3*0.15
4	散水	补	散水素土夯实面积 打夯机夯实 散水1(MJ+(WWCD+0.15*8)*0.3)	m2	MJ+(WWCD+0.15*8)*0.3	MJ〈面积〉+(WWCD〈外围长度〉+0.15*8)*0.3
5	散水	补	贴墙伸缩缝长度 沥青砂浆 散水1	m	TQCD	TQCD〈贴墙长度〉
6	散水	补	混凝土垫层模板面积 散水1	m2	WWCD*0.06	WWCD〈外围长度〉*0.06

图 5.2.151 散水 1 的属性和做法

2. 画散水

（1）画 4～5/D 虚墙

画散水之前要先在 4～5/D 轴线处画外虚墙，操作步骤如下：

在构件名称下选中已经建好的"XQ-外"→单击"直线"按钮→单击 4 轴线墙与 D 轴线墙交点→单 5 轴线墙与 D 轴线墙交点→单击右键结束→选中刚画好的虚墙"XQ-外"→单击右键出现右键菜单→单击"偏移"→向外挪动鼠标→填写偏移值"125"→敲回车键，弹出"确认"对话框→单击"是"，这样外虚墙就画好了，如图 5.2.152 所示。

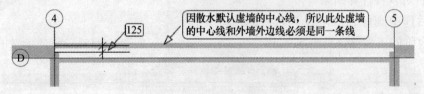

图 5.2.152 散水所用外虚墙图

（2）智能布置散水

选中构件名称下的"散水1"→单击"智能布置"下拉菜单→单击"外墙外边线"，弹出"请输入散水宽度"对话框→填写散水宽度为"1000"→单击"确定"，散水就布置好了，如图 5.2.153 所示。

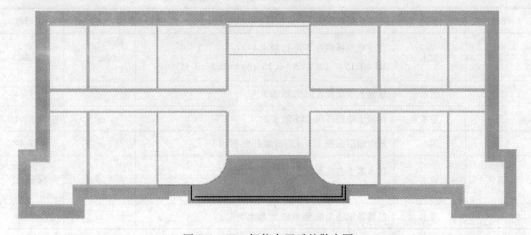

图 5.2.153 智能布置后的散水图

（3）修改散水宽度和图纸一致

从"建施-03"我们看出，与台阶相连处的散水宽度为1250，需要用偏移的方法将此处散水偏移到图纸所要求的尺寸，操作步骤如下：

选中已经画好的"散水1"→单击右键出现右键菜单→单击"偏移"，弹出"请选择偏移方式"对话框→单击"多边偏移"→单击"确定"→单击3轴线右散水外边线（图5.2.154椭圆处）→单击6轴线左散水外边线（图5.2.154椭圆处）→单击右键向外挪动鼠标→填写偏移值为"250"→敲回车键，这样散水就偏移好了。

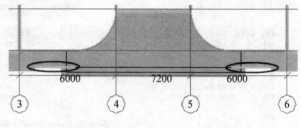

图5.2.154　散水偏移外边线示意图

偏移好的散水如图5.2.155所示。

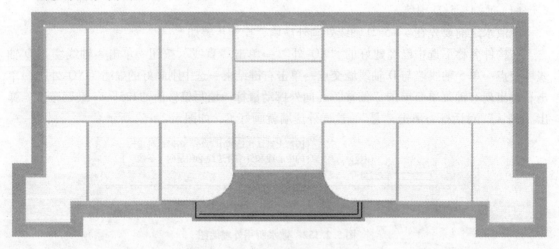

图5.2.155　偏移后的散水图

（4）散水软件计算结果

汇总后选中画好的散水1，查看软件计算散水1工程量见表5.2.39。

表5.2.39　首层散水1软件"做法工程量"

序号	编码	项目名称	单位	工程量
1	散水	灰土垫层体积3:7灰土 散水1 MJ×0.15＋（WWCD＋0.15×8）×0.3×0.15	m³	22.3083
2	散水	混凝土垫层模板面积 散水1	m²	6.9744
3	散水	混凝土垫层体积 C15 散水1	m³	6.8094
4	散水	散水面层面积1:1水泥砂浆赶光 散水1	m²	113.49
5	散水	散水素土夯实面积 打夯机夯实 散水1 MJ＋（WWCD＋0.15×8）×0.3	m²	148.722
6	散水	贴墙伸缩缝长度 沥青砂浆 散水1	m	108.74

3. 散水伸缩缝

（1）散水伸缩缝分析

我们从"建施-03"中可以看出，散水的每个拐角处均有伸缩缝。另外，在通常情况下每隔6m会设一道伸缩缝，与台阶、坡道等构件相邻处也会设置伸缩缝，本工程散水的伸缩缝如图5.2.156所示。

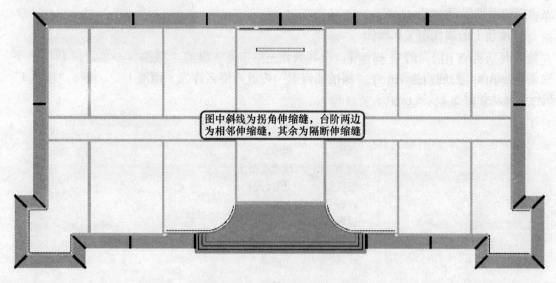

图5.2.156　散水伸缩缝示意图

（2）在表格输入法里输入散水伸缩缝

散水伸缩缝我们可以用画图的方法，也可以用表格输入的方法，我们要用其中最简单的，因按照图5.2.156所示，画散水伸缩缝需要找很多点，画图效率并不高，我们在这里采用表格输入的方法，操作步骤如下：

单击模块导航栏下的"表格输入"→单击"其他"前面的"＋"号，使其展开→单击下一级"散水"→单击"新建"，软件会自动在"名称"下生成"SS-1"→我们将名称修改为"散水伸缩缝"→填写伸缩缝的做法，如图5.2.157所示。

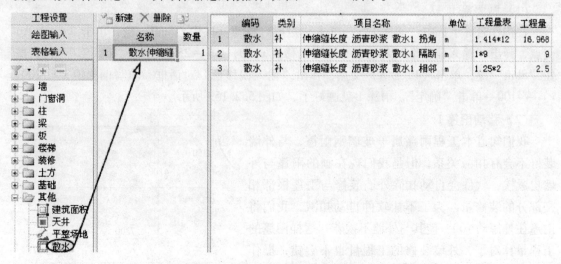

图5.2.157　散水伸缩缝的表格输入

其实表格输入法完全就是手工计算的翻版，我们填完做法工程量表达式后，软件已经自动算出了计算结果。

二十七、画雨篷1

雨篷图见"建施-04"，本工程雨篷为玻璃钢雨篷，属于成品构件，我们在这里只计算出雨篷的面积即可。

1. 雨篷1的属性定义和做法

单击"其他"前面的"＋"号，使其展开→单击下一级的"雨篷"→单击"新建"下拉菜单→单击"新建雨篷"→在"属性编辑框"内改雨篷名称为"雨篷1"→填写"雨篷1"属性和做法如图5.2.158所示。

属性名称	属性值
名称	雨篷1
材质	现浇混凝土
砼类型	(预拌砼)
砼标号	(C20)
板厚(mm)	1
顶标高(m)	层顶标高-0.3(3.5)
建筑面积计	不计算

	编码	类别	项目名称	单位	工程量表达式	表达式说明
1	雨篷	补	雨篷玻璃钢面积 成品 雨篷1	m2	MJ	MJ<面积>
2	雨篷	补	雨篷网架面积 成品 雨篷1	m2	MJ	MJ<面积>

图5.2.158　雨篷1的属性和做法

注意：图纸并没有给雨篷的厚度，因为雨篷只是算出面积，我们这里给厚度为"1mm"。

2. 画雨篷1

（1）画雨篷1

在构件名称下选中"雨篷1"→单击"矩形"按钮→按住"Shift"键，单击（4，1/A）交点，弹出"输入偏移量"对话框→填写偏移值 $x = 0$，$y = -250$→单击"确定"→再次按住"Shift"键，单击（4，1/A）交点，弹出"输入偏移量"对话框→填写偏移值 $x = 7200$，$y = -4100$→单击"确定"，雨篷1就画好了，如图5.2.159所示。

（2）移动雨篷1

我们知道本工程雨篷属于玻璃钢雨篷，与外墙装修不会有扣减关系，但是我们现在画的雨篷与外墙皮紧挨，软件会自动扣除外墙装修与雨篷根部相交部分的装修量。为了不让软件自动扣减，我们将雨篷往外挪动100，使其与外墙不挨着，这样雨篷的工程量算对了，外墙装修的工程量也不会错，操作步骤如下：

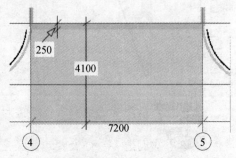

图5.2.159　雨篷1示意图

选中画好的"雨篷1"→单击右键，出现右键菜单→单击"移动"→单击（4，1/A）交点→按住"Shift"键，再次单击（4，1/A）交点，弹出"请输入偏移量"对话框→填写偏移值 $x=0$，$y=-100$→单击"确定"，雨篷就偏移好了，如图5.2.160所示。

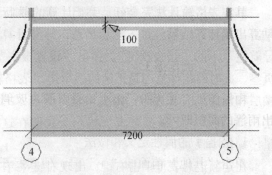

图5.2.160　移动后的雨篷1

3. 雨篷1软件计算结果

汇总后选中画好的雨篷1，查看软件计算雨篷1工程量，见表5.2.40。

表5.2.40　首层雨篷1软件"做法工程量"

序号	编码	项目名称	单位	工程量
1	雨篷	雨篷玻璃钢面积 成品 雨篷1	m²	27.72
	雨篷	雨篷网架面积 成品 雨篷1	m²	27.72

二十八、用虚墙分隔首层房间

从"建施-01"我们知道，楼梯间、首层大堂、走廊装修都不一样，我们需要用虚墙将其分隔成几个房间，虚墙的位置如图5.2.161所示。

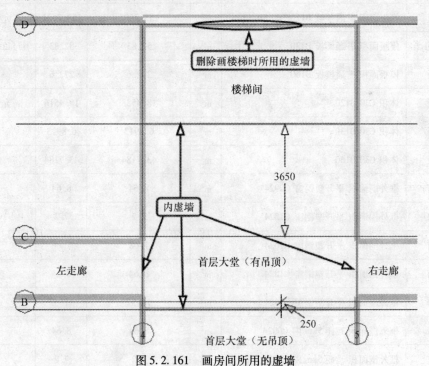

图5.2.161　画房间所用的虚墙

二十九、首层主体部分软件手工对照表

到这里我们把1号办公楼的首层主体工程已经做完了，如果我们要看到所有构件的工程量，要从"报表预览"里看，操作步骤如下：

单击"汇总计算"按钮，弹出"确定执行计算汇总"对话框→单击"当前层"按钮→单击"确定"→软件进入汇总状态，等"计算汇总"成功后→单击"确定"→单击"模块导航栏"下的"报表预览"，弹出"设置报表范围"对话框→软件会自动进入"绘图输入"页签，此时的构件范围是正确的→单击"表格输入"页签→选择"表格输入"所要设置的楼层和构件范围（这时，因表格输入只有"散水伸缩缝"，按照默认就可以）→单击"确定"，就到了"定额汇总表"状态。我们在这里将"定额汇总表"导入到 Excel 里更好对量。操作步骤如下：

在定额汇总表里单击右键，出现右键菜单→单击"导出到 Excel"，软件会自动把"定额汇总表"导入到 Excel 文件里（如果你想将此表保存起来，在 Excel 里单击"文件"下拉菜单→单击"另存为"就可以将此文件保存到你要求的位置）。将"定额汇总表"做了一些调整，将其变成了"手工-软件对照表"，见表5.2.41。

表 5.2.41　首层主体工程量手工-软件对照表

序号	编码	项目名称	单位	软件量	手工量	备注
1	板	超模面积 普通模板 B120	m²	153.2695	153.2631	允许误差
2	板	超模面积 普通模板 B130	m²	52.83	52.83	
3	板	超模面积 普通模板 B160	m²	272.6	272.6	
4	板	模板面积 普通模板 B120	m²	153.2695	153.2631	允许误差
5	板	模板面积 普通模板 B130	m²	52.83	52.83	
6	板	模板面积 普通模板 B160	m²	272.6	272.6	
7	板	体积 C30 B120	m³	18.4523	18.4516	允许误差
8	板	体积 C30 B130	m³	6.8913	6.8913	
9	板	体积 C30 B160	m³	43.7184	43.7184	
10	窗	框外围面积 平开塑钢窗 C0924	m²	8.64	8.64	
11	窗	框外围面积 平开塑钢窗 C1524	m²	7.2	7.2	
12	窗	框外围面积 平开塑钢窗 C1624	m²	7.68	7.68	
13	窗	框外围面积 平开塑钢窗 C1824	m²	8.64	8.64	
14	窗	框外围面积 平开塑钢窗 C2424	m²	11.52	11.52	
15	窗	框外围面积 运距 5km 内 C0924	m²	8.64	8.64	
16	窗	框外围面积 运距 5km 内 C1524	m²	7.2	7.2	
17	窗	框外围面积 运距 5km 内 C1624	m²	7.68	7.68	
18	窗	框外围面积 运距 5km 内 C1824	m²	8.64	8.64	
19	窗	框外围面积 运距 5km 内 C2424	m²	11.52	11.52	

续表

序号	编码	项目名称	单位	软件量	手工量	备注
20	窗台板	窗台板面积 大理石 C0924	m²	0.72		
21	窗台板	窗台板面积 大理石 C1524	m²	0.6	3	3
22	窗台板	窗台板面积 大理石 C1824	m²	0.72		
23	窗台板	窗台板面积 大理石 C2424	m²	0.96		
24	窗台板	窗台板面积 大理石 飘窗 D3024	m²	3.9	3.9	
25	地面	垫层体积 3:7 灰土 台阶 1-地面（MJ×0.3）	m²	8.2267	8.2261	允许误差
26	地面	混凝土体积 C15 台阶 1-地面（MJ×0.1）	m²	2.7422	2.742	允许误差
27	地面	水平投影面积 花岗岩面层 台阶 1-地面	m²	27.4223	27.4204	允许误差
28	扶手	扶手实际长度 底油一遍调和漆两遍 楼梯栏杆（平段）	m	3.55	21.03	21.03
29	扶手	扶手实际长度 底油一遍调和漆两遍 楼梯栏杆（斜段）（CD×1.15）	m	17.48		
30	扶手	扶手中心线水平投影长度 不锈钢扶手 护窗栏杆	m	19.7032	39.3432	39.3432
31	扶手	扶手中心线水平投影长度 不锈钢栏杆（阳台栏杆）	m	19.64		
32	扶手	扶手中心线水平投影长度 硬木扶手制作 楼梯栏杆（平段）	m	3.55	18.75	18.75
33	扶手	扶手中心线水平投影长度 硬木扶手制作 楼梯栏杆（斜段）	m	15.2		
34	构造柱	模板面积 普通模板 GZ-250×250	m²	41.874	41.874	
35	构造柱	体积 C25 GZ-250×250	m³	3.4245	3.4245	
36	过梁	模板面积 GL120	m²	13.372	13.372	
37	过梁	模板面积 GL180	m²	9.518	9.518	
38	过梁	模板面积 GL400	m²	5.25	5.25	
39	过梁	体积 C25 GL120	m³	0.879	0.879	
40	过梁	体积 C25 GL180	m³	0.7335	0.7335	
41	过梁	体积 C25 GL400	m³	0.5	0.5	
42	栏杆	扶手中心线水平投影长度×高度 不锈钢栏杆 护窗栏杆	m²	17.7329	35.4089	35.4089
43	栏杆	扶手中心线水平投影长度×高度 不锈钢栏杆（阳台栏杆）	m²	17.676		

续表

序号	编码	项目名称	单位	软件量		手工量	备注
44	栏杆	扶手中心线水平投影长度×高度 楼梯栏杆（平段）	m²	3.7275	19.6875	19.6875	
45	栏杆	扶手中心线水平投影长度×高度 楼梯栏杆（斜段）	m²	15.96			
46	栏杆	栏杆质量 防锈漆一遍耐酸漆两遍 楼梯栏杆（平段）（CD×1.66）	kg	5.893	34.9098	34.9098	
47	栏杆	栏杆质量 防锈漆一遍耐酸漆两遍 楼梯栏杆（斜段）（CD×1.15×1.66）	kg	29.0168			
48	梁	超模面积 普通模板 KL1-250×500 弧形梁	m²	15.2586		15.3291	允许误差
49	梁	超模面积 普通模板 KL10-300×600	m²	31.524		31.572	表5.2.41 注解1见网站 www.qiaosd.com
50	梁	超模面积 普通模板 KL2-300×500	m²	18.658		18.658	
51	梁	超模面积 普通模板 KL3-250×500	m²	19.375		19.375	
52	梁	超模面积 普通模板 KL4-300×600	m²	8.978		8.978	
53	梁	超模面积 普通模板 KL5-300×500	m²	57.082		57.082	
54	梁	超模面积 普通模板 KL6-300×500	m²	40.398		38.697	表5.2.41 注解2见网站
55	梁	超模面积 普通模板 KL7-300×600	m²	34.202		34.202	
56	梁	超模面积 普通模板 KL8-300×600	m²	31.964		31.964	
57	梁	超模面积 普通模板 KL9-300×600	m²	35.1485		35.211	表5.2.41 注解3见网站
58	梁	超模面积 普通模板 L1-300×550	m²	8.556		8.556	
59	梁	超模面积 普通模板 TL1-200×400	m²	0			
60	梁	超模面积 普通模板 TL2-200×400	m²	0			
61	梁	模板面积 普通模板 KL1-250×500 弧形梁	m²	15.2586		15.3291	允许误差
62	梁	模板面积 普通模板 KL10-300×600	m²	31.524		31.572	表5.2.41 注解4见网站
63	梁	模板面积 普通模板 KL2-300×500	m²	18.658		18.658	
64	梁	模板面积 普通模板 KL3-250×500	m²	19.375		19.375	
65	梁	模板面积 普通模板 KL4-300×600	m²	8.978		8.978	
66	梁	模板面积 普通模板 KL5-300×500	m²	57.082		57.082	

续表

序号	编码	项目名称	单位	软件量	手工量	备注
67	梁	模板面积 普通模板 KL6-300×500	m²	40.398	38.698	注表5.2.41 注解5 见网站
68	梁	模板面积 普通模板 KL7-300×500	m²	34.202	34.202	
69	梁	模板面积 普通模板 KL8-300×600	m²	31.964	31.964	
70	梁	模板面积 普通模板 KL9-300×600	m²	35.1485	35.211	表5.2.41 注解6 见网站
71	梁	模板面积 普通模板 L1-300×550	m²	8.556	8.556	
72	梁	模板面积 普通模板 TL1-200×400	m²	3	2.7	表5.2.41 注解7 见网站
73	梁	模板面积 普通模板 TL2-200×400	m²	2.65	2.385	表5.2.41 注解8 见网站
74	梁	体积 C30 KL1-250×500 弧形梁	m³	1.6825	1.6822	允许误差
75	梁	体积 C30 KL10-300×600	m³	4.392	4.392	
76	梁	体积 C30 KL2-300×500	m³	2.49	2.49	
77	梁	体积 C30 KL3-250×500	m³	2.2125	2.2125	
78	梁	体积 C30 KL4-300×600	m³	1.206	1.206	
79	梁	体积 C30 KL5-300×500	m³	8.28	8.28	
80	梁	体积 C30 KL6-300×500	m³	5.145	5.145	
81	梁	体积 C30 KL7-300×500	m³	4.41	4.41	
82	梁	体积 C30 KL8-300×600	m³	4.716	4.716	
83	梁	体积 C30 KL9-300×600	m³	5.256	5.256	
84	梁	体积 C30 L1-300×550	m³	1.1385	1.1385	
85	梁	体积 C30 TL1-200×400	m³	0.24	0.24	
86	梁	体积 C30 TL2-200×400	m³	0.212	0.212	
87	楼梯	底部实际面积 耐擦洗涂料 楼梯1（TYMJ×1.15）	m²	25.76	25.76	
88	楼梯	底部实际面积 水泥砂浆抹灰 楼梯1（TYMJ×1.15）	m²	25.76	25.76	
89	楼梯	水平投影面积 面层地砖装修 楼梯1	m²	22.4	22.4	
90	楼梯	水平投影面积（模板）楼梯1	m²	22.4	22.4	
91	楼梯	水平投影面积（混凝土）C30 楼梯1	m²	22.4	22.4	
92	门	把 门锁 M1021	套	20	20	
93	门	框外围面积 底油一遍，调和漆两遍 M1021	m²	42	42	

序号	编码	项目名称	单位	软件量	手工量	备注
94	门	框外围面积 木质夹板门 M1021	m²	42	42	
95	门	框外围面积 旋转玻璃门 M5021	m²	10.5	10.5	
96	门	框外围面积 运距 5km 内 M1021	m²	42	42	
97	门	框外围面积 运距 5km 内 M5021	m²	10.5	10.5	
98	门	樘 旋转电动装置 M5021	套	1	1	
99	飘窗	框外围面积 平开塑钢窗 PC1	m²	19.2	19.2	
100	飘窗	框外围面积 运距 5km 内 PC1	m²	19.2	19.2	
101	飘窗底板	模板面积（侧模）普通模板 飘窗底板 100	m²	0.92	0.92	
102	飘窗底板	模板面积（底模）普通模板 飘窗底板 100	m²	4.08	4.08	
103	飘窗底板	体积 C30 飘窗底板 100	m³	0.408	0.408	
104	飘窗底板保温	底板底外墙保温面积 聚苯板 飘窗底板 100	m²	4.08	4.08	
105	飘窗底板侧保温	底板侧外墙保温面积 聚苯板 飘窗底板 100	m²	0.92	0.92	
106	飘窗底板侧装修	底板侧装修面积 水泥砂浆抹灰 飘窗底板 100	m²	0.92	0.92	
107	飘窗底板侧装修	底板侧装修面积 外墙涂料 飘窗底板 100	m²	0.92	0.92	
108	飘窗底板顶保温	底板顶外墙保温面积 聚苯板 飘窗底板 100	m²	0.88	0.88	
109	飘窗底板顶装修	底板顶装修面积 水泥砂浆抹灰 飘窗底板 100	m²	0.88	0.88	
110	飘窗底板顶装修	底板顶装修面积 外墙涂料 飘窗底板 100	m²	0.88	0.88	
111	飘窗底板天棚	底板底装修面积 水泥砂浆抹灰 飘窗底板 100	m²	4.08	4.08	
112	飘窗底板天棚	底板底装修面积 外墙涂料 飘窗底板 100	m²	4.08	4.08	
113	飘窗顶板	模板面积（侧模）普通模板 飘窗顶板 100	m²	0.92	0.92	
114	飘窗顶板	模板面积（底模）普通模板 飘窗顶板 100	m²	4.08	4.08	
115	飘窗顶板	体积 C30 飘窗顶板 100	m³	0.408	0.408	

序号	编码	项目名称	单位	软件量	手工量	备注
116	飘窗顶板保温	顶板侧外墙保温面积 聚苯板 飘窗顶板100	m²	0.92	0.92	
117	飘窗顶板保温	顶板底外墙保温面积 聚苯板 飘窗顶板100	m²	0.88	0.88	
118	飘窗顶板保温	顶板顶外墙保温面积 聚苯板 飘窗顶板100	m²	4.08	4.08	
119	飘窗顶板侧装修	顶板侧装修面积 外墙涂料 飘窗顶板100	m²	0.92	0.92	
120	飘窗顶板防水	顶板侧防水面积 防水砂浆 飘窗顶板100	m²	0.92	0.92	
121	飘窗顶板防水	顶板顶防水面积 防水砂浆 飘窗顶板100	m²	4.08	4.08	
122	飘窗顶板天棚	顶板底装修面积 耐擦洗涂料 飘窗顶板100（天棚1）	m	2.4	2.4	
123	飘窗顶板天棚	顶板底装修面积 水泥砂浆 飘窗顶板100（天棚1）	m	2.4	2.4	
124	飘窗顶板外底防水	顶板底防水面积 防水砂浆 飘窗顶板100	m²	0.88	0.88	
125	飘窗顶板外底装修	顶板底装修面积 外墙涂料 飘窗顶板100	m²	0.88	0.88	
126	墙	体积 陶粒砌墙、M5 水泥砂浆 Q200	m³	76.497	76.497	
127	墙	体积 陶粒砌墙、M5 水泥砂浆 Q250	m³	36.4	36.381	表5.2.41 注解9见网站
128	墙洞	洞口面积 D3024	m²	14.4	14.4	
129	圈梁	模板面积 普通模板 QL250×180	m²	20.88	20.88	
130	圈梁	体积 C25 QL250×180	m³	2.61	2.61	
131	散水	灰土垫层体积3:7 灰土 散水1（MJ × 0.15 + （WWCD + 0.15×8）×0.3 × 0.15）	m³	22.3083	22.3083	
132	散水	混凝土垫层模板面积 散水1	m²	6.9744	6.9744	
133	散水	混凝土垫层体积 C15 散水1	m³	6.8094	6.8094	
134	散水	散水面层面积1:1 水泥砂浆赶光 散水1	m²	113.49	113.49	
135	散水	散水素土夯实面积 打夯机夯实 散水1 MJ + （WWCD + 0.15×8）×0.3	m²	148.722	148.722	

续表

序号	编码	项目名称	单位	软件量	手工量	备注
136	散水	伸缩缝长度 沥青砂浆 散水 1 隔断	m	9	9	
137	散水	伸缩缝长度 沥青砂浆 散水 1 拐角	m	16.968	16.968	
138	散水	伸缩缝长度 沥青砂浆 散水 1 相邻	m	2.5	2.5	
139	散水	贴墙伸缩缝长度 沥青砂浆 散水 1	m	108.74	108.74	
140	台阶	垫层体积 3:7 灰土 台阶 1（MJ×0.3×0.85）	m³	3.5343	3.5343	
141	台阶	混凝土体积 C15 台阶 1（MJ×0.1×1.15）	m³	1.5939	1.5939	
142	台阶	水平投影面积 花岗岩面层 台阶 1	m²	13.86	13.86	
143	台阶	水平投影面积 普通模板 台阶 1	m²	13.86	13.86	
144	小型构件	超模面积 普通模板 飘窗上混凝土 250×300	m²	2.19	2.19	
145	小型构件	超模面积 普通模板 飘窗下混凝土 250×700	m²			
146	小型构件	模板面积 普通模板 飘窗上混凝土 250×300	m²	5.4	5.4	
147	小型构件	模板面积 普通模板 飘窗下混凝土 250×700	m²	11..06	9.36	未画基础梁
				9.36		已画基础梁
148	小型构件	体积 C30 飘窗上混凝土 250×300	m³	0.51	0.51	
149	小型构件	体积 C30 飘窗下混凝土 250×700	m³	1.19	1.19	
150	阳台板	超模面积(侧模)普通模板 阳台 B140	m²	2.9736	2.9736	
151	阳台板	超模面积(底模)普通模板 阳台 B140	m²	18.4518	18.4518	
152	阳台板	模板面积(侧模)普通模板 阳台 B140	m²	2.9736	2.9736	
153	阳台板	模板面积(底模)普通模板 阳台 B140	m²	18.4518	18.4518	
154	阳台板	体积 C30 阳台 B140	m³	2.5833	2.5833	
155	阳台窗	框外围面积 平开塑钢窗 ZJC1	m²	55.728	55.728	
156	阳台窗	框外围面积 运距 5km 内 ZJC1	m²	55.728	55.728	
157	阳台栏板	模板面积 普通模板 LB100×1200	m³	46.7808	45.8208	表 5.2.41 注解 10 见网站
158	阳台栏板	体积 C30 LB100×1200	m³	2.1878	2.1878	
159	阳台栏板墙	体积 M5 水泥砂浆砌块墙 LB100×400	m³	0.8176	0.8176	

序号	编码	项目名称	单位	软件量	手工量	备注
160	雨篷	雨篷玻璃钢面积 成品 雨篷1	m²	27.72	27.72	
161	雨篷	雨篷网架面积 成品 雨篷1	m²	27.72	27.72	
162	柱	超模面积 普通模板 KZ1-500×500	m²	5.2	5.2	
163	柱	超模面积 普通模板 KZ2-500×500	m²	7.8	7.8	
164	柱	超模面积 普通模板 KZ3-500×500	m²	7.8	7.8	
165	柱	超模面积 普通模板 KZ4-500×500	m²	15.6	15.6	
166	柱	超模面积 普通模板 KZ5-600×500	m²	2.86	2.86	
167	柱	超模面积 普通模板 KZ6-500×600	m²	2.86	2.86	
168	柱	超模面积 普通模板 TZ1-300×200	m²	0		
169	柱	模板面积 普通模板 KZ1-500×500	m²	31.2	31.2	
170	柱	模板面积 普通模板 KZ2-500×500	m²	46.8	46.8	
171	柱	模板面积 普通模板 KZ3-500×500	m²	46.8	46.8	
172	柱	模板面积 普通模板 KZ4-500×500	m²	93.6	93.6	
173	柱	模板面积 普通模板 KZ5-600×500	m²	17.16	17.16	
174	柱	模板面积 普通模板 KZ6-500×600	m²	17.16	17.16	
175	柱	模板面积 普通模板 TZ1-300×200	m²	6.15	6.15	
176	柱	体积 C30 KZ1-500×500	m³	3.9	3.9	
177	柱	体积 C30 KZ2-500×500	m³	5.85	5.85	
178	柱	体积 C30 KZ3-500×500	m³	5.85	5.85	
179	柱	体积 C30 KZ4-500×500	m³	11.7	11.7	
180	柱	体积 C30 KZ5-600×500	m³	2.34	2.34	
181	柱	体积 C30 KZ6-500×600	m³	2.34	2.34	
182	柱	体积 C30 TZ1-300×200	m³	0.369	0.369	

第三节　二层主体工程量计算

一、将首层构件复制到二层

二层构件和首层类似，我们将首层已经画好的构件复制到二层，然后再对部分构件类别做修改。操作步骤如下：

切换"首层"到"二层"→单击"楼层"下拉菜单→单击"从其他楼层复制构件图元"，弹出"从其他楼层复制构件图元"对话框→切换源楼层为"首层"→在"图元选择"范围内，单击右键，出现右键菜单→单击"全部展开"→按照图5.3.1所示勾选相应构件。

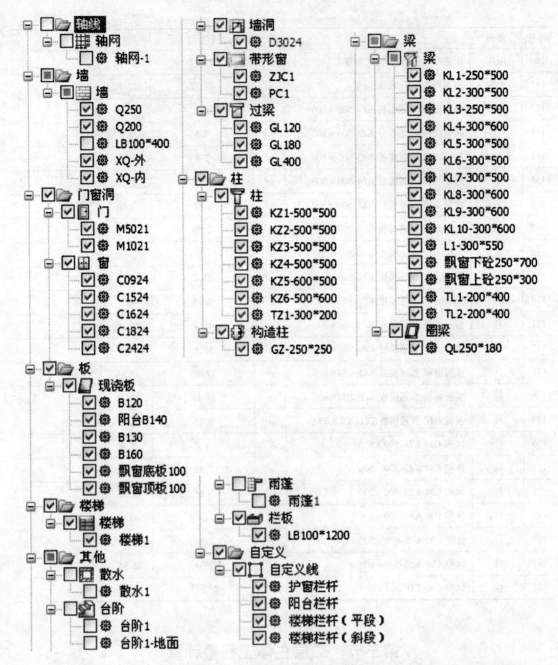

图5.3.1 勾选首层复制到二层图元

构件选好后单击"确定"（注意：如果你使用的是已经定义好的工程会出现"同名构件处理方式"对话框，见图5.3.2→单击"不新建构件，覆盖目标层同名构件属性"→单击"确定"），这样首层勾选上的构件就复制到了第二层，如图5.3.3所示。

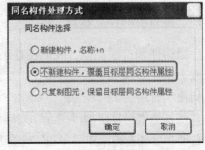

图5.3.2 同名构件处理方式示意图

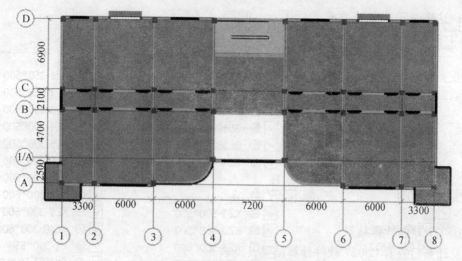

图 5.3.3　首层复制到二层的构件图

二、修改 M5021 为 C5027

根据"建施-04"我们知道，二层 4～5 轴线位置为窗 C5027，我们要把复制上来的
M5021 修改为 C5027，在修改之前我们需要先定义 C5027 的属性和做法。

1. C5027 的属性和做法

定义好的 C5027 的属性和做法如图 5.3.4 所示。

属性名称	属性值
名称	C5027
洞口宽度 (mm)	5000
洞口高度 (mm)	2700
框厚 (mm)	0
立樘距离 (mm)	0
离地高度 (mm)	400
框左右扣尺寸 (mm)	0
框上下扣尺寸 (mm)	0
框外围面积 (m2)	13.5
洞口面积 (m2)	13.5

	编码	类别	项目名称	单位	工程量表达式	表达式说明
1	窗	补	框外围面积 平开塑钢窗 C5027	m2	KWWMJ	KWWMJ<框外围面积>
2	窗	补	框外围面积 运距5公里内 C5027	m2	KWWMJ	KWWMJ<框外围面积>

图 5.3.4　C5027 的属性和做法

2. 修改 M5021 为 C5027

在画门的状态下，选中复制上来的 M5021→单击右键，出现右键菜单→单击"修改构
件图元名称"出现"修改构件图元名称"对话框→单击"目标构件"下"C5027"→单击

"确定"，这样 M5021 就修改成了 C5027，如图 5.3.5 所示。

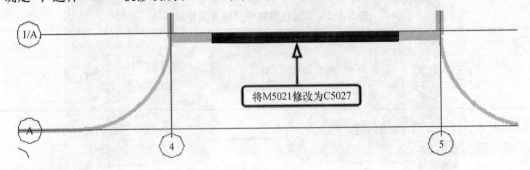

将M5021修改为C5027

图 5.3.5　将 M5021 修改为 C5027

3. C5027 软件计算结果

汇总计算后查看 C5027 软件计算结果，见表 5.3.1。

表 5.3.1　二层 C5027 软件"做法工程量"

序号	编码	项目名称	单位	工程量
1	窗	框外围面积 平开塑钢窗 C5027	m²	13.5
2	窗	框外围面积 运距 5km 内 C5027	m²	13.5

三、删除多余的过梁

因为二层层高为 3600，从"结施-06"二层顶梁配筋图以及内外墙门窗的高度分析出，二层外墙均没有过梁，但是复制首层构件时，将首层的门窗过梁都复制到了二层，现在要把多余的过梁删除掉，操作步骤如下：

在"过梁"状态下，选中图 5.3.6 中椭圆处的过梁→单击右键，出现右键菜单→单击"删除"，弹出"确认"对话框→单击"是"，这样多余的过梁就删除掉了。

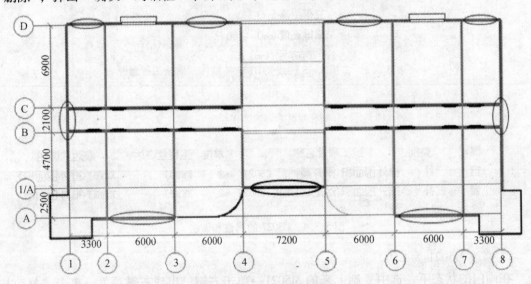

图 5.3.6　二层多余过梁位置图

汇总计算后查看其余过梁的软件计算结果，见表5.3.2。

表5.3.2 二层过梁软件"做法工程量"

序号	编码	项目名称	单位	工程量
1	过梁	模板面积 GL120	m²	11.2
2	过梁	体积 C25 GL120	m³	0.72

四、画二层的板

二层的大部分板和首层相同，只是在首层大堂上空处多了一块 B130 的板，我们用智能布置的方法将这块板画上，画好二层的板如图 5.3.7 所示。

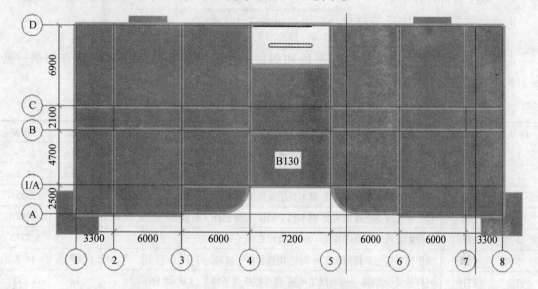

图 5.3.7 二层的板位置图

汇总计算后选中 4~5 轴线处的 B130，查看 B130 的软件计算结果，见表 5.3.3。

表5.3.3 二层4~5轴线处B130的软件"做法工程量"

序号	编码	项目名称	单位	工程量
1	板	超模面积 普通模板 B130	m²	30.655
2	板	模板面积 普通模板 B130	m²	30.655
3	板	体积 C30 B130	m³	3.9917

五、修改二层楼梯

1. 修改二层楼梯栏杆

二层的楼梯投影面积并没有发生变化，只是楼梯栏杆长度会略有变化（见"建施-12"楼梯三层平面详图），我们在这里只修改二层的楼梯栏杆就可以了。

我们仍然在"自定义线"里修改二层的楼梯栏杆，用修剪的方法把栏杆多余的 300

剪掉，再用移动的方法把梯井栏杆向左移动，修改后的楼梯二层楼梯栏杆图如图 5.3.8 所示。

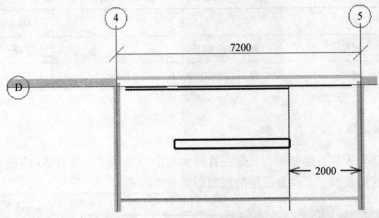

图 5.3.8　修改后的楼梯栏杆图

汇总计算后选中二层楼梯栏杆平段和斜段，查看二层楼梯栏杆软件计算结果，见表 5.3.4。

表 5.3.4　二层楼梯栏杆软件"做法工程量"

序号	编码	项目名称	单位	工程量
1	扶手	扶手实际长度 底油一遍调和漆两遍 楼梯栏杆（平段）	m	3.55
2	扶手	扶手实际长度 底油一遍调和漆两遍 楼梯栏杆（斜段）（CD×1.15）	m	16.1
3	扶手	扶手中心线水平投影长度 硬木扶手制作 楼梯栏杆（平段）	m	3.55
4	扶手	扶手中心线水平投影长度 硬木扶手制作 楼梯栏杆（斜段）	m	14
5	栏杆	扶手中心线水平投影长度×高度 楼梯栏杆（平段）	m²	3.7275
6	栏杆	扶手中心线水平投影长度×高度 楼梯栏杆（斜段）	m²	14.7
7	栏杆	栏杆质量 防锈漆一遍耐酸漆两遍 楼梯栏杆（平段）（CD×1.66）	kg	5.893
8	栏杆	栏杆质量 防锈漆一遍耐酸漆两遍 楼梯栏杆（斜段）（CD×1.55×1.66）	kg	26.726

2. 修改二层梯柱的标高

因为二层层高变化，从首层复制到二层的梯柱标高不对，我们要对其修改，操作步骤如下：

在画柱状态下，单击右键出现右键菜单→单击"批量选择构件图元"，弹出"批量选择构件图元"对话框→勾选"TZ1-300×200"→单击"确定"→修改属性中的"顶标高"为"层底标高+1.8"→单击右键出现右键菜单→单击"取消选择"，这样"TZ1-300×200"的标高就修改好了，如图 5.3.9 所示。

汇总计算后单击"批量选择"按钮→勾选"TZ1-300×200"→单击"确定"→单击"查看工程量"按钮，查看二层梯柱软件计算结果，见表 5.3.5。

3. 修改二层梯梁的标高

在画梁的状态下，单击右键出现右键菜单→单击"批量选择构件图元"，弹出"批量选择构件图元"对话框→勾选"TL1-200×400"、"TL2-200×400"→单击"确定"→修改属性中的起点顶标高、终点顶标高，如图 5.3.10 所示。

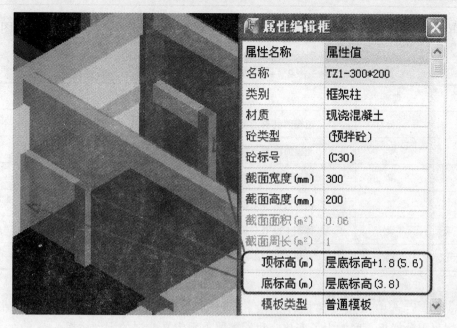

图 5.3.9 二层梯柱标高修改图

表 5.3.5 二层梯柱软件"做法工程量"

序号	编码	项目名称	单位	工程量
1	柱	超模面积 普通模板 TZ1-300×200	m²	0
2	柱	模板面积 普通模板 TZ1-300×200	m²	5.4
3	柱	体积 C30 TZ1-300×200	m³	0.324

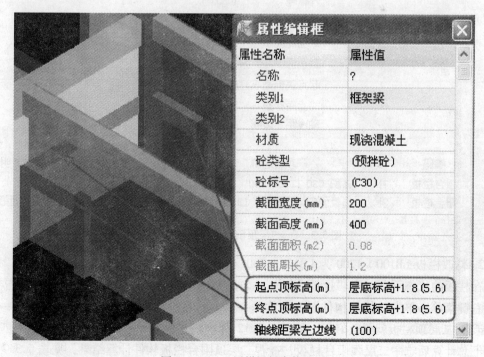

图 5.3.10 二层梯梁标高修改图

汇总计算后用"批量选择"的方法选中二层梯梁，查看二层梯梁软件计算结果，见表5.3.6。

表5.3.6　二层梯梁软件"做法工程量"

序号	编码	项目名称	单位	工程量
1	梁	超模面积 普通模板 TL1-200×400	m²	0
2	梁	超模面积 普通模板 TL2-200×400	m²	0
3	梁	模板面积 普通模板 TL1-200×400	m²	3
4	梁	模板面积 普通模板 TL2-200×400	m²	2.65
5	梁	体积 C30 TL1-200×400	m³	0.24
6	梁	体积 C30 TL2-200×400	m³	0.212

六、修改二层顶阳台栏板

二层顶阳台栏板高度发生了变化，我们需要重新定义二层的阳台栏板。

1. 二层阳台栏板的属性和做法

定义好的二层顶阳台栏板如图5.3.11所示。

属性名称	属性值
名称	LB100*900
材质	现浇混凝土
砼类型	(预拌砼)
砼标号	(C30)
截面宽度(mm)	100
截面高度(mm)	900
截面面积(m2)	0.09
起点底标高(m)	层底标高+3.1
终点底标高(m)	层底标高+3.1
轴线距左边线	(50)

	编码	类别	项目名称	单位	工程量表达式	表达式说明
1	阳台栏板	补	体积 C30 LB100*900	m3	TJ	TJ〈体积〉
2	阳台栏板	补	模板面积 普通模板 LB100*900	m3	MBMJ	MBMJ〈模板面积〉

图5.3.11　二层顶阳台栏板属性和做法

2. 修改栏板 LB100×1200 为 LB100×900

在栏板的状态下，单击"批量选择"→勾选 LB 100×1200→单击"确定"→单击右键，出现右键菜单→单击"修改构件图元名称"→单击"目标构件"下"LB100×900"→单击"确定"，二层顶栏板就修改好了，如图5.3.12所示。

汇总计算后选中二层顶阳台栏板，查看二层顶阳台栏板软件计算结果，见表5.3.7。

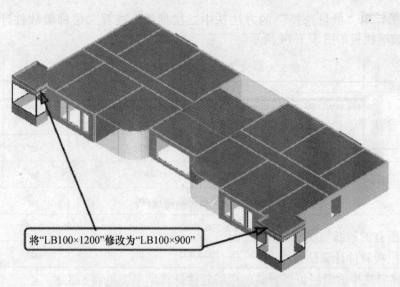

将"LB100×1200"修改为"LB100×900"

图 5.3.12　修改后的二层顶阳台栏板

表 5.3.7　二层顶阳台栏板软件"做法工程量"

序号	编码	项目名称	单位	工程量
1	阳台栏板	模板面积 普通模板 LB100×900	m³	34.3968
2	阳台栏板	体积 C30 LB100×900	m³	1.5686

七、画 900 高玻璃栏板

从"建施-04"二层平面图可以看出，在首层大堂上空处有一道 900 高的玻璃栏板，我们仍然用自定义线画这条栏板。

1. 玻璃栏板属性和做法

定义好的玻璃栏板如图 5.3.13 所示。

属性名称	属性值
名称	玻璃栏板
截面宽度(mm)	50
截面高度(mm)	900
起点顶标高(m)	层底标高+1
终点顶标高(m)	层底标高+1
轴线距左边线	(25)
扣减优先级	要扣减点

	编码	类别	项目名称	单位	工程量表达式	表达式说明
1	栏杆	补	扶手中心线水平投影长度*高度 玻璃栏板	m2	CD*0.9	CD<长度>*0.9
2	栏杆	补	扶手中心线水平投影长度 玻璃栏板	m	CD	CD<长度>

图 5.3.13　玻璃栏板的属性和做法

2. 画玻璃栏板

画好的玻璃栏板如图 5.3.14 所示。

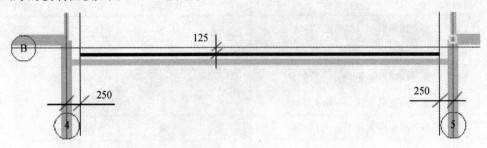

图 5.3.14 画好的玻璃栏板

3. 删除所有的辅助轴线

4. 玻璃栏板软件计算结果

汇总计算后选中玻璃栏板，看玻璃栏板软件计算结果，见表 5.3.8。

表 5.3.8 二层玻璃栏板软件"做法工程量"

序号	编码	项目名称	单位	工程量
1	栏杆	扶手中心线水平投影长度 玻璃栏板	m	6.7
2	栏杆	扶手中心线水平投影长度×高度 玻璃栏板	m²	6.03

八、二层主体部分软件手工对照表

到这里我们把二层的主体工程就画完了，单击"汇总计算"按钮，弹出"确定执行计算汇总"对话框→单击"当前层"→单击"确定"等"计算汇总"成功后→单击"报表预览"，弹出"设置报表范围"对话框→勾选"第 2 层"→单击"确定"，查看二层工程量，见表 5.3.9（提示：单击右键仍然将此表导入到 Excel 对量比较方便）。

表 5.3.9 二层主体工程量手工-软件对照表

序号	编码	项目名称	单位	软件量	手工量	备注
1	板	超模面积 普通模板 B120	m²	0		
2	板	超模面积 普通模板 B130	m²	30.655	30.655	
3	板	超模面积 普通模板 B160	m²	0		
4	板	模板面积 普通模板 B120	m²	153.2695	153.2631	允许误差
5	板	模板面积 普通模板 B130	m²	83.485	83.485	
6	板	模板面积 普通模板 B160	m²	272.6	272.6	
7	板	体积 C30 B120	m³	18.4523	18.4516	允许误差
8	板	体积 C30 B130	m³	10.883	10.883	
9	板	体积 C30 B160	m³	43.7184	43.7184	
10	窗	框外围面积 平开塑钢窗 C0924	m²	8.64	8.64	
11	窗	框外围面积 平开塑钢窗 C1524	m²	7.2	7.2	
12	窗	框外围面积 平开塑钢窗 C1624	m²	7.68	7.68	
13	窗	框外围面积 平开塑钢窗 C1824	m²	8.64	8.64	

序号	编码	项目名称	单位	软件量	手工量	备注
14	窗	框外围面积 平开塑钢窗 C2424	m²	11.52	11.52	
15	窗	框外围面积 平开塑钢窗 C5027	m²	13.5	13.5	
16	窗	框外围面积 运距5km内 C0924	m²	8.64	8.64	
17	窗	框外围面积 运距5km内 C1524	m²	7.2	7.2	
18	窗	框外围面积 运距5km内 C1624	m²	7.68	7.68	
19	窗	框外围面积 运距5km内 C1824	m²	8.64	8.64	
20	窗	框外围面积 运距5km内 C2424	m²	11.52	11.52	
21	窗	框外围面积 运距5km内 C5027	m²	13.5	13.5	
22	窗台板	窗台板面积 大理石 C0924	m²	0.72		
23	窗台板	窗台板面积 大理石 C1524	m²	0.6		
24	窗台板	窗台板面积 大理石 C1824	m²	0.72	3	3
25	窗台板	窗台板面积 大理石 C2424	m²	0.96		
26	窗台板	窗台板面积 大理石 飘窗 D3024	m²	3.9	3.9	
27	扶手	扶手实际长度 底油一遍,调和漆两遍 楼梯栏杆(平段)	m	3.55	19.65	19.65
28	扶手	扶手实际长度 底油一遍,调和漆两遍 楼梯栏杆(斜段)(CD×1.15)	m	16.1		
29	扶手	扶手中心线水平投影长度 不锈钢扶手 护窗栏杆	m	19.7032	39.3432	39.3432
30	扶手	扶手中心线水平投影长度 不锈钢栏杆(阳台栏杆)	m	19.64		
31	扶手	扶手中心线水平投影长度 硬木扶手制作 楼梯栏杆(平段)	m	3.55	17.55	17.55
32	扶手	扶手中心线水平投影长度 硬木扶手制作 楼梯栏杆(斜段)	m	14		
33	构造柱	模板面积 普通模板 GZ-250×250	m²	38.654	38.654	
34	构造柱	体积 C25 GZ-250×250	m³	3.124	3.1246	允许误差
35	过梁	模板面积 GL120	m²	11.2	11.2	
36	过梁	体积 C25 GL120	m³	0.72	0.72	
37	栏杆	扶手中心线水平投影长度 玻璃栏板	m	6.7	6.7	
38	栏杆	扶手中心线水平投影长度×高度 玻璃栏板	m²	6.03	6.03	
39	栏杆	扶手中心线水平投影长度×高度 不锈钢栏杆 护窗栏杆	m²	17.7329	35.4089	35.4089
40	栏杆	扶手中心线水平投影长度×高度 不锈钢栏杆(阳台栏杆)	m²	17.676		

续表

序号	编码	项目名称	单位	软件量	手工量	备注
41	栏杆	扶手中心线水平投影长度×高度 楼梯栏杆（平段）	m²	3.7275	18.4275	
42	栏杆	扶手中心线水平投影长度×高度 楼梯栏杆（斜段）	m²	14.7	18.4275	
43	栏杆	栏杆质量 防锈漆一遍 耐酸漆两遍 楼梯栏杆（平段）（CD×1.66）	kg	5.893	32.619	
44	栏杆	栏杆质量 防锈漆一遍 耐酸漆两遍 楼梯栏杆（斜段）（CD×1.15×1.66）	kg	26.726	32.619	
45	梁	超模面积 普通模板 KL1-250×500 弧形梁	m²			
46	梁	超模面积 普通模板 KL10-300×600	m²			
47	梁	超模面积 普通模板 KL2-300×500	m²			
48	梁	超模面积 普通模板 KL3-250×500	m²	7.504	7.504	
49	梁	超模面积 普通模板 KL4-300×600	m²			
50	梁	超模面积 普通模板 KL5-300×500	m²			
51	梁	超模面积 普通模板 KL6-300×500	m²			
52	梁	超模面积 普通模板 KL7-300×600	m²			
53	梁	超模面积 普通模板 KL8-300×600	m²			
54	梁	超模面积 普通模板 KL9-300×600	m²			
55	梁	超模面积 普通模板 L1-300×550	m²			
56	梁	超模面积 普通模板 TL1-200×400	m²			
57	梁	超模面积 普通模板 TL2-200×400	m²			
58	梁	模板面积 普通模板 KL1-250×500 弧形梁	m²	15.2586	15.3291	
59	梁	模板面积 普通模板 KL10-300×600	m²	30.432	30.48	表5.3.9 注解1见网站 www.qiaosd.com
60	梁	模板面积 普通模板 KL2-300×500	m²	18.658	18.658	
61	梁	模板面积 普通模板 KL3-250×500	m²	18.504	18.504	
62	梁	模板面积 普通模板 KL4-300×600	m²	8.107	8.107	
63	梁	模板面积 普通模板 KL5-300×500	m²	57.082	57.082	
64	梁	模板面积 普通模板 KL6-300×500	m²	39.718	39.718	
65	梁	模板面积 普通模板 KL7-300×500	m²	34.202	34.204	
66	梁	模板面积 普通模板 KL8-300×600	m²	31.964	31.964	
67	梁	模板面积 普通模板 KL9-300×600	m²	35.1485	35.211	表5.3.9 注解2见网站

序号	编码	项目名称	单位	软件量	手工量	备注
68	梁	模板面积 普通模板 L1-300×550	m²	8.556	8.556	
69	梁	模板面积 普通模板 TL1-200×400	m²	3	2.7	表5.3.9 注解3见网站
70	梁	模板面积 普通模板 TL2-200×400	m²	2.65	2.386	表5.3.9 注解4见网站
71	梁	体积 C30 KL1-250×500 弧形梁	m³	1.6825	1.6822	允许误差
72	梁	体积 C30 KL10-300×600	m³	4.392	4.392	
73	梁	体积 C30 KL2-300×500	m³	2.49	2.49	
74	梁	体积 C30 KL3-250×500	m³	2.2125	2.2125	
75	梁	体积 C30 KL4-300×600	m³	1.206	1.206	
76	梁	体积 C30 KL5-300×500	m³	8.28	8.28	
77	梁	体积 C30 KL6-300×500	m³	5.145	5.145	
78	梁	体积 C30 KL7-300×500	m³	4.41	4.41	
79	梁	体积 C30 KL8-300×600	m³	4.716	4.716	
80	梁	体积 C30 KL9-300×600	m³	5.256	5.256	
81	梁	体积 C30 L1-300×550	m³	1.1385	1.1385	
82	梁	体积 C30 TL1-200×400	m³	0.24	0.24	
83	梁	体积 C30 TL2-200×400	m³	0.212	0.212	
84	楼梯	底部实际面积 耐擦洗涂料 楼梯1 (TYMJ×1.15)	m²	25.76	25.76	
85	楼梯	底部实际面积 水泥砂浆抹灰 楼梯1 (TYMJ×1.15)	m²	25.76	25.76	
86	楼梯	水平投影面积 面层地砖装修 楼梯1	m²	22.4	22.4	
87	楼梯	水平投影面积（模板）楼梯1	m²	22.4	22.4	
88	楼梯	水平投影面积（混凝土）C30 楼梯1	m²	22.4	22.4	
89	门	把 门锁 M1021	套	20	20	
90	门	框外围面积 底油一遍，调和漆两遍 M1021	m²	42	42	
91	门	框外围面积 木质夹板门 M1021	m²	42	42	
92	门	框外围面积 运距5km内 M1021	m²	42	42	
93	飘窗	框外围面积 平开塑钢窗 PC1	m²	19.2	19.2	
94	飘窗	框外围面积 运距5km内 PC1	m²	19.2	19.2	

序号	编码	项目名称	单位	软件量	手工量	备注
95	飘窗底板	模板面积（侧模）普通模板 飘窗底板 100	m²	0.92	0.92	
96	飘窗底板	模板面积（底模）普通模板 飘窗底板 100	m²	4.08	4.08	
97	飘窗底板	体积 C30 飘窗底板 100	m³	0.408	0.408	
98	飘窗底板保温	底板底外墙保温面积 聚苯板 飘窗底板 100	m²	4.08	4.08	
99	飘窗底板侧保温	底板侧外墙保温面积 聚苯板 飘窗底板 100	m²	0.92	0.92	
100	飘窗底板侧装修	底板侧装修面积 水泥砂浆抹灰 飘窗底板 100	m²	0.92	0.92	
101	飘窗底板侧装修	底板侧装修面积 外墙涂料 飘窗底板 100	m²	0.92	0.92	
102	飘窗底板顶保温	底板顶外墙保温面积 聚苯板 飘窗底板 100	m²	0.88	0.88	
103	飘窗底板顶装修	底板顶装修面积 水泥砂浆抹灰 飘窗底板 100	m²	0.88	0.88	
104	飘窗底板顶装修	底板顶装修面积 外墙涂料 飘窗底板 100	m²	0.88	0.88	
105	飘窗底板天棚	底板底装修面积 水泥砂浆抹灰 飘窗底板 100	m²	4.08	4.08	
106	飘窗底板天棚	底板底装修面积 外墙涂料 飘窗底板 100	m²	4.08	4.08	
107	飘窗顶板	模板面积（侧模）普通模板 飘窗顶板 100	m²	0.92	0.92	
108	飘窗顶板	模板面积（底模）普通模板 飘窗顶板 100	m²	4.08	4.08	
109	飘窗顶板	体积 C30 飘窗顶板 100	m³	0.408	0.408	
110	飘窗顶板保温	顶板侧外墙保温面积 聚苯板 飘窗顶板 100	m²	0.92	0.92	
111	飘窗顶板保温	顶板底外墙保温面积 聚苯板 飘窗顶板 100	m²	0.88	0.88	
112	飘窗顶板保温	顶板顶外墙保温面积 聚苯板 飘窗顶板 100	m²	4.08	4.08	

续表

序号	编码	项目名称	单位	软件量	手工量	备注
113	飘窗顶板侧装修	顶板侧装修面积 外墙涂料 飘窗顶板100	m²	0.92	0.92	
114	飘窗顶板防水	顶板侧防水面积 防水砂浆 飘窗顶板100	m²	0.92	0.92	
115	飘窗顶板防水	顶板顶防水面积 防水砂浆 飘窗顶板100	m²	4.08	4.08	
116	飘窗顶板天棚	顶板底装修面积 耐擦洗涂料 飘窗顶板100（天棚1）	m	2.4	2.4	
117	飘窗顶板天棚	顶板底装修面积 水泥砂浆 飘窗顶板100（天棚1）	m	2.4	2.4	
118	飘窗顶板外底防水	顶板底防水面积 防水砂浆 飘窗顶板100	m²	0.88	0.88	
119	飘窗顶板外底装修	顶板底装修面积 外墙涂料 飘窗顶板100	m²	0.88	0.88	
120	墙	体积 陶粒砌墙、M5 水泥砂浆 Q200	m³	68.796	68.796	
121	墙	体积 陶粒砌墙、M5 水泥砂浆 Q250	m³	32.2985	32.2979	表5.3.9 注解5 见网站
122	墙洞	洞口面积 D3024	m²	14.4	14.4	
123	圈梁	模板面积 普通模板 QL250×180	m²	20.88	20.88	
124	圈梁	体积 C25 QL250×180	m³	2.61	2.61	
125	小型构件	超模面积 普通模板 飘窗下混凝土250×700	m²	9.36	0	表5.3.9 注解6 见网站
126	小型构件	模板面积 普通模板 飘窗下混凝土250×700	m²	9.36	9.36	
127	小型构件	体积 C30 飘窗下混凝土250×700	m³	1.19	1.19	
128	阳台板	超模面积（侧模）普通模板 阳台B140	m²			
129	阳台板	超模面积（底模）普通模板 阳台B140	m²			
130	阳台板	模板面积（侧模）普通模板 阳台B140	m²	2.9736	2.9736	
131	阳台板	模板面积（底模）普通模板 阳台B140	m²	18.4518	18.4518	
132	阳台板	体积 C30 阳台B140	m³	2.5833	2.5833	
133	阳台窗	框外围面积 平开塑钢窗 ZJC1	m²	55.728	55.728	
134	阳台窗	框外围面积 运距5km内 ZJC1	m²	55.728	55.728	
135	阳台栏板	模板面积 普通模板 LB100×900	m³	34.3968	33.4368	表5.3.9 注解7 见网站
136	阳台栏板	体积 C30 LB100×900	m³	1.5686	1.5686	
137	柱	超模面积 普通模板 KZ1-500×500	m²			

续表

序号	编码	项目名称	单位	软件量	手工量	备注
138	柱	超模面积 普通模板 KZ2-500×500	m²			
139	柱	超模面积 普通模板 KZ3-500×500	m²			
140	柱	超模面积 普通模板 KZ4-500×500	m²			
141	柱	超模面积 普通模板 KZ5-600×500	m²			
142	柱	超模面积 普通模板 KZ6-500×600	m²			
143	柱	超模面积 普通模板 TZ1-300×200	m²			
144	柱	模板面积 普通模板 KZ1-500×500	m²	28.8	28.8	
145	柱	模板面积 普通模板 KZ2-500×500	m²	43.2	43.2	
146	柱	模板面积 普通模板 KZ3-500×500	m²	43.2	43.2	
147	柱	模板面积 普通模板 KZ4-500×500	m²	86.4	86.4	
148	柱	模板面积 普通模板 KZ5-600×500	m²	15.84	15.84	
149	柱	模板面积 普通模板 KZ6-500×600	m²	15.84	15.84	
150	柱	模板面积 普通模板 TZ1-300×200	m²	5.4	5.4	
151	柱	体积 C30 KZ1-500×500	m³	3.6	3.6	
152	柱	体积 C30 KZ2-500×500	m³	5.4	5.4	
153	柱	体积 C30 KZ3-500×500	m³	5.4	5.4	
154	柱	体积 C30 KZ4-500×500	m³	10.8	10.8	
155	柱	体积 C30 KZ5-600×500	m³	2.16	2.16	
156	柱	体积 C30 KZ6-500×600	m³	2.16	2.16	
157	柱	体积 C30 TZ1-300×200	m³	0.324	0.324	

第四节　三层主体工程量计算

三层的层高和二层相同，大部分构件类别和二层相同，只是在公共休息大厅上空又少了一块板，造成公共休息大厅房间装修和二层不同，我们稍作修改即可完成三层的工程量计算。

一、将二层所有构件复制到三层

将楼层切换到"第三层"→单击"楼层"下拉菜单→单击"从其他楼层复制构件图元"，弹出"从其他楼层复制构件图元"对话框→在"源楼层"下选择"第2层"→在"图元选择"下单击右键，出现右键菜单→单击"全部选择"，这时所有构件都被选中→取消"轴线"前面的"√"→单击"确定"（如果你用的是定义好的模板工程，仍然会出现"同名构件"处理方式，"对话框"处理方式同前）→构件复制完成后，单击"确定"，这样二层构件就复制到了三层，如图5.4.1所示。

二、画4~5轴线处的护窗栏杆

从"建施-05"我们看出，三层（4~5）/（1/A）处出现护窗栏杆，我们要把从二层复

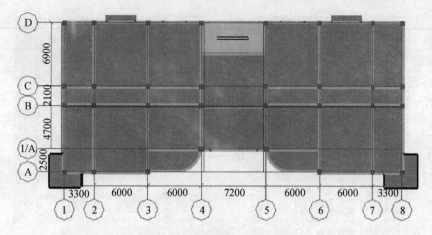

图 5.4.1　复制到三层的构件

制上来的（4～5）/B 轴线的玻璃栏板删除掉，在（4～5）/（1/A）处重新画护窗栏杆，如图 5.4.2 所示。

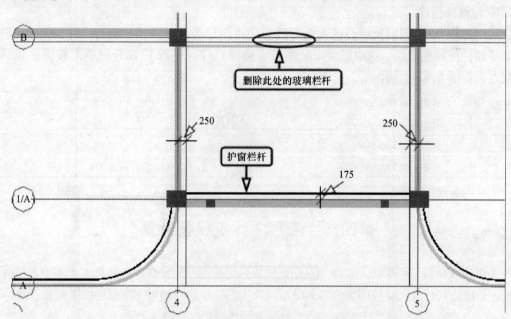

图 5.4.2　4～5 轴线处的护窗栏杆示意图

汇总计算后查看三层（4～5）/（1/A）护窗栏杆软件计算结果，见表 5.4.1。

表 5.4.1　三层（4～5）/（1/A）护窗栏杆手工软件对照表

序号	编码	项目名称	单位	工程量
1	栏杆	扶手中心线水平投影长度　不锈钢栏杆（护窗栏杆）	m	6.7
2	栏杆	扶手中心线水平投影长度×高度　不锈钢栏杆（护窗栏杆）	m²	6.03

三、删除（4～5）/（1/A～B）上的板

从"结施-08"我们看出，三层顶（4～5）/（1/A～B）处没有板，我们需要把这块板删除掉，如图 5.4.3 所示。

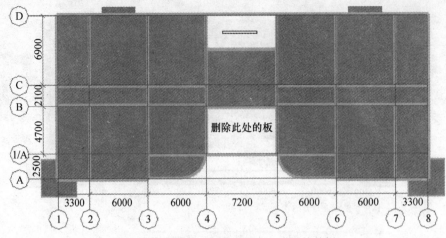

图 5.4.3　删除（4~5）/（1/A~B）处的板

四、画楼梯栏杆

1. 画楼梯栏杆

从"建施-12"四层楼梯详图我们可以看出，四层多了一段楼梯栏杆（平段），我们将此处楼梯栏杆画在三层，选中已经定义好的"楼梯栏杆（平段）"，分别单击椭圆位置的两个交点，如图 5.4.4 所示。

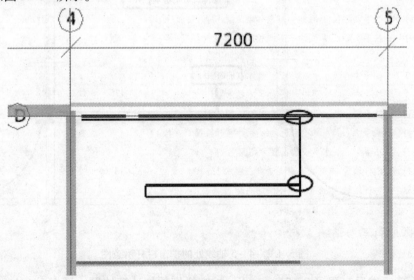

图 5.4.4　三层楼梯栏杆（平段）示意图

2. 移动楼梯栏杆

由图 5.4.4 可以看出，我们刚画的楼梯栏杆（平段）与垂直方向的楼梯栏杆相交时，软件会自动扣减相交部分的长度，这时候护窗栏杆和楼梯栏杆（斜段）的工程量就会算错，我们需要移动楼梯栏杆（平段）使其不相交，操作步骤如下：

选中已经画好的"楼梯栏杆（平段）"→单击右键出现右键菜单→单击"移动"→单击 D 轴与楼梯栏杆（平段）的交点→向任意方向挪动此交点→按住"Shift"键，单击 D 轴与楼梯栏杆（平段）的交点→弹出"输入偏移量"对话框→填写偏移值 $x = 100$，$y = -100$→单击"确定"，这样楼梯栏杆（平段）就移动好了，如图 5.4.5 所示。

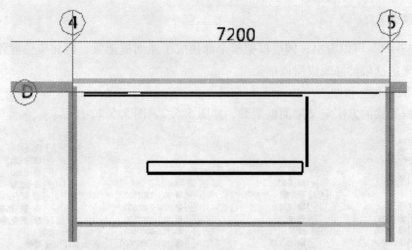

图 5.4.5　三层楼梯栏杆（平段）移动后示意图

3. 楼梯栏杆和护窗栏杆软件计算结果

汇总计算后选中（C ~ D)/(4 ~ 5）范围内楼梯栏杆（平段）、楼梯栏杆（斜段）和护窗栏杆，查看软件计算结果见表 5.4.2。

表 5.4.2　三层栏杆软件"做法工程量"表

序号	编码	项目名称	单位	工程量
1	扶手	扶手实际长度 底油一遍调和漆两遍 楼梯栏杆（平段）	m	5.075
2	扶手	扶手实际长度 底油一遍调和漆两遍 楼梯栏杆（斜段）(CD×1.15)	m	16.1
3	扶手	扶手中心线水平投影长度 不锈钢扶手（护窗栏杆）	m	6.4
4	扶手	扶手中心线水平投影长度 硬木扶手制作 楼梯栏杆（平段）	m	5.075
5	扶手	扶手中心线水平投影长度 硬木扶手制作 楼梯栏杆（斜段）	m	14
6	栏杆	扶手中心线水平投影长度×高度 不锈钢栏杆（护窗栏杆）	m²	5.76
7	栏杆	扶手中心线水平投影长度×高度 楼梯栏杆（平段）	m²	5.3288
8	栏杆	扶手中心线水平投影长度×高度 楼梯栏杆（斜段）	m²	14.7
9	栏杆	栏杆质量 防锈漆一遍耐酸漆两遍 楼梯栏杆（平段）(CD×1.66)	kg	8.4245
10	栏杆	栏杆质量 防锈漆一遍耐酸漆两遍 楼梯栏杆（斜段）(CD×1.15×1.66)	kg	26.726

五、删除所有辅助轴线

第五节　四层主体工程量计算

一、复制二层构件到四层

四层的构件和二层基本相同，我们把二层的构件复制到四层，操作步骤如下：

将楼层切换到四层→单击"楼层"下拉菜单→单击"从其他楼层复制构件图元"，弹出"从其他楼层复制构件图元"对话框→在"源楼层"下选择"第 2 层"→在"图元选择"范围内，单击右键出现右键菜单→单击"全部展开"→按图 5.5.1 所示勾选相应构件→单击"确定"（如果你用的是定义好的模板工程，仍然会出现"同名构件"处理方式，"对话框"处理方式同前）→等复制成功后再单击"确定"，这样二层的部构件类别就复制到了四层。

二、修改梁

从"结施-07"可以看出，四层框架梁全部换成了屋面框架梁，但相应位置不变，我们要把复制上来的框架梁修改成屋面框架梁。

1. 屋面梁的属性和做法

用定义框架梁的方法定义屋面框架梁，如图 5.5.2 ~ 图 5.5.12 所示。

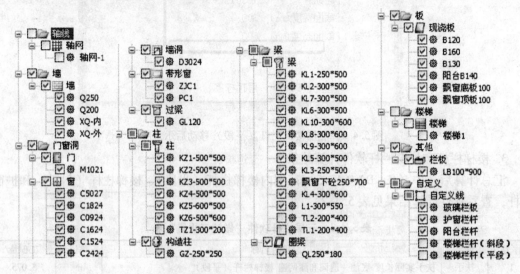

图 5.5.1 勾选二层复制到四层的图元

属性名称	属性值
名称	WKL1-250*600
类别1	框架梁
类别2	
材质	现浇混凝土
砼类型	(预拌砼)
砼标号	(C30)
截面宽度(mm)	250
截面高度(mm)	600
截面面积(m2)	0.15
截面周长(m)	1.7
起点顶标高(m)	层顶标高
终点顶标高(m)	层顶标高
轴线距梁左边	(125)
图元形状	矩形
模板类型	普通模板

	编码	类别	项目名称	单位	工程量表	表达式说明
1	梁	补	体积 C30 WKL1-250*600 弧形梁	m3	TJ	TJ<体积>
2	梁	补	模板面积 普通模板 WKL1-250*600 弧形梁	m2	MBMJ	MBMJ<模板面积>
3	梁	补	超模面积 普通模板 WKL1-250*600 弧形梁	m2	CGMBMJ	CGMBMJ<超高模板面积>

图 5.5.2 WKL1-250×600 的属性和做法

属性名称	属性值
名称	WKL2-300*600
类别1	框架梁
类别2	
材质	现浇混凝土
砼类型	(预拌砼)
砼标号	(C30)
截面宽度(mm)	300
截面高度(mm)	600
截面面积(m2)	0.18
截面周长(m)	1.8
起点顶标高(m)	层顶标高
终点顶标高(m)	层顶标高
轴线距梁左边	(150)
图元形状	矩形
模板类型	普通模板

	编码	类别	项目名称	单位	工程量表	表达式说明
1	梁	补	体积 C30 WKL2-300*600	m3	TJ	TJ〈体积〉
2	梁	补	模板面积 普通模板 WKL2-300*600	m2	MBMJ	MBMJ〈模板面积〉
3	梁	补	超模面积 普通模板 WKL2-300*600	m2	CGMBMJ	CGMBMJ〈超高模板面积〉

图 5.5.3 WKL2-300×600 的属性和做法

属性名称	属性值
名称	WKL3-250*500
类别1	框架梁
类别2	
材质	现浇混凝土
砼类型	(预拌砼)
砼标号	(C30)
截面宽度(mm)	250
截面高度(mm)	500
截面面积(m2)	0.125
截面周长(m)	1.5
起点顶标高(m)	层顶标高
终点顶标高(m)	层顶标高
轴线距梁左边	(125)
图元形状	矩形
模板类型	普通模板

	编码	类别	项目名称	单位	工程量表	表达式说明
1	梁	补	体积 C30 WKL3-250*500	m3	TJ	TJ〈体积〉
2	梁	补	模板面积 普通模板 WKL3-250*500	m2	MBMJ	MBMJ〈模板面积〉
3	梁	补	超模面积 普通模板 WKL3-250*500	m2	CGMBMJ	CGMBMJ〈超高模板面积〉

图 5.5.4 WKL3-250×500 的属性和做法

属性名称	属性值
名称	WKL4-300*600
类别1	框架梁
类别2	
材质	现浇混凝土
砼类型	(预拌砼)
砼标号	(C30)
截面宽度(mm)	300
截面高度(mm)	600
截面面积(m2)	0.18
截面周长(m)	1.8
起点顶标高(m)	层顶标高
终点顶标高(m)	层顶标高
轴线距梁左边	(150)
图元形状	矩形
模板类型	普通模板

	编码	类别	项目名称	单位	工程量表	表达式说明
1	梁	补	体积 C30 WKL4-300*600	m3	TJ	TJ<体积>
2	梁	补	模板面积 普通模板WKL4-300*600	m2	MBMJ	MBMJ<模板面积>
3	梁	补	超模面积 普通模板 WKL4-300*600	m2	CGMBMJ	CGMBMJ<超高模板面积>

图 5.5.5　WKL4-300×600 的属性和做法

属性名称	属性值
名称	WKL5-300*500
类别1	框架梁
类别2	
材质	现浇混凝土
砼类型	(预拌砼)
砼标号	(C30)
截面宽度(mm)	300
截面高度(mm)	500
截面面积(m2)	0.15
截面周长(m)	1.6
起点顶标高(m)	层顶标高
终点顶标高(m)	层顶标高
轴线距梁左边	(150)
图元形状	矩形
模板类型	普通模板

	编码	类别	项目名称	单位	工程量表	表达式说明
1	梁	补	体积 C30 WKL5-300*500	m3	TJ	TJ<体积>
2	梁	补	模板面积 普通模板 WKL5-300*500	m2	MBMJ	MBMJ<模板面积>
3	梁	补	超模面积 普通模板 WKL5-300*500	m2	CGMBMJ	CGMBMJ<超高模板面积>

图 5.5.6　WKL5-300×500 的属性和做法

属性名称	属性值
名称	WKL6-300*600
类别1	框架梁
类别2	
材质	现浇混凝土
砼类型	(预拌砼)
砼标号	(C30)
截面宽度(mm)	300
截面高度(mm)	600
截面面积(m2)	0.18
截面周长(m)	1.8
起点顶标高(m)	层顶标高
终点顶标高(m)	层顶标高
轴线距梁左边	(150)
图元形状	矩形
模板类型	普通模板

	编码	类别	项目名称	单位	工程量表达	表达式说明
1	梁	补	体积 C30 WKL6-300*600	m3	TJ	TJ<体积>
2	梁	补	模板面积 普通模板 WKL6-300*600	m2	MBMJ	MBMJ<模板面积>
3	梁	补	超模面积 普通模板 WKL6-300*600	m2	CGMBMJ	CGMBMJ<超高模板面积>

图 5.5.7 WKL6-300×600 的属性和做法

属性名称	属性值
名称	WKL7-300*600
类别1	框架梁
类别2	
材质	现浇混凝土
砼类型	(预拌砼)
砼标号	(C30)
截面宽度(mm)	300
截面高度(mm)	600
截面面积(m2)	0.18
截面周长(m)	1.8
起点顶标高(m)	层顶标高
终点顶标高(m)	层顶标高
轴线距梁左边	(150)
图元形状	矩形
模板类型	普通模板

	编码	类别	项目名称	单位	工程量表	表达式说明
1	梁	补	体积 C30 WKL7-300*600	m3	TJ	TJ<体积>
2	梁	补	模板面积 普通模板 WKL7-300*600	m2	MBMJ	MBMJ<模板面积>
3	梁	补	超模面积 普通模板 WKL7-300*600	m2	CGMBMJ	CGMBMJ<超高模板面积>

图 5.5.8 WKL7-300×600 的属性和做法

属性名称	属性值
名称	WKL8-300*600
类别1	框架梁
类别2	
材质	现浇混凝土
砼类型	(预拌砼)
砼标号	(C30)
截面宽度(mm)	300
截面高度(mm)	600
截面面积(m2)	0.18
截面周长(m)	1.8
起点顶标高(m)	层顶标高
终点顶标高(m)	层顶标高
轴线距梁左边	(150)
图元形状	矩形
模板类型	普通模板

	编码	类别	项目名称	单位	工程量表达	表达式说明
1	梁	补	体积 C30 WKL8-300*600	m3	TJ	TJ〈体积〉
2	梁	补	模板面积 普通模板 WKL8-300*600	m2	MBMJ	MBMJ〈模板面积〉
3	梁	补	超模面积 普通模板 WKL8-300*600	m2	CGMBMJ	CGMBMJ〈超高模板面积〉

图 5.5.9　WKL8-300×600 的属性和做法

属性名称	属性值
名称	WKL9-300*600
类别1	框架梁
类别2	
材质	现浇混凝土
砼类型	(预拌砼)
砼标号	(C30)
截面宽度(mm)	300
截面高度(mm)	600
截面面积(m2)	0.18
截面周长(m)	1.8
起点顶标高(m)	层顶标高
终点顶标高(m)	层顶标高
轴线距梁左边	(150)
图元形状	矩形
模板类型	普通模板

	编码	类别	项目名称	单位	工程量表	表达式说明
1	梁	补	体积 C30 WKL9-300*600	m3	TJ	TJ〈体积〉
2	梁	补	模板面积 普通模板 WKL9-300*600	m2	MBMJ	MBMJ〈模板面积〉
3	梁	补	超模面积 普通模板 WKL9-300*600	m2	CGMBMJ	CGMBMJ〈超高模板面积〉

图 5.5.10　WKL9-300×600 的属性和做法

属性名称	属性值
名称	WKL10-300*600
类别1	框架梁
类别2	
材质	现浇混凝土
砼类型	(预拌砼)
砼标号	(C30)
截面宽度(mm)	300
截面高度(mm)	600
截面面积(m2)	0.18
截面周长(m)	1.8
起点顶标高(m)	层顶标高
终点顶标高(m)	层顶标高
轴线距梁左边	(150)
图元形状	矩形
模板类型	普通模板

	编码	类别	项目名称	单位	工程量表	表达式说明
1	梁	补	体积 C30 WKL10-300*600	m3	TJ	TJ〈体积〉
2	梁	补	模板面积 普通模板 WKL10-300*600	m2	MBMJ	MBMJ〈模板面积〉
3	梁	补	超模面积 普通模板 WKL10-300*600	m2	CGMBMJ	CGMBMJ〈超高模板面积〉

图 5.5.11　WKL10-300×600 的属性和做法

飘窗下混凝土构件尺寸由 250×700 变成了 250×400，属性定义和做法如图 5.5.12 所示。

属性名称	属性值
名称	飘窗下砼250*400
类别1	非框架梁
类别2	
材质	现浇混凝土
砼类型	(预拌砼)
砼标号	(C30)
截面宽度(mm)	250
截面高度(mm)	400
截面面积(m2)	0.1
截面周长(m)	1.3
起点顶标高(m)	层底标高+0.4
终点顶标高(m)	层底标高+0.4
轴线距梁左边	(125)
图元形状	矩形
模板类型	普通模板

	编码	类别	项目名称	单位	工程量表达式	表达式说明
1	小型构件	补	体积 C30 飘窗下砼250*400	m3	TJ	TJ〈体积〉
2	小型构件	补	模板面积 普通模板 飘窗下砼250*400	m2	MBMJ	MBMJ〈模板面积〉
3	小型构件	补	超模面积 普通模板 飘窗下砼250*400	m2	CGMBMJ	CGMBMJ〈超高模板面积〉

图 5.5.12　飘窗下混凝土 250×400 的属性和做法

2. 修改楼层框架梁为屋面框架梁

在画梁的状态下单击右键，出现右键菜单→单击"批量选择构件图元"，弹出"批量选择构件图元"对话框→勾选"只显示当前构件类型"→勾选"KL10-300×600"→单击"确定"→单击右键，出现右键菜单→单击"修改构件图元名称"→在"目标构件"下单击"WKL10-300×600"→单击"确定"，这样"KL10-300×600"就修改成了"WKL10-300×600"。

用同样的方法修改其他楼层框架梁为屋面框架梁，同时将"飘窗下混凝土250×700"修改成"飘窗下混凝土250×400"。修改后的屋面框架梁如图5.5.13所示。

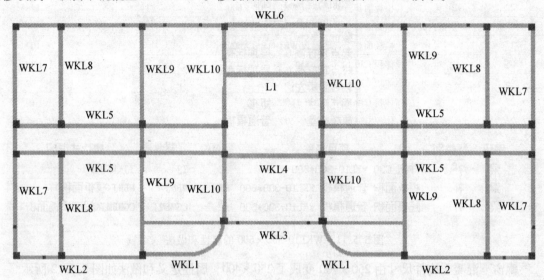

图 5.5.13 屋面框架梁示意图

3. 四层屋面框架梁软件计算结果

汇总计算后查看四层屋面框架梁软件计算结果，见表5.5.1。

表 5.5.1 四层屋面框架梁软件"做法工程量"

序号	编码	项目名称	单位	工程量
1	梁	超模面积 普通模板 L1-300×550	m²	0
2	梁	超模面积 普通模板 WKL10-300×600	m²	0
3	梁	超模面积 普通模板 WKL1-250×600 弧形梁	m²	0
4	梁	超模面积 普通模板 WKL2-300×600	m²	0
5	梁	超模面积 普通模板 WKL3-250×500	m²	7.504
6	梁	超模面积 普通模板 WKL4-300×600	m²	0
7	梁	超模面积 普通模板 WKL5-300×500	m²	0
8	梁	超模面积 普通模板 WKL6-300×600	m²	0
9	梁	超模面积 普通模板 WKL7-300×600	m²	0
10	梁	超模面积 普通模板 WKL8-300×600	m²	0
11	梁	超模面积 普通模板 WKL9-300×600	m²	0
12	小型构件	超模面积 普通模板 飘窗下混凝土250×400	m²	5.84
13	梁	模板面积 普通模板 L1-300×550	m²	8.556
14	梁	模板面积 普通模板 WKL10-300×600	m²	30.432
15	梁	模板面积 普通模板 WKL1-250×600 弧形梁	m²	17.951

续表

序号	编码	项目名称	单位	工程量
16	梁	模板面积 普通模板 WKL2-300×600	m²	21.978
17	梁	模板面积 普通模板 WKL3-250×500	m²	18.504
18	梁	模板面积 普通模板 WKL5-300×500	m²	57.082
19	梁	模板面积 普通模板 WKL6-300×600	m²	46.578
20	梁	模板面积 普通模板 WKL7-300×600	m²	40.082
21	梁	模板面积 普通模板 WKL8-300×600	m²	31.964
22	梁	模板面积 普通模板 WKL9-300×600	m²	35.1485
23	小型构件	模板面积 普通模板 飘窗下混凝土 250×400	m²	5.84
24	梁	模板面积 普通模板 WKL4-300×600	m²	8.107
25	梁	体积 C30 L1-300×550	m³	1.1385
26	梁	体积 C30 WKL10-300×600	m³	4.392
27	梁	体积 C30 WKL1-250×600 弧形梁	m³	2.019
28	梁	体积 C30 WKL2-300×600	m³	2.988
29	梁	体积 C30 WKL3-250×500	m³	2.2125
30	梁	体积 C30 WKL4-300×600	m³	1.206
31	梁	体积 C30 WKL5-300×500	m³	8.28
32	梁	体积 C30 WKL6-300×600	m³	6.174
33	梁	体积 C30 WKL7-300×600	m³	5.292
34	梁	体积 C30 WKL8-300×600	m³	4.716
35	梁	体积 C30 WKL9-300×600	m³	5.256
36	小型构件	体积 C30 飘窗下混凝土 250×400	m³	0.68

三、修改现浇带的标高

由于四层层高发生变化，窗离地高度变为 400，相应的现浇带标高也发生变化，我们需要对其标高进行修改，操作步骤如下：

在画圈梁状态下单击右键，出现右键菜单→单击"批量选择构件图元"，弹出"批量选择构件图元"对话框→勾选"QL250×180"→单击"确定"→修改"QL250×180"的属性（如图 5.5.14 所示）→单击右键，出现右键菜单→单击"取消选择"，这样现浇带的标高就修改好了。

汇总计算后用"批量选择"的方法选中 QL250×180，查看四层 QL250×180 软件计算结果，见表 5.5.2。

属性名称	属性值
名称	QL250*180
材质	现浇混凝土
砼类型	(预拌砼)
砼标号	(C20)
截面宽度(mm)	250
截面高度(mm)	180
截面面积(m²)	0.045
截面周长(m²)	0.86
起点顶标高	层底标高+0.4(11.4)
终点顶标高	层底标高+0.4(11.4)
轴线距梁左	(125)

图 5.5.14 QL250×180 的属性修改

表 5.5.2 四层 QL250×180 软件"做法工程量"

序号	编码	项目名称	单位	工程量
1	圈梁	模板面积 C30 QL250×180	m²	20.88
2	圈梁	体积 C30 QL250×180	m³	2.61

四、修改窗的离地高度

因为四层层高发生变化，相应的窗离地高度也发生变化，从"建施-11"我们看出四层窗离地高度为 400（我们将楼层里首层的底标高调整为 - 0.1，从结构标高到窗底的高度 400），修改窗离地高度的操作步骤如下：

在画窗状态下单击右键，出现右键菜单→单击"批量选择构件图元"，弹出"批量选择构件图元"对话框→勾选图 5.5.15 所示窗→单击"确定"→修改属性中窗的"离地高度"为"400"→敲回车键→单击右键出现右键菜单→单击"取消选择"，这样离地高度为 400 的窗就修改好了，如图 5.5.15 所示。

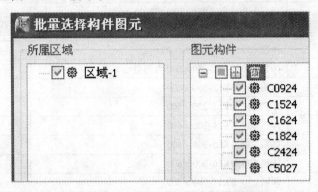

图 5.5.15　勾选修改离地高度为 400 的窗

用同样的方法修改 C5027 的离地高度为 200。

汇总计算后查看四层窗软件计算结果，见表 5.5.3。

表 5.5.3　四层窗软件"做法工程量"表

序号	编码	项目名称		单位	工程量
1	窗台板	窗台板面积	大理石 C0924	m²	0.72
2	窗台板	窗台板面积	大理石 C1524	m²	0.6
3	窗台板	窗台板面积	大理石 C1824	m²	0.72
4	窗台板	窗台板面积	大理石 C2424	m²	0.96
5	窗	框外围面积	平开塑钢窗 C0924	m²	8.64
6	窗	框外围面积	平开塑钢窗 C1524	m²	7.2
7	窗	框外围面积	平开塑钢窗 C1624	m²	7.68
8	窗	框外围面积	平开塑钢窗 C1824	m²	8.64
9	窗	框外围面积	平开塑钢窗 C2424	m²	11.52
10	窗	框外围面积	平开塑钢窗 C5027	m²	13.5
11	窗	框外围面积	运距 5km 内 C0924	m²	8.64
12	窗	框外围面积	运距 5km 内 C1524	m²	7.2
13	窗	框外围面积	运距 5km 内 C1624	m²	7.68
14	窗	框外围面积	运距 5km 内 C1824	m²	8.64
15	窗	框外围面积	运距 5km 内 C2424	m²	11.52
16	窗	框外围面积	运距 5km 内 C5027	m²	13.5

五、修改墙洞的离地高度

修改墙洞的离地高度和修改窗的离地高度方法一样，如图 5.5.16 所示。

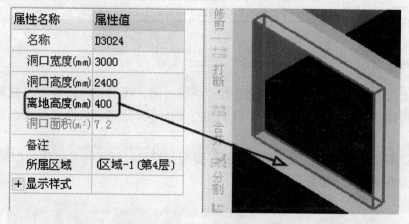

图 5.5.16　修改墙洞的离地高度

汇总计算后查看四层墙洞软件计算结果，见表 5.5.4。

表 5.5.4　四层墙洞软件"做法工程量"表

序号	编码	项目名称	单位	工程量
1	窗台板	窗台板面积　大理石　飘窗 D3024	m²	3.9
2	墙洞	洞口面积 D3024	m²	14.4

六、补齐原梯柱处护窗栏杆

我们知道到四层就没有楼梯了，同时梯柱也就不存在了，我们就需要补齐原（4~5)/D 处梯柱位置的护窗栏杆，操作步骤如下：

在画自定义线状态下，单击"拾取构件"按钮→单击（4~5)/D 处的护窗栏杆，软件会自动找到已经定义好的护窗栏杆构件→分别单击（4~5)/D 处原梯柱位置的两点→单击右键结束。如图 5.5.17 所示。

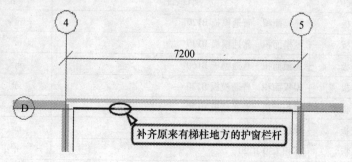

图 5.5.17　补齐原梯柱处的护窗栏杆

汇总计算后查看四层（4~5)/D 处的护窗栏杆软件计算结果，见表 5.5.5。

表 5.5.5　四层（4~5）/D 处的护窗栏杆软件"做法工程量"表

序号	编码	项目名称	单位	工程量
1	栏杆	扶手中心线水平投影长度　不锈钢栏杆（护窗栏杆）	m	6.7
2	栏杆	扶手中心线水平投影长度×高度　不锈钢栏杆（护窗栏杆）	m²	6.03

七、画四层板

因为本工程四层就是顶层，楼梯间要有一块板封闭，我们把这块板布上就可以了，从"结施-10"可以看出，这块板为 B120，我们用"智能布置"的方法画这块板，如图 5.5.18 所示。

注意：这不能用"点"式画法画这块板，因为此处已经画了自定义线和虚墙，软件会默认板边线为自定义线或虚墙。

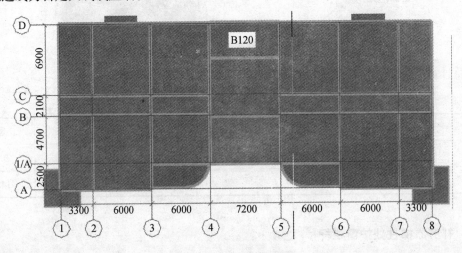

图 5.5.18　四层板示意图

汇总计算后用"批量选择"的方法选中 B120、B130、B160，查看四层板软件计算结果，见表 5.5.6。

表 5.5.6　四层板软件"做法工程量"表

序号	编码	项目名称	单位	工程量
1	板	超模面积　普通模板 B120	m²	0
2	板	超模面积　普通模板 B130	m²	30.655
3	板	超模面积　普通模板 B160	m²	0
4	板	模板面积　普通模板 B120	m²	175.3095
5	板	模板面积　普通模板 B130	m²	83.485
6	板	模板面积　普通模板 B160	m²	272.6
7	板	体积 C30 B120	m³	21.1019
8	板	体积 C30 B130	m³	10.883
9	板	体积 C30 B160	m³	43.7184

八、修改四层飘窗板标高

因四层层高变化，从二层复制上来的飘窗底板和顶板的标高是错误的，我们要将其修正到图示的要求。

1. 修改四层飘窗底板标高

用"批量选择"的方法选中从二层复制上来的飘窗底板，修改"飘窗底板100"的属性，如图5.5.19所示。

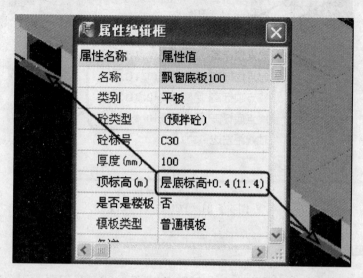

图5.5.19　修改飘窗底板的标高示意图

2. 修改四层飘窗顶板标高

用"批量选择"的方法选中从二层复制上来的飘窗顶板，修改"飘窗顶板100"的属性，如图5.5.20所示。

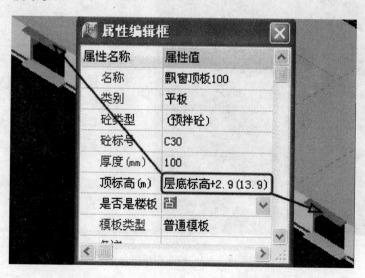

图5.5.20　修改飘窗顶板的标高示意图

3. 修改飘窗

同样的道理，飘窗也需要修改，我们知道飘窗实际上是用带形窗画的，现在我们回到带形窗界面修改飘窗，操作步骤如下：

用"批量选择"的方法选中"带形窗 PC1"，修改"PC1"的属性，如图 5.5.21 所示。

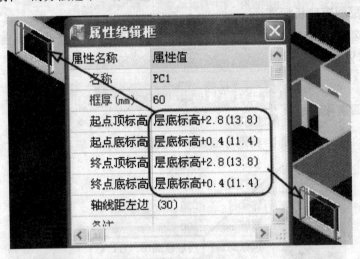

图 5.5.21　PC1 的属性修改

九、修改四层阳台窗

因四层层高变化，阳台窗的高度也由 2700 变成了 2400，我们要对阳台窗进行修改，用"批量选择"的方法选中 ZJC1→修改"ZJC1"属性，如图 5.5.22 所示。

图 5.5.22　修改四层阳台窗

汇总计算后查看四层飘窗阳台窗软件计算结果，见表 5.5.7。

表 5.5.7　四层阳台窗软件"做法工程量"表

序号	编码	项目名称	单位	工程量
1	飘窗	框外围面积　平开塑钢窗 PC1	m²	19.2
2	阳台窗	框外围面积　平开塑钢窗 ZJC1	m²	49.536
3	飘窗	框外围面积　运距 5km 以内 PC1	m²	19.2
4	阳台窗	框外围面积　运距 5km 内 ZJC1	m²	49.536

十、修改四层阳台栏板

从"建施-11"2 号大样图我们可以看出，四层的阳台栏板的高度变成了 800，我们先来定义这个栏板的属性和做法。

1. LB100×800 的属性和做法

定义好的栏板 LB100×800 的属性和做法如图 5.5.23 所示。

属性名称	属性值
名称	LB100*800
材质	现浇混凝土
砼类型	(预拌砼)
砼标号	(C20)
截面宽度(mm)	100
截面高度(mm)	800
截面面积(m2)	0.08
起点底标高(m)	层底标高+2.8
终点底标高(m)	层底标高+2.8
轴线距左边线	(50)

	编码	类别	项目名称	单位	工程量表	表达式说明
1	阳台栏板	补	体积 C30 LB100*800	m3	TJ	TJ〈体积〉
2	阳台栏板	补	模板面积 普通模板 LB100*800	m3	MBMJ	MBMJ〈模板面积〉
3	外墙面	补	墙面抹灰面积 水泥砂浆 外墙5（砼）（栏板顶装修）	m2	ZXXCD*0.1	ZXXCD〈中心线长度〉*0.1

图 5.5.23　LB100×800 的属性和做法

2. 修改 LB100×900 为 LB100×800

因为二层复制上来的栏板为 LB100×900，我们要把复制上来的 LB100×900 修改成 LB100×800，操作步骤如下：

在栏板状态下，选中已经复制上来的 LB100×900→单击右键，出现右键菜单→单击"修改构件图元名称"，弹出"修改构件图元名称"对话框→单击"目标构件"下的"LB100×800"→单击"确定"，这样栏板就修改好了，如图 5.5.24 所示。

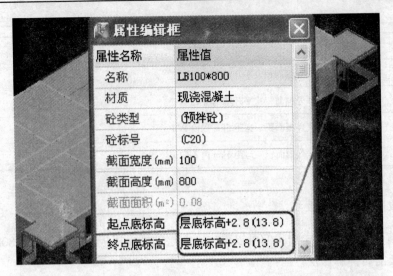

图 5.5.24　修改后的 LB100×800 示意图

3. 栏板 LB100×800 软件计算结果

汇总计算后查看 LB100×800 软件计算结果，见表 5.5.8。

表 5.5.8　四层栏板 LB100×800 软件"做法工程量"表

序号	编码	项目名称		单位	工程量
1	阳台栏板	模板面积　普通模板 LB100×800		m³	29.7888
2	阳台栏板	体积 C30 LB100×800		m³	1.3622
3	外墙面	墙面抹灰面积　水泥砂浆　外墙5（混凝土）（栏板顶装修）		m²	2.064

十一、四层主体部分软件手工对照表

到这里我们把四层的主体工程就画完了，单击"汇总计算"按钮，弹出"确定执行计算汇总"对话框→单击"当前层"→单击"确定"，等"计算汇总"成功后→单击"报表预览"→勾选"第4层"→单击"确定"→查看"定额汇总表"，我们在这里将"定额汇总表"做了一些调整，将其变成了"手工—软件对照表"，见表 5.5.9（单击右键仍然将表导入到 Excel 里，对量比较方便）。

表 5.5.9　四层主体工程量手工—软件对照表

序号	编码	项目名称		单位	软件量	手工量	备注
1	板	超模面积　普通模板 B120		m²			
2	板	超模面积　普通模板 B130		m²	30.655	30.655	
3	板	超模面积　普通模板 B160		m²			
4	板	模板面积　普通模板 B120		m²	175.3095	175.3031	允许误差
5	板	模板面积　普通模板 B130		m²	83.485	83.485	
6	板	模板面积　普通模板 B160		m²	272.6	272.6	
7	板	体积 C30 B120		m³	21.1019	21.1012	允许误差
8	板	体积 C30 B130		m³	10.883	10.883	

序号	编码	项目名称	单位	软件量	手工量	备注
9	板	体积 C30 B160	m³	43.7184	43.7184	
10	窗	框外围面积　平开塑钢窗 C0924	m²	8.64	8.64	
11	窗	框外围面积　平开塑钢窗 C1524	m²	7.2	7.2	
12	窗	框外围面积　平开塑钢窗 C1624	m²	7.68	7.68	
13	窗	框外围面积　平开塑钢窗 C1824	m²	8.64	8.64	
14	窗	框外围面积　平开塑钢窗 C2424	m²	11.52	11.52	
15	窗	框外围面积　平开塑钢窗 C5027	m²	13.5	13.5	
16	窗	框外围面积　运距 5km 内 C0924	m²	8.64	8.64	
17	窗	框外围面积　运距 5km 内 C1524	m²	7.2	7.2	
18	窗	框外围面积　运距 5km 内 C1624	m²	7.68	7.68	
19	窗	框外围面积　运距 5km 内 C1824	m²	8.64	8.64	
20	窗	框外围面积　运距 5km 内 C2424	m²	11.52	11.52	
21	窗	框外围面积　运距 5km 内 C5027	m²	13.5	13.5	
22	窗台板	窗台板面积　大理石 C0924	m²	0.72	3	3
23	窗台板	窗台板面积　大理石 C1524	m²	0.6		
24	窗台板	窗台板面积　大理石 C1824	m²	0.72		
25	窗台板	窗台板面积　大理石 C2424	m²	0.96		
26	窗台板	窗台板面积　大理石　飘窗 D3024	m²	3.9	3.9	
27	扶手	扶手中心线水平投影长度　不锈钢扶手　护窗栏杆	m	20.0032	39.6432	39.6432
28	扶手	扶手中心线水平投影长度　不锈钢栏杆（阳台栏杆）	m	19.64		
29	构造柱	模板面积　普通模板 GZ-250×250	m²	35.714	35.714	
30	构造柱	体积 C25 GZ-250×250	m³	2.864	2.864	
31	过梁	模板面积 GL120	m²	11.2	11.2	
32	过梁	体积 C25 GL120	m³	0.72	0.72	
33	栏杆	扶手中心线水平投影长度　玻璃栏板	m	6.7	6.7	
34	栏杆	扶手中心线水平投影长度×高度　玻璃栏板	m²	6.03	6.03	
35	栏杆	扶手中心线水平投影长度×高度　不锈钢栏杆　护窗栏杆	m²	18.0029	35.6789	35.6789
36	栏杆	扶手中心线水平投影长度×高度　不锈钢栏杆（阳台栏杆）	m²	17.676		
37	梁	超模面积　普通模板 L1-300×550	m²			
38	梁	超模面积　普通模板 WKL1-250×600 弧形梁	m²			
39	梁	超模面积　普通模板 WKL10-300×600	m²			
40	梁	超模面积　普通模板 WKL2-300×600	m²			
41	梁	超模面积　普通模板 WKL3-250×500	m²	7.504	7.504	

序号	编码	项目名称	单位	软件量	手工量	备注
42	梁	超模面积　普通模板 WKL4-300×600	m²			
43	梁	超模面积　普通模板 WKL5-300×500	m²			
44	梁	超模面积　普通模板 WKL6-300×600	m²			
45	梁	超模面积　普通模板 WKL7-300×600	m²			
46	梁	超模面积　普通模板 WKL8-300×600	m²			
47	梁	超模面积　普通模板 WKL9-300×600	m²			
48	梁	模板面积　普通模板 L1-300×550	m²	7.728	7.728	
49	梁	模板面积　普通模板 WKL1-250×600 弧形梁	m²	17.951	18.0325	允许误差
50	梁	模板面积　普通模板 WKL10-300×600	m²	29.676	29.76	表5.5.9 注解1见网站 www.qiaosd.com
51	梁	模板面积　普通模板 WKL2-300×600	m²	21.978	21.978	
52	梁	模板面积　普通模板 WKL3-250×500	m²	18.504	18.504	
53	梁	模板面积　普通模板 WKL5-300×500	m²	57.082	57.082	
54	梁	模板面积　普通模板 WKL6-300×600	m²	45.774	45.774	
55	梁	模板面积　普通模板 WKL7-300×600	m²	40.082	40.082	
56	梁	模板面积　普通模板 WKL8-300×600	m²	31.964	31.964	
57	梁	模板面积　普通模板 WKL9-300×600	m²	35.1485	35.211	表5.5.9 注解2见网站
58	梁	模板面积　普通模板 WKL4-300×600	m²	8.107	8.107	
59	梁	体积 C30 L1-300×550	m³	1.1385	1.1385	
60	梁	体积 C30 WKL1-250×600 弧形梁	m³	2.019	2.0186	允许误差
61	梁	体积 C30 WKL10-300×600	m³	4.392	4.392	
62	梁	体积 C30 WKL2-300×600	m³	2.988	2.988	
63	梁	体积 C30 WKL3-250×500	m³	2.2125	2.2125	
64	梁	体积 C30 WKL4-300×600	m³	1.206	1.206	
65	梁	体积 C30 WKL5-300×500	m³	8.28	8.28	
66	梁	体积 C30 WKL6-300×600	m³	6.174	6.174	
67	梁	体积 C30 WKL7-300×600	m³	5.292	5.292	
68	梁	体积 C30 WKL8-300×600	m³	4.716	4.716	
69	梁	体积 C30 WKL9-300×600	m³	5.256	5.256	
70	门	把门锁 M1021	套	20	20	
71	门	框外围面积　底油一遍，调和漆两遍 M1021	m²	42	42	
72	门	框外围面积　木质夹板门 M1021	m²	42	42	
73	门	框外围面积　运距5km内 M1021	m²	42	42	
74	飘窗	框外围面积　平开塑钢窗 PC1	m²	19.2	19.2	

续表

序号	编码	项目名称	单位	软件量	手工量	备注
75	飘窗	框外围面积　运距5km内PC1	m²	19.2	19.2	
76	飘窗底板	模板面积（侧模）普通模板　飘窗底板100	m²	0.92	0.92	
77	飘窗底板	模板面积（底模）普通模板　飘窗底板100	m²	4.08	4.08	
78	飘窗底板	体积C30 飘窗底板100	m³	0.408	0.408	
79	飘窗底板保温	底板底外墙保温面积　聚苯板　飘窗底板100	m²	4.08	4.08	
80	飘窗底板侧保温	底板侧外墙保温面积　聚苯板　飘窗底板100	m²	0.92	0.92	
81	飘窗底板侧装修	底板侧装修面积　水泥砂浆抹灰　飘窗底板100	m²	0.92	0.92	
82	飘窗底板侧装修	底板侧装修面积　外墙涂料　飘窗底板100	m²	0.92	0.92	
83	飘窗底板顶保温	底板顶外墙保温面积　聚苯板　飘窗底板100	m²	0.88	0.88	
84	飘窗底板顶装修	底板顶装修面积　水泥砂浆抹灰　飘窗底板100	m²	0.88	0.88	
85	飘窗底板顶装修	底板顶装修面积　外墙涂料　飘窗底板100	m²	0.88	0.88	
86	飘窗底板天棚	底板底装修面积　水泥砂浆抹灰　飘窗底板100	m²	4.08	4.08	
87	飘窗底板天棚	底板底装修面积　外墙涂料　飘窗底板100	m²	4.08	4.08	
88	飘窗顶板	模板面积（侧模）普通模板　飘窗顶板100	m²	0.92	0.92	
89	飘窗顶板	模板面积（底模）普通模板　飘窗顶板100	m²	4.08	4.08	
90	飘窗顶板	体积C30 飘窗顶板100	m³	0.408	0.408	
91	飘窗顶板保温	顶板侧外墙保温面积　聚苯板　飘窗顶板100	m²	0.92	0.92	
92	飘窗顶板保温	顶板底外墙保温面积　聚苯板　飘窗顶板100	m²	0.88	0.88	
93	飘窗顶板保温	顶板顶外墙保温面积　聚苯板　飘窗顶板100	m²	4.08	4.08	
94	飘窗顶板侧装修	顶板侧装修面积　外墙涂料　飘窗顶板100	m²	0.92	0.92	
95	飘窗顶板防水	顶板侧防水面积　防水砂浆　飘窗顶板100	m²	0.92	0.92	
96	飘窗顶板防水	顶板顶防水面积　防水砂浆　飘窗顶板100	m²	4.08	4.08	

续表

序号	编码	项目名称	单位	软件量	手工量	备注
97	飘窗顶板天棚	顶板底装修面积 耐擦洗涂料 飘窗顶板100（天棚1）	m	2.4	2.4	
98	飘窗顶板天棚	顶板底装修面积 水泥砂浆 飘窗顶板100（天棚1）	m	2.4	2.4	
99	飘窗顶板外底防水	顶板底防水面积 防水砂浆 飘窗顶板100	m²	0.88	0.88	
100	飘窗顶板外底装修	顶板底装修面积 外墙涂料 飘窗顶板100	m²	0.88	0.88	
101	墙	体积 陶粒砌墙、M5 水泥砂浆 Q200	m³	64	64	
102	墙	体积 陶粒砌墙、M5 水泥砂浆 Q250	m³	27.7085	27.7081	表5.5.9 注解3见网站
103	墙洞	洞口面积 D3024	m²	14.4	14.4	
104	圈梁	模板面积 普通模板 QL250×180	m²	20.88	20.88	
105	圈梁	体积 C25 QL250×180	m³	2.61	2.61	
106	外墙面	墙面抹灰面积 水泥砂浆 外墙5（混凝土）（栏板顶装修）	m²	2.064	2.064	
107	小型构件	超模面积 普通模板 飘窗下混凝土250×400	m²	4.98	0	表5.5.9 注解4见网站
108	小型构件	模板面积 普通模板 飘窗下混凝土250×400	m²	4.98	4.98	
109	小型构件	体积 C30 飘窗下混凝土250×400	m³	0.68	0.68	
110	阳台板	超模面积（侧模）普通模板 阳台B140	m²			
111	阳台板	超模面积（底模）普通模板 阳台B140	m²			
112	阳台板	模板面积（侧模）普通模板 阳台B140	m²	2.9736	2.9736	
113	阳台板	模板面积（底模）普通模板 阳台B140	m²	18.4518	18.4518	
114	阳台板	体积 C30 阳台B140	m³	2.5833	2.5833	
115	阳台窗	框外围面积 平开塑钢窗 ZJC1	m²	49.536	49.536	
116	阳台窗	框外围面积 运距5km内 ZJC1	m²	49.536	49.536	
117	阳台栏板	模板面积 普通模板 LB100×800	m³	29.7888	29.3088	允许误差
118	阳台栏板	体积 C30 LB100×800	m³	1.3622	1.3622	
119	柱	超模面积 普通模板 KZ1-500×500	m²			
120	柱	超模面积 普通模板 KZ2-500×500	m²			
121	柱	超模面积 普通模板 KZ3-500×500	m²			
122	柱	超模面积 普通模板 KZ4-500×500	m²			

序号	编码	项目名称		单位	软件量	手工量	备注
123	柱	超模面积 普通模板 KZ5-600×500		m²			
124	柱	超模面积 普通模板 KZ6-500×600		m²			
125	柱	模板面积 普通模板 KZ1-500×500		m²	27.2	27.2	
126	柱	模板面积 普通模板 KZ2-500×500		m²	40.8	40.8	
127	柱	模板面积 普通模板 KZ3-500×500		m²	40.8	40.8	
128	柱	模板面积 普通模板 KZ4-500×500		m²	81.6	81.6	
129	柱	模板面积 普通模板 KZ5-600×500		m²	14.96	14.96	
130	柱	模板面积 普通模板 KZ6-500×600		m²	14.96	14.96	
131	柱	体积 C30 KZ1-500×500		m³	3.4	3.4	
132	柱	体积 C30 KZ2-500×500		m³	5.1	5.1	
133	柱	体积 C30 KZ3-500×500		m³	5.1	5.1	
134	柱	体积 C30 KZ4-500×500		m³	10.2	10.2	
135	柱	体积 C30 KZ5-600×500		m³	2.04	2.04	
136	柱	体积 C30 KZ6-500×600		m³	2.04	2.04	

第六节 屋面层主体工程量计算

一、画女儿墙

1. 女儿墙的属性和做法

将楼层切换到"屋面层"，在墙里定义女儿墙的属性和做法，定义好的女儿墙属性和做法如图 5.6.1 所示。

属性名称	属性值
名称	女儿墙240
类别	女儿墙
材质	砖
砂浆类型	混合砂浆
砂浆标号	(M5)
厚度(mm)	240
轴线距左墙皮	(120)
内/外墙标志	外墙
起点顶标高(m)	层顶标高
终点顶标高(m)	层顶标高
起点底标高(m)	层底标高
终点底标高(m)	层底标高

	编码	类别	项目名称	单位	工程量表达式	表达式说明
1	墙	补	体积 砖墙 M5混合砂浆 女儿墙240	m3	TJ	TJ〈体积〉

图 5.6.1 女儿墙的属性和做法

2. 画女儿墙

从"建施-07"可以看出，女儿墙的外墙皮和四层的外墙皮是齐的，也就是说和四层框架柱外墙皮是齐的，我们可以先把框架柱复制到屋面层，然后将框架柱外皮作为女儿墙的外墙皮进行画图。

（1）复制四层框架柱到屋面层

单击"楼层"下拉菜单→单击"从其他楼层复制构件图元"，弹出"从其他楼层复制构件图元"对话框→在"源楼层"下选择"第4层"→在"图元选择"下单击右键→单击"全部取消"→勾选所有的框架柱→单击"确定"→等"图元复制成功"后单击"确定"，这样四层的框架柱就复制到屋面层了，如图5.6.2所示。

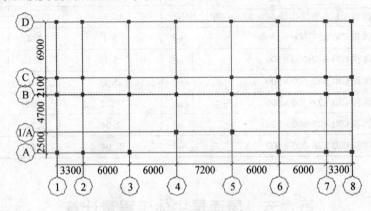

图 5.6.2　复制到屋面层的框架柱

（2）画女儿墙

①女儿墙之前我们需要先打两条辅助轴线，如图5.6.3所示。

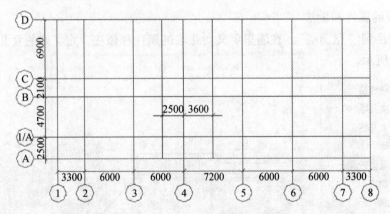

图 5.6.3　画女儿墙用的辅助轴线

②画一半女儿墙到轴线位置，如图5.6.4所示。

③圆弧处女儿墙向内偏移120，如图5.6.5所示。

④非圆弧处女儿墙偏移到与框架柱外皮齐，如图5.6.6所示。

⑤延伸女儿墙使其相交到墙中心线，如图5.6.7所示。

⑥在（3/A）交点处增加一段女儿墙，修剪（4/A）交点处多余的弧形墙，如图5.6.8所示。

⑦将画好的女儿墙镜像到另一半，如图5.6.9所示。

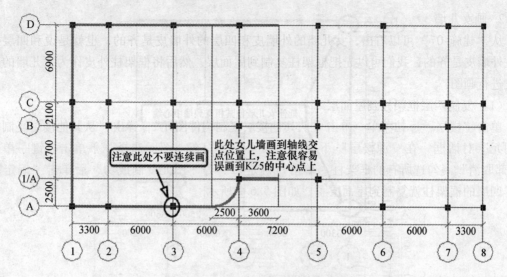

图 5.6.4 画一半女儿墙到轴线位置

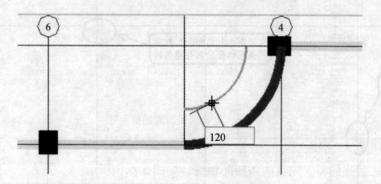

图 5.6.5 圆弧处女儿墙向内偏移 120

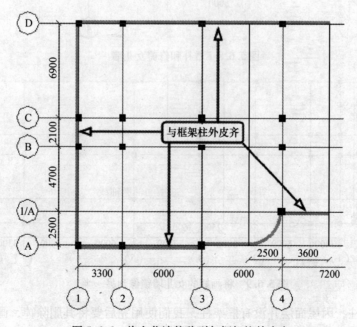

图 5.6.6 将女儿墙偏移到与框架柱外皮齐

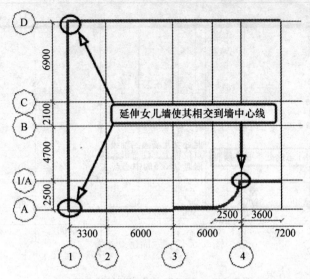

图 5.6.7　延伸女儿墙使其相交到墙中心线

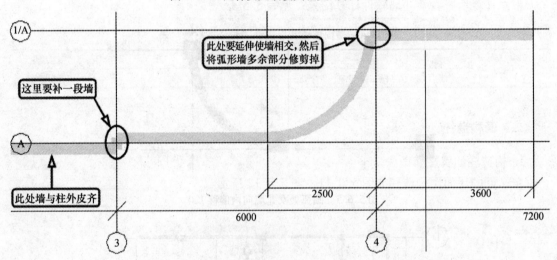

图 5.6.8　增补和修剪女儿墙

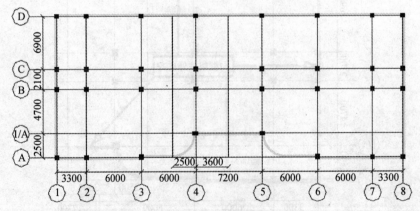

图 5.6.9　将画好的女儿墙镜像到另一半

⑧删除框架柱，因屋面层并没有框架柱，我们使用完后要将其删除掉，画好的女儿墙如图 5.6.10 所示。

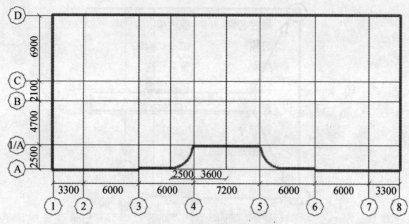

图 5.6.10 屋面层女儿墙

3. 女儿墙软件计算结果

汇总计算后查看女儿墙软件计算结果,见表 5.6.1。

表 5.6.1 屋面层女儿墙软件"做法工程量"表

序号	编码	项目名称	单位	工程量
1	墙	体积 砖墙 M5 混合砂浆 女儿墙 240	m³	24.1929

二、画构造柱

1. 构造柱的属性和做法

定义好的屋面层构造柱如图 5.6.11、图 5.6.12 所示。

属性名称	属性值
名称	GZ-240*240
类别	带马牙槎
材质	现浇混凝土
砼类型	(预拌砼)
砼标号	(C25)
截面宽度 (mm)	240
截面高度 (mm)	240
截面面积 (m2)	0.0576
截面周长 (m)	0.96
马牙槎宽度 (mm)	60
顶标高 (m)	层顶标高
底标高 (m)	层底标高

	编码	类别	项目名称	单位	工程量表达式	表达式说明
1	构造柱	补	体积 C25 GZ-240*240	m3	TJ	TJ<体积>
2	构造柱	补	模板面积 普通模板 GZ-240*240	m2	MBMJ	MBMJ<模板面>

图 5.6.11 GZ-240×240 的属性和做法

属性名称	属性值
名称	GZ-240*490
类别	带马牙槎
材质	现浇混凝土
砼类型	(预拌砼)
砼标号	(C25)
截面宽度(mm)	240
截面高度(mm)	490
截面面积(m2)	0.1176
截面周长(m)	1.46
马牙槎宽度(mm)	60
顶标高(m)	层顶标高
底标高(m)	层底标高

	编码	类别	项目名称	单位	工程量表达式	表达式说明
1	构造柱	补	体积 C25 GZ-240*490	m3	TJ	TJ〈体积〉
2	构造柱	补	模板面积 普通模板 GZ-250*490	m2	MBMJ	MBMJ〈模板面〉

图 5.6.12　GZ-240×490 的属性和做法

2. 画构造柱

画构造柱以前我们需要根据"建施-07"打几条辅助轴线，如图 5.6.13 所示。

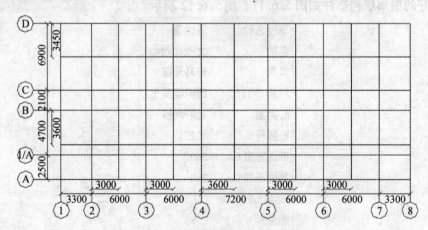

图 5.6.13　画构造柱所用的辅助轴线

先将柱画到轴线相交点，如图 5.6.14 所示。

然后用"多对齐"的方法将柱子偏移到外墙皮齐，操作步骤如下：

在构造柱的状态下拉框选择 D 轴线所有的柱→单击右键，出现右键菜单→单击"多对齐"→单击女儿墙外皮，用同样的方法将其他轴线的构造柱偏移到和女儿墙外皮齐。画好的屋面层构造柱如图 5.6.15 所示。

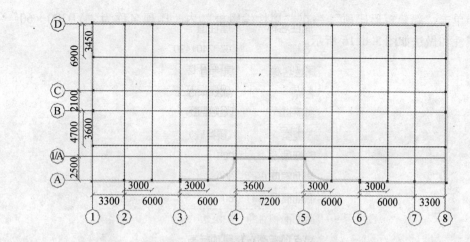

图 5.6.14　画到轴线交点的构造柱

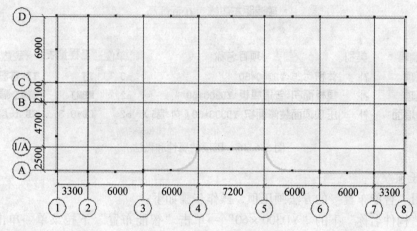

图 5.6.15　屋面层构造柱示意图

3. 构造柱软件计算结果

汇总计算后查看屋面层构造柱软件计算结果，见表 5.6.2。

表 5.6.2　屋面层构造柱软件"做法工程量"表

序号	编码	项目名称	单位	工程量
1	构造柱	模板面积　普通模板 GZ-240×240	m²	20.4302
2	构造柱	模板面积　普通模板 GZ-250×490	m²	2.196
3	构造柱	体积 C25 GZ-240×240	m³	2.0731
4	构造柱	体积 C25 GZ-240×490	m³	0.2376

三、画压顶

1. 压顶的属性和做法

单击"其他"前面的"＋"号，使其展开→单击下一级的"压顶"→单击"新建"下拉菜单→单击"新建矩形压顶"→在"属性编辑框"内改压顶名称为"YD300×60"→填写压顶属性和做法如图5.6.16所示。

属性名称	属性值
名称	YD300*60
材质	现浇混凝
砼类型	(预拌砼)
砼标号	C25
截面宽度(mm)	300
截面高度(mm)	60
截面面积(m2)	0.018
起点顶标高(m)	层顶标高
终点顶标高(m)	层顶标高
轴线距左边线	(150)

	编码	类别	项目名称	单位	工程量表	表达式说明
1	压顶	补	体积 C25 YD300*60	m3	TJ	TJ〈体积〉
2	压顶	补	模板面积 普通模板 YD300*60	m2	MBMJ	MBMJ〈模板面积〉
3	外墙面	补	压顶顶面装修面积 YD300*60（外墙5）	m2	CD*0.3	CD〈长度〉*0.3

图5.6.16 压顶的属性和做法

2. 画压顶

我们用"智能布置"的方法画压顶，操作步骤如下：

选中"构件名称"下的"YD300×60"→单击"智能布置"下拉菜单→单击"墙中心线"→单击"批量选择"按钮，弹出"批量选择构件图元"对话框→勾选"女儿墙240"→单击"确定"→单击右键结束。这样压顶就布置好了，如图5.6.17所示。

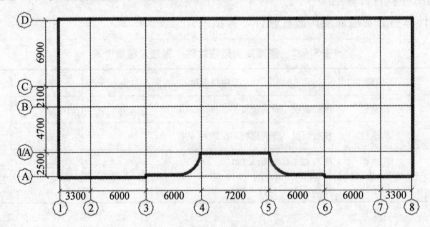

图5.6.17 屋面层压顶布置图

3. 压顶软件计算结果

汇总计算后查看屋面层压顶软件计算结果，见表5.6.3。

表5.6.3　屋面层压顶软件"做法工程量"表

序号	编码	项目名称	单位	工程量
1	压顶	模板面积　普通模板 YD300×60	m²	20.0761
2	压顶	体积 C25 YD300×60	m³	2.0161
3	外墙面	压顶顶面装修面积 YD300×60（外墙5）	m²	33.6012

四、修剪栏板

因屋面层女儿墙变成了240厚，从四层复制上来的阳台顶栏板就有一节凸出女儿墙内皮，这就会导致栏板多算，我们要把多出的栏板修剪掉，因栏板是跨层构件，且在4层里画的，这里若不显示需要用下列操作让其显示出来，显示出来后要在画栏板的状态下修剪（注意一共是四处，在不显示压顶的情况下修剪），如图5.6.18所示。

在汇总计算的楼层列表中，勾选"屋面层"和"第4层"，汇总计算后查看 LB100×800 的软件计算结果见表5.6.4。

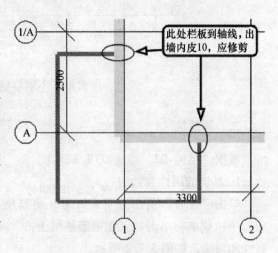

图5.6.18　修剪多余栏板示意图

表5.6.4　栏板 LB100×800 软件"做法工程量"表

序号	编码	项目名称	单位	工程量
1	阳台栏板	模板面积　普通模板 LB100×800	m²	29.3088
2	外墙面	墙面抹灰面积　水泥砂浆外墙5（混凝土）（栏板顶装修）	m²	2.064
3	阳台栏板	体积 C30 LB100×800	m³	1.3622

第七节　基础层工程量计算

一、复制首层的框架柱到基础层

将楼层切换到基础层→单击"楼层"下拉菜单→单击"从其他楼层复制构件图元"，弹出"从其他楼层复制构件图元"对话框→在"源楼层"下选择"首层"→在"图元选择"下单击右键→单击"全部取消"→将"柱"展开，勾选所有框架柱子（注意别选上 TZ 和构造柱）→单击"确定"，这样首层的框架柱就复制到了基础层，如图5.7.1所示。

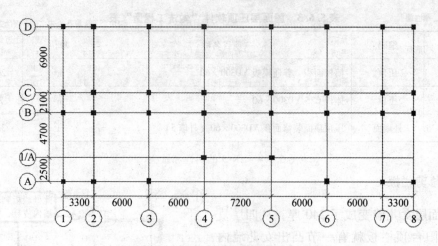

图 5.7.1 从首层复制到基础层的框架柱

二、画基坑

根据"结施-02、结施-03"画基坑。

1. 基坑的属性和做法

单击"土方"前面的"＋"号，使其展开→单击下一级的"基坑土方"→单击"新建"下拉菜单→单击"新建矩形基坑土方"→修改基坑名称为"JK-1"→填写"JK-1"的属性和做法，如图 5.7.2 所示。

属性名称	属性值
名称	JK-1
底标高(m)	层底标高
深度(mm)	(1450)
坑底长(mm)	2200
坑底宽(mm)	2200
工作面宽(mm)	300
放坡系数	0

编码	类别	项目名称	单位	工程量表达式	表达式说明
1	基坑	补	土方体积 三类土 JK-1	m3	TFTJ	TFTJ〈土方体积〉
2	基坑	补	土方体积 运距5m外 JK-2'	m3	TFTJ	TFTJ〈土方体积〉
3	基坑	补	开挖底面积 打夯机打夯 JK-1	m2	DIMJ	DIMJ
4	回填（基坑）	补	回填土体积 三类土 JK-1	m3	STHTTJ	STHTTJ〈素土回填体积〉
5	运回填（基坑）	补	回填土体积 运距5m外 JK-1	m3	STHTTJ	STHTTJ〈素土回填体积〉

图 5.7.2 JK-1 的属性和做法

用同样的方法建立其他基坑的属性和做法，如图 5.7.3 ~ 图 5.7.8 所示。

属性名称	属性值
名称	JK-2
底标高(m)	层底标高
深度(mm)	(1450)
坑底长(mm)	3200
坑底宽(mm)	3200
工作面宽(mm)	300
放坡系数	0

编码	类别	项目名称	单位	工程量表达式	表达式说明
1	基坑	补	土方体积 三类土 JK-2	m3	TFTJ	TFTJ〈土方体积〉
2	基坑	补	土方体积 运距5m外 JK-2'	m3	TFTJ	TFTJ〈土方体积〉
3	基坑	补	开挖底面积 打夯机打夯 JK-2	m2	DIMJ	DIMJ
4	回填（基坑）	补	回填土体积 三类土 JK-2	m3	STHTTJ	STHTTJ〈素土回填体积〉
5	运回填（基坑）	补	回填土体积 运距5m外 JK-2	m3	STHTTJ	STHTTJ〈素土回填体积〉

图 5.7.3 JK-2 的属性和做法

属性名称	属性值
名称	JK-3
底标高(m)	层底标高
深度(mm)	(1450)
坑底长(mm)	3200
坑底宽(mm)	3200
工作面宽(mm)	300
放坡系数	0

	编码	类别	项目名称	单位	工程量表达式	表达式说明
1	基坑	补	土方体积 三类土 JK-3	m3	TFTJ	TFTJ〈土方体积〉
2	基坑	补	土方体积 运距5m JK-2'	m3	TFTJ	TFTJ〈土方体积〉
3	基坑	补	开挖底面积 打夯机打夯 JK-3	m2	DIMJ	DIMJ
4	回填(基坑)	补	回填土体积 三类土 JK-3	m3	STHTTJ	STHTTJ〈素土回填体积〉
5	运回填(基坑)	补	回填土体积 运距5m外 JK-2'	m3	STHTTJ	STHTTJ〈素土回填体积〉

图 5.7.4 JK-3 的属性和做法

属性名称	属性值
名称	JK-4
底标高(m)	层底标高
深度(mm)	(1450)
坑底长(mm)	3200
坑底宽(mm)	5200
工作面宽(mm)	300
放坡系数	0

	编码	类别	项目名称	单位	工程量表达式	表达式说明
1	基坑	补	土方体积 三类土 JK-4	m3	TFTJ	TFTJ〈土方体积〉
2	基坑	补	土方体积 运距5m JK-2'	m3	TFTJ	TFTJ〈土方体积〉
3	基坑	补	开挖底面积 打夯机打夯 JK-4	m2	DIMJ	DIMJ
4	回填(基坑)	补	回填土体积 三类土 JK-4	m3	STHTTJ	STHTTJ〈素土回填体积〉
5	运回填(基坑)	补	回填土体积 运距5m外 JK-4	m3	STHTTJ	STHTTJ〈素土回填体积〉

图 5.7.5 JK-4 的属性和做法

属性名称	属性值
名称	JK-5
底标高(m)	层底标高
深度(mm)	(1450)
坑底长(mm)	3300
坑底宽(mm)	3200
工作面宽(mm)	300
放坡系数	0

	编码	类别	项目名称	单位	工程量表达式	表达式说明
1	基坑	补	土方体积 三类土 JK-5	m3	TFTJ	TFTJ〈土方体积〉
2	基坑	补	土方体积 运距5m外 JK-2'	m3	TFTJ	TFTJ〈土方体积〉
3	基坑	补	开挖底面积 打夯机打夯 JK-5	m2	DIMJ	DIMJ
4	回填(基坑)	补	回填土体积 三类土 JK-5	m3	STHTTJ	STHTTJ〈素土回填体积〉
5	运回填(基坑)	补	回填土体积 运距5m外 JK-5	m3	STHTTJ	STHTTJ〈素土回填体积〉

图 5.7.6 JK-5 的属性和做法

属性名称	属性值
名称	JK-6
底标高(m)	层底标高
深度(mm)	(1450)
坑底长(mm)	3200
坑底宽(mm)	3300
工作面宽(mm)	300
放坡系数	0

	编码	类别	项目名称	单位	工程量表达式	表达式说明
1	基坑	补	土方体积 三类土 JK-6	m3	TFTJ	TFTJ〈土方体积〉
2	基坑	补	土方体积 运距5m外 JK-2'	m3	TFTJ	TFTJ〈土方体积〉
3	基坑	补	开挖底面积 打夯机打夯 JK-6	m2	DIMJ	DIMJ
4	回填(基坑)	补	回填土体积 三类土 JK-6	m3	STHTTJ	STHTTJ〈素土回填体积〉
5	运回填(基坑)	补	回填土体积 运距5m外 JK-6	m3	STHTTJ	STHTTJ〈素土回填体积〉

图 5.7.7 JK-6 的属性和做法

属性名称	属性值
名称	JK-2'
底标高(m)	层底标高
深度(mm)	(1450)
坑底长(mm)	2700
坑底宽(mm)	4800
工作面宽(mm)	300
放坡系数	0

	编码	类别	项目名称	单位	工程量表达式	表达式说明
1	基坑	补	土方体积 三类土 JK-2'	m3	TFTJ	TFTJ〈土方体积〉
2	基坑	补	土方体积 运距5m外 JK-2'	m3	TFTJ	TFTJ〈土方体积〉
3	基坑	补	开挖底面积 打夯机打夯 JK-2'	m2	DIMJ	DIMJ
4	回填(基坑)	补	回填土体积 三类土 JK-2'	m3	STHTTJ	STHTTJ〈素土回填体积〉
5	运回填(基坑)	补	回填土体积 运距5m外 JK-2'	m3	STHTTJ	STHTTJ〈素土回填体积〉

图 5.7.8 JK-2'的属性和做法

2. 画基坑

我们用"智能布置"的方法画基坑，操作步骤如下：

选中"构件名称"下"JK-1"→单击"智能布置"下拉菜单→单击"柱"构件→单击"批量选择"按钮，弹出"批量选择构件图元"对话框→勾选"KZ1-500×500"→单击"确定"→单击右键结束，这样"JK-1"就布置好了，用同样的方法布置 JK-3、JK-5、JK-6（注意：这里 JK-2，JK-2′，JK-4 不能用智能布置的方法做），已经布置好的基坑如图 5.7.9 所示。

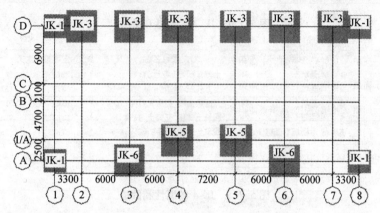

图 5.7.9　用"智能布置"方法画的基坑

其余的基坑（JK-2、JK-2′、JK-4）我们用"点"式画法画，操作步骤如下：

先在 B 轴、C 轴中间打一条距离 B 轴线为 1050 的平行辅轴，再在辅轴与 2~7 轴线的相交点分别点上"JK-4"，接着在 1 轴和 8 轴与辅轴的相交位置点"JK-2′"，在（2/A）、（7/A）交点位置点"JK-2"，画好的基坑如图 5.7.10 所示。

注意 1：点取辅助轴线上的基坑时，要把屏幕下方的"中点"关闭，否则软件会点到垂直轴线的中点上而没有点到与辅轴的交点上，你却很难发现。

注意 2：因"JK-4"和"JK-2′"有相交关系，此处是按先画"JK-4"后画"JK-2′"顺序画的，如果两个顺序颠倒，软件有关扣减顺序的问题，可能软件出的各自的工程量不一样，但是不会影响总量。

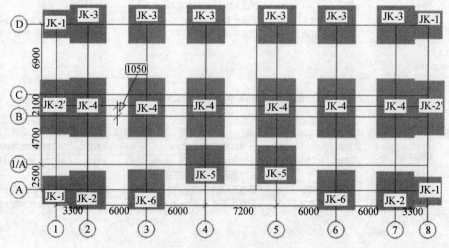

图 5.7.10　基坑布置示意图

3. 基坑软件计算结果

汇总后查看基坑土方软件的计算结果，见表5.7.1。

表 5.7.1　基坑土方软件"做法工程量"表

序号	编码	项目名称	单位	工程量
1	回填（基坑）	回填土体积　三类土 JK-1	m^3	44.022
2	回填（基坑）	回填土体积　三类土 JK-2	m^3	41.151
3	回填（基坑）	回填土体积　三类土 JK-2′	m^3	46.313
4	回填（基坑）	回填土体积　三类土 JK-3	m^3	123.453
5	回填（基坑）	回填土体积　三类土 JK-4	m^3	187.398
6	回填（基坑）	回填土体积　三类土 JK-5	m^3	42.108
7	回填（基坑）	回填土体积　三类土 JK-6	m^3	42.108
8	运回填（基坑）	回填土体积　运距5m外 JK-1	m^3	44.022
9	运回填（基坑）	回填土体积　运距5m外 JK-2	m^3	41.151
10	运回填（基坑）	回填土体积　运距5m外 JK-2′	m^3	46.313
11	运回填（基坑）	回填土体积　运距5m外 JK-3	m^3	123.453
12	运回填（基坑）	回填土体积　运距5m外 JK-4	m^3	187.398
13	运回填（基坑）	回填土体积　运距5m外 JK-5	m^3	42.108
14	运回填（基坑）	回填土体积　运距5m外 JK-6	m^3	42.108
15	基坑	开挖底面积　打夯机打夯 JK-1	m^2	31.36
16	基坑	开挖底面积　打夯机打夯 JK-2	m^2	28.88
17	基坑	开挖底面积　打夯机打夯 JK-2′	m^2	35.64
18	基坑	开挖底面积　打夯机打夯 JK-3	m^2	86.64
19	基坑	开挖底面积　打夯机打夯 JK-4	m^2	132.24
20	基坑	开挖底面积　打夯机打夯 JK-5	m^2	29.64
21	基坑	开挖底面积　打夯机打夯 JK-6	m^2	29.64
22	基坑	土方体积　三类土 JK-1	m^3	45.472
23	基坑	土方体积　三类土 JK-2	m^3	41.876
24	基坑	土方体积　三类土 JK-2′	m^3	47.763
25	基坑	土方体积　三类土 JK-3	m^3	125.628
26	基坑	土方体积　三类土 JK-4	m^3	191.748
27	基坑	土方体积　三类土 JK-5	m^3	42.978
28	基坑	土方体积　三类土 JK-6	m^3	42.978
29	基坑	土方体积　运距5m外 JK-1	m^3	45.472
30	基坑	土方体积　运距5m外 JK-2	m^3	41.876
31	基坑	土方体积　运距5m外 JK-2′	m^3	47.763

序号	编码	项目名称	单位	工程量
32	基坑	土方体积　运距 5m 外 JK-3	m³	125.628
33	基坑	土方体积　运距 5m 外 JK-4	m³	191.748
34	基坑	土方体积　运距 5m 外 JK-5	m³	42.978
35	基坑	土方体积　运距 5m 外 JK-6	m³	42.978

三、画独立基础

1. 独立基础的属性和做法

（1）JC-1 的属性和做法

单击"基础"前面的"＋"号→单击下一级"独立基础"→单击"新建"下拉菜单→单击"新建独立基础"，软件默认独基名称为"DJ-1"→修改"DJ-1"为"JC-1"→单击"新建"下拉菜单→单击"新建矩形独基单元"→修改属性名称为"JC-1-垫层"→填写"JC-1-垫层"的属性和做法（如图 5.7.11 所示）。

属性名称	属性值
名称	JC-1-垫层
材质	现浇混凝
砼类型	(预拌砼)
砼标号	(C15)
截面长度(mm)	2200
截面宽度(mm)	2200
高度(mm)	100
截面面积(m2)	4.84
相对底标高(m)	0

	编码	类别	项目名称	单位	工程量表达式	表达式说明
1	独基垫层	补	垫层体积 C15 JC-1-垫层	m3	TJ	TJ〈体积〉
2	独基垫层	补	垫层模板面积 普通模板 JC-1-垫层	m2	MBMJ	MBMJ〈模板面积〉

图 5.7.11　JC-1-垫层的属性和做法

单击"新建"下拉菜单→单击"新建参数化独基单元"，弹出"选择参数化图形"对话框→选择"四棱锥台形独立基础"→填写参数下属性值（图 5.7.12）→单击"确定"→修改独基名称为"JC-1-独基"→填写"JC-1-独基"的属性和做法（如图 5.7.13 所示）。

（2）JC-2 的属性和做法

用建立 JC-1 的方法建立 JC-2，如图 5.7.14 所示。

	属性名称	属性值
1	a (mm)	2000
2	b (mm)	2000
3	a1 (mm)	600
4	b1 (mm)	600
5	h (mm)	300
6	h1 (mm)	200

参数

图 5.7.12　JC-1-独基的参数值

属性名称	属性值
名称	JC-1-独基
材质	现浇混凝
砼类型	(预拌砼)
砼标号	(C30)
截面形状	四棱锥台
截面长度(mm)	2000
截面宽度(mm)	2000
高度(mm)	500
截面面积(m2)	4
相对底标高(m)	0.1

	编码	类别	项目名称	单位	工程量表达式	表达式说明
1	独基	补	独基体积 C30 JC-1-独基	m3	TJ	TJ〈体积〉
2	独基	补	独基模板面积 普通模板 JC-1-独基	m2	MBMJ	MBMJ〈模板面积〉

图 5.7.13　JC-1-独基的属性和做法

属性名称	属性值
名称	JC-2-垫层
材质	现浇混凝
砼类型	(预拌砼)
砼标号	(C15)
截面长度(mm)	3200
截面宽度(mm)	3200
高度(mm)	100
截面面积(m2)	10.24
相对底标高(m)	0

属性名称	属性值
名称	JC-2-独基
材质	现浇混凝
砼类型	(预拌砼)
砼标号	(C30)
截面形状	四棱锥台
截面长度(mm)	3000
截面宽度(mm)	3000
高度(mm)	600
截面面积(m2)	9
相对底标高(m)	0.1

参数

	属性名称	属性值
1	a (mm)	3000
2	b (mm)	3000
3	a1 (mm)	600
4	b1 (mm)	600
5	h (mm)	300
6	h1 (mm)	300

	编码	类别	项目名称	单位	工程量表达式	表达式说明
1	独基垫层	补	垫层体积 C15 JC-2-垫层	m3	TJ	TJ〈体积〉
2	独基垫层	补	垫层模板面积 普通模板 JC-2-垫层	m2	MBMJ	MBMJ〈模板面积〉

	编码	类别	项目名称	单位	工程量表达式	表达式说明
1	独基	补	独基体积 C30 JC-2-独基	m3	TJ	TJ〈体积〉
2	独基	补	独基模板面积 普通模板 JC-2-独基	m2	MBMJ	MBMJ〈模板面积〉

图 5.7.14　JC-2 的属性和做法

（3）JC-3 的属性和做法

建立好的 JC-3 的属性和做法如图 5.7.15 所示。

属性名称	属性值
名称	JC-3-垫层
材质	现浇混凝
砼类型	(预拌砼)
砼标号	(C15)
截面长度 (mm)	3200
截面宽度 (mm)	3200
高度 (mm)	100
截面面积 (m2)	10.24
相对底标高 (m)	0

属性名称	属性值
名称	JC-3-独基
材质	现浇混凝
砼类型	(预拌砼)
砼标号	(C30)
截面形状	四棱锥台
截面长度 (mm)	3000
截面宽度 (mm)	3000
高度 (mm)	600
截面面积 (m2)	9
相对底标高 (m)	0.1

参数

	属性名称	属性值
1	a (mm)	3000
2	b (mm)	3000
3	a1 (mm)	600
4	b1 (mm)	600
5	h (mm)	300
6	h1 (mm)	300

	编码	类别	项目名称	单位	工程量表达式	表达式说明
1	独基垫层	补	垫层体积 C15 JC-3-垫层	m3	TJ	TJ<体积>
2	独基垫层	补	垫层模板面积 普通模板 JC-3-垫层	m2	MBMJ	MBMJ<模板面积>

	编码	类别	项目名称	单位	工程量表达式	表达式说明
1	独基垫层	补	垫层体积 C15 JC-3-垫层	m3	TJ	TJ<体积>
2	独基垫层	补	垫层模板面积 普通模板 JC-3-垫层	m2	MBMJ	MBMJ<模板面积>

图 5.7.15　JC-3 的属性和做法

（4）JC-4 的属性和做法

建立好的 JC-4 的属性和做法如图 5.7.16 所示。

属性名称	属性值
名称	JC-4-垫层
材质	现浇混凝
砼类型	(预拌砼)
砼标号	(C15)
截面长度 (mm)	3200
截面宽度 (mm)	5200
高度 (mm)	100
截面面积 (m2)	16.64
相对底标高 (m)	0

属性名称	属性值
名称	JC-4-独基
材质	现浇混凝
砼类型	(预拌砼)
砼标号	(C30)
截面形状	四棱锥台
截面长度 (mm)	3000
截面宽度 (mm)	5000
高度 (mm)	600
截面面积 (m2)	15
相对底标高 (m)	0.1

参数

	属性名称	属性值
1	a (mm)	3000
2	b (mm)	5000
3	a1 (mm)	600
4	b1 (mm)	2700
5	h (mm)	300
6	h1 (mm)	300

	编码	类别	项目名称	单位	工程量表达式	表达式说明
1	独基垫层	补	垫层体积 C15 JC-4-垫层	m3	TJ	TJ<体积>
2	独基垫层	补	垫层模板面积 普通模板 JC-4-垫层	m2	MBMJ	MBMJ<模板面积>

	编码	类别	项目名称	单位	工程量表达式	表达式说明
1	独基	补	独基体积 C30 JC-4-独基	m3	TJ	TJ<体积>
2	独基	补	独基模板面积 普通模板 JC-4-独基	m2	MBMJ	MBMJ<模板面积>

图 5.7.16　JC-4 的属性和做法

（5）JC-5 的属性和做法

建立好的 JC-5 的属性和做法如图 5.7.17 所示。

属性名称	属性值
名称	JC-5-垫层
材质	现浇混凝
砼类型	(预拌砼)
砼标号	(C15)
截面长度(mm)	3300
截面宽度(mm)	3200
高度(mm)	100
截面面积(m2)	10.56
相对底标高(m)	0

属性名称	属性值
名称	JC-5-独基
材质	现浇混凝
砼类型	(预拌砼)
砼标号	(C30)
截面形状	四棱锥台
截面长度(mm)	3100
截面宽度(mm)	3000
高度(mm)	600
截面面积(m2)	9.3
相对底标高(m)	0.1

参数

	属性名称	属性值
1	a(mm)	3100
2	b(mm)	3000
3	a1(mm)	700
4	b1(mm)	600
5	h(mm)	300
6	h1(mm)	300

	编码	类别	项目名称	单位	工程量表达式	表达式说明
1	独基垫层	补	垫层体积 C15 JC-5-垫层	m3	TJ	TJ<体积>
2	独基垫层	补	垫层模板面积 普通模板 JC-5-垫层	m2	MBMJ	MBMJ<模板面积>

	编码	类别	项目名称	单位	工程量表达式	表达式说明
1	独基	补	独基体积 C30 JC-5-独基	m3	TJ	TJ<体积>
2	独基	补	独基模板面积 普通模板 JC-5-独基	m2	MBMJ	MBMJ<模板面积>

图 5.7.17　JC-5 的属性和做法

（6）JC-6 的属性和做法

建立好的 JC-6 的属性和做法如图 5.7.18 所示。

属性名称	属性值
名称	JC-6-垫层
材质	现浇混凝
砼类型	(预拌砼)
砼标号	(C15)
截面长度(mm)	3200
截面宽度(mm)	3300
高度(mm)	100
截面面积(m2)	10.56
相对底标高(m)	0

属性名称	属性值
名称	JC-6-独基
材质	现浇混凝
砼类型	(预拌砼)
砼标号	(C30)
截面形状	四棱锥台
截面长度(mm)	3000
截面宽度(mm)	3100
高度(mm)	600
截面面积(m2)	9.3
相对底标高(m)	0.1

参数

	属性名称	属性值
1	a(mm)	3000
2	b(mm)	3100
3	a1(mm)	600
4	b1(mm)	700
5	h(mm)	300
6	h1(mm)	300

	编码	类别	项目名称	单位	工程量表达式	表达式说明
1	独基垫层	补	垫层体积 C15 JC-6-垫层	m3	TJ	TJ<体积>
2	独基垫层	补	垫层模板面积 普通模板 JC-6-垫层	m2	MBMJ	MBMJ<模板面积>

	编码	类别	项目名称	单位	工程量表达式	表达式说明
1	独基	补	独基体积 C30 JC-6-独基	m3	TJ	TJ<体积>
2	独基	补	独基模板面积 普通模板 JC-6-独基	m2	MBMJ	MBMJ<模板面积>

图 5.7.18　JC-6 的属性和做法

（7）JC-2′的属性和做法

建立好的 JC-2′的属性和做法如图 5.7.19 所示。

属性名称	属性值
名称	JC-2′-垫层
材质	现浇混凝土
砼类型	（预拌砼）
砼标号	（C15）
截面长度(mm)	2700
截面宽度(mm)	4800
高度(mm)	100
截面面积(m2)	12.96
相对底标高(m)	0

属性名称	属性值
名称	JC-2′-独基
材质	现浇混凝土
砼类型	（预拌砼）
砼标号	（C30）
截面形状	四棱锥台形
截面长度(mm)	2500
截面宽度(mm)	4600
高度(mm)	500
截面面积(m2)	11.5
相对底标高(m)	0.1

	编码	类别	项目名称	单位	工程量表达式	表达式说明
1	独基垫层	补	垫层体积 C15 JC-2′-垫层	m3	TJ	TJ<体积>
2	独基垫层	补	垫层模板面积 普通模板 JC-2′-垫层	m2	MBMJ	MBMJ<模板面积>

	编码	类别	项目名称	单位	工程量表达式	表达式说明
1	独基	补	独基体积 C30 JC-2′-独基	m3	TJ	TJ<体积>
2	独基	补	独基模板面积 普通模板 JC-2′-独基	m2	MBMJ	MBMJ<模板面积>

图 5.7.19　JC-2′的属性和做法

2. 画独立基础

我们用布置的方法画独立基础，操作步骤如下：

选中"构件名称"下的"JC-1"→单击"智能布置"下拉菜单→单击"基坑土方"→单击"批量选择"按钮，弹出"批量选择构件图元"对话框→勾选"JK-1"→单击"确定"→单击右键结束。

其余独立基础按照同样的方法布置，注意"JC-2"对应"JK-2"，依此类推。画好的独立基础如图 5.7.20 所示。

3. 独立基础软件计算结果

汇总后查看独立基础软件的计算结果，见表 5.7.2。

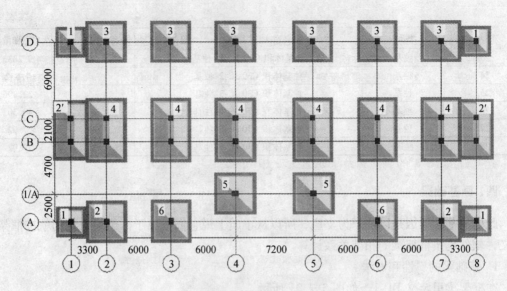

图 5.7.20　独立基础示意图

表 5.7.2　独立基础软件"做法工程量"表

序号	编码	项目名称	单位	工程量
1	独基垫层	垫层模板面积 普通模板 JC-1-垫层	m²	3.52
2	独基垫层	垫层模板面积 普通模板 JC-2′-垫层	m²	3
3	独基垫层	垫层模板面积 普通模板 JC-2-垫层	m²	2.56
4	独基垫层	垫层模板面积 普通模板 JC-3-垫层	m²	7.68
5	独基垫层	垫层模板面积 普通模板 JC-4-垫层	m²	10.08
6	独基垫层	垫层模板面积 普通模板 JC-5-垫层	m²	2.6
7	独基垫层	垫层模板面积 普通模板 JC-6-垫层	m²	2.6
8	独基垫层	垫层体积 C15 JC-1-垫层	m³	1.936
9	独基垫层	垫层体积 C15 JC-2′-垫层	m³	2.592
10	独基垫层	垫层体积 C15 JC-2-垫层	m³	2.048
11	独基垫层	垫层体积 C15 JC-3-垫层	m³	6.144
12	独基垫层	垫层体积 C15 JC-4-垫层	m³	9.984
13	独基垫层	垫层体积 C15 JC-5-垫层	m³	2.112
14	独基垫层	垫层体积 C15 JC-6-垫层	m³	2.112
15	独基	独基模板面积 普通模板 JC-1-独基	m²	9.6
16	独基	独基模板面积 普通模板 JC-2′-独基	m²	8.52
17	独基	独基模板面积 普通模板 JC-2-独基	m²	7.2
18	独基	独基模板面积 普通模板 JC-3-独基	m²	21.6
19	独基	独基模板面积 普通模板 JC-4-独基	m²	28.8
20	独基	独基模板面积 普通模板 JC-5-独基	m²	7.32
21	独基	独基模板面积 普通模板 JC-6-独基	m²	7.32
22	独基	独基体积 C30 JC-1-独基	m³	6.2827

续表

序号	编码	项目名称	单位	工程量
23	独基	独基体积 C30 JC-2′-独基	m³	9.2833
24	独基	独基体积 C30 JC-2-独基	m³	7.632
25	独基	独基体积 C30 JC-3-独基	m³	22.896
26	独基	独基体积 C30 JC-4-独基	m³	40.302
27	独基	独基体积 C30 JC-5-独基	m³	7.92
28	独基	独基体积 C30 JC-6-独基	m³	7.92

四、画基础梁

此处的基础梁因是以柱子为支座，所以从本质上说它们仍属于框架梁，我们就按框架梁定义，软件也按框架梁的扣减关系计算。

1. 基础梁的属性和做法

在框架梁里定义 DL-1，如图 5.7.21 所示。

属性名称	属性值
名称	DL1-300*550
类别1	框架梁
类别2	
材质	现浇混凝土
砼类型	(预拌砼)
砼标号	(C30)
截面宽度(mm)	300
截面高度(mm)	550
截面面积(m2)	0.165
截面周长(m)	1.7
起点顶标高(m)	层顶标高
终点顶标高(m)	层顶标高
轴线距梁左边	(150)
图元形状	矩形
模板类型	普通模板

	编码	类别	项目名称	单位	工程量表达式	表达式说明
1	梁	补	体积 C30 DL1-300*550	m3	TJ	TJ〈体积〉
2	梁	补	模板面积 普通模板 DL1-300*550	m2	MBMJ	MBMJ〈模板面积〉
3	梁	补	超模面积 普通模板 DL1-300*550	m2	CGMBMJ	CGMBMJ〈超高模

图 5.7.21　DL1-300×550 的属性和做法

2. 画基础梁

按照首层画框架梁的方法画基础梁并将基础梁延伸至相交，画好的基础梁如图 5.7.22 所示。

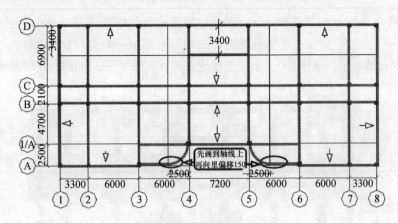

图 5.7.22　基础梁示意图

3. 基础梁软件计算结果

汇总后查看基础梁软件的计算结果，见表 5.7.3。

表 5.7.3　基础梁软件"做法工程量"表

序号	编码	项目名称	单位	工程量
1	梁	超模面积 普通模板 DL1-300×550	m²	0
2	梁	模板面积 普通模板 DL1-300×550	m²	377.8361
3	梁	体积 C30 DL1-300×550	m³	44.5305

五、画基础梁的基槽土方

从"结施-02"DL-1 的剖面图可以看出，DL-1 的顶标高为 −0.1000 m，说明基础梁有 200 高埋在地下，我们需要在基础梁下挖 200 深的基槽。

1. 基础梁基槽土方的属性和做法

单击"土方"前面的"＋"号，使其展开→单击下一级的"基槽土方"→单击"新建"下拉菜单→单击"新建基槽土方"→修改基槽名称为"基槽-1→填写"基槽-1"的属性和做法如图 5.7.23 所示。

属性名称	属性值
名称	基槽-1
底标高(m)	层顶标高-0.55
槽深(mm)	(1450)
槽底宽(mm)	300
左工作面宽(mm)	300
右工作面宽(mm)	300
左放坡系数	0
右放坡系数	0
轴线距基槽左	(150)

	编码	类别	项目名称	单位	工程量表达式	表达式说明
1	基槽	补	土方体积 三类土 基槽-1	m3	TFTJ	TFTJ〈土方体积〉
2	基槽	补	土方体积 5米外运输 基槽-1	m3	TFTJ	TFTJ〈土方体积〉
3	基槽	补	开挖面积 基槽-1(TFTJ/0.2)	m2	TFTJ/0.2	TFTJ〈土方体积〉/0.2
4	回填(基槽)	补	回填土体积 三类土 基槽-1	m3	STHTTJ	STHTTJ〈素土回填体积〉
5	运回填(基槽)	补	回填土体积 运距5米外 基槽-1	m3	STHTTJ	STHTTJ〈素土回填体积〉

图 5.7.23　基槽-1 的属性和做法

2. 画基础梁基槽土方

我们用布置的方法画基槽土方，操作步骤如下：

选中"构件名称"下的"基槽-1"→单击"智能布置"下拉菜单→单击"梁中心线"→单击"批量选择"按钮，弹出"批量选择构件图元"对话框→勾选"DL1-300×550"→单击"确定"→单击右键结束，这样 DL-1 下的基槽挖土方就布置好了，如图 5.7.24 所示。

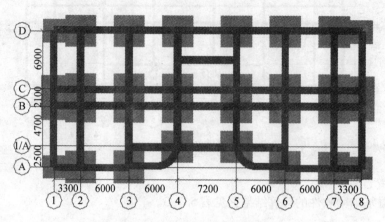

图 5.7.24　基槽-1 智能布置图

3. 基础梁基槽土方软件计算结果

汇总后查看地梁下基槽-1 土方软件的计算结果，见表 5.7.4。

表 5.7.4　基槽-1 土方软件"做法工程量"表

序号	编码	项目名称	单位	工程量
1	回填（基槽）	回填土体积 三类土 基槽-1	m³	13.6065
2	运回填（基槽）	回填土体积 运距5m外 基槽-1	m³	13.6065
3	基槽	开挖面积 基槽-1（TFTJ/0.2）	m²	102.6972
4	基槽	土方体积 5m外运输 基槽-1	m³	20.5394
5	基槽	土方体积 三类土 基槽-1	m³	20.5394

六、画阳台墙基础

阳台基础见"结施-02"和"建施-11"2 号大样图。

1. 画阳台墙基槽土方

（1）阳台墙基槽土方的属性和做法

在基槽土方里定义阳台墙基槽土方，如图 5.7.25 所示。

属性名称	属性值
名称	阳台墙基槽
底标高(m)	层顶标高-0.94
槽深(mm)	(1450)
槽底宽(mm)	700
左工作面宽(mm)	300
右工作面宽(mm)	300
左放坡系数	0
右放坡系数	0
轴线距基槽左	(350)

	编码	类别	项目名称	单位	工程量表达式	表达式说明
1	基槽	补	土方体积 三类土 阳台墙基槽	m3	TFTJ	TFTJ〈土方体积〉
2	基槽	补	土方体积 5米外运输 阳台墙基槽	m3	TFTJ	TFTJ〈土方体积〉
3	基槽	补	开挖面积 阳台墙基槽	m2	TFTJ/0.59	TFTJ〈土方体积〉/0.59
4	回填（基槽）	补	回填土体积 三类土 阳台墙基槽	m3	STHTTJ	STHTTJ〈素土回填体积〉
5	运回填（基槽）	补	回填土体积 运距5米外 阳台墙基槽	m3	STHTTJ	STHTTJ〈素土回填体积〉

图 5.7.25　阳台墙基槽的属性和做法

（2）画阳台墙基槽土方

①先打辅轴

画阳台墙基槽土方以前，我们需要先打几条辅轴并延伸辅轴使其相交，如图5.7.26所示。

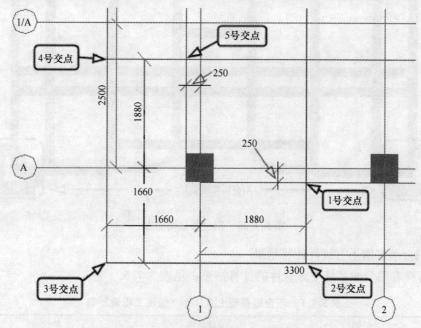

图5.7.26　画阳台墙基槽所用的辅助轴线

②画阳台墙基槽土方

选中"构件名称"下的"阳台墙基槽"→单击"直线"按钮→单击图5.7.27所示的1号交点→单击2号交点→单击3号交点→单击4号交点→单击5号交点→单击右键结束，画好的阳台墙基槽如图5.7.27所示。

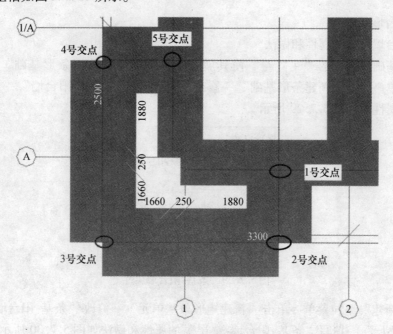

图5.7.27　阳台墙基槽土方

选中已经画好的 1 轴线处的阳台墙基槽土方，将其镜像到 8 轴线，画好的阳台墙基槽土方如图 5.7.28 所示。

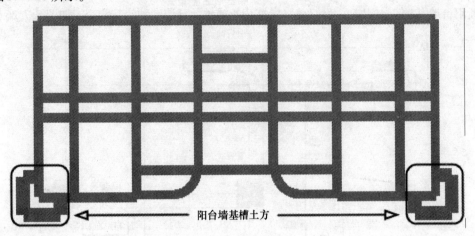

图 5.7.28　阳台墙基槽土方

（3）阳台墙基槽土方软件计算结果

汇总后查看阳台墙基槽土方软件的计算结果，见表 5.7.5。

表 5.7.5　阳台墙基槽土方软件"做法工程量"表

序号	编码	项目名称	单位	工程量
1	回填（基槽）	回填土体积 三类土 阳台墙基槽	m^3	10.1483
2	运回填（基槽）	回填土体积 运距5m外 阳台墙基槽	m^3	10.1483
3	基槽	开挖面积 阳台墙基槽	m^2	17.2006
4	基槽	土方体积 5m 外运输 阳台墙基槽	m^3	10.1483
5	基槽	土方体积 三类土 阳台墙基槽	m^3	10.1483

2. 画阳台墙基础

（1）阳台墙基础的属性和做法

单击"基础"前面的"＋"号，使其展开→单击下一级的"条形基础"→单击"新建"下拉菜单→单击"新建条形基础"→修改"TJ-1"为"条基-阳台墙"→填写"条基-阳台墙"的属性，如图 5.7.29 所示。

属性名称	属性值
名称	条基-阳台墙
宽度(mm)	
高度(mm)	
底标高(m)	层底标高+0.86
轴线距左边线	(0)

图 5.7.29　条基-阳台墙属性

单击"新建"下拉菜单→单击"新建矩形条基单元"→修改"条基-阳台墙-1"为"条基-阳台墙-垫层"→填写"条基-阳台墙-垫层"的属性和做法如图 5.7.30 所示。

属性名称	属性值
名称	条基-阳台墙-垫层
材质	现浇混凝土
砼类型	（预拌砼）
砼标号	C15
截面宽度(mm)	700
截面高度(mm)	100
截面面积(m2)	0.07
相对底标高(m)	0
相对偏心距(mm)	0
类别	有梁式

	编码	类别	项目名称	单位	工程量表达式	表达式说明
1	条基垫层	补	体积 C15条基阳台墙-垫层	m3	TJ	TJ<体积>
2	条基垫层	补	模板面积 普通模板条基阳台墙-垫层	m2	MBMJ	MBMJ<模板面积>

图 5.7.30 条基-阳台墙-垫层的属性和做法

单击"新建"下拉菜单→单击"新建参数化条基单元",弹出"选择参数化图元对话框"→单击"等高砖大放角"→填写参数下属性值（图 5.7.31）→单击"确定"→修改"条基-阳台墙-2"为"条基-阳台墙-条基"→填写"条基-阳台墙-条基"的属性和做法如图 5.7.31 所示。

属性名称	属性值
名称	条基-阳台墙-条基
材质	砖
砂浆类型	（混合砂浆）
砂浆标号	（M5）
截面形状	等高砖大放脚
截面宽度(mm)	490
截面高度(mm)	600
截面面积(m2)	0.19125
相对底标高(m)	0.1
相对偏心距(mm)	0
类别	无梁式

参数

	属性名称	属性值
1	B(mm)	240
2	H(mm)	600
3	N	2

编码	类别	项目名称	单位	工程量表达式	表达式说明
砖条基	补	体积 M5混合砂浆 条基-阳台墙-条基	m3	TJ	TJ<体积>

图 5.7.31 条基-阳台墙-条基的属性和做法

单击"新建"下拉菜单→单击"新建矩形条基单元"→修改"条基-阳台墙-3"为"条基-阳台墙-地圈梁"→填写"条基-阳台墙-地圈梁"的属性和做法如图 5.7.32 所示，这样阳台墙的条形基础就建好了。

属性名称	属性值
名称	条基-阳台墙-地圈梁
材质	现浇混凝土
砼类型	(预拌砼)
砼标号	(C20)
截面宽度(mm)	240
截面高度(mm)	240
截面面积(m2)	0.0576
相对底标高(m)	0.7
相对偏心距(mm)	0
类别	有梁式

	编码	类别	项目名称	单位	工程量表达式	表达式说明
1	圈梁	补	体积 C25 条基阳台墙-地圈梁	m3	TJ	TJ<体积>
2	圈梁	补	模板面积 普通模板 条基阳台墙-地圈梁	m	MBMJ	MBMJ<模板面积>

图 5.7.32　条基-阳台墙-地圈梁的属性和做法

（2）画阳台墙基础

选中"构件名称"下"条基-阳台墙"→单击"智能布置"下拉菜单→单击"基槽土方中心线"→单击"批量选择"按钮，弹出"批量选择构件图元"对话框→勾选"阳台墙基槽"→单击"确定"→单击右键结束，这样阳台墙基础就布置好了，如图 5.7.33 所示。

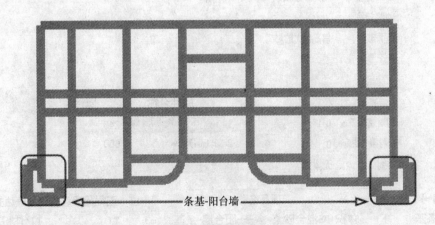

图 5.7.33　条基-阳台墙

（3）删除所有辅助轴线

（4）阳台墙基础软件计算结果

汇总后查看阳台墙基础软件的计算结果，见表 5.7.6。

表 5.7.6 阳台墙基础软件"做法工程量"表

序号	编码	项目名称	单位	工程量
1	圈梁	模板面积 普通模板 条基-阳台墙-地圈梁	m	9.504
2	条基垫层	模板面积 普通模板 条基-阳台墙-垫层	m²	4.24
3	条基垫层	体积 C15 条基-阳台墙-垫层	m³	1.386
4	圈梁	体积 C25 条基-阳台墙-地圈梁	m³	1.1405
5	砖条基	体积 M5 混合砂浆 条基-阳台墙-条基	m³	4.0622

七、基础层工程量手工软件对照表

从"报表预览"里查看基础层的"定额汇总表",可以看到基础层软件计算结果,我们在这里将"定额汇总表"做了一点小小改动,变成了"基础层工程量手工软件对照表",见表 5.7.7。

表 5.7.7 基础层工程量手工软件对照表

序号	编码	项目名称	单位	软件量	手工量	备注
1	独基	独基模板面积 普通模板 JC-1-独基	m²	9.6	9.6	
2	独基	独基模板面积 普通模板 JC-2′-独基	m²	8.52	8.52	
3	独基	独基模板面积 普通模板 JC-2-独基	m²	7.2	7.2	
4	独基	独基模板面积 普通模板 JC-3-独基	m²	21.6	21.6	
5	独基	独基模板面积 普通模板 JC-4-独基	m²	28.8	28.8	
6	独基	独基模板面积 普通模板 JC-5-独基	m²	7.32	7.32	
7	独基	独基模板面积 普通模板 JC-6-独基	m²	7.32	7.32	
8	独基	独基体积 C30 JC-1-独基	m³	6.2827	6.2827	
9	独基	独基体积 C30 JC-2′-独基	m³	9.2833	9.2833	
10	独基	独基体积 C30 JC-2-独基	m³	7.632	7.632	
11	独基	独基体积 C30 JC-3-独基	m³	22.896	22.896	
12	独基	独基体积 C30 JC-4-独基	m³	40.302	40.302	
13	独基	独基体积 C30 JC-5-独基	m³	7.92	7.92	
14	独基	独基体积 C30 JC-6-独基	m³	7.92	7.92	
15	独基垫层	垫层模板面积 普通模板 JC-1-垫层	m²	3.52	3.52	
16	独基垫层	垫层模板面积 普通模板 JC-2′-垫层	m²	3	3	
17	独基垫层	垫层模板面积 普通模板 JC-2-垫层	m²	2.56	2.56	
18	独基垫层	垫层模板面积 普通模板 JC-3-垫层	m²	7.68	7.68	
19	独基垫层	垫层模板面积 普通模板 JC-4-垫层	m²	10.08	10.08	
20	独基垫层	垫层模板面积 普通模板 JC-5-垫层	m²	2.6	2.6	
21	独基垫层	垫层模板面积 普通模板 JC-6-垫层	m²	2.6	2.6	
22	独基垫层	垫层体积 C15 JC-1-垫层	m³	1.936	1.936	
23	独基垫层	垫层体积 C15 JC-2′-垫层	m³	2.592	2.592	
24	独基垫层	垫层体积 C15 JC-2-垫层	m³	2.048	2.048	

续表

序号	编码	项目名称	单位	软件量		手工量	备注
25	独基垫层	垫层体积 C15 JC-3-垫层	m³	6.144		6.144	
26	独基垫层	垫层体积 C15 JC-4-垫层	m³	9.984		9.984	
27	独基垫层	垫层体积 C15 JC-5-垫层	m³	2.112		·2.112	
28	独基垫层	垫层体积 C15 JC-6-垫层	m³	2.112		2.112	
29	回填（基槽）	回填土体积 三类土 基槽-1	m³	13.5777			
30	回填（基槽）	回填土体积 三类土 阳台墙基槽	m³	6.4948			
31	回填（基坑）	回填土体积 三类土 JK-1	m³	35.7522			
32	回填（基坑）	回填土体积 三类土 JK-2	m³	30.3584			
33	回填（基坑）	回填土体积 三类土 JK-2′	m³	34.2337	412.7738	412.7985	允许误差
34	回填（基坑）	回填土体积 三类土 JK-3	m³	93.681			
35	回填（基坑）	回填土体积 三类土 JK-4	m³	135.108			
36	回填（基坑）	回填土体积 三类土 JK-5	m³	31.666			
37	回填（基坑）	回填土体积 三类土 JK-6	m³	31.902			
38	基槽	开挖面积 基槽-1（TFTJ/0.2）	m²	102.6972		102.7772	允许误差
39	基槽	开挖面积 阳台墙基槽	m²	17.2006		17.4304	允许误差
40	基槽	土方体积 5m外运输 基槽-1	m³	20.5394		20.555	允许误差
41	基槽	土方体积 5m外运输 阳台墙基槽	m³	10.1483		10.1483	允许误差
42	基槽	土方体积 三类土 基槽-1	m³	20.5394		20.555	允许误差
43	基槽	土方体积 三类土 阳台墙基槽	m³	10.1483		10.1483	允许误差
44	基坑	开挖底面积 打夯机打夯 JK-1	m²	31.36		31.36	
45	基坑	开挖底面积 打夯机打夯 JK-2	m²	28.88		28.88	
46	基坑	开挖底面积 打夯机打夯 JK-2′	m²	35.64		35.64	
47	基坑	开挖底面积 打夯机打夯 JK-3	m²	86.64		86.64	
48	基坑	开挖底面积 打夯机打夯 JK-4	m²	132.24		129.54	软件未扣与JK-2′相交面积
49	基坑	开挖底面积 打夯机打夯 JK-5	m²	29.64		29.64	
50	基坑	开挖底面积 打夯机打夯 JK-6	m²	29.64		29.64	
51	基坑	土方体积 三类土 JK-1	m³	45.472		45.472	
52	基坑	土方体积 三类土 JK-2	m³	41.876		41.876	
53	基坑	土方体积 三类土 JK-2′	m³	47.763	239.511	239.511	
54	基坑	土方体积 三类土 JK-3	m³	191.748			

序号	编码	项目名称	单位	软件量		手工量	备注
55	基坑	土方体积 三类土 JK-4	m³	125.628		125.628	
56	基坑	土方体积 三类土 JK-5	m³	42.978		42.978	
57	基坑	土方体积 三类土 JK-6	m³	42.978		42.978	
58	基坑	土方体积 运距5m外 JK-1	m³	45.472		45.472	
59	基坑	土方体积 运距5m外 JK-2	m³	41.876		41.876	
60	基坑	土方体积 运距5m外 JK-2′	m³	47.763	239.511	239.511	
61	基坑	土方体积 运距5m外 JK-3	m³	191.748			
62	基坑	土方体积 运距5m外 JK-4	m³	125.628		125.628	
63	基坑	土方体积 运距5m外 JK-5	m³	42.978		42.978	
64	基坑	土方体积 运距5m外 JK-6	m³	42.978		42.978	
65	梁	超模面积 普通模板 DL1-300×550	m²				
66	梁	模板面积 普通模板 DL1-300×550	m²	377.3081		377.3078	允许误差
67	梁	体积 C30 DL1-300×550	m³	44.5305		44.53	允许误差
68	圈梁	模板面积 普通模板 条基-阳台墙-地圈梁	m²	9.504		9.504	
69	圈梁	体积 C25 条基-阳台墙-地圈梁	m³	1.1405		1.1404	
70	条基垫层	模板面积 普通模板 条基-阳台墙-垫层	m²	4.24		4.24	
71	条基垫层	体积 C15 条基-阳台墙-垫层	m³	1.386		1.386	
72	回填（基槽）	回填土体积 运距5m外 基槽-1	m³	13.5777			
73	运回填（基槽）	回填土体积 运距5m外 阳台墙基槽	m³	6.4948			
74	运回填（基坑）	回填土体积 运距5m外 JK-1	m³	35.7522			
75	运回填（基坑）	回填土体积 运距5m外 JK-2	m³	30.3584			
76	运回填（基坑）	回填土体积 运距5m外 JK-2′	m³	34.2337	412.7738	412.7985	允许误差
77	运回填（基坑）	回填土体积 运距5m外 JK-3	m³	93.681			
78	运回填（基坑）	回填土体积 运距5m外 JK-4	m³	135.108			
79	运回填（基坑）	回填土体积 运距5m外 JK-5	m³	31.666			
80	运回填（基坑）	回填土体积 运距5m外 JK-6	m³	31.902			
81	柱	超模面积 普通模板 KZ1-500×500	m²				
82	柱	超模面积 普通模板 KZ2-500×500	m²				

续表

序号	编码	项目名称	单位	软件量	手工量	备注
83	柱	超模面积 普通模板 KZ3-500×500	m²			
84	柱	超模面积 普通模板 KZ4-500×500	m²			
85	柱	超模面积 普通模板 KZ5-600×500	m²			
86	柱	超模面积 普通模板 KZ6-500×600	m²			
87	柱	模板面积 普通模板 KZ1-500×500	m²	9.6	9.6	
88	柱	模板面积 普通模板 KZ2-500×500	m²	14	14	
89	柱	模板面积 普通模板 KZ3-500×500	m²	13.2	13.2	
90	柱	模板面积 普通模板 KZ4-500×500	m²	26.4	26.4	
91	柱	模板面积 普通模板 KZ5-600×500	m²	4.84	4.84	
92	柱	模板面积 普通模板 KZ6-500×600	m²	4.84	4.84	
93	柱	体积 C30 KZ1-500×500	m³	1.2	1.2	
94	柱	体积 C30 KZ2-500×500	m³	1.75	1.75	
95	柱	体积 C30 KZ3-500×500	m³	1.65	1.65	
96	柱	体积 C30 KZ4-500×500	m³	3.3	3.3	
97	柱	体积 C30 KZ5-600×500	m³	0.66	0.66	
98	柱	体积 C30 KZ6-500×600	m³	0.66	0.66	
99	砖条基	体积 M5 混合砂浆 条基-阳台墙-条基	m³	4.0622	3.7778	表 5.7.7 注解 1 见网站 www.qiaosd.com

第八节　首层装修工程量计算

一、画室内装修

现在我们来做房间装修的工程量，广联达图形 2008 将房间分成了地面、楼面、踢脚、墙面、天棚、吊顶等构件，定义地面、踢脚等构件的方法和前面定义主体的构件类似，根据"建施-01、02、03"我们先来定义房间的各个构件。

1. 房间各构件的属性和做法

（1）首层地面属性和做法

单击"装修"前面的"＋"号，使其展开→单击下一级的"楼地面"→单击"新建"下拉菜单→单击"新建楼地面"→在"属性编辑框"内修改楼地面名称为"地面 1"→填写地面 1 的属性和做法如图 5.8.1 所示。

属性名称	属性值	附加		编码	类别	项目名称	单位	工程量表达式	表达式说明
名称	地面1		1	地面	补	块料地面积 大理石地面 地面1	m2	KLDMJ	KLDMJ〈块料地面积〉
块料厚度(mm)	0	□	2	地面	补	混凝土垫层体积 C10 地面1	m3	DMJ*0.1	DMJ〈地面积〉*0.1
顶标高(m)	层底标高	□	3	地面	补	灰土垫层体积 3；7灰土 地面1	m3	DMJ*0.15	DMJ〈地面积〉*0.15

图 5.8.1　地面 1 的属性和做法

用同样的方法建立"地面2~4"的属性和做法，如图5.8.2~图5.8.4所示。

属性名称	属性值	附加
名称	地面2	
块料厚度(mm)	0	☐
顶标高(m)	层底标高	☐
备注		☑

	编码	类别	项目名称	单位	工程量表达式	表达式说明
1	地面	补	块料地面积 防滑地砖 地面2	m2	KLDMJ	KLDMJ〈块料地面积〉
2	地面	补	找平层面积 细石混凝土 地面2	m2	DMJ	DMJ〈地面积〉
3	地面	补	防水层平面面积 改性沥青 地面2	m2	DMJ	DMJ〈地面积〉
4	地面	补	防水层立面面积 改性沥青 地面2	m2	DMZC*0.15	DMZC〈地面周长〉*0.1
5	地面	补	混凝土垫层体积 细石混凝土 地面2	m3	DMJ*0.03	DMJ〈地面积〉*0.03
6	地面	补	灰土垫层体积 3:7灰土 地面2	m3	DMJ*0.15	DMJ〈地面积〉*0.15

图5.8.2　地面2的属性和做法

属性名称	属性值	附加
名称	地面3	
块料厚度(mm)	0	☐
顶标高(m)	层底标高	☐

	编码	类别	项目名称	单位	工程量表达式	表达式说明
1	地面	补	块料地面积 地砖地面 地面3	m2	KLDMJ	KLDMJ〈块料地面积〉
2	地面	补	混凝土垫层体积 C10 地面3	m3	DMJ*0.05	DMJ〈地面积〉*0.05
3	地面	补	卵石垫层体积 2-32卵石M2.5混浆 地面3	m3	DMJ*0.15	DMJ〈地面积〉*0.15

图5.8.3　地面3的属性和做法

属性名称	属性值	附加
名称	地面4	
块料厚度(mm)	0	☐
顶标高(m)	层底标高	☐

	编码	类	项目名称	单位	工程量表达式	表达式说明
1	地面	补	地面积 水泥砂浆地面 地面4	m2	DMJ	DMJ〈地面积〉
2	地面	补	混凝土垫层体积 C10 地面4	m3	DMJ*0.05	DMJ〈地面积〉*0.05
3	地面	补	卵石垫层150厚体积 2-32卵石M2.5混浆 地面4	m3	DMJ*0.15	DMJ〈地面积〉*0.15

图5.8.4　地面4的属性和做法

（2）首层踢脚属性和做法

单击"踢脚"→单击"新建"下拉菜单→单击"新建踢脚"→在"属性编辑框"内修改踢脚名称为"踢脚1"→填写踢脚1的属性和做法（提醒：起点、终点底标高修改成"层底标高"）如图5.8.5~图5.8.7所示。

属性名称	属性值
名称	踢脚1
块料厚度(mm)	0
高度(mm)	100
起点底标高(m)	层底标高
终点底标高(m)	层底标高

	编码	类	项目名称	单位	工程量表达式	表达式说明
1	踢脚	补	踢脚块料长度 地砖踢脚 踢脚1	m	TJKLCD	TJKLCD〈踢脚块料

图5.8.5　踢脚1的属性和做法

属性名称	属性值
名称	踢脚2
块料厚度(mm)	0
高度(mm)	100
起点底标高(m)	层底标高
终点底标高(m)	层底标高

	编码	类	项目名称	单位	工程量表达式	表达式说明
1	踢脚	补	踢脚块料长度 大理石踢脚 踢脚2	m	TJKLCD	TJKLCD〈踢脚块料

图5.8.6　踢脚2的属性和做法

（3）首层墙裙属性和做法

单击"墙裙"→单击"新建"下拉菜单→单击"新建内墙裙"→在"属性编辑框"内

665

属性名称	属性值
名称	踢脚3
块料厚度(mm)	0
高度(mm)	100
起点底标高(m)	层底标高
终点底标高(m)	层底标高

	编码	类	项目名称	单位	工程量表达式	表达式说明
1	踢脚	补	踢脚抹灰长度 水泥踢脚 踢脚3	m	TJMHCD	TJMHCD<踢脚抹灰

图 5.8.7　踢脚 3 的属性和做法

修改墙裙名称为"墙裙 1"→填写墙裙 1 的属性和做法如图 5.8.8 所示。

属性名称	属性值
名称	墙裙1
所附墙材质	砌块
高度(mm)	1200
内/外墙裙标志	内墙裙
块料厚度(mm)	0
起点底标高(m)	墙底标高
终点底标高(m)	墙底标高

	编码	类	项目名称	单位	工程量表达式	表达式说明
1	墙裙	补	墙裙块料面积 大理石墙裙 墙裙1	m2	QQKLMJ	QQKLMJ<墙裙块料

图 5.8.8　墙裙 1 的属性和做法

(4) 首层墙面属性和做法

单击"墙面"→单击"新建"下拉菜单→单击"新建内墙面"→在"属性编辑框"内修改墙面名称为"内墙面 1"→填写"内墙面 1"的属性和做法如图 5.8.9 所示。

属性名称	属性值
名称	内墙面1
所附墙材质	
块料厚度(mm)	0
内/外墙面标志	内墙面
起点顶标高(m)	墙顶标高
终点顶标高(m)	墙顶标高
起点底标高(m)	墙底标高
终点底标高(m)	墙底标高

	编码	类别	项目名称	单位	工程量表达式	表达式说明
1	内墙面	补	墙面抹灰面积 水泥砂浆 内墙面1(砌块)	m2	QKQMMHMJ	QKQMMHMJ<砌块墙面抹灰面积>
2	内墙面	补	墙面块料面积 耐擦洗涂料 内墙面1(砌块)	m2	QKQMKLMJ	QKQMKLMJ<砌块墙面块料面积>
3	内墙面	补	墙面抹灰面积 水泥砂浆 内墙面1(砼)	m2	TQMMHMJ	TQMMHMJ<砼墙面抹灰面积>
4	内墙面	补	墙面块料面积 耐擦洗涂料 内墙面1(砼)	m2	TQMKLMJ	TQMKLMJ<砼墙面块料面积>

图 5.8.9　内墙面 1 的属性和做法

用同样的方法建立"内墙面 2"的属性和做法，如图 5.8.10 所示。

属性名称	属性值
名称	内墙面2
所附墙材质	
块料厚度(mm)	0
内/外墙面标志	内墙面
起点顶标高(m)	墙顶标高
终点顶标高(m)	墙顶标高
起点底标高(m)	墙底标高
终点底标高(m)	墙底标高

	编码	类别	项目名称	单位	工程量	表达式说明
1	内墙面	补	墙面块料面积 瓷砖墙面 内墙面2	m2	QKQMKLMJ	QKQMKLMJ<砌块墙面块料面积>

图 5.8.10　内墙面 2 的属性和做法

（5）首层天棚属性和做法

单击"天棚"→单击"新建"下拉菜单→单击"新建天棚"→在"属性编辑框"内修改天棚名称为"天棚1"→填写"天棚1"的属性和做法如图5.8.11所示。

属性名称	属性值
名称	天棚1
备注	

	编码	类	项目名称	单位	工程量表达式	表达式说明
1	天棚	补	天棚抹灰面积 水泥砂浆 天棚1	m2	TPMHMJ	TPMHMJ〈天棚抹灰面积〉
2	天棚	补	天棚抹灰面积 耐擦洗涂料 天棚1	m2	TPMHMJ	TPMHMJ〈天棚抹灰面积〉

图5.8.11　天棚1的属性和做法

（6）首层吊顶属性和做法

单击"吊顶"→单击"新建"下拉菜单→单击"新建吊顶"→在"属性编辑框"内修改吊顶名称为"吊顶1"→填写"吊顶1"的属性和做法如图5.8.12所示。

属性名称	属性值
名称	吊顶1
离地高度(mm)	2700

	编码	类别	项目名称	单位	工程量	表达式说明
1	吊顶	补	吊顶面积 铝合金条板面层 吊顶1	m2	DDMJ	DDMJ〈吊顶面积〉
2	吊顶	补	吊顶面积 U型轻钢龙骨 吊顶1	m2	DDMJ	DDMJ〈吊顶面积〉

图5.8.12　吊顶1的属性和做法

用同样的方法建立吊顶2的属性和做法，如图5.8.13所示。

属性名称	属性值
名称	吊顶2
离地高度(mm)	2700

	编码	类别	项目名称	单位	工程量	表达式说明
1	吊顶	补	吊顶面积 岩棉吸声板面层 吊顶2	m2	DDMJ	DDMJ〈吊顶面积〉
2	吊顶	补	吊顶面积 T型轻钢龙骨 吊顶2	m2	DDMJ	DDMJ〈吊顶面积〉

图5.8.13　吊顶2的属性和做法

（7）独立柱装修属性和做法

单击"独立柱装修"→单击"新建"下拉菜单→单击"新建独立柱装修"→在"属性编辑框"内修改独立柱装修名称为"独立柱"→填写"独立柱"的属性和做法如图5.8.14所示。

属性名称	属性值
名称	独立柱
块料厚度(mm)	0
顶标高(m)	层顶标高
底标高(m)	层底标高

	编码	类别	项目名称	单位	工程量表	表达式说明
1	独立柱	补	独立柱抹灰面积 水泥砂浆 内墙面1	m2	DLZMHMJ	DLZMHMJ〈独立柱抹灰面积〉
2	独立柱	补	独立柱块料面积 耐擦洗涂料 内墙面1	m2	DLZKLMJ	DLZKLMJ〈独立柱块料面积〉
3	独立柱	补	独立柱踢脚长度 水泥踢脚 踢脚3	m	DLZZC	DLZZC〈独立柱周长〉

图5.8.14　独立柱装修的属性和做法

（8）首层房心回填土属性和做法

单击"土方"前面的"＋"号，使其展开→单击下一级"房心回填"→单击"新建"下拉菜单→单击"新建房心回填"→在"属性编辑框"内修改房心回填名称为"地面1房心回填"→填写"地面1房心回填"的属性和做法如图5.8.15所示。

667

解释：

此处地面1房心回填土的厚度是根据"建施-02"地面1的做法计算的，其公式为：

房心回填土厚度 = 450（室内外高差）- 20（大理石板厚度）- 30（粘结层）- 100（混凝土垫层）- 150（灰土垫层）= 150

属性名称	属性值
名称	地面1房心回填
厚度(mm)	150
顶标高(m)	层底标高-0.2
回填方式	夯填

	编码	类	项目名称	单位	工程量表达式	表达式说明
1	土方	补	房心回填土150厚体积 三类土 地面1	m3	FXHTTJ	FXHTTJ〈房心回填体积〉

图 5.8.15　地面 1 房心回填的属性和做法

用同样的方法建立"地面 2~4 房心回填"的属性和做法，如图 5.8.16~图 5.8.18 所示。

属性名称	属性值
名称	地面2房心回填
厚度(mm)	230
顶标高(m)	层底标高-0.12
回填方式	夯填

	编码	类	项目名称	单位	工程量表达式	表达式说明
1	土方	补	房心回填土230厚体积 三类土 地面2	m3	FXHTTJ	FXHTTJ〈房心回填体积〉

图 5.8.16　地面 2 房心回填的属性和做法

属性名称	属性值
名称	地面3房心回填
厚度(mm)	220
顶标高(m)	层底标高-0.13
回填方式	夯填

	编码	类	项目名称	单位	工程量表达式	表达式说明
1	土方	补	房心回填土220厚体积 三类土 地面3	m3	FXHTTJ	FXHTTJ〈房心回填体积〉

图 5.8.17　地面 3 房心回填的属性和做法

属性名称	属性值
名称	地面4房心回填
厚度(mm)	230
顶标高(m)	层底标高-0.12
回填方式	夯填

	编码	类	项目名称	单位	工程量表达式	表达式说明
1	土方	补	房心回填土230厚体积 三类土 地面4	m3	FXHTTJ	FXHTTJ〈房心回填体积〉

图 5.8.18　地面 4 房心回填的属性和做法

2. 房间组合

前面我们已经建立好房间各构件的属性和做法，在这里需要把各个构件组合成各个房间。首层房间组合见"建施-01"的"室内装修做法表"

（1）首层大堂（有吊顶）的房间组合

因本工程大堂顶有一部分是空的，所以大堂就分成了一部分有吊顶，一部分没有吊顶，为了画图方便，我们在此组合成两个房间，操作步骤如下：

单击"房间"→单击"新建"下拉菜单→单击"新建房间"→修改房间名称为"首层大堂（有吊顶）"→双击"构件名称"下的"首层大堂（有吊顶）"→软件默认房间组合的各个构件如图 5.8.19 所示，其中软件默认的地面1、墙裙1、内墙面1、地面1 房心回填是正确的，其余是不正确的，我们需要对其修改，修改步骤如下：

单击"踢脚1"→单击"删除"，弹出"删除"对话框→单击"确定"→单击"天棚1"

→单击"删除"，弹出"删除"对话框→单击"确定"→单击"吊顶1"→修改吊顶"离地高度"为"3200"→单击"独立柱"→单击"删除"，弹出"删除"对话框→单击"确定"。

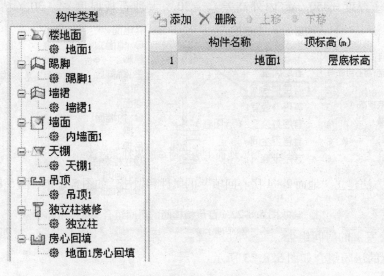

图 5.8.19　软件默认的首层大堂（有吊顶）组合构件

首层大堂（有吊顶）就组合好了，如图 5.8.20 所示。

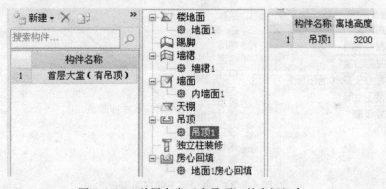

图 5.8.20　首层大堂（有吊顶）的房间组合

（2）首层大堂（无吊顶）的房间组合

用同样的方法组合"首层大堂（无吊顶）"房间如图 5.8.21 所示。

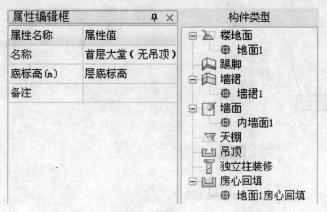

图 5.8.21　首层大堂（无吊顶）的房间组合

（3）楼梯间的房间组合

首层楼梯间的房间组合如图5.8.22所示。

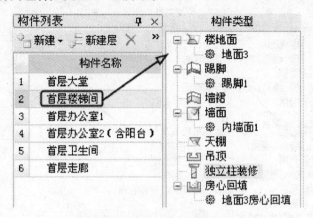

图5.8.22　首层楼梯间的房间组合

（4）办公室1的房间组合

办公室1的房间组合如图5.8.23所示。

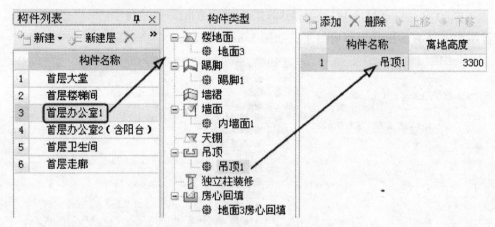

图5.8.23　办公室1的房间组合

（5）办公室2的房间组合

办公室2的房间组合如图5.8.24所示。

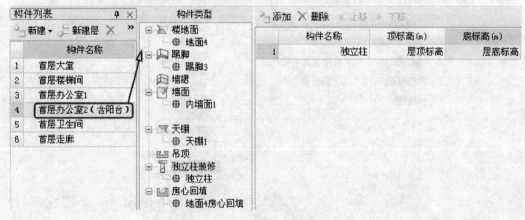

图5.8.24　办公室2的房间组合

（6）卫生间的房间组合

卫生间的房间组合如图 5.8.25 所示。

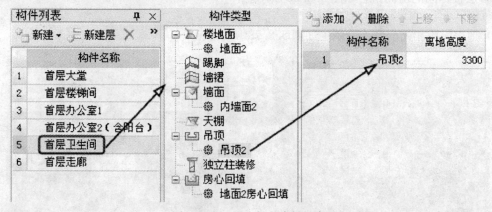

图 5.8.25 卫生间的房间组合

（7）走廊的房间组合

走廊的房间组合如图 5.8.26 所示。

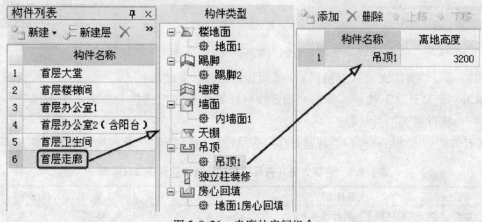

图 5.8.26 走廊的房间组合

3. 画首层各房间并查看软件计算结果

（1）画首层各个房间（图 5.8.27）

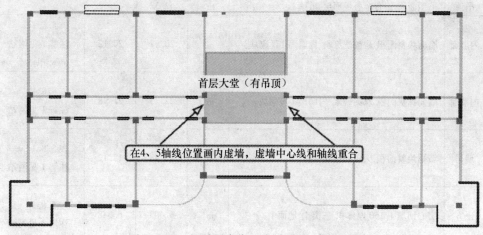

图 5.8.27 "首层大堂（有吊顶）"房间装修

在画房间状态下，选中"构件名称"下"首层大堂（有吊顶）"→单击"点"按钮→单击"首层大堂（有吊顶）"内任意一点→单击右键结束，这样"首层大堂（有吊顶）"房间就装修好了，如图5.8.27所示。

其他房间用相同的方法绘制，如图5.8.28所示。

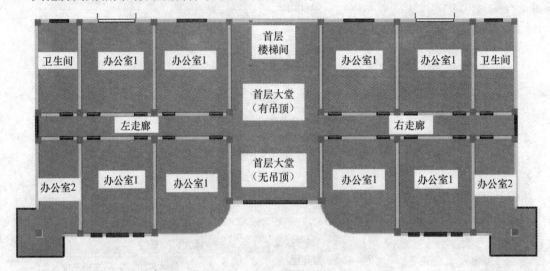

图5.8.28 首层房间装修示意图

（2）查看"首层大堂（有吊顶）"房间装修软件计算结果

单击"汇总计算"按钮，弹出"确定执行计算汇总"对话框→单击"当前层"→单击"确定"→软件进入汇总状态。

等计算汇总成功后，查看"首层大堂（有吊顶）"房间装修的软件计算结果，见表5.8.1。

表5.8.1 首层大堂（有吊顶）房间装修软件手工对照表

序号	编码	项目名称	单位	软件量	手工量	备注
1	地面	灰土垫层体积 3:7 灰土 地面1	m³	6.348	6.348	
2	地面	混凝土垫层体积 C10 地面1	m³	4.232	4.232	
3	地面	块料地面积 大理石地面 地面1	m²	41.96	41.96	
4	吊顶	吊顶面积 U型轻钢龙骨 吊顶1	m²	42.32	42.32	
5	吊顶	吊顶面积 铝合金条板面层 吊顶1	m²	42.32	42.32	
6	内墙面	墙面块料面积 耐擦洗涂料 内墙面1（砌块）	m²	20.87	20.12	表5.8.1 注解1见网站 www.qiaosd.com
7	内墙面	墙面抹灰面积 水泥砂浆 内墙面1（砌块）	m²	22.73	21.98	表5.8.1 注解1见网站
8	墙裙	墙裙块料面积 大理石墙裙 墙裙1	m²	12.48	12.12	表5.8.1 注解1见网站
9	土方	房心回填土150厚体积 三类土 地面1	m³	6.405	6.348	表5.8.1 注解2见网站

（3）查看"首层大堂（无吊顶）"房间装修软件计算结果

查看"首层大堂（无吊顶）"房间装修的软件计算结果，见表5.8.2。

表 5.8.2　首层大堂（无吊顶）房间装修软件手工对照表

序号	编码	项目名称	单位	软件量	手工量	备注
1	地面	灰土垫层体积 3:7 灰土 地面 1	m³	4.6725	4.6725	
2	地面	混凝土垫层体积 C10 地面 1	m³	3.115	3.115	
3	地面	块料地面积 大理石地面 地面 1	m²	32.325	32.325	
4	内墙面	墙面块料面积 耐擦洗涂料 内墙面 1（砌块）	m²	39.22	39.97	表 5.8.2 注解 1 见网站 www.qiaosd.com
5	内墙面	墙面抹灰面积 水泥砂浆 内墙面 1（砌块）	m²	38.37	39.12	表 5.8.2 注解 1 见网站
6	墙裙	墙裙块料面积 大理石墙裙 墙裙 1	m²	13.38	13.74	表 5.8.2 注解 1 见网站
7	土方	房心回填土 150 厚体积 三类土 地面 1	m³	4.9129	4.6725	表 5.8.2 注解 2 见网站

（4）"首层楼梯间"房间装修软件计算结果

①查看"首层楼梯间"房间装修软件计算结果

查看"首层楼梯间"房间装修的软件计算结果，见表5.8.3。

表 5.8.3　首层楼梯间房间装修软件手工对照表

序号	编码	项目名称	单位	软件量	手工量	备注
1	地面	混凝土垫层体积 C10 地面 3	m³	1.225	1.225	
2	地面	块料地面积 地砖地面 地面 3	m²	24.29	24.29	
3	地面	卵石垫层体积 2-32 卵石 M2.5 混浆 地面 3	m³	3.675	3.675	
4	内墙面	墙面块料面积 耐擦洗涂料 内墙面 1（砌块）	m²	27.3	27.3	表 5.8.3 注解 1 见网站 www.qiaosd.com
5	内墙面	墙面抹灰面积 水泥砂浆 内墙面 1（砌块）	m²	28.03	28.03	
6	踢脚	踢脚块料长度 地砖踢脚 踢脚 1	m	7.3	7.3	
7	土方	房心回填土 220 厚体积 三类土 地面 3	m³	5.489	5.39	表 5.8.3 注解 1 见网站 www.qiaosd.com

②楼梯间独立柱、梯梁装修

因为楼梯间的两个独立柱（TZ1）和两根梯梁（TL-2）在楼梯投影面积范围之外，需要单独装修，我们利用软件里"独立柱装修"来装修梯柱，在表格输入法里装修梯梁。

a. 定义梯柱装修的属性和做法（图5.8.29）。

属性名称	属性值
名称	梯柱装修
块料厚度(mm)	0
顶标高(m)	柱顶标高
底标高(m)	柱底标高

	编码	类别	项目名称	单位	工程量	表达式说明
1	独立柱	补	独立柱抹灰面积 水泥砂浆 内墙面1（梯柱）	m2	DLZMHMJ	DLZMHMJ〈独立柱抹灰面积〉
2	独立柱	补	独立柱块料面积 耐擦洗涂料 内墙面1（梯柱）	m2	DLZKLMJ	DLZKLMJ〈独立柱块料面积〉

图5.8.29　梯柱装修的属性和做法

b. 画梯柱装修

在画梯柱装修以前要取消"吊顶"显示，操作步骤如下：单击"视图"下拉菜单→单击"构件图元显示设置"→在弹出对话框中取消"吊顶"的对勾→单击"确定"。用"点"式画法画梯柱装修，如图5.8.30所示。

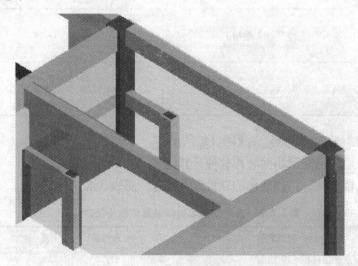

图5.8.30　画好的梯柱装修

c. 修改梯柱装修顶标高

此处梯柱只装修到楼梯休息平台底，我们并没有画楼梯的休息平台，因此软件不会自动扣除，需要把梯柱的顶标高修改到休息平台板底，如图5.8.31所示。

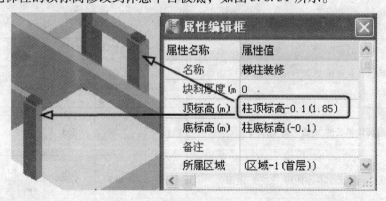

图5.8.31　梯柱装修顶标高修改图

d. 查看梯柱装修工程量

汇总后查看梯柱装修工程量，见表5.8.4。

表5.8.4　首层梯柱装修工程量软件手工对照表

序号	编码	项目名称	单位	软件量	手工量	备注
1	独立柱	独立柱块料面积 耐擦洗涂料 内墙面1（梯柱）	m²	3.78	3.78	
2	独立柱	独立柱抹灰面积 水泥砂浆 内墙面1（梯柱）	m²	3.78	3.78	

e. 在"表格输入"里计算梯梁的装修

梯梁装修我们将其归类为天棚，在"表格输入"里"其他"下的"其他"建立梯梁的装修，因首层、二层、三层梯梁装修一样，我们在此一并做了，如图5.8.32所示。

	编码	类别	项目名称	单位	工程量表达式	工程量
1	天棚	补	天棚抹灰面积 水泥砂浆 天棚1（梯梁）	m2	(1.6-0.35+1.6-0.2)*(0.3+0.4+0.2)*3	7.155
2	天棚	补	天棚抹灰面积 耐擦洗涂料 天棚1（梯梁）	m2	(1.6-0.35+1.6-0.2)*(0.3+0.4+0.2)*3	7.155

图5.8.32　在"表格输入"里计算梯梁

（5）查看"走廊"房间装修软件计算结果

查看首层"走廊"房间装修的软件计算结果，见表5.8.5。

表5.8.5　首层走廊房间装修软件手工对照表

序号	编码	项目名称	单位	软件量	手工量	备注
1	地面	灰土垫层体积 3:7 灰土 地面1	m³	3.672	3.672	
2	地面	混凝土垫层体积 C10 地面1	m³	2.448	2.448	
3	地面	块料地面积 大理石地面 地面1	m²	25.48	25.48	
4	吊顶	吊顶面积 U型轻钢龙骨 吊顶1	m²	24.48	24.48	
5	吊顶	吊顶面积 铝合金条板面层 吊顶1	m²	24.48	24.48	
6	内墙面	墙面块料面积 耐擦洗涂料 内墙面1（砌块）	m²	82.6	81.98	表5.8.5 注解1 见网站 www.qiaosd.com
7	内墙面	墙面抹灰面积 水泥砂浆 内墙面1（砌块）	m²	85.21	84.55	表5.8.5 注解1 见网站
8	踢脚	踢脚块料长度 大理石踢脚 踢脚2	m	24.2	24.2	
9	土方	房心回填土 150厚体积 三类土 地面1	m³	4.116	3.672	表5.8.5 注解2 见网站

注：与其对称的右走廊房间装修工程量相同。

675

（6）查看首层各个办公室 1 房间装修软件计算结果

①查看"（3～4）/（C～D）办公室 1"房间装修软件计算结果

查看首层"（3～4）/（C～D）办公室 1"房间装修的软件计算结果，见表 5.8.6。

表 5.8.6　首层"（3～4）/（C～D）办公室 1"房间装修软件手工对照表

序号	编码	项目名称	单位	软件量	手工量	备注
1	地面	混凝土垫层体积 C10 地面 3	m³	2.0155	2.0155	
2	地面	块料地面积 地砖地面 地面 3	m²	40.345	40.345	
3	地面	卵石垫层体积 2-32 卵石 M2.5 混浆 地面 3	m³	6.0465	6.0465	
4	吊顶	吊顶面积 U 型轻钢龙骨 吊顶 1	m²	40.31	40.31	
5	吊顶	吊顶面积 铝合金条板面层 吊顶 1	m²	40.31	40.31	
6	内墙面	墙面块料面积 耐擦洗涂料 内墙面 1（砌块）	m²	74.04	73.74	软件多算窗台板侧壁面积 2.4×0.125=0.3
7	内墙面	墙面抹灰面积 水泥砂浆 内墙面 1（砌块）	m²	79.22	79.22	
8	踢脚	踢脚块料长度 地砖踢脚 踢脚 1	m	23.9	23.9	
9	土方	房心回填土 220 厚体积 三类土 地面 3	m³	9.3858	8.8682	表 5.8.6 注解 1 见网站 www.qiaosd.com

注：与其对称的"（5～6）/（C～D）办公室 1"房间装修工程量相同。

②查看"（2～3）/（C～D）办公室 1"房间装修软件计算结果

查看首层"（2～3）/（C～D）办公室 1"房间装修的软件计算结果，见表 5.8.7。

表 5.8.7　首层"（2～3）/（C～D）办公室 1"房间装修软件手工对照表

序号	编码	项目名称	单位	软件量	手工量	备注
1	地面	混凝土垫层体积 C10　地面 3	m³	2.0155	2.0155	表 5.8.7 注解 1 见网站 www.qiaosd.com
2	地面	块料地面积 地砖地面　地面 3	m²	40.345	40.345	表 5.8.7 注解 1 见网站
3	地面	卵石垫层体积 2-32 卵石 M2.5 混浆　地面 3	m³	6.0465	6.0465	表 5.8.7 注解 1 见网站
4	吊顶	吊顶面积 U 型轻钢龙骨　吊顶 1	m²	40.31	40.31	
5	吊顶	吊顶面积 铝合金条板面层　吊顶 1	m²	40.31	40.31	
6	内墙面	墙面块料面积 耐擦洗涂料　内墙面 1（砌块）	m²	72.75	72.375	软件多算窗台板侧壁面积 3×0.125=0.375 表 5.8.7 注解 2 见网站
7	内墙面	墙面抹灰面积 水泥砂浆　内墙面 1（砌块）	m²	77.78	77.78	表 5.8.7 注解 2 见网站
8	踢脚	踢脚块料长度 地砖踢脚　踢脚 1	m	23.9	23.9	
9	土方	房心回填土 220 厚体积　三类土　地面 3	m³	9.3858	8.8682	表 5.8.7 注解 3 见网站

注：与其对称的"（6～7）/（C～D）办公室 1"房间装修工程量相同。

③查看"（2～3)/(A～B)办公室1"房间装修软件计算结果

查看首层"（2～3)/(A～B)办公室1"房间装修的软件计算结果，见表5.8.8。

表5.8.8 首层"（2～3)/(A～B)办公室1"房间装修软件手工对照表

序号	编码	项目名称	单位	软件量	手工量	备注
1	地面	混凝土垫层体积 C10 地面3	m³	2.1025	2.1025	
2	地面	块料地面积 地砖地面 地面3	m²	42.07	42.07	
3	地面	卵石垫层体积 2-32卵石 M2.5混浆 地面3	m³	6.3075	6.3075	
4	吊顶	吊顶面积 U型轻钢龙骨 吊顶1	m²	42.05	42.05	
5	吊顶	吊顶面积 铝合金条板面层 吊顶1	m²	42.05	42.05	
6	内墙面	墙面块料面积 耐擦洗涂料 内墙面1（砌块）	m²	74.58	74.13	软件多算窗台板侧壁面积（0.9×2+1.8)×0.125=0.45
7	内墙面	墙面抹灰面积 水泥砂浆 内墙面1（砌块）	m²	78.44	78.44	
8	踢脚	踢脚块料长度 地砖踢脚 踢脚1	m	24.5	24.5	
9	土方	房心回填土220厚体积 三类土 地面3	m³	9.7763	9.251	表5.8.8注解1见网站 www.qiaosd.com

注：与其对称的"（6～7)/(A～B)办公室1"房间装修工程量相同。

④查看"（3～4)/(A～B)办公室1"房间装修软件计算结果

查看首层"（3～4)/(A～B)办公室1"房间装修的软件计算结果，见表5.8.9。

表5.8.9 首层"（3～4)/(A～B)办公室1"房间装修软件手工对照表

序号	编码	项目名称	单位	软件量	手工量	备注
1	地面	混凝土垫层体积 C10 地面3	m³	2.0467	2.0478	圆弧处允许误差
2	地面	块料地面积 地砖地面 地面3	m²	40.8673	40.8638	圆弧处允许误差
3	地面	卵石垫层体积 2-32卵石 M2.5混浆 地面3	m³	6.1402	6.1434	圆弧处允许误差
4	吊顶	吊顶面积 U型轻钢龙骨 吊顶1	m²	40.9348	40.9563	圆弧处允许误差
5	吊顶	吊顶面积 铝合金条板面层 吊顶1	m²	40.9348	40.9563	圆弧处允许误差
6	内墙面	墙面块料面积 耐擦洗涂料 内墙面1（砌块）	m²	57.1203	57.16	圆弧处允许误差
7	内墙面	墙面抹灰面积 水泥砂浆 内墙面1（砌块）	m²	61.3963	61.44	圆弧处允许误差
8	踢脚	踢脚块料长度 地砖踢脚 踢脚1	m	17.1875	17.2	圆弧处允许误差
9	土方	房心回填土220厚体积 三类土 地面3	m³	9.3054	9.014	表5.8.9 注解1见网站 www.qiaosd.com

注：与其对称的"（5～6)/(A～B)办公室1"房间装修工程量相同。

（6）查看"办公室2"房间装修软件计算结果

①删除软件多布置的栏板装修

点完办公室2后，我们发现软件多布置了栏板墙面，如图5.8.33所示（有四小块，需要仔细检查）。

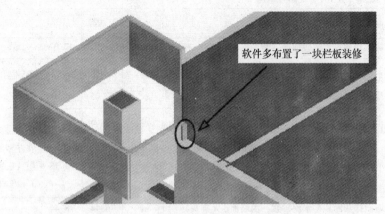

图5.8.33　软件多布置了栏板装修

我们要在墙面状态下把软件多布置的四处栏板装修（共四处）删除掉（注意：这里用的是GCL2008的1254版本，以后版本可能不会出现这中情况，总之，你要注意要检查软件布置的是否正确）。

②修改栏板装修顶标高

在三维状态下可以看出，软件在布置栏板内装修的时候标高到了栏板顶，超过了首层的内装修范围，我们要把栏板内装修修改到顶板顶标高位置，操作步骤如下：

在墙面状态下分别选中窗上栏板的四条墙面，修改属性起点、终点顶标高为"顶板顶标高"→单击右键，出现右键菜单→单击"取消选择"，如图5.8.34所示。

图5.8.34　修改栏板内装修的顶标高

③办公室2工程量软件手工对照

由于办公室2比较复杂，我们分别按照地面、踢脚、墙面、天棚查询他们的工程量。

汇总计算后查看首层办公室2地面的软件计算结果，见表5.8.10。

表 5.8.10 首层办公室 2 地面软件手工对照表

序号	编码	项目名称	单位	软件量	手工量	备注
1	地面	地面积 水泥砂浆地面 地面 4	m²	32.4064	32.4064	
2	地面	混凝土垫层体积 C10 地面 4	m³	1.6203	1.6203	
3	地面	卵石垫层 150 厚体积 2-32 卵石 M2.5 混浆 地面 4	m³	4.861	4.861	

注：与其对称办公室 2 地面工程量相同。

在画踢脚状态下分别选中办公室 2 的 8 条踢脚，查看首层办公室 2 踢脚的软件计算结果，见表 5.8.11。

表 5.8.11 首层办公室 2 踢脚软件手工对照表

序号	编码	项目名称	单位	软件量	手工量	备注
1	踢脚	踢脚抹灰长度 水泥踢脚 踢脚 3	m	27.12	27.62	表 5.8.11 注解 1 见网站 www.qiaosd.com

注：与其对称办公室 2 踢脚工程量相同。

在"附视"状态下选中办公室 2 的 8 条墙面，在三维状态下选中栏板墙的 4 条墙面。查看首层办公室 2 墙面的软件计算结果，见表 5.8.12。

表 5.8.12 首层办公室 2 墙面软件手工对照表

序号	编码	项目名称	单位	软件量	手工量	备注
1	内墙面	墙面块料面积 耐擦洗涂料 内墙面 1（砌块）	m²	65.097	65.922	外装修未做时的量
				65.097		外装修已做时的量 表 5.8.12 注解 1 见网站 www.qiaosd.com
2	内墙面	墙面块料面积 耐擦洗涂料 内墙面 1（混凝土）	m²	6.7632	6.6132	外装修未做时的量
				6.6132		外装修已做时的量
3	内墙面	墙面抹灰面积 水泥砂浆 内墙面 1（砌块）	m²	67.259	68.084	外装修未做时的量
				67.234		外装修已做时的量 表 5.8.12 注解 1 见网站 www.qiaosd.com
4	内墙面	墙面抹灰面积 水泥砂浆 内墙面 1（混凝土）	m²	6.7632	6.6132	外装修未做时的量
				6.6132		外装修已做时的量

注：与其对称的办公室 2 墙面工程量相同。

提醒：如果内墙面的工程量手工和软件对不上，可能受到栏板踢脚的影响，这时候重新点画栏板的踢脚，就没有问题了。

查看首层办公室 2 天棚的软件计算结果，见表 5.8.13。

表 5.8.13　首层办公室 2 天棚软件手工对照表

序号	编码	项目名称		单位	软件量	手工量	备注
1	天棚	天棚抹灰面积　耐擦洗涂料　天棚 1		m²	34.5609	34.5609	
2	天棚	天棚抹灰面积　水泥砂浆　天棚 1		m²	34.5609	34.5609	

注：与其对称的办公室 2 天棚工程量相同。

在画"独立柱装修"的状态下，查看首层办公室 2 独立柱的软件计算结果，见表 5.8.14。

表 5.8.14　首层办公室 2 独立柱软件手工对照表

序号	编码	项目名称		单位	软件量	手工量	备注
1	独立柱	独立柱抹灰面积　水泥砂浆　内墙面 1		m²	7.312	7.312	
2	独立柱	独立柱块料面积　耐擦洗涂料　内墙面 1		m²	7.312	7.112	软件未扣踢脚面积
3	独立柱	独立柱踢脚长度　水泥踢脚　踢脚 3		m	2	2	

注：与其对称的办公室 2 独立柱工程量相同。

在画"回填土"的状态下，查看首层办公室 2 回填土的软件计算结果，见表 5.8.15。

表 5.8.15　首层办公室 2 回填土软件手工对照表

序号	编码	项目名称		单位	软件量	手工量	备注
1	土方	房心回填土 230 厚体积　三类土　地面 4		m³	7.4503	7.4535	表 5.8.15 注解 1 见网站 www.qiaosd.com

注：与其对称的办公室 2 回填土工程量相同。

④查看"首层卫生间"房间装修软件计算结果

在画"房间"的状态下，查看"首层卫生间"房间装修的软件计算结果，见表 5.8.16。

表 5.8.16　首层卫生间房间装修软件手工对照表

序号	编码	项目名称		单位	软件量	手工量	备注
1	地面	防水层立面面积　改性沥青　地面 2		m²	3.045	3.045	
2	地面	防水层平面面积　改性沥青　地面 2		m²	22.24	22.24	
3	地面	灰土垫层体积　3∶7 灰土　地面 2		m³	3.336	3.336	
4	地面	混凝土垫层体积　细石混凝土　地面 2		m³	0.7784	0.7784	
5	地面	块料地面积　防滑地砖　地面 2		m²	22.12	22.12	
6	地面	找平层面积　细石混凝土　地面 2		m²	22.24	22.24	
7	吊顶	吊顶面积　T 型轻钢龙骨　吊顶 2		m²	22.24	22.24	
8	吊顶	吊顶面积　岩棉吸声板面层　吊顶 2		m²	22.24	22.24	
9	内墙面	墙面块料面积　瓷砖墙面　内墙面 2		m²	62.785	62.5975	软件多算窗台板侧壁面积 $1.5 \times 0.125 = 0.1875$
10	土方	房心回填土 230 厚体积　三类土　地面 2		m³	5.5407	5.1152	表 5.8.16 注解 1 见网站 www.qiaosd.com

注：与其对称的卫生间房间装修工程量相同。

二、画室外装修

（一）画首层外墙裙

从"建施 – 08 ~ 10"我们看出，本工程的外墙裙为"外墙2"。

1. 首层外墙裙的属性和做法

单击"墙裙"→单击"新建"下拉菜单→单击"新建外墙裙"→在"属性编辑框"内修改墙裙名称为"外墙2"→填写"外墙2"的属性和做法，如图5.8.35所示。

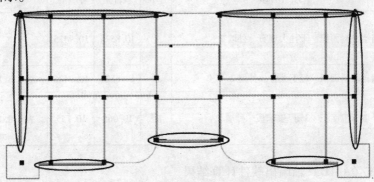

图5.8.35　外墙2的属性和做法

2. 画首层外墙裙

在构件名称下选中"外墙2"→单击"点"按钮→分别单击图中椭圆位置的外墙皮，如图5.8.36所示。

图5.8.36　首层外墙裙布置图

此时外墙裙底标高为室外地坪标高，也就是 – 0.45，但是1/A轴外墙裙底标高我们需要修改到正负零，因此处墙裙的底标高为正负零，高度修改为3400。修改方法如下：

选中已画好的1/A轴线处"外墙2"，修改属性如图5.8.37所示。

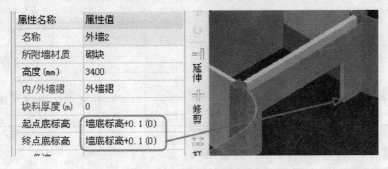

图5.8.37　1/A外墙裙修改图

3. 首层外墙裙软件计算结果

本工程外墙装修比较复杂，我们分段进行对照。

（1）首层 1/A 轴墙裙软件计算结果

汇总计算后查看首层 1/A 轴墙裙软件计算结果，见表 5.8.17。

表 5.8.17　1/A 轴首层墙裙软件手工对照表

序号	编码	项目名称		单位	软件量	手工量	备注
1	外墙裙	墙裙块料面积　干挂大理石　外墙2		m²	16.285	15.605	表 5.8.17 注解1 见网站 www.qiaosd.com
2	外墙裙	墙裙块料面积　轻钢龙骨　外墙2		m²	16.285	15.605	表 5.8.17 注解1 见网站
3	外墙裙保温	外墙保温面积　35厚聚苯板　外墙2		m²	15.16	14.48	表 5.8.17 注解1 见网站

（2）首层（1～4）/A 轴墙裙软件计算结果

查看（1～4）/A 轴首层墙裙软件计算结果，见表 5.8.18。

表 5.8.18　(1～4)/A 轴首层墙裙软件手工对照表

序号	编码	项目名称		单位	软件量	手工量	备注
1	外墙裙	墙裙块料面积　干挂大理石　外墙2		m²	10.8525	10.9425	表 5.8.18 注解1 见网站 www.qiaosd.com
2	外墙裙	墙裙块料面积　轻钢龙骨　外墙2		m²	10.8525	10.9425	表 5.8.18 注解1 见网站
3	外墙裙保温	外墙保温面积　35厚聚苯板　外墙2		m²	10.065	10.155	表 5.8.18 注解1 见网站

（3）首层 1/（A～D）轴墙裙软件计算结果

查看 1/（A～D）轴首层墙裙软件计算结果见表 5.8.19。

表 5.8.19　首层 1/（A～D）轴墙裙软件手工对照表

序号	编码	项目名称		单位	软件量	手工量	备注
1	外墙裙	墙裙块料面积　干挂大理石　外墙2		m²	21.5213	21.3425	表 5.8.19 注解1 见网站 www.qiaosd.com
2	外墙裙	墙裙块料面积　轻钢龙骨　外墙2		m²	21.5213	21.3425	表 5.8.19 注解1 见网站
3	外墙裙保温	外墙保温面积　35厚聚苯板　外墙2		m²	21.2088	21.03	表 5.8.19 注解1 见网站

（4）首层（1～4）/D 轴墙裙软件计算结果

查看首层（1～4）/D 轴墙裙软件计算结果，见表 5.8.20。

表 5.8.20 首层 (1~4)/D 轴墙裙软件手工对照表

序号	编码	项目名称	单位	软件量	手工量	备注
1	外墙裙	墙裙块料面积 干挂大理石 外墙2	m²	21. 23	20. 9675	表 5.8.20 注解 1 见网站 www. qiaosd. com
2	外墙裙	墙裙块料面积 轻钢龙骨 外墙2	m²	21. 23	20. 9675	表 5.8.20 注解 1 见网站
3	外墙裙保温	外墙保温面积 35 厚聚苯板 外墙2	m²	20. 03	20. 255	表 5.8.20 注解 1 见网站

（5）首层墙裙软件计算结果

用"批量选择"的方法选中"外墙2"，查看首层墙裙软件计算结果，见表5.8.21。

表 5.8.21 首层墙裙软件手工对照表

序号	编码	项目名称	单位	软件量	手工量	备注
1	外墙裙	墙裙块料面积 干挂大理石 外墙2	m²	123. 4925	122. 11	见表 5.8.17~5.8.20 注解
2	外墙裙	墙裙块料面积 轻钢龙骨 外墙2	m²	123. 4925	122. 11	见表 5.8.17~5.8.20 注解
3	外墙裙保温	外墙保温面积 35 厚聚苯板 外墙2	m²	117. 7675	117. 36	见表 5.8.17~5.8.20 注解

（二）画首层外墙面 1

1. 首层外墙面属性和做法

单击"墙面"→单击"新建"下拉菜单→单击"新建外墙面"→在"属性编辑框"内修改墙面名称为"外墙1"→填写"外墙1"的属性和做法，如图 5.8.38 所示。

属性名称	属性值
名称	外墙1
所附墙材质	砌块
块料厚度(mm)	0
内/外墙面标志	外墙面
起点顶标高(m)	墙顶标高
终点顶标高(m)	墙顶标高
起点底标高(m)	墙底标高
终点底标高(m)	墙底标高

	编码	类别	项目名称	单位	工程量	表达式说明
1	外墙面	补	墙面块料面积 面砖外墙 外墙1	m2	QMKLMJ	QMKLMJ<墙面块料面积>
2	外墙面保温	补	外墙保温面积 50厚聚苯板 外墙1	m2	QMMHMJ	QMMHMJ<墙面抹灰面积>

图 5.8.38 外墙 1 的属性和做法

2. 画外墙面 1

（1）画外墙面 1

画外墙面 1 的时候，因为已经画好了房间装修、外墙裙等构件，界面很乱，为了画图方便，我们需要让一些构件不显示，有些构件有快捷键，有些构件没有快捷键，需要在"视图"内控制构件的显示还是不显示，操作步骤如下：

在墙面状态下，单击"视图"下拉菜单→单击"构件图元显示设置"，弹出"构件图元显示设置—墙面"对话框→单击"装修"前面的小方框，使其"对勾"取消→再单击"墙面"→单击"确定"，这样界面就比较干净，接下来我们画外墙面 1。

在构件名称下选中"外墙1"→单击"点"按钮→分别单击如图 5.8.39 所示椭圆处的外墙面。

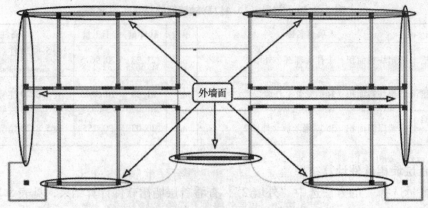

图 5.8.39　外墙面 1 布置示意图

（2）修改 1/A 轴外墙面 1 的底标高

软件默认的 1/A 轴外墙面底标高为 -0.1，但是 1/A 轴外墙面底标高为正负零，用修改 1/A 轴墙裙的方法修改墙面标高。

3. 外墙 1 软件计算结果

（1）1/A 轴首层外墙面 1 软件计算结果

汇总计算后查看 1/A 轴首层外墙面 1 软件计算结果，见表 5.8.22。

表 5.8.22　1/A 轴首层外墙面 1 软件手工对照表

序号	编码	项目名称	单位	软件量	手工量	备注
1	外墙面	墙面块料面积　面砖外墙　外墙 1	m²	2.96	2.88	表 5.8.22 注解 1 见网站 www.qiaosd.com
2	外墙面保温	外墙保温面积　50 厚聚苯板　外墙 1	m²	2.96	2.88	表 5.8.22 注解 1 见网站

（2）（1～4）/A 轴首层墙面 1 软件计算结果

查看（1～4）/A 轴首层外墙面软件计算结果，见表 5.8.23。

表 5.8.23　（1～4）/A 轴首层外墙面 1 软件手工对照表

序号	编码	项目名称	单位	软件量	手工量	备注
1	外墙面	墙面块料面积　面砖外墙　外墙 1	m²	16.4063	16.5375	表 5.8.23 注解 1 见网站 www.qiaosd.com
2	外墙面保温	外墙保温面积　50 厚聚苯板　外墙 1	m²	14.4938	14.625	表 5.8.23 注解 1 见网站

（3）1/（A～D）轴首层墙面 1/（A～D）软件计算结果

查看 1/（A～D）轴首层外墙面软件计算结果，见表 5.8.24。

表 5.8.24　1/（A～D）轴首层外墙面 1 软件手工对照表

序号	编码	项目名称	单位	软件量	手工量	备注
1	外墙面	墙面块料面积　面砖外墙　外墙 1	m²	37.7813	37.5	表 5.8.24 注解 1 见网站 www.qiaosd.com
2	外墙面保温	外墙保温面积　50 厚聚苯板　外墙 1	m²	37.0938	36.8125	表 5.8.24 注解 1 见网站

（4）（1～4）/D 轴首层外墙面软件计算结果

（1～4）/D 首层外墙面 1 软件计算结果，见表 5.8.25。

表 5.8.25　(1～4)/D 首层外墙面 1 软件手工对照表

序号	编码	项目名称	单位	软件量	手工量	备注
1	外墙面	墙面块料面积　面砖外墙　外墙 1	m^2	31.5675	31.118	表 5.8.25 注解 1 见网站 www.qiaosd.com
2	外墙面保温	外墙保温面积　50 厚聚苯板　外墙 1	m^2	29.2425	29.655	表 5.8.25 注解 1 见网站

4. 首层外墙面软件计算结果

用“批量选择”的方法，首层外墙面 1 软件计算结果见表 5.8.26。

表 5.8.26　首层外墙面 1 软件手工对照表

序号	编码	项目名称	单位	软件量	手工量	备注
1	外墙面	墙面块料面积　面砖外墙　外墙 1	m^2	174.47	173.19	见表 5.8.22～表 5.8.25 注解
2	外墙面保温	外墙保温面积　50 厚聚苯板　外墙 1	m^2	164.62	163.065	见表 5.8.22～表 5.8.25 注解

（三）画首层外墙面 3

1. 首层外墙面 3 的属性和做法

外墙面 3 又分为混凝土和砌块两种情况，需要分别定义，如图 5.8.40、图 5.8.41 所示。

属性名称	属性值
名称	外墙3（砼）
所附墙材质	现浇混凝土
块料厚度(mm)	0
内/外墙面标志	外墙面
起点顶标高(m)	墙顶标高
终点顶标高(m)	墙顶标高
起点底标高(m)	墙底标高
终点底标高(m)	墙底标高

	编码	类别	项目名称	单位	工程量	表达式说明
1	外墙面	补	栏板外装修面积 水泥砂浆外墙 外墙3（砼）	m2	QMMHMJ	QMMHMJ<墙面抹灰面积>
2	外墙面	补	栏板外装修面积 HJ80-1涂料 外墙3（砼）	m2	QMKLMJ	QMKLMJ<墙面块料面积>
3	外墙面保温	补	外墙保温面积 50厚聚苯板保温 外墙3（砼）	m2	QMMHMJ	QMMHMJ<墙面抹灰面积>

图 5.8.40　外墙 3（混凝土）的属性和做法

属性名称	属性值
名称	外墙3（砌）
所附墙材质	砌块
块料厚度(mm)	0
内/外墙面标志	外墙面
起点顶标高(m)	墙顶标高
终点顶标高(m)	墙顶标高
起点底标高(m)	墙底标高
终点底标高(m)	墙底标高

	编码	类别	项目名称	单位	工程量	表达式说明
1	外墙面	补	栏板外装修面积 水泥砂浆外墙 外墙3（砌）	m2	QMMHMJ	QMMHMJ<墙面抹灰面积>
2	外墙面	补	栏板外装修面积 HJ80-1涂料 外墙3（砌）	m2	QMKLMJ	QMKLMJ<墙面块料面积>
3	外墙面保温	补	外墙保温面积 50厚聚苯板保温 外墙3（砌）	m2	QMMHMJ	QMMHMJ<墙面抹灰面积>

图 5.8.41　外墙 3（砌块）的属性和做法

2. 画外墙面 3

在混凝土栏板外画“外墙 3（混凝土）”，在砌块墙栏板外画“外墙 3（砌块）”，这里注意画砌块墙栏板时需要在三维状态下画，如图 5.8.42 所示。

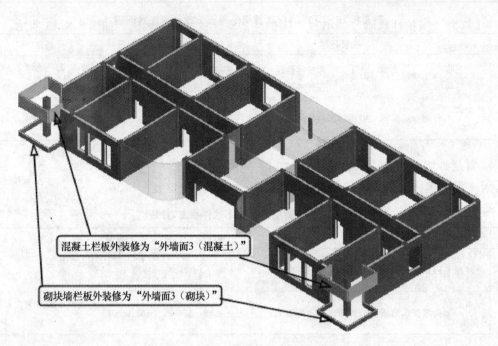

混凝土栏板外装修为"外墙面3（混凝土）"

砌块墙栏板外装修为"外墙面3（砌块）"

图 5.8.42　首层外墙面 3 示意图

3. 外墙面 3 软件计算结果

汇总计算后用批量选择的方法查看首层外墙面 3 的软件计算结果，见表 5.8.27。

表 5.8.27　首层外墙面 3 软件"做法工程量"表

序号	编码	项目名称	单位	软件量	手工量	备注
1	外墙面	栏板外装修面积　HJ80－1 涂料　外墙 3（砌）	m²	15.93	15.93	
2	外墙面	栏板外装修面积　HJ80－1 涂料　外墙 3（混凝土）	m²	25.728	25.488	二层外装修未画时的量
			m²	25.488		二层外装修已画时的量
3	外墙面	栏板外装修面积　水泥砂浆外墙　外墙 3（砌）	m²	15.93	15.93	
4	外墙面	栏板外装修面积　水泥砂浆外墙　外墙 3（混凝土）	m²	25.728	25.488	二层外装修未画时的量
			m²	25.488		二层外装修已画时的量
5	外墙面保温	外墙保温面积　50 厚聚苯板保温　外墙 3（砌）	m²	15.93	15.93	
6	外墙面保温	外墙保温面积　50 厚聚苯板保温　外墙 3（混凝土）	m²	25.728	25.488	二层外装修未画时的量
			m²	25.488		二层外装修已画时的量

（四）首层玻璃幕墙

"建施－01"门窗表中已经给出了玻璃幕墙的具体尺寸，所以本工程玻璃幕墙不用画图的方法计算，用表格输入法计算更简单，具体操作步骤如下：

单击"模块导航栏"下的"表格输入"→单击"其他"前面的"＋"号，使其展开→单击下一级"其他"→单击"新建"软件会自动建一个构件名称"QT－1"→修改

"QT－1"为"围护性幕墙"→填写"围护性幕墙"的属性和做法，如图5.8.43所示。

	名称	数量
1	围护性幕墙	1

	编码	类别	项目名称	单位	工程量表达式	工程量
1	围护性幕墙	补	玻璃幕墙面积 MQ1	m2	6.927*14.4*2	199.4976
2	围护性幕墙	补	玻璃幕墙面积 MQ2	m2	7.2*14.4	103.68

图5.8.43　首层玻璃幕墙的表格输入

第九节　二层装修工程量计算

一、二层室内装修

和首层一样，二层室内装修需要先定义属性，再组合房间，最后点房间装修。其实二层室内装修所用的构件我们在首层已经定义过了，我们只需要把首层定义好的有关"装修"下的构件复制到二层，操作步骤如下：

将楼层切换到第二层，在"装修"状态下单击"定义"按钮使软件进入"定义"界面→单击"从其他楼层复制构件"选中"源楼层"为"首层"→单击"＋"号展开"装修"下级菜单→勾选"踢脚""墙面"、"天棚"、"吊顶"、"独立柱装修"→单击"确定"，这样就把首层定义好的构件复制到二层。这里要重新定义二层楼面的属性和做法。

（一）楼面属性和做法

单击"装修"前面的"＋"号，使其展开→单击下一级的"楼地面"→单击"新建"下拉菜单→单击"新建楼地面"→在"属性编辑框"内修改楼地面名称为"楼面1"→填写楼面1的属性和做法，如图5.9.1所示。

属性名称	属性值
名称	楼面1
块料厚度(mm)	0
顶标高(m)	层底标高

	编码	类别	项目名称	单位	工程量表达	表达式说明
1	楼面	补	块料地面积 地砖楼面 楼面1	m2	KLDMJ	KLDMJ<块料地面积>
2	楼面	补	地面积 水泥砂浆找平 楼面1	m2	DMJ	DMJ<地面积>

图5.9.1　楼面1的属性和做法

用同样的方法定义楼面2、楼面3、楼面4的属性和做法，如图5.9.2～图5.9.4所示。

属性名称	属性值
名称	楼面2
块料厚度(mm)	0
顶标高(m)	层底标高
备注	

	编码	类别	项目名称	单位	工程量表达	表达式说明
1	楼面	补	块料地面积 防滑地砖 楼面2	m2	KLDMJ	KLDMJ<块料地面积>
2	楼面	补	地面积 聚氨酯防水 楼面2	m2	DMJ	DMJ<地面积>
3	楼面	补	防水卷边面积 聚氨酯防水 楼面2	m2	DMZC*0.15	DMZC<地面周长>*0.1
4	楼面	补	地面积 1：3水泥砂浆找平 楼面2	m2	DMJ	DMJ<地面积>
5	楼面	补	找坡层体积 细石混凝土 楼面2	m3	DMJ*0.035	DMJ<地面积>*0.035

图5.9.2　楼面2的属性和做法

属性名称	属性值
名称	楼面3
块料厚度(mm)	0
顶标高(m)	层底标高

	编码	类别	项目名称	单位	工程量表达	表达式说明
1	楼面	补	块料地面积 大理石楼面 楼面3	m2	KLDMJ	KLDMJ<块料地面积>
2	楼面	补	垫层体积 1：1.6水泥粗沙焦渣 楼面3	m3	DMJ*0.04	DMJ<地面积>*0.04

图5.9.3　楼面3的属性和做法

属性名称	属性值
名称	楼面4
块料厚度(mm)	0
顶标高(m)	层底标高

	编码	类别	项目名称	单位	工程量表达	表达式说明
1	楼面	补	地面积 水泥楼面 楼面4	m2	DMJ	DMJ<地面积>
2	楼面	补	垫层体积 CL7.5轻集料混凝土 楼面4	m3	DMJ*0.04	DMJ<地面积>*0.04

图 5.9.4　楼面 4 的属性和做法

（二）二层房间组合

二层房间组合见"建施 – 01"的"室内装修做法表"。

1. 二层楼梯间的房间组合

二层楼梯间房间组合如图 5.9.5 所示。

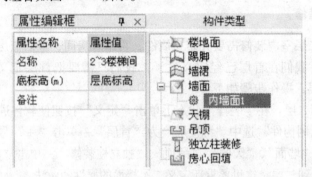

图 5.9.5　二层楼梯间房间组合

2. 二层公共休息大厅（有地面）的房间组合

二层公共休息大厅（有地面）的房间组合如图 5.9.6 所示。

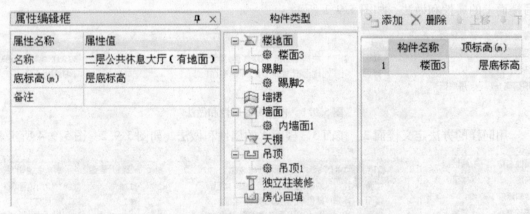

图 5.9.6　二层公共休息大厅（有地面）的房间组合

3. 二层公共休息大厅（无地面）的房间组合

二层公共休息大厅（无地面）的房间组合如图 5.9.7 所示。

4. 二层走廊的房间组合

二层走廊的房间组合如图 5.9.8 所示。

5. 二层办公室 1 的房间组合

二层办公室 1 的房间组合如图 5.9.9 所示。

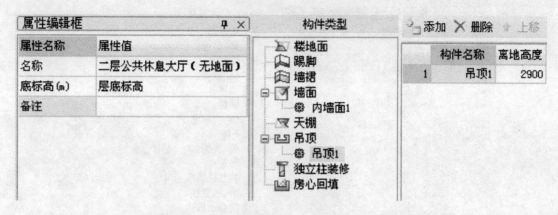

图 5.9.7　二层公共休息大厅（无地面）的房间组合

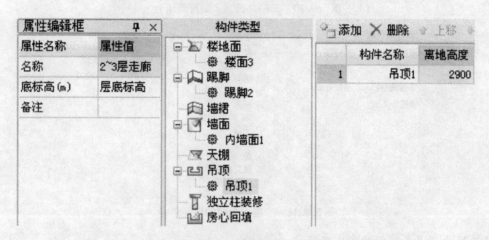

图 5.9.8　二层走廊的房间组合

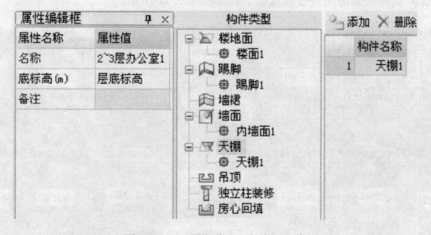

图 5.9.9　二层办公室 1 的房间组合

6. 二层办公室 2 的房间组合

二层办公室 2 的房间组合如图 5.9.10 所示。

7. 二层卫生间的房间组合

二层卫生间的房间组合如图 5.9.11 所示。

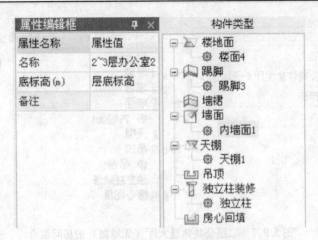

图 5.9.10 二层办公室 2 的房间组合

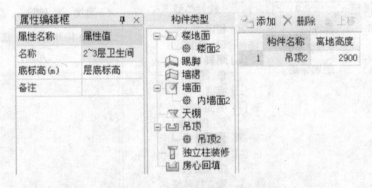

图 5.9.11 二层卫生间的房间组合

（三）画二层各房间的室内装修

用"点"式画法画房间装修就可以了，如图 5.9.12 所示。

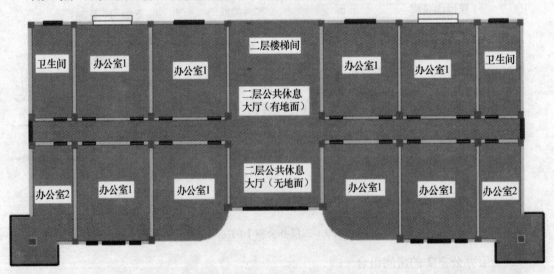

图 5.9.12 二层房间装修示意图

点完房间后用调整首层窗上栏板墙面装修的方法，调整二层办公室 2 窗上栏板的墙面标高为"顶板顶标高"。

1. 查看"二层楼梯间"房间装修软件计算结果

全部楼层重新汇总后查看二层楼梯间房间装修的软件计算结果，见表5.9.1。

表 5.9.1　二层楼梯间房间装修软件手工对照表

序号	编码	项目名称	单位	软件量	手工量	备注
1	内墙面	墙面块料　面积耐擦洗涂料　内墙面1（砌块）	m^2	25.84	25.84	
2	内墙面	墙面抹灰面积　水泥砂浆　内墙面1（砌块）	m^2	25.84	25.84	

和首层一样，我们也需要对二层梯柱进行装修，并修改属性中"顶标高"为"柱顶标高 −0.1"，二层梯柱装修软件计算结果见表5.9.2。

表 5.9.2　二层梯柱装修软件手工对照表

序号	编码	项目名称	单位	软件量	手工量	备注
1	独立柱	独立柱块料面积　耐擦洗涂料　内墙面1（梯柱）	m^2	3.28	3.28	
2	独立柱	独立柱抹灰面积　水泥砂浆　内墙面1（梯柱）	m^2	3.28	3.28	

2. 查看"二层公共休息大厅（有地面）"房间装修软件计算结果

查看二层公共休息大厅（有地面）房间装修的软件计算结果，见表5.9.3。

表 5.9.3　二层公共休息大厅（有地面）房间装修软件手工对照表

序号	编码	项目名称	单位	软件量	手工量	备注
1	楼面	垫层体积　1:1.6 水泥粗砂焦渣　楼面3	m^3	1.6928	1.6928	
2	楼面	块料地面积　大理石楼面　楼面3	m^2	41.96	41.96	
3	吊顶	吊顶面积　U型轻钢龙骨　吊顶1	m^2	42.32	42.32	
4	吊顶	吊顶面积　铝合金条板面层　吊顶1	m^2	42.32	42.32	
5	内墙面	墙面块料面积　耐擦洗涂料　内墙面1（砌块）	m^2	29.04	28.2	表5.9.3 注解1 见网站 www. qiaosd. com
6	内墙面	墙面抹灰面积　水泥砂浆　内墙面1（砌块）	m^2	31.99	31.07	表5.9.3 注解1 见网站
7	踢脚	踢脚块料长度　大理石踢脚　踢脚2	m	10.4	10.1	表5.9.3 注解1 见网站

3. 查看"二层公共休息大厅（无地面）"房间装修软件计算结果

查看二层公共休息大厅（无地面）房间装修的软件计算结果，见表5.9.4。

表 5.9.4　二层公共休息大厅（无地面）房间装修软件手工对照表

序号	编码	项目名称	单位	软件量	手工量	备注
1	吊顶	吊顶面积　U型轻钢龙骨　吊顶1	m^2	31.15	31.15	
2	吊顶	吊顶面积　铝合金条板面层　吊顶1	m^2	31.15	31.15	
3	内墙面	墙面块料面积　耐擦洗涂料　内墙面1（砌块）	m^2	34.86	35.73	表5.9.4 注解1 见网站 www. qiaosd. com
4	内墙面	墙面抹灰面积　水泥砂浆　内墙面1（砌块）	m^2	35.78	36.7	表5.9.4 注解1 见网站

4. 查看"二层走廊"房间装修软件计算结果

查看二层走廊房间装修的软件计算结果，见表 5.9.5。

表 5.9.5 二层走廊房间装修软件手工对照表（左走廊工程量）

序号	编码	项目名称	单位	软件量	手工量	备注
1	楼面	垫层体积 1:1.6 水泥粗砂焦渣 楼面 3	m³	0.9792	0.9792	
2	楼面	块料地面积 大理石楼面 楼面 3	m²	25.48	25.48	
3	吊顶	吊顶面积 U 型轻钢龙骨 吊顶 1	m²	24.48	24.48	
4	吊顶	吊顶面积 铝合金条板面层 吊顶 1	m²	24.48	24.48	
5	内墙面	墙面块料面积 耐擦洗涂料 内墙面 1（砌块）	m²	72.95	72.39	表 5.9.5 注解 1 见网站 www.qiaosd.com
6	内墙面	墙面抹灰面积 水泥砂浆 内墙面 1（砌块）	m²	75.49	74.89	表 5.9.5 注解 1 见网站
7	踢脚	踢脚块料长度 大理石踢脚 踢脚 2	m	24.2	24.2	

注：与其对称的二层右走廊房间装修工程量相同。

5. 查看"二层办公室 1"房间装修软件计算结果

（1）查看"二层（3~4）/（C~D）办公室 1"及其对称房间装修软件计算结果

查看二层（3~4）/（C~D）办公室 1 房间装修的软件计算结果，见表 5.9.6。

表 5.9.6 二层（3~4）/（C~D）办公室 1 房间装修软件手工对照表

序号	编码	项目名称	单位	软件量	手工量	备注
1	楼面	地面积 水泥砂浆找平 楼面 1	m²	40.31	40.31	
2	楼面	块料地面积 地砖楼面 楼面 1	m²	40.345	40.345	
3	天棚	天棚抹灰面积 耐擦洗涂料 天棚 1	m²	40.225	40.225	
4	天棚	天棚抹灰面积 水泥砂浆 天棚 1	m²	40.225	40.225	
5	内墙面	墙面块料面积 耐擦洗涂料 内墙面 1（砌块）	m²	77.42	77.12	软件多算窗台板侧壁面积
6	内墙面	墙面抹灰面积 水泥砂浆 内墙面 1（砌块）	m²	77.57	77.57	
7	踢脚	踢脚块料长度 地砖踢脚 踢脚 1	m	23.9	23.9	

注：与其对称的"（5~6）/（C~D）办公室 1"房间装修工程量相同。

（2）查看"二层（2~3）/（C~D）办公室 1"及其对称房间装修软件计算结果

查看二层（2~3）/（C~D）办公室 1 房间装修的软件计算结果，见表 5.9.7。

表 5.9.7 二层（2~3）/（C~D）办公室 1 房间装修软件手工对照表

序号	编码	项目名称	单位	软件量	手工量	备注
1	楼面	地面积 水泥砂浆找平 楼面 1	m²	40.31	40.31	
2	楼面	块料地面积 地砖楼面 楼面 1	m²	40.345	40.345	
3	天棚	天棚抹灰面积 耐擦洗涂料 天棚 1	m²	40.225	40.225	
4	天棚	天棚抹灰面积 水泥砂浆 天棚 1	m²	40.225	40.225	

序号	编码	项目名称	单位	软件量	手工量	备注
5	内墙面	墙面块料面积　耐擦洗涂料　内墙面1（砌块）	m²	76.13	75.755	软件多算窗台板侧壁面积
6	内墙面	墙面抹灰面积　水泥砂浆　内墙面1（砌块）	m²	76.13	76.13	
7	踢脚	踢脚块料长度　地砖踢脚　踢脚1	m	23.9	23.9	

注：与其对称的"（6~7）/（C~D）办公室1"房间装修工程量相同。

（3）查看"二层（2~3）/（A~B）办公室1"及其对称房间装修软件计算结果

汇总计算后查看二层（2~3）/（A~B）办公室1房间装修的软件计算结果，见表5.9.8。

表5.9.8　二层（2~3）/（A~B）办公室1房间装修软件手工对照表

序号	编码	项目名称	单位	软件量	手工量	备注
1	楼面	地面积　水泥砂浆找平　楼面1	m²	42.05	42.05	
2	楼面	块料地面积　地砖楼面　楼面1	m²	42.07	42.07	
3	天棚	天棚抹灰面积　耐擦洗涂料　天棚1	m²	41.96	41.96	
4	天棚	天棚抹灰面积　水泥砂浆　天棚1	m²	41.96	41.96	
5	内墙面	墙面块料面积　耐擦洗涂料　内墙面1（砌块）	m²	78.044	77.594	软件多算窗台板侧壁面积
6	内墙面	墙面抹灰面积　水泥砂浆　内墙面1（砌块）	m²	76.754	76.754	
7	踢脚	踢脚块料长度　地砖踢脚　踢脚1	m	24.5	24.5	

注：与其对称的"（6~7）/（A~B）办公室1"房间装修工程量相同。

（4）查看二层"（3~4）/（A~B）办公室1"及其对称房间装修软件计算结果

查看二层（3~4）/（A~B）办公室1房间装修的软件计算结果，见表5.9.9。

表5.9.9　二层（3~4）/（A~B）办公室1房间装修软件手工对照表

序号	编码	项目名称	单位	软件量	手工量	备注
1	楼面	地面积　水泥砂浆找平　楼面1	m²	40.9348	40.9563	圆弧处允许误差
2	楼面	块料地面积　地砖楼面　楼面1	m²	40.8673	40.8638	圆弧处允许误差
3	天棚	天棚抹灰面积　耐擦洗涂料　天棚1	m²	50.0243	50.8101	表5.9.9注解1见网站
4	天棚	天棚抹灰面积　水泥砂浆　天棚1	m²	50.0243	50.8101	表5.9.9注解1见网站
5	内墙面	墙面块料面积　耐擦洗涂料　内墙面1（砌块）	m²	59.7974	59.84	圆弧处允许误差
6	内墙面	墙面抹灰面积　水泥砂浆　内墙面1（砌块）	m²	60.4761	60.52	圆弧处允许误差
7	踢脚	踢脚块料长度　地砖踢脚　踢脚1	m	17.1875	17.2	圆弧处允许误差

注：与其对称的"（5~6）/（A~B）办公室1"房间装修工程量相同。

6. 查看"二层办公室2"房间装修软件计算结果

汇总计算后查看二层办公室2的房间装修软件计算结果，见表5.9.10。

表 5.9.10　二层办公室 2 房间装修软件手工对照表

序号	编码	项目名称	单位	软件量	手工量	备注
1	楼面	地面积 水泥楼面 楼面 4	m²	32.4064	32.4064	
2	楼面	垫层体积 CL7.5 轻集料混凝土 楼面 4	m²	1.2963	1.2963	
3	天棚	天棚抹灰面积 耐擦洗涂料 天棚 1	m²	34.5609	34.5609	
4	天棚	天棚抹灰面积 水泥砂浆 天棚 1	m²	34.5609	34.5609	
5	内墙面	墙面块料面积 耐擦洗涂料 内墙面 1（砌块）	m²	56.811 / 56.886	57.636	外装修未做时的量 / 外装修已做时的量 表 5.9.10 注解 1 见网站 www.qiaosd.com
6	内墙面	墙面块料面积 耐擦洗涂料 内墙面 1（混凝土）	m²	6.7632 / 6.6132	6.6132	外装修未做时的量 / 外装修已做时的量
7	内墙面	墙面抹灰面积 水泥砂浆 内墙面 1（砌块）	m²	57.921 / 58.021	58.796	外装修未做时的量 / 外装修已做时的量 表 5.9.10 注解 1 见网站
8	内墙面	墙面抹灰面积 水泥砂浆 内墙面 1（混凝土）	m²	7.8152 / 7.6152	7.6152	外装修未做时的量 / 外装修已做时的量
9	踢脚	踢脚抹灰长度 水泥踢脚 踢脚 3	m	27.12	27.62	表 5.9.10 注解 2 见网站
10	独立柱	独立柱块料面积 耐擦洗涂料 内墙面 1	m²	6.712	6.512	软件未扣独立柱踢脚面积
11	独立柱	独立柱抹灰面积 水泥砂浆 内墙面 1	m²	6.712	6.712	
12	独立柱	独立柱踢脚长度 水泥踢脚 踢脚 3	m	2	2	

　　提醒：如果内墙面的工程量手工和软件对不上，可能受到栏板踢脚的影响，这时候重新点画栏板的踢脚，就没有问题了。

7. 查看"二层卫生间"房间装修软件计算结果

　　查看二层卫生间的房间装修软件计算结果，见表 5.9.11。

表 5.9.11　二层卫生间房间装修软件手工对照表

序号	编码	项目名称	单位	软件量	手工量	备注
1	楼面	地面积 1:3 水泥砂浆找平 楼面 2	m²	22.24	22.24	
2	楼面	地面积 聚氨酯防水 楼面 2	m²	22.24	22.24	
3	楼面	防水卷边面积 聚氨酯防水 楼面 2	m²	3.045	3.045	
4	楼面	块料地面积 防滑地砖 楼面 2	m²	22.12	22.12	
5	楼面	找坡层体积 细石混凝土 楼面 2	m³	0.7784	0.7784	
6	吊顶	吊顶面积 T 型轻钢龙骨 吊顶 2	m²	22.24	22.24	
7	吊顶	吊顶面积 岩棉吸声板面层 吊顶 2	m²	22.24	22.24	
8	内墙面	墙面块料面积 瓷砖墙面 内墙面 2	m²	54.7275	54.54	软件多算窗台板侧壁面积

　　注：与其对称的右侧卫生间房间装修工程量相同。

二、二层外装修工程量对照表

根据"建施 –08～10"在砌块墙位置点画外墙装修"外墙1",在栏板位置点画"外墙3(混凝土)"就可以了,我们还是分段对照二层的外墙装修的工程量。

(一)二层外装修"外墙1"软件手工对照

1. 1/A 轴二层外墙面 1 软件计算结果

汇总计算后查看 1/A 轴二层外墙面 1 软件计算结果,见表 5.9.12。

表 5.9.12　1/A 轴二层外墙面 1 软件手工对照表

序号	编码	项目名称	单位	软件量	手工量	备注
1	外墙面	墙面块料面积 面砖外墙 外墙 1	m²	15.065	14.345	表 5.9.12 注解 1 见网站 www.qiaosd.com
2	外墙面保温	外墙保温面积 50 厚聚苯板 外墙 1	m²	13.14	12.42	表 5.9.12 注解 1 见网站

2. (1～4)/A 轴二层墙面 1 软件计算结果

查看 (1～4)/A 轴二层外墙面软件计算结果,见表 5.9.13。

表 5.9.13　(1～4)/A 轴二层外墙面 1 软件手工对照表

序号	编码	项目名称	单位	软件量	手工量	备注
1	外墙面	墙面块料面积 面砖外墙 外墙 1	m²	22.2575	22.41	表 5.9.13 注解 1 见网站 www.qiaosd.com
2	外墙面保温	外墙保温面积 50 厚聚苯板 外墙 1	m²	19.5575	19.71	表 5.9.13 注解 1 见网站

3. 1/(A～D) 轴二层墙面 1 软件计算结果

查看 1/(A～D) 轴二层外墙面软件计算结果,见表 5.9.14。

表 5.9.14　1/(A～D) 轴二层外墙面 1 软件手工对照表

序号	编码	项目名称	单位	软件量	手工量	备注
1	外墙面	墙面块料面积 面砖外墙 外墙 1	m²	49.8375	49.45	表 5.9.14 注解 1 见网站 www.qiaosd.com
2	外墙面保温	外墙保温面积 50 厚聚苯板 外墙 1	m²	48.8375	48.45	表 5.9.14 注解 1 见网站

4. (1～4)/D 轴二层外墙面软件计算结果

(1～4)/D 二层外墙面 1 软件计算结果,见表 5.9.15。

表 5.9.15　(1～4)/D 二层外墙面 1 软件手工对照表

序号	编码	项目名称	单位	软件量	手工量	备注
1	外墙面	墙面块料面积 面砖外墙 外墙 1	m²	42.625	41.815	表 5.9.15 注解 1 见网站 www.qiaosd.com
2	外墙面保温	外墙保温面积 50 厚聚苯板 外墙 1	m²	39.1	39.64	表 5.9.15 注解 1 见网站

5. 二层外墙面软件计算结果

用"批量选择"的方法选中二层所有的"外墙1"，查看二层外墙面1软件计算结果，见表5.9.16。

表5.9.16　二层外墙面1软件手工对照表

序号	编码	项目名称	单位	软件量	手工量	备注
1	外墙面	墙面块料面积 面砖外墙 外墙1	m²	244.505	241.695	见表5.9.12～表5.9.15注解
2	外墙面保温	外墙保温面积 50厚聚苯板 外墙1	m²	228.13	228.02	见表5.9.12～表5.9.15注解

（二）二层外装修"外墙3"软件手工对照

1. 画外墙面3

在混凝土栏板外画"外墙3（混凝土）"，如图5.9.13所示。

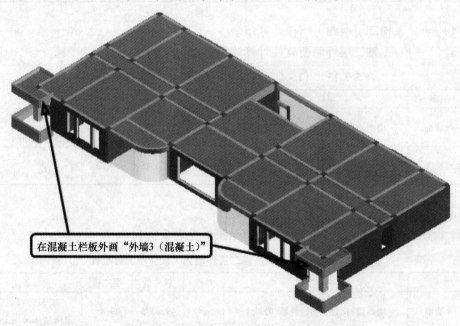

在混凝土栏板外画"外墙3（混凝土）"

图5.9.13　二层外墙面3示意图

2. 外墙面3软件计算结果

汇总计算后用批量选择的方法查看二层外墙面3的软件计算结果，见表5.9.17。

表5.9.17　二层外墙面3软件"做法工程量"表

序号	编码	项目名称	单位	软件量	手工量	备注
1	外墙面	栏板外装修面积 HJ80-1涂料 外墙3（混凝土）	m²	19.356	19.116	三层外装修未画时的量
				19.116		三层外装修已画时的量
2	外墙面	栏板外装修面积 水泥砂浆外墙 外墙3（混凝土）	m²	19.356	19.116	三层外装修未画时的量
				19.116		三层外装修已画时的量
3	外墙面保温	外墙保温面积 50厚聚苯板保温 外墙3（混凝土）	m²	19.356	19.116	三层外装修未画时的量
				19.116		三层外装修已画时的量

第十节 三层装修工程量计算

画三层房间装修:

将楼层切换到第3层→在"定义"状态下单击"从其他楼层复制构件图元"→勾选办公室1、办公室2、卫生间、走廊、楼梯间→单击"确定"。

由于三层在公共休息大厅处有部分无顶板,导致公共休息大厅与二层相同位置装修不同,这两个房间需要重新组合。

（一）三层公共休息大厅房间组合

1. 三层公共休息大厅（有吊顶）的房间组合

三层公共休息大厅（有吊顶）的房间组合如图5.10.1所示。

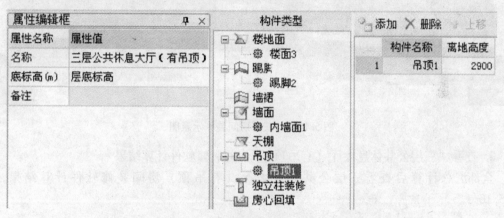

图5.10.1 三层公共休息大厅（有吊顶）房间组合

2. 三层公共休息大厅（无吊顶）的房间组合

三层公共休息大厅（无吊顶）的房间组合如图5.10.2所示。

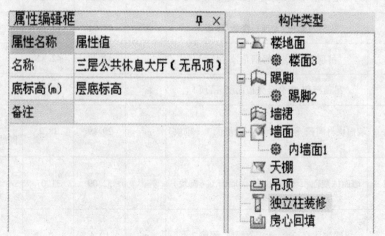

图5.10.2 三层公共休息大厅（无吊顶）房间组合

（二）画三层房间装修并查看软件计算结果

1. 画三层房间装修

按照二层画栏板装修的方法画三层的栏板装修，然后点取三层的房间装修，并且点画三层梯柱装修并修改柱顶标高，画好的三层房间装修如图5.10.3所示。

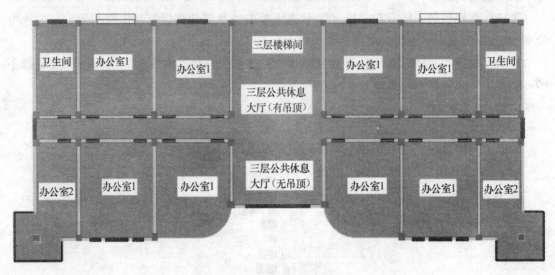

图5.10.3　三层房间装修示意图

2. 查看"三层公共休息大厅（有吊顶）"房间装修软件计算结果

全部汇总计算后查看三层公共休息大厅（有吊顶）房间装修软件计算结果，见表5.10.1。

表5.10.1　三层公共休息大厅（有吊顶）房间装修软件手工对照表

序号	编码	项目名称	单位	软件量	手工量	备注
1	楼面	垫层体积 1:1.6 水泥粗砂焦渣 楼面3	m³	1.6928	1.6928	
2	楼面	块料地面积 大理石楼面 楼面3	m²	41.96	41.96	
3	吊顶	吊顶面积 U型轻钢龙骨 吊顶1	m²	42.32	42.32	
4	吊顶	吊顶面积 铝合金条板面层 吊顶1	m²	42.32	42.32	
5	内墙面	墙面块料面积 耐擦洗涂料 内墙面1（砌块）	m²	29.19	28.2	表5.10.1注解1见网站 www.qiaosd.com
6	内墙面	墙面抹灰面积 水泥砂浆 内墙面1（砌块）	m²	32.09	31.07	表5.10.1注解1见网站
7	踢脚	踢脚块料长度 大理石踢脚 踢脚2	m	10.4	10.1	表5.10.1注解1见网站

3. 查看三层公共休息大厅（无吊顶）房间装修软件计算结果（表5.10.2）

表 5.10.2　三层公共休息大厅（无吊顶）房间装修软件手工对照表

序号	编码	项目名称	单位	软件量	手工量	备注
1	楼面	垫层体积 1:1.6 水泥粗砂焦渣 楼面3	m³	1.246	1.246	
2	楼面	块料地面积 大理石楼面 楼面3	m²	31.075	31.075	
3	内墙面	墙面块料面积 耐擦洗涂料 内墙面1（砌块）	m²	44.105	45.005	表5.10.2 注解1 见网站 www.qiaosd.com
4	内墙面	墙面抹灰面积 水泥砂浆 内墙面1（砌块）	m²	43.68	44.7	表5.10.2 注解1 见网站
5	踢脚	踢脚块料长度 大理石踢脚 踢脚2	m	15.9	16.2	表5.10.2 注解1 见网站

（三）画三层外装修

按照二层外装修的操作方法画三层外装修，画三层公共休息大厅（无吊顶）房间装修并查看软件计算结果。

第十一节　四层装修工程量计算

一、四层室内装修

接下来我们来做四层的室内装修，和其他层一样，需要先把三层的"楼地面"、"踢脚"、"墙面"、"天棚"、"独立柱装修"复制到四层，然后进行房间组合。

（一）四层房间组合

根据"建施-01"的"室内装修做法表"组合四层的房间。

1. 四层楼梯间的房间组合

四层楼梯间的房间组合如图 5.11.1 所示。

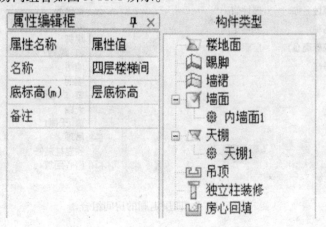

图 5.11.1　四层楼梯间的房间组合

2. 四层公共休息大厅（有地面）房间组合

四层公共休息大厅（有地面）的房间组合如图 5.11.2 所示。

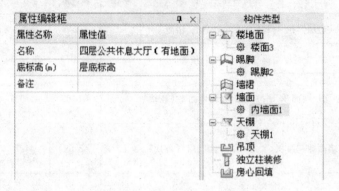

图 5.11.2　四层公共休息大厅（有地面）的房间组合

3. 四层公共休息大厅（无地面）房间组合

四层公共休息大厅（无地面）的房间组合如图 5.11.3 所示。

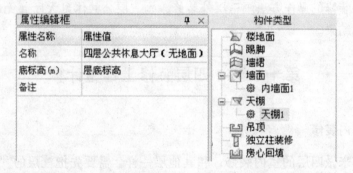

图 5.11.3　四层公共休息大厅（无地面）的房间组合

4. 四层走廊房间组合

四层走廊的房间组合如图 5.11.4 所示。

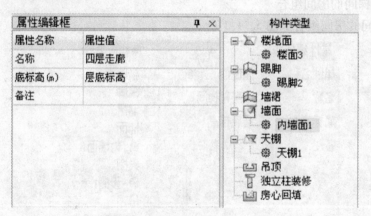

图 5.11.4　四层走廊的房间组合

5. 四层办公室 1 房间组合

四层办公室 1 的房间组合如图 5.11.5 所示。

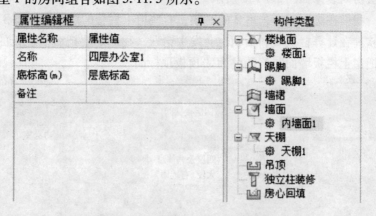

图 5.11.5　四层办公室 1 的房间组合

6. 四层办公室 2 房间组合

四层办公室 2 的房间组合如图 5.11.6 所示。

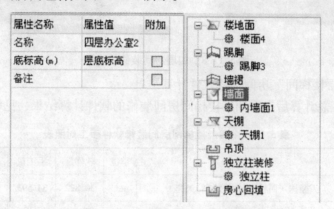

图 5.11.6　四层办公室 2 的房间组合

7. 四层卫生间房间组合

四层卫生间的房间组合如图 5.11.7 所示。

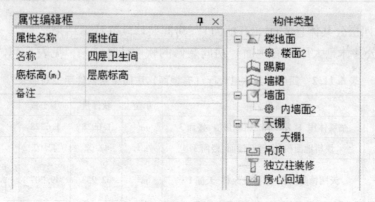

图 5.11.7　四层卫生间的房间组合

（二）画四层房间装修并查看软件计算结果

画好的四层房间装修如图 5.11.8 所示。

特别提醒：我们在画四层办公室 2 的时候，有些窗下栏板的墙面和踢脚 3 布置不上，即使布置上了，软件在计算栏板块料面积也会发生错误，我们需要把窗下栏板的墙面和踢脚 3 删除重画，并把窗上栏板墙面装修调整为"顶板顶标高"。

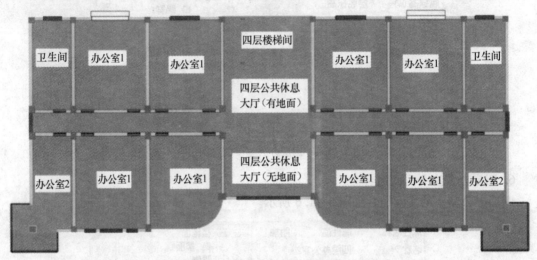

图 5.11.8　四层房间装修示意图

1. 查看"四层楼梯间"房间装修软件计算结果

全部汇总后汇总计算后查看四层楼梯间房间装修的软件计算结果，见表 5.11.1。

表 5.11.1　四层楼梯间房间装修软件手工对照表

序号	编码	项目名称	单位	软件量	手工量	备注
1	天棚	天棚抹灰面积 耐擦洗涂料 天棚 1	m²	30.822	34.593	
2	天棚	天棚抹灰面积 水泥砂浆 天棚 1	m²	30.822	34.593	
3	内墙面	墙面块料面积 耐擦洗涂料 内墙面 1（砌块）	m²	23.608	23.608	
4	内墙面	墙面抹灰面积 水泥砂浆 内墙面 1（砌块）	m²	23.608	23.608	

2. 查看"四层公共休息大厅（有地面）"房间装修软件计算结果

查看四层公共休息大厅（有地面）房间装修的软件计算结果，见表 5.11.2。

表 5.11.2　四层公共休息大厅（有地面）房间装修软件手工对照表

序号	编码	项目名称	单位	软件量	手工量	备注
1	楼面	垫层体积 1:1.6 水泥粗砂焦渣 楼面 3	m³	1.6928	1.6928	
2	楼面	块料地面积 大理石楼面 楼面 3	m²	42.02	42.02	
3	天棚	天棚抹灰面积 耐擦洗涂料 天棚 1	m²	62.953	49.207	表 5.11.2 注解 1 见网站 www.qiaosd.com
4	天棚	天棚抹灰面积 水泥砂浆 天棚 1	m²	62.953	49.207	表 5.11.2 注解 1 见网站

序号	编码	项目名称	单位	软件量	手工量	备注
5	内墙面	墙面块料面积　耐擦洗涂料　内墙面1（砌块）	m²	31.812	30.908	表5.11.2 注解2见网站
6	内墙面	墙面抹灰面积　水泥砂浆　内墙面1（砌块）	m²	32.852	31.918	表5.11.2 注解2见网站
7	踢脚	踢脚块料长度　大理石踢脚　踢脚2	m	10.4	10.1	表5.11.2 注解2见网站

3. 查看"四层公共休息大厅（无地面）"房间装修软件计算结果

查看四层公共休息大厅（无地面）房间装修的软件计算结果，见表5.11.3。

表5.11.3　四层公共休息大厅（无地面）房间装修软件手工对照表

序号	编码	项目名称	单位	软件量	手工量	备注
1	天棚	天棚抹灰面积　耐擦洗涂料　天棚1	m²	31.125	34.274	表5.11.3注解1见 网站 www.qiaosd.com
2	天棚	天棚抹灰面积　水泥砂浆　天棚1	m²	31.125	34.274	表5.11.3 注解1见网站
3	内墙面	墙面块料面积　耐擦洗涂料　内墙面1（砌块）	m²	40.371	41.305	表5.11.3 注解2见网站
4	内墙面	墙面抹灰面积　水泥砂浆　内墙面1（砌块）	m²	38.446	39.38	表5.11.3 注解2见网站

4. 查看"四层走廊"房间装修软件计算结果

查看四层走廊房间装修的软件计算结果，见表5.11.4。

表5.11.4　四层走廊房间装修软件手工对照表

序号	编码	项目名称	单位	软件量	手工量	备注
1	楼面	垫层体积　1:1.6 水泥粗砂焦渣　楼面3	m³	0.9792	0.9792	
2	楼面	块料地面积　大理石楼面　楼面3	m²	25.48	25.48	
3	天棚	天棚抹灰面积　耐擦洗涂料　天棚1	m²	26.784	26.784	
4	天棚	天棚抹灰面积　水泥砂浆　天棚1	m²	26.784	26.784	
5	内墙面	墙面块料面积　耐擦洗涂料　内墙面1（砌块）	m²	84.616	84.076	表5.11.4注解1见 网站 www.qiaosd.com
6	内墙面	墙面抹灰面积　水泥砂浆　内墙面1（砌块）	m²	80.856	80.296	表5.11.4 注解1见网站
7	踢脚	踢脚块料长度　大理石踢脚　踢脚2	m	24.2	24.2	

注：与其对称的四层右走廊房间装修工程量相同。

5. 查看"四层办公室1"房间装修软件计算结果

（1）查看"（3~4）/（C~D）办公室1"及其对称房间装修软件计算结果

查看四层"（3~4）/（C~D）办公室1"房间装修的软件计算结果，见表5.11.5。

表 5.11.5　四层"（3～4）/（C～D）办公室 1"房间装修软件手工对照表

序号	编码	项目名称	单位	软件量	手工量	备注
1	楼面	地面积 水泥砂浆找平 楼面 1	m²	40.31	40.31	
2	楼面	块料地面积 地砖楼面 楼面 1	m²	40.345	40.345	
3	天棚	天棚抹灰面积 耐擦洗涂料 天棚 1	m²	40.225	40.225	
4	天棚	天棚抹灰面积 水泥砂浆 天棚 1	m²	40.225	40.255	
5	内墙面	墙面块料面积 耐擦洗涂料 内墙面 1（砌块）	m²	72.31	72.01	软件多算窗台板侧壁面积
6	内墙面	墙面抹灰面积 水泥砂浆 内墙面 1（砌块）	m²	72.46	72.46	
7	踢脚	踢脚块料长度 地砖踢脚 踢脚 1	m	23.9	23.9	

注：与其对称的"（5～6）/（C～D）办公室 1"房间装修工程量相同。

（2）查看"（2～3）/（C～D）办公室 1"及其对称房间装修软件计算结果

查看四层"（2～3）/（C～D）办公室 1"房间装修的软件计算结果，见表 5.11.6。

表 5.11.6　四层"（2～3）/（C～D）办公室 1"房间装修软件手工对照表

序号	编码	项目名称	单位	软件量	手工量	备注
1	楼面	地面积 水泥砂浆找平 楼面 1	m²	40.31	40.31	
2	楼面	块料地面积 地砖楼面 楼面 1	m²	40.345	40.345	
3	天棚	天棚抹灰面积 耐擦洗涂料 天棚 1	m²	40.225	40.225	
4	天棚	天棚抹灰面积 水泥砂浆 天棚 1	m²	40.225	40.225	
5	内墙面	墙面块料面积 耐擦洗涂料 内墙面 1（砌块）	m²	71.02	70.645	软件多算窗台板侧壁面积
6	内墙面	墙面抹灰面积 水泥砂浆 内墙面 1（砌块）	m²	71.02	71.02	
7	踢脚	踢脚块料长度 地砖踢脚 踢脚 1	m	23.9	23.9	

注：与其对称的"（6～7）/（C～D）办公室 1"房间装修工程量相同。

（3）查看"（2～3）/（A～B）办公室 1"及其对称房间装修软件计算结果

查看四层"（2～3）/（A～B）办公室 1"房间装修的软件计算结果，见表 5.11.7。

表 5.11.7　四层"（2～3）/（A～B）办公室 1"房间装修软件手工对照表

序号	编码	项目名称	单位	软件量	手工量	备注
1	楼面	地面积 水泥砂浆找平 楼面 1	m²	42.05	42.05	
2	楼面	块料地面积 地砖楼面 楼面 1	m²	42.07	42.07	
3	天棚	天棚抹灰面积 耐擦洗涂料 天棚 1	m²	41.96	41.96	
4	天棚	天棚抹灰面积 水泥砂浆 天棚 1	m²	41.96	41.96	
5	内墙面	墙面块料面积 耐擦洗涂料 内墙面 1（砌块）	m²	72.814	72.364	软件多算窗台板侧壁面积
6	内墙面	墙面抹灰面积 水泥砂浆 内墙面 1（砌块）	m²	71.524	71.524	
7	踢脚	踢脚块料长度 地砖踢脚 踢脚 1	m	24.5	24.5	

注：与其对称的"（6～7）/（A～B）办公室 1"房间装修工程量相同。

（4）查看"（3～4）/（A～B）办公室1"及其对称房间装修软件计算结果

查看四层"（3～4）/（A～B）办公室1"房间装修的软件计算结果，见表5.11.8。

表5.11.8　四层"（3～4）/（A～B）办公室1"房间装修软件手工对照表

序号	编码	项目名称	单位	软件量	手工量	备注
1	楼面	地面积 水泥砂浆找平 楼面1	m²	40.9348	40.9563	圆弧处允许误差
2	楼面	块料地面积 地砖楼面 楼面1	m²	40.8673	40.8638	圆弧处允许误差
3	天棚	天棚抹灰面积 耐擦洗涂料 天棚1	m²	51.3534	52.1559	表5.11.8注解1见网站 www.qiaosd.com
4	天棚	天棚抹灰面积 水泥砂浆 天棚1	m²	51.3534	52.1559	表5.11.8 注解1见网站
5	内墙面	墙面块料面积 耐擦洗涂料 内墙面1（砌块）	m²	55.9908	56.03	圆弧处允许误差
6	内墙面	墙面抹灰面积 水泥砂浆 内墙面1（砌块）	m²	56.6696	56.71	圆弧处允许误差
7	踢脚	踢脚块料长度 地砖踢脚 踢脚1	m	17.1875	17.2	圆弧处允许误差

注：与其对称的"（5～6）/（A～B）办公室1"房间装修工程量相同。

6. 查看"四层办公室2"房间装修软件计算结果

查看四层办公室2的房间装修软件计算结果，见表5.11.9。

表5.11.9　四层办公室2房间装修软件手工对照表（左侧）

序号	编码	项目名称	单位	软件量	手工量	备注
1	楼面	地面积 水泥楼面 楼面4	m²	32.4064	32.4064	
2	楼面	垫层体积 CL7.5轻集料混凝土 楼面4	m³	1.2963	1.2963	
3	天棚	天棚抹灰面积 耐擦洗涂料 天棚1	m²	35.2209	35.2209	
4	天棚	天棚抹灰面积 水泥砂浆 天棚1	m²	35.2209	35.2209	
5	内墙面	墙面块料面积 耐擦洗涂料 内墙面1（砌块）	m²	53.306	54.056	外装修未做时的量
				53.381		外装修已做时的量 表5.11.9注解1见 网站 www.qiaosd.com
6	内墙面	墙面块料面积 耐擦洗涂料 内墙面1（混凝土）	m²	7.2612	7.6152	窗下短栏板墙面未 布置上时的量
				7.7652		在画墙面状态下分别 选中栏板墙面就能对 上外装修未做时的量
				7.6152		外装修已做时的量
7	内墙面	墙面抹灰面积 水泥砂浆 内墙面1（砌块）	m²	54.416	55.216	外装修未做时的量
				54.516		外装修已经做时的量 表5.11.9 注解1见网站
8	内墙面	墙面抹灰面积 水泥砂浆 内墙面1（混凝土）	m²	8.8172	8.6172	在画墙面状态下分别 选中栏板墙面就能对 上外装修未做时的量
				8.6172		外装修已做时的量

序号	编码	项目名称	单位	软件量	手工量	备注
9	踢脚	踢脚抹灰长度　水泥踢脚　踢脚3	m	27.12	27.62	窗下栏板踢脚删除重画，在画踢脚状态下分别选中8条踢脚就能对上，表5.11.9注解2见网站
10	独立柱	独立柱块料面积　耐擦洗涂料　内墙面1	m²	6.252	6.052	软件未扣独立柱踢脚面积
11	独立柱	独立柱抹灰面积　水泥砂浆　内墙面1	m²	6.252	6.252	
12	独立柱	独立柱踢脚长度　水泥踢脚　踢脚3	m	2	2	

提醒：如果内墙面的工程量手工和软件对不上，可能受到栏板踢脚的影响，这时候重新点画栏板的踢脚，就没有问题了。

7. 查看"四层卫生间"房间装修软件计算结果

查看四层卫生间的房间装修软件计算结果，见表5.11.10。

表5.11.10　四层卫生间房间装修软件手工对照表

序号	编码	项目名称	单位	软件量	手工量	备注
1	楼面	地面积　1:3 水泥砂浆找平　楼面2	m²	22.24	22.24	
2	楼面	地面积　聚氨酯防水　楼面2	m²	22.24	22.24	
3	楼面	防水卷边面积　聚氨酯防水　楼面2	m²	3.045	3.045	
4	楼面	块料地面积　防滑地砖　楼面2	m²	22.12	22.12	
5	楼面	找坡层体积　细石混凝土　楼面2	m³	0.7784	0.7784	
6	天棚	天棚抹灰面积　耐擦洗涂料　天棚1	m²	22.14	22.14	
7	天棚	天棚抹灰面积　水泥砂浆　天棚1	m²	22.14	22.14	
8	内墙面	墙面块料面积　瓷砖墙面　内墙面2	m²	62.159	61.9715	软件多算窗台板侧壁面积

注：与其对称的卫生间房间装修工程量相同。

二、四层外装修工程量计算

根据"建施-08~10"在砌块墙位置点画外墙装修"外墙1"，在栏板位置点画"外墙3（混凝土）"就可以了，我们还是分段对照四层的外墙装修的工程量。

（一）四层外装修"外墙1"软件手工对照

1.1/A轴四层外墙面1软件计算结果

汇总计算后查看1/A轴首层外墙面1软件计算结果，见表5.11.11。

表5.11.11　1/A轴四层外墙面1软件手工对照表

序号	编码	项目名称	单位	软件量	手工量	备注
1	外墙面	墙面块料面积　面砖外墙　外墙1	m²	13.585	12.905	表5.11.11注解1见网站 www.qiaosd.com
2	外墙面保温	外墙保温面积　50厚聚苯板　外墙1	m²	11.66	10.98	表5.11.11注解1见网站

2. (1~4)/A 轴四层墙面 1 软件计算结果

查看 (1~4)/A 轴四层外墙面软件计算结果，见表 5.11.12。

表 5.11.12　(1~4)/A 轴四层外墙面 1 软件手工对照表

序号	编码	项目名称	单位	软件量	手工量	备注
1	外墙面	墙面块料面积　面砖外墙　外墙 1	m²	20.66	20.82	表 5.11.12 注解 1 见网站 www. qiaosd. com
2	外墙面保温	外墙保温面积 50 厚聚苯板　外墙 1	m²	17.96	18.12	表 5.11.12 注解 1 见网站

3. 四层墙面 1/(A~D) 软件计算结果

查看 1/(A~D) 轴四层外墙面软件计算结果，见表 5.11.13。

表 5.11.13　1/(A~D) 轴四层外墙面 1 软件手工对照表

序号	编码	项目名称	单位	软件量	手工量	备注
1	外墙面	墙面块料面积　面砖外墙　外墙 1	m²	46.88	46.53	表 5.11.13 注解 1 见网站 www. qiaosd. com
2	外墙面保温	外墙保温面积 50 厚聚苯板　外墙 1	m²	45.88	45.53	表 5.11.13 注解 1 见网站

4. (1~4)/D 轴四层外墙面软件计算结果

(1~4)/D 四层外墙面 1 软件计算结果，见表 5.11.14。

表 5.11.14　(1~4)/D 四层外墙面 1 软件手工对照表

序号	编码	项目名称	单位	软件量	手工量	备注
1	外墙面	墙面块料面积　面砖外墙　外墙 1	m²	39.495	38.655	表 5.11.14 注解 1 见网站 www. qiaosd. com
2	外墙面保温	外墙保温面积 50 厚聚苯板　外墙 1	m²	35.97	36.48	表 5.11.14 注解 1 见网站

5. 四层外墙面软件计算结果

用"批量选择"的方法选中四层所有的"外墙 1"，查看四层外墙面 1 软件计算结果，见表 5.11.15。

表 5.11.15　四层外墙面 1 软件手工对照表

序号	编码	项目名称	单位	软件量	手工量	备注
1	外墙面	墙面块料面积　面砖外墙　外墙 1	m²	227.655	224.915	见表 5.11.11~5.11.14 注解
2	外墙面保温	外墙保温面积 50 厚聚苯板　外墙 1	m²	211.28	211.24	见表 5.11.11~5.11.14 注解

（二）四层外装修"外墙 3"软件手工对照

1. 画外墙面 3

在混凝土栏板外画"外墙 3（混凝土）"，如图 5.11.9 所示。

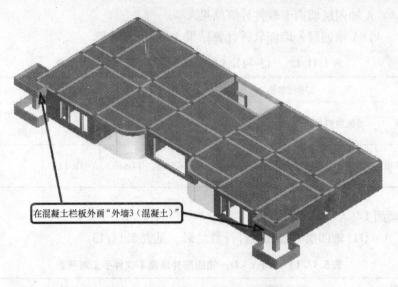

图 5.11.9　四层外墙面 3 示意图

2. 外墙面 3 软件计算结果

汇总计算后用批量选择的方法查看四层外墙面 3 的软件计算结果，见表 5.11.16。

表 5.11.16　四层外墙面 3 软件"做法工程量"表

序号	编码	项目名称	单位	软件量	手工量	备注
1	外墙面	栏板外装修面积 HJ80-1 涂料 外墙 3（混凝土）	m²	16.992	16.992	
2	外墙面	栏板外装修面积 水泥砂浆外墙 外墙 3（混凝土）	m²	16.992	16.992	
3	外墙面保温	外墙保温面积 50 厚聚苯板保温 外墙 3（混凝土）	m²	16.992	16.992	

第十二节　屋面层装修工程量计算

一、画屋面

将楼层切换到尾面层。

1. 画屋面 1

（1）屋面 1 的属性和做法

单击"其他"前面的"＋"号，使其展开→单击下一级的"屋面"→单击"新建"下拉菜单→单击"新建屋面"→在"属性编辑框"内修改屋面名称为"屋面 1（大屋面）"→填写屋面 1 属性和做法，如图 5.12.1 所示。

属性名称	属性值
名称	屋面1（大屋面）
顶标高（m）	层底标高
备注	

	编码	类别	项目名称	单位	工程量	表达式说明
1	屋面防水	补	防水层平面面积 SBS 屋面1（大屋面）	m2	MJ	MJ〈面积〉
2	屋面防水	补	防水层卷边面积 SBS 屋面1（大屋面）	m2	JBMJ	JBMJ〈卷边面积〉
3	屋面防水	补	找平层平面面积 1:3水浆 屋面1	m2	MJ	MJ〈面积〉
4	屋面防水	补	找坡层体积 1:0.2:3.5水泥粉煤灰页岩陶粒40厚 屋面1（大屋面）	m3	MJ*0.04	MJ〈面积〉*0.04
5	屋面保温	补	保温层体积 80厚聚苯板 屋面1（大屋面）	m3	MJ*0.08	MJ〈面积〉*0.08

图 5.12.1　屋面 1（大屋面）的属性和做法

用同样的方法建立"屋面1（阳台雨篷）"的属性和做法，如图5.12.2所示。

属性名称	属性值
名称	屋面1（阳台雨篷）
顶标高(m)	层底标高
备注	

	编码	类别	项目名称	单位	工程量	表达式说明
1	屋面防水	补	防水层平面面积 SBS 屋面1（阳台雨篷）	m2	MJ	MJ〈面积〉
2	屋面防水	补	防水层卷边面积 SBS 屋面1（阳台雨篷）	m2	JBMJ	JBMJ〈卷边面积〉
3	屋面防水	补	找平层平面面积 1：3水浆 屋面1（阳台雨篷）	m2	MJ	MJ〈面积〉
4	屋面防水	补	找坡层体积 1：0.2：3.5水泥粉煤灰页岩陶粒40厚 屋面1（阳台雨篷）	m3	MJ*0.04	MJ〈面积〉*0.04
5	屋面保温	补	保温层体积 80厚聚苯板 屋面1（阳台雨篷）	m3	MJ*0.08	MJ〈面积〉*0.08

图5.12.2 屋面1（阳台雨篷）的属性和做法

（2）画屋面1

我们用"智能布置"的方法画"屋面1"，操作步骤如下：

①先画女儿墙内的屋面1

选中"构件名称"下的"屋面1（大屋面）"→单击"智能布置"下拉菜单→单击"外墙内边线"→单击"批量选择"按钮，弹出"批量选择构件图元"对话框→勾选"女儿墙240"→单击"确定"→单击右键结束，这样女儿墙内的屋面就布置好了，如图5.12.3所示。

图5.12.3 女儿墙内屋面布置图

②画阳台雨篷上屋面1

选中构件名称下"屋面1（阳台雨篷）"→单击"智能布置"下拉菜单→单击"外墙内边线，栏板内边线"→分别单击图5.12.4中的栏板和女儿墙围成的封闭图形→单击右键结束，用同样的方法布置对称位置的屋面1。

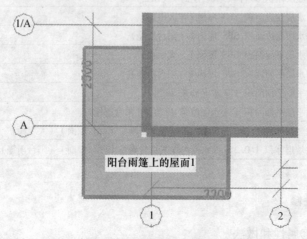

图5.12.4 布置阳台雨篷上的屋面1示意图

③定义屋面卷边

选中已经画好的女儿墙内"屋面1（大屋面）"→单击"定义屋面卷边"下拉菜单→单击"设置所有边"，弹出"请输入屋面卷边高度"对话框→填写屋面卷边高度250，单击"确定"，这样女儿墙内屋面卷边就修改好了。

选中已经画好的"屋面1（阳台雨篷）"→单击"定义屋面卷边"下拉菜单→单击"设置多边"→分别单击阳台栏板内边线→单击右键出现"请输入屋面卷边高度"对话框→填写屋面卷边高度200→单击"确定"→单击女儿墙外皮的两个边→单击右键，出现"请输入屋面卷边高度"对话框→填写屋面卷边高度250→单击"确定"，这样一个阳台雨篷上的屋面1就布置好了，用同样的方法定义对称位置屋面1的卷边。

定义好的屋面卷边如图5.12.5所示。

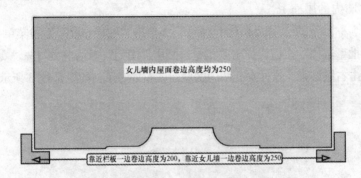

图5.12.5　屋面及卷边高度示意图

（3）屋面1软件计算结果

汇总计算后用"批量选择"的方法选中所有屋面，查看屋面1的软件计算结果，见表5.12.1。

表5.12.1　屋面1软件"做法工程量"表

序号	编码	项目名称	单位	工程量
1	屋面保温	保温层体积 80厚聚苯板 屋面1（大屋面）	m³	47.1287
2	屋面保温	保温层体积 80厚聚苯板 屋面1（阳台雨篷）	m³	1.311
3	屋面防水	防水层卷边面积 SBS 屋面1（大屋面）	m²	27.785
4	屋面防水	防水层卷边面积 SBS 屋面1（阳台雨篷）	m²	6.158
5	屋面防水	防水层平面面积 SBS 屋面1（大屋面）	m²	589.1082
6	屋面防水	防水层平面面积 SBS 屋面1（阳台雨篷）	m²	16.3878
7	屋面防水	找平层平面面积 1:3水泥砂浆 屋面1	m²	589.1082
8	屋面防水	找平层平面面积 1:3水泥砂浆 屋面1（阳台雨篷）	m²	16.3878
9	屋面防水	找坡层体积 1:0.2:3.5水泥粉煤灰页岩陶粒40厚 屋面1（大屋面）	m³	23.5643
10	屋面防水	找坡层体积 1:0.2:3.5水泥粉煤灰页岩陶粒40厚 屋面1（阳台雨篷）	m³	0.6555

二、女儿墙内装修

1. 女儿墙内装修属性和做法

定义好的女儿墙内装修（外墙5）属性和做法如图5.12.6所示。

属性名称	属性值
名称	外墙5(砖)
所附墙材质	砖
块料厚度(mm)	0
内/外墙面标志	外墙面
起点顶标高(m)	墙顶标高
终点顶标高(m)	墙顶标高
起点底标高(m)	墙底标高
终点底标高(m)	墙底标高

	编码	类别	项目名称	单位	工程量表达式	表达式说明
1	外墙面	补	墙面抹灰面积 水泥砂浆 外墙5（砖）（女儿墙内装修）	m2	QMMHMJ	QMMHMJ〈墙面抹灰面积〉

图 5.12.6　女儿墙内装修（外墙5）的属性和做法

2. 画女儿墙内装修

（1）画女儿墙内装修并修改标高

选中"构件名称"下的"外墙5（砖）"→单击
"点"按钮→在不显示构造柱和压顶状态下分别单击
女儿墙的内边线→单击右键结束，这样女儿墙内装修
就画好了。女儿墙内装修虽然画好了，但是标高不
对，软件默认女儿墙内装修的顶标高在压顶顶，我们
要把它修改到压顶底，用"批量选择"的方法选中，
然后修改"外墙5（砖）"的起点、终点顶标高，如
图 5.12.7 所示。

属性名称	属性值
名称	外墙5(砖)
所附墙材质	砖
块料厚度(mm)	0
内/外墙面	外墙面
起点顶标高	墙顶标高-0.06(15.24)
终点顶标高	墙顶标高-0.06(15.24)
起点底标高	墙底标高(14.4)
终点底标高	墙底标高(14.4)

图 5.12.7　修改女儿墙内装修的顶标高

（2）画屋面层的栏板内装修

从"建施-11"2号大样图我们看出，屋面层的栏板内装修为"外墙5（混凝土）"，我
们需要定义栏板内装修的"外墙5（混凝土）"，如图 5.12.8 所示。

属性名称	属性值
名称	外墙5(砼)
所附墙材质	现浇混凝土
块料厚度(mm)	0
内/外墙面标志	外墙面
起点顶标高(m)	墙顶标高
终点顶标高(m)	墙顶标高
起点底标高(m)	墙底标高+0.6
终点底标高(m)	墙底标高+0.6

	编码	类别	项目名称	单位	工程量	表达式说明
1	外墙面	补	墙面抹灰面积 水泥砂浆 外墙5（砼）（栏板内装修）	m2	QMMHMJ	QMMHMJ〈墙面抹灰面积〉

图 5.12.8　外墙5（混凝土）的属性和做法

在俯视状态下或在三维状态下画栏板内装修，如图 5.12.9 所示。

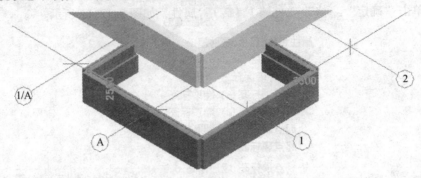

图 5.12.9　屋面层栏板内装修示意图

3. 女儿墙内装修软件计算结果

汇总计算后查看屋面层女儿墙和栏板内装修软件计算结果，见表 5.12.2。

表 5.12.2　屋面层女儿墙和栏板内装修软件"做法工程量"表

序号	编码	项目名称	单位	工程量
1	外墙面	墙面抹灰面积　水泥砂浆　外墙5（混凝土）（栏板内装修）	m²	4.008
2	外墙面	墙面抹灰面积　水泥砂浆　外墙5（砖）（女儿墙内装修）	m²	119.0722

三、女儿墙外装修

1. 女儿墙外装修属性和做法

建立好的女儿墙外装修"外墙1（砖）"如图 5.12.10 所示。

属性名称	属性值
名称	外墙1（砖）
所附墙材质	砖
块料厚度(mm)	0
内/外墙面标志	外墙面
起点顶标高(m)	墙顶标高
终点顶标高(m)	墙顶标高
起点底标高(m)	墙底标高
终点底标高(m)	墙底标高

	编码	类别	项目名称	单位	工程量表达式	表达式说明
1	外墙面	补	墙面块料面积　面砖外墙　外墙1（砖）	m2	QMKLMJ	QMKLMJ〈墙面块料面积〉
2	外墙面保温	补	外墙保温面积　50厚聚苯板　外墙1（砖）	m2	QMMHMJ	QMMHMJ〈墙面抹灰面积〉

图 5.12.10　女儿墙外装修"外墙1（砖）"的属性和做法

2. 画女儿墙外装修

选中"构件名称"下的"外墙1（砖）"→单击"点"按钮→分别单击女儿墙外边线→

单击右键结束→单击"批量选择"按钮、"批量选择构件图元"对话框→勾选"外墙1（砖）"→单击"确定"→修改"外墙1（砖）"属性，如图 5.12.11 所示。

属性名称	属性值
名称	外墙1（砖）
所附墙材质	砖
块料厚度（m	0
内/外墙面	外墙面
起点顶标高	墙顶标高-0.06（15.24）
终点顶标高	墙顶标高-0.06（15.24）
起点底标高	墙底标高（14.4）
终点底标高	墙底标高（14.4）

图 5.12.11　女儿墙外装修属性修改图

画好的女儿墙外装修如图 5.12.12 所示。

3. 女儿墙外装修软件计算结果

汇总计算后用"批量选择"的方法选中"外墙1（砖）"屋面层外装修软件计算结果，见表 5.12.3。

表 5.12.3　屋面层外装修软件"做法工程量"表

序号	编码	项目名称	单位	工程量
1	外墙面	墙面块料面积　面砖外墙　外墙1（砖）	m²	120.669
2	外墙面保温	外墙保温面积 50 厚聚苯板　外墙1（砖）	m²	120.669

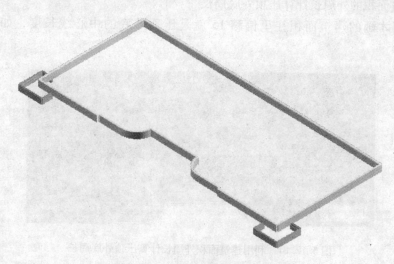

图 5.12.12　女儿墙外装修示意图

四、压顶装修工程量计算

在计算屋面层主体的时候已经计算出压顶顶面面积，还有压顶内外侧装修和压顶内外底装修没有计算，压顶本身里面没有这个代码，我们用建筑面积来计算压顶的装修面积。

1. 利用建筑面积的外周长计算压顶外侧周长

利用建筑面积的外周长来计算压顶的外侧面积，随意建立一个建筑面积，在屋面层"点"画建筑面积，然后将建筑面积外偏 30（这时候建筑面积的外周长就是压顶的外侧周长），具体操作步骤如下：

选择已经画好的建筑面积→单击右键出现右键菜单→单击"偏移"，弹出"请选择偏移方式"对话框→单击"整体偏移"→单击"确定"→向外挪动鼠标→填写偏移值 30，如图 5.12.13 所示→敲回车，这样建筑面积就偏移好了。

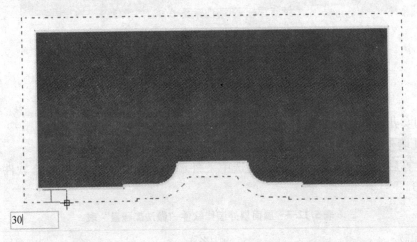

图 5.12.13　利用建筑面积外周长计算压顶外侧周长

汇总计算后查看建筑面积周长为 113.0982 m，这个长度实际上就是压顶的外侧周长。

2. 用建筑面积的外周长计算压顶外底周长

我们把刚才画的建筑面积往里偏移 15 就是压顶外底的中心线长度，如图 5.12.14 所示。

图 5.12.14　利用建筑面积外周长计算压顶外底周长

汇总计算后查看建筑面积周长为 112.9881 m，这个长度实际上就是压顶的外底周长。

3. 用建筑面积的外周长计算压顶内底周长。

我们把刚才画的建筑面积往里偏移 270，就是压顶内底的中心线长度，如图 5.12.15 所示。

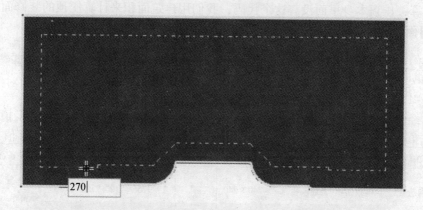

图 5.12.15　利用建筑面积外周长计算压顶内底周长

汇总计算后查看建筑面积周长为 111.0329 m，这个长度实际上就是压顶的内底周长。

4. 用建筑面积的外周长计算压顶内侧周长。

我们把刚才画的建筑面积往里偏移 15，就是压顶内侧长度，如图 5.12.16 所示。

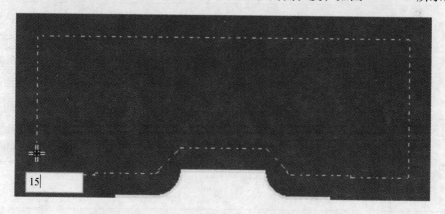

图 5.12.16　利用建筑面积外周长计算压顶内侧周长

汇总计算后查看建筑面积周长为 110.9259 m，这个长度实际上就是压顶的内侧周长。

5. 删除画过的建筑面积

我们用建筑面积算出压顶各个周长以后，要及时将建筑面积删除。

6. 在"表格输入"里计算压顶的装修面积

利用前面算过的各种长度，我们在"表格输入"压顶里建立压顶的各个装修面积，如图 5.12.17 所示。

	名称	数量		编码	类	项目名称	单	工程量表达式	工程量
1	YD300*60	1	1	外墙面	补	压顶外侧装修面积 YD300*60（外墙1）	m2	113.0982*0.06	6.7859
			2	外墙面	补	压顶外底装修面积 YD300*60（外墙1）	m2	112.9881*0.03	3.3896
			3	外墙面保温	补	压顶外侧外底50厚聚苯板保温面积（外墙1）	m2	113.0982*0.06+112.9881*0.03	10.175
			4	外墙面	补	压顶内底装修面积 YD300*60（外墙5（砼））	m2	111.0329*0.03	3.331
			5	外墙面	补	压顶内侧装修面积 YD300*80（外墙5（砼））	m2	110.9259*0.06	6.6556

图 5.12.17　在表格输入里计算压顶装修面积

五、屋面层工程量软件手工对照表

从"报表预览"里查看屋面层的"定额汇总表",可以看到屋面层软件计算结果,我们在这里将"定额汇总表"做了一点小小改动,变成了"屋面层工程量软件手工对照表",见表5.12.4。

表5.12.4 屋面层工程量软件手工对照表

序号	编码	项目名称	单位	软件量	手工量	备注
1	构造柱	模板面积 普通模板 GZ-240×240	m²	19.9766	20.2752	表5.12.4 注解1见网站 www.qiaosd.com
2	构造柱	模板面积 普通模板 GZ-250×490	m²	2.1672	2.1672	表5.12.4 注解1见网站
3	构造柱	体积 C25 GZ-240×240	m³	2.0455	2.046	表5.12.4 注解1见网站
4	构造柱	体积 C25 GZ-240×490	m³	0.2359	0.2359	表5.12.4 注解1见网站
5	墙	体积 砖墙 M5 混浆 女儿墙240	m³	20.4239	20.3806	允许误差
6	外墙面	墙面块料面积 面砖外墙 外墙1(砖)	m²	94.7376	94.7375	表5.12.4 注解2见网站
7	外墙面	墙面抹灰面积 水泥砂浆 外墙5(砖)(女儿墙内装修)	m²	93.4537	93.3576	表5.12.4 注解2见网站
8	外墙面	墙面抹灰面积 水泥砂浆 外墙5(混凝土)(栏板内装修)	m²	4.008	4.008	
9	外墙面	压顶顶面装修面积 YD300×60(外墙5)	m²	33.6012	33.6012	
10	外墙面	压顶内侧装修面积 YD300×60[外墙5(混凝土)]	m²	6.6556	6.6556	
11	外墙面	压顶内底装修面积 YD300×60[外墙5(混凝土)]	m²	3.331	3.331	
12	外墙面	压顶外侧装修面积 YD300×60(外墙1)	m²	6.7859	6.7859	
13	外墙面	压顶外底装修面积 YD300×60(外墙1)	m²	3.3896	3.3896	
14	外墙面保温	外墙保温面积 50厚聚苯板 外墙1(砖)	m²	94.7376	94.7375	表5.12.4 注解2见网站
15	外墙面保温	压顶外侧外底50厚聚苯板保温面积(外墙1)	m²	10.1755	10.1755	

序号	编码	项目名称	单位	软件量	手工量	备注
16	屋面保温	保温层体积 80 厚聚苯板 屋面 1（大屋面）	m³	47.1287	47.1283	允许误差
17	屋面保温	保温层体积 80 厚聚苯板 屋面 1（阳台雨篷）	m³	1.311	1.311	
18	屋面防水	防水层卷边面积 SBS 屋面 1（大屋面）	m²	27.785	27.785	
19	屋面防水	防水层卷边面积 SBS 屋面 1（阳台雨篷）	m²	6.158	6.158	
20	屋面防水	防水层平面面积 SBS 屋面 1（大屋面）	m²	589.1082	589.1041	允许误差
21	屋面防水	防水层平面面积 SBS 屋面 1（阳台雨篷）	m²	16.3878	16.3878	
22	屋面防水	找平层平面面积 1:3 水泥砂浆 屋面 1	m²	589.1082	589.1041	允许误差
23	屋面防水	找平层平面面积 1:3 水泥砂浆 屋面 1（阳台雨篷）	m²	16.3878	16.3878	
24	屋面防水	找坡层体积 1:0.2:3.5 水泥粉煤灰页岩陶粒 40 厚 屋面 1（大屋面）	m³	23.5643	23.5642	允许误差
25	屋面防水	找坡层体积 1:0.2:3.5 水泥粉煤灰页岩陶粒 40 厚 屋面 1（阳台雨篷）	m³	0.6555	0.6555	
26	压顶	模板面积 普通模板 YD300×60	m²	20.0761	20.162	允许误差
27	压顶	体积 C25 YD300×60	m³	1.8905	1.8914	表 5.12.4 注解 3 见网站

第十三节　其他项目工程量计算

一、画建筑面积等

前面我们把每层的六大块已经做完，还有一些建筑面积、脚手架、垂直运输、水电费、平整场地、垂直封闭等项目，将其归纳为其他项目。

（一）建筑面积等的属性和做法

北京 2001 定额中的脚手架、垂直运输、水电费、垂直封闭等都和建筑面积有关系，我们将其和建筑面积一起建立，操作步骤如下：

单击"其他"前面的"＋"号，使其展开→单击下一级"建筑面积"→单击"新建"下拉菜单→单击"新建建筑面积"→修改名称为"建筑面积等"→填写"建筑面积"的属性和做法，如图5.13.1所示。

属性名称	属性值		编码	类别	项目名称	单位	工程量表达式	表达式说明
名称	建筑面积等	1	建筑面积	补	面积 建筑面积	m2	MJ	MJ〈面积〉
底标高(m)	层底标高	2	脚手架	补	综合脚手架面积	m2	ZHJSJMJ	ZHJSJMJ〈综合脚手架面积〉
建筑面积计算	计算全部	3	垂直运输	补	建筑面积	m2	MJ	MJ〈面积〉
备注		4	水电费	补	建筑面积	m2	MJ	MJ〈面积〉
		5	垂直封闭	补	面积	m2	ZC*(14.4+0.45)/4	ZC〈周长〉*(14.4+0.45)/4

图5.13.1　建筑面积等项目的属性和做法

（二）画建筑面积

1. 画首层建筑面积

将楼层切换到首层→选中"构件名称"下的"建筑面积等"→单击"点"按钮→单击首层外墙范围内的任意一点，软件会自动找首层的墙外边线布置建筑面积，如图5.13.2所示。

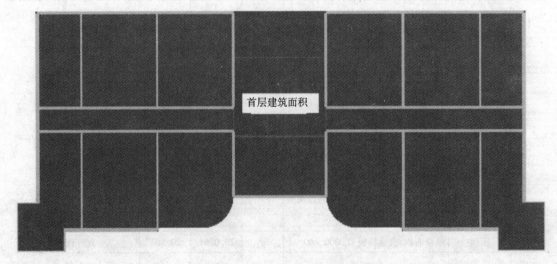

图5.13.2　首层建筑面积布置图

2. 复制首层建筑面积到其他楼层

由于本工程每层建筑面积都是一样的，我们采用复制首层建筑面积到其他层的方法画其他层的建筑面积等项目，操作步骤如下：

选中首层已经画好的"建筑面积等"→单击"楼层"下拉菜单→单击"复制选定图元到其他楼层"，弹出"复制选定图元到其他楼层"对话框→勾选"所有楼层"→取消"屋面层"和"基础层"前面的"√"→单击"确定"→等图元复制成功后单击"确定"，这样首层的建筑面积就复制到了其他层。

（三）建筑面积等软件计算结果

单击"汇总计算"按钮，弹出"确定执行计算汇总"对话框→单击"全选"按钮→取消"屋面层"和"基础层"前面的"√"→单击"确定"→等计算汇总成功后单击"确定"→单击"报表预览"，弹出"设置报表范围"对话框→在"设置构件范围内"分别勾选首层、二层、三层、四层的"建筑面积"→单击"表格输入"页签→取消构件前的"√"→单击"确定"，如图5.13.3所示。

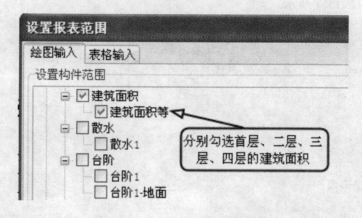

图 5.13.3　勾选建筑面积示意图

1 号办公楼的建筑面积等项目软件计算的工程量，见表 5.13.1。

表 5.13.1　1 号办公楼建筑面积等项目"定额汇总表"

序号	编码	项目名称	单位	工程量	工程量明细	
					绘图输入	表格输入
1	垂直封闭	面积	m^2	1858.0052	1858.0052	
2	垂直运输	建筑面积	m^2	2537.7256	2537.7256	
3	建筑面积	面积　建筑面积	m^2	2537.7256	2537.7256	
4	脚手架	综合脚手架面积	m^2	2537.7256	2537.7256	
5	水电费	建筑面积	m^2	2537.7256	2537.7256	

二、画平整场地

（一）平整场地的属性和做法

单击"其他"前面的"＋"号，使其展开→单击下一级"平整场地"→单击"新建"下拉菜单→单击"新建平整场地"→修改名称为"平整场地"→填写"平整场地"的属性和做法，如图 5.13.4 所示。

属性名称	属性值
名称	平整场地
场平方式	机械

	编码	类别	项目名称	单位	工程量表	表达式说明
1	平整场地	补	面积	m2	MJ	MJ〈面积〉

图 5.13.4　平整场地的属性和做法

（二）画平整场地

将楼层切换到首层→选中"构件名称"下的"平整场地"→单击"点"按钮→单击首层外墙范围内的任意一点，软件会自动找首层的墙外边线布置平整场地，如图 5.13.5 所示。

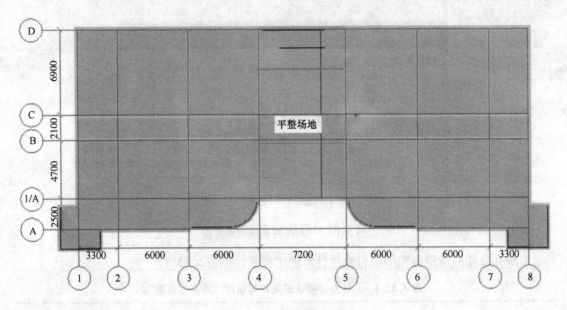

图 5.13.5　平整场地示意图

（三）平整场地软件计算结果

汇总后查看 1 号办公楼平整场地软件计算结果，见表 5.13.2。

表 5.13.2　1 号办公楼平整场地的软件"做法工程量"表

序号	编码	项目名称	单位	工程量
1	平整场地	面积	m^2	888.2039

三、水落管

我们在"表格输入"下的"其他"里做水落管，如图 5.13.6 所示。

	编码	类别	项目名称	单位	工程量表达式	工程量
1	水落管	补	长度 直径100PVC管 水落管1	m	(14.4-0.14+0.45)*4	58.84
2	水落管	补	弯头 PVC弯头 水落管1	套	4	4
3	水落管	补	水口 PVC水口 水落管1	套	4	4
4	水落管	补	水斗 PVC水斗 水落管1	套	4	4

新建　删除

名称	数量
1　水落管	1

图 5.13.6　水落管表格输入示意图

四、其他项目软件手工对照表

单击"汇总计算"按钮，弹出"确定执行计算汇总"对话框→单击"全选"按钮→取消"屋面层"和"基础层"前面的"√"→单击"确定"→等计算汇总成功后单击"确定"→单击"报表预览"，弹出"设置报表范围"对话框→在"设置构件范围内"分别勾选首层～四层的"建筑面积"和首层的"平整场地"→单击"表格输入"页签→勾选"水落管"，如图 5.13.7 所示→单击"确定"。

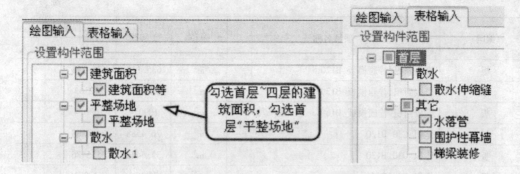

图 5.13.7 表格输入显示勾选示意图

1 号办公楼的其他项目软件计算的工程量见表 5.13.3

表 5.13.3 1 号办公楼的其他项目软件手工对照表

序号	编码	项目名称	单位	软件量	手工量	备注
1	垂直封闭	面积	m²	1858.0052	1858.0053	允许误差
2	垂直运输	建筑面积	m²	2537.7256	2537.7256	
3	建筑面积	面积 建筑面积	m²	2537.7256	2537.7256	
4	脚手架	综合脚手架面积	m²	2537.7256	2537.7256	
5	平整场地	面积	m²	888.2039	888.2039	
6	水电费	建筑面积	m²	2537.7256	2537.7256	
7	水落管	长度 直径100PVC管 水落管1	m	58.84	58.84	
8	水落管	水斗 PVC水斗 水落管1	套	4	4	
9	水落管	水口 PVC水口 水落管1	套	4	4	
10	水落管	弯头 PVC弯头 水落管1	套	4	4	

第十四节 整楼软件计算结果汇总表

做到这里我们把 1 号办公楼所有的工程量都做完了，单击"汇总计算"弹出"确定执行计算汇总"对话框→单击"全选"→单击"确定"等汇总完后单击"确定"→单击"报表预览"弹出"设置报表范围"对话框→在框内单击右键→单击"全选"→单击"表格输入"页签→单击右键→单击"全选"→单击"确定"→将"定额汇总表"导入到 Excel 对量。整楼定额汇总表见表 5.14.1。

表 5.14.1 整楼定额汇总表

序号	编码	项目名称	单位	工程量	工程量明细	
					绘图输入	表格输入
1	板	超模面积 普通模板 B120	m²	153.2695	153.2695	
2	板	超模面积 普通模板 B130	m²	114.14	114.14	
3	板	超模面积 普通模板 B160	m²	272.6	272.6	

序号	编码	项目名称	单位	工程量	工程量明细	
					绘图输入	表格输入
4	板	模板面积 普通模板 B120	m²	635.118	635.118	
5	板	模板面积 普通模板 B130	m²	272.63	272.63	
6	板	模板面积 普通模板 B160	m²	1090.4	1090.4	
7	板	体积 C30 B120	m³	76.4588	76.4588	
8	板	体积 C30 B130	m³	35.5486	35.5486	
9	板	体积 C30 B160	m³	174.8736	174.8736	
10	窗	框外围面积 平开塑钢窗 C0924	m²	34.56	34.56	
11	窗	框外围面积 平开塑钢窗 C1524	m²	28.8	28.8	
12	窗	框外围面积 平开塑钢窗 C1624	m²	30.72	30.72	
13	窗	框外围面积 平开塑钢窗 C1824	m²	34.56	34.56	
14	窗	框外围面积 平开塑钢窗 C2424	m²	46.08	46.08	
15	窗	框外围面积 平开塑钢窗 C5027	m²	40.5	40.5	
16	窗	框外围面积 运距5km内 C0924	m²	34.56	34.56	
17	窗	框外围面积 运距5km内 C1524	m²	28.8	28.8	
18	窗	框外围面积 运距5km内 C1624	m²	30.72	30.72	
19	窗	框外围面积 运距5km内 C1824	m²	34.56	34.56	
20	窗	框外围面积 运距5km内 C2424	m²	46.08	46.08	
21	窗	框外围面积 运距5km内 C5027	m²	40.5	40.5	
22	窗台板	窗台板面积 大理石 C0924	m²	2.88	2.88	
23	窗台板	窗台板面积 大理石 C1524	m²	2.4	2.4	
24	窗台板	窗台板面积 大理石 C1824	m²	2.88	2.88	
25	窗台板	窗台板面积 大理石 C2424	m²	3.84	3.84	
26	窗台板	窗台板面积 大理石 飘窗 D3024	m²	15.6	15.6	
27	垂直封闭	面积	m²	1858.0052	1858.0052	
28	垂直运输	建筑面积	m²	2537.7256	2537.7256	
29	地面	地面积 水泥砂浆地面 地面4	m²	64.8128	64.8128	
30	地面	垫层体积 3:7灰土 台阶1-地面（MJ×0.3）	m³	8.2267	8.2267	
31	地面	防水层立面面积 改性沥青 地面2	m²	6.09	6.09	
32	地面	防水层平面面积 改性沥青 地面2	m²	44.48	44.48	
33	地面	灰土垫层体积 3:7灰土 地面1	m³	18.3645	18.3645	
34	地面	灰土垫层体积 3:7灰土 地面2	m³	6.672	6.672	
35	地面	混凝土垫层体积 C10 地面1	m³	12.243	12.243	
36	地面	混凝土垫层体积 C10 地面3	m³	17.5855	17.5855	
37	地面	混凝土垫层体积 C10 地面4	m³	3.2406	3.2406	
38	地面	混凝土垫层体积 细石混凝土 地面2	m³	1.5568	1.5568	

序号	编码	项目名称	单位	工程量	工程量明细	
					绘图输入	表格输入
39	地面	混凝土体积 C15 台阶1-地面（MJ×0.1）	m³	2.7422	2.7422	
40	地面	块料地面积 大理石地面 地面1	m²	125.245	125.245	
41	地面	块料地面积 地砖地面 地面3	m²	351.5446	351.5446	
42	地面	块料地面积 防滑地砖 地面2	m²	44.24	44.24	
43	地面	卵石垫层150 厚体积 2-32 卵石 M2.5 混浆 地面4	m³	9.7219	9.7219	
44	地面	卵石垫层体积 2-32 卵石 M2.5 混浆 地面3	m³	52.7564	52.7564	
45	地面	水平投影面积 花岗岩面层 台阶1-地面	m²	27.4223	27.4223	
46	地面	找平层面积 细石混凝土 地面2	m²	44.48	44.48	
47	吊顶	吊顶面积 T型轻钢龙骨 吊顶2	m²	133.44	133.44	
48	吊顶	吊顶面积 U型轻钢龙骨 吊顶1	m²	632.1996	632.1996	
49	吊顶	吊顶面积 铝合金条板面层 吊顶1	m²	632.1996	632.1996	
50	吊顶	吊顶面积 岩棉吸声板面层 吊顶2	m²	133.44	133.44	
51	独基	独基模板面积 普通模板 JC-1-独基	m²	9.6	9.6	
52	独基	独基模板面积 普通模板 JC-2′-独基	m²	8.52	8.52	
53	独基	独基模板面积 普通模板 JC-2-独基	m²	7.2	7.2	
54	独基	独基模板面积 普通模板 JC-3-独基	m²	21.6	21.6	
55	独基	独基模板面积 普通模板 JC-4-独基	m²	28.8	28.8	
56	独基	独基模板面积 普通模板 JC-5-独基	m²	7.32	7.32	
57	独基	独基模板面积 普通模板 JC-6-独基	m²	7.32	7.32	
58	独基	独基体积 C30 JC-1-独基	m³	6.2827	6.2827	
59	独基	独基体积 C30 JC-2′-独基	m³	9.2833	9.2833	
60	独基	独基体积 C30 JC-2-独基	m³	7.632	7.632	
61	独基	独基体积 C30 JC-3-独基	m³	22.896	22.896	
62	独基	独基体积 C30 JC-4-独基	m³	40.302	40.302	
63	独基	独基体积 C30 JC-5-独基	m³	7.92	7.92	
64	独基	独基体积 C30 JC-6-独基	m³	7.92	7.92	
65	独基垫层	垫层模板面积 普通模板 JC-1-垫层	m²	3.52	3.52	
66	独基垫层	垫层模板面积 普通模板 JC-2′-垫层	m²	3	3	
67	独基垫层	垫层模板面积 普通模板 JC-2-垫层	m²	2.56	2.56	
68	独基垫层	垫层模板面积 普通模板 JC-3-垫层	m²	7.68	7.68	
69	独基垫层	垫层模板面积 普通模板 JC-4-垫层	m²	10.08	10.08	
70	独基垫层	垫层模板面积 普通模板 JC-5-垫层	m²	2.6	2.6	
71	独基垫层	垫层模板面积 普通模板 JC-6-垫层	m²	2.6	2.6	
72	独基垫层	垫层体积 C15 JC-1-垫层	m³	1.936	1.936	
73	独基垫层	垫层体积 C15 JC-2′-垫层	m³	2.592	2.592	

序号	编码	项目名称	单位	工程量	工程量明细	
					绘图输入	表格输入
74	独基垫层	垫层体积 C15 JC－2－垫层	m³	2.048	2.048	
75	独基垫层	垫层体积 C15 JC－3－垫层	m³	6.144	6.144	
76	独基垫层	垫层体积 C15 JC－4－垫层	m³	9.984	9.984	
77	独基垫层	垫层体积 C15 JC－5－垫层	m³	2.112	2.112	
78	独基垫层	垫层体积 C15 JC－6－垫层	m³	2.112	2.112	
79	独立柱	独立柱块料面积 耐擦洗涂料 内墙面1	m²	53.976	53.976	
80	独立柱	独立柱块料面积 耐擦洗涂料 内墙面1（梯柱）	m²	10.34	10.34	
81	独立柱	独立柱抹灰面积 水泥砂浆 内墙面1	m²	53.976	53.976	
82	独立柱	独立柱抹灰面积 水泥砂浆 内墙面1（梯柱）	m²	10.34	10.34	
83	独立柱	独立柱踢脚长度 水泥踢脚 踢脚3	m	16	16	
84	扶手	扶手实际长度 底油一遍调和漆两遍 楼梯栏杆（平段）	m	12.175	12.175	
85	扶手	扶手实际长度 底油一遍调和漆两遍 楼梯栏杆（斜段）（CD×1.15）	m	49.68	49.68	
86	扶手	扶手中心线水平投影长度 不锈钢扶手 护窗栏杆	m	85.8128	85.8128	
87	扶手	扶手中心线水平投影长度 不锈钢栏杆（阳台栏杆）	m	78.56	78.56	
88	扶手	扶手中心线水平投影长度 硬木扶手制作 楼梯栏杆（平段）	m	12.175	12.175	
89	扶手	扶手中心线水平投影长度 硬木扶手制作 楼梯栏杆（斜段）	m	43.2	43.2	
90	构造柱	模板面积 普通模板 GZ－240×240	m²	19.9766	19.9766	
91	构造柱	模板面积 普通模板 GZ－250×250	m²	154.896	154.896	
92	构造柱	模板面积 普通模板 GZ－250×490	m²	2.1672	2.1672	
93	构造柱	体积 C25 GZ－240×240	m³	2.0455	2.0455	
94	构造柱	体积 C25 GZ－240×490	m³	0.2359	0.2359	
95	构造柱	体积 C25 GZ－250×250	m³	12.5365	12.5365	
96	过梁	模板面积 GL120	m²	46.972	46.972	
97	过梁	模板面积 GL180	m²	9.518	9.518	
98	过梁	模板面积 GL400	m²	5.25	5.25	
99	过梁	体积 C25 GL120	m³	3.039	3.039	
100	过梁	体积 C25 GL180	m³	0.7335	0.7335	
101	过梁	体积 C25 GL400	m³	0.5	0.5	
102	回填（基槽）	回填土体积 三类土 基槽－1	m³	13.5777	13.5777	
103	回填（基槽）	回填土体积 三类土 阳台墙基槽	m³	6.4948	6.4948	
104	回填（基坑）	回填土体积 三类土 JK－1	m³	35.7522	35.7522	

序号	编码	项目名称	单位	工程量	工程量明细	
					绘图输入	表格输入
105	回填（基坑）	回填土体积 三类土 JK－2	m³	30.3584	30.3584	
106	回填（基坑）	回填土体积 三类土 JK－2′	m³	34.2337	34.2337	
107	回填（基坑）	回填土体积 三类土 JK－3	m³	93.681	93.681	
108	回填（基坑）	回填土体积 三类土 JK－4	m³	135.108	135.108	
109	回填（基坑）	回填土体积 三类土 JK－5	m³	31.666	31.666	
110	回填（基坑）	回填土体积 三类土 JK－6	m³	31.902	31.902	
111	基槽	开挖面积 基槽－1（TFTJ/0.2）	m²	102.6972	102.6972	
112	基槽	开挖面积 阳台墙基槽	m²	17.2006	17.2006	
113	基槽	土方体积 5m 外运输 基槽－1	m³	20.5394	20.5394	
114	基槽	土方体积 5m 外运输 阳台墙基槽	m³	10.1483	10.1483	
115	基槽	土方体积 三类土 基槽－1	m³	20.5394	20.5394	
116	基槽	土方体积 三类土 阳台墙基槽	m³	10.1483	10.1483	
117	基坑	开挖底面积 打夯机打夯 JK－1	m²	31.36	31.36	
118	基坑	开挖底面积 打夯机打夯 JK－2	m²	28.88	28.88	
119	基坑	开挖底面积 打夯机打夯 JK－2′	m²	35.64	35.64	
120	基坑	开挖底面积 打夯机打夯 JK－3	m²	86.64	86.64	
121	基坑	开挖底面积 打夯机打夯 JK－4	m²	132.24	132.24	
122	基坑	开挖底面积 打夯机打夯 JK－5	m²	29.64	29.64	
123	基坑	开挖底面积 打夯机打夯 JK－6	m²	29.64	29.64	
124	基坑	土方体积 三类土 JK－1	m³	45.472	45.472	
125	基坑	土方体积 三类土 JK－2	m³	41.876	41.876	
126	基坑	土方体积 三类土 JK－2′	m³	47.763	47.763	
127	基坑	土方体积 三类土 JK－3	m³	125.628	125.628	
128	基坑	土方体积 三类土 JK－4	m³	191.748	191.748	
129	基坑	土方体积 三类土 JK－5	m³	42.978	42.978	
130	基坑	土方体积 三类土 JK－6	m³	42.978	42.978	
131	基坑	土方体积 运距5m 外 JK－1	m³	45.472	45.472	
132	基坑	土方体积 运距m 外 JK－2	m³	41.876	41.876	
133	基坑	土方体积 运距m 外 JK－2′	m³	47.763	47.763	
134	基坑	土方体积 运距m 外 JK－3	m³	125.628	125.628	
135	基坑	土方体积 运距m 外 JK－4	m³	191.748	191.748	
136	基坑	土方体积 运距m 外 JK－5	m³	42.978	42.978	
137	基坑	土方体积 运距m 外 JK－6	m³	42.978	42.978	
138	建筑面积	面积 建筑面积	m²	2537.7256	2537.7256	
139	脚手架	综合脚手架面积	m²	2537.7256	2537.7256	
140	栏杆	扶手中心线水平投影长度 玻璃栏板	m	13.4	13.4	

序号	编码	项目名称	单位	工程量	工程量明细	
					绘图输入	表格输入
141	栏杆	扶手中心线水平投影长度×高度 玻璃栏板	m²	12.06	12.06	
142	栏杆	扶手中心线水平投影长度×高度 不锈钢栏杆 护窗栏杆	m²	77.2316	77.2316	
143	栏杆	扶手中心线水平投影长度×高度 不锈钢栏杆（阳台栏杆）	m²	70.704	70.704	
144	栏杆	扶手中心线水平投影长度×高度 楼梯栏杆（平段）	m²	12.7838	12.7838	
145	栏杆	扶手中心线水平投影长度×高度 楼梯栏杆（斜段）	m²	45.36	45.36	
146	栏杆	栏杆质量 防锈漆一遍耐酸漆两遍 楼梯栏杆（平段）（CD×1.66）	kg	20.2105	20.2105	
147	栏杆	栏杆质量 防锈漆一遍耐酸漆两遍 楼梯栏杆（斜段）（CD×1.15×1.66）	kg	82.4688	82.4688	
148	梁	超模面积 普通模板 DL1－300×550	m²			
149	梁	超模面积 普通模板 KL1－250×500 弧形梁	m²	15.2586	15.2586	
150	梁	超模面积 普通模板 KL10－300×600	m²	31.524	31.524	
151	梁	超模面积 普通模板 KL2－300×500	m²	18.658	18.658	
152	梁	超模面积 普通模板 KL3－250×500	m²	26.879	26.879	
153	梁	超模面积 普通模板 KL4－300×600	m²	8.978	8.978	
154	梁	超模面积 普通模板 KL5－300×500	m²	57.082	57.082	
155	梁	超模面积 普通模板 KL6－300×500	m²	40.398	40.398	
156	梁	超模面积 普通模板 KL7－300×600	m²	34.202	34.202	
157	梁	超模面积 普通模板 KL8－300×600	m²	31.964	31.964	
158	梁	超模面积 普通模板 KL9－300×600	m²	35.1485	35.1485	
159	梁	超模面积 普通模板 L1－300×550	m²	8.556	8.556	
160	梁	超模面积 普通模板 TL1－200×400	m²			
161	梁	超模面积 普通模板 TL2－200×400	m²			
162	梁	超模面积 普通模板 WKL1－250×600 弧形梁	m²			
163	梁	超模面积 普通模板 WKL10－300×600	m²			
164	梁	超模面积 普通模板 WKL2－300×600	m²			
165	梁	超模面积 普通模板 WKL3－250×500	m²	7.504	7.504	
166	梁	超模面积 普通模板 WKL4－300×600	m²			
167	梁	超模面积 普通模板 WKL5－300×500	m²			
168	梁	超模面积 普通模板 WKL6－300×600	m²			
169	梁	超模面积 普通模板 WKL7－300×600	m²			
170	梁	超模面积 普通模板 WKL8－300×600	m²			
171	梁	超模面积 普通模板 WKL9－300×600	m²			

序号	编码	项目名称	单位	工程量	工程量明细	
					绘图输入	表格输入
172	梁	模板面积 普通模板 DL1 − 300 × 550	m²	377.3081	377.3081	
173	梁	模板面积 普通模板 KL1 − 250 × 500 弧形梁	m²	45.7758	45.7758	
174	梁	模板面积 普通模板 KL10 − 300 × 600	m²	93.48	93.48	
175	梁	模板面积 普通模板 KL2 − 300 × 500	m²	55.974	55.974	
176	梁	模板面积 普通模板 KL3 − 250 × 500	m²	57.254	57.254	
177	梁	模板面积 普通模板 KL4 − 300 × 600	m²	26.063	26.063	
178	梁	模板面积 普通模板 KL5 − 300 × 500	m²	171.246	171.246	
179	梁	模板面积 普通模板 KL6 − 300 × 500	m²	119.834	119.834	
180	梁	模板面积 普通模板 KL7 − 300 × 500	m²	102.606	102.606	
181	梁	模板面积 普通模板 KL8 − 300 × 600	m²	95.892	95.892	
182	梁	模板面积 普通模板 KL9 − 300 × 600	m²	105.4455	105.4455	
183	梁	模板面积 普通模板 L1 − 300 × 550	m²	33.396	33.396	
184	梁	模板面积 普通模板 TL1 − 200 × 400	m²	9	9	
185	梁	模板面积 普通模板 TL2 − 200 × 400	m²	7.95	7.95	
186	梁	模板面积 普通模板 WKL1 − 250 × 600 弧形梁	m²	17.951	17.951	
187	梁	模板面积 普通模板 WKL10 − 300 × 600	m²	29.676	29.676	
188	梁	模板面积 普通模板 WKL2 − 300 × 600	m²	21.978	21.978	
189	梁	模板面积 普通模板 WKL3 − 250 × 500	m²	18.504	18.504	
190	梁	模板面积 普通模板 WKL5 − 300 × 500	m²	57.082	57.082	
191	梁	模板面积 普通模板 WKL6 − 300 × 600	m²	45.774	45.774	
192	梁	模板面积 普通模板 WKL7 − 300 × 600	m²	40.082	40.082	
193	梁	模板面积 普通模板 WKL8 − 300 × 600	m²	31.964	31.964	
194	梁	模板面积 普通模板 WKL9 − 300 × 600	m²	35.1485	35.1485	
195	梁	模板面积 普通模板 WKL4 − 300 × 600	m²	8.107	8.107	
196	梁	体积 C30 DL1 − 300 × 550	m³	44.5305	44.5305	
197	梁	体积 C30 KL1 − 250 × 500 弧形梁	m³	5.0475	5.0475	
198	梁	体积 C30 KL10 − 300 × 600	m³	13.176	13.176	
199	梁	体积 C30 KL2 − 300 × 500	m³	7.47	7.47	
200	梁	体积 C30 KL3 − 250 × 500	m³	6.6375	6.6375	
201	梁	体积 C30 KL4 − 300 × 600	m³	3.618	3.618	
202	梁	体积 C30 KL5 − 300 × 500	m³	24.84	24.84	
203	梁	体积 C30 KL6 − 300 × 500	m³	15.435	15.435	
204	梁	体积 C30 KL7 − 300 × 500	m³	13.23	13.23	
205	梁	体积 C30 KL8 − 300 × 600	m³	14.148	14.148	
206	梁	体积 C30 KL9 − 300 × 600	m³	15.768	15.768	
207	梁	体积 C30 L1 − 300 × 550	m³	4.554	4.554	

序号	编码	项目名称	单位	工程量	工程量明细	
					绘图输入	表格输入
208	梁	体积 C30 TL1－200×400	m³	0.72	0.72	
209	梁	体积 C30 TL2－200×400	m³	0.636	0.636	
210	梁	体积 C30 WKL1－250×600 弧形梁	m³	2.019	2.019	
211	梁	体积 C30 WKL10－300×600	m³	4.392	4.392	
212	梁	体积 C30 WKL2－300×600	m³	2.988	2.988	
213	梁	体积 C30 WKL3－250×500	m³	2.2125	2.2125	
214	梁	体积 C30 WKL4－300×600	m³	1.206	1.206	
215	梁	体积 C30 WKL5－300×500	m³	8.28	8.28	
216	梁	体积 C30 WKL6－300×600	m³	6.174	6.174	
217	梁	体积 C30 WKL7－300×600	m³	5.292	5.292	
218	梁	体积 C30 WKL8－300×600	m³	4.716	4.716	
219	梁	体积 C30 WKL9－300×600	m³	5.256	5.256	
220	楼面	地面积 1:3 水泥砂浆找平 楼面2	m²	133.44	133.44	
221	楼面	地面积 聚氨酯防水 楼面2	m²	133.44	133.44	
222	楼面	地面积 水泥楼面 楼面4	m²	194.4384	194.4384	
223	楼面	地面积 水泥砂浆找平 楼面1	m²	981.6288	981.6288	
224	楼面	垫层体积 1:1.6 水泥粗砂焦渣 楼面3	m³	12.1996	12.1996	
225	楼面	垫层体积 CL7.5 轻集料混凝土 楼面4	m³	7.7775	7.7775	
226	楼面	防水卷边面积 聚氨酯防水 楼面2	m²	18.27	18.27	
227	楼面	块料地面积 大理石楼面 楼面3	m²	309.895	309.895	
228	楼面	块料地面积 地砖楼面 楼面1	m²	981.7638	981.7638	
229	楼面	块料地面积 防滑地砖 楼面2	m²	132.72	132.72	
230	楼面	找坡层体积 细石混凝土 楼面2	m³	4.6704	4.6704	
231	楼梯	底部实际面积 耐擦洗涂料 楼梯1 （TYMJ×1.15）	m²	77.28	77.28	
232	楼梯	底部实际面积 水泥砂浆抹灰 楼梯1 （TYMJ×1.15）	m²	77.28	77.28	
233	楼梯	水平投影面积 面层地砖装修 楼梯1	m²	67.2	67.2	
234	楼梯	水平投影面积（模板） 楼梯1	m²	67.2	67.2	
235	楼梯	水平投影面积（混凝土）C30 楼梯1	m²	67.2	67.2	
236	门	把 门锁 M1021	套	80	80	
237	门	框外围面积 底油一遍，调和漆两遍 M1021	m²	168	168	
238	门	框外围面积 木质夹板门 M1021	m²	168	168	
239	门	框外围面积 旋转玻璃门 M5021	m²	10.5	10.5	
240	门	框外围面积 运距5km内 M1021	m²	168	168	
241	门	框外围面积 运距5km内 M5021	m²	10.5	10.5	
242	门	樘 旋转电动装置 M5021	套	1	1	

序号	编码	项目名称	单位	工程量	工程量明细	
					绘图输入	表格输入
243	内墙面	墙面块料面积　瓷砖墙面　内墙面2	m²	468.798	468.798	
244	内墙面	墙面块料面积　耐擦洗涂料　内墙面1（砌块）	m²	3729.5138	3731.5138	
245	内墙面	墙面块料面积　耐擦洗涂料　内墙面1（混凝土）	m²	54.9096	54.9096	
246	内墙面	墙面抹灰面积　水泥砂浆　内墙面1（砌块）	m²	3789.6724	3789.6724	
247	内墙面	墙面抹灰面积　水泥砂浆　内墙面1（混凝土）	m²	60.9216	60.9216	
248	飘窗	框外围面积　平开塑钢窗　PC1	m²	76.8	76.8	
249	飘窗	框外围面积　运距5km内　PC1	m²	76.8	76.8	
250	飘窗底板	模板面积（侧模）普通模板　飘窗底板100	m²	3.68	3.68	
251	飘窗底板	模板面积（底模）普通模板　飘窗底板100	m²	16.32	16.32	
252	飘窗底板	体积　C30　飘窗底板100	m³	1.632	1.632	
253	飘窗底板保温	底板外墙保温面积　聚苯板　飘窗底板100	m²	16.32	16.32	
254	飘窗底板侧保温	底板侧外墙保温面积　聚苯板　飘窗底板100	m²	3.68	3.68	
255	飘窗底板侧装修	底板侧装修面积　水泥砂浆抹灰　飘窗底板100	m²	3.68	3.68	
256	飘窗底板侧装修	底板侧装修面积　外墙涂料　飘窗底板100	m²	3.68	3.68	
257	飘窗底板顶保温	底板顶外墙保温面积　聚苯板　飘窗底板100	m²	3.52	3.52	
258	飘窗底板顶装修	底板顶装修面积　水泥砂浆抹灰　飘窗底板100	m²	3.52	3.52	
259	飘窗底板顶装修	底板顶装修面积　外墙涂料　飘窗底板100	m²	3.52	3.52	
260	飘窗底板天棚	底板底装修面积　水泥砂浆抹灰　飘窗底板100	m²	16.32	16.32	
261	飘窗底板天棚	底板底装修面积　外墙涂料　飘窗底板100	m²	16.32	16.32	
262	飘窗顶板	模板面积（侧模）普通模板　飘窗顶板100	m²	3.68	3.68	
263	飘窗顶板	模板面积（底模）普通模板　飘窗顶板100	m²	16.32	16.32	
264	飘窗顶板	体积　C30　飘窗顶板100	m³	1.632	1.632	
265	飘窗顶板保温	顶板侧外墙保温面积　聚苯板　飘窗顶板100	m²	3.68	3.68	
266	飘窗顶板保温	顶板底外墙保温面积　聚苯板　飘窗顶板100	m²	3.52	3.52	
267	飘窗顶板保温	顶板顶外墙保温面积　聚苯板　飘窗顶板100	m²	16.32	16.32	
268	飘窗顶板侧装修	顶板侧装修面积　外墙涂料　飘窗顶板100	m²	3.68	3.68	
269	飘窗顶板防水	顶板侧防水面积　防水砂浆　飘窗顶板100	m²	3.68	3.68	
270	飘窗顶板防水	顶板顶防水面积　防水砂浆　飘窗顶板100	m²	16.32	16.32	
271	飘窗顶板天棚	顶板底装修面积　耐擦洗涂料　飘窗顶板100（天棚1）	m²	9.6	9.6	
272	飘窗顶板天棚	顶板底装修面积　水泥砂浆　飘窗顶板100（天棚1）	m²	9.6	9.6	
273	飘窗顶板外底防水	顶板底防水面积　防水砂浆　飘窗顶板100	m²	3.52	3.52	

序号	编码	项目名称	单位	工程量	工程量明细	
					绘图输入	表格输入
274	飘窗顶板外底装修	顶板底装修面积 外墙涂料 飘窗顶板100	m²	3.52	3.52	
275	平整场地	面积	m²	888.2039	888.2039	
276	墙	体积 陶粒砌墙、M5 水泥砂浆 Q200	m³	278.089	278.089	
277	墙	体积 陶粒砌墙、M5 水泥砂浆 Q250	m³	128.7055	128.7055	
278	墙	体积 砖墙 M5 混浆 女儿墙240	m³	20.4239	20.4239	
279	墙洞	洞口面积 D3024	m²	57.6	57.6	
280	墙裙	墙裙块料面积 大理石墙裙 墙裙1	m²	25.86	25.86	
281	圈梁	模板面积 普通模板 QL250×180	m²	83.52	83.52	
282	圈梁	模板面积 普通模板 条基－阳台墙－地圈梁	m	9.504	9.504	
283	圈梁	体积 C25 QL250×180	m³	10.44	10.44	
284	圈梁	体积 C25 条基－阳台墙－地圈梁	m³	1.1405	1.1405	
285	散水	灰土垫层体积 3:7 灰土 散水1 MJ×0.15 + （WWCD +0.15×8）×0.3×0.15	m³	22.3083	22.3083	
286	散水	混凝土垫层模板面积 散水1	m²	6.9744	6.9744	
287	散水	混凝土垫层体积 C15 散水1	m³	6.8094	6.8094	
288	散水	散水面层面积 1:1 水泥砂浆赶光 散水1	m²	113.49	113.49	
289	散水	散水素土夯实面积 打夯机夯实 散水1MJ + （WWCD +0.15×8）×0.3	m²	148.722	148.722	
290	散水	伸缩缝长度 沥青砂浆 散水1 隔断	m	9		9
291	散水	伸缩缝长度 沥青砂浆 散水1 拐角	m	16.968		16.968
292	散水	伸缩缝长度 沥青砂浆 散水1 相邻	m	2.5		2.5
293	散水	贴墙伸缩缝长度 沥青砂浆 散水1	m	108.74	108.74	
294	水电费	建筑面积	m²	2537.7256	2537.7256	
295	水落管	长度 直径100PVC管 水落管1	m	58.84		58.84
296	水落管	水斗 PVC 水斗 水落管1	套	4		4
297	水落管	水口 PVC 水口 水落管1	套	4		4
298	水落管	弯头 PVC 弯头 水落管1	套	4		4
299	台阶	垫层体积 3:7 灰土 台阶1（MJ×0.3×0.85）	m³	3.5343	3.5343	
300	台阶	混凝土体积 C15 台阶1（MJ×0.1×1.15）	m³	1.5939	1.5939	
301	台阶	水平投影面积 花岗岩面层 台阶1	m²	13.86	13.86	
302	台阶	水平投影面积 普通模板 台阶1	m²	13.86	13.86	
303	踢脚	踢脚块料长度 大理石踢脚 踢脚2	m	240.7	240.7	
304	踢脚	踢脚块料长度 地砖踢脚 踢脚1	m	723.1996	723.1996	
305	踢脚	踢脚抹灰长度 水泥踢脚 踢脚3	m	216.96	216.96	
306	天棚	天棚抹灰面积 耐擦洗涂料 天棚1	m²	1537.8046	1537.8046	

序号	编码	项目名称	单位	工程量	工程量明细	
					绘图输入	表格输入
307	天棚	天棚抹灰面积 耐擦洗涂料 天棚1（梯梁）	m²	7.155		7.155
308	天棚	天棚抹灰面积 水泥砂浆 天棚1	m²	1537.8046	1537.8046	
309	天棚	天棚抹灰面积 水泥砂浆 天棚1（梯梁）	m²	7.155		7.155
310	条基垫层	模板面积 普通模板 条基－阳台墙－垫层	m²	4.24	4.24	
311	条基垫层	体积 C15 条基－阳台墙－垫层	m³	1.386	1.386	
312	土方	房心回填土150厚体积 三类土 地面1	m³	19.5499	19.5499	
313	土方	房心回填土220厚体积 三类土 地面3	m³	81.1953	81.1953	
314	土方	房心回填土230厚体积 三类土 地面2	m³	11.0814	11.0814	
315	土方	房心回填土230厚体积 三类土 地面4	m³	14.9005	14.9005	
316	外墙面	栏板外装修面积 HJ80-1涂料 外墙3（砌）	m²	15.93	15.93	
317	外墙面	栏板外装修面积 HJ80-1涂料 外墙3（混凝土）	m²	80.714	80.714	
318	外墙面	栏板外装修面积 水泥砂浆外墙 外墙3（砌）	m²	15.93	15.93	
319	外墙面	栏板外装修面积 水泥砂浆外墙 外墙3（混凝土）	m²	80.714	80.714	
320	外墙面	墙面块料面积 面砖外墙 外墙1	m²	891.135	891.135	
321	外墙面	墙面块料面积 面砖外墙 外墙1（砖）	m²	94.7376	94.7376	
322	外墙面	墙面抹灰面积 水泥砂浆 外墙5（砖）（女儿墙内装修）	m²	93.4537	93.4537	
323	外墙面	墙面抹灰面积 水泥砂浆 外墙5（混凝土）（栏板顶装修）	m²	2.064	2.064	
324	外墙面	墙面抹灰面积 水泥砂浆 外墙5（混凝土）（栏板内装修）	m²	4.008	4.008	
325	外墙面	压顶顶面装修面积 YD300×60（外墙5）	m²	33.6012	33.6012	
326	外墙面	压顶内侧装修面积 YD300×60［外墙5（混凝土）］	m²	6.6556		6.6556
327	外墙面	压顶内底装修面积 YD300×60［外墙5（混凝土）］	m²	3.331		3.331
328	外墙面	压顶外侧装修面积 YD300×60（外墙1）	m²	6.7859		6.7859
329	外墙面	压顶外底装修面积 YD300×60（外墙1）	m²	3.3896		3.3896
330	外墙面保温	外墙保温面积 50厚聚苯板 外墙1	m²	832.16	832.16	
331	外墙面保温	外墙保温面积 50厚聚苯板 外墙1（砖）	m²	94.7376	94.7376	
332	外墙面保温	外墙保温面积 50厚聚苯板保温 外墙3（砌）	m²	15.93	15.93	
333	外墙面保温	外墙保温面积50厚聚苯板保温 外墙3（混凝土）	m²	80.714	80.712	
334	外墙面保温	压顶外侧外底50厚聚苯板保温面积（外墙1）	m²	10.1755		10.1755
335	外墙裙	墙裙块料面积 干挂大理石 外墙2	m²	123.4925	123.4925	
336	外墙裙	墙裙块料面积 轻钢龙骨 外墙2	m²	123.4925	123.4925	
337	外墙裙保温	外墙保温面积 35厚聚苯板 外墙2	m²	117.7675	117.7675	
338	围护性幕墙	玻璃幕墙面积 MQ1	m²	199.4976		199.4976
339	围护性幕墙	玻璃幕墙面积 MQ2	m²	103.68		103.68
340	屋面保温	保温层体积 80厚聚苯板 屋面1（大屋面）	m³	47.1287	47.1287	

序号	编码	项目名称	单位	工程量	工程量明细	
					绘图输入	表格输入
341	屋面保温	保温层体积 80 厚聚苯板 屋面1（阳台雨篷）	m³	1.311	1.311	
342	屋面防水	防水层卷边面积 SBS 屋面1（大屋面）	m²	27.785	27.785	
343	屋面防水	防水层卷边面积 SBS 屋面1（阳台雨篷）	m²	6.158	6.158	
344	屋面防水	防水层平面面积 SBS 屋面1（大屋面）	m²	589.1082	589.1082	
345	屋面防水	防水层平面面积 SBS 屋面1（阳台雨篷）	m²	16.3878	16.3878	
346	屋面防水	找平层平面面积 1:3 水泥砂浆 屋面1	m²	589.1082	589.1082	
347	屋面防水	找平层平面面积 1:3 水泥砂浆 屋面1（阳台雨篷）	m²	16.3878	16.3878	
348	屋面防水	找坡层体积 1:0.2:3.5 水泥粉煤灰页岩陶粒40厚 屋面1（大屋面）	m³	23.5643	23.5643	
349	屋面防水	找坡层体积 1:0.2:3.5 水泥粉煤灰页岩陶粒40厚 屋面1（阳台雨篷）	m³	0.6555	0.6555	
350	小型构件	超模面积 普通模板 飘窗上混凝土 250×300	m²	2.19	2.19	
351	小型构件	超模面积 普通模板 飘窗下混凝土 250×400	m²	4.98	4.98	
352	小型构件	超模面积 普通模板 飘窗下混凝土 250×700	m²	18.72	18.72	
353	小型构件	模板面积 普通模板 飘窗上混凝土 250×300	m²	5.4	5.4	
354	小型构件	模板面积 普通模板 飘窗下混凝土 250×400	m²	4.98	4.98	
355	小型构件	模板面积 普通模板 飘窗下混凝土 250×700	m²	28.08	28.08	
356	小型构件	体积 C30 飘窗上混凝土 250×300	m³	0.51	0.51	
357	小型构件	体积 C30 飘窗下混凝土 250×400	m³	0.68	0.68	
358	小型构件	体积 C30 飘窗下混凝土 250×700	m³	3.57	3.57	
359	压顶	模板面积 普通模板 YD300×60	m²	20.0761	20.0761	
360	压顶	体积 C25 YD300×60	m³	1.8905	1.8905	
361	阳台板	超模面积（侧模）普通模板 阳台 B140	m²	2.9736	2.9736	
362	阳台板	超模面积（底模）普通模板 阳台 B140	m²	18.4518	18.4518	
363	阳台板	模板面积（侧模）普通模板 阳台 B140	m²	11.8944	11.8944	
364	阳台板	模板面积（底模）普通模板 阳台 B140	m²	73.8072	73.8072	
365	阳台板	体积 C30 阳台 B140	m³	10.3332	10.3332	
366	阳台窗	框外围面积 平开塑钢窗 ZJC1	m²	216.72	216.72	
367	阳台窗	框外围面积 运距5km内 ZJC1	m²	216.72	216.72	
368	阳台栏板	模板面积 普通模板 LB100×1200	m²	45.8208	45.8208	
369	阳台栏板	模板面积 普通模板 LB100×800	m²	29.3088	29.3088	
370	阳台栏板	模板面积 普通模板 LB100×900	m²	66.8736	66.8736	
371	阳台栏板	体积 C30 LB100×1200	m³	2.1878	2.1878	
372	阳台栏板	体积 C30 LB100×800	m³	1.3622	1.3622	
373	阳台栏板	体积 C30 LB100×900	m³	3.1372	3.1372	
374	阳台栏板墙	体积 M5 水泥砂浆砌块墙 LB100×400	m³	0.8176	0.8176	

序号	编码	项目名称	单位	工程量	工程量明细	
					绘图输入	表格输入
375	雨篷	雨篷玻璃钢面积 成品 雨篷1	m^2	27.72	27.72	
376	雨篷	雨篷网架面积 成品 雨篷1	m^2	27.72	27.72	
377	运回填（基槽）	回填土体积 运距5m外 基槽-1	m^3	13.5777	13.5777	
378	运回填（基槽）	回填土体积 运距5m外 阳台墙基槽	m^3	6.4948	6.4948	
379	运回填（基坑）	回填土体积 运距5m外 JK-1	m^3	35.7522	35.7522	
380	运回填（基坑）	回填土体积 运距5m外 JK-2	m^3	30.3584	30.3584	
381	运回填（基坑）	回填土体积 运距5m外 JK-2′	m^3	34.2337	34.2337	
382	运回填（基坑）	回填土体积 运距5m外 JK-3	m^3	93.681	93.681	
383	运回填（基坑）	回填土体积 运距5m外 JK-4	m^3	135.108	135.108	
384	运回填（基坑）	回填土体积 运距5m外 JK-5	m^3	31.666	31.666	
385	运回填（基坑）	回填土体积 运距5m外 JK-6	m^3	31.902	31.902	
386	柱	超模面积 普通模板 KZ1-500×500	m^2	5.2	5.2	
387	柱	超模面积 普通模板 KZ2-500×500	m^2	7.8	7.8	
388	柱	超模面积 普通模板 KZ3-500×500	m^2	7.8	7.8	
389	柱	超模面积 普通模板 KZ4-500×500	m^2	15.6	15.6	
390	柱	超模面积 普通模板 KZ5-600×500	m^2	2.86	2.86	
391	柱	超模面积 普通模板 KZ6-500×600	m^2	2.86	2.86	
392	柱	超模面积 普通模板 TZ1-300×200	m^2			
393	柱	模板面积 普通模板 KZ1-500×500	m^2	125.6	125.6	
394	柱	模板面积 普通模板 KZ2-500×500	m^2	188	188	
395	柱	模板面积 普通模板 KZ3-500×500	m^2	187.2	187.2	
396	柱	模板面积 普通模板 KZ4-500×500	m^2	374.4	374.4	
397	柱	模板面积 普通模板 KZ5-600×500	m^2	68.64	68.64	
398	柱	模板面积 普通模板 KZ6-500×600	m^2	68.64	68.64	
399	柱	模板面积 普通模板 TZ1-300×200	m^2	16.95	16.95	
400	柱	体积 C30 KZ1-500×500	m^3	15.7	15.7	
401	柱	体积 C30 KZ2-500×500	m^3	23.5	23.5	
402	柱	体积 C30 KZ3-500×500	m^3	23.4	23.4	
403	柱	体积 C30 KZ4-500×500	m^3	46.8	46.8	
404	柱	体积 C30 KZ5-600×500	m^3	9.36	9.36	
405	柱	体积 C30 KZ6-500×600	m^3	9.36	9.36	
406	柱	体积 C30 TZ1-300×200	m^3	1.017	1.017	
407	砖条基	体积 M5 混合砂浆 条基-阳台墙-条基	m^3	4.0622	4.0622	

第十五节　计价用量合并技巧

在第十四节我们已经将本工程的所有工程量汇总出来了，共有 407 项，如果这 407 项每项都套一次子目就太麻烦了。为了方便套子目我们可以把一些同类项合并，下面介绍具体合并方法。

第一步：将汇总工程量导入 Excel

这种方法在前面已经讲过了，这里不再赘述。

第二步：将文本格式转换为数字格式

工程数据导入到 Excel 后数据变为了文本格式，其明显的标志是左上方带个小三角形，如图 5.15.1 所示。

序号	编码	项目名称	单位	工程量	工程量明细	
					绘图输入	表格输入
1	板	超模面积 普通模板 B120	m2	153.2695	153.2695	0
2	板	超模面积 普通模板 B130	m2	114.14	114.14	0
3	板	超模面积 普通模板 B160	m2	272.6	272.6	0
4	板	模板面积 普通模板 B120	m2	635.118	635.118	0
5	板	模板面积 普通模板 B130	m2	272.63	272.63	0
6	板	模板面积 普通模板 B160	m2	1090.4	1090.4	0
7	板	体积 C30 B120	m3	76.4588	76.4588	0
8	板	体积 C30 B130	m3	35.5486	35.5486	0
9	板	体积 C30 B160	m3	174.8736	174.8736	0
10	窗	框外围面积 平开塑钢窗 C0924	m2	34.56	34.56	0
11	窗	框外围面积 平开塑钢窗 C1524	m2	28.8	28.8	0
12	窗	框外围面积 平开塑钢窗 C1624	m2	30.72	30.72	0
13	窗	框外围面积 平开塑钢窗 C1824	m2	34.56	34.56	0
14	窗	框外围面积 平开塑钢窗 C2424	m2	46.08	46.08	0
15	窗	框外围面积 平开塑钢窗 C5027	m2	40.5	40.5	0
16	窗	框外围面积 运距5公里内 C0924	m2	34.56	34.56	0
17	窗	框外围面积 运距5公里内 C1524	m2	28.8	28.8	0
18	窗	框外围面积 运距5公里内 C1624	m2	30.72	30.72	0
19	窗	框外围面积 运距5公里内 C1824	m2	34.56	34.56	0
20	窗	框外围面积 运距5公里内 C2424	m2	46.08	46.08	0
21	窗	框外围面积 运距5公里内 C5027	m2	40.5	40.5	0
22	窗台板	窗台板面积 大理石 C0924	m2	2.88	2.88	0
23	窗台板	窗台板面积 大理石 C1524	m2	2.4	2.4	0
24	窗台板	窗台板面积 大理石 C1824	m2	2.88	2.88	0
25	窗台板	窗台板面积 大理石 C2424	m2	3.84	3.84	0
26	窗台板	窗台板面积 大理石 飘窗D3024	m2	15.6	15.6	0

图 5.15.1　文本格式的 Excel 表

此时的文本格式的数据是不能合并的，我们要将其转换为数字格式，具体做法如下：

拉框选中带小三角形的文本格式的所有数据，如图 5.15.2 所示。

序号	编码	项目名称	单位	工程量	工程量明细	
					绘图输入	表格输入
1	板	超模面积 普通模板 B120	⟨!⟩▼	153.2695	153.2695	0
2	板	超模面积 普通模板 B130	m2	114.14	114.14	0
3	板	超模面积 普通模板 B160	m2	此单元格中的数字为文本格式，或者其前面有撇号。		
4	板	模板面积 普通模板 B120	m2	635.118	635.118	0
5	板	模板面积 普通模板 B130	m2	272.63	272.63	0
6	板	模板面积 普通模板 B160	m2	1090.4	1090.4	0
7	板	体积 C30 B120	m3	76.4588	76.4588	0
8	板	体积 C30 B130	m3	35.5488	35.5488	0
9	板	体积 C30 B160	m3	174.8736	174.8736	0
10	窗	框外围面积 平开塑钢窗 C0924	m2	34.56	34.56	0
11	窗	框外围面积 平开塑钢窗 C1524	m2	28.8	28.8	0
12	窗	框外围面积 平开塑钢窗 C1624	m2	30.72	30.72	0
13	窗	框外围面积 平开塑钢窗 C1824	m2	34.56	34.56	0
14	窗	框外围面积 平开塑钢窗 C2424	m2	46.08	46.08	0
15	窗	框外围面积 平开塑钢窗 C5027	m2	40.5	40.5	0
16	窗	框外围面积 运距5公里内 C0924	m2	34.56	34.56	0
17	窗	框外围面积 运距5公里内 C1524	m2	28.8	28.8	0
18	窗	框外围面积 运距5公里内 C1624	m2	30.72	30.72	0
19	窗	框外围面积 运距5公里内 C1824	m2	34.56	34.56	0
20	窗	框外围面积 运距5公里内 C2424	m2	46.08	46.08	0
21	窗	框外围面积 运距5公里内 C5027	m2	40.5	40.5	0
22	窗台板	窗台板面积 大理石 C0924	m2	2.88	2.88	0
23	窗台板	窗台板面积 大理石 C1524	m2	2.4	2.4	0
24	窗台板	窗台板面积 大理石 C1824	m2	2.88	2.88	0
25	窗台板	窗台板面积 大理石 C2424	m2	3.84	3.84	0
26	窗台板	窗台板面积 大理石 飘窗D3024	m2	15.6	15.6	0

图 5.15.2 拉框选中文本格式的所有数据

单击"!"号，出现图 5.15.3 所示的下拉菜单→单击"转换为数字"，这时 Excel 表就转化为数字格式了。

序号	编码	项目名称	单位	工程量	工程量明细	
					绘图输入	表格输入
1	板	超模面积 普通模板 B120	⟨!⟩▼	153.2695	153.2695	0
2	板	超模面积 普通模板 B130		以文本形式存储的数字	14	0
3	板	超模面积 普通模板 B160			6	0
4	板	模板面积 普通模板 B120		转换为数字(C)	18	0
5	板	模板面积 普通模板 B130		关于此错误的帮助(H)	63	0
6	板	模板面积 普通模板 B160		忽略错误(I)	4	0
7	板	体积 C30 B120		在公式编辑栏中编辑(F)	88	0
8	板	体积 C30 B130			86	0
9	板	体积 C30 B160		错误检查选项(O)…	36	0
10	窗	框外围面积 平开塑钢窗 C0924		显示公式审核工具栏(S)	56	0
11	窗	框外围面积 平开塑钢窗 C1524			8	0

图 5.15.3 "转换为数字"对话框

第三步：同类项合并

由图 5.15.4 可以看出，序号 1~3、4~6、7~9、10~15、16~21、22~26 套用同一条子目，我们可用求合的方法将其合并为一个数据。

序号	编码	项目名称	单位	工程量	工程量明细	
					绘图输入	表格输入
1	板	超模面积 普通模板 B120	m2	153.2695	153.2695	0
2	板	超模面积 普通模板 B130	m2	114.14	114.14	0
3	板	超模面积 普通模板 B160	m2	272.6	272.6	0
4	板	模板面积 普通模板 B120	m2	635.118	635.118	0
5	板	模板面积 普通模板 B130	m2	272.63	272.63	0
6	板	模板面积 普通模板 B160	m2	1090.4	1090.4	0
7	板	体积 C30 B120	m3	76.4588	76.4588	0
8	板	体积 C30 B130	m3	35.5486	35.5486	0
9	板	体积 C30 B160	m3	174.8736	174.8736	0
10	窗	框外围面积 平开塑钢窗 C0924	m2	34.56	34.56	0
11	窗	框外围面积 平开塑钢窗 C1524	m2	28.8	28.8	0
12	窗	框外围面积 平开塑钢窗 C1624	m2	30.72	30.72	0
13	窗	框外围面积 平开塑钢窗 C1824	m2	34.56	34.56	0
14	窗	框外围面积 平开塑钢窗 C2424	m2	46.08	46.08	0
15	窗	框外围面积 平开塑钢窗 C5027	m2	40.5	40.5	0
16	窗	框外围面积 运距5公里内 C0924	m2	34.56	34.56	0
17	窗	框外围面积 运距5公里内 C1524	m2	28.8	28.8	0
18	窗	框外围面积 运距5公里内 C1624	m2	30.72	30.72	0
19	窗	框外围面积 运距5公里内 C1824	m2	34.56	34.56	0
20	窗	框外围面积 运距5公里内 C2424	m2	46.08	46.08	0
21	窗	框外围面积 运距5公里内 C5027	m2	40.5	40.5	0
22	窗台板	窗台板面积 大理石 C0924	m2	2.88	2.88	0
23	窗台板	窗台板面积 大理石 C1524	m2	2.4	2.4	0
24	窗台板	窗台板面积 大理石 C1824	m2	2.88	2.88	0
25	窗台板	窗台板面积 大理石 C2424	m2	3.84	3.84	0
26	窗台板	窗台板面积 大理石 飘窗D3024	m2	15.6	15.6	0

图 5.15.4 同类项合并示意图

在表的右侧增加一列，表头命名为"计价用量"，如图 5.15.5 所示，单击（I/6）单元格→单击"∑"按钮→拉框选中 F 列 4~6 行所有数据→敲回车，此时（I/6）单元格的数据就变为合计数"540.0095"，其他数据的合并方法相同。

合并好的计价用量如图 5.15.6 所示。

用同样的方法合并"整楼定额汇总表"，在套子目时，我们不需要用"工程量"这一列数据，而直接用"计价用量"这一列数据来套用子目，工作量就减轻了很多。

	B序号	C编码	D项目名称	E单位	F工程量	工程量明细		I计价用量
2						绘图输入	表格输入	
4	1	板	超模面积 普通模板 B120	m2	153.2695	153.2695	0	
5	2	板	超模面积 普通模板 B130	m2	114.14	114.14	0	
6	3	板	超模面积 普通模板 B160	m2	272.6	272.6	0	
7	4	板	模板面积 普通模板 B120	m2	635.118	635.118	0	
8	5	板	模板面积 普通模板 B130	m2	272.63	272.63	0	
9	6	板	模板面积 普通模板 B160	m2	1090.4	1090.4	0	
10	7	板	体积 C30 B120	m3	76.4588	76.4588	0	
11	8	板	体积 C30 B130	m3	35.5486	35.5486	0	
12	9	板	体积 C30 B160	m3	174.8736	174.8736	0	
13	10	窗	框外围面积 平开塑钢窗 C0924	m2	34.56	34.56	0	
14	11	窗	框外围面积 平开塑钢窗 C1524	m2	.28.8	28.8	0	
15	12	窗	框外围面积 平开塑钢窗 C1624	m2	30.72	30.72	0	
16	13	窗	框外围面积 平开塑钢窗 C1824	m2	34.56	34.56	0	
17	14	窗	框外围面积 平开塑钢窗 C2424	m2	46.08	46.08	0	
18	15	窗	框外围面积 平开塑钢窗 C5027	m2	40.5	40.5	0	
19	16	窗	框外围面积 运距5公里内 C0924	m2	34.56	34.56	0	
20	17	窗	框外围面积 运距5公里内 C1524	m2	28.8	28.8	0	
21	18	窗	框外围面积 运距5公里内 C1624	m2	30.72	30.72	0	
22	19	窗	框外围面积 运距5公里内 C1824	m2	34.56	34.56	0	
23	20	窗	框外围面积 运距5公里内 C2424	m2	46.08	46.08	0	
24	21	窗	框外围面积 运距5公里内 C5027	m2	40.5	40.5	0	
25	22	窗台板	窗台板面积 大理石 C0924	m2	2.88	2.88	0	
26	23	窗台板	窗台板面积 大理石 C1524	m2	2.4	2.4	0	
27	24	窗台板	窗台板面积 大理石 C1824	m2	2.88	2.88	0	
28	25	窗台板	窗台板面积 大理石 C2424	m2	3.84	3.84	0	
29	26	窗台板	窗台板面积 大理石 飘窗D3024	m2	15.6	15.6	0	

图 5.15.5 增加"计价用量"一列示意图

序号	编码	项目名称	单位	工程量	工程量明细		计价用量
					绘图输入	表格输入	
1	板	超模面积 普通模板 B120	m2	153.2695	153.2695	0	
2	板	超模面积 普通模板 B130	m2	114.14	114.14	0	
3	板	超模面积 普通模板 B160	m2	272.6	272.6	0	540.0095
4	板	模板面积 普通模板 B120	m2	635.118	635.118	0	
5	板	模板面积 普通模板 B130	m2	272.63	272.63	0	
6	板	模板面积 普通模板 B160	m2	1090.4	1090.4	0	1998.148
7	板	体积 C30 B120	m3	76.4588	76.4588	0	
8	板	体积 C30 B130	m3	35.5486	35.5486	0	
9	板	体积 C30 B160	m3	174.8736	174.8736	0	286.881
10	窗	框外围面积 平开塑钢窗 C0924	m2	34.56	34.56	0	
11	窗	框外围面积 平开塑钢窗 C1524	m2	28.8	28.8	0	
12	窗	框外围面积 平开塑钢窗 C1624	m2	30.72	30.72	0	
13	窗	框外围面积 平开塑钢窗 C1824	m2	34.56	34.56	0	
14	窗	框外围面积 平开塑钢窗 C2424	m2	46.08	46.08	0	
15	窗	框外围面积 平开塑钢窗 C5027	m2	40.5	40.5	0	215.22
16	窗	框外围面积 运距5公里内 C0924	m2	34.56	34.56	0	
17	窗	框外围面积 运距5公里内 C1524	m2	28.8	28.8	0	
18	窗	框外围面积 运距5公里内 C1624	m2	30.72	30.72	0	
19	窗	框外围面积 运距5公里内 C1824	m2	34.56	34.56	0	
20	窗	框外围面积 运距5公里内 C2424	m2	46.08	46.08	0	
21	窗	框外围面积 运距5公里内 C5027	m2	40.5	40.5	0	215.22
22	窗台板	窗台板面积 大理石 C0924	m2	2.88	2.88	0	
23	窗台板	窗台板面积 大理石 C1524	m2	2.4	2.4	0	
24	窗台板	窗台板面积 大理石 C1824	m2	2.88	2.88	0	
25	窗台板	窗台板面积 大理石 C2424	m2	3.84	3.84	0	
26	窗台板	窗台板面积 大理石 飘窗D3024	m2	15.6	15.6	0	27.6

图 5.15.6 合并好的计价用量示意图

参考文献

［1］中华人民共和国住房和城乡建设部．建设工程工程量清单计价规范［M］．北京：中国计划出版社，2008.

［2］北京广联达惠中软件技术有限公司．透过案例学算量［M］．北京：中国建材工业出版社，2006.

［3］北京市建设委员会．北京市建设工程预算定额［M］，2001.

广联达服务新干线——造价人员的"网上家园"

(service. glodon. com)

服务新干线是广联达为造价人员打造的互动式网络服务平台，集专家答疑、视频点播、资料下载、信息咨询、用户交流等服务，让您在网络中与专家互动和学习，轻松解决造价专业及软件问题，尽享便捷、及时、专业的网络服务。

当您需要咨询时——答疑解惑

搜索、提问、专家诊断三种方式任您选！

搜索：现有 10 万条常见问题一键搜索。

提问：各软件操作技巧、专业问题等，350 人在线抢答，平均 5 分钟回复弹屏提醒。

专家诊断：资深专业人士支持，历年算量大赛精英、各地市高手在线答疑。

当您需要学习时——学习课堂、视频点播

视频、文本两种模式任您选！

学习课堂：不会操作，读初级；想要提升，学中级；想要熟练，看高级。

视频点播：没时间去培训班不要紧，可以随时随地听讲座。

当您需要升级软件时——升级下载、信息价

升级下载：包括全国 32 个省、市的广联达软件，让您在第一时间了解软件最新版本，及时升级软件。

信息价：包括全国 32 个省、市信息价，每月更新。

当您需要查找资料时——共享资料、造价法规

共享资料：是对造价人员开放的资料共享平台，内容涵盖工程造价、预算编制、算量技巧、考试资料、标准图集、工艺标准等 2 万个资料库。

造价法规：包含全国 32 个省、市最新造价法规、预算编制文件、定额解释、定额勘误等。

当您阅读专业期刊时——数字造价、现代项目经理人

数字造价：是广联达公司与读者间建立的信息服务平台，提供的关于软件应用、专业交流及企业资讯为主的专业期刊。

现代项目经理人：是广联达公司为广大项目经理人精心打造的一本期刊，提供关于以成本为核心的项目管理的理论和实践方法。

工程设计图纸

工程名称 _____1 号办公楼_____ 工程编号 _____ 工程造价 _____ 万元
工程名称 _____初级培训教材_____ 建筑面积 _____ 出图日期 ___ 年 月 日

<table>
<tr><td colspan="5" align="center">目　录</td><td colspan="4"></td></tr>
<tr><td colspan="4" align="center">建　筑</td><td colspan="5"></td></tr>
<tr><td>序号</td><td>图号</td><td>图名</td><td>图纸型号</td><td>序号</td><td>图号</td><td>图名</td><td>图纸型号</td></tr>
<tr><td>1</td><td>建施－01</td><td>建筑设计总说明</td><td></td><td></td><td></td><td></td><td></td></tr>
<tr><td>2</td><td>建施－02</td><td>工程做法明细</td><td></td><td></td><td></td><td></td><td></td></tr>
<tr><td>3</td><td>建施－03</td><td>一层平面图</td><td></td><td></td><td></td><td></td><td></td></tr>
<tr><td>4</td><td>建施－04</td><td>二层平面图</td><td></td><td></td><td></td><td></td><td></td></tr>
<tr><td>5</td><td>建施－05</td><td>三层平面图</td><td></td><td></td><td></td><td></td><td></td></tr>
<tr><td>6</td><td>建施－06</td><td>四层平面图</td><td></td><td></td><td></td><td></td><td></td></tr>
<tr><td>7</td><td>建施－07</td><td>屋顶平面图</td><td></td><td></td><td></td><td></td><td></td></tr>
<tr><td>8</td><td>建施－08</td><td>南立面图</td><td></td><td></td><td></td><td></td><td></td></tr>
<tr><td>9</td><td>建施－09</td><td>北立面图</td><td></td><td></td><td></td><td></td><td></td></tr>
<tr><td>10</td><td>建施－010</td><td>东、西立面图</td><td></td><td></td><td></td><td></td><td></td></tr>
<tr><td>11</td><td>建施－011</td><td>1－1 剖面图、节点、大样图</td><td></td><td></td><td></td><td></td><td></td></tr>
<tr><td>12</td><td>建施－012</td><td>楼梯详图</td><td></td><td></td><td></td><td></td><td></td></tr>
<tr><td>13</td><td>结施－01</td><td>结构设计总说明</td><td></td><td></td><td></td><td></td><td></td></tr>
<tr><td>14</td><td>结施－02</td><td>基础结构平面图</td><td></td><td></td><td></td><td></td><td></td></tr>
<tr><td>15</td><td>结施－03</td><td>基础详图</td><td></td><td></td><td></td><td></td><td></td></tr>
<tr><td>16</td><td>结施－04</td><td>柱子结构平面图</td><td></td><td></td><td></td><td></td><td></td></tr>
<tr><td>17</td><td>结施－05</td><td>一、三层顶梁配筋图</td><td></td><td></td><td></td><td></td><td></td></tr>
<tr><td>18</td><td>结施－06</td><td>二层顶梁配筋图</td><td></td><td></td><td></td><td></td><td></td></tr>
<tr><td>19</td><td>结施－07</td><td>四层顶梁配筋图</td><td></td><td></td><td></td><td></td><td></td></tr>
<tr><td>20</td><td>结施－08</td><td>一、三层顶板配筋图</td><td></td><td></td><td></td><td></td><td></td></tr>
<tr><td>21</td><td>结施－09</td><td>二层顶板配筋图</td><td></td><td></td><td></td><td></td><td></td></tr>
<tr><td>22</td><td>结施－010</td><td>四层顶板配筋图</td><td></td><td></td><td></td><td></td><td></td></tr>
<tr><td>23</td><td>结施－011</td><td>楼梯结构详图</td><td></td><td></td><td></td><td></td><td></td></tr>
<tr><td></td><td></td><td></td><td></td><td></td><td></td><td></td><td></td></tr>
<tr><td></td><td></td><td></td><td></td><td></td><td>日期</td><td>内容摘要</td><td>经办人</td></tr>
<tr><td></td><td></td><td></td><td></td><td></td><td>作废</td><td></td><td></td></tr>
<tr><td></td><td></td><td></td><td></td><td></td><td>变更</td><td></td><td></td></tr>
<tr><td></td><td></td><td></td><td></td><td></td><td>记录</td><td></td><td></td></tr>
</table>